面向 21 世纪课程教材

 石油和化工行业"十四五"规划教材

荣获中国石油和化学工业优秀教材一等奖

新型分离技术

第四版

陈欢林　张　林　吴礼光　主编

·北京·

内 容 简 介

《新型分离技术》(第四版)在介绍分离过程的分类、技术进展、基础理论的基础上,分章详细介绍了几类新型分离技术。全书共11章,包括:绪论,分离过程的基础理论,反渗透与正渗透、纳滤、超滤与微滤、气体渗透、渗透汽化与膜基吸收,透析、电渗析与膜电解,特种精馏与蒸馏,超临界流体与特种溶剂萃取,吸附、离子交换与色谱分离,分子识别与印迹分离,泡沫、液膜与磁分离,耦合与集成技术。本书每章均穿插有相关例题,章后附有适量习题。

《新型分离技术》(第四版)可作为高等学校化工、环境、生物、食品、材料、资源与能源等专业的本科生和研究生教材,同时也可供从事化工过程及其相关工程设计和产品开发人员自学参考。

图书在版编目(CIP)数据

新型分离技术 / 陈欢林,张林,吴礼光主编.
4版. -- 北京:化学工业出版社,2024.12. -- (石油和化工行业"十四五"规划教材)(面向21世纪课程教材). -- ISBN 978-7-122-46501-6
Ⅰ.TQ028
中国国家版本馆CIP数据核字第2024QH0918号

责任编辑:杜进祥 徐雅妮 吕 尤 文字编辑:向 东
责任校对:王鹏飞 装帧设计:关 飞

出版发行:化学工业出版社
(北京市东城区青年湖南街13号 邮政编码100011)
印 装:河北延风印务有限公司
787mm×1092mm 1/16 印张23¼ 字数606千字
2025年4月北京第4版第1次印刷

购书咨询:010-64518888   售后服务:010-64518899
网 址:http://www.cip.com.cn
凡购买本书,如有缺损质量问题,本社销售中心负责调换。

定 价:69.00元   版权所有 违者必究

序

《化工类专业人才培养方案及教学内容体系改革的研究与实践》为教育部（原国家教委）《高等教育面向 21 世纪教学内容和课程体系改革计划》的 03-31 项目，于 1996 年 6 月立项进行。本项目牵头单位为天津大学，主持单位为华东理工大学、浙江大学、北京化工大学，参加单位为大连理工大学、四川大学、华南理工大学。

项目组以邓小平同志提出的"教育要面向现代化，面向世界，面向未来"为指针，认真学习国家关于教育工作的各项方针、政策，在广泛调查研究的基础上，分析了国内外化工高等教育的现状、存在问题和未来发展。四年多来项目组共召开了由 7 所化工学院、系领导亲自参加的 10 次全体会议进行交流，形成了一个化工专业教育改革的总体方案，主要包括：

——制定《高等教育面向 21 世纪"化学工程与工艺"专业人才培养方案》；
——组织编写高等教育面向 21 世纪化工专业课与选修课系列教材；
——建设化工专业实验、设计、实习样板基地；
——开发与使用现代化教学手段。

《高等教育面向 21 世纪"化学工程与工艺"专业人才培养方案》从转变传统教育思想出发，拓宽专业范围，包括了过去的各类化工专业，以培养学生的素质、知识与能力为目标，重组课程体系，在加强基础理论与实践环节的同时，增加人文社科课和选修课的比例，适当削减专业课分量，并强调采取启发性教学与使用现代化教学手段，因而可以较大幅度地减少授课时数，以增加学生自学与自由探讨的时间，这就有利于逐步树立学生勇于思考与走向创新的精神。项目组所在各校对培养方案进行了初步试行与教学试点，结果表明是可行的，并收到了良好效果。

化学工程与工艺专业教育改革总体方案的另一主要内容是组织编写高等教育面向 21 世纪课程教材。高质量的教材是培养高素质人才的重要基础。项目组要求教材作者以教改精神为指导，力求新教材从认识规律出发，阐述本门课程的基本理论与应用及其现代进展，并采用现代化教学手段，做到新体系、厚基础、重实践、易自学、引思考。每门教材采取自由申请及择优选定的原则。项目组拟定了比较严格的项目申请书，包括对本门课程目前国内外教材的评述、拟编写教材的特点、配套的现代化教学手段（例如提供教师在课堂上使用的多媒体教学软件，附于教材的辅助学生自学用的光盘等）、教材编写大纲以及交稿日期。申请书在项目组各校评审，经项目组会议择优选取立项，并适时对样章在各校同行中进行评议。全书编写完成后，经专家审定是否符合高等教育面向 21 世纪课程教材的要求。项目组、教学指导委员会、出版社签署意见后，报教育部审批批准方可正式出版。

项目组按此程序组织编写了一套化学工程与工艺专业高等教育面向 21 世纪课程教材，共计 25 种，将陆续推荐出版，其中包括专业课教材、选修课教材、实验课教材、设计课教材以及计算机仿真实验与仿真实习教材等。本教材就是其中的一种。

按教育部要求，本套教材在内容和体系上体现创新精神、注重拓宽基础、强调能力培养，力求适应高等教育面向 21 世纪人才培养的需要，但由于受到我们目前对教学改革的研究深度和认识水平所限，仍然会有不妥之处，尚请广大读者予以指正。

化学工程与工艺专业的教学改革是一项长期的任务，本项目的全部工作仅仅是一个开端。作为项目组的总负责人，我衷心地对多年来给予本项目大力支持的各校和为本项目贡献力量的人们表示最诚挚的敬意！

中国科学院院士、天津大学教授
余国琮
2000 年 4 月于天津

前 言

《新型分离技术》的第三版已出版近五年了，这几年随着相关新材料的开发成功与应用，促进了传统分离技术的更新换代和新型分离方法的涌现；另外，手机的普及和网络讯息传播的指数增长，随时获取所想要的资料成为可能，线上上课与互动成为常态。基于以上事实与现状，教材形式、教学方法、教授方式，甚至教学理念与教学目的均需改进，以适应需求。为此，对于教材的改革，适应新形势下的课堂教学十分必要。

为适应需求，本次修改中做了如下尝试：首先，增添新涌现出来的新型分离技术；其次，在书末增加"本书扩展读物"文献；然后，简略理论探讨和模型推导部分内容，有兴趣者可通过阅读参考资料进一步探究；最后，对不少节、段内容重写，以求文句通顺、表达简明，易于分析理解、培养兴趣、激发深究。

本版中主要对以下章节内容进行了修订：对第1章依据技术的进步，删改了明显不合时宜的表述，提及了一些新发展的技术；第2章基础理论部分未作修改；第3章压力渗透膜方面，删去一些理论推导，并删改膜组件一节，增加一幅纳滤膜截留作用与分子大小相关图；第4章删去了气体膜分离经济性比较一节；第5章删去了电渗析经济性比较一节；第6章简改了反应精馏选型与应用部分，增添了超重力精馏一节（计建炳编写）；第8章重写了吸附分离与离子交换两节，将原吸附与交换剂结构及其性能一节中内容分别选归上述两节内；第9章仅对个别文句表达稍作修改；第10章对泡沫分离进行了重新分类，删去泡沫分离新发展，并以撞击流泡沫洗涤替代（刘德礼编写），磁分离部分仅对文句稍作修改；第11章增加了膜渗透与变压吸附的集成一节。为更好地学以致用，本版前数章的例题有所增加；鉴于网络知识的便捷，增加了本书扩展读物，列于教材末的附录前。

本教材初稿于20世纪80年代初写成，始为蜡纸刻写版、后为铅字版的油印教材，用作浙江大学化学工程与工艺专业课程教材，后分别于1993年和1999年在学校出版《新型分离技术基础》，于2000年被遴选为"面向21世纪课程教材"，40年内的屡次修编，形成至今的第四版。在此，我们仍需肯定前三版参编者对本书的贡献，仍将真诚地征集相关专家、老师与同学们的意见和建议，以便进一步形成我国特色教材。

2024年7月
于浙大求是村

第一版前言

五年前，在教育部《化工类专业人才培养方案及教学内容体系改革研究与实践》项目组成都会议临近期间，我的老师黄仲九、王尚弟先生热心、真诚地鼓励我编写一本新型分离技术。在他们的再三催促下，我们较为仓促地在原第二版教材（浙江大学出版）基础上，整理了本书的编写提纲与教材大纲（初稿），由二位先生带去成都会议讨论。由于编写提纲不细，又未提交样章等原因，经再次修改后，在次年的大连会议上，我们的教材正式列入了项目的编写计划。

刘茉娥教授和我早在20年前就为化学工程、生物化工、环境化工、高分子化工等工科类本科生开出新型分离技术的课程，并于1992年正式在浙江大学出版社出版了《新型分离技术基础》教材，1999年再版。对于编写教材的辛酸苦辣早已有深切的体会，对于正在发展中的新型分离技术的教材编写，尤为与基础课教材不同，必须完善相对已成熟的、并不断充实新发展的技术，工作量极大。在校、院教学部门领导的支持下，通过近六年来的教学积累和编写，今天终于成稿，如释重负，顿觉一身轻松。

本教材充分考虑到与过程工程原理（原称化工原理）课程教学内容的联系与衔接，合理调整了原版不适应教学规律的框架与结构，适当增添了正在发展并已取得共识的新概念、新技术，适量补充了日趋成熟且实用的新工艺。例如将各类膜接触器分别列入与其密切相关的精馏、吸收、萃取与吸附等章节中；在平衡级分离、传质分离的基础上，又在某些章节中增添了有关反应分离的概念；并在最后补充了分离-分离、反应-分离耦合与集成技术，其目的在于使系统在最佳条件下运行，进一步提高工艺过程的合理性、有效性与经济性。

本书分别由陈欢林（第1章、第2章第1~4节、第3章、第5章）、刘茉娥（第6章第4、5节，第9章、第10章第1、2节）、李昌圣（第2章第5节）、孙海翔（第10章第3节）、张林（第4章、第11章）编写；其余各章节的编写者为陈欢林、刘茉娥（第6章第1~3节），陈欢林、姚善泾（第7章），孙海翔、任其龙（第8章）；全书由陈欢林统稿并作部分修改。在编写过程中，孙海翔在各章文字输入与图表处理方面付出大量的辛劳，李昌圣对有关章节的文字和语句方面进行了润色工作；熊大和所长审阅了第10章第2节的初稿，并提出了中肯意见和建议，在此表示感谢。

在本书即将完稿之际，我们要感谢潘祖仁、陈维杻二位先生对本书的极力推荐；感谢近20年来选修本课程的化学、化工、生物、环境、高分子材料等专业的本科生和研究生对前两版教材的使用，为我们的教材建设与教学水平的提高提供了一个良好的平台。

新型分离技术所涉及的面极广，且在进一步的拓展之中，为一门始终处于发展之中的学科。要使新型分离技术的教材深受学生的喜爱并获得好评是不容易的，它与编著者的学术水平和长期的教学经验积累密切相关。由于我们对专业知识的理解与领悟有着一定的局限性，学术水平有限，实践经验不足，书中难免有不少纰漏甚至错误，我们真诚希望相关专家、学者和同行能给予指教，提出意见与建议，以便进一步修订和完善。

陈欢林
2005年2月
于浙江大学求是园

目 录

第 1 章 绪论 ······ 1

- 1.1 分离技术及其在过程工程中的意义 ······ 1
  - 1.1.1 分离技术的地位与作用 ······ 1
  - 1.1.2 新型分离技术开拓与发展的必要性 ······ 2
- 1.2 分离过程的分类 ······ 3
  - 1.2.1 机械分离 ······ 4
  - 1.2.2 传质分离 ······ 4
  - 1.2.3 反应分离与转化 ······ 5
- 1.3 新型分离技术的进展 ······ 5
  - 1.3.1 膜分离技术 ······ 6
  - 1.3.2 基于传统分离的新型分离技术 ······ 8
  - 1.3.3 耦合与集成技术 ······ 9
- 1.4 分离技术选择的一般规则 ······ 10
  - 1.4.1 选择的基本依据 ······ 10
  - 1.4.2 工艺可行性与设备可靠性 ······ 11
  - 1.4.3 过程的经济性 ······ 12
  - 1.4.4 组合工艺排列次序的经验规则 ······ 12
- 习题 ······ 13
- 参考文献 ······ 13

第 2 章 分离过程的基础理论 ······ 14

- 2.1 分离过程的热力学基础 ······ 14
  - 2.1.1 热力学基本定义与函数 ······ 14
  - 2.1.2 偏摩尔量和化学位 ······ 15
  - 2.1.3 克拉贝龙方程和克-克方程 ······ 16
  - 2.1.4 相律 ······ 17
  - 2.1.5 渗透压与唐南平衡理论 ······ 17
  - 2.1.6 非平衡热力学基本定律 ······ 20
- 2.2 分离过程中的动力学基础 ······ 22
  - 2.2.1 分子传质及其速度与通量 ······ 22
  - 2.2.2 质量传递微分方程 ······ 24
  - 2.2.3 质量传递微分方程特定式 ······ 25
- 2.3 分离过程中的物理力 ······ 25
  - 2.3.1 分子间和原子间的作用力 ······ 25
  - 2.3.2 溶解度参数 ······ 28
  - 2.3.3 渗透相关参数 ······ 30
- 2.4 分离因子 ······ 32
  - 2.4.1 平衡分离过程的固有分离因子 ······ 32
  - 2.4.2 速率控制过程的固有分离因子 ······ 33
  - 2.4.3 分离因子与过程能耗的定性关系 ······ 34
- 2.5 分离过程的能耗分析 ······ 35
  - 2.5.1 有效能的基本概念 ······ 35
  - 2.5.2 分离过程的㶲分析 ······ 39
- 习题 ······ 41
- 参考文献 ······ 42

第 3 章 反渗透与正渗透、纳滤、超滤与微滤 ······ 43

- 3.1 反渗透与正渗透 ······ 44
  - 3.1.1 渗透、反渗透与正渗透 ······ 44
  - 3.1.2 反渗透基本机理及模型 ······ 46
  - 3.1.3 反渗透操作特性参数计算 ······ 48
  - 3.1.4 反渗透工艺流程 ······ 49
- 3.2 纳滤 ······ 53
  - 3.2.1 纳滤膜发展历程 ······ 53
  - 3.2.2 对氯化钠的截留作用 ······ 53
  - 3.2.3 对单价或多价化合物的截留作用 ······ 54
  - 3.2.4 对混合物离子的截留作用 ······ 54
  - 3.2.5 对水中微量有机物的截留作用 ······ 55
  - 3.2.6 纳滤恒容脱盐 ······ 57
- 3.3 超滤 ······ 58
  - 3.3.1 超滤的基本原理 ······ 58
  - 3.3.2 超滤传质模型 ······ 59
  - 3.3.3 超滤过程工艺流程 ······ 62
- 3.4 微滤 ······ 67

3.4.1　微孔过滤模式 …………………… 67
　　3.4.2　滤饼过滤式通量方程 …………… 68
　　3.4.3　通量衰减模型 …………………… 69
　3.5　膜元件 ………………………………… 72
　　3.5.1　膜元件种类 ……………………… 72
　　3.5.2　各种膜组件比较 ………………… 75
　习题 ………………………………………… 76
　参考文献 …………………………………… 77

第4章　气体渗透、渗透汽化与膜基吸收 …… 78

　4.1　气体分离 ……………………………… 78
　　4.1.1　气体在膜内的传递机理 ………… 78
　　4.1.2　影响气体渗透性能的因素 ……… 83
　　4.1.3　气体分离的计算 ………………… 88
　　4.1.4　级联操作的形式和级数计算 …… 91
　4.2　渗透汽化与蒸汽渗透 ………………… 92
　　4.2.1　渗透汽化及蒸汽渗透原理 ……… 92
　　4.2.2　渗透通量和分离因子 …………… 93
　　4.2.3　渗透汽化膜过程的设计计算 …… 96
　　4.2.4　影响工艺设计的主要因素 ……… 97
　　4.2.5　渗透汽化级联计算 ……………… 99
　　4.2.6　渗透汽化与蒸汽渗透的经济分析 …………………………… 100
　4.3　膜基吸收 ……………………………… 101
　　4.3.1　膜基吸收及其气液传质形式 …… 101
　　4.3.2　膜基吸收的传质 ………………… 102
　　4.3.3　膜基吸收设计参数的确定 ……… 104
　　4.3.4　膜基吸收过程的应用 …………… 104
　习题 ………………………………………… 105
　参考文献 …………………………………… 106

第5章　透析、电渗析与膜电解 …………… 107

　5.1　透析 …………………………………… 107
　　5.1.1　透析过程机理 …………………… 107
　　5.1.2　透析过程的通量模型 …………… 107
　　5.1.3　透析液的种类及其组成 ………… 109
　　5.1.4　透析过程的种类及其清除率 …… 110
　5.2　电渗析 ………………………………… 112
　　5.2.1　电渗析过程原理 ………………… 112
　　5.2.2　电渗析的基本理论 ……………… 113
　　5.2.3　电渗析过程中的传递现象 ……… 115
　　5.2.4　电渗析器工艺参数计算 ………… 115
　　5.2.5　电渗析器及其脱盐流程设计 …… 120
　　5.2.6　电渗析中的浓差极化现象 ……… 125
　　5.2.7　倒极电渗析的设计 ……………… 125
　　5.2.8　离子交换树脂填充式电渗析 …… 127
　5.3　双极膜水解离 ………………………… 129
　　5.3.1　双极膜的特性 …………………… 129
　　5.3.2　双极膜水解离理论电位和能耗 … 130
　　5.3.3　双极膜电渗析的水解离原理 …… 131
　　5.3.4　双极膜过程设计参数 …………… 132
　　5.3.5　双极膜水解离应用 ……………… 132
　5.4　离子膜电解 …………………………… 133
　　5.4.1　膜电解基本原理 ………………… 133
　　5.4.2　离子电解膜 ……………………… 133
　　5.4.3　膜电解槽中的电化学反应及物料平衡 ………………………… 135
　　5.4.4　膜电解槽中的物料衡算 ………… 136
　　5.4.5　电解定律 ………………………… 136
　　5.4.6　膜电解槽阳极电流效率 ………… 137
　　5.4.7　膜电解的槽电压 ………………… 137
　习题 ………………………………………… 138
　参考文献 …………………………………… 139

第6章　特种精馏与蒸馏 …………………… 140

　6.1　混合物组分的相图 …………………… 140
　　6.1.1　三组分相图与蒸馏边界 ………… 140
　　6.1.2　剩余曲线图 ……………………… 141
　　6.1.3　蒸馏曲线图 ……………………… 144
　　6.1.4　全回流下的产物组成区（蝶形领结区） ……………………… 145
　6.2　萃取精馏与恒沸精馏 ………………… 146
　　6.2.1　萃取精馏与恒沸精馏特征及其差异 …………………………… 146
　　6.2.2　溶剂选择原则 …………………… 148
　　6.2.3　萃取精馏的分离因子 …………… 149
　　6.2.4　萃取精馏理论板数计算 ………… 150
　　6.2.5　恒沸精馏理论板数计算 ………… 153
　6.3　反应精馏 ……………………………… 155
　　6.3.1　反应精馏的基本特点 …………… 155
　　6.3.2　反应精馏的相平衡与化学平衡 … 156
　　6.3.3　反应精馏的动力学 ……………… 157
　　6.3.4　反应精馏塔的设计计算 ………… 158

6.3.5	反应精馏选型与应用 ……………	161	6.5.1 分子蒸馏的原理 ……………	170
6.4	超重力精馏 ………………………	163	6.5.2 分子蒸馏的传热与传质 ……	172
	6.4.1 超重力精馏的基本原理 ……	163	6.5.3 分子蒸馏器及其工艺设计 …	173
	6.4.2 板式旋转床单层和多层结构 …	164	6.5.4 分子蒸馏器特征及其应用 …	174
	6.4.3 超重力旋转床流体动力学和传质分离特性 ………………	165	6.6 膜蒸馏 ………………………………	177
			6.6.1 膜蒸馏的原理 ………………	177
	6.4.4 板式超重力精馏设计原则及步骤 …………………………	167	6.6.2 膜蒸馏过程中的传热和传质 …	178
			6.6.3 膜蒸馏用膜及其膜元件 ……	180
	6.4.5 超重力板式床蒸馏的应用 …	168	习题 ……………………………………	181
6.5	分子蒸馏 ………………………………	169	参考文献 ………………………………	182

第7章 超临界流体与特种溶剂萃取 …………………………………………………… 183

7.1	超临界流体萃取 ………………………	183	7.3 凝胶萃取 ………………………………	210
	7.1.1 超临界流体及其性质 ………	184	7.3.1 凝胶的种类及其特性 ………	210
	7.1.2 超临界流体萃取中的相平衡 …	188	7.3.2 凝胶的相变温度 ……………	211
	7.1.3 超临界流体的传递性质 ……	191	7.3.3 凝胶的溶胀与收缩机理 ……	212
	7.1.4 超临界流体萃取工艺及设备计算 …………………………	195	7.3.4 凝胶的筛分作用 ……………	213
			7.3.5 凝胶萃取设计参数 …………	213
	7.1.5 超临界流体萃取分离方法及典型流程 ………………………	198	7.3.6 典型的凝胶萃取工艺 ………	214
			7.3.7 凝胶萃取的应用 ……………	217
	7.1.6 超临界萃取操作条件选择 …	199	7.4 膜基溶剂萃取 ………………………	218
	7.1.7 超临界流体萃取过程的能耗 …	200	7.4.1 膜基萃取基本原理 …………	218
7.2	双水相萃取 ……………………………	201	7.4.2 膜基传质方程式 ……………	219
	7.2.1 双水相分配原理 ……………	201	7.4.3 影响膜基萃取传质的因素 …	219
	7.2.2 双水相系统中的作用力 ……	203	7.4.4 萃取剂选择原则 ……………	221
	7.2.3 影响双水相分配的主要因素 …	205	7.4.5 膜与膜组件的选择原则 ……	222
	7.2.4 双水相系统的选择 …………	207	习题 ……………………………………	222
	7.2.5 双水相萃取工艺设计 ………	208	参考文献 ………………………………	223
	7.2.6 双水相分配技术的应用 ……	209		

第8章 吸附、离子交换与色谱分离 …………………………………………………… 224

8.1	吸附分离 ………………………………	224	8.2.3 离子交换过程设计 …………	245
	8.1.1 吸附及其吸附剂特征 ………	224	8.2.4 离子交换器及其设计要求 …	247
	8.1.2 吸附分离剂 …………………	224	8.2.5 离子交换处理装置选用与设计要求 …………………………	248
	8.1.3 吸附分离基本概念 …………	225		
	8.1.4 吸附平衡与吸附等温方程 …	228	8.3 色谱分离 ………………………………	248
	8.1.5 吸附动力学与扩散传质机理 …	229	8.3.1 色谱的分类和特点 …………	249
	8.1.6 固定床吸附及穿透曲线 ……	231	8.3.2 色谱分离平衡关系及操作方法 …	251
	8.1.7 吸附分离工艺设计及其计算 …	234	8.3.3 色谱分离的基本参数 ………	252
8.2	离子交换 ………………………………	239	8.3.4 色谱分离的放大设计与优化 …	256
	8.2.1 离子交换树脂种类 …………	239	习题 ……………………………………	259
	8.2.2 离子交换平衡与动力学关系 …	241	参考文献 ………………………………	260

第9章 分子识别与印迹分离 …………………………………………………………… 261

9.1	弱相互作用与分子识别 ……………	261	9.1.1 分子间弱相互作用 …………	261

- 9.1.2 分子识别及其专一性条件 …… 262
- 9.1.3 分子识别的基本尺度 …… 262
- 9.1.4 互补性和预组织原则 …… 262
- 9.1.5 分子识别的键合常数 …… 263
- 9.1.6 分子识别体系 …… 264
- 9.2 分子识别理论及模型分析 …… 266
  - 9.2.1 分子识别的热力学基础分析 …… 266
  - 9.2.2 分子识别的动力学基础分析 …… 266
  - 9.2.3 分子识别过程键能分析 …… 267
- 9.3 分子印迹聚合物的制备 …… 268
  - 9.3.1 制备材料的筛选 …… 268
  - 9.3.2 分子印迹聚合物制备方法 …… 269
  - 9.3.3 典型制备方法的利弊分析 …… 271
  - 9.3.4 典型印迹聚合物的特征 …… 272
- 9.4 印迹分离过程建模计算 …… 272
  - 9.4.1 印迹分离过程建模 …… 272
  - 9.4.2 分子印迹扩散吸附与相互作用能差 …… 274
  - 9.4.3 客体结合常数与最大结合量估算 …… 275
  - 9.4.4 影响分子识别效应的因素 …… 277
- 9.5 印迹聚合物的应用 …… 278
  - 9.5.1 印迹色谱分离 …… 278
  - 9.5.2 印迹手性拆分 …… 279
  - 9.5.3 印迹固相萃取 …… 281
  - 9.5.4 印迹与免疫膜分离 …… 286
- 习题 …… 290
- 参考文献 …… 290

第10章 泡沫、液膜与磁分离 …… 292

- 10.1 泡沫分离 …… 292
  - 10.1.1 泡沫分离基本原理 …… 293
  - 10.1.2 泡沫分离的设备及流程 …… 296
  - 10.1.3 影响泡沫分离的因素 …… 299
  - 10.1.4 过程设计与理想泡沫模型 …… 301
  - 10.1.5 泡沫洗涤技术新发展 …… 305
- 10.2 液膜分离 …… 307
  - 10.2.1 液膜的形状和分类 …… 307
  - 10.2.2 促进传递机理及载体的选择 …… 308
  - 10.2.3 液膜分离机理及传质方程 …… 309
  - 10.2.4 液膜制备及其分离操作过程 …… 313
  - 10.2.5 液膜分离的应用 …… 319
- 10.3 磁分离 …… 320
  - 10.3.1 磁场及其磁性材料特性 …… 320
  - 10.3.2 磁分离计算基础 …… 323
  - 10.3.3 高梯度磁分离 …… 325
  - 10.3.4 超导磁分离 …… 327
  - 10.3.5 磁分离机及其处理系统 …… 328
  - 10.3.6 磁分离机系统设计要点 …… 331
- 习题 …… 334
- 参考文献 …… 335

第11章 耦合与集成技术 …… 336

- 11.1 反应-分离的耦合与集成过程 …… 336
  - 11.1.1 催化膜反应器 …… 336
  - 11.1.2 渗透汽化膜反应器 …… 338
  - 11.1.3 膜生物反应器 …… 341
- 11.2 分离-分离的集成过程 …… 343
  - 11.2.1 膜与吸收-气提的集成 …… 343
  - 11.2.2 精馏-渗透汽化集成 …… 344
  - 11.2.3 膜渗透与变压吸附的集成 …… 347
- 11.3 集成过程的设计优化 …… 348
  - 11.3.1 Aspen Plus 软件模拟设计 …… 348
  - 11.3.2 McCabe-Thiele 图解法设计 …… 348
- 习题 …… 353
- 参考文献 …… 353

本书扩展读物 …… 354

附录 …… 355

- 附录A 电解质水溶液的渗透压系数 …… 355
- 附录B 聚合物膜材料的溶解度参数 …… 356
- 附录C 常用溶剂的溶解度参数 …… 357
- 附录D 无机离子和离子对的自由能参数 …… 358
- 附录E 碱金属阳离子和卤族阴离子的自由能参数 …… 358
- 附录F 有机离子的自由能参数 …… 358
- 附录G 结构基团对 $E_{coh,i}$ 和 V_i 的贡献 …… 359
- 附录H 结构基团对溶解度参数的贡献 …… 360

第 1 章 绪 论

1.1 分离技术及其在过程工程中的意义

两种或多种物质的混合是一个自发过程,而要将混合物分开或将其变成单组分产物,必须采用适当的分离手段(技术)并耗费一定的能量或分离剂。分离技术系指利用物理、化学或物理化学等基本原理与方法,将某种混合物分成两个或多个组成彼此不同的产物的一种手段。待分离的混合物可以是原料、中间产物或废弃物,制得产物的组成可依需求而定,仍然可以是混合物,也可以为纯度极高的单体。在工业规模上,通过适当的技术及装备,耗费一定的能量或分离剂来实现混合物分离的过程称为分离工程。分离工程通常贯穿在整个生产工艺过程中,是获得最终产品必不可少的一个重要环节。

1.1.1 分离技术的地位与作用

(1) 在化工过程工业中的地位与角色 分离技术广泛应用于石油、化工、医药、食品、冶金、核能等许多工业领域中,其所需的装备和能量消耗常在整个过程工程中占有主要地位。在化工生产过程中,分离过程所占的基建投资通常在 50%~90% 范围内,所消耗的能量也往往占绝大部分。例如,在聚乙烯生产过程中,精制所消耗的能量占总能耗的 90% 以上;而在醋酸生产过程中则更高,达 98% 左右。

在化工过程工业中,反应常常是生产过程的核心,但如果没有有效纯化产物和去除废物的过程相配合,就不可能生产出合格的产品。如图 1-1 所示,分离单元的作用是除掉原料杂

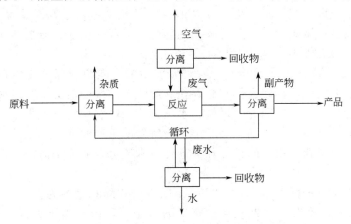

图 1-1 分离技术在化工过程工业中扮演的重要角色

质、回收未反应物、去除副产物、提取初产物，最终纯化获得合格产品；同时，其作用还应包括：处理或回收利用生产过程中产生的相关废水或/和废气等。

(2) 在日常生活中的作用　人们的日常生活离不开分离技术，每天洗脸、刷牙的自来水，饮用的净化水大多来自江河湖海，经处理与纯化后获得；每天吃喝的果汁、饮料、盐、酒、糖则由过滤、净化、精馏、蒸发、结晶等分离方法制得；每天煮饭、开车用的煤气、天然气、汽油，甚至电、氢等动力能源，也都是用相关分离与纯化手段取得的。

(3) 在生态环境保护中的作用　目前大中城市的绝大多数家庭的生活污水，已经纳入城市污水处理管网系统，实行集中统一处理。对于广大农村家庭的生活污水，目前也采用小规模的集中处理方式循序渐进地开展起来了。如何因地制宜，利用湿地、水生植物、生物氧化塘等生态方式，将生活污水中部分有毒、有害物质通过富集、吸收、转化或降解等手段消除后，再排入邻近江河湖泊，以改善水生态环境，显得特别重要。

另外，在汽车加油过程中部分汽油的挥发、有机溶剂在储运过程中的挥发、汽车尾气的排放、喷气机喷出的白雾等污染空气的问题尚未有效解决。因此，及时并高效去除空气中的气溶胶（$PM_{2.5}$ 颗粒物）、易挥发有机物（VOC），减少空气中的 NO_x、SO_2、CO 和 CO_2 等均有赖于新型分离技术。

(4) 在人类健康与保健中的作用　分离技术在医疗保健上的贡献是有目共睹的。人工肾、人工肺、人工肝等分别具有与人体肾、肺、肝等脏器功能类似的血液透析、氧合、脱毒作用。利用膜的筛分作用通过透析、滤过等方式净化血液、供氧和去除 CO_2 使血液氧合，或通过吸附与置换方法使血液脱毒等，达到调节人体平衡、维持生命、延长寿命的目的。

(5) 对新能源开发的作用　化石燃料难以持久，包括核能铀在内的其它能源，迫使人们不断开发新能源并提高利用率。如贫矿铀富集、氢能源开发、燃料电池、潮汐与浓海水发电等迫切需要高效而经济的新型分离技术。

1.1.2　新型分离技术开拓与发展的必需性

(1) 科技发展与探索的需求　现代科学技术的飞速发展，探索自然与开发优质产品的需求，导致对某些材料及产品的纯度要求提高，有时很苛刻。例如，在原子能和半导体工业中所需的气体氩、氦，半导体材料的硅和锗等，其纯度一般要求达到 99.99%，有的甚至高达 99.9999%。对电子工业中的超纯水、核反应堆的冷却水，其用量之大、纯度之高，无法用二次蒸发等传统工艺制得。第二次世界大战时，天然铀矿中 ^{235}U 的含量仅为 0.7% 左右，当时的美国不惜成本采用扩散法增浓提取 ^{235}U，到 20 世纪 60～70 年代法国开发出无机陶瓷膜扩散渗透法增浓提取 ^{235}U，而目前，日本正在建设超高速离心法分离浓缩 ^{235}U 的大型工厂。航天事业的发展也带来了许多亟待解决的问题，如载人空间飞行器与空间站舱内的空气净化、CO_2 去除、饮用水制备与生活废水再利用等。

(2) 资源利用与清洁生产的需求　自然资源中的。能源资源主要指石油与煤炭，石油危机及其引起的能源紧张，促使人们开始寻找新的能源。改变能源结构已成为发达国家的重要战略方针，氢能、核能、太阳能、风能、水及潮汐能的利用将显得越来越重要；利用生物可再生资源生产能源产品，如农副产品纤维素分解发酵生产酒精、玉米芯生产木糖醇等；能源危机也促使人们对工业过程中的耗能环节进行技术改造，尤其是清洁生产及分离过程中耗能环节的技术改造。

我国是水资源匮乏的国家之一，2022 年全国平均年降水量约为 631.5mm，人均年占有径流量仅为 2100m³，相当于世界人均占有量的 ¼ 至 ⅓，约相当于美国人均占有量的 1/6。据报道，2000 年我国的工业与火电用水、生活用水的需求量分别为 700 亿吨、360 亿吨；在

2030年前，若农业用水量上限控制在5000亿吨，则全国年缺水量仍将高达600亿吨。参与统计的我国670多个城市中，400多个城市存在供水不足问题，严重缺水的城市约110个，日缺水量达1600万吨以上，日供水能力仅能保证高峰期日用水量的60%~70%。

水资源匮乏已成为我国经济与社会发展的制约因素之一。在沿海城市，利用充足的海水资源，进行苦咸水脱盐、海水淡化、副产浓海水资源化利用将成为缓解沿海城市缺水的主要途径之一。

（3）生态环境保护的需求　随着现代工业的飞速发展，产生的废气、废水、废渣造成的环境污染与生态平衡的矛盾也越来越突出。

据全国普查数据报道，2023年我国的废、污水中的化学需氧量排放总量为2954.4万吨，其中工业源占1.1%、农业源占64.2%、生活源占34.7%，目前大中城市生活污水处理设施基本满足需求。然而，对广大农村家庭的生活污水，虽然也出台了相关的综合治理措施，但合适的处理方式有待进一步探究。另外，广大农村不合理使用化肥、农药造成的农业面源污染，加重了我国对饮用水水源地安全的防范与保护措施。我国海岸和近海海域水质劣于国家一类海水水质标准的面积约占总面积的1/3，其中劣于四类水质标准的严重污染区域面积仍达2.0万平方公里以上。

目前，已知由工矿企业、交通运输业等排入大气的毒害物质种类高达1000余种，其中排放量大，对人类和环境影响较大的约有100多种。特别是空气中易吸入颗粒物（$PM_{2.5}$）、二氧化硫、VOC、温室气体等的大幅度超标排放，以致我国的空气质量指标好转缓慢。

上述种种需求，不但促使一些常规分离技术不断地改进和发展，如蒸馏、吸收、萃取、吸附、结晶等，更使一些特色明显的新型分离技术，如反渗透、纳滤、泡沫分离、超临界萃取、双极膜解离、印迹分离等及其相应的耦合集成技术得到重视和开发。

近几年来，开展废水中的有用物质的回收，既可降低废水处理负荷，又能取得较大的经济效益，深受环保部门及工矿企业的重视；室内居住环境的污染也已受到了充分的关注，采用某些新型分离技术将房间内空气中的尘埃、VOC等清除已成为可能。这些新型的分离技术，有的已开始规模化应用，也有的处于实验研究或中试开发阶段，但可以预料，不久的将来这些新型分离技术将逐步成熟，并得到发展和推广应用。

1.2　分离过程的分类

分离过程的概念可用图1-2简单示意，其通常由原料、产物、分离剂及分离装置组成。原料是待分离的混合物，可以是单相或多相体系，但至少含有两个组分；产物为分离所得的产品，通常为两股，也可以有多股，其组分彼此不同；分离剂为加到分离装置中使分离过程得以实现的能量或物质，或两者并用，如在蒸馏过程中的热量、在萃取过程中的溶剂、在吸附过程中的吸附剂、在膜分离中的膜材料等。

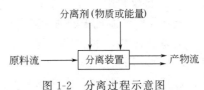

图1-2　分离过程示意图

分离装置是分离过程得以实施的必要物质设备，它可以是某个特定的装置，也可指从原料到产品之间的整个流程。分离过程指的是一股或多股物流作为原料进入分离装置，利用混合物各组分的某种物性差异，在分离装置中对其施加能量或者特定分离剂，使混合物得以分离并产生两个或两个以上产物的过程。

在工业上常用的分离方法不下三四十种，装置的结构和型式五花八门，但若按分离过程原理来分，可以分为机械分离、传质分离和反应分离与转化三大类。

1.2.1 机械分离

分离装置中，利用机械力简单地将两相混合物相互分离的过程称为机械分离过程，它的分离对象大多是两相混合物，分离时，相间无物质传递发生。表1-1列出了几种典型机械分离过程。

表1-1 几种典型的机械分离过程

名称	原料相态	分离剂	产物相态	原理	应用实例
过滤	液-固	压力	液+固	粒径>过滤介质孔径	浆状颗粒回收
沉降	液-固	重力	液+固	密度差	浑浊液澄清
离心分离	液-固	离心力	液+固	固-液相颗粒尺寸	结晶物分离
旋风分离	气-固(液)	惯性力	气+固(液)	密度差	催化剂微粒收集
电除尘	气-固	电场力	气+固	微粒的带电性	合成氨气除尘

1.2.2 传质分离

传质分离可以在均相或非均相混合物中进行，在均相中有梯度引起的传质现象发生。传质分离又可以分为平衡分离和速率控制分离两大类。

（1）平衡分离　平衡分离是依据被分离混合物各组分在不互溶的两相平衡分配组成不等的原理进行分离的过程，常采用平衡级概念作为设计基础，如表1-2的蒸馏、吸收、萃取、吸附、结晶等几种典型平衡分离过程。

表1-2 几种典型的平衡分离过程

名称	原料相态	分离剂	产物相态	原理	应用实例
蒸发	液	热	液+蒸气(汽)	物质沸点	稀溶液浓缩
闪蒸	液	热-减压	液+蒸气(汽)	相对挥发度	海水脱盐
蒸馏	液或汽	热	液+蒸气(汽)	相对挥发度	酒精增浓
热泵	气或液	热或压力	二气或二液	吸附平衡	CO_2/He分离
吸收	气	液体吸收剂	液+气	溶解度	碱吸收CO_2
萃取	液	不互溶萃取剂	二液相	溶解度	芳烃抽提
吸附	气或液	固体吸附剂	液或气	吸附平衡	活性炭吸附苯
离子交换	液	树脂吸附剂	液	吸附平衡	水软化
萃取蒸馏	液	热+萃取剂	蒸气(汽)+液	挥发度、溶解度	恒沸物分离
结晶	液	热	液+固	固液平衡	制白糖

（2）速率控制分离　速率控制分离是依据被分离组分在均相中的传递速率差异而进行分离的，例如利用溶液中分子、离子等的迁移速率、扩散速率等的差异来进行分离。

表1-3中所示的典型速率控制过程多属均相分离体系，其分离剂大多为压力或温度。但对于非均相体系，如在固-液或固-气系统中，当颗粒尺寸较小，甚至小到大分子状态，两相密度非常接近时，颗粒的上浮或下沉速度会很低，需借助离心力，甚至超高速离心力来分离，或通过渗透膜来强化速率差实现其分离。

表1-3 几种典型的速率控制分离过程

名称	原料相态	分离剂	产物相态	原理	应用实例
气体渗透	气	膜、压力	气	浓度差、压力差	富氧、富氮
反渗透	液	膜、压力	液	渗透压差	海水淡化
渗析	液	多孔膜	液	浓度差	血液透析

续表

名称	原料相态	分离剂	产物相态	原理	应用实例
渗透汽化	液	致密膜、负压	液	溶解、扩散	醇类脱水
泡沫分离	液	表面能	液	界面浓度差	矿物浮选
色谱分离	气或液	固相载体	气或液	吸附浓度差	难分体系分离
区域熔融	固	温度	固	温差	金属锗提纯
热扩散	气或液	温度	气或液	温差引起浓度差	气态同位素分离
电渗析	液	膜、电场	液或气	电位差	氨基酸脱盐
电解(膜)	液	膜、电场	液	电位差	液碱生产

膜分离技术是近30年来研究较多、发展较快的一种速率控制分离过程。此外还有以力、电、磁场作为分离剂的速率控制过程，例如，超速离心分离、超重力蒸馏、电沉降、高梯度和超导磁分离、色谱分离、分子印迹分离等。

1.2.3 反应分离与转化

化学反应通常能将反应物转化为目的产物，如果这类可转化为目的产物的反应物存在于混合物中，则我们可借助于化学反应将其从混合物中转化出来实现去除目的。化学反应的种类很多，可分为可逆与不可逆反应、均相与非均相反应、热化学反应、电化学反应、（光）催化反应，等等。

不是所有的化学反应都可用于分离为目的的过程，一般情况下可逆反应、不可逆反应、分解反应三大类可以考虑选用，但也要根据具体混合物分离的要求来筛选。如表1-4所示，借助于分解反应的分离技术还可分为生物分解、电化学分解、光分解反应等多类。

表1-4 几种典型的反应分离技术

分离种类	原料相	分离剂	代表性技术	应用实例
可逆反应	可再生物	再生剂	离子交换、反应萃取	水软化
不可逆反应	一次性转化物	催化剂	反应吸收、反应结晶	烟道气中SO_2吸收
生物分解反应	生物体	微生物	生物降解	废水厌氧生物处理
电化学反应	电反应物	电、膜	双极膜水解离反应	湿法精炼
光反应	光反应物	光	分解反应	烟道气CO_2生物转化

利用反应将混合物分离的例子很多，如通过调整pH值，将溶解于水中的重金属转化为氢氧化物的不溶性结晶，利用离子交换树脂的交换平衡反应将水软化，通过微生物将污水中的有机质转化为二氧化碳和水，将烟道气中的SO_2转化成石膏而脱除等。

1.3 新型分离技术的进展

新型分离技术在近30年来发展迅速，在某些领域，它们比传统分离技术更具优越性。图1-3为各种分离技术的相对发展现状。

新型分离技术大致可分为三大类：第一类为对传统分离过程或方法加以变革后的分离技术，如基于萃取的超临界流体萃取、液膜萃取、双水相萃取，基于吸附的色谱分离等；第二类为基于材料科学发展形成的分离技术，如反渗透、超滤、纳滤、气体渗透、渗透汽化等膜分离技术；第三类为膜与传统分离相结合形成的分离技术，如膜基吸收、膜基萃取、亲和超滤、膜反应器等。

新型分离技术的发展与人类探索自然和改善生活需求密切相关。众所周知，生化产品分离与纯化的难点是对象复杂、产物浓度低、产品易变性，迫切需要更合适的分离技术。这使得过程温和的膜分离、超临界萃取、色谱分离等新技术深受关注；空间实验室生命保障系统的正常运行是宇航员生活与工作的前提，该系统所涉及的 CO_2 收集与浓缩、水电解产氧、尿液净化制饮用水等，以及空间站高等植物栽培过程中营养物的供给、温度与湿度的调节等也需要高效的新型分离技术，探索与实践结果表明，膜接触器、双极膜水解离、纳滤等新型分离技术有望获得规模化应用。

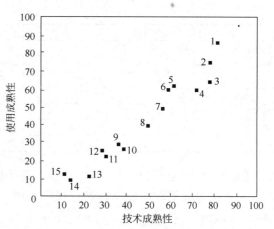

图 1-3　各种分离技术的相对发展现状
1—蒸馏；2—吸收；3—萃取/共沸蒸馏；4—溶剂萃取；
5—结晶；6—离子交换；7—吸附（气相）；8—吸附
（液相）；9—膜分离（气体）；10—膜分离（液体）；
11—色谱分离；12—超临界萃取；13—场致分离；
14—亲和分离；15—液膜分离

1.3.1　膜分离技术

（1）膜分离技术的发展和现状

膜分离是人们所掌握的最节能的物质分离和浓缩技术之一。近 30 年来发展极其迅速，已从单纯的海水淡化、纯水与超纯水制备、中水回用，逐渐拓展到环保、化工、医药、食品、航天等领域中，每年以大于 10%的速度递增。

自 20 世纪 60 年代 Loeb 和 Saurirajan 研制出第一张非对称型醋酸纤维素反渗透膜（被称为 L-S 膜）以来，大规模海水淡化已成为现实；微滤、超滤和气体分离已成功融入工业过程中，起着重要作用；被称为膜接触器的膜萃取、膜吸收、膜脱气、膜蒸馏等新型单元操作也步入工业应用；近 10 年来的促进传递、控制释放、分子印迹等新膜技术发展迅速，燃料电池则成为当今开发热点。

目前，膜分离技术除了用于石化、氯碱工业中的天然气净化、氨厂尾气中氢回收、石油伴生气中 CO_2 脱除、轻烃气中 H_2S 脱除、离子膜烧碱生产等外，还被广泛地用于市政供水与废污水处理，医疗与制药工业的人工肾、氧合器制备，药剂的浓缩与纯化；食品工业的果汁浓缩、饮料灭菌、矿泉水净化等；环保领域的印染、石化、食品与制药废水的处理，高盐、高有机物废水的资源化利用等。

膜与装置的销售和开发研究现状可用图 1-4 表示，各种膜及装置的销售状况可分为价格趋于稳定的低速增长区与使用趋于可靠性的高速增长区；研究现状可分为基础研究、过程开发与过程优化三个方面，由图可知膜与膜技术的应用潜力是非常明显的。

膜与膜技术的应用领域十分广阔，在当今世界高技术竞争中，也占有极其重要的位置，特别是在载人航天、大洋深海探索研究与开发中都离不开它，因而深受关注。

（2）膜技术的主要分离过程

膜技术按推动力可分为压力差、浓度差、温度差、电位差等；按膜组件结构可分为平板（盒式）、螺旋卷式、中空纤维式、管式等膜。目前主要的膜技术及其特征示于表 1-5。

微滤、超滤、纳滤与反渗透都是以压力差为推动力的膜过程，当膜两侧存在一定压力差时，可使部分溶剂（水）及小于膜孔径的溶质分子透过膜，而有机物大分子、无机盐离子等微粒则被膜截留下来，从而达到分离目的。

电渗析是在电场作用下使溶液中的阴、阳离子选择性地分别透过阴、阳离子交换膜，进行定向迁移的分离过程。该过程主要用于苦盐水脱盐、饮用水制备、工业用水处理等。

气体分离是指在压力差下，利用气体中各组分在膜中渗透速率的差异，达到各组分的分离过程。气体分离已大规模用于合成氨厂的氮、氢分离，空气富氧、富氮制备，天然气中二氧化碳与甲烷的分离等。

渗透汽化与蒸汽渗透均是利用待分离混合物中的某些组分具有优先选择性透过膜的特点，使料液侧优先渗透组分以溶解-扩散透过膜而实现分离的过程。

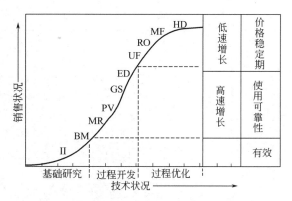

图 1-4　膜与装置的销售和开发研究现状的关系
HD—血液渗析；MF—微孔过滤；RO—反渗透；UF—超滤；
ED—电渗析；GS—气体分离；PV—渗透蒸发；
MR—膜反应器；BM—双极膜；II—免疫分离

表 1-5　几种工业化膜过程的基本特征

过程	简图	膜类型	推动力	传递机理	透过物	截留物
1. 微滤（>0.1μm）	进料→滤液(水)	均相膜、非对称膜	压力差约 0.1MPa	微孔筛分大小、形状	水、溶剂、溶解物	悬浮物、微粒、细菌
2. 超滤（0.001~0.02μm）	进料→浓缩液/滤液	非对称膜、复合膜	压力差 0.1~1.0MPa	分子特性，微孔筛分大小、形状	溶剂、离子及胶体分子	生物大分子
3. 反渗透（0.0001~0.001μm）	进料→溶质(盐)/溶剂(水)	非对称膜、复合膜	压力差 0.1~10MPa	扩散渗透	水	溶剂、溶质大分子、离子
4. 纳滤（0.0005~0.002μm）	进料→浓缩液/滤液	非对称膜、复合膜	压力差 0.2~1.5MPa	分子特性，微孔筛分大小、形状	溶剂、一价及部分二价离子	二价离子、分子量大于 300 的有机分子
5. 渗透	进料→净化液/扩散液→接受液	非对称膜、离子交换膜	浓度差	扩散	低分子量物质、离子	溶剂(分子量>1000)
6. 电渗析	浓电解质→产品(溶剂)，阴离子交换膜进料，阳离子交换膜	离子交换膜	电位差	离子选择	离子	非电解质及大分子物质
7. 膜电解	气体A/气体B，进料，产品A/产品B	离子交换膜	电位差、电化学反应	电解质离子选择传递、电极反应	电解质离子	非电解质离子

续表

过程	简图	膜类型	推动力	传递机理	透过物	截留物
8. 气体分离	进气 → 渗余气 / 渗透气	均相膜、复合膜、非对称膜	压力差 0.1~10MPa	扩散渗透	气体或蒸汽(气)	难渗气体或蒸汽(气)
9. 渗透蒸发	进料 → 溶质或溶剂 / 溶剂或溶质	均相膜、复合膜、非对称膜	压力差	溶解扩散	蒸汽(气)	难渗液体
10. 膜蒸馏	进料 → 浓缩液 / 渗透液	疏水均相微孔膜	温度差	蒸汽(气)扩散、渗透	蒸汽(气)	大分子、离子等溶质
11. 膜接触器	进料 → 净化液 / 提取液；接触液循环	疏水均相微孔膜	浓度差	气体吸收或溶质萃取	气体或溶质	依接触器不同而异

目前还有一类统称为膜接触器的新技术正在开发与推广应用，其中包括膜基吸收、膜基萃取、膜蒸馏、膜基脱气等。在这些过程中，膜介质本身与待处理混合物无分离作用，主要是利用膜的多孔性、亲水或疏水性，为两相传递提供较大而稳定的相接触界面，可避免常规分离操作过程中的液泛、返混等影响，近20年来深受化工界的关注。

随着科学技术的发展，人们模仿生物膜的某些功能，研制出相应的合成膜，用于工业生产过程与日常生活中。可以肯定，膜与膜分离是21世纪发展最快的高新技术产业之一。

1.3.2 基于传统分离的新型分离技术

蒸馏、萃取、吸收、吸附等传统化工分离技术，在产物的提取、分离、浓缩与纯化过程中起到重要作用，绝大多数的产品制备均基于这些技术。但随着科技的进步、生活水平的提高，人们对新产品的开发有更高的期待，目前至少有四个方面：获得更优质或更新型的产品，以提高生活质量；"三废"处理与综合利用，以平衡生态与改善生存环境；寻找新能源，以可再生资源生产能源产品；对外层空间与深海的探索研究。为实现这些需求，促使人们改进传统技术，提高效率，以适应新的需求。

（1）超临界萃取　是基于萃取原理发展起来的，被用于制药、食品、香料工业中不少特定组分的提取，如从咖啡豆中脱除咖啡因，从啤酒花中提取有效成分，从植物中提取β-胡萝卜素、生物碱、香精等生物活性物质，以及植物和动物油脂的分级提取与热敏物质的分离等。

（2）双水相萃取　是基于萃取原理，由瑞典学者Alberttson首先提出，于20世纪70年代中期，联邦德国的Kula等将其用于从细胞匀浆中提取酶和蛋白，改善胞内酶的提取过程；后来被用于γ-干扰素与杂蛋白的分离，以及相关抗生素、氨基酸等小分子的分离研究。

（3）色谱分离　基于吸附平衡机理，利用组分在固定相上和流动相内的分配平衡差异。分配色谱则与精馏或吸收的相平衡原理相似，之所以比吸收或精馏具有高得多的分离效率，是由于流动相和固定相之间连续不断的接触平衡，以致理想色谱柱的平衡级可从数百上升到千级以上，特别适用于处理常规精馏难以分离的体系，如应用于二甲苯异构体分离、油品脱蜡的典型模拟移动床式的工业色谱。

(4) 分子蒸馏　又称短程蒸馏，一般在高真空（10^{-4}Pa 级）下进行的蒸馏，其蒸发面和冷凝面的间距小于或等于被分离物蒸气分子的平均自由程，由蒸发面逸出的分子相互间无碰撞、无阻拦地喷射到冷凝面并在其上冷凝，其蒸发速率可高达 $20\sim40$g/(m^2·s)。适合于高分子量、高沸点、高黏度及热稳定性差、易氧化的混合物浓缩、分离或纯化。

最近十余年来，不少基于传统分离机理的新技术不断涌现并走向成熟，由实验室开发走向工业应用阶段，如超重力蒸馏、撞击流泡沫分离、高梯度和超导磁分离等。进一步加强基础研究与应用开发，完善设计方法，将会获得更广泛的推广应用。

1.3.3　耦合与集成技术

将分离与分离、反应与分离等两种或两种以上的单元操作耦合或结合在一起并用于工业分离的工艺称为集成过程。其最大特点能使物料与能量消耗的最小化、过程效率的最大化，或能达到清洁生产的目的，或能获得混合物的最优分离或最佳产物浓度。

(1) 传统分离与膜分离集成技术

如膜分离分别与蒸馏、吸收、萃取等常规分离相结合，以使过程在最佳条件下进行；采用这种集成技术比单独应用膜分离技术更有效、更经济。

① 精馏-渗透汽化集成技术　该集成技术不用带入恒沸剂，可使产物杂质减少。如渗透汽化与蒸馏集成生产无水乙醇，乙醇的损失几乎为零，没有环境污染。据报道，投资费用仅为普通共沸精馏操作的 40%～80%，操作费也有节省。

② 渗透汽化-萃取集成技术　亲水或亲有机物渗透汽化与萃取相结合的工艺，如利用水-甲基乙基酮（MEK）体系溶解度特性：水溶液层（底部）含 23% MEK（质量分数），富有机物层（上层）含 89% MEK（质量分数），从水溶液中回收 MEK，其纯度可达到 99%。

③ 错流过滤和蒸发集成技术　如 1998 年 5 月 Mobil 炼油厂采用错流过滤与蒸馏法结合，先用错流过滤分离至少 50% 的溶剂，然后用蒸馏法处理。运营结果表明：润滑油产率提高 25%（体积分数），操作成本仅为常用技术的 1/3。

④ 膜渗透与变压吸附集成技术　商用膜其 O_2/N_2 分离系数在 3.5～5 之间，富氧浓度为 30%～45%。若以富氧为目的，低流率、低浓度时，膜法有利；而超纯氮生产，以变压吸附（PSA）有利。在此前提下，将膜渗透和 PSA 结合，用于规模化高纯氮生产具有较大的竞争力，特别对生产 35% 的氧气和 95% 以上的氮时更为经济。

(2) 反应-分离耦合集成技术

在化学反应中，常由于产物的生成而抑制反应过程的进行，甚至导致反应的停止，及时将产物（副产物）移出，可促进反应的进一步进行，提高转化率。

① 催化反应-蒸馏集成技术　反应-蒸馏其过程可在同一个设备内进行，具有投资少、流程简单、产品收率高等优点。后来扩大到非均相反应-蒸馏，通过反应-蒸馏的数学模拟计算，更促进了该工艺的应用。如以叔丁基苯（*tert*-butylbenzene）为反应夹带剂，氧化铝为催化剂，用于对二甲苯与间二甲苯的分离，所需理论板数大为减少。

② 酯化反应-渗透汽化集成技术　渗透汽化与酯化反应相结合，可以利用渗透汽化亲水膜移去酯化反应过程中产生的水分，促使反应向酯化方向进行，提高转化率，也提高转化速度，节省能耗。如二甲脲（DMU）生产中，以合成反应辅以渗透汽化分离器，在酯化反应过程中移去水分，回收并循环使用甲胺和 CO_2，提高转化率，降低操作费用。

③ 膜基吸收及其他新型集成技术　采用膜基化学吸收可除去碳氢化物混合气中的酸性气体，可在井头上处理，避免送料管道的腐蚀和不安全等问题，其投资费用较低。如脱除天然气中的 CO_2 和 H_2S（CO_2 大于 40%，H_2S 为 1%），使天然气中 CO_2 和 H_2S 的含量分别

≤2%（摩尔分数）和≤$4×10^{-6}$，达到美国管道输送规定的标准。

尤其要指出的是，有的技术既不属于膜分离新技术，也无法归入传统分离新技术，更适合与其他技术的耦合与集成。如印迹分离以印迹聚合物为介质，能选择性地结合混合物中的微量，甚至痕量的目标溶质分子，使其从中被提取出来并增浓或纯化的一种新型分离技术，其构思新颖、发展迅速、应用宽广，也值得我们关注。

1.4 分离技术选择的一般规则

分离方法多种多样，对于一般混合物的分离，取决于其特定的环境和条件，选用哪一种分离方法比较合理，很难归纳出统一模式。但随着分离技术的发展和不断完善，仍有一些基本的规律可供选用分离方法时参考。

分离方法的选择常从确定产品纯度和回收率入手，产品纯度依据其使用目的来确定，而回收率则取决于当时能实现的技术水平；其次是通过了解混合物中目标产物与共存杂质之间在物理、化学与生物性质上的差异，然后比较这些差异及其可利用性，最后确定其工艺可行且最为经济的具体分离方法。

1.4.1 选择的基本依据

混合物的宏观和微观性质的差异是分离选择分离方法的主要依据，这些宏观或微观性质的差别反映分子本身性质不同。物质的分子性质对分离因子的大小有重要的决定作用。利用目标产物与其他杂质之间的性质差异所进行的分离过程，可以是单一因素单独作用的结果，也可以为两种以上因素共同作用的结果。

（1）待处理混合物的物性

分离过程得以进行的关键因素是混合物中目标产物与共存杂质的物性差异，如在物理、化学、电磁、光学、生物学等几类性质方面存在着至少一个或多个差异。

① 物性参数：分子量、分子大小与形状、熔点、沸点、密度、蒸气压、渗透压、溶解度、临界点；

② 力学性质：表面张力、摩擦因子；

③ 电磁性质：分子电荷、电导率、介电常数、电离电位、分子偶极矩及极化度、磁化率；

④ 传递特性参数：迁移率、离子淌度、扩散速度、渗透系数；

⑤ 化学特性常数：分配系数、平衡常数、离解常数、反应速率常数、络合常数。

利用混合物中目标产物与共存杂质的物性差异为依据来选择分离方法是最为常用的。若溶液中各组分的相对挥发度较大，则可考虑用精馏法；若相对挥发度不大，而溶解度差别较大，则应考虑用极性溶剂萃取或吸收法来分离；若极性大的组分浓度很小，则用极性吸附剂分离是合适的。

（2）目标产物的价值与处理规模

处理规模通常指的是处理物或目标产物量的大小，由此可将工程项目的规模分为大、中、小、微型四类，其间没有明确的界限。但目前常用投资额度的大小来言其项目的规模。

一般说来，较大项目的工程投资与其规模的 0.6 次方成正比，当规模小到某一程度后，由于工艺过程所必需的管道、仪表、泵类、贮罐等部分的投资与其关联不太大，基本上为定值，但却常占工程投资的较大部分，由此导致较小规模的投资比例增大。另外，与大规模操作相比较，小规模需投入的操作费用（尤其是劳动力）却不会按比例下降，而要高得多。

目标产物的价值与规模大小密切相关，常成为选择分离技术的主要因素。对廉价产物，常采用低能耗、无需或采用廉价分离剂的大规模生产，如海水淡化、合成氨、聚乙烯和聚丙烯生产等；而高附加值产物则往往选用中、小规模生产，如药物中间体、精细化学品等。

另外，规模大小也与分离技术及其进步有关，如大规模的空气分离用深冷蒸馏法最经济，而小或中规模的空气分离，则采用中空纤维膜分离法较为合适；又如乙醇、甲醇、异丙醇等有机溶剂的脱水回用，原来需采用较高的普通蒸馏塔，而现在则可用低矮的超重力蒸馏器取代。

表1-6列出了用于特种化学品生产的主要分离技术，共分为三类。对于大宗化学品的分离，精馏是最重要的一类，在美国约有40000个精馏塔用于大宗化学品的分离，约占美国整体能源消耗的6%能耗，我国占比可能更高。第二、三类为常用和其他的分离技术，在特种化学品生产过程中，分离、提取、浓缩与纯化，以及溶剂的重复利用等扮演着重要的角色。

表1-6 用于特种化学品生产的分离技术

第一类:精馏技术	第二类:常用分离技术	第三类:其他分离技术
分馏	萃取(包括其他特种萃取)	蒸发、干燥
气提	吸附(包括离子交换、色谱法)	离心、超重力离心
	结晶(包括沉淀)	吸收
	过滤(包含超滤、纳滤)	电泳
		磁分离(包含超磁分离)

（3）目标产物的特性

目标产物的特性是指热敏性、吸湿性、放射性、氧化性、光敏性、分解性、易碎性等一系列物理化学特性。这些物理化学特性常是导致目标产物变质、变色、被破坏等的根本原因，因此成为分离方法选择中的一个重要因素。

对热敏性目标产物，应防止因热而损坏。当采用精馏技术会使其因热而被破坏时，采用缩短物料在高温下的停留时间的方法，或采用减压（膜）蒸馏等。

在某些目标产物的提取、浓缩与纯化过程中，不能将分离剂夹带到目标产物中，否则将会严重降低产品质量。若对易氧化的产物，需要考虑解吸过程所用气体中是否有氧存在；对生物制品，则需要注意由于深度冷冻可能导致生物制品的不可逆的组织破坏等因素。

（4）产物的纯度与回收率

产物的纯度与回收率二者之间存在一定的联系。一般状况下，纯度越高，提取成本越大，而回收率则会随之降低。因此在选用分离方法时常需综合考虑。

1.4.2 工艺可行性与设备可靠性

某一种分离方法的可行性，常与工艺条件有联系。通常应尽可能避免在过程中使用很高或很低的压力或温度，特别是高温和高真空状态。

如不少膜分离工艺过程，其对进料体系的预处理有一定的要求，否则，随着过程的进行透过膜的通量将会不断下降，最后达到无法运行的地步，导致膜的清洗或更换频繁；另外，膜种类与膜组器结构形式选择不当，不仅关系到过程的操作成本，而且影响产出效率。

在分离方法选定以后，分离设备的能力与可靠性也是一个重要因素，某些方法由于设备的限制而难以实现工业应用。如膜技术其装置组件的形式有毛细管式、卷式、板式，以及陶瓷管式等多种，它们的单位体积内的比表面积差异很大，导致组件传质特性参数的差异。表1-7为不同膜技术适用的膜组件。

表 1-7　不同膜技术适用的膜组件

膜技术	管式	毛细管	中空纤维	板框式	卷式	折叠式	旋转式
反渗透	+	−	++	+	++	−	−
纳滤	++	−	++	++	++	−	−
超滤	++	+	−	++	+	+	+
微滤	++	++	−	−	−	++	++
负压膜滤	+	−	+	++	+	−	++

注：++ 很适用，+ 适用，− 不适用。

1.4.3　过程的经济性

过程的经济性基于技术可行性之上，过程能否商业化，取决于其新技术的经济性能否优于常规分离技术。如膜技术虽很有特色，但尚不能取代某些常规技术，将膜与某些常规技术相结合，则可得到最优方案，使得过程具有更好的经济效益。过程经济性在很大程度上取决于待处理物的回收率和目标产物的质量。待处理物的回收率的高低是过程经济性的主要指标；而提高目标产物的质量，意味着其使用价值的提高，也体现了产品的经济价值。

一般说来，以能量为分离剂的过程，其热力学效率较高；而以物质为分离剂的过程，在获得目标产物后仍需将其分离出来，致使能耗增高。因此，以物质为分离剂的过程应有较大的分离因子。

采用级联分离是化工常用的手段，膜分离技术较难设计成多级，而精馏则可在一个塔内实现多级分离；对于色谱分离，实际上达到了多级过程的极限。因此，膜分离适用于分离因子较大、目标产物纯度不太高的体系，精馏次之，而色谱法则适合分离因子小、产品纯度高的体系。

普通蒸馏不需分离剂，且易在一个塔内实现多级平衡分离，是最常选用的分离技术。而对某些混合物，虽可通过蒸馏获得目标产物，但耗能大。如燃料酒精，其在发酵液中浓度仅为 3%～7%，采用普通蒸馏制取 95% 的酒精，将大量的水脱除，塔身要高、能耗极大；而无水酒精则需用萃取或恒沸精馏法制取，需用分离剂。前者选用超重力蒸馏塔，则塔身降低、能耗也有下降；后者选用渗透汽化膜技术，对稀酒精段采用透醇膜将乙醇增浓，而在浓酒精段采用透水膜将少量的水脱除，不需要分离剂，既降低能耗，又提高产物质量。

1.4.4　组合工艺排列次序的经验规则

将一个多组分混合物分离成几个产品时，常有多种不同分离方法可供选用，同一混合物按不同的分离方法分离时，所获得的产物顺序也不相同。在这种条件下，选择哪一条组合工艺路线比较合理或最优化？大致步骤为：先确定分离目的，其次分析所需能耗及其来源，接着评估生产规模及产物纯度等。在此基础上再来选择分离方法。一般条件下，首选反应分离、次选多级分离；首先处理量大的，再处理量小的；要考虑自动化操作程度高，且过程简单的分离技术。

若以规模较小的精细化学品的生产为例，其分离方法的选择可参考如图 1-5 所示顺序，并结合以下因素进行：①有多种分离方法可供选用时，应先选简单的或比较简单的；②在提纯之前先浓缩产物；③对多组分混合物，先分离浓度最高的，将大量产物先移出；④对多组分混合物，先提取最易的，而将最难分离的放最后处理；⑤先去除危险物质；⑥避免用第二分离剂去除或回收第一分离剂（萃取剂、催化剂）等；⑦必须用分离剂时，尽早将分离剂和溶质分开；⑧需要在极端温度下分离时，尽量避免使用分离剂。

以上排序和所列因素，只是一般的经验归纳，并不能完全符合实际需求，请酌情考虑。

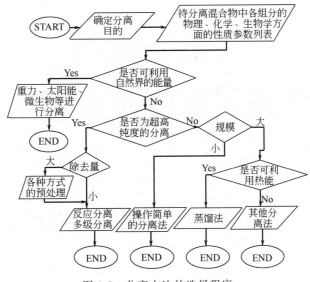

图 1-5 分离方法的选择程序

习 题

1-1 厨房、卧室、庭院内有哪些现象可用分离方法来改善?

1-2 请设计某些基于分离概念的家用电器设备,以提高我们日常生活质量。

1-3 汽车尾气中含有大量的 CO,有人正在探索开发一种催化分离膜,在尾气排放时及时将 CO 转化为 CO_2 而除去,你认为这属于哪一类分离方法,有可能实现吗?请说明理由。

1-4 学校教室内空气质量比户外好吗?主要由哪些物质导致的,请选择并设计一种较合理的分离技术有效地将这些污染物质去除。

1-5 请指出自来水、饮用水、纯净水、活性水的制备方法,各自采用了哪些分离技术?

1-6 不少科学家认为载人航天事业发展能推动科技的进步,你赞同这个观点吗?宇航员在空间站内生活与工作需要哪些新型分离技术为基础?

1-7 请列出膜与传统分离技术相结合的新型分离技术,并指出这些技术的特征及优越性。

1-8 以精馏过程为例,说明何为平衡级分离。

1-9 膜分离为什么被称为速率控制的分离过程?

1-10 何为集成技术,请举例。

1-11 试述溶剂萃取的原理,请用应用实例指出实现其分离过程的关键因素。

1-12 超临界萃取、双水相萃取、液膜萃取与常规溶剂萃取比较,有何异同处?

参考文献

[1] 王子宗. 石油化工设计手册(修订版). 北京:化学工业出版社,2015.
[2] 刘茉娥,陈欢林. 新型分离技术基础. 2 版. 杭州:浙江大学出版社,1999.
[3] 谭天恩,等. 化工原理. 4 版. 北京:化学工业出版社,2013.

第 2 章
分离过程的基础理论

2.1 分离过程的热力学基础

在平衡分离过程中,相平衡占有十分重要的地位,因为系统与热力学平衡状态的差距是平衡分离过程的推动力。速率控制分离过程为不可逆过程,通常发生在均相状态下并存在物流量。对于这种不可逆过程,可用耗散函数来表达推动力,而耗散函数是不可逆热力学与平衡热力学的联结点。因此,引进耗散函数后,平衡热力学仍然是速率控制分离过程的基础。本节简单介绍与传质分离过程有关的一些基本热力学关系。

2.1.1 热力学基本定义与函数

当一个体系的宏观性质不随时间而变化时,这个体系所处的状态可定义为平衡状态,当一个体系尚未达到平衡时,它的各部分状态必发生变化并趋向平衡态。即使达到平衡态,系统也是动态的,溶质仍可以不断地从一相变为另一相,只是两个相反方向的变化速率相等而已。

由热力学第一定律和第二定律,对单相、定常组成的均匀流体体系,在非流动条件下,可以写出下列基本方程

$$dU = TdS - pdV \tag{2-1}$$

$$dH = TdS + Vdp \tag{2-2}$$

$$dF = -pdV - SdT \tag{2-3}$$

$$dG = Vdp - SdT \tag{2-4}$$

上述各式称为基础方程式,U、H、F、G、S 分别为整个系统的内能、焓、功函数、自由能和熵。

通过对上述基础方程式微分,可推出 Maxwell 关系式

$$\left(\frac{\partial T}{\partial V}\right)_S = \left(\frac{\partial p}{\partial S}\right)_V \tag{2-5}$$

$$\left(\frac{\partial T}{\partial p}\right)_S = \left(\frac{\partial V}{\partial S}\right)_p \tag{2-6}$$

$$\left(\frac{\partial p}{\partial T}\right)_V = \left(\frac{\partial S}{\partial V}\right)_T \tag{2-7}$$

$$\left(\frac{\partial V}{\partial T}\right)_p = \left(\frac{\partial S}{\partial p}\right)_T \tag{2-8}$$

以及恒压与恒容热容

$$\left(\frac{\partial H}{\partial T}\right)_p = T\left(\frac{\partial S}{\partial T}\right)_p = C_p \tag{2-9}$$

$$\left(\frac{\partial U}{\partial T}\right)_V = T\left(\frac{\partial S}{\partial T}\right)_V = C_V \tag{2-10}$$

2.1.2 偏摩尔量和化学位

在等温等压条件下，在大量的体系中，保持除 i 组分外的其他组分的量不变，加入 1mol 组分 i 时所引起的体系容量性质 $\overline{Z}_i$ 的改变；或者是在有限量的体系中加入 $\mathrm{d}n_i$ 摩尔的 i 后，体系容量性质改变了 $\mathrm{d}Z$，$\mathrm{d}Z$ 与 $\mathrm{d}n_i$ 的比值就是 $\overline{Z}_i$（由于只加入 $\mathrm{d}n_i$ 摩尔，所以实际上体系的浓度没有改变）。如果 $\overline{Z}_i$ 代表体系的任何容量性质，则因此有

$$U = \sum_i n_i \overline{U}_i \qquad 式中：\overline{U}_i = \left(\frac{\partial U}{\partial n_i}\right)_{T,p,n_j} \tag{2-11}$$

$$H = \sum_i n_i \overline{H}_i \qquad 式中：\overline{H}_i = \left(\frac{\partial H}{\partial n_i}\right)_{T,p,n_j} \tag{2-12}$$

$$F = \sum_i n_i \overline{F}_i \qquad 式中：\overline{F}_i = \left(\frac{\partial F}{\partial n_i}\right)_{T,p,n_j} \tag{2-13}$$

$$G = \sum_i n_i \overline{G}_i \qquad 式中：\overline{G}_i = \left(\frac{\partial G}{\partial n_i}\right)_{T,p,n_j} \tag{2-14}$$

$$S = \sum_i n_i \overline{S}_i \qquad 式中：\overline{S}_i = \left(\frac{\partial S}{\partial n_i}\right)_{T,p,n_j} \tag{2-15}$$

值得注意的是，下标不为 T、p、n_j 的偏微商不是偏摩尔量。

当某均相体系含有不止一种物质时，它的任何性质都是体系中各物质的物质的量及 p、V、T、S 等热力学函数中任意两个独立变量的函数。若令

$$\mu_i \equiv \left(\frac{\partial U}{\partial n_i}\right)_{S,V,n_j} \tag{2-16}$$

μ_i 称为第 i 种组分的化学位。当熵、体积及除 i 组分以外其他各组分的物质的量 n_i 均不变的条件下，若增加 $\mathrm{d}n_i$ 的 i 组分，则相应的内能变化为 $\mathrm{d}U$，$\mathrm{d}U$ 与 $\mathrm{d}n_i$ 的比值就等于 μ_i。根据上述方法，可按 G、H、F 的定义，分别选 T，p，n_1，n_2，…，n_R 和 S，p，n_1，n_2，…，n_k 及 T，V，n_1，n_2，…，n_k 为独立变量，于是得到化学位的另一些表示式

$$\mu_i = \left(\frac{\partial U}{\partial n_i}\right)_{S,V,n_j} = \left(\frac{\partial H}{\partial n_i}\right)_{S,p,n_j} = \left(\frac{\partial F}{\partial n_i}\right)_{T,V,n_j} = \left(\frac{\partial G}{\partial n_i}\right)_{T,p,n_j} \tag{2-17}$$

式中，四个偏微商都叫作化学位。应特别注意的是：每个热力学函数所选择的独立变量是彼此不同的，如果独立变量选择不当，常常会引起错误，因此不能把任意热力学函数对 n_i 的偏微商都称为化学位。

显然，对单一组分的体系来说，组分的偏摩尔性质也就是体系的摩尔性质。同时应该注意，由式（2-11）～式（2-15）和式（2-17）可以看出，不是所有的化学位都是偏摩尔量，反之亦然。只有偏摩尔自由能才与化学位在数值上相等。

$$\mu_i = \left(\frac{\partial G}{\partial n_i}\right)_{T,p,n_j} = \overline{G}_i \tag{2-18}$$

一个体系的偏摩尔自由能的总和等于该体系自由能的变化

$$\Delta G = \sum_i \overline{G}_i \Delta n_i \tag{2-19}$$

我们知道Ⅰ、Ⅱ两相互成平衡的条件是

$$T_\mathrm{I} = T_\mathrm{II} \tag{2-20}$$

$$p_\mathrm{I} = p_\mathrm{II} \tag{2-21}$$

$$\mu_{i\mathrm{I}} = \mu_{i\mathrm{II}} \tag{2-22}$$

平衡体系的各相组分性质间的变化关系常可用化学位来描述及计算，但化学位也和内能、焓一样，其绝对值无法确定。为此我们可仿照 U 和 H 的计算，选择一个基准态。最常采用的基准态是和体系具有相同压力、温度及相同相态的纯组分。例如，对气体或蒸气混合物中任一组分的基准态则是在该混合物的温度、压力下的气态纯组分；而液体混合物中任一组分的基准态则是在该体系温度和压力的液态纯组分 i。按这样选择基准态，两相呈平衡时，同一组分在不同的相中采用了不同的基准态。有时基准态可能是假想的状态，但由于在计算过程中，基准态必定互相抵消，故原则上并不成为问题。

对气态混合物

$$\mu_i = \mu^0(p, T) + RT \ln y_i \tag{2-23}$$

对液体混合物

$$\mu_i = \mu^0(p, T) + RT \ln x_i \tag{2-24}$$

对基准态和给定状态之间的化学位差 $\Delta\mu_i$ 的计算，则需要引入活度和活度系数、逸度和逸度系数的概念。

2.1.3 克拉贝龙方程和克-克方程

克拉贝龙（Clapeyron）方程描述了当物态变化时（如熔化、蒸发），压力 p 随温度 T 的变化关系，可表示为

$$\frac{\mathrm{d}p}{\mathrm{d}T} = \frac{\Delta H_{蒸发}}{T \Delta V} \tag{2-25}$$

式中，ΔV 为两个物态的摩尔体积之差；$\Delta H_{蒸发}$ 为物系的蒸发焓。式（2-25）的物理意义为：p 随 T 的变化等于物系的相变焓与摩尔体积差之比。对于蒸发，由于液体的体积比蒸气的体积小得多，因此 ΔV 可近似为蒸气的偏摩尔体积。根据理想气体定律，体积可用 RT/p 来表示。将此关系代入式（2-25）后可得到

$$\frac{\mathrm{d}(\ln p)}{\mathrm{d}T} = \frac{\Delta H_{蒸发}}{RT^2} \tag{2-26}$$

这就是著名的克拉贝龙-克劳修斯（Clausius-Clapeyron）方程式（简称克-克方程），它可应用于液体-蒸气体系。如果温度范围很小，则 $\Delta H_{蒸发}$ 与温度无关，上述方程通过积分可得到下列两个方程

$$\lg p = -\frac{\Delta H_{蒸发}}{2.303 RT} + 常数 \tag{2-27}$$

$$\lg \frac{p_a}{p_b} = -\frac{\Delta H}{2.303 R}\left(\frac{1}{T_a} - \frac{1}{T_b}\right) \tag{2-28}$$

式中，p_a 和 p_b 表示一个给定化合物在 T_a 和 T_b 温度下的蒸气压。

式（2-27）为直线方程式，以 $\lg p$ 对 $\frac{1}{T}$ 作图得一直线。若由实验测得若干个温度下相应的饱和蒸气压数据，作 $\lg p$ 对 $\frac{1}{T}$ 的图，由直线的斜率可计算实验温度范围内的平均摩尔蒸发势，如图 2-1 所示，直线斜率（m）为

$$m = -\frac{\Delta H_{蒸发}}{2.303R} \tag{2-29}$$

故 $\Delta H_{蒸发} = -2.303Rm$

当温度范围较宽时，$\Delta H_{蒸发}$ 为温度的函数，则

$$\lg p = \frac{A}{T} + B\lg T + CT + D \tag{2-30}$$

式中，A，B，C，D 均为物系的特性常数。

此外，在较高温度范围内，也可以用安托因（Antoine）公式表示，即

$$\lg p = A - \frac{B}{T+C} \tag{2-31}$$

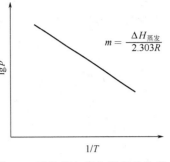

图 2-1 液体蒸气压与温度的关系

式中，T 为绝对温度；A，B，C 为物质的安托因常数，可从有关化学、化工手册中查到。

2.1.4 相律

吉布斯（Gibbs）于 1876 年推导出的相律已成为多相平衡体系研究的热力学基础，它表示平衡体系中相数 b、独立组分数 c 和描述该平衡体系的变量数 f 之间的关系

$$f = c - b + 2 \tag{2-32}$$

式中，f 为该体系的自由度数，是完整地描述体系状态所需要的独立强度变量数。

在分离过程中主要的三个强度变量是温度、压力和组分（浓度）。当三个变量中的两个指定后，第三个就自动地确定了。方程（2-32）中常数 2 通常指温度和压力两个变量。实际上，相律决定了相图的性质，相图又称为状态图，它可以指出在指定条件下，体系由哪些相所构成，各相的组成是什么。在相图中表示体系总组成的点称为"物系点"，表示某一个相的组成的点称为"相点"。

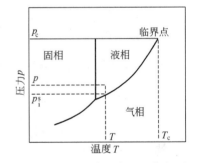

图 2-2 水的状态图与饱和蒸气压

图 2-2 为最简单的相图。对纯物质，组分数 $c=1$，则 $f=3-b$，如相图中液相区域，$f=2$。因此，在该区域内任一位置必须由温度和压力两个变量来确定。而在气-液平衡线上 $b=2$，只要确定一个变量，即温度或者压力，其状态就确定了。

2.1.5 渗透压与唐南平衡理论

2.1.5.1 渗透压

当溶液与溶剂（水）之间被半透膜隔开后，由于溶液内溶剂的化学位较纯溶剂的化学位小，就会使溶剂透过膜扩散到溶液一侧，当渗透达到平衡时，膜两侧存在着一定的化学位差或压力差，维持此平衡所需的压力差称为该体系的渗透压。因此渗透压在数值上等于为阻止渗透过程进行所需外加的压力或使纯溶剂不向溶液一侧扩散而必须加在溶液上的压力。

任何溶液都有渗透压，渗透压可根据半透膜两侧溶剂化学位相等的原理导出。

平衡时，溶液中溶剂的化学位 μ 可表示为

$$\mu = \mu^{\ominus} + p\overline{V} + RT\ln x \tag{2-33}$$

式中，$\mu^{\ominus}$ 为标准状态下（通常取 25℃，0.1MPa）纯溶剂的化学位；p 为作用于溶液液面上超过 0.1MPa 的压力；$\overline{V}$ 为溶剂的偏摩尔体积。

若以 μ_1 表示标准态下溶液中溶剂的化学位，则

$$\mu_1 = \mu^\ominus + RT\ln x \tag{2-34}$$

对超过标准态压力的 p 所产生的化学位可根据化学位和压力的关系导出

$$\left(\frac{\partial \mu}{\partial p}\right) = \overline{V} \tag{2-35}$$

分离变量并积分得

$$\int_0^{\mu_2} d\mu = \overline{V}\int_0^p dp \tag{2-36}$$

$$\mu_2 = \overline{V}p \tag{2-37}$$

式中，μ_2 为超过标准态压力的那部分压力所引起的溶液中溶剂的化学位变化。

这样，溶液中溶剂的总化学位应为

$$\mu = \mu_1 + \mu_2 \tag{2-38}$$
$$= \mu^\ominus + p\overline{V} + RT\ln x \tag{2-39}$$

根据渗透平衡时半透膜两侧溶剂化学位相等的原则，上式的 p 值即为渗透压 π。膜左侧纯溶剂的化学位为 $\mu^\ominus$，膜右侧溶液中溶剂化学位为

$$\mu^\ominus + p\overline{V} + RT\ln x$$

平衡时，膜左右两侧溶剂的化学位

$$\mu^\ominus = \mu^\ominus + \overline{V}\pi + RT\ln x \tag{2-40}$$

则

$$\overline{V}\pi = -RT\ln x \tag{2-41}$$

故得

$$\pi = -\frac{RT}{\overline{V}}\ln x \tag{2-42}$$

若两组分溶液中溶剂和溶质的摩尔分数分别为

$$x_A = \frac{n_A}{n_A + n_B} \tag{2-43}$$

$$x_B = \frac{n_B}{n_A + n_B} \tag{2-44}$$

由此得

$$-\ln x = -\ln x_A = \ln\left(1 + \frac{n_B}{n_A}\right) \tag{2-45}$$

故

$$\ln\left(1 + \frac{n_B}{n_A}\right) = \left[\left(\frac{n_B}{n_A}\right) - \frac{1}{2}\left(\frac{n_B}{n_A}\right)^2 + \frac{1}{3}\left(\frac{n_B}{n_A}\right)^3 \cdots\right] \tag{2-46}$$

因 $n_B \ll n_A$，故

$$-\ln x_A \approx \frac{n_B}{n_A} \tag{2-47}$$

将该式代入式（2-42）得

$$\pi = \frac{RT}{\overline{V}}\frac{n_B}{n_A} \tag{2-48}$$

又因 $\overline{V}n_A = V$，即等于溶剂的体积。对于稀溶液可近似地看作是溶液的体积，所以 n_B/V 相当于溶质的体积摩尔浓度 c_B，故渗透压可写成

$$\pi = c_B RT \tag{2-49}$$

上式称为范托夫渗透压公式，适用于稀溶液。

对多组分体系的稀溶液，其渗透压公式可写成

$$\pi = RT \sum_{i=1}^{n} c_i \tag{2-50}$$

式中，n 为组分数，当溶液的浓度增大时，溶液偏离理想程度增加，所以上式是不严格的。对电解质水溶液常需引入渗透压系数 ϕ_i 来校正偏离程度。故含有溶质组分 i 的水溶液，其渗透压可用下式计算

$$\pi_i = \phi_i c_i RT \tag{2-51}$$

本书附录列出了40余种电解质水溶液在25℃时的渗透压系数 ϕ_i，由附录可知，当溶液的浓度较低时，绝大部分电解质的渗透压系数接近于1，不少电解质随着溶液浓度的增加而 ϕ_i 增大。对 NaCl、KCl 等一类溶液，其系数基本上不随浓度而变，而 Na_2SO_4、K_2SO_4 等一类溶液则 ϕ_i 随溶液浓度的降低而增大。

2.1.5.2 唐南平衡

假定一种分子或离子大得不能通过膜，而溶剂等小分子和普通离子能自由通过，这时若系统中有这类分子电解质存在并达到平衡时，膜两侧电解质浓度并不相等，这种现象称为唐南平衡（Donnan equilibrium）。如图 2-3 所示，若考虑有这样两种溶液：它们分别含有 Na^+Cl^- 和 Na^+R^-，R^- 为带负电荷的大离子，两种溶液间被膜所隔开，膜孔的大小可让 Na^+ 和 Cl^- 通过，但 R^- 不能通过。经过一定时间后，Na^+ 和 Cl^- 达到以下平衡

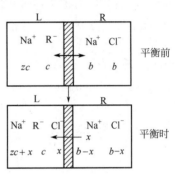

图 2-3 渗透唐南过程的平衡

$$[Na^+]_R [Cl^-]_R = [Na^+]_L [Cl^-]_L \tag{2-52}$$

按电中性原理，膜两侧各自的正负电荷应呈平衡状态

$$[Na^+]_R = [Cl^-]_R \tag{2-53}$$

及

$$[Na^+]_L = [Cl^-]_L + [R^-]_L \tag{2-54}$$

因此

$$[Cl^-]_R^L = [Cl^-]_L ([Cl^-]_L + [R^-]_L) \tag{2-55}$$

$$= [Cl^-]_L^L + [Cl^-]_L [R^-]_L \tag{2-56}$$

所以，当膜两侧达到平衡时有

$$[Cl^-]_R > [Cl^-]_L \tag{2-57}$$

也即平衡时，膜两侧的 Cl^- 浓度是不相等的。这就是唐南平衡理论，可阐明电渗析中离子交换膜对反离子的选择透过性现象。

若 Cl^- 的初始浓度为 $[Cl^-]_R$，带负电的大离子初始浓度为 $[R^-]_L$，假设达到平衡时，Cl^- 由膜右侧扩散渗透到膜左侧的净通量为 x，则可得到唐南平衡现象的另一结果

$$\frac{x}{[Cl^-]_R} = \frac{[Cl^-]}{2[Cl^-]_R + [R^-]_L} \tag{2-58}$$

因此，$x/[Cl^-]_R$ 就是在达到平衡时，可从膜右侧扩散渗透到膜左侧的 Cl^- 的分数。表 2-1 为按唐南平衡理论计算的 Cl^- 通过膜的扩散渗透分数。表中的三对数据表示这个分数随 $[Cl^-]_R/[R^-]_L$ 的初始化率而变化的情况。这表明，在左室中保持高浓度的不扩散离子，可以阻止可扩散离子进入左室。

表 2-1　Cl^- 通过膜的扩散渗透分数

$[Cl^-]_R/[R^-]_L$	$x/[Cl^-]_R$	$[Cl^-]_R/[R^-]_L$	$x/[Cl^-]_R$
1/100	0.01	100/1	0.50
1/1	0.33		

由图 2-4 所示，通过膜的 Cl^- 扩散渗透分数与不能透过膜的大离子浓度有关。当溶质浓度比 $[Cl^-]_R/[R^-]_L = 1/100$ 时，扩散渗透分数 $x/[Cl^-]_R = 0.01$；当溶质浓度比增加到 1/1 时，扩散渗透分数达 0.33；浓度比进一步提高到 100/1 时，扩散渗透分数高达 0.50。

2.1.6 非平衡热力学基本定律

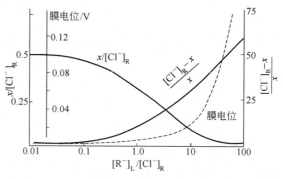

图 2-4 不同溶质浓度比对渗透分数与膜电位的影响

分离过程中的扩散现象，不但涉及溶液的浓度与温度、操作压力等因素，还往往与几种不同推动力的伴生效应有关。例如由于温度梯度引起的溶质扩散和由于浓度梯度引起的热扩散，均为不可逆的传质过程，借助于非平衡热力学的概念，可以较为满意地描述此类不可逆传质过程。

构成非平衡热力学的三个基本定律分别为：Onsager 线性唯象方程、耗散函数及 Onsager 互易关系，它们是研究传递理论及模型的基础。

2.1.6.1 Onsager 线性唯象方程

Onsager 在 1931 年假定：对于足够慢的过程，所有的物流量与其相应的推动力之间存在着线性关系，即

$$J_i = \sum_{k=1}^n L_{ik} X_k \quad (i=1,2,3,\cdots,n) \tag{2-59}$$

式中，L_{ik} 称为唯象系数，当 $k=i$ 时，L_{ii} 称为直接系数，$k \neq i$ 时，L_{ik} 称为交叉系数；X_k 为推动力；J_i 为物流量。式（2-59）被称为线性唯象方程（phenomenological equations），用于描述不可逆热力学过程中物流量与推动力关系。

该方程表明，在有几个物流量 $J_1, J_2, \cdots, J_n$ 同时存在的系统里，任一个物流量 J_i 在方向和线性关系的形式上，不仅与它的共轭力（用直接系数 L_{ii} 表示）有关，而且还和其他的非共轭力（用交叉系数 L_{ik} 表示）有关。也即物流量正比于共轭力和非共轭力所引起的附加作用。线性定律用于实际问题时，即得到各种简化了的特定形式，例如热流的 Fourier 定律、电流的 Ohm 定律、物质扩散的 Fick 定律等。

如热和质量同时传递时，根据线性唯象方程可得

$$J_h = L_{hh} X_h + L_{hm} X_m \tag{2-60}$$

$$J_m = L_{mh} X_h + L_{mn} X_m \tag{2-61}$$

假定热和质量传递的推动力分别为

$$X_{hz} = \frac{1}{T} \frac{dT}{dz} \tag{2-62}$$

$$X_{mz} = \frac{1}{x_2} \frac{du_i}{dx_1} \frac{dx_1}{dz} \tag{2-63}$$

则线性唯象方程的通量表达式分别为

$$J_h = -\frac{L_{hh}}{x_2} \frac{dT}{dz} - \frac{L_{hm}}{x_2} \frac{du_i}{dx_1} \frac{dx_1}{dz} \tag{2-64}$$

$$J_m = -\frac{L_{mh}}{T} \frac{dT}{dz} - \frac{L_{mm}}{x_2} \frac{d\mu_1}{dx_1} \frac{dx_1}{dz} \tag{2-65}$$

这样就可获得表示由温度梯度引起扩散传递的 Fick 定律的扩散式

$$J_m = -cD_{12}\frac{\mathrm{d}x_1}{\mathrm{d}z} - \frac{cD_T}{T}\frac{\mathrm{d}T}{\mathrm{d}z} \tag{2-66}$$

式中，$D_T = L_{mm}/c$，称为热扩散系数；$D_{12} = \dfrac{L_{mm}}{Cx_2}\dfrac{\mathrm{d}\mu_1}{\mathrm{d}x_1}$，称为传质系数。

这种由温度梯度引起混合物组分浓度梯度，最后导致扩散传质的现象称为沙莱特（Soret）效应，$S_T = D_T/D_{12}$ 称为 Soret 热致传质系数。

同理，我们可获得由浓度梯度导致热扩散的 Fourier 定律的扩展式

$$J_h = -k\frac{\mathrm{d}T}{\mathrm{d}z} - \beta_T \frac{\mathrm{d}x_1}{\mathrm{d}z} \tag{2-67}$$

式中，$k = \dfrac{L_{hh}}{T}$，称为热导率；$\beta_T = \dfrac{L_{hm}}{x_2}\dfrac{\mathrm{d}\mu_1}{\mathrm{d}x_1}$，称为杜复（Dufour）系数。

这种由于浓度梯度引起传质，同时又产生温度梯度的现象称为杜复效应。

2.1.6.2 耗散函数

根据热力学第二定律，对于一个无限小的过程，其熵变可用以下不等式表示

$$\mathrm{d}S \geqslant Q/T \tag{2-68}$$

式中，Q 为实际过程中的热效应；T 为环境温度。

式（2-68）中等号表示可逆过程，不等号适用于不可逆过程。对于绝热体系或隔离体系，体系与环境无功、热交换，则 $\mathrm{d}S \geqslant 0$。若引进新变量 q，使式（2-68）两边相等，则

$$\mathrm{d}S - q\mathrm{d}t = Q/T \tag{2-69}$$

式中，$\mathrm{d}t$ 为熵发生改变 $\mathrm{d}S$ 所需的时间；q 为熵增率，表示单位时间内体系内部发生不可逆过程而引起的熵增量。

根据式（2-69）可知，对于不可逆过程的熵增量总是正的；还可以认为 $q\mathrm{d}t$ 是不可逆过程所产生的熵。假定在总熵变 $\mathrm{d}S$ 中减去 $q\mathrm{d}t$，则得到可逆过程熵变为 Q/T。

为了使用 Onsager 线性唯象方程，必须适当选择物流量和推动力，使得各种物流量与相应力的乘积之和等于温度与熵增率的乘积，并称其为耗散函数（dissipation function），用 ϕ 表示，即

$$T\left(\frac{\mathrm{d}S}{\mathrm{d}t}\right) = Tq = \sum_{i}^{n} J_i X_i \tag{2-70a}$$

式中，J_i 为物流量；X_i 为热力学力。X_i 和 J_i 两者为热力学共轭。

由于熵增率 $(\mathrm{d}S/\mathrm{d}t)_i$ 总是大于 0，亦即体系内自发变化朝着熵增大的方向进行。随着体系的熵增加，自由能则相应地减少。耗散函数 ϕ 表示自由能减少速率，可借助于物流量和热力学力的乘积之和来表示

$$\phi = \sum_{i}^{n} J_i X_i \qquad (i = 1,2,3,\cdots,n) \tag{2-70b}$$

由于物流量与推动力之间的关系可用线性唯象方程来表示，则耗散函数为

$$\phi = \sum_{i=1}^{n}\sum_{k=1}^{n} L_{ik} X_k X_i \qquad \begin{matrix}(i=1,2,3,\cdots,n)\\(k=1,2,3,\cdots,n)\end{matrix} \tag{2-71}$$

根据热力学原理，在不可逆过程中熵必定是增加的。事实上，由于 J 和 X 均为正值，则 ϕ 必定大于 0。为满足 $\phi > 0$ 的要求，则直接系数和交叉系数必须分别满足以下条件

$$L_{ii} \geqslant 0, \quad L_{ii}L_{kk} \geqslant L_{ik}^2 \tag{2-72}$$

也即所有直接系数（与共轭力有关）必定为正或等于零，而交叉系数（与非共轭力有关）在数值上小于或等于直接系数积的平方根。

2.1.6.3 Onsager 互易关系

当一个系统里的物流量和相应的力数目增加时，唯象系数的数目呈平方积数增加，采用实验测定方法来获得这些系数具相当大的困难。例如，具有两个物流量和两个力时，只有 4 个唯象系数；而当物流量和其力为 3 个时，系数就有 9 个，当物流量和其力增加到 6 个时，唯象系数就高达 36 个。

Onsager 利用统计力学的微观可逆原理，证明接近平衡过程的唯象系数 L_{ik} 的矩阵是对称的，也就是说，线性唯象方程中的物流量和力都是共轭的，存在互易关系（reciprocal relations）

$$L_{ik} = L_{ki} \quad (i \neq k) \tag{2-73}$$

利用 Onsager 互易关系可减少耗散函数计算时所需的实测系数。例如，利用 Onsager 互易关系，2×2 矩阵中的系数只要 3 个，而 3×3 矩阵中的系数则可从 9 个减到 6 个。

对于某一过程，Onsager 互易关系的正确度取决于该过程与 Onsager 原始假设的符合程度，即过程是否接近平衡的，物流量和力之间是否符合线性定律，所选择物流量与力的乘积是否具有熵增量的量纲。事实上，有不少过程并不能全部满足这些条件，如果不能找到适当的共轭物流量和力时，就不能使用 Onsager 互易关系。

2.2 分离过程中的动力学基础

分离过程的基础是能导致混合物分离的各种动力学梯度，通常利用的梯度有压力梯度（如反渗透）、浓度梯度（如渗析）以及电位梯度（如电渗析）等。表 2-2 列出了一些常见的梯度及其利用该梯度进行分离的过程。

表 2-2 按梯度分类的几种动力学分离方法

梯度	利用该梯度进行的分离过程	梯度	利用该梯度进行的分离过程
浓度梯度	扩散	电位梯度	电渗析、电解、膜电解
无膜	色谱法	压力梯度	超过滤、纳滤、反渗透
有膜	渗析法	温度梯度	热扩散、膜蒸馏

2.2.1 分子传质及其速度与通量

分子传质是一种很普遍的自然现象，在气体混合物中，如果组分的浓度各处不均匀，则由于气体分子的规则运动，单位时间内组分由高浓度区向低浓度区迁移分子数目将多于由低浓度区向高浓度区迁移的分子数目，造成由高浓度区向低浓度区的净分子流动，最终达到该组分在两处的浓度逐渐趋于一致。这种不依靠宏观的混合作用发生的传质现象，称为分子扩散。描述分子扩散通量速率的基本定律为费克第一定律。对于由两组分 A 和 B 组成的混合物，若无总体流动时，则根据费克第一定律，由浓度梯度所引起的扩散通量可表示为

$$J_A = -D_{AB} \frac{dc_A}{dz} \tag{2-74}$$

式中，J_A 为组分 A 的扩散摩尔通量；c_A 为组分 A 的摩尔浓度；z 为扩散方向上的距离；D_{AB} 为组分 A 在组分 B 中的扩散系数。式中的负号表示扩散方向与浓度梯度方向相反，

即分子扩散朝着浓度降低的方向进行。

式（2-74）所示的费克定律，仅适用于由组分浓度梯度所引起的分子传质通量。而一般在进行分子扩散的同时，各组分的分子微团（或质点）都处于总体运动状态而存在宏观运动速度，此时必须考虑各组分之间的宏观相对运动速度以及该情况下的扩散通量。

某组分的运动速度与质量平均速度（或摩尔平均速度）之差称为扩散速度，其中质量或摩尔平均速度是所有组分共有的宏观速度，它们可作为衡量各组分扩散速度和扩散性质的基准，可分别表示为

$$u = \frac{1}{\rho}(\rho_A u_A + \rho_B u_B) \tag{2-75}$$

$$u_m = \frac{1}{c}(c_A u_A + c_B u_B) \tag{2-76}$$

费克定律亦可采用质量通量表示，对于总密度 ρ 为常数的双组分混合物，其形式为

$$j_A = -D_{AB}\frac{d\rho_A}{dz} \tag{2-77}$$

式中，j_A 为组分 A 以扩散速度 $(u_A - u)$ 进行分子扩散时的质量通量；$d\rho_A/dz$ 为质量浓度梯度；D_{AB} 与式（2-74）中的 D_{AB} 具有相同的数值。

一般情况下，总密度 ρ 或总浓度 C 不一定为常量，故式（2-74）和式（2-77）可表示为

$$J_A = -cD_{AB}\frac{dx_A}{dz} \tag{2-78}$$

$$j_A = -\rho D_{AB}\frac{da_A}{dz} \tag{2-79}$$

在双组分混合物中，如扩散方向上的质量平均速度 u 或摩尔平均速度 u_m 恒定，则组分 A 的扩散通量可用浓度与相应的相对速度乘积表示

$$J_A = c(u_A - u_m) \tag{2-80}$$

$$j_A = \rho_A(u_A - u) \tag{2-81}$$

则可得

$$J_A = c_A(u_A - u_m) = -cD_{AB}\frac{dx_A}{dz} \tag{2-82}$$

由于 u_A，u_B 分别为组分 A，B 相对于静止坐标的速度。若定义组分相对于静止坐标的摩尔通量为

$$N_A = c_A u_A \tag{2-83}$$

$$N_B = c_B u_B \tag{2-84}$$

则由上两式可推得存在主体流动时组分 A 的摩尔通量

$$N_A = -cD_{AB}\frac{dx_A}{dz} + x_A(N_A + N_B) \tag{2-85}$$

同理可得组分 A 的质量通量为

$$n_A = -\rho D_{AB}\frac{da_A}{dz} + a_A(n_A + n_B) \tag{2-86}$$

式中，x_A，a_A 分别为组分 A 的摩尔分数和质量分数；n_A，n_B 分别为组分 A 和组分 B 的质量通量。

式（2-78）、式（2-79）以及式（2-85）、式（2-86）均为费克定律的表达式，式中 J_A 和 j_A，N_A 和 n_A 为根据不同基准而定义的通量，以上四式中的扩散系数 D_{AB} 具有同一数

值，至于应用四式中的哪一个式子，需视具体情况而定，在质量传递过程中，由于参与作用的组分以摩尔质量表示方便，故采用 N_A 或 J_A 表示通量；在工程设计中，多采用静止坐标的通量 n_A 或 N_A 表示，而在测定扩散系数时，则一般采用 J_A 或 j_A 表示通量。双组分混合物扩散时组分 A 的通量见表 2-3。

表 2-3　双组分混合物扩散时组分 A 的通量

项目	A 的总通量 （相对于静止坐标）	A 的扩散通量 （相对于平均速度）	A 的主体流动通量 （相对于静止坐标）
质量基准	$n_A = \rho_A u_A$ $n_A = j_A + a_A n$	$j_A = \rho_A(u_A - u)$ $j_A = -\rho D_{AB} \dfrac{da_A}{dz}$	$a_A n = \rho_A u$ $a_A n = a_A(\rho_A u_A + \rho_B u_B)$
物质的量基准	$N_A = c_A u_A$ $N_A = J_A + x_A N$	$J_A = c_A(u_A - u_m)$ $J_A = c D_{AB} \dfrac{dx_A}{dz}$	$x_A N = c_A u_m$ $x_A N = x_A(c_A u_A + c_B u_B)$

2.2.2　质量传递微分方程

利用微元控制体积的概念可以推导出传质微分方程式。对双组分体系，当总密度 ρ 恒定，并伴有化学反应的质量传递微分方程，可用随体导数的形式表示。

$$\frac{D\rho_A}{Dt} = D_{AB} \nabla^2 \rho_A + r_A \tag{2-87}$$

$$\frac{D\rho_A}{Dt} = \frac{\partial \rho_A}{\partial t} + u_x \frac{\partial \rho_A}{\partial X} + u_y \frac{\partial \rho_A}{\partial Y} + u_z \frac{\partial \rho_A}{\partial Z} \tag{2-88}$$

$$\nabla^2 \rho_A = \frac{\partial^2 \rho_A}{\partial X^2} + \frac{\partial^2 \rho_A}{\partial Y^2} + \frac{\partial^2 \rho_A}{\partial Z^2} \tag{2-89}$$

式中，r_A 为 A 物质质量反应速率。该方程亦称为组分 A 的连续性方程。

若用摩尔平均速度 u_m 和摩尔质量表示，则当 A 和 B 双组分混合物总浓度 c 为常数、伴有化学反应时，组分 A 的摩尔质量传递方程为

$$\frac{Dc_A}{Dt} = D_{AB} \nabla^2 c_A + R_A \tag{2-90}$$

$$\frac{Dc_A}{Dt} = \frac{\partial c_A}{\partial t} + u_{mx} \frac{\partial c_A}{\partial X} + u_{my} \frac{\partial c_A}{\partial Y} + u_{mz} \frac{\partial c_A}{\partial Z} \tag{2-91}$$

$$\nabla^2 c_A = \frac{\partial^2 c_A}{\partial X^2} + \frac{\partial^2 c_A}{\partial Y^2} + \frac{\partial^2 c_A}{\partial Z^2} \tag{2-92}$$

式中，R_A 为 A 物质摩尔反应速率。对许多实际传质过程，式（2-91）可以进一步简化。例如当两组分总浓度 c 恒定、无化学反应、非稳态的传质过程，式（2-91）可简化为

$$\frac{Dc_A}{Dt} = D_{AB} \left(\frac{\partial^2 c_A}{\partial X^2} + \frac{\partial^2 c_A}{\partial Y^2} + \frac{\partial^2 c_A}{\partial Z^2} \right) \tag{2-93}$$

若无对流传质的主体流存在，则上式可进一步简化为

$$\frac{\partial c_A}{\partial t} = D_{AB} \left(\frac{\partial^2 c_A}{\partial X^2} + \frac{\partial^2 c_A}{\partial Y^2} + \frac{\partial^2 c_A}{\partial Z^2} \right) \tag{2-94}$$

上式仅适用于描述固体、静止液体以及气体或液体组成的二元体系内的等物质的量反向扩散状态。通常把方程（2-94）称为以直角坐标系表示的费克第二定律。

2.2.3 质量传递微分方程特定式

若 c_A 不是时间的函数，则传质过程在稳态下进行，于是式（2-94）又可进一步简化为

$$\frac{\partial^2 c_A}{\partial X^2}+\frac{\partial^2 c_A}{\partial Y^2}+\frac{\partial^2 c_A}{\partial Z^2}=0 \tag{2-95}$$

上式称为以摩尔浓度表示的组分 A 的拉普拉斯方程。

对费克第二定律的柱坐标和球坐标系形式可分别表示为

$$\frac{\partial c_A}{\partial t}=D_{AB}\left[\frac{\partial^2 c_A}{\partial r^2}+\frac{1}{r}\frac{\partial c_A}{\partial r}+\frac{1}{r^2}\frac{\partial^2 c_A}{\partial \theta^2}+\frac{\partial^2 c_A}{\partial Z^2}\right] \tag{2-96}$$

$$\frac{\partial c_A}{\partial t}=D_{AB}\left[\frac{1}{r^2}\frac{\partial}{\partial r}\left(r^2\frac{\partial c_A}{\partial r}\right)+\frac{1}{r^2\sin\theta}\frac{\partial}{\partial \theta}\left(\sin\theta\frac{\partial c_A}{\partial \theta}\right)+\frac{1}{r^2\sin^2\theta}\frac{\partial^2 c_A}{a\phi^2}\right] \tag{2-97}$$

若以通量形式表示组分 A 的传质微分方程，以直角坐标系表示时

$$\frac{\partial c_A}{\partial t}+\left[\frac{\partial N_{A,x}}{\partial X}+\frac{\partial N_{A,y}}{\partial Y}+\frac{\partial N_{A,z}}{\partial Z}\right]=0 \tag{2-98}$$

以柱坐标系表示时

$$\frac{\partial c_A}{\partial t}+\left[\frac{1}{r}\frac{\partial}{\partial r}(rN_{A,r})+\frac{1}{r}\frac{\partial N_{A,\theta}}{\partial \theta}+\frac{\partial N_{A,z}}{\partial Z}\right]=0 \tag{2-99}$$

若以球坐标系表示时

$$\frac{\partial c_A}{\partial t}+\left[\frac{1}{r^2}\frac{\partial}{\partial r}(r^2 N_{A,r})+\frac{1}{r\sin\theta}\frac{\partial}{\partial \theta}(N_{A,\theta}\sin\theta)+\frac{1}{r\sin\theta}\frac{\partial N_{A,\phi}}{\partial \phi}\right]=0 \tag{2-100}$$

对于双组分体系的质量传递微分方程及其特定式，也可参照摩尔浓度传递微分方程的形式，用柱坐标或球坐标系表示。

2.3 分离过程中的物理力

2.3.1 分子间和原子间的作用力

分子是保持物质基本化学性质的最小微粒，分子的性质由分子内部结构决定，分子结构通常包括：分子的空间构型、化学键（共价键、离子键、金属键、配位键）和分子间的范德瓦尔斯力。

特别是分子间力，它是电中性的原子或分子间的非化学键式的相互作用和吸引力，是决定物质沸点、熔点、汽化热、熔化热、溶解度和表面引力等物理化学性质的重要因素。焦耳-汤姆逊效应、气体的液化、分子晶体的稳定和固体表面对气体的吸附等现象，都与分子间力有关。

2.3.1.1 色散力

色散力是在非极性分子间产生瞬时偶极作用引起的一种分子间力，又称伦敦（London）力。非极性分子无偶极，但由于电子的运动，瞬间电子的位置使得原子核外的电荷分布对称性发生畸变，正负电荷重心发生瞬时不重合，因而产生瞬时偶极。同时，这种瞬时偶极又能诱导邻近的原子或分子，使邻近的原子或分子也产生瞬时偶极而变成偶极子，从而产生一个

净的吸引力。

色散力随分子的变形性增大而变大，并正比于分子的电离能；而与分子间距离的 6 次方成反比。对非同类分子，色散力为

$$E_{伦敦} = -\frac{3}{2}\frac{\alpha_A \alpha_B}{s^6}\left(\frac{I_B I_A}{I_A + I_B}\right) \tag{2-101}$$

对同类分子，其色散力可简化为

$$E_{伦敦} = -\frac{3}{2}\frac{I_A \alpha_A^2}{s^6} \tag{2-102}$$

式中，负号表示这是一种吸引力；I_A，I_B，α_A，α_B 分别为 A，B 分子的电离能和极化率；s 为两分子间的距离。

色散力是非极性分子间唯一的吸引力。色散力较弱，小分子的色散作用能通常在 0.8～8.4kJ/mol 范围内；色散力具有加和性，随着分子量的增加，分子间的色散力就增大。因此，对于高分子之间的色散力就相当可观。

2.3.1.2 诱导力

极性分子的永久偶极会诱导邻近的非极性分子发生电子云变形，出现诱导偶极。这种由于极性分子永久偶极所产生的电场对非极性分子发生影响而产生诱导偶极，使电荷中心位移的力称为诱导力。诱导作用的大小取决于非极性分子的极化率 α，具有大而易变形电子云的分子，其极化率就大。德拜（Debye）提出以下方程分别计算异类分子和同类分子的诱导力

$$E_{德拜} = -\frac{\alpha_A \mu_B^2 + \alpha_B \mu_A^2}{s^6} \tag{2-103}$$

$$E_{德拜} = -\frac{2\mu^2 \alpha}{s^6} \tag{2-104}$$

式中，μ_A，μ_B 分别为极性分子 A，B 的偶极矩；α_A，α_B 分别为非极性分子 A，B 的极化率。诱导力通常在 6～12kJ/mol 范围内。

2.3.1.3 取向力

取向力发生在极性分子与极性分子之间，主要是永久偶极与永久偶极之间的作用，当两极性分子间相互作用时，由于固有偶极的同极相斥、异极相吸的原因而产生使极性分子取向作用的力称为取向力，这种取向力将使极性分子按异极相吸的形式排成一列。与这种排列相反的是无规则热运动，这种热运动使吸引力变小，在高温时，热的骚动干扰了取向作用，吸引力消失。在中等温度时，基索姆（Keesom）应用玻耳兹曼（Boltzmann）的统计学，导出了两个偶极子的平均相互作用力为

$$E_{基索姆} = -\frac{2}{3}\frac{\mu^4}{s^6}\frac{1}{K_B T} \tag{2-105}$$

对于异类分子的净吸引力为

$$E_{基索姆} = -\frac{2}{3}\frac{\mu_A^2 \mu_B^2}{s^6}\frac{1}{K_B T} \tag{2-106}$$

式中，K_B 为玻耳兹曼常数；T 为绝对温度。取向力的大小通常在 12～21kJ/mol 范围内。

由于诱导力和取向力是由极性分子的偶极作用产生的，所以通常也称诱导力和取向力为偶极力。

无论是色散力，还是诱导力或取向力，统称为经典的范德瓦尔斯力，其大小与分子间距

离的 6 次方成正比，其作用距离在 300～500pm 之间，当分子间距离稍远于 500pm 时，分子间力就迅速减弱。分子间的作用能量为每摩尔几千焦到几十千焦，比化学键作用小 1～2 个数量级。

值得注意的是，在非极性分子之间只有色散力的作用；在极性分子和非极性分子之间有诱导力和色散力的作用；在极性分子之间则有取向力、诱导力和色散力的作用。这三种作用力的总和叫分子间力，也称为范德瓦尔斯力。由此可知，色散力存在于一切极性和非极性的分子中，是范德瓦尔斯力中最普遍、最主要的一种，在一切非极性高分子中，甚至占分子间力总值的 80%～100%。范德瓦尔斯力一般没有饱和性与方向性。

2.3.1.4 氢键

氢键是在一个电负性强的原子（N、O、F）和氢原子之间形成的特殊偶极作用。当分子中含有一个与电负性原子相结合的氢原子时，如在醇、胺和水中就有氢键生成。这些分子既能给出一个也能接受一个氢原子而形成氢键。而其他诸如醚、醛、酮、酯等分子只是质子的接受体。常见的 O—H---O 的距离在 2.48～2.85Å 之间。其性质基本上属于静电吸引作用，氢键具有饱和性和方向性，作用大小约为范德瓦尔斯力的 10 倍，键能通常在 21～42kJ/mol 之间，比化学键能小得多，也即牢固性远不如化学键。氢键受溶剂（尤其是水）影响很大。

除水以外，含有 O—H 键、N—H 键、F—H 键的分子都可以形成氢键而缔合。不同的分子之间，如水和氨、乙醇、醋酸等也可以分别形成氢键。分子间氢键的相互吸引力强弱，可用范德瓦尔斯方程中的系数 a 来定性判断

$$\left(p+\frac{a}{V^2}\right)(V-b)=RT \tag{2-107}$$

式中，a 和 b 为常数。a 愈大，则分子间的相互吸引力愈强。

2.3.1.5 共价键及配位键

共价键是由于成键电子云重叠而形成的化学键。通常两个相同的非金属原子或电负性相差不大的原子易形成共价键，当自旋相反的未成对电子互相靠近时，可以形成稳定的共价键，成键电子的电子云重叠越多，所形成的共价键就越牢固。共价键具有方向性和饱和性，其键能通常在 150～450kJ/mol 范围内。

配位键也称为络合键，是由分子间的络合反应所形成的，其反应是可逆的，其大小取决于分子间的缔合能，它比普通的范德瓦尔斯力要强得多，而比完全的化学键（共价键）要弱得多。配位键键能通常在 8～60 kJ/mol 范围内。在络合反应中，由于两个分子形成像 A^+B^- 那样的电荷转移，若所形成的络合物中含有 π 电子体系，则常称为 π 络合物。配位络合分离被广泛地应用于液膜分离、液液萃取、气体吸收及亲和色谱技术中。

2.3.1.6 其他作用力

随着分子间弱相互作用研究的深入，出现了许多新的分子间作用力，如芳香键作用、电荷转移作用、疏水作用等。

(1) 芳香键作用 芳香键作用也称堆积力（stacking force），它主要指共轭的 π 键系统，在相互重叠时，互相吸引的作用。其能量反比于相互距离的 6 次方。已经发现在芳烃重叠、核酸堆积过程中存在这种作用力，但目前尚无法进行定量评价。

(2) 电荷转移作用 电荷转移作用主要指存在于电子供体（donator）与电子受体（acceptor）之间的一种相互作用。通过电子从高能量占有分子轨道（HOMO）转移到低能量未占有分子轨道（LUMO），从而使电荷转移产生的复合物稳定存在。

（3）疏水作用　水溶液中疏水分子的存在会引起水分子熵效应，疏水作用主要指的是疏水分子间的结合稳定性，其部分作用仍可归入范德瓦尔斯力的范畴。当水溶液中有一个疏水分子时，会破坏水的氢键网络结构，导致熵的减少；而当两个疏水分子相互接近时，水分子会被排开，造成熵的增加，促进了疏水区的稳定性。

总之，可以被分离过程所利用的物理力大小，可以归纳为如图2-5所示的各种键型的可逆结合能来表示。

通常，其可逆结合能有一个适宜的范围，如果结合能太强，则不易解吸；如果结合能太弱，则选择性降低。此两种情况都是不希望的。

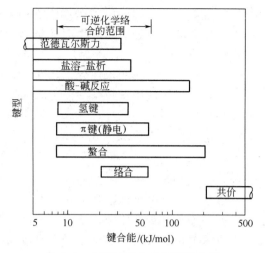

图2-5　分离过程中的可逆结合能

在常规的化工分离过程中，往往只考虑一种物理力的作用存在，而事实上不少体系中的相互作用力远不止一种，而是多种作用力的综合效应，特别在分子识别和印迹分离等新型分离过程中。近十年来计算化学的发展为我们弄清混合体系中的相互作用力，有效合理地选择分离方法和特种分离剂提供了良好的计算条件和理论依据。

2.3.2　溶解度参数

溶剂之间、聚合物之间以及溶剂和聚合物之间存在着一定的分子间力，这种分子间力或相互作用能统称为内聚能。内聚能定义为使1mol物质分子通过作用而聚集到一起所需的能量。对小分子来说，内聚能在数值上相等于汽化能

$$\Delta E = \Delta U_{vap} = \Delta H_v - p(V_g - V_l) \tag{2-108}$$

式中，ΔE为恒容汽化摩尔蒸发能；ΔU_{vap}为摩尔蒸发内能；ΔH_v为摩尔蒸发焓；V_g和V_l分别为气体和液体摩尔体积。

通常，内聚能的定量数值可用内聚能密度表示，内聚能密度的平方根称为溶解度参数，因此，溶解度参数也是分子间力的一种量度，它与内聚能密度的关系为

$$\delta = \left(\frac{\Delta E}{V_i}\right)^{\frac{1}{2}} \tag{2-109}$$

式中，$\Delta E / V_i$为内聚能密度；δ为溶解度参数。

溶剂的溶解度参数可从溶剂的蒸气压与温度的关系，通过Clapeyron方程式求得摩尔蒸发焓ΔH_v，再根据式（2-108）换算成摩尔蒸发能ΔE，由此可得溶解度参数。聚合物不能汽化，但在不同的溶剂中，能显示出不同的特性黏度或平衡溶胀度。因此，聚合物的溶解度参数通常可用黏度法或溶胀法测定。附录B、C中可查得聚合物膜材料与常用溶剂的溶解度参数。

Hansen把整个内聚能分解为色散力、偶极力和氢键三部分所产生的能，用溶解度参数分量表示为

$$\delta_{sp}^2 = \delta_d^2 + \delta_p^2 + \delta_h^2 \tag{2-110}$$

式中，δ_d，δ_p，δ_h分别为总溶解度参数δ_{sp}的色散分量、偶极分量和氢键分量。

若已知聚合物重复单元的结构基团，则重复单元的溶解度参数及总溶解度系数可用下列方程计算

$$\delta_d = \sum F_{d,i} / \sum V_{g,i} \quad (2\text{-}111)$$

$$\delta_p = \sqrt{\sum F_{p,i}^2} / \sum V_{g,i} \quad (2\text{-}112)$$

$$\delta_h = \sqrt{\sum E_{h,i} / \sum V_{g,i}} \quad (2\text{-}113)$$

$$\delta_{sp} = \sqrt{\sum E_{coh,i} / \sum V_i} \quad (2\text{-}114)$$

式中，$F_{d,i}$，$F_{p,i}$，$E_{h,i}$，$E_{coh,i}$ 分别为结构基团 i 对色散力、偶极力、氢键及总能的贡献。

当一种物质的溶解度参数不能满足需要，这时可将两种物质按适当的比例共混，使得共混物的氢键和色散溶解度参数同时落在某一特定区域内，如图 2-6 所示，经验表明，当某一种材料的 δ_d 和 δ_h 均落在图中圈内时，这种材料能制备出较优良的反渗透膜，用于苦咸水脱盐或超纯水制备。

混合溶剂或聚合物膜材料混合物的溶解度参数，可以用相应纯溶剂或聚合物重复单元的溶解度参数线性加和计算

$$\delta_m = \phi_1 \delta_1 + \phi_2 \delta_2 \quad (2\text{-}115)$$

或

$$\delta_m = x_1 \delta_1 + x_2 \delta_2 \quad (2\text{-}116)$$

式中，ϕ_i，x_i 分别为纯溶剂或重复单元在混合物中所占的体积分数和摩尔分数。

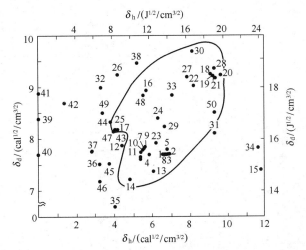

图 2-6 聚合物膜材料的氢键溶解度参数与色散溶解度参数
（图中数字同附录 B 中的膜材料序号）

溶剂分子间、聚合物分子间及溶剂与聚物分子间的作用力及其相对大小是影响溶解过程的内在因素，各种聚集态物质分子间相互作用力的强弱可用单位体积内聚能来度量，而内聚能密度的平方根定义为溶解度参数 δ。溶解度参数有几种表示法，应用最多的是 Hansen 提出的三元溶解度参数，其能较全面地表征分子间的引力（图 2-7）。

Smolders 以 i 组分与膜材料或膜之间的矢量差和模数 Δ_{im} 的大小来选择合适的膜

$$\Delta_{im}^2 = (\delta_{di} - \delta_{dm})^2 + (\delta_{pi} - \delta_{pm})^2 + (\delta_{hi} - \delta_{hm})^2 \quad (2\text{-}117)$$

式中，δ 的下标 i、m、d、p、h 分别表示为 i 组分、膜以及色散、偶极和氢键；Δ_{im} 表示膜和 i 组分溶解度参数二矢量端点的距离。

i 组分和膜之间的亲和性随 Δ 值的减小而增大，极限为 Δ 趋向零。对于双组分，可用 Δ_{jm}/Δ_{im} 作为衡量组分 i 和 j 与膜组成的体系的相互作用的强弱程度。Δ_{jm}/Δ_{im} 值愈大，表示 i 和 j 组分及膜之间的亲和力愈大，故 i 和 j 组分的分离因子就大。

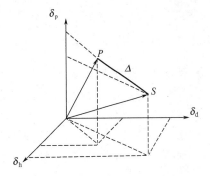

图 2-7 聚合物与溶剂的溶解度参数的向量差

【例 2-1】 已知聚乙烯醇和聚乙烯醇缩丁醛的重复单元分别为：

$$-CH_2-CH- \text{ 和 } -CH_2-CH-CH_2-CH-$$
$$|||$$
$$OHOO$$
$$\backslash/$$
$$CH$$
$$|$$
$$CH_3$$

试计算 20% 聚乙烯醇和 80% 聚乙烯醇缩丁醛的混合溶解度参数 δ_d、δ_h，各基团的 $V_{g,i}$、$F_{d,i}$、$E_{h,i}$ 可从书后附录查得。

解 首先，从书后附录查得上述两种聚合物结构单元的基团参数如下

结构单元	$F_{d,i}/(J^{1/2} \cdot cm^{3/2}/mol)$	$E_{h,i}/(J/mol)$	$V_{g,i}/(cm^3/mol)$
—CH$_3$	419.47	0	23.9
—CH$_2$—	270.10	0	15.9
>CH—	79.80	0	9.5
—OH	210.76	20001.30	9.7
—O—	100.26	3002.08	10.0

其次，算出聚乙烯醇和聚乙烯醇缩丁醛结构单元的溶解度参数分别为

$$\delta_{d,1} = \frac{\sum F_{d,i}}{\sum V_{g,i}} = \frac{270.10+79.80+210.76}{15.9+9.5+9.7} = 15.97 \text{ (J}^{1/2}/cm^{3/2})$$

$$\delta_{h,1} = \sqrt{\frac{\sum E_{h,i}}{\sum V_{g,i}}} = \sqrt{\frac{0+0+20001.30}{15.9+9.5+9.7}} = 23.87 \text{ (J/cm}^3)$$

$$\delta_{d,2} = \frac{\sum F_{d,i}}{\sum V_{g,i}} = \frac{270.10 \times 2+419.47+79.80 \times 3+100.26 \times 2}{15.9 \times 2+23.9+10.0 \times 2+9.5 \times 3} = 13.43 \text{ (J}^{1/2}/cm^{3/2})$$

$$\delta_{h,2} = \sqrt{\frac{\sum E_{h,i}}{\sum V_{g,i}}} = \sqrt{\frac{0+0+0+3002.08 \times 2}{15.9 \times 2+23.9+10.0 \times 2+9.5 \times 3}} = 7.59 \text{ (J}^{1/2}/cm^{3/2})$$

则在此比例下，其混合溶解度参数分别为：

$$\delta_{d,m} = \phi_1 \delta_{d,1} + \phi_2 \delta_{d,2} = 0.2 \times 15.97 + 0.8 \times 13.55 = 14.03 \text{ (J}^{1/2}/cm^{3/2})$$

$$\delta_{h,m} = \phi_1 \delta_{h,1} + \phi_2 \delta_{h,2} = 0.2 \times 23.87 + 0.8 \times 7.59 = 10.85 \text{ (J/cm}^3)$$

2.3.3 渗透相关参数

2.3.3.1 溶解度系数

一般状况下，对于易液化的气体在膜中的溶解规律符合亨利定律，一旦测定了扩散系数（D）和渗透系数（P），便可根据 P 与 D 之比确定溶解度系数。

溶解度系数可采用微天平或石英弹簧的质量法和压力下降法测得。由于压力法精度较高，所以较为常用。压力下降法可分为单室法和双室法两种，其测定原理相同。将聚合物试样放入给定体积的密闭室内，抽去室内干扰性气体，然后通入一定压力的待测气体。由于气体逐渐被聚合物吸着，室内气体压力会随时间而下降直至平衡，由此可算出渗入聚合物中的气体量。

温度对无相互作用气体在聚合物中的溶解度可用 Arrhenius 方程表示：

$$S = S_0 \exp[-\Delta H_S/(RT)] \tag{2-118}$$

式中，S_0 为与温度无关的常数；ΔH_S 为溶解热，其值一般较小，约为 $\pm 2 \text{kcal/mol}$。

溶解热包括混合热和冷凝热，其值可以是正（吸热）或负（放热）。对氮、甲烷等较小的无相互作用气体，溶解热为较小的正值，其在聚合物中溶解度随温度升高而略有增大。对于有机蒸气等大分子，吸附热常为负值，其溶解度随温度的上升而下降。

2.3.3.2 扩散系数

对于理想气体，其扩散系数 D_i 可通过基于费克第一、第二定律的时间滞后法（time lag）测得，如图 2-8 所示，在 $t=0$ 时，渗透通量为零；在 t 时刻气体渗透通过膜的量为 Q_t；当 t 趋向无穷大时，可得以下简化方程

$$Q_t = \frac{D}{\delta}\left[(c_1 - c_2)t - c_1 \frac{\delta^2}{6D} - c_2 \frac{\delta^2}{3D} + c_0 \frac{\delta^2}{2D}\right] \tag{2-119}$$

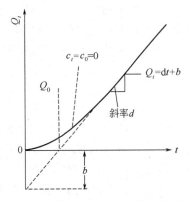

图 2-8 滞后时间与渗透量的关系

将 Q_t 对 t 作图，可得一曲线，当 t 很大时为直线，其斜率为 $(D/\delta)/(c_1 - c_2)$，t 的截距为

$$\theta = \frac{1}{c_1 - c_2}\frac{c_1 \delta^2}{6D} + \frac{c_2 \delta^2}{3D} - \frac{c_0 \delta^2}{2D}$$

通常 $c_2 \approx c_0 = 0$，则可用下式计算

$$\theta_0 = \frac{\delta^2}{6D} \tag{2-120}$$

利用上式求气体扩散系数，要求气体与膜之间的相互作用很小，其浓度变化也不影响扩散系数。若与浓度有关，则需采用较为复杂的关系式计算滞后时间。

对简单的无相互作用气体，温度对气体在聚合物中的扩散，其扩散系数也服从 Arrhenius 方程

$$D = D_0 \exp[-E_d/(RT)] \tag{2-121}$$

式中，E_d 为扩散活化能；D_0 为与温度无关的常数。对于具有较强相互作用的有机蒸气，扩散系数不是常数，与浓度有关，与温度影响关系很复杂。

从吸着实验获得某一时刻吸着的质量（M_t）及时间为无穷大时的吸着质量（M_{00}），通过吸着质量比对时间的平方根作图，其斜率便可确定扩散系数，也可以通过下式求出扩散系数

$$\frac{M_t}{M_{00}} = \frac{4}{\sqrt{\pi}}\sqrt{\frac{Dt}{\delta^2}} \tag{2-122}$$

则扩散系数为

$$D = \frac{0.049 \delta^2}{t_{1/2}} \tag{2-123}$$

2.3.3.3 渗透系数

对于无相互作用的小分子气体，溶解度随温度变化较大，而温度对渗透和扩散的相关性大致相同，因此温度对渗透系数的影响大多可由扩散确定。

$$P = D_0 S_0 \exp\left(-\frac{\Delta H_S + E_d}{RT}\right) = P_0 \exp\left(-\frac{E_P}{RT}\right) \tag{2-124}$$

对于较大的分子,由于其在膜内扩散和溶解度的效应相反,情况复杂,此外,两个参数均与浓度有关,应分别考虑各组分浓度对其影响。

用 Frisch 方法估算渗透率和滞后时间,通过积分,可得膜下游压力不为零时的渗透系数为

$$P = SD\left[1 + \frac{FK}{(1+bp_2)(1+bp_1)}\right] \tag{2-125}$$

式中,F 为亨利溶解扩散系数 D_H 和朗格缪尔吸附扩散系数 D_D 之比,即 D_H/D_D;K 为与膜孔亲和性有关的常数。

由上式可知,在较高的压力下渗透速率趋向于 SD,也即当朗格缪尔吸附位点趋向饱和,直到塑化发生,渗透率主要由亨利定律常数项贡献。

对二元混合气体

$$P_A = S_A D_A \frac{1 + F_A K_A [1 + (b_B p_{A2} p_{B1} - b_B p_{A1} p_{B2})/(p_{A2} - p_{A1})]}{(1 + b_A p_{A2} + b_B p_{B2})(1 + b_A p_{A1} + b_B p_{B1})} \tag{2-126}$$

2.4 分离因子

分离因子是表征任一分离过程中混合物内各组分所能达到的分离程度。由于分离过程(或装置)的目的是获得不同组成的产物,因此用产物组成来定义分离因子是合理的。对于 i,j 两个被分离组分,其实际分离因子(α_{ij}^s)可表示为

$$\alpha_{ij}^s = \frac{x_{1i}/x_{1j}}{x_{2i}/x_{2j}} \tag{2-127}$$

式中,x_{1i},x_{1j} 分别为组分 i 和 j 在产物 1 中的摩尔分数;x_{2i},x_{2j} 分别为组分 i 和 j 在产物 2 中的摩尔分数。

如果产物中所有组分的摩尔分数以质量分数、摩尔流率或质量流率表示,则其分离因子仍保持不变。

对于一个有效的分离过程,分离因子应远大于 1。如果 α_{ij}^s 等于 1,则说明 i 与 j 组分之间没有分离作用;如果 α_{ij}^s 大于 1,则组分 i 在产物 1 中比在产物 2 中高。相反,若 α_{ij}^s 小于 1,则组分 j 在产物 1 中优先增浓,而组分 i 则在产物 2 中被提浓。习惯上,α_{ij}^s 常以大于 1 的形式表示。

由于实际分离因子不仅与组分的平衡组成有关,而且还与传递速率、分离装置的类型及其流道结构等有关。为此,有必要定义一个在理想条件下能获得的分离因子 α_{ij},以反映被分离体系的固有特性,因此也称为固有分离因子。

2.4.1 平衡分离过程的固有分离因子

对不互溶的两相体系,组分 i 和 j 分别在两相中的平衡常数为

$$k_i = \frac{x_{1i}}{x_{2i}}, k_j = \frac{x_{1j}}{x_{2j}} \tag{2-128}$$

则固有分离因子为

$$\alpha_{ij} = \frac{x_{1i}/x_{1j}}{x_{2i}/x_{2j}} = \frac{k_i}{k_j} \tag{2-129}$$

对气-液体系，如果混合物的平衡组成从拉乌尔定律或道尔顿定律，也即

$$p_i = py_i = p_i^0 x_i \tag{2-130}$$

由于

$$k_i = \frac{y_i}{x_i} = \frac{p_i^0}{p}, k_j = \frac{y_j}{x_j} = \frac{p_j^0}{p} \tag{2-131}$$

则

$$\alpha_{ij} = \frac{p_i^0}{p_j^0} \tag{2-132}$$

如果混合物为非理想溶液，则

$$p_i = py_i = \gamma_i p_i^0 x_i \tag{2-133}$$

由于

$$k_i = \frac{\gamma_i p_i^0}{p}, k_j = \frac{\gamma_j p_j^0}{p} \tag{2-134}$$

则

$$\alpha_{ij} = \frac{\gamma_i p_i^0}{\gamma_j p_j^0} \tag{2-135}$$

对液-液体系，在平衡时，假定不互溶的两液体中的组分 i 和 j 具有相同的蒸气压，即

$$p_i = \gamma_i p_i^0 x_i, p_j = \gamma_j p_j^0 x_j \tag{2-136}$$

若组分 i 和组分 j 的饱和蒸气压 $p_i^0 = p_j^0$，于是

$$\frac{x_{1i}}{x_{2i}} = \frac{\gamma_{2i}}{\gamma_{1i}} \tag{2-137}$$

则由上两式推出液-液体系的分离因子为

$$\alpha_{ij} = \frac{x_{1i}/x_{1j}}{x_{2i}/x_{2j}} = \frac{\gamma_{2i}\gamma_{1j}}{\gamma_{1i}\gamma_{2j}} \tag{2-138}$$

2.4.2 速率控制过程的固有分离因子

速率控制分离过程固有分离因子的推算，一般比平衡过程的复杂，如图 2-9 所示，待分离的气体混合物置于多孔膜的左侧，膜左侧的压力大于膜右侧，如果气体组分的平均分子自由程比膜的微孔大，则在压力差的作用下，组分在膜孔内呈努森流，其通量与组分分子量的关系为

$$N_i = \frac{A(p_1 y_{1i} - p_2 y_{2i})}{\sqrt{M_i T}} \tag{2-139}$$

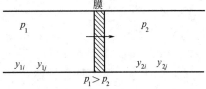

图 2-9 气体扩散过程（$p_1 > p_2$）

式中，N_i 为组分 i 通过多孔膜的通量；M_i 为组分 i 的分子量；A 为与膜结构有关的几何因子。

假定气体扩散是在稳态条件下进行，即两侧的气体压力、气体组成均不变。令 N_i 和 N_j 分别代表组分 i 和 j 通过膜孔的扩散通量，并假定

$$N_i \propto y_{2i}, N_j \propto y_{2j}$$

故有

$$\frac{N_i}{N_j} = \frac{y_{2i}}{y_{2j}} \tag{2-140}$$

再假定 $p_1 > p_2$，则由式（2-139）和式（2-140）可得该条件下的固有分离因子为

$$\alpha_{ij} = \frac{y_{2i}/y_{2j}}{y_{1i}/y_{1j}} = \frac{y_{2i} y_{1j}}{y_{2j} y_{1i}} \tag{2-141}$$

即
$$\alpha_{ij}=\sqrt{\frac{M_j}{M_i}} \qquad (2\text{-}142)$$

由式（2-142）可知，α_{ij} 与组分的分子量平方根有关，与组分其他性质无关，因此不同分子量的组分可通过努森流得到分离。典型的例子是从 $^{235}\mathrm{UF}_6$ 中气体扩散分离 $^{238}\mathrm{UF}_6$，其 $\alpha_{235/238}$ 为 1.0043。

对其他速率控制过程的分离因子，例如扫描扩散和热扩散等，也可从分子扩散理论导出。另外，对于海水淡化的反渗过程，分离因子也可以根据溶质的浓度和渗透压的关系，通过适当的简化导出。

【**例 2-2**】 已知盐和水的反渗透通量可分别表示为
$$N_\mathrm{S}=K_\mathrm{S}(c_{\mathrm{S}1}-c_{\mathrm{S}2})$$
$$N_\mathrm{W}=K_\mathrm{W}(\Delta p-\Delta\pi)$$

式中，$c_{\mathrm{S}1}$，$c_{\mathrm{S}2}$ 分别为膜两侧盐的摩尔浓度。若定义分离因子分别为膜两侧各自溶液中盐和水的摩尔浓度（$c_{\mathrm{W}1}$，$c_{\mathrm{W}2}$）比，$\alpha=\dfrac{c_{\mathrm{S}1}}{c_{\mathrm{W}1}}\Big/\dfrac{c_{\mathrm{S}2}}{c_{\mathrm{W}2}}$，且假定盐的渗透率很低，$c_{\mathrm{S}1}\gg c_{\mathrm{S}2}$，则膜下游侧可简化为 $\dfrac{c_{\mathrm{W}2}}{c_{\mathrm{S}2}}=\dfrac{N_\mathrm{W}}{N_\mathrm{S}}$，$\rho_\mathrm{W}\approx c_{\mathrm{W}1}$，试求出反渗透过程的分离因子。

解 已知：$\alpha=\dfrac{c_{\mathrm{S}1}}{c_{\mathrm{W}1}}\Big/\dfrac{c_{\mathrm{S}2}}{c_{\mathrm{W}2}}$，$\dfrac{c_{\mathrm{W}2}}{c_{\mathrm{S}2}}=\dfrac{N_\mathrm{W}}{N_\mathrm{S}}$，$\rho_\mathrm{W}\approx c_{\mathrm{W}1}$

$$\alpha=\frac{c_{\mathrm{S}1}}{c_{\mathrm{W}1}}\Big/\frac{c_{\mathrm{S}2}}{c_{\mathrm{W}2}}=\frac{c_{\mathrm{S}1}}{c_{\mathrm{W}1}}\frac{c_{\mathrm{W}2}}{c_{\mathrm{S}2}}=\frac{c_{\mathrm{S}1}}{c_{\mathrm{W}1}}\frac{N_\mathrm{W}}{N_\mathrm{S}}$$

$$=\frac{c_{\mathrm{S}1}K_\mathrm{W}(\Delta p-\Delta\pi)}{c_{\mathrm{W}1}K_\mathrm{S}(c_{\mathrm{S}1}-c_{\mathrm{S}2})}$$

$c_{\mathrm{S}1}\gg c_{\mathrm{S}2}$，$\rho_\mathrm{W}\approx c_{\mathrm{W}1}$

$$\alpha=\frac{K_\mathrm{W}(\Delta p-\Delta\pi)}{K_\mathrm{S}c_{\mathrm{W}1}}=\frac{K_\mathrm{W}(\Delta p-\Delta\pi)}{K_\mathrm{S}\rho_\mathrm{W}}$$

α_{ij}^s 和 α_{ij} 都可以用于评价分离过程的优劣。α_{ij} 通常对混合物的组成、温度、压力变化不敏感，如果 α_{ij} 能相对容易地被导出，那么可用类似于理想塔板效率的概念来计算与实际 α_{ij}^s 的偏差。

另外，对于以较为复杂的物理现象为依据的分离过程，如电解、浮选等过程，α_{ij} 往往难以被明确表示，为此，必须凭经验从实验数据导出 α_{ij}^s。

如果 α_{ij} 为 1，那么不管流道结构或其他条件影响如何，α_{ij}^s 也必为 1。反过来说，如果导致组分分离的这种必需的物理现象不存在，那么没有一种设备能实现对这种混合物的分离。

从上述定义可知，α_{ij} 是 α_{ij}^s 的极限，α_{ij}^s 与 α_{ij} 之差反映了分离过程的效率。

2.4.3 分离因子与过程能耗的定性关系

分离因子的大小表明混合物分离程度的难易，同时也在一定程度上反映了混合物达到分离所需的能耗大小。若两组混合物的分离因子大小相等，则所需能耗与分离过程的可逆程度有关。

若分离在恒温、恒压条件下进行，那么其能耗即为分离的理论能耗，也即为分离所需的最小功 $W_{\min}$。对于双组分混合的理想气体，在一定温度下分离成为各自的纯组分气体 A 和 B，所需的最小分离功可按下式计算：

$$W_{\min,T} = -RT \left(n_A \ln \frac{n_A}{n_A+n_B} + n_B \ln \frac{n_B}{n_A+n_B} \right) \tag{2-143}$$

若混合物为 1mol，则最小功为：

$$W_{\min,T} = -RT(x_A \ln x_A + x_B \ln x_B) \tag{2-144}$$

将上式右边的 RT 移到左边，则左边 $W_{\min,T}/(RT)$ 为将混合物分离成纯组分的最小无量纲功。由此可求得最小无量纲功与组分 A 的摩尔分数 x_A 的关系。

Benedict 将分离过程分成可逆过程、局部可逆过程和不可逆过程三类。对这三类过程的分离因子与能耗的关系作了定性的分析。

可逆过程一般包括不互溶的平衡体系，为仅需要能量作为分离剂的分离过程，例如蒸馏、结晶和分凝等，在原理上，这类过程的净功消耗可减到最小值 $W_{\min}$。

局部可逆过程除了个别过程（固有不可逆过程）需加入能量及质量分离剂之外，绝大多数平衡分离过程是局部可逆的分离过程，这些过程通常需用质量分离剂，例如吸收、萃取蒸馏、气相色谱等。

不可逆过程通常是速率控制分离过程。整个操作过程中需要不可逆地加入能量，例如反渗透、渗透汽化、气体分离和电泳过程等。

在一定的分离因子范围内，分离因子的大小在一定程度上反映了分离过程所需能耗，如分离因子 α_{ij} 接近于 1，则对上述三种的能耗与 α_{ij} 有以下近似关系：

a. 可逆或能量分离剂过程的净能消耗，近似与分离因子无关。

b. 局部可逆或物质分离剂过程的净能消耗变化，近似和 $\alpha_{ij}-1$ 成反比。

c. 不可逆或速率控制过程的净能消耗近似地和 $(\alpha_{ij}-1)^2$ 成反比。可以发现，对于分离因子相同的分离过程，若其分离因子在 0.1～10 范围内，其能量消耗增大趋势的顺序为可逆过程＜局部可逆过程＜不可逆过程。

因此要使得净能消耗相等，则不可逆过程的 α_{ij} 在数值上要远比局部可逆过程或可逆过程的 α_{ij} 大。这是在选择分离过程时必须加以考虑的。

2.5 分离过程的能耗分析

分离是耗能的过程，有些（如精馏）能耗还很大。化工企业的能耗主要在分离。所以我们应对分离过程进行能量分析，以判断其用能的合理程度。

能量分析的方法有能量衡算、熵分析、㶲分析等。在此简单介绍㶲的基本概念以及如何将㶲分析用于分离过程。

2.5.1 有效能的基本概念

热力学第一定律告诉我们，各种形式的能量可以互相转换，在转换过程中能量的总量保持不变。热力学第二定律则进一步告诉我们，能量之间的转换过程具有方向性和限度。这表明：不同形式的能量，它们的转换是不相同的。因而，它们在技术上的有用程度也可能是不相同的。

2.5.1.1 有效能的定义

为了确切地评价能量的做功能力,我们可以对能量中的可转变部分,即有效能定义为:在给定的环境条件下,任一形式的能量,理论上所具有作出最大有用功的能力,或理论上能够转变为最大有用功的那部分能量,称为有效能或㶲,用符号 EX 表示。

对能量中不能够转变为有用功的那部分能量称为该能量的无效能或㶲,用符号 AN 表示。由此,任何一种形式的能量都看成是由有效能和无效能所组成,并用如下形式的方程式表示:

$$E(能量)= EX(有效能)+AN(无效能) \tag{2-145}$$

于是,有效能在能量中所占的百分率就表示能量的品质,这个分率被命名为"能级"或"能量的品质系数",用符号 R 表示。因此

$$R = \frac{EX}{E} \tag{2-146}$$

R 的数值大小可以直接反映能量品质的高低。

根据有效能或㶲的定义,我们可以进一步确定下列形式能量中的有效能或㶲。

2.5.1.2 热量㶲

在热力学中我们将因温度差别而在系统和外界之间进行交换或传递的能量称为热量。系统所传递的热量在给定环境条件下理论上所能做出的最大有用功则称为该热量的㶲,用 EX_Q 表示:

$$EX_Q = W_{A,\max} = \int_1^2 \left(1 - \frac{T^0}{T}\right) \delta Q \tag{2-147a}$$

或

$$EX_Q = \int_1^2 \delta Q - T^0 \int_1^2 \frac{\delta Q}{T} = Q - T^0 \Delta S \tag{2-147b}$$

式中,ΔS 为系统从状态 1 变化到状态 2 时的熵变,$\Delta S = S_2 - S_1$;T^0 为环境温度。式 (2-147) 是计算热量㶲的基本关系式。热量㶲(AN_Q)为:

$$AN_Q = Q - EX_Q = T^0 \Delta S = T^0 \int_1^2 \frac{\delta Q}{T} \tag{2-148}$$

由热量㶲和热量㷉的关系式可知,在所研究的热量中总是有相当于 $T^0 \int_1^2 \frac{\delta Q}{T}$ 的那部分能量不能转变为有用功而排放给环境,这部分不能用来作出有用功而"废弃"的热量被认为是无效的。当 T^0 给定时,只有提高 T 才能减少"废弃"的部分。正因如此,较高温度的热量具有较高的利用价值。

2.5.1.3 功㶲

在热力学中我们把除了热的形式以外各种被传递的能量都称为功。功的形式有多种,如一个运动系统所具有的宏观动能和位能;稳定流动系统输出的有用功;系统完成热力循环输出的净功;一个轴传递的功等。上述这些功或在理论上能够全部转变为有用功,或本身就是有用功。所以它们的功㶲在数值上与功量相等。

但是,并非在任何情况下功量都是有用功,由能量的㶲定义可知,只有在环境条件下的有用功才是㶲。例如,当系统在环境中做功的同时发生容积变化时,系统要反抗环境压力做环境功。由于这部分功直接传递给环境而无法加以利用,因此在计算功㶲时应把环境功除外。一个封闭系统从状态 1 变化到状态 2 的过程中所做功 W_{12} 的㶲部分应为

$$EX = W_A = W_{12} - p^0(V_2 - V_1) \tag{2-149}$$

如果一个系统在热力学过程中容积没有变化或与环境交换的净功量为零，则通过系统边界所做的功全部是有用功，即全部是㶲。

2.5.1.4 稳定物流的物理㶲

分离过程一般采用连续操作，从热力学的观点来看，其中的过程及设备属稳定流动的敞开系统。当稳定物质流流入或流出敞开系统时，物流的总能量包括物流的焓、宏观动能和位能。由于在一般的化工过程中物流的宏观动能和位能的数值较小，可以忽略不计。因此，物流的能量可以用物流的焓来表示。

在无其它热源情况下，稳定流动系统所作有用功的能量来源是流入系统时稳定物流具有的能量。所以稳定流动系统的㶲也就是稳定物流的㶲。根据㶲的一般定义，可以把稳定物流的㶲定义为：稳定物流从任一给定状态流经稳流系统而转变到环境状态时所能做出的最大有用功。从给定进口状态积分到出口环境状态，所得最大有用功就是稳定物流的㶲

$$\mathrm{EX}_H = W_{A,\max} = (H - H^0) - T^0(S - S^0) \tag{2-150}$$

式中，H^0，S^0 分别为环境条件下的焓和熵。

由式（2-150）可知，稳定物流的㶲不仅取决于稳定物流的状态，而且也取决于环境状态。相对于一定的环境状态，稳定物流的㶲只决定于给定的状态，它才是一个状态参数。当稳定物流处在环境状态时，其㶲值为零。因而环境状态可以看作稳定物流㶲的零点，物流的状态离环境状态越远，其㶲值越大。

上述稳定物流的㶲只考虑具有物理变化的过程，因此我们亦称之为稳定物流的物理㶲。

2.5.1.5 稳定流动系统的㶲平衡方程式

稳定流动系统 A 与外界有物质、热量和功量的交换或传递。设物流在流入和流出系统 A 时的状态参数分别用下标 1 和 2 表示。物流的宏观动能和位能可以忽略不计。

稳流系统 A 的㶲平衡方程式为

$$(H_1 - T^0 S_1) + \left(1 - \frac{T^0}{T_{m1}}\right) Q_1 + W_{A1} = (H_2 - T^0 S_2) + \left(1 - \frac{T^0}{T_{m2}}\right) Q_2 + W_{A2} + T^0 \Delta S_t \tag{2-151}$$

或用下列形式表示

$$[(H_1 - H^0) - T^0(S_1 - S^0)] + \left(1 - \frac{T^0}{T_{m1}}\right) Q_1 + W_{A1}$$
$$= [(H_2 - H^0) - T^0(S_2 - S^0)] + \left(1 - \frac{T^0}{T_{m2}}\right) Q_2 + W_{A2} + T^0 \Delta S_t \tag{2-152}$$

式中，$[(H_1 - H^0) - T^0(S_1 - S^0)]$ 和 $[(H_2 - H^0) - T^0(S_2 - S^0)]$ 分别为系统 A 进、出口稳定物流的㶲EX_{H1} 和 EX_{H2}；$\left(1 - \frac{T^0}{T_{m1}}\right) Q_1$ 和 $\left(1 - \frac{T^0}{T_{m2}}\right) Q_2$ 分别为输入系统 A 和由系统 A 输出的热量㶲EX_{Q1} 和 EX_{Q2}；W_{A1} 和 W_{A2} 分别为输入系统 A 和由系统 A 输出的有用功或功㶲EX_{W1} 和 EX_{W2}；ΔS_t 为孤立系统的总熵变。

将式（2-152）有关各项写成相应能量的㶲，得

$$\mathrm{EX}_{H1} + \mathrm{EX}_{Q1} + \mathrm{EX}_{W1} = \mathrm{EX}_{H2} + \mathrm{EX}_{Q2} + \mathrm{EX}_{W2} + T^0 \Delta S_t \tag{2-153}$$

式（2-152）或式（2-153）即是稳定流动系统的㶲平衡方程式。式中，EX_{H1}、EX_{Q1} 和 EX_{W1} 为输入系统 A 的㶲；EX_{H2}、EX_{Q2} 和 EX_{W2} 为由系统 A 输出的㶲。于是，式中的 $T^0 \Delta S_t$ 就是稳定流动系统由于过程不可逆性而引起的㶲损失

$$D_K = T^0 \Delta S_t \tag{2-154}$$

式中，D_K 表示㶲损失。

由热力学第二定律的熵增原理可知，由于 $\Delta S_t \geqslant 0$，因此 $D_K \geqslant 0$，即㶲损失总是正值。式（2-154）是用熵来计算过程㶲损失的基本公式。只要我们计算出孤立系统（包括系统 A 和环境）的总熵变，就求得了系统 A 的㶲损失。这就是系统能量的熵分析法。

若令：

输入系统 A 的能量㶲之和为

$$\sum \mathrm{EX}^+ = \mathrm{EX}_{H1} + \mathrm{EX}_{Q1} + \mathrm{EX}_{W1}$$

输出系统 A 的能量㶲之和为

$$\sum \mathrm{EX}^- = \mathrm{EX}_{H2} + \mathrm{EX}_{Q2} + \mathrm{EX}_{W2}$$

则式（2-154）可写成

$$D_K = \sum \mathrm{EX}^+ - \sum \mathrm{EX}^- \tag{2-155}$$

式（2-155）是用㶲平衡方程来计算㶲损失的基本公式。依据式（2-155）计算过程的㶲损失的方法就称为㶲分析法。

2.5.1.6 过程的㶲损失

任何不可逆过程都会引起㶲损失，我们的任务是减少㶲损失。

㶲损失有内部㶲损失和外部㶲损失之分。

内部㶲损失是指系统内部由于不可逆因素而造成能量贬值导致的㶲损失。例如有温差的传热过程，有压差的流动过程，有浓差的传质过程以及有化学位差的化学反应过程等都会导致㶲的内部损失。

外部㶲损失指系统向环境排泄的能量中所包含的㶲的损失。由于这种损失不发生在系统内部，又称为外部㶲损。例如工厂的废气、废液、废渣等直接排到自然环境；工厂管理不善引起的"跑、冒、滴、漏"；装置或设备的散热损失等都是外部㶲损失。

总之，外部㶲损是显而易见的"有形"损失，易于观察而引起重视。而内部㶲损不易直接观察，易为人们所忽视。

熵分析法计算比较简单，但只能求得内部㶲损失。㶲分析法计算得到的㶲损失既包括了内部㶲损失也包括了外部㶲损失，它是目前很受推崇的节能系统分析方法。

2.5.1.7 过程的㶲效率

对于以给定条件下进行的过程来说，㶲损失的大小能够用来衡量该过程的热力学完善程度。㶲损失大，表明过程的不可逆性大，离相应的可逆过程远，因而过程的改善余地大。但是，㶲损失只表示损失的绝对数量，并不能用来比较在不同条件下过程进行的完善程度。并且，用㶲损失不能用来确定以及评价实际过程中㶲的利用程度。为此，一般用㶲效率来表示实际过程或装置的用能水平，并使所得的结果具有可比性。

在㶲分析中，㶲效率是指㶲的有效利用分数，可用下式表示

$$\eta_{\mathrm{ex}} = \frac{\mathrm{EX}_{\mathrm{gain}}}{\mathrm{EX}_{\mathrm{pay}}} \tag{2-156}$$

式中，$\mathrm{EX}_{\mathrm{gain}}$ 为过程或装置所收益的㶲；$\mathrm{EX}_{\mathrm{pay}}$ 为过程或装置所消耗的㶲；η_{ex} 为过程或装置的㶲效率。

根据㶲平衡方程式，耗费㶲与收益㶲之差应为在过程或装置中进行的不可逆过程所引起的㶲损失，即

$$D_K = \mathrm{EX}_{\mathrm{pay}} - \mathrm{EX}_{\mathrm{gain}} \tag{2-157}$$

由此，㶲效率可以写成

$$\eta_{ex} = \frac{EX_{pay} - D_K}{EX_{pay}} = 1 - \frac{D_K}{EX_{pay}} \tag{2-158}$$

对于理想的可逆过程，由于㶲损失等于零，故 $\eta_{ex}=1$；对于不可逆过程，$\eta_{ex}<1$。根据热力学第二定律，任何过程或装置的㶲效率不可能大于1。

2.5.2 分离过程的㶲分析

2.5.2.1 混合㶲损和分离功

分离过程和混合过程是互为相反的过程。混合扩散过程是自发过程，若将其控制在可逆条件下进行则可以做功，理论上可以做出的最大技术功等于混合前各组分㶲之和减去混合后混合物的㶲。

即：

$$\sum_i EX_i = EX_m + W_{t,max} \text{（可逆）} \tag{2-159}$$

特别是在今天环保和节能日益成为全世界最关注的焦点条件下，更使那些具有低能耗、无污染的特色的新型分离技术得到充分的开发和应用。

$$\sum_i EX_i = EX_m + D_{KM}^0 \text{（自发进行）} \tag{2-160}$$

可见混合㶲损在数值上等于各组分混合扩散过程中可能做出的最大技术功，即各组分（以混合物组成为基准的）扩散㶲之和。设全部 i 组分都是纯组分，则对 1kmol 理想混合物（理想气体或理想溶液）可得出以下纯组分混合㶲损表达式

$$D_{KM}^0 = -RT^0 \sum_i x_i \ln x_i \tag{2-161}$$

式中，D_{KM}^0 为由纯组分混合成混合物过程的㶲损失，kJ/kmol；x_i 为第 i 个组分的摩尔分数；R 为通用气体常数，kJ/(kmol·K)。

若要将混合物重新分离为纯组分，则外界所需花费的最小技术功同样用式（2-161）表示，只要将 $W_{t,max}$ 改为 $W_{t,min}$；此最小技术功 $W_{t,min}$ 即称为该混合物的分离㶲。故对于 1kmol 理想气体混合物（理想溶液），分离㶲的表达式同样是

$$EX_{sep}^0 = -RT^0 \sum_i x_i \ln x_i \tag{2-162}$$

式中，EX_{sep}^0 为分离成纯组分时的分离㶲，kJ/kmol。

式（2-161）、式（2-162）适用于任何温度，而不限于 T^0 条件下。

对于混合过程伴有热效应的非理想溶液，则有

$$D_{KM}^0 = -RT^0 \sum_i x_i \ln a_i - \sum_i x_i \left(1 - \frac{T^0}{T}\right) \Delta h_i \tag{2-163}$$

式中，a_i 为 i 组分的活度；Δh_i 为 i 组分的混合热，kJ/kmol。

若各个组分 i 本身也是混合物，则混合物㶲损 D_{KM} 或分离㶲 EX_{sep} 可通过㶲衡算求出。

【**例 2-3**】 设 $T^0=237K$，$p^0=0.1MPa$，求纯组分等温等压下混合成下列组成的苯-甲苯溶液的混合㶲损。(1) $x_B=0.5$，$x_T=0.5$；(2) $x_B=0.95$，$x_T=0.05$；(3) $x_B=0.05$，$x_T=0.95$（x_B 代表苯的摩尔分数，x_T 代表甲苯的摩尔分数）。然后求由第（1）组组成的溶液分离为第（2）、第（3）组组成溶液的分离㶲。

解 (1) 由纯苯混合成 $x_B=0.5$ 及 $x_T=0.5$ 的溶液的混合㶲损：

$$D_{KM1}^0 = -RT^0 \sum_i x_i \ln x_i$$
$$= -8.314 \times 273 \times (0.5\ln 0.5 + 0.5\ln 0.5)$$
$$= 1.573 (MJ/kmol)$$

(2) 由纯苯混合成 $x_B=0.95$ 及 $x_T=0.05$ 的溶液的混合㶲损：
$$D_{KM2}^0 = -RT^0 \sum_i x_i \ln x_i$$
$$= -8.314 \times 273 \times (0.95\ln 0.95 + 0.05\ln 0.05)$$
$$= 0.451 (MJ/kmol)$$

(3) 混合成 $x_B=0.05$ 及 $x_T=0.95$ 的溶液的混合㶲损，与第（2）组相同：
$$D_{KM3}^0 = 0.451 MJ/kmol$$

(4) 求由第（1）组组成的溶液分离为第（2）、第（3）组组成溶液的分离㶲 EX_{sep}：
① 设第（1）组组成溶液为 1kmol，求第（2）、第（3）组的物质的量（kmol）。
作分离过程物料平衡
$$n_1 x_{B1} = n_2 x_{B2} + n_3 x_{B3}$$
$$n_1 x_{T1} = n_2 x_{T2} + n_3 x_{T3}$$

代入以上数据得
$$\frac{n_2}{n_3} = \frac{0.95-0.05}{0.95-0.05} = 1$$

于是：
$$n_2 = n_3 = 0.5 kmol$$

② 求 EX_{exp} 由 n_1 分离为 n_2 及 n_3 的分离㶲等于由 n_2 及 n_3 混合成 n_1 的㶲损。而由 n_2 及 n_3 混合成 n_1 的㶲损则等于由纯苯及甲苯混合成 n_1 的㶲损减去由纯苯及甲苯混合成 n_2 及 n_3 的㶲损。于是：

$$EX_{\substack{sep \\ n_1 \to n_2, n_3}} = n_1 D_{KM1}^0 - (n_2 D_{KM2}^0 + n_3 D_{KM3}^0)$$
$$= 1.573 - \left(\frac{1}{2} \times 0.451 + \frac{1}{2} \times 0.451\right)$$
$$= 1.122 (MJ/kmol)$$

2.5.2.2 分离过程的能耗问题

将一定的原料分离成目标产品，可以用式（2-163）求得其理论的最小分离功。实际的分离过程往往比较复杂，通常都伴随着传热、做功等过程，还需要对这些子过程进行㶲计算。所以，分离过程的能耗既包括了分离㶲，也包括了传热过程的㶲损、流动和输送过程的㶲损，以及产品和辅料的余热损失等等。对于连续的分离过程，我们可以把它看作稳定流动过程。根据㶲平衡原理，可以用式（2-155）～式（2-157）等公式计算该过程的㶲损失，并进一步计算过程的㶲效率。

一些能耗大的传统分离方法，其㶲效率是非常低的，由于其技术比较成熟，人们往往乐于使用，而忽视了低㶲效率的问题。我们必须十分地重视分离过程的能耗问题，认真地进行能耗分析，研究和推广能耗低的分离方法。

事实上，人们通过能量分析，对传统工艺不断地进行改进，同时不断地开发出新技术、新工艺，如对精馏塔设置中间冷凝器和中间再沸器，以及热泵精馏、多效精馏等都是基于节能的考虑而开发的技术。人们在降低分离过程的能耗方面，已走过了很长的路，取得了举世瞩目的成果，但是还有更长的路要走，需要解决更多的问题。特别是能源问题已成为世界性必须解决的问题的今天，我们尤其需要通过能耗分析，提高用能效率。

习 题

2-1 已知聚酰胺酰肼的重复单元为：

$$\left[NH-\bigcirc-CNHNHC-\bigcirc-C \atop O \quad\quad O \quad\quad O \right]$$

其所含三种结构基团对高分子摩尔体积及溶解度参数的贡献分别如表 2-4 所示，试求聚酰胺酰肼的氢键溶解度参数 δ_h、色散溶解度参数 δ_d 和总溶解度参数 δ_{sp}。

表 2-4 三种结构基团对摩尔体积及溶解度参数的贡献

参数	结构基团		
	苯环	CONHNHCO	CONH
$V_i/(cm^3/mol)$	52.52	19	9.5
$V_{g,i}/(cm^3/mol)$	65.5	49.8	24.9
$F_{d,i}/(J^{1/2} \cdot cm^{3/2}/mol)$	1270.69	900.33	450.164
$E_{h,i}/(J/mol)$	—	44503.62	32499.49
$E_{coh,i}/(J/mol)$	31946.81	46894.40	33496.00

2-2 已知盐和水的反渗透通量可分别表示为

$$N_S = K_S(c_{S1} - c_{S2})$$
$$N_W = K_W(\Delta p - \Delta \pi)$$

c_{S1}，c_{S2}，c_{W1}，c_{W2} 分别为膜两侧盐和水的摩尔浓度。若定义分离因子分别为膜两侧各自溶液中盐和水的摩尔浓度比，$\alpha = \dfrac{c_{S1}}{c_{W1}} / \dfrac{c_{W2}}{c_{S2}}$，且假定盐的渗透率很低，$c_{S1} \gg c_{S2}$，则膜下游侧可简化为 $\dfrac{c_{W2}}{c_{S2}} = \dfrac{N_W}{N_S}$，$\rho_W \approx c_{W1}$，试求出反渗透过程的分离因子。

2-3 计算 25℃下，下列水溶液的渗透压：3%（质量分数）NaCl（M_{NaCl}=58.45g/mol）；3%（质量分数）白蛋白（$M_{白蛋白}$=65000g/mol）和固体含量为 30g/L 的悬浮液（其颗粒质量为 1ng=10^{-9}g）。

2-4 试分别求出含 NaCl 3.5% 的海水和含 NaCl 0.1% 的苦咸水在 25℃时的理想渗透压。若用反渗透法处理这两种水，并要求水的回收率为 50%，渗透压各为多少？哪种水需要的操作压力高？

2-5 为延长贮藏期及方便运输，常对新鲜果汁进行脱水处理。一种传统的脱水方法是把果汁放入半透膜袋中，再将袋分别浸入 10% 和 25% 的盐（NaCl）水中，半透膜袋不渗透盐与果汁，但能透水，于是新鲜果汁中的水从袋中渗出，果汁被增浓。假定果汁的固含量相当于 1%（质量分数）的蔗糖，其与 10% 的盐水均为理想溶液，而 25% 的盐水为理想溶液，渗透压差 $\Delta \pi$ 为多少？

2-6 在常温、常压（300K，101.3kPa）下，空气中 N_2 和 O_2 的摩尔分数分别为 79% 和 21%。若用纯氧气和纯氮气配成 $1m^3$ 上述组成的空气，并假定空气为理想气体，可用理想气体方程 $pV=nRT$ 计算，则 1mol 空气的熵变为多少？若再在相同温度与压力下将混合的空气分离成纯氧和纯氮，则所需的最小功 $W_{t,min}$ 为多少？

2-7 假定 25℃下，海水中氯化钠的摩尔质量可按 5.82×10^{-2}kg/mol（质量分数为 3.5%）计算。若用水和氯化钠配成 1000kg 模拟混合海水，并假定该海水为理想溶液，试求 1000kg 混合海水的熵增大多少。若再在 100℃下将海水蒸发分离为纯水和纯氯化钠，求出所需的最小功 $W_{t,min}$。

2-8 某聚丙烯微孔膜厚度为 $20\mu m$、孔隙率为 50%，使该微孔膜孔内充满了水，用于测定氧通量。已知 298K 下，氧在水中的亨利定律常数为 3.3×10^{-5} mmHg（1mmHg=133.322Pa），扩散系数为 2.1×10^{-5} cm²/s，氧在聚丙烯中的渗透系数为 $P=1.6$ barrer ［1barrer=10^{-10} cm³·cm/(cm²·s·cmHg)］。试求通过水进行渗透的那部分氧通量所占比例。

2-9　假定某一反渗透膜的水的渗透系数 L_P 为 5×10^{-4} m/(h·bar)，在 40bar 及盐浓度为 1% 时，该膜对 NaCl 和 Na_2SO_4 的截留率分别为 95.0% 和 99.8%，试计算膜对两种盐的溶质渗透系数。

2-10　25℃ 及 18bar 下某反渗透膜对 0.5% 的 NaCl 溶液的截留率为 95%，已知膜的水渗透系数为 $L_P=5\times10^{-5}$ g/(cm²·s·bar)。试计算 30bar 下 RO 膜对 NaCl 的截留率。

2-11　采用铜仿透析膜将两个体积为 100mL 的腔室隔开。左腔室中装有 5×10^{-3} mol/L 的聚丙烯酸钠溶液，右腔室装有 10^{-3} mol/L 的氯化钠溶液，膜可以透过 Na^+ 和 Cl^-，但不能透过带负电的聚丙烯酸根离子。试计算平衡时膜两侧钠离子和氯离子的浓度。

2-12　由 Donnan 排斥机理可知，带有负电荷的聚合物膜可以阻止溶液中的阴离子进入膜内，假定该膜内固定电荷浓度为 0.02eq/L，若膜一侧分别为氯化钠、硫酸钠和氯化钙溶液，其浓度均为 1mmol/L。试计算膜对溶液中阴离子的选择性（膜内阴离子浓度与溶液中阴离子浓度之比：c_s^m/c_s）。

参考文献

[1]　Hines A L, Maddox R N. Mass Transfer-Fundamentals and Applications. New Jersey：Prentice-Hall Inc，1985.
[2]　朱长乐．非平衡热力学在膜分离过程中的应用简介．水处理技术，1986，12（2）：70.
[3]　Barton A F M. Handbook of Solubility Parameter. Florida：CRC Press，1983.
[4]　James A M. A Dictionary of Thermodynamics：London：Macmillan Press Ltd，1976.
[5]　Walas S M. Phase Equilibria in Chemical Engineering. Boston：Butterwirth Pubillishers，1985.
[6]　Kyle B G. Chemical and Process Thermodynamics. Second Ed. New Jersey：Prentice Hall，1992.
[7]　王乃忠，滕兰珍．水处理理论基础．西安：西南交通大学出版社，1988.

第 3 章
反渗透与正渗透、纳滤、超滤与微滤

微滤（MF）、超滤（UF）、纳滤（NF）与反渗透（RO）都是以压力差（也称跨膜压差）为推动力的膜分离技术，其主要差异在于待分离料液中颗粒物和溶质分子量的大小及其分子构型；微滤、超滤膜材料特性不影响过滤效果，而纳滤、反渗透膜的亲疏水性对分离性能有一定的影响。微滤、超滤、纳滤与反渗透相应截留物种类及其截留分子量范围如图 3-1 所示。

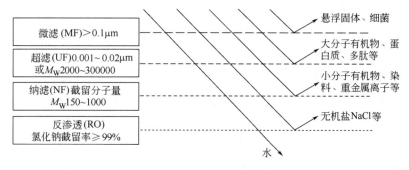

图 3-1　微滤、超滤、纳滤与反渗透相应截留物种类及截留分子量范围比较

微滤膜截留的是粒径 $>0.1\mu m$ 以上的微粒。在微滤过程中，通常采用对称微孔膜，膜的孔径在 $0.05\sim 10\mu m$ 之间，所施加于过程的压差约为 $0.01\sim 0.2 MPa$。

超滤可去除溶液中的大分子溶质或直径不大于 $0.02\mu m$ 的微粒。尽管大分子溶质的存在也会使溶液具有一定的渗透压，但一般可忽略不计，因此，操作的压差大多在 $0.1\sim 1.0 MPa$ 范围内。

反渗透常被用来截留溶液中的盐或其它小分子有机物。由于溶液的渗透压与溶质的分子量和浓度有关，被截留溶质的分子量越小，渗透压的影响就越大，且随溶质的浓度提高而增大，溶液的渗透压不能忽略。反渗透的操作压差依被去除的溶质大小及其浓度而定，通常在 $2.0 MPa$ 左右，也可高达 $10.0 MPa$。

随着纳滤膜的开发成功，使得溶液中分子量在 $150\sim 1000$ 范围内的有机溶质分子的去除与分离成为可能，尤其是溶液中脱除多价无机盐离子方面。纳滤膜分离介于反渗透与超滤之间，其截留性能，不但取决于膜材料及其孔结构，还与被处理溶质的性能和分子量大小相关。但其操作压力要比反渗透低得多，通常在 $0.2\sim 1.5 MPa$ 之间。

正渗透是以膜两侧溶液的渗透压差为推动力，使膜上游侧进料溶剂渗透通过膜的分离技术，此过程通常可在常压下进行，但必须使膜下游侧溶液始终处于较高渗透压状态下。

3.1 反渗透与正渗透

3.1.1 渗透、反渗透与正渗透

让溶剂透过而不让溶质透过的膜，称为理想半透膜。当其两侧溶液浓度相等或同为纯溶剂时，没有宏观的渗透，如图3-2（a）所示；当其两侧分别为纯溶剂和溶液时，溶剂将自发地穿过半透膜向溶液一侧流动，如图3-2（b）所示，这种现象称为渗透。当渗透过程进行到溶液液面高出溶剂液面的压头足以抵消溶剂的渗透趋势时，渗透到达平衡状态。这个压头称为溶液的渗透压 π，如图3-2（c）所示。当膜两侧都是同一溶液，但浓度不等时，溶剂也会由稀到浓的方向渗透，以促使浓度均匀化。正如容器中的溶液（无膜隔开），当浓度不均匀时，有均匀化的自发趋势。溶剂渗透趋势的大小，可定量地以化学位 μ 表示。

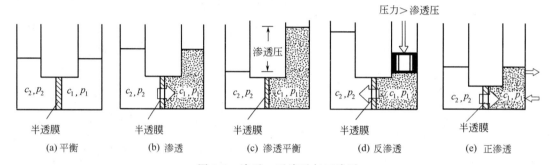

图 3-2 渗透、反渗透与正渗透

图3-2（a）中，浓度 $c_1=c_2$，膜两侧液位相等而 $p_1=p_2$，达到平衡状态：渗透压 $\pi_1=\pi_2$，化学位 $\mu_1=\mu_2$。图3-2（b），在右侧加入溶质后，$c_1>c_2$，则溶剂透过膜进入右侧，其液面上升使膜两侧产生压力差，对抗渗透压；因而渗透速率逐渐变慢，直到等于零，如图3-2（c）所示；此时达到新的平衡状态，化学位 $\mu_1=\mu_2$，渗透压差 $\Delta p=\Delta\pi$，而渗透压 $\pi_1>\pi_2$。图3-2（d）表示在右侧施加一大于渗透压的压力，则渗透方向逆转，这就是反渗透。

溶液中溶剂的化学位可以用理想溶液的化学位公式描述

$$\mu=\mu^0(T,p)+RT\ln x \tag{3-1}$$

式中，$\mu^0(T,p)$ 为指定温度、压力下纯溶剂的化学位；μ 为此温度、压力下溶液中溶剂的化学位；x 为溶液中溶剂的摩尔分数。可见溶液浓度增大（x 减小），溶剂的化学位降低。

在反渗透过程的设计中，溶液的渗透压数据是必不可少的。对于多组分体系的稀溶液，可用扩展的范托夫渗透压公式计算溶液的渗透压

$$\pi=RT\sum_{i=1}^{n}c_i \tag{3-2}$$

式中，c_i 为溶质或电解质离子摩尔浓度；n 为溶液中的组分数或解离离子个数。当溶液的浓度增大时，溶液偏离理想程度增加，所以式（3-2）是不严格的。

从范托夫渗透压方程可以导出在某一渗透压下的溶质分子量与溶质质量分数的关系，如图3-3所示。对低分子量物质，在给定浓度下的渗透压非常大。如对于分子量为100左右的典型含氧物质，如果其质量分数为22%，那么，分离过程的操作压差必须大于3.5MPa。因为，3.5MPa的操作压差相等于溶液的渗透压，则溶剂的渗透通量为零。尽管图3-3的数据

是以水为溶剂列出的,但也可用于非水溶液渗透压影响的定性分析。

对电解质水溶液,常引入渗透压系数 ϕ_i 来校正偏离程度,对水溶液中溶质 i 组分,其渗透压可用下式计算

$$\pi = \phi_i c_i RT \tag{3-3}$$

附录 A 列出了电解质水溶液在 25℃时的渗透压系数,由此可知,当溶液的浓度较低时,极大部分电解质溶液的渗透压系数接近于 1,对 NH_4Cl、$NaCl$、KI 等一类溶液,其系数基本上不随浓度而变;不少电解质随着溶液浓度的增加而 ϕ_i 增大,尤其在高浓度下,如 $MgCl_2$、$MgBr_2$、CaI_2 等;而对 NH_4NO_3、KNO_3、Na_2SO_4、$AgNO_3$ 等一类溶液,则 ϕ_i 随溶液浓度的上升而降低。图 3-4 依次为氯化锂、氯化钠、乙醇、乙二醇、硫酸镁、硫酸锌、果糖、蔗糖等八种化合物在水中的质量分数与渗透压的关系。

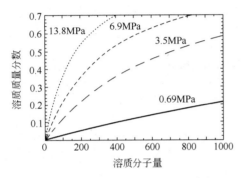 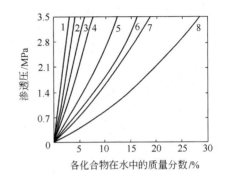

图 3-3 溶质分子量与溶质质量分数的关系

图 3-4 几种化合物在水中的质量分数与渗透压的关系

1—氯化锂;2—氯化钠;3—乙醇;4—乙二醇;
5—硫酸镁;6—硫酸锌;7—果糖;8—蔗糖

在实际应用中,常用以下简化方程计算

$$\pi = B x_s \tag{3-4}$$

式中,x_s 为溶质摩尔分数;B 为常数。

表 3-1 列出了某些有代表性溶质-水体系的 B 值。

表 3-1 各种溶质-水体系的 B 值

溶质	$B \times 10^{-3}$(25℃)/MPa	溶质	$B \times 10^{-3}$(25℃)/MPa	溶质	$B \times 10^{-3}$(25℃)/MPa
尿素	0.135	$LiNO_3$	0.258	$Ca(NO_3)_2$	0.340
甘油	0.141	KNO_3	0.237	$CaCl_2$	0.368
砂糖	0.142	KCl	0.251	$BaCl_2$	0.353
$CuSO_4$	0.141	K_2SO_4	0.306	$Mg(NO_3)_2$	0.365
$MgSO_4$	0.156	$NaNO_3$	0.247	$MgCl_2$	0.370
NH_4Cl	0.248	$NaCl$	0.255		
$LiCl$	0.258	Na_2SO_4	0.307		

正渗透(forward osmosis)是利用膜两侧溶液中的盐溶质浓度不同所产生的渗透压差,使得低盐浓度侧的水渗透通过膜,实现溶质的浓缩,或饮用水的制备。图 3-2(e)表示正渗透过程,类似于图 3-2(b)的渗透,膜两侧浓度差所导致的渗透压差,使得浓度较低的膜左侧溶液渗透通过膜进入右侧溶液,若维持右侧溶液浓度一定,且渗透压高于左侧,则左侧溶剂水会连续不断地渗透通过膜。

反渗透需要施加压力,以克服溶液渗透压,才能使海水中的溶剂水透过膜;而正渗透只

需要利用一种或多种混合介质，其溶液渗透压高于海水，则可使海水侧溶剂水渗透通过膜，假设所选用的介质极易与溶剂水分开，则可用正渗透过程来实现海水淡化。

与反渗透海水淡化需要施加高的操作压力克服溶液渗透压不同，正渗透海水淡化过程充分利用海水与高盐介质溶液两者之间的渗透压差，使海水中的溶剂水透过正渗透膜，过程可在常压下或不高的压力下进行，膜两侧压力可相等，因而其发展前景相当乐观。

3.1.2 反渗透基本机理及模型

（1）优先吸附-毛细孔流动机理　1960年，Sourirajan在Gibbs吸附方程基础上，提出了优先吸附-毛细孔流动机理，为反渗透膜的研制和过程的开发奠定了基础，而后又按此机理发展为定量表达式，即表面力-孔流动模型。图3-5表示水脱盐过程的优先吸附-毛细孔流动机理，在这过程中，溶剂是水，溶质为氯化钠，由于膜表面具有选择性吸水斥盐作用，水优先吸附在膜表面上，因此在压力的作用下优先吸附的水渗透通过膜孔，就形成了脱盐过程。

多孔膜界面上溶质吸附量与溶液表面张力的关系可以用Gibbs方程关联

$$\Gamma = -\frac{1}{RT}\frac{\partial \sigma}{\partial \ln a} \tag{3-5}$$

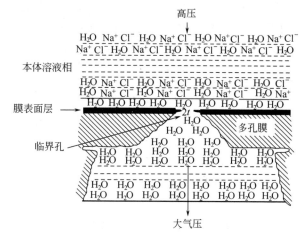

图3-5　优先吸附-毛细孔流动机理示意图

式中，Γ为单位膜界面上溶质的吸附量，mol/m^2；σ为溶液与膜界面的表面张力，N/m；a为溶液中溶质的活度。

当水溶液与多孔膜接触时，如果膜的物化性质使膜对水优先吸附，那么在膜与溶液界面附近就会形成一层被膜吸附的纯水层，纯水层的厚度与溶质和膜表面的化学性质有关。对于电解质水溶液的纯水层厚度（t），可用Matsuura提出的修正Gibbs等温吸附方程计算

$$t = -\frac{\Gamma}{c_{Ab}} = \frac{\alpha(1000+58.54m)}{2RT\rho \times 1000}\left(\frac{\partial \sigma}{\partial a m}\right) \tag{3-6}$$

式中，α为溶液中溶质的活度系数；m为溶液的质量摩尔浓度，mol/kg；c_{Ab}为氯化钠的浓度，mol/m^3；ρ为溶液的密度，kg/cm^3。

膜表面层的毛细孔接近或等于纯水层厚度二倍的微孔膜能获得最高的渗透通量和最佳的分离效果，当膜的孔径大于$2t$时，则溶质就会从毛细孔的中心通过，而产生溶质的泄漏，因此$2t$为膜的临界孔径值。膜的临界孔径和水层厚度如图3-5所示。

值得指出的是，表面力-孔流动机理既适用于溶剂在膜上优先吸附，也适用于溶质在膜上优先吸附，是溶剂还是溶质优先吸附取决于溶剂、溶质、膜材料和膜的物化性质及其相互作用关系。

（2）Kedem-Katchalsky不可逆热力学模型　以不可逆热力学为基础导出的Kedem-Katchalsky模型式为

$$J_V = L_P(\Delta p - \sigma \Delta \pi) \tag{3-7}$$

$$J_S = \overline{c_S}(1-\sigma)J_V + \omega \Delta \pi \tag{3-8}$$

式中，L_P为渗透系数；σ为反射系数，其范围在0与1之间；ω为溶质渗透系数。

以上为 Kedem-Katchalsky 模型式，方程中有表示膜传递性能的三个系数，其中溶质渗透系数和反射系数是由溶质的性质所决定的，对不同的溶质有不同的渗透系数与反射系数。由于超滤传质过程基于筛孔机理，设法将溶质的性质与膜的固有性质联系起来，以评价膜的传递性质则是微孔模型的基础。以压力差推动力的膜过程之 L_p 估算值见表 3-2。

表 3-2　以压力差推动力的膜过程之 L_p 估算值

膜过程	$L_p/[L/(m^2 \cdot h \cdot atm)]$	膜过程	$L_p/[L/(m^2 \cdot h \cdot atm)]$
反渗透	<50	微滤	>500
超滤	50～500		

注：1atm=101325Pa。

(3) 溶解-扩散模型　20 世纪 60 年代，Lonsdale 和 Riley 等人在假定膜是无缺陷的理想膜基础上，提出溶解-扩散机理来描述反渗透过程。该机理假定溶剂和溶质首先都溶解在均质无孔膜的表面层中，然后各组分在非偶合形式的化学位梯度作用下，从膜上游侧向下游侧扩散，再从下游侧解吸。故溶剂和溶质在膜中的溶解度和扩散系数是该机理的主要参数。

Lonsdals 等人通过费克定律来描述溶剂在膜内的扩散，在等温情况下，假定溶剂在膜中的溶解服从亨利定律，可得以下方程

$$J_W = \frac{D_W c_W V_W}{RT \Delta l}(\Delta p - \Delta \pi) \tag{3-9}$$

令

$$A = \frac{D_W c_W V_W}{RT \Delta l} \tag{3-10}$$

则有

$$J_W = A(\Delta p - \Delta \pi) \tag{3-11}$$

式中，A 为溶剂的渗透参数；Δp 为膜两侧压力差。

值得指出的是在该方程的推导中，假定了 D_W、c_W 以及 V_W 与压力无关，在一般情况下当压力不超过 15MPa 时是合理的。

如图 3-6 所示，对于溶质（盐）的扩散通量，由于压差引起的化学位差极小，因此，通量几乎都是由浓度梯度产生，可近似用下式表示

$$J_i = D_{im} \frac{dc_{im}}{dl} \tag{3-12}$$

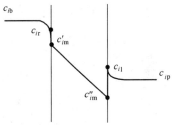

图 3-6　溶质传递通过膜的浓度分布

式中，D_{im} 为溶质 i 在膜中的扩散系数；c_{im} 为溶质 i 在膜中的浓度。

由于膜中溶质的浓度 c_{im} 无法测定，故常通过平衡分配系数 K 用膜外溶液的浓度来表示，假定

$$K_i' = \frac{c_{im}'}{c_{ir}} \quad K_i'' = \frac{c_{im}''}{c_{il}}$$

并有

$$K = K_i' = K_i''$$

且膜下游侧 $c_{il} = c_{ip}$，于是式 (3-12) 可表示成

$$J_i = D_{im} K_i \frac{c_r - c_p}{\Delta l} \tag{3-13}$$

式中，K_i 为平衡分配系数；c_r、c_p 分别为膜上游溶液中溶质的浓度和透过产品中溶质的浓度。

通常情况下，只有当膜内浓度与膜厚呈线性关系时，式 (3-13) 才成立。经验表明，溶

解-扩散模型适用于溶质浓度低于 15% 的膜过程。事实上，在许多场合下膜内浓度场是非线性的，特别是在溶液浓度较高且对膜具有较高溶胀度的情况下，模型的误差较大。

3.1.3 反渗透操作特性参数计算

（1）膜通量　设计反渗透系统，首先必须知道膜或膜组件的溶剂及溶质通量，有许多传质模型可用于计算膜通量，最常用的有 Lonsdals 等人提出的溶解-扩散模型、以不可逆热力学为基础的 Kedem-Katchalsky 模型，以及 Sourirajan 的毛细孔流动模型等。以下提出 Kimura-Sourirajan 模型，用于求算溶剂和溶质通量

$$J_A = A[\Delta p - (\Delta \pi x_{Ar} - \Delta \pi x_{Ap})] \tag{3-14}$$

$$J_S = \frac{D_{Am} K_A}{\delta}(c_r x_{Ar} - c_p x_{Ap}) \tag{3-15}$$

式中，A 为水的渗透系数；Δp，$\Delta \pi$ 分别为膜两侧的压力差和溶液渗透压差；$\frac{D_{Am} K_A}{\delta}$ 为溶质的渗透系数，其与溶质性质、膜材料性质以及膜表面平均孔径有关，其中 D_{Am} 为溶质在膜中的扩散系数；c_r，c_p 分别为膜两侧溶液浓度，若过程中有浓差极化现象存在，则 c_R 为紧靠膜表面的溶液浓度；x_{Ar}，x_{Ap} 分别为膜两侧溶液中溶质的摩尔分数。

对反渗透过程，若膜已确定，则在一定的压力下，$\frac{D_{Am} K_A}{\delta}$ 与料液的浓度和流速无关，随温度升高而增加；当膜的平均孔径很小时，在很宽的压力范围内，几乎是个常量，当膜的孔径较大时，则随压力增加而趋于降低。

$\frac{D_{Am} K_A}{\delta}$ 是三个具有重要意义的物理量的组合，在反渗透设计中，我们不必知道其中每个数值，只需知道其总值即可。$\frac{D_{Am} K_A}{\delta}$ 的值可通过选择适当的参考溶质来预测，例如，氯化钠是醋酸纤维素膜的参考溶质；甘油、葡萄糖可作为芳香聚酰胺膜的参考溶质。通常溶质的渗透系数可用下式推算

$$\ln\left(\frac{D_{Am} K_A}{\delta}\right)_S = \ln C^* + \left[\sum -\left(\frac{\Delta \Delta G}{RT}\right)_i\right] \tag{3-16}$$

式中，$\Delta \Delta G$ 为把一种离子从本体溶液相迁移到膜界面所需要的自由能；$\sum -\left(\frac{\Delta \Delta G}{RT}\right)_i$ 为料液中各种离子的排斥自由能参数之和；$\ln C^*$ 为与膜有关的常数，与溶质浓度无关。

若计算完全离解的无机电解质或有机溶质的膜渗透系数，则可以以 NaCl 为参考溶质，先由实验测得溶质渗透系数，再由下式经线性回归求出常数 $\ln C^*_{NaCl}$

$$\ln\left(\frac{D_{Am} K_A}{\delta}\right)_{NaCl} = \ln C^*_{NaCl} + \left[\left(-\frac{\Delta \Delta G}{RT}\right)_{Na^+} + \left(-\frac{\Delta \Delta G}{RT}\right)_{Cl^-}\right] \tag{3-17}$$

然后再用下式求得其它离解溶质的渗透系数

$$\ln\left(\frac{D_{Am} K_A}{\delta}\right)_{溶质} = \ln C^*_{NaCl} + \left[n_c\left(-\frac{\Delta \Delta G}{RT}\right)_{阳离子} + n_a\left(-\frac{\Delta \Delta G}{RT}\right)_{阴离子}\right] \tag{3-18}$$

式中，n_c，n_a 分别为从每摩尔溶质中离解出的阳离子和阴离子的物质的量，mol。对部分离解并形成离子对的无机溶质可按下式计算

$$\ln\left(\frac{D_{Am} K_A}{\delta}\right)_{溶质} = \ln C^*_{NaCl} + a_D\left[n_c\left(-\frac{\Delta \Delta G}{RT}\right)_{阳离子} + n_a\left(-\frac{\Delta \Delta G}{RT}\right)_{阴离子}\right] + (1 - a_D)\left(-\frac{\Delta \Delta G}{RT}\right)$$

$$\tag{3-19}$$

式中，a_D 为离解度。

若查得有关无机离子、离子对和某些有机离子的排斥自由能参数，则可求出无机溶质和某些有机溶质的渗透系数。对于不离解的极性有机溶质的渗透系数推算，必须在上式中引入有机溶质的极性参数和位阻参数，推算比较复杂。

（2）反渗透截留率 在反渗透过程中，混合物的分离程度分别用截留液的最大浓度和透过液的最小浓度来表示，最大截留液浓度主要取决于料液的组成、料液的渗透压和黏度。透过液的最小浓度则取决于膜的分离性质。膜的分离性质一般用截留率表示

$$R = 1 - \frac{c_p}{c_f} \tag{3-20}$$

式中，c_f，c_p 分别为进料液和滤出液的浓度。

对于反渗透膜，其截留率通常大于98%，有些膜甚至高达99.5%。

【例3-1】已知渗透系数 L_P 为 $2 \times 10^{-7} L/(cm^2 \cdot s \cdot MPa)$，溶质的渗透系数 ω 为 $4 \times 10^{-8} L/(cm^2 \cdot s)$ 的反渗透膜，在操作压力为4.0MPa、水温为25℃条件下进行实验。试初步计算透过膜的水和溶质通量值。若进水浓度为6000mg/L，试计算制成水的溶质脱除率。（查附录A，ϕ_i 为0.932，$R = 0.08206$；压力换算系数1.0atm=0.1013MPa）

解 溶液的渗透压：$\pi = \phi_i c_i RT = 0.932 \times \frac{6000}{58.5 \times 1000} \times 0.08206 \times 298 = 2.34$ (atm) = 0.237 (MPa)

总通量：

$$J_V = L_P(\Delta p - \Delta \pi) = 2 \times 10^{-7} \times (4.0 - 0.237) = 7.526 \times 10^{-7} [L/(cm^2 \cdot s)]$$

溶质脱除率可通过下式算出：

$$\frac{1-R_0}{R_0} = \frac{J_S/J_V}{\Delta c_S} = \frac{J_S}{J_V \Delta c_S} = \frac{\omega_m \Delta c_S}{L_P(\Delta p - \Delta \pi)\Delta c_S} = \frac{\omega_m}{L_P(\Delta p - \Delta \pi)}$$

$$R_0 = \left[1 + \frac{\omega_m}{L_P(\Delta p - \Delta \pi)}\right]^{-1} = \left(1 + \frac{4 \times 10^{-8}}{75.26 \times 10^{-8}}\right)^{-1} = 94.9\%$$

由于产水中溶质浓度为：$c_p = c_f(1-R_0) = 6000 \times (1-0.949) = 306 (mg/L)$

则，溶质渗透通量：

$$j_S = \omega_m \Delta c_S = 4 \times 10^{-8} \times (6000 - 306) = 2.28 \times 10^{-4} [mg/(cm^3 \cdot s)]$$

3.1.4 反渗透工艺流程

（1）工艺流程 由于反渗透膜的溶质脱除率大多在0.9~0.95范围内，因此，要获得高脱除率的产品往往需采用多级或多段反渗透工艺。在反渗透过程中，所谓级数是指进料经过加压的次数，即二级则是料液在过程中经过二次加压，在同一级中以并联排列的组件组成一段，多个组件以前后串联连接组成多段。

图3-7表示一级一段连续式反渗透流程，在这种流程中，料液进入膜组件后，浓缩液和纯水连续排出，水的回收率不高。另一种为一级一段循环式反渗透流程，如图3-8所示，在循环式流程中，浓水一部分返回料液槽，随着过程的进行，浓缩液的浓度不断提高，因此产水量较大，但水质有所下降。

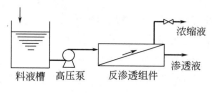

图 3-7　一级一段连续式反渗透流程

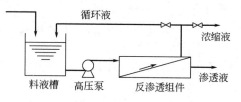

图 3-8　一级一段循环式反渗透流程

图 3-9 表示一级三段连续式反渗透流程。该流程常用于料液的浓缩，料液在过程中经三步浓缩，其体积减小而浓度提高，产水量相应增大。

图 3-10 表示二级一段循环式反渗透流程，对于膜的脱除率偏低，而水的渗透率较高时，采用一级工艺常达不到要求，此时采用两步法比较合理。由于操作过程中将第二级的浓缩液循环返回到第一级，因而降低了第一级进料液浓度，使整个过程在低压、低浓度下运行，可提高膜的使用寿命。

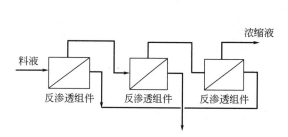

图 3-9　一级三段连续式反渗透流程

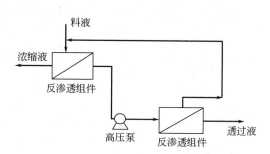

图 3-10　二级一段循环式反渗透流程

除了以上几种反渗透流程外，还有多级多段流程，对于流程的选择，除了产量和产品的浓度两个主要指标外，尚需对装置的整体寿命、设备费、维护、管理、技术可靠性等因素进行综合考虑。例如，将高压的一级流程改成二级时使过程在低压下运行，因而对膜、装置、密封、水泵等方面均有利。

多级连续操作级数为 2~3 级，即由 2~3 个单级串联而成。由于这种过程通常只有最终一级在高浓度溶液下操作，其它前几个单级中，溶液的浓度均较低，渗透流率也相应较大，所以总膜面积小于单级操作，接近间歇操作。

(2) **过程回收率与溶质损失率的关系**　由于受溶液的渗透压、黏度等因素的影响，在一定操作压力下，截留液的浓度不可能超过某一最大值，原料液也不可能全成为透过液，所以原料液的体积总是大于透过液的体积。若定义透过液的体积对原料液体积之比称为回收率，可按下式计算

$$\eta = \frac{V_p}{V_f} \tag{3-21}$$

式中，V_p，V_f 分别为透过液和原料液的体积。截留液和透过液的浓度可表示成原料液浓度（c_f）、回收率（η）和截留率（R）的函数。

$$c_r = c_f(1-\eta)^{-R} \tag{3-22}$$

$$c_p = c_f(1-R)(1-\eta)^{-R} \tag{3-23}$$

当反渗透过程中溶质是所需要的组分时，如果膜不能完全截留溶质，有部分溶质被损失掉，溶质的损失与膜的截留率和回收率有关，可用下式表示

$$\delta_{R0} = 1 - (1-\eta)^{1-R} \tag{3-24}$$

式中，δ_{R0} 为溶质的损失率。

图 3-11 是在各种截留率下，回收率与溶质损失率的关系，由图 3-11 可知，当回收率较高或截留率较低时，溶质的损失率就增大。

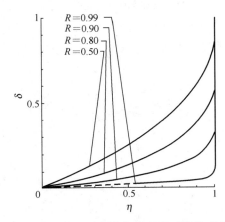

图 3-11　反渗透过程回收率与截留率对损失率的影响

【**例 3-2**】利用卷式反渗透膜组件进行脱盐，操作温度为 25℃，进料侧水中 NaCl 质量分数为 1.8%，操作压力为 6.896MPa；在渗透侧的水中含 NaCl 质量分数为 0.05%，操作压力为 0.345MPa。所采用的特种膜，其对水和盐的渗透系数分别为 1.0859×10^{-4} g/(cm²·s·MPa) 和 16×10^{-6} cm/s。假设膜两侧的传质阻力可忽略，对水的渗透压可用 $\pi = RT \sum \overline{m_i}$ 计算，m_i 为水中溶解离子或非离子物质的摩尔浓度，请分别计算出水和盐的通量。

解　进料盐浓度为

$$\frac{1.8 \times 1000}{58.5 \times 98.2} = 0.313 \text{(mol/L)}$$

透过侧盐浓度为

$$\frac{0.05 \times 1000}{58.5 \times 99.95} = 0.00855 \text{(mol/L)}$$

$$\Delta p = 6.896 - 0.345 = 6.551 \text{(MPa)}$$

若不考虑过程的浓差极化，则

$$\pi_{进料侧} = 8.314 \times 298 \times 2 \times 0.313/1000 = 1.55 \text{(MPa)}$$
$$\pi_{透过侧} = 8.314 \times 298 \times 2 \times 0.00855/1000 = 0.042 \text{(MPa)}$$
$$\Delta p - \Delta \pi = 6.551 - (1.55 - 0.042) = 5.043 \text{(MPa)}$$
$$p_{M(H_2O)}/l_M = 1.0859 \times 10^{-4} \text{ g/(cm}^2 \cdot \text{s} \cdot \text{MPa)}$$

所以

$$J_{H_2O} = \frac{p_{M(H_2O)}}{l_M}(\Delta p - \Delta \pi) = 1.0859 \times 10^{-4} \times 5.043 = 0.000548 \text{[g/(cm}^2 \cdot \text{s)]}$$

$$\Delta c = 0.313 - 0.00855 = 0.304 \text{(mol/L)}$$
$$p_{M(NaCl)}/l_M = 16 \times 10^{-6} \text{(m/s)}$$
$$J_{NaCl} = 16 \times 10^{-6} \times 0.000304 = 4.86 \times 10^{-9} \text{[mol/(cm}^2 \cdot \text{s)]}$$

【例 3-3】 在 10.335MPa 条件下，采用有效面积为 13.2cm² 的膜进行 NaCl 水溶液的反渗透。进料液的质量摩尔浓度为 0.6mol/kg，已测得纯水渗透量为 159.8×10^{-3}kg/h；在 NaCl 溶质的存在下，在进料中渗透量为 122.9×10^{-3}kg/h；摩尔脱盐率为 81.2%，求膜的溶液渗透系数 A、溶质渗透系数 $D_{Am}K_A/\delta$ 和传质系数 K。

解 已知 NaCl 的分子量为 58.45，$c_b=c_r=c_p=55.3$kmol/m³，从纯水渗透率计算纯水通量。

$$J_{水}=\frac{159.8\times10^{-3}}{18.02\times13.2\times10^{-4}\times3600}=1.867\times10^{-3}[\text{kmol}/(\text{m}^2\cdot\text{s})]$$

已知 $A=1.867\times10^{-3}/(10.335\times10^{-3})=1.806\times10^{-7}$[kmol/(m²·s·kPa)]

计算在 NaCl 溶质存在下的渗透通量

$$J_B=\frac{122.9\times10^{-3}}{18.02\times13.2\times10^{-4}\times3600\times\left[1+\dfrac{0.6\times(1-0.812)\times58.45}{1000}\right]}=1.426\times10^{-3}[\text{kmol}/(\text{m}^2\cdot\text{s})]$$

由于脱盐率为 0.812，故渗透溶液的物质的量为

$$n_{Ap}=0.6\times(1-0.812)=0.1128(\text{mol})$$

已知渗透液的渗透压为 520kPa，则由

$$\pi x_{Ar}=p_r-p_p+\pi x_{Ap}-\frac{J_B}{A}$$

$$=10335+520-\frac{1.426\times10^{-3}}{1.806\times10^{-7}}=2959(\text{kPa})$$

已知 NaCl 水溶液与渗透压关联数据有：0.6mol/kg，渗透压 2.743MPa；0.7mol/kg，渗透压 3.277MPa。线性插值可得渗透压为 2.959MPa 时的 NaCl 溶液浓度为 0.6459mol/kg，增浓侧溶液浓度为 0.6459mol/kg，故

$$x_{Ab}=\frac{0.6}{0.6+(1000/18.02)}=0.01070$$

$$x_{Ar}=\frac{0.6459}{0.6459+(1000/18.02)}=0.01150$$

$$x_{Ap}=\frac{0.1128}{0.1128+(1000/18.02)}=0.002029$$

近似认为 $c_1=c_2=c_3=c$，则

$$\frac{D_{Am}K_A}{\delta}=\frac{J}{c[(1-x_{Ap})/x_{Ap}](x_{Ar}-x_{Ap})}$$

代入数据得

$$\frac{D_{Am}K_A}{\delta}=\frac{1.426\times10^{-3}}{55.3\times[(1-0.002029)/0.002029]\times(0.01150-0.002029)}=5.536\times10^{-6}(\text{m/s})$$

又因

$$K=\frac{J}{c(1-x_{Ap})\ln[(x_{Ar}-x_{Ap})/(x_{Ab}-x_{Ap})]}$$

代入数据得

$$K=\frac{1.426\times10^{-3}}{55.3\times(1-0.002029)\ln(0.01150-0.02029)/(0.01070-0.002029)}=292.8\times10^{-6}(\text{m/s})$$

3.2 纳 滤

3.2.1 纳滤膜发展历程

纳滤膜,早期称为疏松的反渗透膜(loose RO),甚至属于"不合格反渗透膜",直至近期,某些领域专家仍如此称呼,主要原因是对纳滤膜开发现状与应用对象较模糊。在长达60余年的反渗透膜制备过程中,其应用目的明确——为了实现海水淡化。由于在反渗透膜的制备过程中,某些条件控制得不够理想,制成的膜会或多或少有些缺陷,如结构疏松、表层粗糙、厚薄不匀、针孔、凸刺等。这些缺陷导致所制成的膜元件对氯化钠截留率会有不同程度的下降,操作压力也提不高,成为名副其实的不合格产品。而不合格反渗透膜的唯一出路,就是用于那些对无机盐截留率要求不高的场合,由于其效果如同纳滤,也即在客观上替代了纳滤膜产品。久而久之,纳滤膜也就背上了这个坏名声。

纳滤膜的制备方法与反渗透膜相同,也采用界面聚合法,但可用单体要比反渗透的多,因此品种也多。如膜复合层或膜支撑层可带有负电荷基团,如—COOH、—SO_3H等荷电载体,也可以带正电荷基团,用途也更广。

图3-12为早期常用的一种反渗透膜和五种纳滤膜对相关小分子的截留作用。小分子物质依次为甲醇、乙醇、正丁醇、乙二醇、三甘醇、葡萄糖、蔗糖、乳糖,分别按其分子量大小排序,用箭头分别标在上、下横坐标上。从图3-12中曲线可知,反渗透膜几乎可完全截留分子量为150以上的有机物;而不同材料的纳滤膜对分子量100~200之间的乙二醇、三甘醇、葡萄糖截留率差异比反渗透过程要大,即使对分子量350左右的蔗糖和乳糖的截留,也有差异。

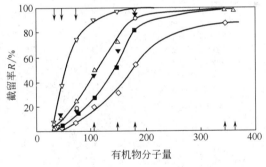

图3-12 几种纳滤膜对有机物的截留率
▽ SU700(RO);△ SU300;○ NF40HF;▼ NTR7450;■ Desal5;◇ XP20

因此,纳滤膜分离的分离性能与膜材料、制备方法、微观结构等相关,分离机理比较复杂,潜在应用价值有待开发。

3.2.2 对氯化钠的截留作用

与苦咸水或海水淡化反渗透膜脱盐性能不同,纳滤膜对盐的脱除率变化范围很宽,根据需要可在10%~90%范围内筛选。若选用高脱除率纳滤膜,其脱盐性能类似于反渗透膜,而低脱除率的纳滤膜则可归类于超滤膜。如图3-13所示,对高截留率的纳滤膜,在试验浓度范围内,其对氯化钠的截留率均大于90%,在整个浓度范围内变化很小。低截留率纳滤膜，如图 3-14 所示，其与浓度变化相关：在较低浓度下，截留率较高，并随着浓度的提高，截留率降低，可在 10%～60%范围内变化。

可以理解：在较高浓度下截留率均能稳定在 90%以上的纳滤膜，则可以看作低压反渗透膜；而对氯化钠截留率在 10%～60%范围内的纳滤膜，随着进料浓度的提高而截留率呈缓慢下降，其趋向超滤膜特性。

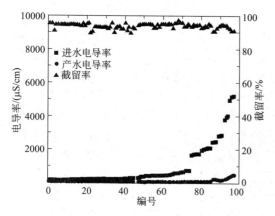

图 3-13　高截留率纳滤膜对 NaCl 的截留作用

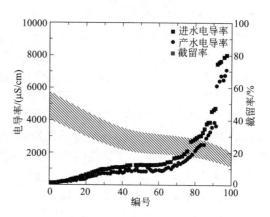

图 3-14　低截留率纳滤膜对 NaCl 的截留作用

3.2.3　对单价或多价化合物的截留作用

对于同一张纳滤膜，其对单价与多价化合物的截留作用差异是较大的，如图 3-15 和图 3-16 所示。分别对氯化钠和硫酸镁进行截留试验，结果发现，对氯化钠的截留作用，其截留率通常在 10%～60%；而对硫酸镁，则截留率在 70%～90%之间。

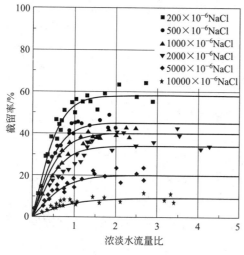

图 3-15　溶液浓度对氯化钠截留率的影响

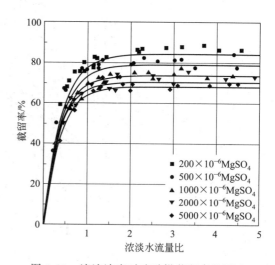

图 3-16　溶液浓度对硫酸镁截留率的影响

3.2.4　对混合物离子的截留作用

多数常规的无机化合物在水中以呈解离或部分解离状态存在，而纳滤膜表面基团通常呈负电荷性，因而对水中带正电荷的钠离子（Na^+）显示出较强的吸引力。在静态时，水中的离子与膜表面功能基团趋于唐南平衡状态；在纳滤过程中，水与膜界面的离子则趋于动态的唐南平衡状态，在氯离子渗透通过纳滤膜的同时，钠离子被夹带透过纳滤膜；负电性更强的二价硫酸根离子（SO_4^{2-}）在溶液中，被氯离子排斥，更不易接近纳滤膜表面，因而大多被截留。

图 3-17 为纳滤膜用于 $NaCl/Na_2SO_4$ 混合盐溶液中各离子的渗透试验，结果发现，此纳滤膜对二价的硫酸根离子的表观截留率最高，对一价的氯离子（Cl^-）的表观截留率最低，而对钠离子（Na^+）的表观截留率则介于二者之间。依据此纳滤过程现象，我们可以利用纳滤将氯化钠溶液中少量的硫酸根离子脱除，并实现 $NaCl/Na_2SO_4$ 混合盐溶液中硫酸根离子的脱除分离。

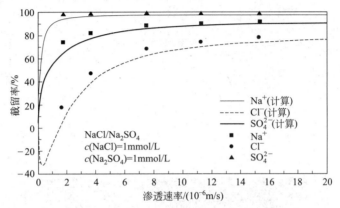

图 3-17　纳滤膜对 $NaCl/Na_2SO_4$ 混合盐溶液中离子截留作用

纳滤膜对无机盐的渗透性能主要取决于其阴离子的价态，对于单价阴离子的盐渗透率较大，约在 30%～90% 之间；而对二价或高价阴离子的盐则不易透过，其截留率可高达 90% 及以上。通常情况下，纳滤膜对阴离子的透过率大小一般按 NO_3^-、Cl^-、OH^-、SO_4^{2-}、CO_3^{2-} 顺序递减；而阳离子的透过率则一般按 H^+、Na^+、K^+、Ca^{2+}、Mg^{2+}、Cu^{2+} 顺序递减。

纳滤膜对水中微、痕量的砷、铬、镉、铅等多价离子的脱除，其截留效果相当好。我们曾用相关的纳滤膜元件进行过加标试验法测试，在自来水中分别加入砷、镉、铬、铅的浓度达到 0.3mg/L、0.3mg/L、0.15mg/L、0.15mg/L 时，纳滤膜对其截留率可分别达到 96.2%、100%、100%、100%。

3.2.5　对水中微量有机物的截留作用

纳滤膜用于脱除水中微量有机物，可以大致分为两种情况：对分子量大于 150 的有机物分子的脱除；对分子量小于 100 的微量有机物的脱除。图 3-18 为某型号纳滤膜对小分子有机物的截留作用，由图可知，对分子量大于 150 的微、痕量有机物，脱除率可达 80% 以上，并随着分子量的增大，截留率进一步上升，当分子量大于 200 时，大部分截留率可达 90% 以上。

对于分子量小于 150 的有机物小分子，特别对于分子量小于 100 的有机小分子的截留作用，则仍然与膜种类与孔径大小有关，对稍大分子的截留率相对高一些。

图 3-19 所示为荧光光度分析法测得的超滤与纳滤出水和自来水中微量有机物残留的比较。实际上，纳滤对于自来水中微、痕量内分泌干扰物、农药杀虫剂、消毒副产物等的去除，十分有效。

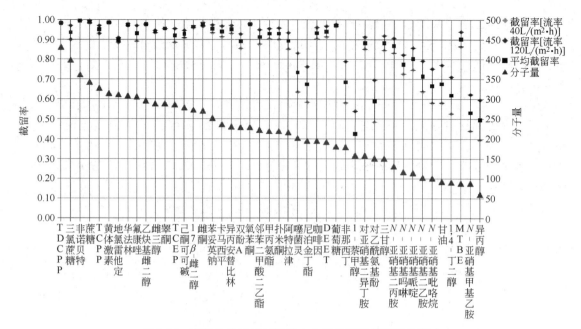

图 3-18 有机物分子量与流率大小对纳滤膜截留率的影响

TDCPP—磷酸三酯阻燃剂；TCPP—三磷酸酯阻燃剂；TCEP—硫醇类还原剂；DEET—避蚊胺；MTBE—甲基叔丁基醚

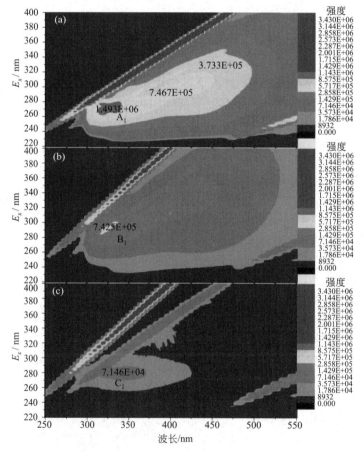

图 3-19 超滤与纳滤膜分别对自来水中微量有机物的去除作用（荧光光度分析）
(a) 自来水；(b) 超滤出水；(c) 纳滤出水

【例 3-4】 用纳滤过程净化农药污染的地表水，已知污染水中三种残留农药的含量分别为 10μg/L、14μg/L 和 17μg/L。膜对这 3 种微污染物的截留率分别为 92%、95% 和 90%。假定渗透物中农药总浓度不能超过 5μg/L，求最大回收率；若要求渗透物中某一农药浓度不超过 2μg/L，且农药总浓度不能超过 5μg/L，求最大回收率。换算为地表水中农药残留物的最小脱除率应达到多少？

解 设 10μg/L 的农药为 A，14μg/L 的农药为 B，17μg/L 的农药为 C，回收率为 η

(1) 渗透物中农药总浓度不能超过 5μg/L

$$\because c = \frac{c_A V(1-92\%) + c_B V(1-95\%) + c_C V(1-90\%)}{\eta V} \leq 5\mu g/L$$

$$\therefore \eta \leq \frac{10 \times 0.08 + 14 \times 0.05 + 17 \times 0.1}{5} = 0.64 \Rightarrow \eta \leq 0.64$$

(2) 渗透物中某一农药浓度不超过 2μg/L，且农药总浓度不能超过 5μg/L

$$\because \begin{cases} c = \dfrac{c_A V(1-92\%) + c_B V(1-95\%) + c_C V(1-90\%)}{\eta V} \leq 5\mu g/L \\ \dfrac{c_A V(1-92\%)}{\eta V} \cap \dfrac{c_B V(1-95\%)}{\eta V} \cap \dfrac{c_C V(1-90\%)}{\eta V} \leq 2\mu g/L \end{cases}$$

$$\therefore \eta \leq \frac{10 \times 0.08 + 14 \times 0.05 + 17 \times 0.1}{5} = 0.64 \Rightarrow \eta \leq 0.64$$

$$\eta \leq \frac{10 \times 0.08}{2} = 0.40 \text{、} \eta \leq \frac{14 \times 0.05}{2} = 0.35 \text{、} \eta \leq \frac{17 \times 0.1}{2} = 0.85 \Bigg\} \Rightarrow \eta \leq 0.35$$

从以上计算出地表水中的农药最大回收率，即地表水中农药残留的最小脱除率需分别达到 ≥36% 和 ≥65%。

3.2.6 纳滤恒容脱盐

通常，纳滤过程设计与计算可借助于反渗透过程设计方法，纳滤过程所施加的压力虽然仍与水溶液中的溶质浓度呈正比，但不符合溶液的渗透压的依数性定律，也即对纳滤过程所需施加的压强要远小于反渗透。

在纳滤过程的另一个特征是用于某些染料分子中盐分的脱除，达到纯化染料产品的目的。其中较为通用的方法是纳滤恒容脱盐过程。

通常对小分子有机物与部分盐共存的混合物，要理想脱除其中的盐分，由于一次性脱除率通常较低，一般需经多次脱除，难度很大。特别是要获得纯度较高的无盐分染料产品难度更大，采用纳滤过程则非常容易。

如在恒容脱盐过程中，假定料液体积 V_0 为常数，则料液中盐的浓度由 c_0 降到 c_t 时，透过液的总体积为 V_p，若过程中对盐的脱除率 D 恒定不变，则有

$$V_0 dc = -cD dV \quad (3-25)$$

设过程总脱盐率为 $D_t = 1 - \dfrac{c_t}{c_0} \quad (3-26)$

则有 $\dfrac{V_p}{V_0} = -\dfrac{1}{D}\ln(1-D_t) \quad (3-27)$

可得到如图 3-20 所示的过程脱盐率与过程透过比的关系。

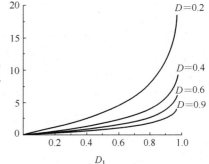

图 3-20 纳滤过程总脱盐率与过程透过比的关系

【例 3-5】 一种染料含盐量高达 10%，今采用恒容纳滤方法将染料中盐含量降低到 0.5% 以下。假定染料中的盐为氯化钠，若分别选用脱盐率为 90% 和 40% 的纳滤膜，各需多少清洗液量才能获得合格产品？

解 根据题意，要求将染料中的盐含量脱除到低于 0.5% 时，过程的总脱盐率为

$$D_t = 1 - \frac{c_t}{c_0} = 1 - \frac{0.5}{10} = 0.95$$

若选用脱盐率为 90% 纳滤膜，则透过液量比可用下式计算

$$\frac{V_p}{V_0} = \frac{1}{D}\ln(1-D_t) = \frac{1}{0.9}\ln(1-0.95) = 3.33$$

当选用脱盐率为 40% 的纳滤膜，透过液量比

$$\frac{V_p}{V_0} = \frac{1}{D}\ln(1-D_t) = \frac{1}{0.4}\ln(1-0.95) = 7.49$$

- 由此可知，选用脱盐率高的膜，可减少纳滤过程的透过比。

由图 3-20 也可查出，要脱除料液中 95% 的盐，若选用脱盐率为 95% 的纳滤膜，仅需 3 倍于料液的渗透量；若选用脱盐率为 40% 的纳滤膜，则需要 8 倍于料液的渗透量。

以上均是在假定纳滤过程对盐的脱除率下进行的，也就是在纳滤过程中对染料分子的截留率均为 100%。若在恒容纳滤过程中，对染料分子的截留率小于 1，同时会引起染料分子的损失，当盐含量下降到产物允许浓度时，其损失率与纳滤过程的透过比有关，可用下式估计

$$\delta_{NF} = 1 - R^{V_p/V_0} \tag{3-28}$$

式中，R 为膜对产物分子的截留率。

由上式可知，当截留率为 100% 时，产物与透过物无关，不会损失；当截留率 < 100% 时，透过比越大，产物的损失率越大；透过比往往与纳滤膜对盐的脱除率有关，采用脱盐率较高的膜，其透过比稍低，则产物的损失率就降低。

3.3 超 滤

3.3.1 超滤的基本原理

超滤以膜的筛分机理将液体中大于膜孔的大分子溶质截留，而小分子溶液透过膜的分离技术。通常，超滤膜孔的大小对分离起主要作用，膜的物化性能对分离效果影响不大。超滤膜的截留对象虽是大分子，但溶质截留率仍可用式（3-20）计算。

超滤膜截留率与分子量的关系曲线，如图 3-21 所示，是用不同分子量物质配制的缓冲液或水溶液测得的。需要指出的是：市售各种品牌的膜，其截留分子量的

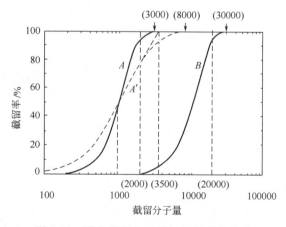

图 3-21　膜的截留分子量与截留率的关系

截留率的取值定义是不同的,通常有四种,截留率分别为 50%、90%、100%时所对应的,以及 S 曲线切线与截留率为 100%时的交点的截留分子量。如图 3-21 中 A′曲线,其截留分子量分别为 1000、3000、8000 和 3500。S 曲线的形状能大致表明膜的孔径分布,S 曲线越陡则截留分子量范围愈窄,膜的截留性能相对优良些。

3.3.2 超滤传质模型

(1) 位阻-微孔膜型　假定膜表皮层中具有半径为 r_p 的圆筒形微孔,孔长为 Δx,孔内外相通;溶质为刚性球,半径为 r_s,溶液在微孔内呈 Poiseuille 流动。那么,溶质的反射系数、渗透系数及水的渗透系数可分别表示为

$$\sigma = 1 - S_F[1 + (16/9)q^2] \tag{3-29}$$

$$\omega = DS_D(A_k/\Delta x) \tag{3-30}$$

$$L_P = [r_p^2/(8\mu)](A_k/\Delta x) \tag{3-31}$$

式中,q 为溶质和膜孔半径之比 (r_s/r_p);A_k 为膜的孔隙率;S_F 为过滤流位阻因子,可用也 q 表示为 $S_F = 2(1-q)^2 - (1-q)^4$;S_D 为扩散流位阻因子,也可用 q 表示,$S_D = (1-q)^2$。

若已知给定膜的孔径 r_p、孔隙率 A_k 和孔的长度 Δx,则对任何溶质都可以用式(3-29)~式(3-31)推算出 σ、ω 和 L_P,然后用不可逆热力学模型求出超滤溶剂和溶质的通量。

(2) 渗透压阻力模型　对纯水的超滤,透过水的通量与压力呈线性关系,其比例取决于膜阻力 R_m 的大小,如图 3-22 所示。

对大分子溶液,在浓度极稀或压力差很小的条件下,透过水的通量与压力成正比,与膜的阻力 R_m 呈反比;随着压力差的增大,大分子溶质会在超滤过程中累积在膜表面,而通量不呈线性关系,称此为压力控制区;随压力差进一步增大,滤饼层的阻力增加,而通量不再增大,此为传质控制区。如图 3-22 所示,随着溶质浓度 c_b 增大,通量 J_{Km} 不随压力增大而上升。

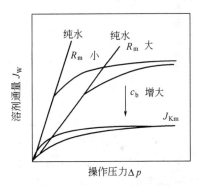

图 3-22　操作压力对溶剂通量的影响

由于膜表面层的浓差极化,也会使膜表面溶质的浓度大大高于主体流溶液的浓度。当超滤过程中存在以上因素时,溶液的渗透压不能忽略不计,此时可用渗透压阻力模型来定量计算

$$J_W = \frac{\Delta p - \Delta \pi}{\mu(R_m + R_c)} \tag{3-32}$$

式中,μ 为溶液的黏度;R_m、R_c 分别为膜阻力和在膜面上形成的滤饼阻力。

(3) 浓差极化边界层与凝胶层阻力模型　由于超滤的通量远大于反渗透,被膜截留的组分会积累在膜表面,形成浓度边界层,严重时足以使过程无法进行,设计时需加以考虑。超滤的浓差极化现象及传递模型可用图 3-23(a)来简述,当不同大小的分子混合物流动通过膜面时,在压力差作用下,混合物中小于膜孔的组分透过膜,而大于膜孔的组分被截留,这些被截留的组分在紧邻膜表面形成浓度边界层,使边界层中的

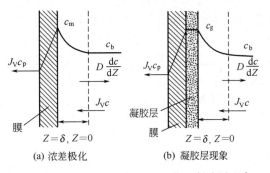

图 3-23　超滤过程中的浓差极化和凝胶层现象

溶液浓度大大高于主体流溶液浓度，形成由膜表面到主体流溶液之间的浓度差，浓度差的存在导致紧靠膜面溶质反向扩散到主体流溶液中，这就是超滤过程中的浓差极化现象。浓差极化现象是不可避免的，但是是可逆的，在很大程度上可以通过改变流道结构或改善膜表面料液的流动状态来降低这种影响。

如图 3-23（a）所示的浓差极化现象，可由传质微分方程推得在稳态超滤过程中的物料平衡算式

$$J_V c_p = J_V c - D \frac{dc}{dZ} \tag{3-33}$$

式中，$J_V c_p = J_S$ 为从边界层透过膜的溶质通量；$J_V c$ 为对流传质进入边界层的溶质通量；$D(dc/dZ)$ 为从边界层向主体流扩散通量。

根据边界条件：$Z=0$，$c=c_b$；$Z=\delta$，$c=c_m$，积分上式可得

$$J_V = \frac{D}{\delta} \ln \frac{c_m - c_p}{c_b - c_p} \tag{3-34}$$

式中，c_b 为主体溶液中的溶质浓度；c_m 为膜表面的溶质浓度；δ 为膜的边界层厚度。

当超滤过程达到稳定时，溶质在膜表面的对流传递呈平衡状态，即溶质扩散到膜表面上的流量和膜表面上的溶质返回主体溶液的流量达到动态平衡。当以摩尔浓度表示时，浓差极化模型方程变为

$$\ln \frac{x_m - x_p}{x_b - x_p} = \frac{J_V \delta}{cD} \tag{3-35}$$

若定义传质系数 $k=D/\delta$，当 $x_p \ll x_b$ 和 x_m 时，上式可简化为

$$\frac{x_m}{x_b} = \exp \frac{J_V}{ck} \tag{3-36}$$

式中，x_m/x_b 称为浓差极化比。

在超滤过程中，由于被截留的溶质大多为胶体或大分子溶质，这些物质在溶液中的扩散系数极小，溶质反向扩散通量较低，渗透速率远比溶质的反扩散速率高，因此，超滤过程中的浓差极化比会很高，其值越大，浓差极化现象越严重。

在超滤过程中，当大分子溶质或胶体在膜表面上的浓度超过它在溶液中的溶解度时，当大分子溶质在膜面上的浓度增至饱和浓度而形成凝胶层，此时的浓度称凝胶浓度 c_g，这些物质就会在膜表面上形成凝胶层，如图 3-23（b）所示，在一定的压差下，凝胶浓差比可按下式计算

$$\frac{x_g}{x_b} = \exp \frac{J_V}{ck} \tag{3-37}$$

一旦当膜面上形成凝胶层后，膜表面上的凝胶层溶液浓度和主体溶液浓度梯度达到了最大值。若再增加超滤压差，则凝胶层厚度增加而使凝胶层阻力增大，所增加的压力与增厚的凝胶层阻力所抵消，以致实际渗透速率没有明显增加。由此可知，一旦凝胶层形成后，渗透速率就与超滤压差无关，也即在此条件下，再提高超滤压差只增加凝胶层的厚度或阻力，而超滤通量不变。

对于有凝胶层存在的超滤过程，也可用阻力模型表示，若忽略溶液的渗透压，则式（3-32）可修正为用膜阻力、浓差极化层阻力及凝胶层阻力来表示的方程

$$J_W = \frac{\Delta p}{\mu(R_m + R_p + R_g)} \tag{3-38}$$

式中，R_m、R_p 和 R_g 分别为膜、浓差极化层和凝胶层阻力；$\Delta p = \Delta p_m + \Delta p_p + \Delta p_g$，

Δp_m、Δp_p 和 Δp_g 分别为作用于膜、浓差极化层和凝胶层的压力差。由于 $R_g \gg R_p$，故

$$J_V = \frac{1}{\mu}\frac{\Delta p}{R_m + R_g} = \frac{1}{\mu}\frac{\Delta p_m}{R_m} = \frac{1}{\mu}\frac{\Delta p_g}{R_g} \tag{3-39}$$

从上式可知，在超滤过程中，若不考虑浓差极化层的阻力，增加超滤压力 Δp，则相应的凝胶层厚度增加，也即凝胶层大，从而导致 J_V 值保持不变。

假定凝胶层阻力与压差成正比，则

$$J_V = \frac{\Delta p}{\mu(R_m + \alpha \Delta p)} \tag{3-40}$$

式中，α 为系数，可由实验求得，将上式与浓差极化方程比较，得

$$\frac{1}{\mu}\frac{\Delta p}{R_m + R_g} = k \ln \frac{c_m}{c_b} \tag{3-41}$$

重排上式经整理后可得膜面浓度

$$c_m = c_b \exp\left(\frac{1}{\mu k}\frac{\Delta p}{R_m + \alpha \Delta p}\right) \tag{3-42}$$

通过上式可近似地计算出，在不同压差下的膜面溶质浓度以及在临界压差下的膜表面凝胶浓度。在达到凝胶浓度后，再增大 Δp 值，c_g 值基本上保持不变。

在实验中，凝胶浓度可利用图解法求得，如图 3-24 所示，以透过水通量对水溶质浓度的对数值作图，所连的直线外延交于横坐标，通量为零时的溶质浓度可视为凝胶浓度，由图可见，此蛋白质的凝胶浓度为 28%。

在浓差极化边界层模型中，传质系数 k 值是检测浓差极化程度的重要参数，传质系数与流速有关，通常可通过 Sh 求出。在层流流动状态下

$$Sh = \frac{kd_h}{D} = 1.86\left(ReSc\frac{d_h}{L}\right)^{0.33} \tag{3-43}$$

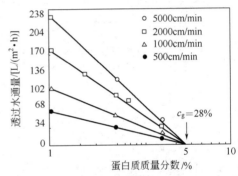

图 3-24 不同流速下蛋白质含量对通量的关系

在湍流流动状态下

$$Sh = \frac{kd_h}{D} = BRe^a Sc^b \tag{3-44}$$

式中，d_h 为流通的当量直径。以上方程的经验常数如表 3-3 所示。

表 3-3 湍流条件下 Sh 关联式的常数

关联式	B	a	b
Caldcrbank-Touag	0.082	0.69	0.33
Chilton-Colbum(1)	0.023	0.80	0.33
Chilton-Colbum(2)	0.040	0.75	0.33

对链型高分子，其扩散系数及斯托克斯半径与分子量的关系如图 3-25 所示，也可用下式计算

$$D = 8.76 \times 10^{-9} M_W^{-0.43} \tag{3-45}$$

式中，M_W 为分子量。扩散系数与温度的关系可用下式计算

$$\mu D / T = 常数 \tag{3-46}$$

溶质的半径可用斯托克斯公式计算

$$r_s = kT/(6\pi\mu D) \tag{3-47}$$

对蛋白质分子的扩散系数,可用 Young-Carroad-Bell 方程计算,

$$D = 8.34 \times 10^{-8} \frac{T}{\mu M_W^{1/3}} \tag{3-48}$$

式中,M_W 为蛋白质分子量;T 为蛋白质溶液的温度。

上式计算的结果如图 3-26 虚线所示,比较蛋白质的分子量与扩散系数的关系,除了两种蛋白质的扩散系数偏差较大外,大多数蛋白质的扩散系数计算值与实验值较接近,还与溶质的 pH 及缓冲液的种类有关。图 3-26 中的实线为支链葡聚糖分子的扩散系数关联曲线。

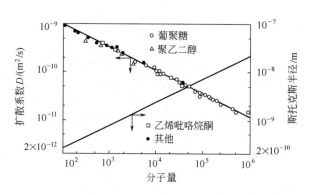

图 3-25 扩散系数及斯托克斯半径与分子量的关系

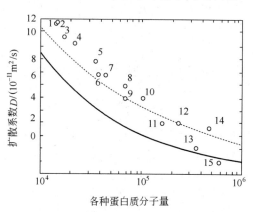

图 3-26 蛋白质分子量与扩散系数的关系
1—核糖核酸酶;2—溶菌酶;3—乳清蛋白;4—糜蛋白酶;5—胃蛋白酶;6—乳球蛋白;7—卵清蛋白;8—血红蛋白;9—白蛋白;10—己糖激酶;11—免疫球蛋白;12—过氧化氢酶;13—血纤维蛋白原;14—脱铁铁蛋白;15—肌球蛋白

3.3.3 超滤过程工艺流程

当超滤用于大分子的浓缩时,其过程常用体积浓缩比来表示

$$VCR = \frac{V_0}{V_R} \tag{3-49}$$

式中,V_0 为初始料液体积;V_R 为截留液体积。

式(3-49)也可用重量浓缩比来表示。同理,溶质的浓度比可用下式表示

$$SCR = \frac{c_R}{c_0} \tag{3-50}$$

式中,c_0 为初始料液浓度;c_R 为截留液浓度。

若已知截留液体积和浓度,可用下式计算截留率

$$\lg(SCR) = R\lg(VCR) \tag{3-51}$$

图 3-27 所示,超滤溶质浓度比与体积浓缩比之间的关系。

(1) 洗滤工艺(diafiltration) 在超滤过程中,有时在被超滤的混合物溶液中加入纯溶剂(通常为水),以增加总渗透量,并带走残留在溶液中

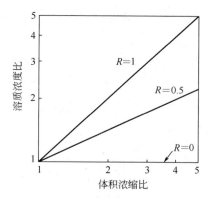

图 3-27 溶质浓度比与体积浓缩比之间的关系

的小分子溶质，达到分离、纯化产品的目的，这种超滤过程被称为洗滤或重过滤。洗滤是超滤的一种衍生过程，常用于小分子和大分子混合物的分离或精制，被分离的两种溶质的分子量差异较大，通常选取其膜的截留分子量介于两者之间，对大分子的截留率为100%，而对小分子则完全透过。两种洗滤过程如图3-28所示。

对间歇洗滤，洗滤前的溶液体积为100%，溶液中含有大分子和小分子两种溶质，随着洗滤过程的进行，小分子溶质随溶剂（水）透过膜后，溶液体积减小到20%，如图中3-28(a)所示，再加水至100%，将未透过的溶质稀释，重新进行洗滤，这种过程可重复进行，直至溶液中的小分子溶质全部除净。

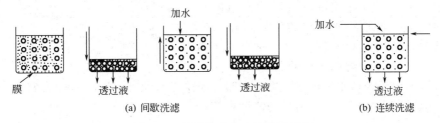

图 3-28 间隙洗滤和连续洗滤过程

若每次操作体积浓缩比都相等，且截留率 R 不变，则对 n 次洗滤可得被截留溶质的浓度为

$$c_R = c_0 (\text{VCR})^{1+n(R-1)} \tag{3-52}$$

式中，c_0 为原始料液浓度；n 为洗滤次数；R 为溶质的平均截留率。如果二次洗滤的 VCR 及 R 不相同，二次洗滤后组分浓度应为

$$c_R = c_0 (\text{VCR})_1^{R_1} (\text{VCR})_2^{R_1-1} \tag{3-53}$$

式中，下标1、2分别为第一、二次洗滤。

对连续洗滤过程，如图3-28(b)所示。设原液量一定，膜面积为 S，则在洗滤过程中，任一时刻的各种溶质浓度可通过简单的物料平衡来计算。假定在操作过程中，原液的体积保持不变，也即透过膜的液体量不断用加入相等的纯水来补充，则操作过程可用以下关系描述

$$-V \frac{dc_R}{dt} = (1-R) c_R S J_V \tag{3-54}$$

若初始溶液中溶质的浓度为 c_0，则积分上式得

$$\frac{c_R}{c_0} = \exp\left[-(1-R)\left(S \frac{J_V}{V_0}\right)t\right] \tag{3-55}$$

式中，c_R 为任一时刻在洗滤池中溶质的浓度；V_0 为溶液的体积。

式（3-55）中的 $S J_V t$ 的乘积即为渗透物的总体积 V_P，定义洗滤过程中的体积稀释比

$$V_D = \frac{S J_V t}{V_0} = \frac{V_P}{V_0} \tag{3-56}$$

如果溶质完全被截留，即 $R=1$，那么该溶液在渗透池中的浓度为常数，$c_R = c_0$；如果溶质全部通过膜，即 $R=0$，则由式（3-56）可知，该溶质洗滤池中的浓度将按指数函数下降；如果大分子溶质只有部分被截留，则大分子溶质在连续洗滤过程中会损失。因此，对洗滤过程，总是希望低分子量溶质的截留率接近为零，而对大分子溶质的截留率要求为100%。这就是洗滤的理想条件。

图3-29表示不同溶质截留率时，连续洗滤过程中体积稀释倍数对溶液中溶质去除率的影响。由图可知，当截留率为零时，体积稀释倍数大于4时，几乎可洗去溶液中的所有小分

子溶质；而当截留率为 90% 时，即使体积稀释倍数增加到 6 倍，其溶液中溶质的去除率也只有 40%。

图 3-30 中两种流型的连续洗滤过程是由 Merry 提出的。在并流洗滤过程中，洗滤水在每一级中加入，并假定充分混合，加入的水又基本上作为渗透物在每一级中离开。与间歇洗滤相比，并流洗滤需要的膜面积和洗滤水较多，因此，导致渗透物的浓度更稀。在逆流洗滤过程中，新鲜水从最后一级引进，而这一级的渗透物被用作为前一级的洗滤水，依次类推，直到第一级的渗透物水离开过程。与并流洗滤相比，获得相同纯化浓度，逆流过程需要较少的水，但需要更大的膜面积或更长的时间。与间歇洗滤相比，逆流过程节省水，但需膜面积较大，渗透物的浓度较高。

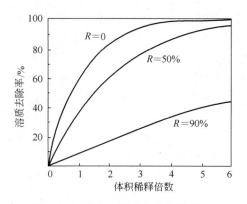

图 3-29 溶质截留率与体积稀释倍数对溶质去除率的影响

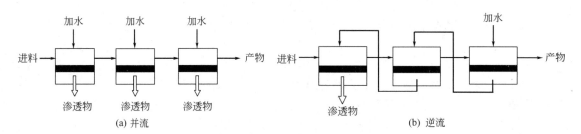

图 3-30 多级连续洗滤系统

（2）浓缩工艺 超滤过程的操作方式有间歇式和连续式两种，间歇式常用于小规模生产，浓缩速度最快，所需面积最小。间歇式操作又可分为截留液全循环和部分循环两种方式。在间歇式操作中，料液体积和截留组分的浓度关系近似有

$$c = \frac{c_0 V_0}{V} \tag{3-57}$$

假定膜面上溶质浓度可用凝胶极化模型表示

$$J = k \ln \frac{c_m}{c_0} \tag{3-58}$$

又根据渗透速率的定义有

$$J = -\frac{1}{A_m}\frac{dV}{dt} \tag{3-59}$$

由上三式可得

$$\int_{V_0}^{V_f} \frac{dV}{\ln\left(\frac{c_m}{c_0}\frac{V}{V_0}\right)} = kS_m \int_0^{t_f} dt \tag{3-60}$$

上式可近似表示成

$$-\frac{dV}{dt} = A_m\left(J_0 - k\frac{\ln V_0}{V}\right) \tag{3-61}$$

式中，$J_0 = k \ln \dfrac{c_\mathrm{m}}{c_\mathrm{b}}$ 为初始渗透速率；V_0 为料液初始体积；c_m 为截留组分在膜面上的浓度；c_0 为截留组分在溶液主体中的浓度；A_m 为膜面积；下标 f 表示超滤终点。

以 J 对 $\ln \dfrac{V_0}{V}$ 作图，可得截距为 J_0、斜率为 k_0。随着超滤的进行，料液体积不断减少，对任意料液体积 V，可由式（3-60）求得相应的超滤时间 t_0，由式（3-61）求得此时的渗透速率 J_0。当传质系数 k 和初始渗透速率 J_0 给定时，式（3-61）也可以求算一定时间内，将料液浓缩到一定体积所需的膜面积。

Zeman 将在商用的错流超滤过程分成四种基本的形式，即单级连续超滤过程（single-pass）、单级部分循环间歇超滤过程（batch）、部分截留液循环连续超滤过程（feed-and-bleed）和多级连续超滤过程（multi-pass），如图 3-31～图 3-34 所示。

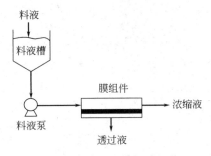

图 3-31 单级连续超滤工艺

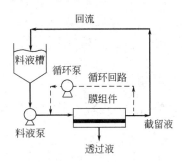

图 3-32 单级部分循环间歇超滤工艺

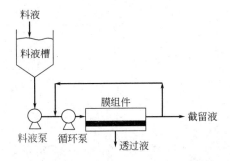

图 3-33 部分截留液循环连续超滤工艺

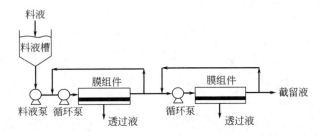

图 3-34 多级连续超滤工艺

单级连续超滤式的规模一般较小，具有渗透液流量小、浓缩比低、组分在系统中的停留时间短等特点，常用于某些水溶液的纯化；小规模的间歇式错流超滤是最通用的一种形式，过程中的所有截留物循环返回到进料罐内，这种型式的特点是操作简单、浓缩速度快、所需膜面积小，料液全循环时泵的能耗高，采用部分循环可适当降低能耗；部分截留液循环连续超滤式将部分截留液返回循环，剩余的截留液被连续地收集或送入下一级，这种型式常用于大规模错流超滤过程中，也常被设计成多级过程。

Zeman 对以上四种型式的超滤过程均作了物料衡算，并求出其通量，最后算出有关所需膜面积。

【例 3-6】 质量分数为 1% 的牛血清白蛋白溶液，M_W 为 69000，D 为 $6.8 \times 10^{-7} \mathrm{cm}^2/\mathrm{s}$，以 NaCl 为缓冲液，pH7.4，用平板薄层式膜组件进行连续浓缩。膜组件的流道高度为 2.5mm、宽度为 30cm、长度为 1m。膜对白蛋白的截留率为 100%，纯水的渗透系数为 $3 \times 10^{-3} \mathrm{cm}^3/(\mathrm{cm}^2 \cdot \mathrm{s} \cdot \mathrm{MPa})$。在流量为 0.5L/min、压力 0.2MPa、溶液温度为 25℃ 的操作条件下，试求透过膜的通量。已知该白蛋白膜面凝胶浓度 c_g 为 58.5g/100mL。

解 牛血清白蛋白溶液的黏度及密度分别用

$$\mu(\text{N} \cdot \text{s/m}^2) = 10^{-3} \exp(0.00244c^2)$$
$$\rho(\text{g/cm}^3) = 2.54 \times 10^{-3} c + 1.00$$

求得，当质量分数为1%时，溶液的黏度为 $0.001\text{N} \cdot \text{s/m}^2$、密度为 1g/cm^3。当量直径为流道高度的2倍，为0.5cm，流道内线速度为1.11cm/s。求得

$$ReScd_h/L = 4083 < 5000$$

则传质系数

$$\begin{aligned} k &= 1.86(ReScd_h/L)^{1/3}(D/d_h) \\ &= 1.86 \times 4083^{1/3} \frac{6.8 \times 10^{-7}}{0.5} \\ &= 4.04 \times 10^{-5} (\text{cm/s}) \end{aligned}$$

由凝胶极化方程式求得

$$J_V = k\ln(c_g/c_b) = 4.04 \times 10^{-5} \ln(58.5/1) = 1.64 \times 10^{-4} [\text{cm}^3/(\text{cm}^2 \cdot \text{s})]$$

若pH=7.4时，渗透压可用下式求得

$$\Delta\pi = (RT/M_W)[c - 1.09 \times 10^{-2} c^2 + 1.24 \times 10^{-4} c^3 + 20.4(c^2 + 1.03 \times 10^6)^{1/2} - 2.07 \times 10^4]$$

与以下方程联立

$$J_V = L_P(\Delta p - \Delta\pi)$$
$$c_m = c_b \exp\frac{J_V}{k}$$

求得

$$J_V = 1.23 \times 10^{-4} \text{cm}^3/(\text{cm}^2 \cdot \text{s}), c_m = 32.6\text{g}/100\text{mL}, \Delta\pi = 0.159\text{MPa}$$

由此可知膜面浓度尚未达到凝胶浓度 $c_g = 58.5\text{g}/100\text{mL}$，在此操作条件下，膜的通量由渗透压控制，其值为 $1.23 \times 10^{-4} \text{cm}^3/(\text{cm}^2 \cdot \text{s})$。

【例3-7】 考虑牛奶在50℃下的超滤，已知牛奶的物理性质是：密度 $\rho = 1.03\text{g/cm}^3$，黏度为 $\mu = 0.8\text{cP}$，扩散系数 $D = 7 \times 10^{-7} \text{cm}^2/\text{s}$，牛奶中的蛋白质含量为 $c_B = 3.1\text{g}/100\text{mL}$，凝胶浓度为 $c_g = 22\text{g}/100\text{mL}$。已知中空纤维膜和管式膜组件的参数如表3-4所示。

表3-4 中空纤维膜和管式膜组件的参数

组件参数	中空纤维式	管式	组件参数	中空纤维式	管式
直径 d/cm	0.11	1.25	错流流率 Q/(L/min)	38	265
长度 L/cm	63.5	240	压力降/10^5Pa	0.9	2
纤维或管数 n	660	18			

分别求出用中空纤维膜及管式膜组件对该牛奶超滤的通量。

解 （1）对中空纤维膜组件，料液在管内的流速

$$V = \frac{Q}{(\pi/4)d^2 n} = \frac{38000/60}{(3.142/4) \times 0.11^2 \times 660} = 100(\text{cm/s})$$

$$Re = \frac{dV\rho}{\mu} = \frac{0.11 \times 100 \times 1.03}{0.008} = 1416$$

$$Sc = \frac{\mu}{\rho D} = \frac{0.008}{1.03 \times 7 \times 10^{-7}} = 1.11 \times 10^4$$

Re 值表明这个组件在层流条件下操作，故可用 Leveque 方程求算

$$Sh = 1.86 \times 1416^{0.33}(1.11 \times 10^4)^{0.33}(0.11/63.5)^{0.33} = 54.08$$

故

$$k = 54.08 \frac{D}{d_h} = 54.08 \frac{7 \times 10^{-7}}{0.11}$$

$$= 3.44 \times 10^{-4} [cm^2/(cm \cdot s)] = 12.39 [L/(m^2 \cdot h)]$$

从凝胶方程，可算出牛奶的通量

$$J = k \ln \frac{c_g}{c_b} = 12.39 \ln \frac{22}{3.1} = 24.3 [L/(m^2 \cdot h)]$$

(2) 采用管式组件

$$V = \frac{265000/60}{(3.142/4) \times 1.25^2 \times 18} = 200(cm/s)$$

$$Re = \frac{dV\rho}{\mu} = \frac{1.25cm \times 200cm/s \times 1.03g/cm^3}{0.008Pa \cdot s} = 32188$$

Re 值表明，在此条件下为湍流，故可用下式计算 Sh 数：

$$Sh = 0.023 \times 32188^{0.8}(1.11 \times 10^4)^{0.33} = 2008$$

$$k = \frac{2008 \times 7 \times 10^{-7} cm^2/s}{1.25cm} = 1.12 \times 10^{-3} cm^2/(cm \cdot s)$$

$$= 40.32 L/(m^2 \cdot h)$$

$$J = 40.32 L/(m^2 \cdot h) \ln \frac{22}{3.1} = 79.0 L/(m^2 \cdot h)$$

比较中空纤维膜和管式膜组件通量，管式膜组件为中空纤维膜组件的 3 倍。

3.4 微 滤

3.4.1 微孔过滤模式

微滤比常规过滤更精细化一些，其膜的孔径约在 $0.05 \sim 10 \mu m$ 范围内，用于分离或去除料液中比膜孔稍大的微粒、细菌与凝胶等，基本属于固液分离范畴，操作压差约 $0.01 \sim 0.2MPa$，不必考虑溶液的渗透压影响。微滤通常有两种操作方式：终端微滤（dead-end microfiltration）和错流微滤（cross-flow microfiltration），如图 3-35 所示。

在图 3-35（a）的终端微滤中，待澄清的流体在压差推动力下透过膜，而微粒被膜截留，截留的微粒在膜表面上形成滤饼，并随时间而增厚。因此，终端微滤通常为间歇式，必须周期性地清除滤饼或更换滤膜元件。

如图 3-35（b）所示的错流微滤中，料液沿膜表面切线流动期间溶液透过膜，而微粒则在膜表面累积起薄层。与终端微滤不同，受料液切线流动的影响，能将膜表面的微粒及时冲走。

错流操作能较有效地控制浓差极化和滤饼形成，如图 3-35（b）所示，一旦滤饼层厚度

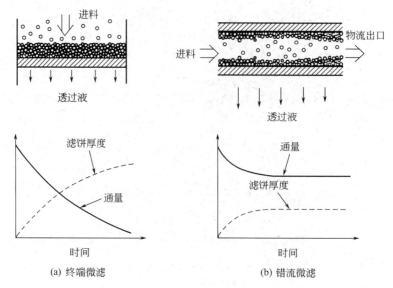

图 3-35 两种微滤过程的通量与滤饼厚度随时间的变化关系

稳定,那么过程也达到稳态或拟稳态。在实际情况中,有时在滤饼形成后,仍发现在一段时间内通量缓慢下降,这种现象大多是由滤饼和膜的压实作用或膜的污染所致。微滤与传统过滤在许多方面相似,可用传统过滤的数学模型描述微滤过程。

3.4.2 滤饼过滤式通量方程

对微粒浓度大于1%的溶液进行微滤时,假定微粒能被滤膜全部截留,则沉积在膜表面的微粒间的架桥现象,使膜面形成滤饼层,如图 3-35(a)所示,假定通过滤饼层的流体流动为层流,那么流体通过滤饼和膜的速率方程式可用 Darcy 定律描述

$$J = \frac{1}{A}\frac{dV}{dt} = \frac{\Delta p}{\mu(R_m + R_c)} \tag{3-62}$$

式中,A 为过滤面积;Δp 为施加于膜及滤饼上的压差;μ 为悬浮流体的黏度;R_m、R_c 分别为膜和滤饼层的阻力。

膜的阻力取决于膜的厚度、孔径以及膜的形态,如孔隙率、孔径分布及孔的曲折因素。当膜孔由柱形垂直于膜表面的毛细孔组成时,那么膜的通量可由 Hagen Poiseuille 方程计算

$$J = \frac{n_p \pi r_p^4 \Delta p_m}{8\mu l} \tag{3-63}$$

式中,n_p 为单位面积上的孔数;r_p 为孔半径;l 为膜厚;Δp_m 为膜两侧的压差。

因此膜的阻力为

$$R_m = \frac{\Delta p_m}{\mu J} = \frac{8l}{n_p \pi r_p^4} \tag{3-64}$$

由上式可知,膜的阻力正比于膜的厚度,而反比于孔径及孔密度。如果过程中发生膜污染或微粒进入膜内孔腔,则膜阻力会随时间而增加。

若定义膜孔隙率 ε_m 为膜孔体积与总体积之比,膜比表面积 S_m 为孔表面积与膜体积之比,则具有单一柱形孔的膜,其孔隙率和比表面积分别为

$$\varepsilon_m = n_p \pi r_p^2 \tag{3-65}$$

$$S_m = \frac{2\pi n_p r_p}{1-\varepsilon_m} \tag{3-66}$$

利用这两个参数，膜的阻力可用以下方程计算

$$R_m = \frac{k(1-\varepsilon_m)^2 S_m l}{\varepsilon_m^3} \quad (3\text{-}67)$$

式中，对单一柱形孔的膜常数 $k=2$，对其它孔结构的膜，方程（3-67）仍适用，但常数 k 的值与膜的形态和孔结构有关。

当滤饼为不可压缩时，孔隙率和滤饼阻力与所施加的压差无关，那么滤饼阻力也可参照膜的阻力方程计算

$$R_c = \frac{k(1-\varepsilon_c)^2 S_c^2 \delta_c}{\varepsilon_c^3} \quad (3\text{-}68)$$

式中，δ_c 为滤饼厚度；ε_c 为滤饼空穴分数；S_c 为滤饼的比表面积。

对不可压缩滤饼，空穴分数 $\varepsilon_c=0.4$，常数 $k=5.0$。

3.4.3 通量衰减模型

对标准过滤模型以下式表示

$$\frac{t}{V} = \alpha_1 t + \beta_1 \quad (3\text{-}69)$$

式中，α_1 和 β_1 为常数；t 为过滤时间；V 为过滤液体积。

假定膜孔为圆形，膜的通量衰减正比于过滤物通过的体积，α_1 和 β_1 可用以下式计算

$$\alpha_1 = \frac{4}{\pi h_m n_p d_p^2} \frac{N}{A \rho_s (1-\varepsilon)} \quad (3\text{-}70)$$

和

$$\beta_1 = \frac{h_m}{N} \frac{128\mu}{\pi d_p^4 A \Delta p_{TMP}} \quad (3\text{-}71)$$

式中，N 为进入多孔内的悬浮固体浓度；h_m 为流通深度；n_p 为孔数；d_p 为过滤前多孔外径；A 为微滤膜面积；ε 为在孔表面沉积结构的孔隙率；Δp_{TMP} 为膜两侧压力差。

注意，进入多孔的固体悬浮液浓度不同于在主体流动中的悬浮液浓度，它取决于过滤效率。重排式（3-69）并进行微分得

$$\frac{dV}{dt} = \frac{\beta_1}{(\alpha_1 t + \beta_1)^2} \quad (3\text{-}72)$$

故过滤通量

$$J = \frac{1}{A} \frac{dV}{dt} = \frac{\beta_1}{(\alpha_1 t + \beta_1)^2} \frac{1}{A} \quad (3\text{-}73)$$

由上式可知，过滤通量为过滤时间的函数。

如果错流过滤能成功地限制滤饼层的形成，那么，当微滤形成滤饼层的速率与膜面流速使滤饼消失的速率达到平衡时，滤饼层厚度一定，这样滤饼层阻力成为常数。这时过滤物体积与通量速率呈线性关系，在这种条件下，Fane 等提出以下方程用于计算微滤通量

$$J = \frac{\Delta p}{\mu (R_m + R_c - R_s)} \quad (3\text{-}74)$$

式中，R_s 为由于错流剪切力导致的滤饼层阻力的降低。

在工程应用中，对于不可压缩滤饼，常将滤饼的阻力表示为滤液总体积与过滤面积的函数

$$R_c = \alpha \rho_0 \frac{V}{A} \quad (3\text{-}75)$$

式中，α 为滤饼比阻力；ρ_0 为单位过滤液中所形成的滤饼质量，也可用下式表示

$$\rho_0 = \frac{\rho w_s}{1 - m w_s} \tag{3-76}$$

式中，ρ 为滤液密度，kg/m^3；w_s 为原液中固体质量分数；m 为滤饼湿干质量比中的滤饼质量。

将上式代入式（3-75），然后再将式（3-75）的滤饼阻力代入式（3-62），可得

$$\frac{1}{A}\frac{dV}{dt} = \frac{\Delta p}{\mu[R_m + \alpha \rho_0 (V/A)]} \tag{3-77}$$

在过程开始时，$t=0$，$V=0$，则积分上式得

$$\frac{At}{V} = K\frac{V}{A} + B \tag{3-78}$$

式中，$K = \dfrac{\mu \alpha \rho_0}{2 \Delta p}$、$B = \dfrac{\mu R_m}{\Delta p}$ 为常数。

将（At/V）对（V/A）作图所得曲线应为线性，其斜率 K 为压差和以 α 与 ρ_0 表示的滤饼性质的函数，常数 B 正比于膜的阻力，若膜的阻力可忽略，则式（3-78）成为

$$t = \frac{\mu \alpha \rho_0}{2 \Delta p}\left(\frac{V}{A}\right)^2 \tag{3-79}$$

对于错流过滤，可在方程式（3-76）中引入滤饼残留系数 β 来进行修正，或通过式（3-78）进行计算

$$K = \frac{\mu \alpha \rho_0 \beta}{2(1 - m w_s)\Delta p} \tag{3-80}$$

式中，β 为滤饼残留率，表示由于反洗或循环错流使滤饼脱掉的程度，无反洗或循环错流时，$\beta = 1$。

对于可压缩滤饼，可假定滤饼的比阻力为压降的函数

$$\alpha = \alpha'(\Delta p)^s \tag{3-81}$$

式中，α' 为与微粒大小和形状有关的常数；s 为滤饼的压缩率，对刚性球微粒滤饼的压缩率为零，对一般微粒压缩率在 0.1~0.8 范围内。在双对数坐标上作 Δp-α 图，应为直线，如图 3-36 所示。

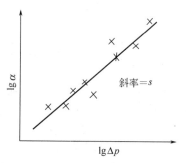

图 3-36 压差与滤饼的关系

【例 3-8】 0.1% 铁蓝颜料分散液用如图 3-37 所示实验流程进行恒压微滤，所使用的膜为 SF-30 膜，操作压力为 0.1079MPa，实验结果列于表 3-5。已知滤饼的湿干质量比为 $m=3$，滤液黏度为 $\mu = 10^{-3} kg/(m \cdot s)$，滤液密度 $\rho = 1000 kg/m^3$，试计算微滤方程的常数 a、b，以及滤饼的比阻和循环错流时的滤饼残留系数 β。

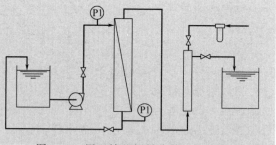

图 3-37 用于铁蓝颜料分散液的恒压微滤实验装置流程图

解 利用最小二乘法对以上数据进行线性回归，首先将方程（3-78）改写为

$$y = ax + b$$

即

$$y = \frac{1}{\dfrac{1}{\Delta p}\dfrac{d(V/A)}{dt}},\ x = V/A$$

将表 3-5 中的实验数据换算成以 x 与 y 表示的数据。对以上数据进行回归，得

$$a' = \frac{\sum xy - (\sum x)(\sum y)/n}{\sum x^2 - (\sum x)^2/n} = 1.023 \times 10^6$$

表 3-5　0.1%铁蓝颜料分散液恒压微滤实验数据

序号	微滤时间/min	滤液量/mL	序号	微滤时间/min	滤液量/mL
1	2	7.2	9	30	49.1
2	4	12.1	10	35	54.0
3	6	16.4	11	40	58.4
4	8	20.2	12	45	62.5
5	10	23.7	13	50	66.3
6	15	31.3	14	55	69.9
7	20	37.9	15	60	73.2
8	25	43.8			

$$b' = \bar{y} - a'\bar{x} = 1.201 \times 10^4$$

求得常数

$$a = a' \Delta p = (1.023 \times 10^6)(1.079 \times 10^5) = 1.10 \times 10^{11}$$
$$b = b' \Delta p = (1.201 \times 10^4)(1.079 \times 10^5) = 0.130 \times 10^{10}$$

所以得直线方程式：

$$y = 1.10 \times 10^{11} x + 0.130 \times 10^{10}$$

已知 $m=3$，$\mu = 10^{-3} \text{kg/(m·s)}$，$\rho = 1000 \text{kg/m}^3$ 时，求得滤饼的比阻

$$\alpha = \frac{a(1-ms)}{\mu \rho s} = \frac{1.10 \times 10^{11}(1-0.003)}{0.001 \times 1000 \times 0.001} = 1.1 \times 10^{14}$$

同理，由错流微滤实验计算结果，可得常数 $D_{错流} = 5.36 \times 10^{10}$，则求得错流微滤时，滤饼残留系数

$$\beta = \frac{D_{错流}}{a} = \frac{5.36 \times 10^{10}}{1.10 \times 10^{11}} = 0.487$$

将两组实验计算结果画成图 3-38，图中直线 A 为终端微滤过程，直线 B 为线速度为 0.5m/s 的循环错流微滤过程，可知，循环错流微滤过程效果较好。

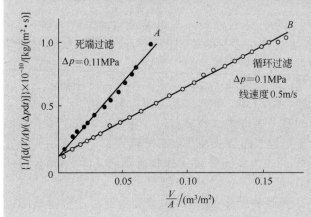

过滤型式对比阻和滤饼残留系数的影响			
项目	α	β	γ
● 死端过滤	11.0×10^{10}	1.0	0.994
○ 循环过滤	5.36×10^{10}	0.48	0.988

图 3-38　终端微滤过程与循环错流微滤过程实验数据

3.5 膜 元 件

仅有分离性能优良的膜,尚不能应用,必须把膜制成结构紧凑、性能稳定的膜元件及其装置,即将膜、固定膜的支撑材料、间隔网或管式外壳等通过黏合等手段组装构成膜元件才能用于工业过程。目前,可供工业应用的膜元件主要有中空纤维式、管式、卷式和板框式四种。用平板膜可制成卷式、折叠式、板框式和膜盒式等元件;板框式又可细分为圆形和长方形等多种。还可根据需要,组装成旋转式、震动式等动态或静态装置。管式和中空纤维式也可分成内压或外压式两种。对于不同分离目的,选用怎样的元件、设计成怎样的装置,需要根据实际应用要求来综合考虑。

3.5.1 膜元件种类

(1) 折叠式组件　折叠式筒形滤芯及其筒形过滤器流道示意分别如图 3-39、图 3-40 所示。微滤膜被折叠并制成圆筒形滤芯,装在可加压的过滤器壳内,中心管与加压外壳间用 O 形环隔离密封。料液由壳侧流入,其中微粒物被截留在膜表面,而溶液透过膜后从中心管流出。

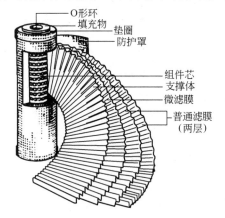

图 3-39　折叠式筒形滤芯

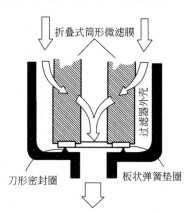

图 3-40　折叠式筒形过滤器流道示意

折叠式筒形过滤器一般作料液澄清等预处理用,由于微粒或大分子极易堵塞膜孔,膜元件清洗或更换与料液的浑浊度相关。

(2) 管式膜元件　管式膜元件有内压式和外压式两种,其组装及流动方式如图 3-41、图 3-42 所示。对内压式膜元件,膜可被直接浇铸在多孔的不锈钢管内或增强纤维的塑料管内,也可将膜浇铸在多孔纸上,然后外面再用管子来支撑。加压原液从入口端进入多孔管内流过,透过液在管外侧被收集。对外压式膜元件,膜则被浇铸在多孔支撑管外侧面,加压的原液从入口端进入多孔管外侧流过,透过液在膜内侧汇聚到多孔管出口端流出。

目前,商品化的无机膜有平板式、管式及多通道式(蜂窝型)三种类型,其中单管和多通道管式较为常用。管式膜元件由多支单流道膜管组装成换热器形式而成;多通道结构膜管的流道数有 7 个、19 个及 37 个不等,如图 3-43 为多通道膜元件装配示意,图 3-44 为组装成 19 通道结构的膜器封头截面。

改进的具有湍流促进功能的单通道多孔膜管如图 3-45 所示。这类单通道或多通道陶瓷多孔膜器犹如热交换器,其安装、清洗、灭菌、维修等比较方便,常用于耐温、耐酸、耐溶剂等特种用途的产品净化与分离过程。

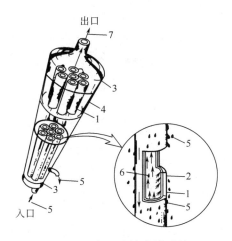

图 3-41 内压式管式膜元件

1—玻璃纤维管；2—膜；3—封头；4—PVC 外壳；
5—渗透水；6—料液水；7—浓缩水

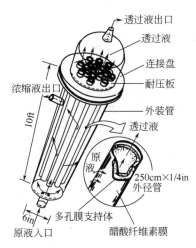

图 3-42 外压式管式膜元件

（1in＝0.0254m, 1ft＝0.3048m）

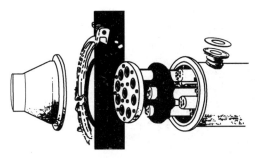

图 3-43 多通道膜元件装配示意图

图 3-44 19 通道结构的膜器封头截面

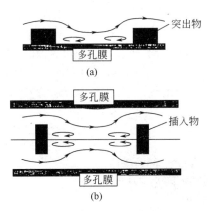

图 3-45 具有湍流促进作用的单通道多孔膜管

（3）板框式膜组件　板框式膜组件最早用于超滤和反渗透中，类似于常规的板框式压滤机。两种板框式装置的结构及示意流道如图 3-46、图 3-47 所示。

某些板框式设备中，膜可从多孔支撑板上揭下来，也可直接浇铸在支撑板上。板框式膜装置，一般可采用拆卸清洗，但这种清洗比管式装置清洗费时。

第 3 章　反渗透与正渗透、纳滤、超滤与微滤　　73

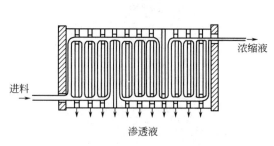
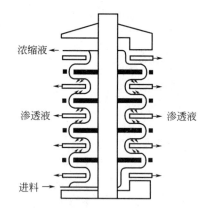

图 3-46　板框式膜器流道示意图　　　图 3-47　圆盘板式膜器曲折流道示意图

(4) 卷式膜组件　（螺旋）卷式膜组件由平面复合膜卷制而成，由于其流道仅高约 1mm，单位体积内的膜面积较大，且承受压力高，被广泛应用于反渗透和纳滤过程，图 3-48、图 3-49 为卷式膜组件的基本构型及料液与渗透液在膜组件内的流向。

目前，选膜试验常用型号为 2540 (2.5in，1in＝0.0254m)，而工程上则采用 4040 (4in) 和 8040 (8in) 膜元件，甚至更大。

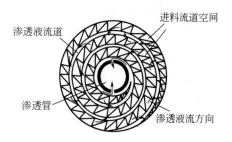
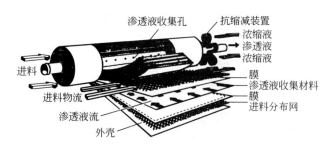

图 3-48　卷式膜组件内横截面流道　　　图 3-49　卷式膜组件内物料流向

(5) 毛细管式膜组件　通过对纺丝条件调整，可制得内压或外压式两种毛细管膜，其内径大致约为 0.4~2.5mm，两种膜均为非对称结构，无需支撑管。毛细管膜装填密度一般为 $600\sim1200m^2/m^3$。其膜元件结构与原液流向可用图 3-50 描述，由于毛细管的管径比中空纤维要大，又无支撑管，故操作压力受到限制，压差低于 1.0MPa。因此，无论在什么情况下，都必须对料液进行适当有效的预处理，毛细管膜主要用于超滤及微滤过程。

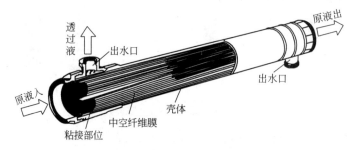

图 3-50　中空纤维或毛细管式膜组件的物料流向示意图

(6) 中空纤维膜组件　中空纤维与毛细管式膜组件形式相同，其内径通常约在 40~100μm 范围内，一般为非对称的致密膜。其单位装填膜面积比最高可达 $30000m^2/m^3$。如

图 3-50 所示，原液从元件的一端流入，沿纤维外侧平行于纤维束流动，从另一端流出。透过液透过膜壁进入内腔，然后从出水口引出。由于中空纤维很细，在实际应用中，料液必须预处理，除去被处理溶液中的全部微粒，甚至大分子。中空纤维元件常用于反渗透和纳滤过程。

3.5.2 各种膜组件比较

各种膜组件单位体积内的比表面积如图 3-51 所示，由此图可知，膜组件的比表面积与组件的管径或流道高度呈反比，管式膜元件的比表面仅为 $10 m^2/m^3$ 左右，而中空纤维膜元件几乎高达 $10^5 m^2/m^3$；比表面积处于中等的依次为毛细管式、卷式、板式以及陶瓷管式元件。

表 3-6 列出了六种膜组件的传质特性参数的比较，由于其结构不同、水力半径不等，Re 在不同的组件内相差甚大，但由表中数据可知传质系数不仅仅取决于 Re 的大小，还和流道结构与水力半径有关。

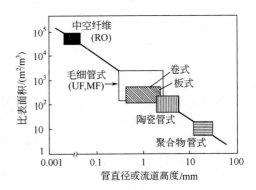

图 3-51 膜组件的管直径或流道高度与比表面积的关系

表 3-6 六种膜组件的传质特性参数比较

组件形式	水力半径 d_p/cm	雷诺数 Re	传质系数 k/(10^{-6} m/s)
中空纤维	0.04	1000	11
管式	1.0	20000	14
平板	0.1	2000	9
卷式	0.1	500	16
搅拌池	2.0	10000	5
转动式	0.1	4000	20

表 3-7 对四种常用膜组件进行了综合性能的比较。一般来说，料液不需要预处理，能很好地控制浓差极化，清洗方便。

表 3-7 四种膜组件的特性比较

比较项目	卷式	中空纤维式	管式	板框式
比表面积/(m^2/m^3)	200~800	500~30000	30~328	30~500
料液流速/[$m^3/(m^2 \cdot s)$]	0.25~0.5	0.005	1~5	0.25~0.5
料液侧压降/MPa	0.3~0.6	0.01~0.03	0.2~0.3	0.3~0.6
抗污染性	中等	差	非常好	好
易清洗	较好	差	优	好
膜更换方式	组件	组件	膜或组件	膜
组件结构	复杂	复杂	简单	非常复杂
膜更换成本	较高	较高	中	低
对水质要求	较高	高	低	低
料液预处理/μm	10~25	5~10	不需要	10~25
配套泵容量	小	小	大	中
工程放大	中	中	易	难
相对价格	低	低	高	高

板框式膜器投资费用虽较高，由于膜更换方便、清洗容易、操作灵活，尤其适合小规模生产。因此，被较多地应用于制药、食品、化工等工业中；毛细管和中空纤维式元件在废水

处理、地表水的杀菌过滤、酶制剂浓缩等方面很有吸引力；卷式膜元件则大量用于海水淡化或苦咸水处理方面。

习 题

3-1 试分别求出含 NaCl 3.5%的海水和含 NaCl 0.1%的苦咸水 25℃时的理想渗透压。若用反渗透法处理这两种水，并要求水的回收率为 50%，渗透压各为多少？哪种水需要的操作压力高？

3-2 含盐（NaCl）量为 10000mg/L 的苦咸水在压力 6.0MPa 下进行反渗透试验。试验装置内装一张有效面积 $10cm^2$ 的醋酸纤维素膜。在水温 25℃时，制成水流量为 $0.01cm^3/s$，其溶质浓度为 400mg/L，试计算水的渗透系数 L_P、溶质透过系数 ω 以及脱盐率。

3-3 设有水的渗透系数 L_P 等于 $1×10^{-8}L/(cm^2·s·MPa)$，溶质的透过系数 ω 为 $4×10^{-8}L/(cm^2·s)$ 的反渗透膜，在操作压力为 4.0MPa、水温为 25℃条件下进行试验。试初步计算透过膜的水和溶质通量值。若进水浓度为 6000m/L，试计算制成水的溶质脱除率。

3-4 将直径为 0.86cm 的管式超滤膜浸入盛有水的烧杯中，浸入水中的膜管长 2.59cm，膜管内注入 0.03mol/L 的葡萄糖溶液，恒温在 25℃。在试验中首先将管内外的溶液和水调整到相等高度，并在大气压下保持 1.62h，这时管内溶质浓度降低了 0.4%，溶液总体积增加了 0.35%。在再次试验中，仍将管内外的溶液和水调整到相等高度，使溶液保持在大气压下，水保持在 0.096MPa 的负压下，放置 0.49h，溶质浓度降低了 0.125%，溶液的体积亦减少了 0.05%，求通过该超滤膜的传递系数 L_P、σ、ω 及 σ'。

3-5 浓度为 5g/L 的葡聚糖（$M_W=70000$）溶液 $2m^3$，用内径 1.25cm、长 3m 的超滤膜浓缩 10 倍。膜对这种葡聚糖的截留率为 100%，纯水的渗透系数为 $5×10^{-3}cm^3/(cm^2·s·MPa)$。在流量 6L/min、压力 0.2MPa、液温 25℃条件下浓缩 6h，试求需要膜的数量。葡聚糖溶液的密度及黏度可用下式计算。

$$\rho(g/cm^3)=0.997+0.59×10^{-4}$$

$$\mu(cP)=0.821+0.0343c-2.617×10^{-5}c^2+1.093×10^{-6}c^3+6.689×10^{-9}c^4$$

式中，c 的单位为 g/L；温度为 25℃。

3-6 由膜评价试验测得分子量为 20000 的溶质，其渗透系数 L_P 为 $2×10^{-11}m^3/(m^2·s·Pa)$，反射系数 δ 为 0.85。总渗透率 P_M 为 $10^{-6}m/s$。在室温及 0.2MPa 压力下，使用 1.15cm 内径的管式膜，在流量 2.5L/min 下进行超滤时，试求该条件下超滤的表观截留率 R_0。由于浓度较低，渗透压可忽略不计；假定溶液的透过通量近似等于溶剂透过通量，即 $J_V≈J_W$。若流量增加为 5L/min，求超滤表观截留率。

3-7 用纳滤过程净化农药污染的地表水，已知污染水中三种残留农药的含量分别为 $10\mu g/L$、$14\mu g/L$ 和 $17\mu g/L$。膜对这三种微污染物的截留率分别为 92%、95% 和 90%。假定渗透物中农药总浓度不能超过 $5\mu g/L$，求最大回收率；若要求渗透物中某一农药浓度不超过 $2\mu g/L$，且农药总浓度不能超过 $5\mu g/L$，求最大回收率。

3-8 用管式纳滤膜浓缩低分子量蛋白质，该管式膜直径为 1.5cm，对蛋白质的截留率为 100%，水的渗透系数为 $4.35L/(m^2·h·bar)$。操作压力为 40bar，原料流量为 $3.6m^3/h$，流速为 2m/s 下，将原料中蛋白质浓度从 1%（质量分数）浓缩至 20%。计算所需膜面积。该条件下浓差极化不能忽略。蛋白质溶液的渗透压为 $\pi=0.7c^{1.2}$，扩散系数为 $D_{蛋白质}=5×10^{-10}m/s$。

3-9 采用反渗透法脱盐，将水中的含盐量从 $5000×10^{-6}$（以 NaCl 计）降低到 $300×10^{-6}$。已知膜的水渗透系数为 $3.0L/(m^2·h·MPa)$，在 $\Delta p=1.5MPa$、$5000×10^{-6}$ 情况下，对盐的截留率为 97%。设水的流量为 $25m^3/h$，计算操作压强分别为 1.5MPa 和 3.0MPa 下过程所需膜面积。

3-10 单程反渗透过程用于海水脱盐［3.5%（质量分数）NaCl］。所用复合膜对盐的截留率为 99.3%，其在 2.5MPa 时的纯水通量为 $1500L/(m^2·d)$，当操作压强为 5.5MPa、温度为 25℃时，设该过程回收率为 0.4，渗透压可用 Van't Hoff 定律计算。计算渗透物浓度；如处理量为 $1m^3/h$，计算膜面积。

3-11 在 20℃下，用反渗透过程处理含硫酸钠 7.6g/L 的物料，可获得浓缩液及回用水。若处理流量为 $3m^3/h$，过程的回收率为 92.5%，盐截留率为 $R=99.5\%$，操作压力为 6.0MPa，水渗透系数为 $L_P=1.0L/(m^2·h·MPa)$。计算反渗透过程的膜面积。

3-12 膜在 2atm 下的纯水通量为 100L/(m²·h)，将该膜用于浓缩某一聚合物溶液。在 5atm 下经过一段时间后，超滤通量降为 10L/(m²·h)，并保持不变。假定所形成的凝胶层由 5nm 的颗粒构成，孔隙率为 50%，其渗透性可由 Kozony-Carman 方程。试估算膜阻力并计算凝胶层厚度；假定操作压力升至 6atm，计算此时的通量和凝胶层厚度。

3-13 已知废水中悬浮颗粒直径为 1μm，今用毛细管微滤膜组件处理，膜组件共装有 400 根毛细管，其长为 0.5m、内径 1mm。废水以 5m/s 的速度进入毛细管。假定悬浮液的黏度与水的相同，浓差极化比 $c_m/c_b=10$。试计算入口压力为 0.15MPa 时，该膜组件的渗透物通量和压降。

3-14 采用醋酸纤维素中空纤维膜进行苦咸水脱盐试验，苦盐水中的含盐量以 NaCl 计为 0.1%，所得通量为 2000L/(m²·d)，其实际截留率为 $R_{int}=94\%$，当反渗透过程的传质系数为 $k=5.4\times10^{-5}$m/s，其通量为 2000L/(m²·d)，试计算浓差极化比和表观截留率。

3-15 在压力为 1.0MPa 时，利用直径为 7.5cm 的透析池，进行水透过膜的渗透试验，测得 1h 后水的透过量为 4.6mL。将浓度为 10g/L 蔗糖（$M_W=342$）水溶液放入透析池的一个腔室内，已知该腔室体积为 44mL，另一腔室为纯水，进行渗透平衡试验，2h 后蔗糖室内的液体体积增加了 0.57mL，而蔗糖的浓度下降了 1.16%。试根据以上两个实验结果，计算膜的反射系数 σ、水的渗透系数 L_P 和溶质渗透系数 ω。

3-16 含有 1.0×10^{-3}g/L 分子量为 1000 的杂质的溶液 2m³，用定容渗滤法精制使杂质到 50×10^{-6}g/L 膜的截留分子量约为 7000，纯水的渗透系数为 2.8×10^{-11}m³/(m²·s·Pa)，用内径为 1.25cm、长为 3m 的管状膜。试问在压力 0.3MPa、流量 2.2L/min、液温 25℃ 的条件下，用 8h 处理时，需要多少根管状膜。假定渗透压可忽略不计，膜不污染。

3-17 用一扩散池测定纳滤膜对葡萄糖（$M_W=180$）、蔗糖（$M_W=342$）和甘露糖（$M_W=504$）的截留系数。一个腔室内装有浓度为 18g/L 的糖水，另一个腔室为纯水，45min 后，葡萄糖、蔗糖和甘露糖的体积分别增加 1.0%、0.6% 和 0.51%。已知膜的水渗透系数为 $L_P=10^{-5}$g/(cm²·s·bar)，糖腔室的体积为 56mL，膜面积为 13.2cm²，计算这几种糖的截留系数。

3-18 采用间歇微滤过程浓缩细胞悬浮物，将细胞悬浮液浓度从 1% 浓缩至 10%，在浓缩过程中通量可保持在 100L/(m²·h)。设初始发酵液体积为 0.5m³，微滤膜面积为 0.5m²。假设膜对细胞的截留率为 100%，计算间歇操作所需时间。

参考文献

[1] Sourirajan S. 反渗透科学. 膜分离科学与技术, 1984, 4 (2-3): 99.
[2] 柴红, 周志军, 陈欢林. 纳滤膜脱除浓缩染料的研究. 高校化工学报, 2000, 14 (5): 461.
[3] Cheryan M. Ultrafiltration and Microfiltration Handbook. Pennsylvania: Technomic Publishing Co Inc, 1998.
[4] Rautenbach R. 膜工艺——组件和装置设计基础. 王乐夫, 译. 北京: 化学工业出版社, 1998.

第 4 章
气体渗透、渗透汽化与膜基吸收

本章主要介绍以浓度差为推动力的气体渗透、膜基吸收、蒸汽渗透、渗透汽化等类膜过程。严格地说,这些膜过程若仅仅依靠体系本身的浓度差为推动力,分离过程的进行是非常缓慢的,很难实现较大规模的工业应用,只能在特定条件下才会采用。对于渗透汽化、气体渗透等膜过程,必须对进料物流施加外压差或使膜下游侧在负压条件下,分离过程才能得以进行。

4.1 气体分离

气体分离是利用混合气体中不同气体组分在膜内溶解、扩散性质不同,而导致其渗透速率的不同来实现其分离的一种膜分离技术。与变压吸附、吸收、低温净化等分离技术相比,其过程具有简单、高效的特点。尤其当许多性能优异的非多孔性高分子聚合物膜开发成功以来,膜法气体分离变为更有效、更经济,受到工业界的高度关注。

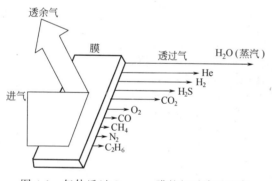

图 4-1 为各种气体透过 Seperex 膜的相对渗透速率,可见水蒸气、He、H_2 和 CO_2 相对于 O_2、N_2 等为优先透过气体,也称快气。

4.1.1 气体在膜内的传递机理

通常,气体分离膜可分为多孔膜和非多孔膜两大类,一般认为聚合物多孔膜的下限孔径为 1.0nm。气体通过多孔膜与非多孔膜的机理是不同的,如图 4-2 所示,气

图 4-1 气体透过 Seperex 膜的相对渗透速率

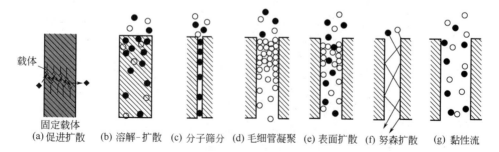

图 4-2 气体在各种不同膜中的传递

体混合物在多孔膜中基于黏性流（poiseuille flow）、努森扩散（Kundsen diffusion）、介于二者的过渡流（transitional flow）和分子筛分（molecular Sieving）机理；而气体混合物在非多孔膜中则基于溶解-扩散（solution-diffusion）、双重吸着理论（dual mode sorption theory）和促进传递（facilitated transport）机理；对与膜具有相互作用的气体分离，如气体对膜具有溶胀作用，或膜内功能基团对气体的促进传递作用，则传递机理较为复杂。

膜对气体的选择性和渗透性是评价气体分离膜性能的两个主要指标，其与膜材料性能、膜孔结构等因素有关。

(1) 多孔膜内气体扩散　对理想气体在多孔膜中的传递，如膜两侧的气体总压力、温度相等，则可用气体分压差来表示推动力。忽略主体流动，气体渗透通量可用费克定律计算

$$J_i = \frac{D_M}{RTl_m}(p_h - p_l) \tag{4-1}$$

式中，p_h、p_l 分别为膜上下游的压力，MPa；l_m 为多孔膜的厚度，cm；D_M 为有效扩散系数。$D_M/(RT) = P_M$ 为渗透率，mol·cm/(cm²·s·MPa)。

有关 D_M 的计算与气体在膜孔内的流动状态有关，一般根据努森（Kundsen）数的大小来区分，努森数 Kn 可用下式计算

$$Kn = \frac{\lambda}{d_p} \tag{4-2}$$

式中，λ 为气体分子平均自由程；d_p 为膜孔径。

根据 Kn 的大小，可判别气体在膜孔内呈黏性流还是努森扩散，或为介于二者之间的过渡流。

当 $Kn \leqslant 0.01$ 时，膜孔径远大于气体分子平均自由程。气体在膜孔内主要为分子间的碰撞，气体分子与膜壁面的碰撞可忽略，可用 Hagen-Poiseuille 定律求通量

$$J_i = \frac{d_p^2}{64\mu RT} \frac{p_h^2 - p_l^2}{8} \tag{4-3}$$

在此黏性流范围内，气体混合物不能被膜分离。

当 $Kn \gg 1.0$ 尤其当 $Kn \geqslant 10$ 时，气体分子平均自由程远大于膜孔径，呈努森扩散，气体在膜孔中靠气体分子与膜孔壁的碰撞进行传递，分子间的碰撞可忽略不计，其通量可用下式计算

$$J_i = \frac{\pi d_p^3}{3(2\pi RTM_i)^{1/2}} \frac{\Delta p_i}{l} \tag{4-4}$$

式中，l 为膜孔长度；M_i 为 i 组分的分子量。

当 Kn 介于以上两种流态之间，尤其当 Kn 数在 1 附近时为过渡区扩散。在此范围内，膜孔内分子间的碰撞和分子与膜孔壁的碰撞都起作用，气体透过膜的速率与分子扩散和努森扩散均有关。若已知分子扩散和努森扩散系数，则过渡区的扩散系数可近似用下式计算

$$D_p = \left(\frac{1}{D_{ABP}} + \frac{1}{D_{KP}}\right)^{-1} \tag{4-5}$$

式中，$D_{ABP} = \dfrac{D_{AB}\varepsilon}{\tau}$ 为分子有效扩散系数；D_{AB} 为双分子扩散系数；ε 为孔隙率；τ 为膜孔曲折因子；$D_{KP} = 48.5 d_p \left(\dfrac{T}{M_i}\right)^{1/2}$ 为努森扩散系数。

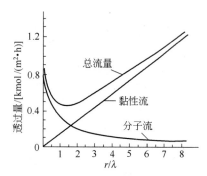

图 4-3 r/λ 比值与膜孔内气体透过量的关系

通常,当多孔膜孔径 $>10\text{Å}$ 时,努森流与黏性流同时存在。Kn 值不同,则两种流动所占的比例也不同,图 4-3 为 r/λ 比值与膜孔内气体透过量的关系,其中 $r=d_p/2$。$Kn>0.5$ 时,努森流占优势;当 $Kn<0.1$ 时,则约 90% 为黏性流。由于在大气压下,气体分子平均自由程通常在 1000~2000Å 范围内,为取得良好的分离效果,应使努森流占优势,也即膜孔径必须在 500Å 以下。

当多孔膜的孔径 $<7\text{Å}$ 时,气体分子在膜孔中的扩散基于分子筛分机理,那么具有较小直径的分子其扩散速率较大,虽然这类多孔膜的孔径较小,但气体渗透率通常仍大于非多孔膜。

【**例 4-1**】 用 $1\mu m$ 厚的多孔皮层复合膜将氢气和乙烷混合气部分分离,膜的平均孔径为 2nm、孔隙率为 30%,假定膜孔的曲折因子为 1.5,膜两侧的压力均为 10kgf/cm^2 ($1\text{kgf/cm}^2=98.0665\text{kPa}$),操作温度为 100℃,假定氢气和乙烷及其混合气的分子扩散系数相等,均为 $0.086\text{cm}^2/\text{s}$。试估算两个组分各自通过该膜的渗透率。

解 已知渗透率可用以下方程计算:

$$P_{M_i} = \frac{D_M}{RT} = \frac{\varepsilon}{RT\tau}\left(\frac{1}{\frac{1}{D_i}+\frac{1}{D_{KP}}}\right)^{-1}$$

在操作温度为 100℃、总压力为 10kgf/cm^2 条件下,则氢气和乙烷及其混合气体的分子扩散系数相等,而它们的 Knudsen 扩散系数可用下式计算

$$D_{KP} = 48050 d_p (T/M_i)^{\frac{1}{2}}$$

得

$$D_K(H_2) = 48050(20\times10^{-10})(373/2.016)^{\frac{1}{2}} = 0.00131(\text{cm}^2/\text{s})$$

$$D_K(C_2H_6) = 48050(20\times10^{-10})(373/30.07)^{\frac{1}{2}} = 0.000338(\text{cm}^2/\text{s})$$

比较分子扩散系数和 Knudsen 扩散系数可知,在此条件下两个组分在膜内的扩散,以 Knudsen 扩散控制为主。由此,可计算出两个组分的各自渗透系数

对氢气:

$$D_e(H_2) = \frac{1}{\frac{1}{D}+\frac{1}{D_K(H_2)}} = 0.00129\text{cm}^2/\text{s}$$

对乙烷:

$$D_e(C_2H_6) = \frac{1}{\frac{1}{D}+\frac{1}{D_K(C_2H_6)}} = 0.000337\text{cm}^2/\text{s}$$

已知:$\varepsilon=0.30$,$\tau=1.5$,故氢气和乙烷的渗透率分别为

$$P_M(H_2) = \frac{\varepsilon D_e(H_2)}{RT\tau} = \frac{0.30\times0.00129}{8.314\times373\times1.5} = 8.32\times10^{-8}[\text{mol}\cdot\text{cm}/(\text{cm}^2\cdot\text{s}\cdot\text{MPa})]$$

$$P_M(C_2H_6) = \frac{\varepsilon D_e(C_2H_6)}{RT\tau} = \frac{0.30\times0.000337}{8.314\times373\times1.5} = 2.17\times10^{-8}[\text{mol}\cdot\text{cm}/(\text{cm}^2\cdot\text{s}\cdot\text{MPa})]$$

由此，H_2 的渗透率为乙烷的 3 倍以上。

(2) 非多孔膜内的气体扩散　气体组分在致密膜中通过溶解与扩散传递，其传递过程由三步组成：气体在膜上游表面的吸着（sorption）；吸着在膜上游表面的气体在浓度差为推动力下扩散透过膜；气体在膜下游表面的解吸。各种气体在致密膜中的渗透率的差异不但取决于气体本身的扩散性质，还取决于这些气体在膜内与膜的物理化学相互作用有关。通常以聚合物的玻璃态转变温度为界将致密膜分为橡胶态和玻璃态来讨论其传递机理。

对橡胶态膜，气体渗透通过致密膜的传递方程可由亨利定律导出。如果在渗透过程中气体在膜中的溶解和解吸是在平衡态下发生的，则气体溶解在膜面上的浓度 c_i 可以用气体组分 i 在膜界面上的分压来表示，$c_i = H_i p_i$，则由亨利扩散定律可推出组分的渗透通量

$$J_i = D_i H_i \frac{p_i^0 - p_i^L}{l_m} \tag{4-6}$$

式中，p_i^0、p_i^L 分别为组分 i 在膜上游侧和膜下游侧的分压，Pa；D_i、H_i 分别为扩散系数和溶解度系数；l_m 为膜厚度，m。

气体通过致密膜时的分压差与浓度分布见图 4-4。

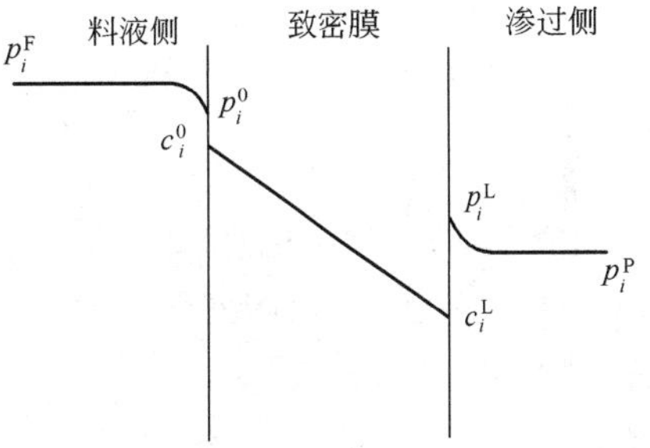

一般状况下，气体在膜中的渗透系数 P 可以用扩散系数和溶解度系数来表示，三者之间的定量关系为

$$P = DH \tag{4-7}$$

式中，P 为渗透系数，$cm^3 \cdot cm/(cm^2 \cdot s \cdot Pa)$；$D$ 为扩散系数，cm^2/s；H 为亨利溶解度系数，$cm^3/(cm^3 \cdot Pa)$。根据以上公式，若其中任何两个系数已知，则可推出第三个系数。

图 4-4　气体通过致密膜时的分压差与浓度分布

当气体在处于玻璃态聚合物膜内扩散时，由 Paul 和 Koros 假定，在等温下，其渗透速率是服从亨利定律的气体溶解和服从朗格缪尔的气体吸附同时发生的双重贡献，且认为按亨利定律溶解于膜内的气体能全部扩散，而按朗格缪尔定律吸附在膜上的气体只有部分能扩散，另一部分则被固定在膜上。因此，可以用双重吸着理论（dual mode sorption theory）来表示气体在膜内的平衡浓度

$$c_m = C_D + FC_H = C_D \left(1 + \frac{FK}{1 + \alpha C_D}\right) \tag{4-8}$$

式中，C_H、C_D 分别为亨利溶解度和朗格缪尔吸附率；$F = D_H/D_D$，D_H、D_D 分别为溶解扩散系数和吸附扩散系数；$K = C_H'b/S$，$\alpha = bS$ 均为常数，S 为亨利定律溶解度常数，b 为孔亲和常数，C_H' 为孔饱和常数。

在低于玻璃化转变温度时，孔饱和常数随温度的降低而增大，因此，C_D 代表可扩散性气体的吸着，而 C_H 则代表在大孔或缺陷内的吸着。孔亲和常数代表渗透物在孔内或缺陷内的吸着与解吸速率常数的比值。通过对以上公式的整理后关于 t 对 x 求导，可得非稳态扩散偏微分方程。

$$D \frac{d^2 c_m}{dx^2} = \left[1 + \frac{K}{(1 + \alpha C_D)^2}\right] \frac{dC_D}{dt} \tag{4-9}$$

图 4-5 所示为几种典型的气体等温吸着机理。

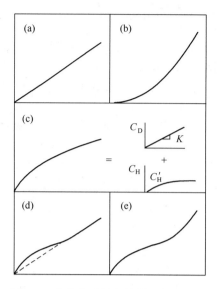

图 4-5 几种典型的气体等温吸着机理
(a) 亨利定律；(b) BET Ⅲ型 (Flory-Huggins)；(c) 双重吸着；
(d) 伴有玻璃化转变的双重吸着；(e) BET Ⅱ型

【例 4-2】 采用膜孔为 10Å、厚度为 $2\mu m$ 的硅玻璃（silica-glass）膜，从 CO 气体中分离 H_2，混合气体的温度为 26.0℃。由实验数据得，膜对 H_2 和 CO 的渗透系数分别为 $200000\times10^{-10}\,cm^3(STP)/(cm^2\cdot s\cdot cmHg)$ 和 $700\times10^{-10}\,cm^3(STP)/(cm^2\cdot s\cdot cmHg)$ (1cmHg=1333Pa)，如果 H_2 和 CO 的分压推动力分别为 1.633MPa 和 0.544MPa，计算 H_2 和 CO 透过此膜的通量。若用芳香聚酰胺致密膜分离器渗透分离 H_2，其 4 个膜分离器的总膜面积为 $1560m^2$，H_2 的透过速率为 $18000m^3(STP)/h$，在 15.55℃ 及 1atm (1atm=101325Pa) 下，试比较 H_2 分别透过此两种膜的通量。

解 已知在标准状态下，1kmol 气体的体积为 $22.42m^3$，故 H_2 和 CO 透过硅玻璃膜的通量

$$J(H_2)=\frac{P_M(H_2)\Delta p(H_2)}{22.42\times10^6\delta}=\frac{200000\times10^{-10}\times1.633\times76\times10^4}{22.42\times10^6\times2\times10^{-4}}$$

$$=0.0554[kmol/(m^2\cdot s)]$$

$$J(CO)=\frac{P_M(CO)\Delta p(CO)}{22.42\times10^6\times\delta}=\frac{700\times10^{-10}\times0.544\times76\times10^4}{22.42\times10^6\times2\times10^{-4}}$$

$$=6.45\times10^{-6}[kmol/(m^2\cdot s)]$$

而 H_2 透过芳香聚酰胺致密膜的通量

$$J(H_2)=\frac{18000/1560}{22.42\times3600}=0.000143[kmol/(m^2\cdot s)]$$

比较两种膜分别对 H_2 的渗透通量，H_2 在硅玻璃膜的通量为芳香聚酰胺的 300 倍以上。

4.1.2 影响气体渗透性能的因素

(1) 气体分子的动力学直径与体积 分子大小对其在膜内的渗透率有一定的影响，表 4-1 为各种气体分子的动力学直径。

表 4-1 各种气体分子的动力学直径

气体分子	He	Ne	H_2	NO	CO_2	C_2H_2	Ar	O_2	N_2	CO	CH_4
动力学直径/Å	2.6	2.75	2.89	3.17	3.3	3.3	3.4	3.46	3.64	3.76	3.8
气体分子	C_2H_4	Xe	C_3H_8	$n\text{-}C_4H_{10}$	CF_2Cl_2	C_3H_6	CF_4	$i\text{-}C_4H_{10}$			
动力学直径/Å	3.9	3.96	4.3	4.3	4.4	4.5	4.7	5.0			

图 4-6 为不同直径的气体分子分别在直链聚乙烯和天然橡胶内扩散的扩散活化能的关系，由图可知，分子直径增大，其在聚合物中的扩散活化能也随之增大。而从图 4-7 所示，扩散系数则随气体分子体积的增大而减小，在不同的聚合物膜中减小的不等，在聚醚砜膜中的扩散远比在 PDMS（聚二甲基硅氧烷）中低。

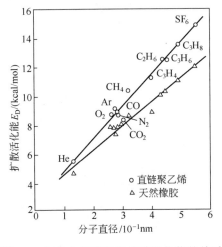 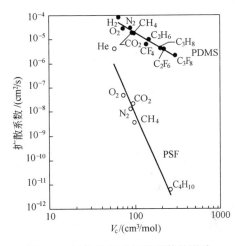

图 4-6 气体分子直径与扩散活化能的关系　　图 4-7 气体体积对扩散系数的影响

(2) 膜材料对膜分离性能的影响 气体分子在高分子膜内的渗透系数大小与高分子膜材料的种类与结构单元有关，图 4-8 已充分证明了这一现象，对相同分子在 PDMS 中的扩散远比在聚醚砜中的快。图 4-9 为聚合物分别在玻璃态和橡胶态下氢渗透系数与氢氮分离选择性的关系，可见玻璃态聚合物膜对氢氮选择性优于橡胶态聚合物膜的选择性，但几乎所有的数据均在 Robinson 上限线以下。

各种分子在聚醚砜和 PDMS 膜内的渗透也与聚合物膜材料的种类有关，由图 4-8 可知，气体分子在 PDMS 膜内的渗透系数要远大于在聚醚砜内的。

膜对气体的渗透系数以及混合气体分离选择性与膜材料本身的结构及制备方法有很大联系，因此渗透系数或分离选择性可以选择不同的膜材料或对同一种膜材料采用不同的制备方法来改善。图 4-10 为膜材料的内聚能密度差异对 CO_2 气体扩散系数的影响，内聚能密度相对小的聚合物材料，其膜对 CO_2 的扩散系数较大。

在有机高分子膜内添加分子筛，也可达到某些气体的渗透系数或混合物的分离选择性，图 4-11 为通过预测，当在聚醚砜膜内添加分子筛时，其对氧氮分离选择性会有很大的提高，并突破 Robeson 上限线。

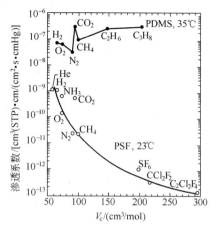

图 4-8 各种分子在聚醚砜和 PDMS 膜内的渗透系数

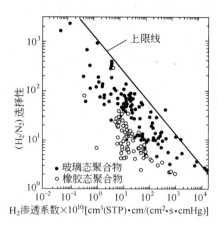

图 4-9 对氢渗透系数与氢氮分离选择性的关系

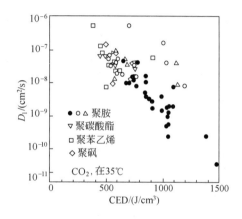

图 4-10 不同内聚能密度的膜对 CO_2 气体扩散系数的影响

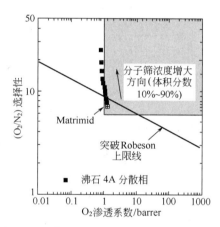

图 4-11 高分子膜（Matrimid）内分子筛含量对氧氮选择性的预测

（3）操作压力与温度的影响　几种不同聚砜膜材料的 O_2 和 N_2 渗透系数随压力的变化关系如图 4-12 所示，除 TMPSF 外，其它几种材料对 O_2 和 N_2 渗透系数不受压力影响。

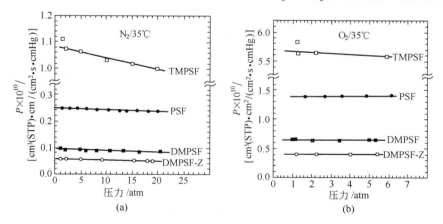

图 4-12　O_2 和 N_2 分别在不同聚砜膜材料中的渗透系数随压力的变化关系（35℃）

TMPSF—对称四甲基取代聚砜；PSF—聚砜；DMPSF—非对称二甲基取代聚砜；DMPSF-Z—非对称二甲基双酚 A 型聚砜

通常，易液化的气体在膜中溶解时，符合亨利定律，且温度对无相互作用气体在聚合物中的溶解度系数的影响可用 Arrhenius 方程计算

$$H = H_0 \exp[-\Delta H_H/(RT)] \tag{4-10}$$

式中，H_0 为与温度无关的常数；ΔH_H 为溶解热，其值一般较小，约为 $\pm 9.3 kJ/mol$。

溶解热包括混合热和冷凝热，其值可以是正（吸热）或负（放热）。对氮、甲烷等分子量较小的无相互作用气体，溶解热为较小的正值，其在聚合物中溶解度随温度升高而略有增大。对于有机蒸气等大分子，吸附热常为负值，其溶解度随温度的上升而下降。

对简单的无相互作用气体，温度对气体在聚合物中的扩散系数的影响也服从 Arrhenius 方程：

$$D = D_0 \exp[-E_d/(RT)] \tag{4-11}$$

式中，D_0 为与温度无关的常数。对于具有较强相互作用的有机蒸气，扩散系数不是常数，常与浓度有关，温度影响关系也很复杂。

已知扩散系数和溶解度系数随温度的变化关系，则可将这些关系代入式（4-7），求出渗透系数。

$$P = D_0 H_0 \exp\left(-\frac{\Delta H_H + E_d}{RT}\right) = P_0 \exp\left(-\frac{E_P}{RT}\right) \tag{4-12}$$

对于无相互作用的小分子气体，溶解度随温度变化不大，而温度对渗透和扩散的相关性大致相同，因此温度对渗透系数的影响大多可由扩散确定，见图 4-13 和图 4-14。

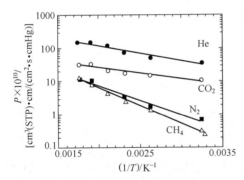

图 4-13　温度对某些气体渗透系数的影响

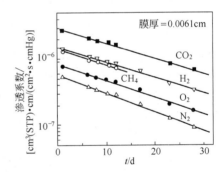

图 4-14　某些气体的渗透系数随操作时间变化

对于较大的分子，由于其在膜内扩散和溶解度的效应相反，情况复杂，此外，两个参数均与浓度有关，应分别考虑各组分浓度对其的影响。

【例 4-3】 某一气体富氧过程，其跨膜压强比 $p_h/p_l=5$，且设进料浓度近似与截留物浓度相等 $x_f \approx x_r$，原料空气含氧 21%。分别计算选择性为 $P_{O_2}/P_{N_2}=2.0、2.2、3.0、5.0$ 和 10 时的渗透物中氧的浓度。

解 已知 $\dfrac{p_h}{p_l}=q=5$ 为定值，且设进料浓度近似与截留物浓度相等 $x_f \approx x_r$。

氧气和氮气的选择性，可用下式计算：

$$\frac{J_{O_2}}{J_{N_2}} = \frac{y_{O_2}}{y_{N_2}} = \frac{P_{O_2}(x_{O_2} p_h - y_{O_2} p_l)}{P_{N_2}(x_{N_2} p_h - y_{N_2} p_l)} = \frac{P_{O_2}}{P_{N_2}} \times \frac{x_{O_2} q - y_{O_2}}{x_{N_2} q - y_{N_2}}$$

对于 $\dfrac{P_{O_2}}{P_{N_2}}=2.0$,方程为 $\dfrac{y_{O_2}}{1-y_{O_2}}=2.0\times\dfrac{0.21\times5-y_{O_2}}{0.79\times5-1+y_{O_2}}$,解方程得:$y_{O_2}\approx31\%$

同理可得 $\dfrac{P_{O_2}}{P_{N_2}}=2.2、3.0、5.0、10$ 时的 y_{O_2} 值分别为 33%、38%、46%、57%。

(4)溶剂型气体分子的影响 不少有机溶剂与聚合物有相互作用,此时不能从溶剂分子大小来考虑其渗透特性,不能简单地用其活化能值与渗透的难易程度相关联。如表 4-2 列出的几种典型组分在聚二甲基硅氧烷中渗透系数表明,甲苯、三氯乙烯等较大有机分子的渗透系数比氮等较小分子大 4 个数量级。

表 4-2 各种组分在聚二甲基硅氧烷中的渗透系数(40℃)

组分	渗透系数/barrer	组分	渗透系数/barrer
氮	280	1,2-二氯乙烷	248000
氧	600	四氯化碳	290000
甲烷	940	氯仿	329000
二氧化碳	3200	1,1,2-三氯乙烷	530000
乙醇	53000	三氯乙烯	740000
二氯甲烷	19000	甲苯	1106000

注:1barrer=10^{-10} cm^3 (STP)·cm/(cm^2·s·cmHg)。

如此大的差别是由于气体与聚合物之间相互作用导致的膜的溶胀不同而造成的,对该类气体在聚二甲基硅氧烷膜中的溶解度不再符合亨利定律。

在玻璃态和橡胶态聚合物中均可能出现高溶解度。溶解度高使聚合物链段运动加剧,自由体积增大。溶剂浓度也对溶解度系数有影响。另外,扩散系数也与浓度有关,渗透物浓度越高,扩散系数越大。

【例 4-4】 采用易透氧的致密高分子复合膜富氧和富氮,在 1.034MPa 和 25.6℃下,将 566.33m^3/min 经冷却、脱湿及脱压缩机油的压缩空气送入膜分离器。假定空气的组成(摩尔分数)为 79%氮气和 21%氧气,低密度聚乙烯复合膜对 O_2 和 N_2 的扩散系数及溶解度系数分别为 0.46×10^{-6} cm^2/s 和 0.32×10^{-6} cm^2/s、0.472cm^3 (STP)/(cm^3·Pa)和 0.228cm^3 (STP)/(cm^3·Pa),如果膜厚为 0.2μm,并假定渗透侧的压力为 0.1034MPa,膜两侧均为全混流型,忽略压降和传质阻力,请列出该过程的物料衡算和算出所需膜面积,并对其进行评价。

解 已知空气进料流率为 566.33m^3/min,在 0℃和 1atm 下空气的流率为

$$n_F=\dfrac{566.33}{22.42}\times60=1516(\text{kmol/h})$$

对低密聚乙烯膜,N_2 的渗透系数

$$P_{M,N_2}=S_{N_2}D_{N_2}=(0.228\times10^{-6})(0.32\times10^{-6})$$
$$=0.073\times10^{-12}[\text{cm}^3(\text{STP})\cdot\text{cm}/(\text{cm}^2\cdot\text{s}\cdot\text{Pa})]$$

同理,O_2 的渗透系数

$$P_{M,O_2}=S_{O_2}D_{O_2}=(0.472\times10^{-6})(0.46\times10^{-6})$$
$$=0.217\times10^{-12}[\text{cm}^3(\text{STP})\cdot\text{cm}/(\text{cm}^2\cdot\text{s}\cdot\text{Pa})]$$

已知平均渗透系数 $\overline{P}_{M,i}=P_{M,i}/l_M$

故 $\overline{P}_{M,N_2}=0.073\times10^{-12}/0.2\times10^{-4}=0.365\times10^{-8}[\mathrm{cm}^3(\mathrm{STP})/(\mathrm{cm}^2\cdot\mathrm{s}\cdot\mathrm{Pa})]$
$\overline{P}_{M,O_2}=0.217\times10^{-12}/0.2\times10^{-4}=1.09\times10^{-8}[\mathrm{cm}^3(\mathrm{STP})/(\mathrm{cm}^2\cdot\mathrm{s}\cdot\mathrm{Pa})]$

(1) 物料衡算方程 对 N_2

$$x_{F,N_2}n_F=y_{P,N_2}n_P+x_{R,N_2}n_R \tag{1}$$

式中，n 为流率；下标 F、P 和 R 分别代表进料、渗透物和渗余物。若定义切割分数 $\theta=n_P/n_F$，$(1-\theta)=n_R/n_F$，并将其代入式(1)，对 N_2 得

$$x_{R,N_2}=\frac{x_{F,N_2}-y_{P,N_2}\theta}{1-\theta}=\frac{0.79-y_{P,N_2}\theta}{1-\theta} \tag{2}$$

同理，对 O_2 得

$$x_{R,O_2}=\frac{0.21-y_{P,O_2}\theta}{1-\theta} \tag{3}$$

(2) 分离因子 由于气体在膜两侧是充分混合的，其分离因子可表示为：

$$\alpha_{O_2/N_2}=\frac{y_{P,O_2}/x_{R,O_2}}{(1-y_{P,O_2})/(1-x_{R,O_2})} \tag{4}$$

(3) 传递方程 由于气体在膜分离器中为全混流，对 N_2 和 O_2 传递通过膜面积 A_m 的量可用下两式计算

$$y_{P,N_2}n_P=A_m\overline{P}_{M,N_2}(x_{R,N_2}p_R-y_{P,N_2}p_P) \tag{5}$$

$$y_{P,O_2}n_P=A_m\overline{P}_{M,O_2}(x_{R,O_2}p_R-y_{P,O_2}p_P) \tag{6}$$

可知，由式(6)与式(5)的比为 $y_{P,O_2}/y_{P,N_2}$，根据操作条件，渗透物与渗余物的压力比为

$$r=p_P/p_R=15/150=0.1$$

因而理想分离因子

$$\alpha^*_{O_2/N_2}=\frac{P_{M,O_2}}{P_{M,N_2}}=\frac{\overline{P}_{M,O_2}}{\overline{P}_{M,N_2}}=\frac{1.09\times10^{-8}}{0.365\times10^{-8}}=2.99$$

将有关数据代入

$$\alpha_{O_2/N_2}=\alpha=\alpha^*_{O_2/N_2}\frac{x_{R,O_2}(\alpha-1)+1-r\alpha}{x_{R,O_2}(\alpha-1)+1-r} \tag{7}$$
$$=2.99\frac{x_{R,O_2}(\alpha-1)+1-0.299}{x_{R,O_2}(\alpha-1)+1-0.1}$$

分析以上 7 个方程，方程(3)、方程(4)、方程(7)中含有 4 个未知数 x_{R,O_2}、x_{P,O_2}、θ 和 y_{P,O_2}，其中变量 θ 在 0～1 之间，其它三个变量可按以下步骤计算出：先将方程(3)、方程(4)、方程(7)合并，消除 α_{O_2/N_2} 和 x_{R,O_2}，解出 y_{P,O_2} 的非线性方程，然后解方程(3)求出 x_{R,O_2} 和解方程(4)求出 α_{O_2/N_2}；再解方程(6)求出膜面积 A_m，采用 Mathcad 计算程序可以同时求解 3 个方程，计算结果如表 4-3 所示。

由计算结果可知，分离因子基本上是常数，变化在 2% 范围内。渗透物的最大氧含量发生在最小的渗透量时，最大的氮含量发生在最大的渗透量时。当渗余物相等于进料的 60%（摩尔分数）时，渗余物中的氮含量仅从 79% 增至 85.4%（摩尔分数），而膜面积的需要量非常大。因此，低密度聚乙烯膜不太有效，为了有效地分离富氧和富氮，在切割因

表 4-3 切割比与所需膜面积的关系

θ	x_{R,O_2}	y_{P,O_2}	α_{O_2/N_2}	A_m/m^2
0.01	0.208	0.406	2.602	2043.85
0.2	0.174	0.353	2.587	42920.85
0.4	0.146	0.306	2.574	89279.08
0.6	0.124	0.267	2.563	138238.57
0.8	0.108	0.236	2.555	189056.11
0.99	0.095	0.211	2.548	238480.12

子为 0.6 的条件下，达到渗余物含有 N_2 95%（摩尔分数），膜对氧气和氮气的理想分离因子应达到 5，膜组件内的流型近似为错流或逆流。对氧渗透率更高，并获得较高纯度，应考虑使用二级或多级膜级联过程。

4.1.3 气体分离的计算

（1）气体膜分离流型　按进料气和渗透气的相对流动方向，单级气体膜分离器中的流型可用图 4-15 来分类，其流型为全混流、逆流、并流和错流四种，后三种流型均可衍生出渗透气为完全混合的单侧全混流型。气体分离膜的推动力为渗透组分在膜两侧的分压差，在给定的切割比下，不同流型具有不同的分压差，对膜分离器的分离性能有较明显影响。对后三种流型有以下特点：进料或渗余液沿着膜上游侧表面平行流过；对并流和逆流流型，流经膜下游低压侧任一点处的渗透气为包含该点及以前流经膜面上渗透过来的渗透气，因此，沿膜长方向任一点处的渗透气组成和流量可用一组微分方程来表示；对错流流型，渗透气流动方向与膜表面垂直，渗透气在膜下游表面上没有流动，在膜下游处表面各点气体仅为该点的渗透气，其组成不受渗透气主体流动的影响。

对给定结构的膜组件，流型常与进料气和渗透气的流率相联系，如对卷式膜组件，假定透过气流率较高，则膜下游表面渗透气会继续垂直地流到与流经该表面处的透过气主体流混合为止，此时其流型符合错流流型；而对中空纤维膜组件，则大多数可近似考虑为逆流流型。

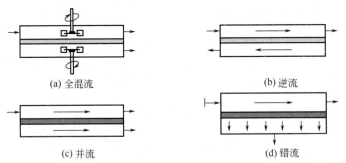

图 4-15　四种典型的流型

对于非对称膜，气体透过膜的分离层后流动方向并不一定与渗透气主体流的方向一致。渗透气在流入主体流以前在多孔支撑层内仍属错流，但总体分析仍为逆流流型，气体的渗透率愈大，逆流倾向愈明显。

Walawender 和 Stern 在假定二元混合物具有等压力比及等理想分离因子下，提出了求解以上四种流型的方法，全混流和错流采用精确分析解，而逆流与并流则必须用数值解。

（2）单级气体渗透计算　图 4-16 为具有错流流型的膜组件，当进料以平推流流型通过膜表面，压力比 r、理想分离因子 $\alpha_{A/B}^*$ 均假定为常数，边界层或膜传质阻力被忽略不计的前提下，Naylor 和 Backer 推导出错流流型的近似分析解。

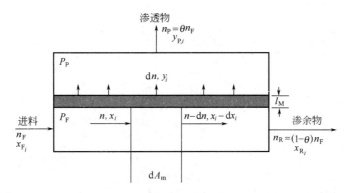

图 4-16　具有错流流型的膜组件

设微元上渗余液和渗透液的局部摩尔分数分别为 x_i、y_i，渗透物的摩尔通量为 dn/dA_m，那么，局部分离因子可按下式计算

$$\alpha_{A/B} = \alpha = \alpha_{A/B}^* \frac{x_{R,A}(\alpha-1)+1-r\alpha}{x_{R,A}(\alpha-1)+1-r} \tag{4-13}$$

通过适当变换，可将上式变为以 x_A、y_A、r 表示的局部渗透组分计算公式

$$\frac{y_A}{1-y_A} = \alpha_{A/B}^* \frac{x_A - ry_A}{(1-x_A) - r(1-y_A)} \tag{4-14}$$

对微元作物料平衡，可得

$$y_A dn = d(nx_A) = x_A dn + n dx_A \tag{4-15a}$$

或

$$\frac{dn}{n} = \frac{dx_A}{y_A - x_A} \tag{4-15b}$$

将上式与分离因子的定义式结合可消去 y_A，得

$$\frac{dn}{n} = \frac{(\alpha-1)x_A}{x_A(\alpha-1)(1-x_A)} dx_A \tag{4-16}$$

式中，$\alpha = \alpha_{A/B}$。对于 r 较小的情况下，α 在整个 θ 范围内，$\alpha = \alpha_{A/B}$ 相对为常数。如果假定 $\alpha = \alpha_{A/B}$ 为常数，从微元 n 到 n_R，x_R 到 $x_{R,A}$ 积分，可得

$$n = n_R(1-\theta)\left[\left(\frac{x_A}{x_{R,A}}\right)^{\frac{1}{\alpha-1}} \left(\frac{1-x_{R,A}}{1-x_A}\right)^{\frac{\alpha}{\alpha-1}}\right] \tag{4-17}$$

由解以上方程，可得总渗透液的摩尔分数积分式为

$$y_{P,A} = \int_{x_{F,A}}^{x_{R,A}} y_A dn /(\theta n_F) \tag{4-18}$$

以 $x_A = x_{F,A}$ 估算 $\alpha = \alpha_{A/B}$，对上式积分，可得

$$y_{P,A} = x_{R,A}^{\frac{1}{1-\alpha}} \frac{1-\theta}{\theta}\left[(1-x_{R,A})^{\frac{\alpha}{\alpha-1}}\left(\frac{x_{F,A}}{1-x_{F,A}}\right)^{\frac{\alpha}{\alpha-1}} - x_{R,A}^{\frac{1}{1-\alpha}}\right] \tag{4-19}$$

组分 A 通过膜的微分速率为

$$y_A dn = \frac{P_{M,A} dA_m}{l_m}(x_A P_F - y_A P_P) \tag{4-20}$$

那么，可由以下积分式求得总膜面积

$$A_m = \int_{x_{R,A}}^{x_{F,A}} \frac{l_M y_A \mathrm{d}n}{P_{M,A}(x_A P_F - y_A P_P)} \tag{4-21}$$

同理,得全混流型渗透液的摩尔分数的表达式为

$$y_{P,A} = (\alpha-1)(\phi + x_{F,A}) + 1 - \frac{\sqrt{[(\alpha-1)(\phi + x_{F,A})+1]^2 - 4\phi(\alpha-1)\alpha x_{F,A}}}{2\phi(\alpha-1)} \tag{4-22}$$

$$A_m = \frac{\theta Q_F}{K_A(p_h x_0 - p_l y_P) + K_B[p_h(1-x_0) - p_l(1-y_P)]} \tag{4-23}$$

式中,

$$x_0 = \frac{x_F - \theta y_P}{1-\theta}$$

$$\frac{y_P}{1-y_P} = \alpha \frac{x_F - \phi y_P}{1 - x_F - \phi(1-y_P)}$$

式中,ϕ 为操作因子,定义为 $\phi = \gamma + \theta - \gamma\theta$。

一般 ϕ 值愈小,y_P 值愈大。表明当 θ 值较小,或 θ 值一定而 γ 值较小时,渗透液的 y_P 值较大。对单级分离操作,当 θ 值为零时,渗透液的 y_P 值最大,其上限值为

$$y_P \leqslant \frac{\alpha x_F}{1 + x_F(\alpha-1)} \tag{4-24}$$

对简单的多级级联,以上平衡方程与操作线方程结合,可逐级计算求得。假定各级的操作因子 ϕ 值相同,则也可用 x_F-y_P 平衡曲线图解法求得。

【例 4-5】 对例 4-4 的条件,若采用近似于错流的卷式膜组件,计算出口组成。

解 已知 $\alpha^*_{O_2/N_2} = 2.99$;$r=0.1$;$x_{F,O_2} = 0.21$

设 $x_{O_2} = x_{F,O_2}$,$\alpha_{O_2/N_2} = 2.603$

对 O_2 的总物料衡算

$$x_{F,O_2} n_F = x_{R,O_2}(1-\theta)n_F + y_{P,O_2}\theta n_F \tag{1}$$

或

$$x_{R,O_2} = \frac{x_{F,O_2} - y_{P,O_2}\theta}{1-\theta}$$

比较例 4-3 的结果,可以发现采用错流过程,渗透物中的 O_2 较富,而渗余物中 N_2 较富。由此可知,在给定的切割因子 θ 下,错流比全混流更有效。

对分离因子,若以渗透物摩尔分数与出口渗余物的摩尔分数定义

则有

$$(\alpha_{O_2/N_2})_s = \alpha_s = \frac{y_{P,O_2}/x_{R,O_2}}{(1-y_{P,O_2})/(1-x_{R,O_2})} \tag{2}$$

采用 Mathcad 程序解得方程 (1) 和式 (4-19),结果见下表。

θ	x_{R,O_2}	y_{P,O_2}	α_s
0.01	0.208	0.407	2.61
0.2	0.168	0.378	3.01
0.4	0.122	0.342	3.74
0.6	0.0733	0.301	5.44
0.8	0.0274	0.256	12.2
0.99	0.000241	0.212	1120.0

已知本例题中理想分离因子 $\alpha^*_{O_2/N_2}=2.99$，如果式（2）用于上例的全混流状态，在 $\theta=0.01$ 时，$\alpha_s=2.603$，并随着 θ 的升高而缓慢降低；当 θ 达 0.99 时，α_s 为 2.548。可知，对于全混过程，在所有的 θ 下，$\alpha_s<\alpha^*_{O_2/N_2}$。但对于错流过程，在 $\theta>0.2$ 时，$\alpha_s<\alpha^*_{O_2/N_2}$，而 α_s 随着 θ 的升高而增大，在 $\theta=0.6$ 时，α_s 几乎为 $\alpha^*_{O_2/N_2}$ 的 2 倍。不同膜组件流型对空气分离程度的影响见图 4-17。

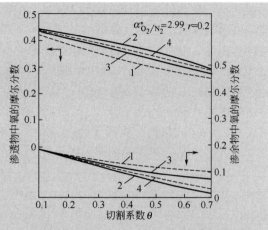

图 4-17　不同膜组件流型对空气分离程度的影响
1—全混流；2—逆流；3—并流；4—错流

4.1.4　级联操作的形式和级数计算

若单级过程难以完成预定的分离要求时，就需要采用多级过程。循环式级联装置可分增浓型及气提型两种，如图 4-18 为既有增浓段又有气提段的完全型逆流循环式级联膜分离装置。进料级前为增浓段（enriching），进料级后为气提段（stripping）。膜分离级联的计算与精馏、萃取、吸收等传统单元级联计算类似，基本设计概念就是把每一级当作一个平衡单元来考虑，然后用级效率来校正实际过程对此理想化条件的偏差。

由于气体多次压缩会提高成本，一般气体膜分离通常采用 2~3 级。图 4-19 为对气体分离常用的三种简单级联工艺流程示意图。图 4-19（a）为二级气提级联工艺，（b）为二级增浓级联，（c）为具有预渗透膜的二级增浓级联。与单级相比，二级气提级联膜分离工艺能获得更纯的渗余气；而要获得较纯的渗透气，则应采用二级气体级联膜分离工艺，而具有预渗透膜分离器的级联工艺特别适用于进料中优先透过组分浓度较低，且希望获得透过膜的渗透组分浓度纯度高、渗透物的回收率高的情况。

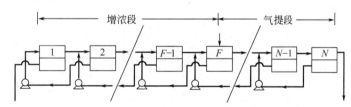

图 4-18　逆流循环式级联膜分离工艺

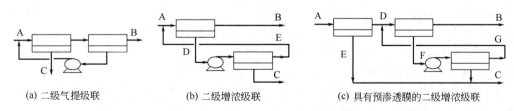

图 4-19　三种通用回流级联工艺流程示意图

采用卷式膜装置增浓级联工艺用于从天然气中回收 CO_2，采用醋酸纤维素膜并用错流流型处理。对此的理想分离因子为 21。分别采用单级、二级增浓级联和具有预渗透膜分离的二级增浓级联工艺，计算结果如表 4-4 所示。CO_2 气透过膜的渗透速度比甲烷快；在所有三种情况下，进料 7% CO_2 的混合物 $56.64\times10^4 m^3/d$，气体的压力为 57.8atm（大约 865psi），渗余物中甲烷含量为 98%。每一级膜下游压力均为 6.8atm（大约 25psi）；物流 A 为进料，物流 B 为渗余物，物流 C 为渗透物。假定情况 1 甲烷的回收率为 90.2%，情况 2 将回收率提高到 98.7%，情况 3 获得的回收率处于二者之间，为 94.6%。假定一级的膜分离因子为 28，二级的分离因子为 28 和 57，而三级级联的膜分离因子分别为 20、19 和 44。也可以算出情况 2 和 3 的分离因子分别为 210 和 51。

表 4-4　CO_2 和 CH_4 的膜分离

情况 1：二级气提级联	物流		
	A	B	C
化合物组成（摩尔分数）/%			
CH_4	93.0	98.0	63.4
CO_2	7.0	2.0	36.6
流速/($10^4 m^3/d$)	20.0	17.11	2.89
压力/atm	850	835	10

情况 2：二级增浓级联	物流				
	A	B	C	D	E
化合物组成（摩尔分数）/%					
CH_4	93.0	98.0	18.9	63.4	93.0
CO_2	7.0	2.0	81.1	36.6	7.0
流速/($10^4 m^3/d$)	20.0	18.74	1.26	3.16	1.90
压力/atm	850	835	10	10	850

情况 3：具有预渗透膜的二级增浓级联	物流						
	A	B	C	D	E	F	G
化合物组成（摩尔分数）/%							
CH_4	93.0	98.0	49.2	96.1	56.1	72.1	93.0
CO_2	7.0	2.0	50.8	3.9	43.9	27.9	7.0
流速/($10^4 m^3/d$)	20.0	17.95	2.05	19.39	1.62	1.44	1.01
压力/atm	850	835	10	840	10	10	850

注：1atm=101325Pa。

4.2　渗透汽化与蒸汽渗透

4.2.1　渗透汽化及蒸汽渗透原理

渗透汽化（pervaporation）是指利用复合膜对待分离混合物中某组分有优先选择性透过的特点，在膜下游侧负压为推动力下，使料液侧优先渗透组分溶解-渗透扩散-汽化通过膜，从而达到混合物分离的一种新型分离技术。

蒸汽渗透（vapor permeation）与渗透汽化过程不同之处是，蒸汽渗透为气相进料，相变过程发生在进装置前或在膜上游蒸发汽化，在过程中以蒸汽相渗透通过膜；渗透汽化过程的进料为液相，优先吸附组分在膜内溶解-扩散，并在膜下垂直于组分扩散渗透方向的某一截面或膜下游侧表面汽化。由于汽化所需的能量来自料液的温降，因此，在操作过程中必须在适当的组件位置对料液加热，以保持一定的操作温度。

在渗透汽化过程中，一般总是选择能使含量极少的溶质透过的复合膜，以实现过程的能耗最小。

随着新的聚合物膜材料的合成、膜制备技术的发展以及降低能耗的实际要求，渗透汽化的应用领域不断拓宽，并将在有机水溶液中水的分离、水中微量有机物的脱除，以及有机-有机混合物的分离等三方面得到更广泛的应用。

如图4-20所示，渗透汽化膜传递过程可用溶解扩散机理描述，通常可分为三步：首先液体混合物中被分离物质在膜上游表面有选择性地被吸附溶解；然后被分离物质在膜内扩散渗透通过膜；最后在膜下游表面被分离物质解吸并汽化；对于蒸汽渗透其传递过程的第一步为料液在膜上游侧蒸发形成饱和蒸汽，然后扩散渗透通过膜。

4.2.2 渗透通量和分离因子

根据渗透汽化传递过程的基本原理，组分A通过膜的渗透通量可用下式表示

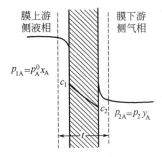

图4-20 渗透汽化膜分离过程的基本原理

$$J_A = Q_A(p_A^0 x_A \gamma_A - f_A p_2 y_A) \quad (4-25)$$

式中，J_A为组分A的渗透通量，$kmol/m^2$；Q_A为组分A的渗透系数；p_A^0为组分A的饱和蒸气压，MPa；p_2为膜下游侧气相总压，MPa；x_A、y_A分别为组分A在膜上游侧溶液和膜下游侧气相的摩尔分数；γ_A、f_A分别为组分A在膜上游侧溶液的活度系数和膜下游侧气相的逸度系数。如果溶液中含A、B两个组分，则对组分B同样可以得到

$$J_B = Q_B[\gamma_B p_B^0 (1-x_A) - f_B P_2 (1-y_A)] \quad (4-26)$$

其中，对双组分混合物，膜下游侧气相中组分的摩尔分数可用下式计算

$$y_A = \frac{J_A}{J_A + J_B} \quad (4-27)$$

对二元体系，式中的饱和蒸气压可用Antoine方程计算

$$\lg p_A^0 = A_A - \frac{B_A}{t + C_A}$$

当液体对膜无相互作用时，式中的液体活度系数可用Wilson方程计算

$$\ln \gamma_A = -\ln(x_A + \Lambda_{AB} x_B) + x_B \left(\frac{\Lambda_{AB}}{x_A + \Lambda_{AB} x_B} - \frac{\Lambda_{BA}}{x_B + \Lambda_{BA} x_A} \right) \quad (4-28)$$

$$\ln \gamma_B = -\ln(x_B + \Lambda_{BA} x_B) + x_A \left(\frac{\Lambda_{BA}}{x_B + \Lambda_{BA} x_A} - \frac{\Lambda_{AB}}{x_A + \Lambda_{AB} x_B} \right) \quad (4-29)$$

许多二元体系的Wilson参数从有关资料上查得。根据液体的特性，也可采用van Laar或Margules方程计算。

当渗透液体与膜存在相互作用时，二元混合物在高分子膜内的活度系数可Flory-Huggins热力学关系求得，其中A组分的活度系数为

$$\ln \gamma_A = \ln \phi_A + (1+\phi_A) - (v_A/v_B)\phi_B - (v_A/v_m)\phi_m +$$
$$\left(\Psi_{AB} \frac{\phi_B}{\phi_A + \phi_B} + \Psi_{Am} \phi_B \right)(\phi_B + \phi_m) - (v_A/v_B)\Psi_{Am}\phi_B \phi_m \quad (4-30)$$

式中，v_A、v_B分别为进料组分A、B的体积分数；ϕ_A、ϕ_B、ϕ_m分别为组分A和B与聚合物膜呈平衡时的体积分数；Ψ_{AB}、Ψ_{Am}分别为组分A与B及聚合物膜的相互作用参数，可用以下方程计算

$$\Psi_{Am} = -[\ln(1-\phi_m) + \phi_m]/\phi_m^2 \tag{4-31}$$

$$\Psi_{AB} = -\frac{1}{x_A \phi_A}\left(x_A \ln \frac{x_A}{\phi_A} + x_B \ln \frac{x_B}{\phi_B} + \frac{\Delta G^E}{RT}\right) \tag{4-32}$$

式中，混合过量自由能 ΔG^E 为实际混合自由能与理想混合自由能之差，也即混合自由能的非理想部分，可用下式求得

$$\Delta G^E = RT(x_A \ln \gamma_A + x_B \ln \gamma_B) \tag{4-33}$$

同理，可得 B 组分的相互作用活度系数。

在通常情况下，膜下游的压力很低，趋近于零，因此式（4-25）、式（4-26）括号中的第二项可略，将式（4-25）除以式（4-26），并简化后可得

$$\frac{Q_A \gamma_A p_A^0}{Q_B \gamma_B p_B^0} = \frac{y_A(1-x_A)}{x_A(1-y_A)} \tag{4-34}$$

式中，等式右侧即为分离因子，可用 α 表示，表示双组分分离的难易程度。

对于被处理组分与聚合物膜具有相互作用关系的渗透汽化，已有不少证明认为优先吸附的组分也优先渗透，如果吸附溶胀平衡为渗透汽化过程的控制过程步骤，那么，也可用吸附溶胀分离因子来表示

$$\alpha_{PV} = \alpha_{吸附} = \frac{\phi_A/\phi_B}{v_A/v_B} \tag{4-35}$$

渗透汽化与蒸汽渗透在过程上稍有差异，如图 4-21 所示的为先蒸发后渗透的过程，过程中以蒸汽透过膜，即蒸汽渗透过程；对于渗透蒸发过程，则是在优先吸附的溶质先溶解在膜上，再通过扩散，在膜的某一个截面处受膜下游负压而汽化。因此，蒸发渗透过程的分离因子可用以下方程来表示：

$$\alpha_{PV} = \alpha_V \alpha_M = \frac{p_A'/p_B'}{x_A/x_B} \frac{p_A/p_B}{p_A'/p_B'} \tag{4-36}$$

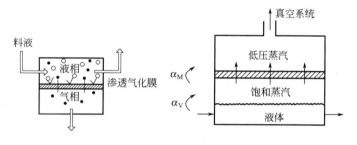

(a) 渗透汽化　　　　　　(b) 蒸汽渗透

图 4-21　渗透汽化与蒸汽渗透过程机理的比较

α_V、α_M 分别为液体蒸发分离因子和蒸汽透过膜的分离因子

式中，p_A'、p_B' 分别为与液相摩尔分数 x_A、x_B 相平衡的气相分压。

对于蒸汽渗透，则过程中蒸发分离因子 α_V 等于1。若定义 β 为 A/B 二组分渗透系数之比：

$$\beta = \frac{Q_A}{Q_B}$$

则渗透汽化分离因子为

$$\alpha_{PV} = \alpha_V \beta \frac{p_A' - p_A}{p_B' - p_B} \frac{p_B'}{p_A'}$$

式中，第一项为液体汽化对渗透汽化的影响，可由汽液平衡数据求算；第二项为决定于膜性质的选择透过性；第三项表示操作条件对分离过程的贡献。

类似于蒸馏的汽液平衡，渗透汽化过程中定义膜上游溶液中组分 A 与膜下游气体混合物中组分 A 间满足拟相平衡关系，对于乙醇-水混合物的汽液平衡和渗透汽化拟汽液平衡关系如图 4-22 所示，聚乙烯醇膜优先渗透水；而苯乙烯-氟烷基丙烯酸酯共聚物复合膜，则优先渗透乙醇，由此可知，不同的膜具有不同的拟汽液平衡关系。苯-环己烷混合物拟汽液平衡关系见图 4-23。

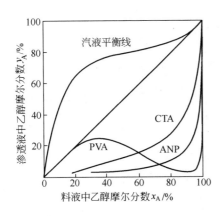

图 4-22　乙醇-水混合物拟汽液平衡关系
PVA—聚乙烯醇膜；CTA—三醋酸纤维素膜；ANP—阴离子聚电解质膜

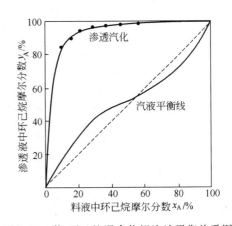

图 4-23　苯-环己烷混合物拟汽液平衡关系图

当 $\alpha=1$ 时，渗透组成等于被分离液体混合物的组成，没有分离效果，这种情况类似于精馏过程中的恒沸点，但二者在概念上是不同的，在渗透汽化过程中 $\alpha=1$ 的组成点可通过改变温度来转移。

和气体渗透相似，渗透汽化过程中的渗透系数 P，也可表示为溶解度系数与扩散系数的乘积。因此，如果某混合物组分在膜中的溶解度分配系数和扩散系数已知，则可以求出该混合物组分的渗透系数，那么，料液的渗透通量可以用式（4-24）计算。在缺少溶解度分配系数和扩散系数情况下，膜的渗透通量也通过对实验数据进行非线性回归，获得实验方程。

【例 4-6】 使用聚乙烯醇-壳聚糖共混复合膜进行乙醇-水混合物渗透汽化脱水，在进料温度为 60℃、膜下游侧压力 p_1 为 10.13kPa 下，当进料乙醇浓度为 8.8%（质量分数）时，测得渗透物中的乙醇浓度为 10.0%（质量分数），总渗透量 2.48kg/(m²·h)；在下游侧压力 p_2 为 1.013kPa 下，当进料乙醇浓度为 95.0%（质量分数）时，测得渗透物中的乙醇浓度为 0.9%（质量分数），总渗透量为 0.39kg/(m²·h)。试求膜在此两个浓度下，水和乙醇的渗透系数以及分离因子，并比较计算结果。

已知在 60℃ 时，乙醇和水的蒸气压分别为 47.855kPa 和 19.862kPa，液相活度分数可由 Van Laar 方程计算：

$$\ln\gamma_e = 1.6276\left(\frac{0.9232x_w}{1.6276x_e+0.9232x_w}\right)^2$$

$$\ln\gamma_w = 0.9232\left(\frac{1.6276x_e}{1.6276x_e+0.9232x_w}\right)^2$$

其中，下标 e、w 分别表示乙醇与水；x 为摩尔分数。

解　已知乙醇和水的分子量分别为 46.07 和 18.02，当料液侧及透过液侧乙醇质量分数分别为 8.8%、10.0% 时，乙醇和水的摩尔分数分别为

料液侧：
$$x_e = \frac{0.088/46.07}{\frac{0.088}{46.07}+\frac{1.0-0.088}{18.02}} = 0.0364$$

$$x_w = 1.0 - 0.0364 = 0.9636$$

透过液侧：
$$y_e = \frac{0.10/46.07}{\frac{0.10}{46.07} + \frac{0.9}{18.02}} = 0.0416$$

$$y_w = 1.0 - 0.0416 = 0.9584$$

求算出相应的进料混合物活度系数

$$\gamma_e = \exp\left[1.6276 \times \left(\frac{0.9232 \times 0.9636}{1.6276 \times 0.0364 + 0.9232 \times 0.9636}\right)^2\right] = 4.182$$

$$\gamma_w = \exp\left[0.9232 \times \left(\frac{1.6276 \times 0.0364}{1.6276 \times 0.0364 + 0.9232 \times 0.9636}\right)^2\right] = 1.004$$

从已知的总通量，求得乙醇和水的摩尔通量分别为

$$J_e = \frac{2.48 \times 0.10}{46.07} = 0.00538 [\text{kmol}/(\text{m}^2 \cdot \text{h})]$$

$$J_w = \frac{2.48 \times 0.90}{18.02} = 0.1239 [\text{kmol}/(\text{m}^2 \cdot \text{h})]$$

那么乙醇和水的渗透系数为

$$Q_e = \frac{0.00538}{4.182 \times 0.0364 \times 47.855 - 0.0416 \times 10.108} = 8.03 \times 10^{-4} [\text{kmol}/(\text{m}^2 \cdot \text{h} \cdot \text{kPa})]$$

$$Q_w = \frac{0.1239}{1.004 \times (1.0 - 0.0364) \times 19.862 - (1.0 - 0.0416) \times 10.108}$$
$$= 13.05 \times 10^{-3} [\text{kmol}/(\text{m}^2 \cdot \text{h} \cdot \text{kPa})]$$

利用质量浓度表达式，求出进料中乙醇浓度为8.8%时的分离因子

$$\alpha_{w/e} = \frac{(100 - W_e)_p/(W_e)_p}{(100 - W_e)_f/(W_e)_f} = \frac{(100 - 10)/10.0}{(100 - 8.8)/8.8} = 0.868$$

类似以上的计算步骤，求出进料中乙醇浓度为95.0%时，膜下游侧渗透压力为1.013kPa下的分离因子为2092、膜对乙醇及水的渗透系数分别为1.78×10^{-6} kmol/(m²·h·kPa)及4.956×10^{-3} kmol/(m²·h·kPa)。

比较两个浓度下，膜对水、乙醇的分离因子及渗透系数，可知该膜在高乙醇浓度下有很高的分离选择性，能有效脱除乙醇混合物中的水分，能用于生产无水乙醇，但此膜不能将乙醇浓度为10%的混合物分离。

4.2.3 渗透汽化膜过程的设计计算

用于醇水分离的渗透汽化工艺，通常可分为连续式和间歇式两种。无论是连续式还是间歇式，通常都由料液加热系统、膜组件、冷凝系统、真空系统四部分组成。在连续式生产过程中，一个渗透汽化级联装置常分成几段，段与段之间的料液需引出加热，以保持料液的温度在合适的范围内。为了节约能耗，从膜组件出来的产物可与料液进行换热，也可以进入冷凝器用于渗透液的化霜。所选用的膜对被分离混合物中的某组分有优先选择透过性，为使渗透组分维持较低的分压，膜下游侧抽真空或用惰性气体吹扫。优先透过组分从料液侧透过膜进入透过侧，透过蒸汽在冷凝器中被冷凝，不凝气体被真空泵抽出放空。比较典型的渗透汽化膜分离方法有：热空气渗透汽化（air-heated pervaporation）、渗透蒸馏（osmotic distillation）、热渗透汽化（thermo-pervaporation）等。

图4-24（a）所示的间歇式中，储槽与预热器、加热器以及渗透汽化装置连在一起，料液用循环泵从储槽打出，经膜组件后循环回入料液储槽。在操作过程中需调节进料流量，以

使料液在渗透汽化膜组件中的进出口的温度差保持在合适的范围内。当储槽中循环物料的水含量低于要求时，则可停止操作，放出产品。

图 4-24（b）所示的连续式操作中，被分离混合物用泵连续送入加热系统，被加热的料液流入膜组件，从膜的上游侧流过，下游侧抽真空或用惰性气体吹扫，由于物料中的水分不断渗透通过膜，并在膜下游侧吸收热量汽化，使得料液的温度不断下降。为了保证膜在最佳条件下工作，必须逐段对料液补充热量，以保证料液的温差有利于渗透汽化。

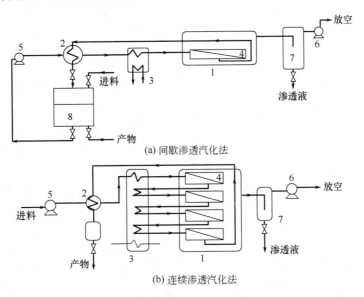

图 4-24　渗透汽化流程示意图
1—渗透汽化器；2—热交换器；3—加热器；4—膜组件；5—循环泵；6—真空泵；7—冷凝器；8—储槽

比较以上两种工艺流程，间歇式只需一个渗透汽化膜组件，中间无加热器。间隙式处理量一般较小，操作比较灵活，相对的投资也较少。其主要缺点是：在间歇操作过程中，随着循环料液浓度的提高，膜的溶胀程度加剧，影响膜的渗透选择性，继而影响膜的使用寿命。对连续式渗透汽化工艺，常由多段膜组件组成，每段料液浓度相对稳定，各段可选用具有合适分离性能的膜，使膜在最佳条件下运行。连续式适用于处理量大、品种单一的混合物的分离。

4.2.4　影响工艺设计的主要因素

（1）复合膜材料特性与分离体系　用于水中 VOC（挥发性有机物）脱除用硅橡胶膜对不同 VOC 脱除的分离因子如表 4-5 所示，由表可知，对甲苯和氯代烷烃系列 VOC 的脱除，其分离因子较大，而对乙酸、DMF 等则基本不能去除。

表 4-5　硅橡胶膜对水中不同 VOC 脱除的分离因子

分离因子 $\alpha_{O/W}$	各种易挥发有机物
200～1000	苯、甲苯、乙苯、二甲苯、三氯乙烷、氯仿、氯乙烯、二氯乙烷、氯甲烷、氯氟化碳、己烷
20～200	乙酸乙酯、丙醇、丁醇、甲乙酮、苯胺、戊醇
5～20	甲醇、乙醇、苯酚、缩乙醛
1～5	乙酸、亚乙基二醇、DMF（N,N-二甲基甲酰胺）、DMAC（二甲基乙酰胺）

在有关醇类脱水方面，不同的膜材料对脱水效果差异也十分大，如图 4-25 所示为不同

材料制得的膜对乙醇渗透汽化脱水的分离性能比较,对于理想的渗透汽化膜,其渗透速率与分离因子应落在阴影区内。

(2) 料液浓度　料液浓度对膜的分离因子和渗透速率有较大的影响,如图 4-26 所示,乙醇浓度提高到 98% 以上时,分离因子急剧上升,而渗透通量则快速下降。

图 4-27 为美国 MTR 采用卷式膜组件脱除地下水中几种有机物的效果比较,由图可知,渗透汽化膜用于脱除水中氯仿与三氯乙烷较好,当三氯乙烷浓度为 1.0×10^{-6} 时,膜的分离因子可达 200,透过液中的三氯乙烷可达 7.4%。

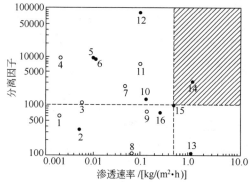

图 4-25　各种渗透汽化膜用于乙醇脱水的渗透速率与分离因子比较

○料液中乙醇浓度 85%~90%（质量分数）；
●料液中乙醇浓度 82%~95%（质量分数）

1—硝酸纤维素/聚甲基丙烯酸酯；2—马来酰亚胺丙烯腈共聚物；3—壳聚糖；4—4-乙基吡啶丙烯腈共聚物；5—交联 PVA (GFT)；6—聚羟亚甲基缩醛；7—羧甲基纤维素/(0.8DS, Na$^+$)；8—聚氯代烯丙基铵；9—磺化 PE (Cs$^+$)；10—磺化聚苯乙烯/PVA；11—壳聚糖 (H$_2$SO$_4$)；12—海藻酸钠 (Co^{2+})；13—交联的聚乙烯亚胺；14—PAA-聚铬离子；15—交联 PVA (100℃)；16—PVA-CS/PAN (75℃)

在等温下,对亲水渗透汽化膜,随着料液中含水量的增大,透过物的含水量也随之增大,料液中含水量增大时,通量也随之增大。在等温下,对乙醇溶液,膜的分离因子 α 先随着料液中乙醇浓度的升高而增加,并出现最大值。随着料液中乙醇浓度的进一步升高, α 呈下降趋势。

(3) 操作温度与压力的影响　在膜分离性能一定的条件下,膜上游侧料液的压力对渗透通量与分离因子的影响不大,故只要考虑克服由于级联导致的阻力损失即可；而料液的温度、膜下游侧的真空度对分离因子和渗透速率有较大的影响。在等浓度下,温度对分离因子 α 的影响呈线性关系,随着操作温度的提高, α 缓慢降低。而当温度升高时,通量随之增大。在其他条件不变的情况下,膜的渗透通量与温度的关系可用 Arrhenius 关系式表示

$$J = J_0 \exp[-E_P/(RT)] \tag{4-37}$$

式中, J 为操作温度下的渗透通量,g/(m^2·h); J_0 为原测定温度下的渗透通量,g/(m^2·h); E_P 为表观渗透活化能,J/mol; T 为操作温度,℃。

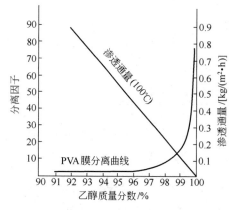

图 4-26　乙醇浓度对渗透通量的影响

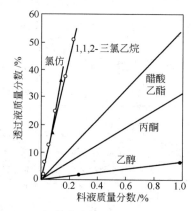

图 4-27　卷式膜组件脱除地下水中有机物

在绝热条件下,透过组分的汽化将使料液的温度下降而影响膜的渗透速率,因此在过程中应当使料液的温差保持在允许的范围内,以使膜的渗透速率尽可能大。另外,膜下游侧的真空度对渗透速率有较大的影响,一般情况下,在低真空度下,通量较小,真空度升高有利于增加渗透通量,但分离因子会略有下降。

（4）其他因素　适宜板框长度对渗透汽化过程的传质和传热系数有促进作用,从而提高渗透通量与分离因子。对一定体系,流道长度 L 和雷诺数 Re 是影响传质和传热系数的重要因素,因此,提高料液侧流体的流速,设计适宜的单板长度均能提高传质和传热效率,进而增加渗透通量。料液浓度与产物纯度对膜面积的影响见图 4-28,料液浓度与操作温度对渗透通量的影响见图 4-29。

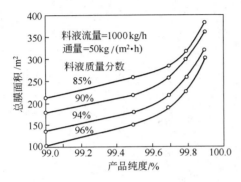 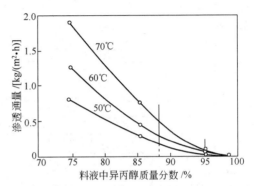

图 4-28　料液浓度与产物纯度对膜面积的影响　　图 4-29　料液浓度与操作温度对渗透通量的影响

4.2.5　渗透汽化级联计算

与精馏过程类似,连续渗透汽化膜分离过程也可分为无回流和部分回流级联两种。图 4-30 为无回流级联工艺。根据给定的工艺条件,过程的级联、温降、加热段数等,可以通过对过程的物料平衡、质量及热量衡算求出。

（1）物料平衡　如图 4-30 所示,对任意级级联过程的物料平衡关系为

$$F_i = R_{i+1} + P_{i+1}$$
$$F_i x_i = R_{i+1} x_{i+1} + P_{i+1} y_{i+1}$$

料液与渗透液组分的拟平衡关系为

$$y_i = a x_i / [1 + (a-1) x_i] \tag{4-38}$$

若已知各级联的物料平衡关系,则利用以下总的物料衡算,可求出连续渗透汽化级联过程的产物组和产量

$$R_p = F_0 - \sum_{i=1}^{p} P_i \tag{4-39}$$

$$R_p x_p = F_0 x_0 - \sum_{i=1}^{p} (P_i y_i) \tag{4-40}$$

（2）热量平衡　渗透汽化过程不同于其他的膜过程,在渗透汽化过程中,透过膜的物料组分在膜下游侧汽化吸热,导致料液的温度下降,而温降使通量降低。为了维持一定的通量,必须对料液加热以保持其温度在允许温差范围内。用热量平衡计算可求出级联的温降和加热段的位置。假定不考虑热损失,则在过程中进料液温降显热与渗透液汽化热量相等,则任意级级联的温降为

$$\Delta T_i = (P_i / F_i) \times [\Delta H_w y_i + \Delta H_e (1 - y_i)] / [C_{pw} x_i + C_{pe} (1 - x_i)]$$

图 4-30 中在料液进入第 $i+1$ 级前被加热,加热后的料液温度上升到 T_0,两加热器之间料液的温降可根据实际情况事先设定,加热器之间的级联数组成一段。

(3) 级联计算步骤　利用通量方程和平衡线方程,再与每级物料衡算获得的操作线方程和热平衡温降方程交替使用,逐级计算出每级渗余液的浓度、透过液的浓度和通量,并求出相应的换热量,逐级计算至渗余液的浓度达到要求为止。

4.2.6　渗透汽化与蒸汽渗透的经济分析

渗透汽化过程中有相变,汽化所需的热量来自料液的降温,因此在渗透汽化过程中料液的温度将不断下降,过程中需要加热以保持一定温度。如图 4-31 所示,蒸汽渗透过程进料为蒸汽,在绝热条件下,过程在等温条件下进行,渗透通量比渗透汽化大。

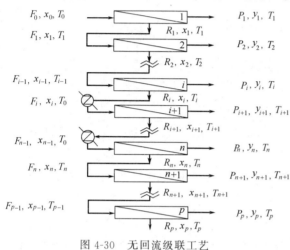

图 4-30　无回流级联工艺

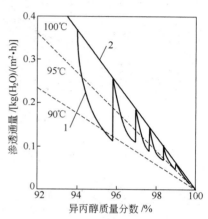

图 4-31　异丙醇脱水的操作
温度对通量的影响
1—绝热渗透汽化;2—等温蒸汽渗透

如图 4-32 所示,将进料浓度为 83% 的异丙醇脱水制成 99.9% 的纯异丙醇,在相同分离任务下,采用蒸汽渗透所需的级联数只需 6 级,而渗透汽化需要 13 个带有中间加热器的串联膜组件。另外,渗透汽化所需的膜比表面积(图 4-33)也比蒸汽渗透大。

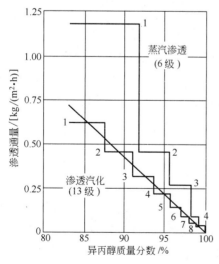

图 4-32　异丙醇脱水所需级联数比较

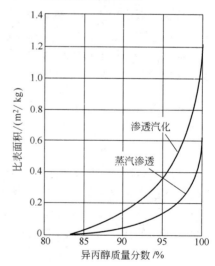

图 4-33　异丙醇脱水所需的膜比表面积比较

4.3 膜基吸收

4.3.1 膜基吸收及其气液传质形式

膜基吸收是以疏水或亲水微孔膜作为气、液两相间的介质,并利用膜的多孔性实现气、液两相接触的一种新型分离技术。这种通过多孔膜来实现气液接触的传质与分离装置也称为膜接触器,可用于气体的吸收或气提。

与传统吸收过程相比,膜基吸收过程的气、液两相的接触界面固定在膜两侧的其中一侧表面处,且所有膜表面都能有效地进行气液接触;气、液两相互不分散于另一相中;气、液两相的流动互不干扰,流量范围各自可相互独立地改变而不产生液泛、滴漏、泡沫等现象;中空纤维或毛细管膜可提供较大的气液传质接触界面,而且,其接触表面可推算。因此,只要找到合适的微孔膜,能够用传统吸收-解吸法处理的体系原则上均可用膜吸收-解吸法来取代。

图 4-34(a)表示气体充满膜孔的疏水膜吸收过程,不能湿润膜的吸收剂溶液在膜的一侧流动,在低于水溶液相的压力下,气体在膜的另一侧流动。在这种条件下,只要水溶液的压差小于多孔膜的穿透压差,则气体不会以鼓泡的形式进入水溶液相,那么气液界面就能被固定在溶液侧疏水膜孔入口处。

若膜两侧流体的压力差保持在一定范围时,作为吸收剂或被解吸对象的水溶液便不会进入膜孔,此时膜孔被气体所充满。在这种情况下,气相中的组分将以扩散的形式通过膜孔到达液相表面并被液体吸收;解吸时,组分在气液接触膜表面上解吸后同样以扩散方式通过膜孔到达气相。通过这种气液接触界面一种或多种气体能被吸收进入水溶液,反之,一种或多种气体也能从水溶液中被气提出来。

应注意的是,压差的选择应该使气体不在液体中鼓泡,也不能把液相压入膜孔,更不能把液相压过膜孔而流向气相。

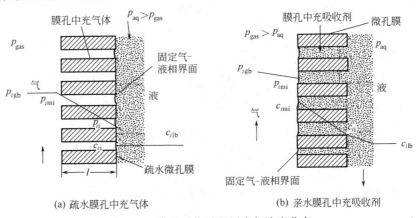

(a) 疏水膜孔中充气体　　　　(b) 亲水膜孔中充吸收剂

图 4-34　膜基吸收过程压力与浓度分布

如图 4-34(b)所示,气液接触的膜吸收也可以采用亲水的多孔膜,这种亲水多孔膜能被水溶液湿润,也即吸收剂充满膜孔。若采用疏水性膜,当有机物溶液吸收剂,膜孔亦会被吸收剂充满。但气相的压差必须高于液相的压差,使得气液相界面固定在膜的气相侧,并防止吸收剂穿透膜而流向气相。

除了以上两种典型的膜基吸收外，还有一种同时解吸-吸收膜过程，用于水溶液中易挥发气体的吸收。如含氨水溶液的吸收，疏水微孔膜将含氨水溶液及吸收剂溶液隔开，氨气从水溶液中挥发并扩散通过膜孔，传递到膜的另一侧并被稀酸吸收液吸收。

对于以上三种膜基吸收过程，无论是气体或易挥发气体充满膜孔，还是液体充满膜孔，微孔膜本身并不参与组分的分离作用，只是提供了一个优良的气液接触与传质的界面，因此，从本质上讲，膜基吸收仍然是传统意义上的平衡分离过程。

4.3.2 膜基吸收的传质

膜基吸收的传质可以用双膜理论来推导，传质的推动力为组分在膜两侧流体中的活度差。与一般的气液传质相比，膜基吸收多了一项气体组分通过多孔膜的传质阻力项，下面分别列出气体充满膜孔、液体充满膜孔、同时解吸-吸收及膜基化学吸收等情况下的传质。

(1) 气体充满膜孔的传质　物质 i 的膜吸收或气提速率可用局部传质速率或总传质速率系数表示。气体 i 通过不能湿润的疏水多孔膜的局部界面传质速率及浓度分布，气体 i 以串联形式扩散通过气相膜、被气体充满的膜孔以及液相膜三个区域。设气相主体中组分 i 的分压为 p_{igb}，膜孔表面处组分 i 的分压为 p_{imi}，气液界面处组分 i 的分压为 p_{ii}，气液界面处液体中组分 i 的浓度为 c_{ii}，液体主体中组分 i 的浓度为 c_{ilb}。那么，组分 i 在气相中、膜孔内、液相中的传质通量 N_i 与局部传质系数关系可表示为

$$N_i = k_{ig}(p_{igb} - p_{imi}) = k_{im}(p_{imi} - p_{ii}) = k_{il}(c_{ii} - c_{ilb}) \tag{4-41}$$

在气液界面上，两相的浓度呈平衡态并符合 Henry 定律 $c_{ii} = H_i p_{ii}$。

在总传质过程中，若 K_g 为气相传质系数，K_l 为液相传质系数，则

$$N_i = K_g(p_{igb} - p_i^*) = K_l(c_i^* - c_{ilb}) \tag{4-42}$$

式中，$c_{ilb} = H_i p_i^*$，$c_i^* = H_i p_{igb}$。

那么

$$p_{igb} - p_i^* = (p_{igb} - p_{imi}) + (p_{imi} - p_{ii}) + (p_{ii} - p_i^*) \tag{4-43}$$

则可得

$$\frac{1}{K_g} = \frac{1}{k_{ig}} + \frac{1}{k_{im}} + \frac{1}{k_{il} H_i} \tag{4-44}$$

式 (4-44) 表示气体传质总阻力为气相阻力、膜阻力及液相阻力之和。如果气体物质 i 是微溶、易溶或能迅速反应的，则式 (4-44) 的关系可简化。

对微溶气体，Henry 常数非常小，当 k_{ig}、k_{im} 和 k_{il} 具有相同的数量级时，那么

$$\frac{1}{K_g} \approx \frac{1}{H_i k_{il}} \tag{4-45}$$

对易溶气体，H_i 要大好几个数量级，可以想象，总阻力有一个极限状态

$$\frac{1}{K_g} \approx \frac{1}{k_{ig}} + \frac{1}{k_{im}} \tag{4-46}$$

对许多气体的膜吸收或气提，液相总传质系数 K_l 也类似于 K_g 表示

$$\frac{1}{K_l} = \frac{H_i}{k_{ig}} + \frac{H_i}{k_{im}} + \frac{1}{k_{il}} \tag{4-47}$$

对微溶气体

$$\frac{1}{K_l} \approx \frac{1}{k_{il}} \tag{4-48}$$

式 (4-47) 表明液相膜控制的传质。

对易溶气体

$$\frac{1}{K_1} \approx H_i \left(\frac{1}{k_{ig}} + \frac{1}{k_{im}} \right) \tag{4-49}$$

如果膜孔被气体充满，那么膜传质系数取决于气体在膜孔中的扩散机制。当膜孔半径为 r_p，气体平均自由程为 λ，r_p/λ 远小于 1，那么属 Knudser 流动，传质系数

$$K_{im} = \frac{2r_p}{3} \left(\frac{8RT}{\pi M_i} \right)^{1/2} \frac{\varepsilon_m}{\tau_m l} \tag{4-50}$$

式中，ε_m、τ_m、l 分别为膜的孔隙率、膜孔的曲折因子和膜厚度；M_i 为物质 i 的气体分子量，在接近大气压及膜孔径 r_p 近似为 $0.01\mu m$ 时，气体 i 在膜孔中为 Knudsen 流占主要地位。

当大孔膜和气体压力较高时，如果 $r_p/\lambda > 1$，那么气体在膜孔中为黏性流，当 r_p 为 $0.1 \sim 0.45 \mu m$ 时，在低压下，气体在膜孔中呈过渡流。

(2) 液体充满膜孔的传质　膜吸收或气提过程也可用充满吸收水剂的微孔膜来实现，在这种情况下，不管膜是疏水或亲水的，只要膜能被吸收剂润湿即可。如图 4-34 所示，对于这种膜过程的总传质通量与局部传质通量之间的关系可表示为

$$N_i = k_{ig}(p_{igb} - p_{imi}) = k_{im}(c_{imi} - c_{ii}) = k_{il}(c_{ii} - c_{ilb}) \tag{4-51}$$

以总传质系数表示

$$N_i = K_g(p_{igb} - p_i^*) = K_1(c_i^* - c_{ilb}) \tag{4-52}$$

于是得

$$\frac{1}{K_g} = \frac{1}{k_{ig}} + \frac{1}{k_{im} H_i} + \frac{1}{k_{il} H_i} \tag{4-53}$$

和

$$\frac{1}{K_1} = \frac{H_i}{k_{ig}} + \frac{1}{k_{im}} + \frac{1}{k_{il}} \tag{4-54}$$

对微溶气体

$$\frac{1}{K_g} = \left(\frac{1}{k_{im}} + \frac{1}{k_{il}} \right) \frac{1}{H_i} \tag{4-55}$$

对易溶气体，由于具有瞬间反应的吸收和高浓度的吸收剂，膜阻力也可以忽略，因此总阻力会比较低

$$\frac{1}{K_g} \approx \frac{1}{k_{ig}}; \frac{1}{K_1} \approx \frac{H_i}{k_{ig}} \tag{4-56}$$

如果膜孔被吸收液体润湿，则膜的传质阻力系数可表示为

$$K_{im} = \frac{D_{il} \varepsilon_m}{\tau_m l} \tag{4-57}$$

式中，D_{il} 为物质 i 在吸收液体中的扩散系数。

(3) 同时解吸-吸收的传质　设组分 i 在原溶液及吸收液中的浓度分别为 c_{i1} 和 c_{i2}；组分 i 在原溶液与膜孔气相的界面处达到溶解平衡，液相浓度和气相分压分别为 c_{i1m} 和 p_{i1m}；组分 i 在膜孔气相与吸收液界面处也处于溶解平衡状态，且在气相中分压和液相中浓度分别为 p_{i2m} 和 c_{i2m}

$$N_i = k_{il1}(c_{i1} - p_{i1m}) = k_{im}(p_{i1m} - p_{i2m}) = k_{il2}(p_{i2m} - c_{i2}) \tag{4-58}$$

式中，$p_{i1m} = \frac{c_{i1m}}{H_{i1}}$，$p_{i2m} = \frac{c_{i2m}}{H_{i2}}$。

故类似于以上两种传质过程，膜基吸收总传质系数的倒数为各传质分系数的倒数之和

$$\frac{1}{K_G} = \frac{1}{k_{i1}H_{i1}} + \frac{1}{k_{im}} + \frac{1}{k_{i2l}H_{i2}} \tag{4-59}$$

上式也可根据实际传质过程中的控制因素进行简化。

（4）膜基化学吸收的传质　膜基化学吸收常用于空气中碱性或酸性气体的去除，如用 NaOH 或各种胺类溶液吸收 CO_2、SO_2、H_2S 以及稀硫酸溶液吸收废氨水等。对这类膜基化学吸收过程的处理，也可以用无化学反应的膜基吸收，并结合传统的化学吸收的增强因子等方法来设计计算。

4.3.3　膜基吸收设计参数的确定

中空纤维膜器具有膜装填密度大、组件结构简单等优点，已有不少公司生产商品化的中空纤维或毛细管膜基吸收组件及装置，所采用的为聚丙烯、聚偏氟乙烯等疏水微孔膜。

（1）管程传质系数　中空纤维膜或毛细管膜中流体流动和传质遵循一般圆管中流体流动和传质的规律，因此，原则上管程中的分传质系数可以套用一般的传质系数关联式，但若要用于实际设计，仍需通过实验来进一步确定。

（2）壳程传质系数　目前尚无通用的中空纤维膜基吸收组件设计的壳程传质系数关联式。Semmens 等推荐使用下面关联式来预测壳程中为气体或液体时的分传质系数

$$Sh = \alpha Re^{0.6} Sc^{0.33} \tag{4-60}$$

式中，α 为比例系数，与壳程中的流体相、物质种类及流动状态有关。当壳程为空气时，$\alpha = 0.022$；当壳程为错流流动的液态氨（NH_3）或碘（I_2）时，α 分别为 0.15 及 0.9。

（3）穿透压　在进行疏水性中空纤维膜吸收组件设计时，要注意不能使液相和气相之间的压差大于穿透压，即液体被完全压入膜孔时的压力。穿透压 Δp_{cr} 与膜材料、孔径和气液体系有关，可用 Young-Laplace 方程关联式估算：

$$\Delta p_{cr} = \frac{2\gamma \cos\theta}{r_p} \tag{4-61}$$

式中，γ 为吸收液对被处理气体的表面张力；θ 为被处理液体与膜孔界面切线所形成的接触角；r_p 为膜孔半径。

对于低界面张力的体系，可用减小孔径的方法以增加穿透压差。但膜的孔径太小对蛋白质之类的大分子扩散会有影响。

（4）中空纤维膜基吸收的设计步骤　可按以下几点进行中空纤维膜吸收过程设计：

① 压力选择。膜两侧液、气两相的压力差不能超临界穿透压。

② 进料流体的流程选择。气体流经组件壳程，易产生沟流和短路，使吸收效率下降；气体流经管程，可消除沟流、避免短路，但由于纤维较细，气体的压降较大；若气体压降不允许很大时，可考虑选用直径较大的毛细管膜。

③ 已知流体流速、进出口组成等，结合传质系数及其他操作参数，设计中空纤维膜组件的长度。

④ 用于大规模的气体吸收或解吸，应考虑组件的级联、串联或并联等级联方式，以获得较大的传质系数。

4.3.4　膜基吸收过程的应用

膜吸收过程在生物医学、生物发酵、环境保护、航天等领域均有较好的应用前景。如生物医学中的血液供氧器、膜式人工肺等实现 O_2 和 CO_2 的传递。在发酵工业中的好氧发酵

过程中，连续补充 O_2 并排除产生的 CO_2。类似地，在厌氧发酵中可以利用膜基吸收技术不断补充 N_2 并排除产生的 CO_2 和 H_2，不断脱除发酵过程中产生的乙醇以实现连续发酵。

在环境保护方面，用酸性或碱液来吸收惰性气体中的碱性或酸性气体，如用 2% NaOH 溶液来脱除废水中挥发性的酚，可将酚含量降到 $50\mu g/mL$ 以下。还可以用稀 H_2SO_4 溶液，降低养殖场内空气中的氨含量，由 14×10^{-6} 降到 0.5×10^{-6}。

图 4-35 为空间站或载人航天器舱内空气中 CO_2 去除的膜基吸收与解吸工艺流程简图，用此工艺可长期保持舱内空气中 CO_2 含量低于 0.03%，满足航天员长期生活与工作的需要。

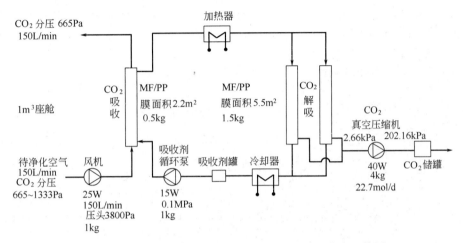

图 4-35　膜基吸收与解吸去除空气中 CO_2 的工艺流程简图

习　题

4-1　采用气体渗透膜分离空气（氧 21%，氮 79%），渗透物中氧含量达 78%。试计算膜对氮气的截留率 R 和过程的分离因子 α，并说明这种情况下哪一个参数更能表达该过程的分离状态。

4-2　用 Nafion-$(CH_3)_3NH^+$ 膜（$125\mu m$）渗透蒸发分离乙醇-水混合物。在 70℃时的实测数据，当乙醇质量分数大于 94% 时，分离因子 α 和总透过量 Q 与上游侧混合液中水的质量分数 $x_水$ 及下游侧压力 p_2 的函数关系式为：

$$\alpha_{水/乙醇} = -44.81 - 0.0414 p_2 + 58.06(1-x_水)$$
$$Q = 4.6920 - 0.0006 p_2 - 4.516(1-x_水)$$

试计算下游侧压力 p_2 为 0.267kPa 时，制成 99.5%（质量分数）产品 1kg/h 所需要的膜面积、进料量、透过量及其组成以及回收率。

4-3　用渗透汽化膜过程进行异丙醇脱水。在 80℃下，所用亲水复合膜厚为 $8\mu m$，该膜对异丙醇的渗透通量可忽略不计。测得不同含水量的异丙醇进料液透过膜的水通量数据如下：

料液中含水量（质量分数）/%	1	2	3	4	5	6
水通量/[kg/($m^2 \cdot h$)]	0.03	0.12	0.45	0.82	1.46	2.12

已知水在无限稀释溶液中的活度系数为 $\gamma^\infty = 3.9$，且在以上浓度范围内不变。试画出水通量随溶液浓度及活度的变化曲线；计算各组成下水的渗透系数 [$cm^3 \cdot cm/(cm^2 \cdot s \cdot kPa)$]。

4-4　蒸汽渗透或气体分离过程中，原料和渗透物压强比一定，且原料液流与渗余液流的浓度近似相等时，渗透物浓度最高。已知某一复合膜对空气中甲苯蒸气浓度为 0.5%（体积分数）时的渗透选择性为 200，分别计算压强比为 10、100 和 1000 时的渗透物组成。

4-5 用间歇渗透汽化过程脱除发酵液中的丁醇。当发酵液中丁醇浓度从6%降至0.6%时,其体积减小了13%,试计算渗透物中丁醇的浓度。

4-6 某一气体富氧过程,其跨膜压强比$p_h/p_1=5$,且设进料浓度近似与截留物浓度相等$x_f \approx x_r$,原料空气含氧21%。分别计算选择性为$P_{氧气}/P_{氮气}=2.0$、2.2、3.0、5.0和10时的渗透物中氧的浓度。

4-7 用改性聚二甲基硅氧烷为皮层(1μm)的复合膜分离二氧化碳和氮气混合物。假定进料混合物的摩尔比,二氧化碳比氮气=1:4,原料侧压力为$p_h=0.25$MPa,渗透物侧压力为$p_p=0.05$MPa。原料流量为$q_f=10000m^3$(STP)/h。两种气体的渗透系数分别为$P_{CO_2}=81$barrer、$P_{N_2}=5.3$barrer。假设原料和渗透物侧的气体完全混合。试计算渗透物组成、二氧化碳通量及回收率。

4-8 用不对称聚亚苯基氧复合膜进行空气富氮。分离层膜厚为1μm,该膜对氧的渗透系数P_{O_2}为50barrer、膜的分离因子α_{O_2/N_2}为4.2,进料流中的操作压力为10bar,渗透物侧的压力为1bar,假定空气中氮浓度为0.79,渗余物中氮浓度增大到0.95,渗余物流量q_f为$10m^3$/h。现要求生产含氮95%的富氮气$10m^3$/h,试计算单级过程所需膜面积和能量消耗。

4-9 四种具有不同分离因子的膜,分别用于渗透蒸发脱除恒沸乙醇中的水制备无水乙醇,假定分离因子α及总透过量Q与组成无关,四种膜的分离因子分别为10、50、100、1000。若进料混合物中的乙醇质量分数为95%,试计算制成乙醇质量分数为99.5%的产品1kg/h所需要的膜面积、进料量、透过量、透过物组成及乙醇的回收率。

参考文献

[1] Kesting R S. Fritzsche A K. Polymeric Gas Separation Membranes. New York: John Wiley & Sons Inc, 1993.
[2] Vieth W R. Diffusion in and through Polymers: Principles and Applications. New York: Oxford Univ Press, 1991.
[3] 叶向群,孙亮,张林,等. 中空纤维膜基吸收法脱除空气中CO_2的研究. 高校化学工程学报, 2003, 17(3): 237.
[4] 刘茉娥,等. 膜分离技术应用手册. 北京: 化学工业出版社, 2003.

第 5 章
透析、电渗析与膜电解

电渗析和膜电解是以电位差为推动力的膜过程，促使带电离子或分子传递通过相应荷电膜而达到溶液中盐分脱除或产物纯化的一种膜分离技术。不带电组分则不受此种电位差推动力的影响。这类荷电膜可以分为两大类：带正电荷的阳离子交换膜和带负电荷的阴离子交换膜。根据不同的处理对象，荷电膜可以不同方式组合成电渗析器。膜电解类似于电渗析，所不同的是膜电解过程在电极上具有电极反应，并常伴有气体产生。在过去的 30 多年中，电渗析主要用于工业水处理、超纯水生产，近 10 年来在食品和制药工业中用于饮料、药物中间体的脱盐或纯化等；双极性膜电渗析是近 10 年来开始在工业中应用的新膜技术，可将盐类物质的水解生产相应的酸或碱，或从含酸或含碱废液中回收酸或碱；膜电解则主要用于氯碱工业，大规模生产离子膜级氢氧化钠。

5.1 透 析

如果膜传递过程是在等温、等压下进行，那么只有浓度梯度是唯一的传质推动力。透析是典型的以浓度差为推动力的膜技术。透析技术主要用于从含大分子组分的混合物中脱除盐和其它低分子量的小分子物质。

近 20 年来，不少新型中空纤维膜及组件的开发研制成功，大大促进了透析技术的发展及应用，特别是在用作人工肾方面的应用。利用膜的筛分作用替代肾脏的某些生理功能，进行血液透析（hemodialysis），用于去除新陈代谢产物如尿素、肌酐、尿酸等，达到净化血液、调节人体平衡、维持生命的目的。在工业生产过程中主要用于酶和辅酶的脱盐，啤酒中降低醇含量，制浆造纸及纺丝废液中碱回收，铜浸提液中稀硫酸的回收等。

5.1.1 透析过程机理

透析是溶质依靠其在膜两侧液体中的浓度差与膜的孔径大小，从膜的进料侧透过膜流向透析液侧的过程。图 5-1 为透析过程中透析膜两侧及其膜面上的浓度平衡示意图。透析膜具有合适大小的微孔，利用血液和透析液中的溶质浓度差，来除去患者血液中的代谢小分子废物和毒物，调节水和电解质平衡。透析是一种传质速率控制的膜过程，在浓度梯度为推动力下，是一股液流中的一种或多种溶质通过膜传递到另一股液流中，最后达到原料液中溶质被脱除的目的。在进料液流中，小分子溶质的透析速率要比大分子溶质大，如果透析液不被连续地更新，则膜两边溶质的浓度会趋向平衡。

5.1.2 透析过程的通量模型

两个主要传质参数是溶质和溶剂透过膜的通量，其可用不可逆热力学模型或阻力模型计算

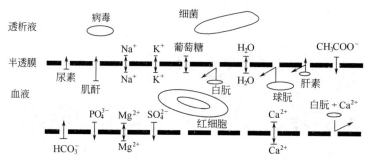

图 5-1 透析膜两侧物质的浓度平衡

$$J_V = -L_P(\Delta p - \sigma \Delta \pi) \quad (5-1)$$

$$J_S = \overline{c_S}(1-\sigma)J_V - P_m \Delta c \quad (5-2)$$

其中，水的渗透系数

$$L_P = \frac{r_p^2 A_k}{8\mu\tau\delta} \quad (5-3)$$

式中，J_V、J_S 分别为溶剂与溶质的通量；P_m 为溶质渗透系数；σ 为反射系数；r_p 为溶质分子半径；A_k 为膜表面孔隙率；τ 为膜的曲折因子；δ 为膜的厚度；Δp、$\Delta \pi$ 分别为膜两侧的压差及溶质的渗透压差。

另外，溶质渗透系数可用下式计算，也可采用其它相关模型方程计算

$$P_m = \frac{\frac{A_k}{\delta}D(1-q)^2}{K_1} = \frac{D_m}{\delta} \quad (5-4)$$

式中，q 为溶质分子半径与孔径的比值（r_p/r_m）；D 为溶剂中溶质扩散系数；K_1 为 q 中的一个幂级数；D_m 为膜溶质有效扩散系数。

若溶质为氯离子，则它的直径比膜孔小得多，q 近似等于零，$K_1 = 1$，则联立求解上两式，可得

$$r_p^2 = \frac{8\eta D L_P}{P_m} \quad (5-5)$$

式中的 L_P 和 P_m 均可通过实验测得。该模型表明，随着溶质分子的增大，透析传质速率将变慢，易受孔壁碰撞的干扰。

若用膜阻力模型，则可用下式计算阻力系数

$$R_m = \frac{1}{P_m} \quad (5-6)$$

表 5-1 为铜仿渗析膜对各种溶质的溶质渗透系数、反射系数及膜阻力系数，由表可知，三个系数均与溶质的分子量有关，随溶质分子的增大而变大，而溶质渗透系数 P_m 或扩散系数 D_W 随分子量增大而减小。对型号为 PT-150 的铜仿膜透析装置，其 L_P 为 204.82mL/($m^2 \cdot h \cdot Pa$)。

无论是用扩散模型还是用单通道模型来描述溶质分子在膜内的渗透扩散，当溶质分子的尺寸增加时，不但溶质的扩散速率会变慢，而且溶质分子与孔壁产生的碰撞概率就会明显增加，也即溶质分子在膜内的扩散渗透系数降低。若定义溶质分子在膜孔内的扩散系数 D_m 与在溶液中的扩散系数 D_W 之比为标准扩散系数，则可得有关溶质分子在多孔膜内透析的函数关系，如图 5-2 所示，其纵坐标为标准扩散系数。

表 5-1　铜仿渗析膜装置（PT-150）通用的常数值

溶质	M_W	$P_m \times 10^2 / (m/h)$	σ	$R_m / (min/cm)$	$D_W / (\mu m/cm)$
尿素	60	3.18	0.0	18.9 (13.1)	(1400)
肌酐	113	1.3	0.0	35.8 (22.8)	(830)
尿酸	168	1.14	—	52.6 (30.7)	(630)
磷酸盐	95	0.932	—	64.4 (34.7)	(750)
蔗糖	342	0.526	0.157	114.0	
蜜三糖	504	0.367	0.241	164.0	
维生素 B_{12}	1355	0.166	0.387	362.0	

注：括号内为另一文献的一组数据，所有数据在 $T=310K$ 时测得。

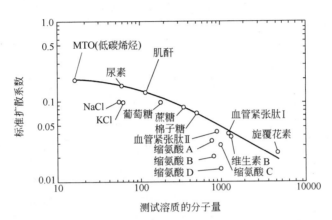

图 5-2　典型透析膜的标准扩散系数 D_m/D_W 与溶质分子量的关系

（膜：Cuprophan-150PM）

由图 5-2 可知，在低分子量侧，膜对溶质的扩散系数影响十分明显，下降 80% 以上，随着溶质分子量的增大，溶质分子的直径接近于膜孔通道直径，膜对溶质分子的阻力趋向于截留的极限。

5.1.3　透析液的种类及其组成

血液与透析液之间溶质的交换，除与透析膜的特性及结构有关外，还与透析液的性状及成分有关。因此透析液应具备以下基本条件：

① 能充分清除体内代谢废物，如血液中的尿素、尿酸、肌酐及其他尿毒症毒素的浓度，必须高于透析液的浓度；

② 能维持体内电解质和酸碱平衡，透析液中各种电解质浓度与正常血液中的浓度相仿，使血液中缺乏的物质得到补充，如钙、碳酸氢根离子等，而血液内过多的物质则向膜的透析液区排出；

③ 透析液与血液的渗透压基本相近；

④ 容易制备和保存，不易发生沉淀，对机体无害。

几种常用透析液种类有醋酸盐型、无钾型、无糖型、高钠或低钠型，以及碳酸氢型，其配方组成常包含钠、钾、镁、氯等离子，以及糖等成分。

常用的透析液配方中钾、钠、钙、镁等的浓度范围如图 5-3 所示。钠离子浓度为 130~135mmol/L、钙离子为 1.50~1.75mmol/L、镁离子为 0.50~0.75mmol/L、葡萄糖为 1.6~1.8g/L。除无钾、无糖高钠或低钠型透析液配方外，常用透析液的组成基本上在此范围内。

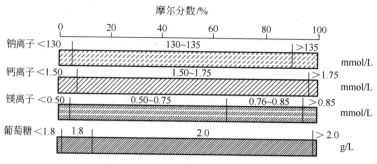

图 5-3 透析液中有关离子的浓度范围

5.1.4 透析过程的种类及其清除率

目前血液透析一般可分成三类：血液透析（hemodialysis，HD）、血液滤过（hemofiltration，HF）和血液洗滤（hemodiafiltration，HDF），如图 5-4 所示。对中空纤维膜透析器，通常血液在中空纤维内流动，而透析液同时在膜的外侧流动。根据两股液流流动的方向不同，血液与透析液的流动有三种形式：透析液流与血液流的流动方向相同的并流、透析液流与血液流反向流动的逆流以及透析液流与血液流垂直的错流流型。Nicholas 等对三种透析流型的传质计算结果表明：逆流流型具有最大的浓度差，溶质的脱除率大约比并流高 15%，错流流型则介于两者之间。

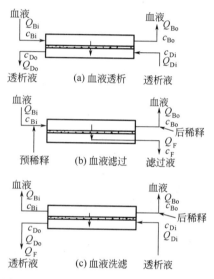

图 5-4 三种透析过程的液流流向示意图

血液透析中，在膜两侧所含溶质浓度差及其所形成的渗透压差的作用下，血液中的小分子代谢废物扩散通过膜进入透析液，透析液中的某些组分则通过扩散进入血液，使血液达到需要的离子平衡。该类透析器能有效地除去尿素、肌酐和尿酸等小分子毒物，但对分子量为 1100～2000 之间的物质去除率不高。对血液透析过程中的溶质清除率可以表示为：

$$c_L = \frac{c_{Bi} - c_{Bo}}{c_{Bi}} Q_{Bi} \tag{5-7}$$

式中，c_{Bi}、c_{Bo} 分别为血液透析器进、出口浓度；Q_{Bi} 为血液透析器进口流率，mL/min。

血液滤过是以液体静压力差为推动力，使血液中要清除的毒素成分随水透过膜而去除，通常滤过膜的孔径比透析膜大得多，因此，它的水渗透率要比透析膜大 20～40 倍。例如，过滤面积为 0.5～1.5m² 的滤过型人工肾，其通量为 50～250mL/min。滤过型人工肾既能除去小分子量的肌酐，对中等分子量的代谢废物及维生素 B_{12} 的去除率也高，还能脱除部分菊粉。对血液滤过过程，溶质的清除可用下式计算

$$c_L = \frac{c_F}{c_{Bi}} Q_F = \frac{S(c_{Bi} + c_{Bo})}{2 c_{Bi}} Q_F \tag{5-8}$$

式中，c_F、Q_F 分别为血液滤过液的浓度及流率；S 为筛分系数，与膜的孔径有关。

由于滤过型人工肾对水分的去除量大，为达到体液的生理平衡，在临床使用时需根据滤过水量多少进行补偿。有两种补偿方法，一种是预稀释，先按滤过除去的水分量加入，将血液稀释，使经处理后的血液实际脱水量不超过规定的范围；另一种是后补液，从滤过液中把超量的水分算出来，将适量的补充液加到血液中。

血液洗滤实际上是血液透析与血液滤过相结合的过程，在临床上常采用密闭性较好的透析液作为置换液补充到血液中，以此来自动保持滤过和置换的平衡。血液洗滤过程中溶质的清除率可用下式计算：

$$c_L = \frac{(c_{Bi} - c_{Bo})Q_{Bi} + Q_F c_{Bo}}{c_{Bi}} \tag{5-9}$$

三种透析过程的清除率比较如图 5-5 所示，可见，对血液透析与血液洗滤过程，其对大分子的清除率较好。

除以上三种透析器外，还有一种吸附-透析型膜组件，它是将滤过型或透析型膜组件分别与吸附剂结合的透析器，可直接用于分子量稍大且不易透析的血液内代谢废物在短时间内快速除去。

对三种透析过程效率比较可知，HDF 对 β2-微球蛋白清除率远比 HF 和 HD 大。

若透析器的传质系数已知，则通常也可用下式算出血液内代谢废物的清除率：

$$c_L = Q_B Q_D \frac{1 - \exp\left(-K_a \dfrac{Q_D - Q_B}{Q_D Q_B}\right)}{Q_D - Q_B \exp\left(-K_a \dfrac{Q_D - Q_B}{Q_D Q_B}\right)} \tag{5-10}$$

式中，Q_B 为血液流量；Q_D 为透析液流量；K_a 为传质系数，与透析膜面积和膜的透过性能有关。

一般条件下透析液的流量 Q_D 为 500mL/min，其值约为血流量的 3 倍，在理论上可达到除去溶质的最大效率。

由式（5-10）可知，在 Q_B 一定且 Q_D 不大时，Q_D 的增加使透析液侧的传质推动力增大，对小分子物质的透析去除效果增强，K_a 提高。当 Q_D 比 Q_B 大得多时，K_a 提高速度变慢。假设 Q_D 无限大时的相对清除率设为 $x=1$，则如图 5-6 所示，当 $Q_D = Q_B$ 时，透析器的利用率仅为 0.77，而 Q_D 与 Q_B 比在 2.5~3.0 范围时，理论上的清除率变化不大。

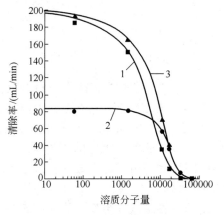

图 5-5 三种透析过程的清除率比较
1—血液透析；2—血液滤过；3—血液洗滤

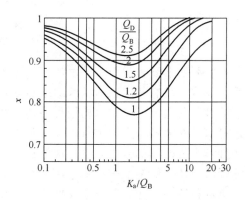

图 5-6 不同透析液流量比对清除率的影响

5.2 电渗析

5.2.1 电渗析过程原理

电渗析是指在直流电场作用下,溶液中的荷电离子选择性地定向迁移透过离子交换膜并得以去除的一种膜分离技术。电渗析与反渗透脱盐比较见图 5-7。电渗析过程的原理如图 5-8 所示,在正负两电极之间交替地平行放置阳离子和阴离子交换膜,依次构成浓缩室和淡化室,当两膜所形成的隔室中充入含离子的水溶液(如氯化钠溶液)并接上直流电源后,溶液中带正电荷的阳离子在电场力作用下向阴极方向迁移,穿过带负电荷的阳离子交换膜,而被带正电荷的阴离子交换膜所挡住,这种与膜所带电荷相反的离子透过膜的现象称为反离子迁移。同理,溶液中带负电荷的阴离子在电场作用下向阳极运动,透过带正电荷的阴离子交换膜,而被阻于阳离子交换膜。其结果是使第 2、第 4 浓缩室水中的离子浓度增加,而与其相间的第 3 淡化室的浓度下降。

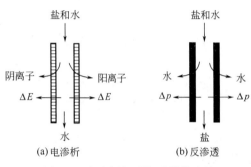

图 5-7 电渗析与反渗透脱盐比较

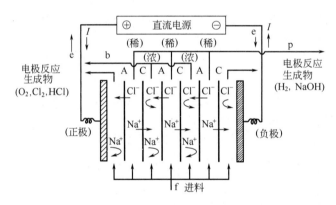

图 5-8 电渗析过程原理示意图
A—阴离子交换膜;C—阳离子交换膜

在实际的电渗析系统中,电渗析器通常由 100～200 对阴、阳离子交换膜与特制的隔板等组装而成,具有相应数量的浓缩室和淡化室。含盐溶液从淡化室进入,在直流电场的作用下,溶液中荷电离子分别定向迁移并透过相应离子交换膜,使淡化室溶液脱盐淡化并引出,而透过离子在浓缩室中增浓排出。由此可知,采用电渗析过程脱除溶液中的离子基于两个基本条件:直流电场的作用,使溶液中正、负子分别向阴极和阳极作定向迁移;离子交换膜的选择透过性,使溶液中的荷电离子在膜上实现反离子迁移。

电渗析器中,阴、阳离子交换膜交替排列是最常用的一种形式。事实上,对一定的分离要求,电渗析器也可单独由阴离子交换膜或阳离子交换膜组成。

如图 5-9 (a) 所示的由阳离子交换膜组成的电渗析器,就能使 Na^+ 连续地取代硬水中

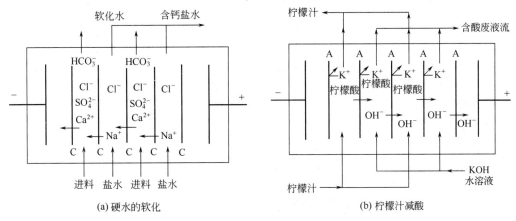

图 5-9 特定阴离子或阳离子交换膜的电渗析过程

的 Ca^{2+}，达到水的软化；又如图 5-9（b）所示的由阴离子交换膜组成的电渗析器，可用 OH^- 取代柠檬汁中的柠檬酸根离子，达到柠檬汁增甜。电渗析的另一个潜在的应用是氨基酸的分离，大多氨基酸为两性电解质，具有不同的等电点。如图 5-10 所示，当氨基酸处于等电点（IP）时，以偶极离子存在，呈电中性，在直流电场中，既不向阳极也不向阴极迁移，而在其他 pH 值下，则可带正电或负电荷，合理调节电渗析过程各室的 pH 值，并维持在稳态条件下，则可将带有不同等电点的混合氨基酸分离。

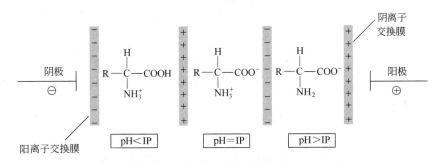

图 5-10 氨基酸电渗析过程

电渗析脱盐过程与离子交换膜的性能有关，具有高选择性渗透率、低电阻力、优良的化学和热稳定性，以及一定的机械强度是离子交换膜的关键。

5.2.2 电渗析的基本理论

（1）Sollner 双电层理论　1949 年 Sollner 提出解释离子交换膜的双电层理论，以阳离子交换膜为例，当离子交换膜浸入电解质溶液中，膜中的活性基团在溶剂水的作用下发生解离产生反离子，反离子进入水溶液，膜上活性基团在电离后带有电荷，以致在膜表面固定基团附近，电解质溶液中带相反电荷（可交换）的离子形成双电层，如图 5-11 所示。双电层的强弱与膜上荷电活性基团数量有关，膜-溶液界面离子分布及其相应化学电位与距离有关。

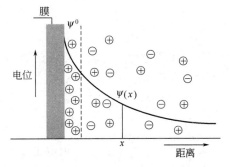

图 5-11 膜-溶液界面离子分布及其相应化学电位与距离的关系

一般条件下阳离子交换膜上固定基团能构成足够强烈的负电场，使膜外溶液中带正电荷离子极易迁移靠近膜并进入膜孔隙，而排斥带负电荷离子。如果膜上的活性基团少，则其静电吸引力也随之减小，对同电荷离子的排斥作用也减小，降低了对阳离子的选择透过性；如果膜外溶液浓度很大，则扩散双电层的厚度会变薄，一部分带负电荷的离子靠近阳离子交换膜的机会增大，并导致非选择性透过阳离子交换膜；而对阴离子交换膜的情况恰好相反。由此可得以下电渗析的规律：

① 异性电荷相吸；
② 膜中固定离子越多，吸引力越强，选择性越好；
③ 在电场作用下，溶液中的阳离子作定向连续迁移通过带负电的阳离子交换膜。

（2）Gibbs-Donnan 膜平衡理论　Gibbs-Donnan 平衡理论当时主要用于膜两侧的大分子渗透平衡，以及离子交换树脂与电解质溶液间的平衡，后来发展成也能满意地解释膜与电解质溶液间的离子平衡。

当离子交换膜浸入氯化钠水溶液中时，溶液中的离子和膜内离子发生交换作用，最后达到平衡，构成膜内外离子的平衡体系。如图 5-12 所示，当将一张磺酸钠型阳离子交换膜浸入氯化钠溶液中时，膜中活性基团解离出的钠离子能进入溶液，溶液中的钠离子和氯离子也可能进入膜内，最后达到离子间的交换平衡。但平衡时由于固定离子的影响，可透过离子在膜两边不是平均分布。

离子交换膜的 Gibbs-Donnan 平衡主要基于以下两个假定：其一是膜内外离子的化学位相等，即

$$\mu_i^s = \mu_i^m \tag{5-11}$$

式中，μ_i^s、μ_i^m 分别为离子在溶液中和在膜内的化学位。

其二为膜内外各种离子其总浓度必须满足电中性的条件，则有

$$\sum_{i=1}^{n} Z_i c_i = 0 \tag{5-12}$$

式中，Z_i、c_i 分别为各种离子的价数和在膜内及溶液中的浓度。

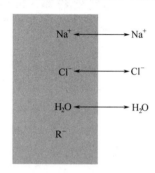

图 5-12　阳离子交换膜与水溶液中氯、钠离子的 Gibbs-Donnan 平衡

从以上两个公式可推出以下关系式：

$$\frac{c_{Cl^-}}{c_{Cl^-}^m} = \sqrt{\frac{c_{R^-}^m}{c_{Cl^-}^m} + 1} \tag{5-13}$$

对稀溶液上式可简化为：

$$c_{Cl^-}^m = \frac{c_{Cl^-}^2}{c_{R^-}^m} \tag{5-14}$$

对于非理想溶液（离子溶液通常为非理想的），上式需用活度系数加以校正。引入平均离子活度系数 $\gamma^\pm$，则上式变成

$$\frac{c_{Cl^-} \gamma^\pm}{c_{Cl^-}^m (\gamma^\pm)^m} = \sqrt{\frac{c_{R^-}^m}{c_{Cl^-}^m} + 1} \tag{5-15}$$

式中，对单价阳离子和阴离子 $\gamma^\pm = (\gamma^+ \gamma^-)^{0.5}$。

分析以上方程可知，平衡时，溶液中与膜内固定离子符号相反的反离子容易进入膜内，同性离子则不易进入膜内，使离子交换膜对反离子具有选择透过性。若膜内活性基团的浓度

c_{R^-} 远大于膜外溶液浓度,则 c_{Cl^-} 将减小,c_{R^-} 相对于 c_{Cl^-} 愈高,c_{Cl^-} 愈小。从式(5-15)还可看出,只要溶液中 c_{Cl^-} 不等于零,那么膜内的 c_{Cl^-} 也不可能等于零,所以膜的选择透过性不可能达到百分之百。因此,从 Gibbs-Dannan 理论,可得出以下规律:

① 膜上 c_{R^-} 趋向 0,则式(5-13)右边接近于 1,膜无选择性;

② 当膜上 c_{R^-} 趋向无穷大,也即膜上的同名离子很少,则膜的选择性趋向 100%;

③ 当被处理溶液中的 $c_{Cl^-} \gg$ 膜上 c_{R^-},即溶液中的 c_{Cl^-} 很大,膜内 c_{R^-} 很小,膜的选择性将会下降,由此可推知离子交换膜不宜在高浓度下操作。

5.2.3 电渗析过程中的传递现象

电渗析装置在运行过程中的传递现象是非常复杂的。对 NaCl 水溶液进行电渗析时,具有如图 5-13 所示的几种传递现象发生。

① 反离子迁移,也即为与膜上固定离子基团电荷相反的离子的迁移。这种迁移是电渗析的主要传递过程,电渗析利用这种迁移达到溶液脱盐或浓缩的目的。

② 同名离子的迁移,也即为与膜上固定离子(基团)电荷相同的离子的迁移,这种迁移是由于在阳离子交换膜中进入的少量阴离子,阴离子交换膜中进入的少量阳离子引起的。因此,离子交换膜的选择性不可能达到 100%。同名离子的迁移方向与浓度梯度方向相反,因此而降低了电渗析过程的效率。但与反离子迁移相比,同名离子的迁移数一般很小。

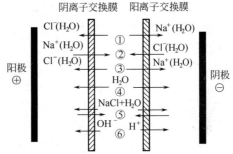

图 5-13 电渗析过程中发生的各种传递现象
①反离子迁移;②同名离子的迁移;③电解质的渗析;
④水的渗透;⑤水的分解;⑥水的电渗析

③ 电解质的渗析,这种渗析主要由于膜两侧浓水室与淡水室的浓度差引起的,使得电解质由浓水室向淡水室扩散。这种扩散速度随浓水室侧浓度的提高而增大。

④ 水的渗透,随着电渗析的进行,淡水室中水含量逐渐升高,由于渗透压的作用,淡水室中的水会向浓水室渗透。两室浓差越大,水的渗透量也越大,从而使淡水大量损失。

⑤ 水的分解,这是由于电渗析过程中产生浓差极化,或中性水离解成 OH^- 和 H^+ 所造成,控制浓差极化可防止这种现象产生。

⑥ 水的电渗析,由于离子的水合作用,在反和同名离子迁移时,会携带一定的水分子迁移。

⑦ 压差渗漏,由于膜两侧的压力差,造成高压侧溶液向低压侧渗漏。

在以上的几种传递现象中,只有反离子迁移才具有脱盐或浓缩作用,而除反离子迁移外的其余几种传递现象,在电渗析过程中都应设法降低或消除。

5.2.4 电渗析器工艺参数计算

(1) 水流线速度 电渗析的水流线速度与一个淡水隔室的流量有关,为单位时间内通过电渗析器淡水隔室单位横截面上水的流量

$$V = \frac{10^6 Q}{3600 NWd} \tag{5-16}$$

式中,V 为淡水流线速度,cm/s;Q 为一段膜堆的流量,m³/s;N 为一段膜堆的组装膜对数;W 为淡水隔板宽度,cm;d 为淡水隔板厚度,cm。一般电渗析淡水隔室中水流线

速度控制在 5~15cm/s 范围内。

（2）水流压降　单位电渗析的水流压降即为水流阻力损失，主要由脱盐流道压降、内配水管和外配水管的压力损失及各部位局部阻力损失所组成。工程上脱盐流道内的综合水流压降可用以下经验方程计算

$$\Delta p = A_{网} L V^b \times 10^{-5} \tag{5-17}$$

式中，Δp 为综合水流压降，MPa；L 为流道长度，cm；$A_{网}$、b 为决定于隔板性质的经验系数，某些类型隔板的 $A_{网}$、b 值列于表 5-2。

表 5-2　某些类型隔板的经验系数

隔板结构		经验系数	
厚度/cm	隔网形式	$A_{网}$	b
2	鱼鳞网	0.2560	1.9
2	无网	0.1579	1.2
1.5	细网	0.6934	1.3

对于 DSA Ⅱ-1×1/200 型电渗析器，采用环形配水组装时，单台水流压降也可用以下经验式计算

$$\Delta p = 0.0106 V^{0.854} \tag{5-18}$$

式中，V 为淡水流线速度，cm/s；Δp 为单台水流压降，MPa。

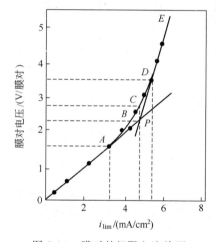

图 5-14　膜对的极限电流检测

（3）极限电流与操作电流密度　极限电流是指电渗析发生极化时的临界电流，极限电流密度指通过单位面积离子交换膜的电流。特定膜对的极限电流可由图 5-14 所示的方法测定和求算。通常极限电流密度可由修正的 Wilson 方程计算

$$i_{\lim} = k_i \bar{c}^m V^n \tag{5-19}$$

式中，$i_{\lim}$ 为极限电流密度，mA/cm²；$\bar{c}$ 为电渗析淡水进出口对数平均浓度，meq/L；k_i 为水力常数；常数 m、n 的范围分别为 0.95~1.00、0.5~0.8。$\bar{c}$ 可用下式计算

$$\bar{c} = \frac{c_{di} - c_{do}}{\ln \dfrac{c_{di}}{c_{do}}} \tag{5-20}$$

式中，c_{di}、c_{do} 分别为电渗析淡水进口、出口浓度，meq/L。式（5-20）也可用电渗析器淡水进口浓度 c_{di} 计算，若 c_{di} 的浓度以 mg/L 表示，则其水力常数为 k_I。表 5-3 分别列出了两种水型的水力常数 k_i、k_I 及 m、n 值。

表 5-3　不同水型的水力常数（k_i、k_I）、m、n 值

水型	k_i	k_I	m	n
氯化钠水型	0.5446	0.00593	1.0	0.660
碳酸氢盐水型	0.2893	0.00470	0.958	0.658

已知极限电流密度，则操作电流密度可用下式计算

$$i_D = \phi f_t f_s i_{\lim} \tag{5-21}$$

式中，ϕ 为组成换算系数或水型系数；f_s 为安全系数；f_t 为温度校正系数，对我国目前采用的异相膜电渗析器，温度校正系数可采用以下经验式计算

$$f_t = 0.987^{T_0 - T} \tag{5-22}$$

式中，T_0 为测定极限电流时的水温，℃；T 为实际操作水温，℃。

若要计算极限电流，则将式（5-21）中的 i_D、$i_{\lim}$ 分别改为 I_D、$I_{\lim}$ 即可。

通常，电渗析器的极限电流密度以测定 NaCl 水溶液获得，因此式（5-21）中 ϕ 为 1.00，用于其它盐水溶液或溶液中存在多种离子时，ϕ 不等于 1.00，故需用加权平均计算出组成换算系数。国内有关专家已将我国的原水按不同组成分为四种水型，并提出相应的水型系数，如表 5-4 所示。四种水型分别为以 Na^+、K^+ 和 Cl^- 组成的 1-1 价型，以 Ca^{2+}、Mg^{2+} 和 SO_4^{2-} 组成的 2-2 价型，以 HCO_3^- 组成的碳酸氢盐型，以及不同于以上三种水型的不均齐价型。

表 5-4　常温下极限电流水型系数

水型	NaCl	1-1 价型	2-2 价型	不均齐价型	碳酸氢盐型
水型系数 ϕ	1.00	0.95	0.66	0.70	0.59

（4）电流效率　电流效率表示电渗析过程中电流利用程度，为单位时间内实际脱盐率与理论脱盐率的百分比，是电渗析的主要技术指标。一般表达式为

$$\eta = \frac{Q(c_{di} - c_{do})F}{IN} \times 100\% \tag{5-23}$$

式中，法拉第常数 F 为 96500C/mol 或 26.8A·h/mol。苦盐水脱盐，电流效率一般为 90%～95%；海水脱盐为 70%～85%。

（5）出口浓度　极限电流下的出口浓度可用下式计算

$$c_{do} = c_{di} \exp\left(-\frac{\eta I_{\lim} L}{Fd\bar{c}V}\right)$$

或

$$c_{do} = c_{di} \exp\left[-\frac{k_i \eta L}{F d \bar{c}^{(1-m)} V^{(1-n)}}\right] \tag{5-24}$$

式中，k_i、n 为 Wilson 常数。

（6）脱盐率　电渗析器除掉的盐量与给水含盐量的百分比为脱盐率，脱盐率常以单台或单级为基础进行计算，计算公式如下

$$f = \frac{c_{di} - c_{do}}{c_{di}} \times 100\% \tag{5-25}$$

式中，f 为脱盐率。若极限电流下的出口浓度已知，则极限电流下的脱盐率可按下式计算

$$f_{\lim} = 1 - \exp\left[-\frac{k_i \eta L}{F d \bar{c}^{(1-m)} V^{(1-n)}}\right] \tag{5-26}$$

当电渗析器确定后，d、L 为常数；处理水型确定后，k_i、n 和 η 也是常数，故脱盐率仅是流速的函数，而与淡水的进口浓度无关。则脱盐率可用简单的经验式表达

$$f_{\lim} = A_水 e^{-\gamma V} \tag{5-27}$$

式中，$A_水$ 和 γ 为经验常数，与处理水型有关，对 DSA II-1×1/200 型电渗析器处理氯化钠型或碳酸氢盐型水时，式（5-27）中的经验常数 $A_水$ 和 γ 分别采用表 5-5 所示数值。

表 5-5　不同水型的经验常数

水型	$A_水$	γ
氯化钠型	0.88	0.06298
碳酸氢盐型	0.73	0.06530

(7) **脱盐能耗** 脱盐能耗可用单位物质的量（mol）电解质所需的脱盐能耗或单位体积产水量所需的直流电能耗计算。用单位物质的量（mol）电解质所需的脱盐能耗表示时，可用下式计算

$$W_N = \frac{2.78 \times 10^{-7} I^2 R_s}{Q_d N c_{di} f} \tag{5-28}$$

式中，W_N 为电渗析迁移单位电解质的量所需能耗，$kW \cdot h/mol$；Q_d 为一个淡水隔室的流量，L/s；I 为电流，mA；R_s 为 N 对膜对的总电阻，Ω。

若以单位体积产水量所需的直流电能耗计，则可用以下两式之一计算

$$W_M = \frac{2.78 \times 10^{-7} i_m f A_p R_s c_{di} F}{\eta N} \tag{5-29}$$

$$W_M = \frac{\sum U_i I_i}{Q} \times 10^{-3} \tag{5-30}$$

式中，W_M 为电渗析迁移单位产水量所需能耗，$kW \cdot h/m^3$；i_m 为平均电流密度，mA/cm^2；A_p 为膜有效通电面积，cm^2；R_s 为 N 对膜对的总电阻，Ω；U_i、I_i 分别为各级电压（V）和电流（A）；Q 为产水量，m^3/h。当采用等压操作时，式中 U_i 为常数。式（5-28）和式（5-30）表明，分离单位物质的量电解质或单位体积产水量所需要的能耗随电流密度的增大而上升。在循环式脱盐中，功率按对数平均电流计算，但整流器选型时应按起始电流选择额定电流。

(8) **膜对电压** 由一张阳膜、一张阴膜和浓、淡水隔板组成一个膜对。在运行过程中，电流通过该膜对的压降称为膜对电压。膜对电压直接与电渗析直流电能耗有关，是整流器设计和选型的主要依据。通常膜对电压可以关联成为流速（V）和浓度（c_m）的函数

$$U_p = k' c_m^\alpha V^\beta \tag{5-31}$$

式中，U_p 为单位膜对电压降，V；k'、α、β 为与处理水型有关的常数，对碳酸氢盐水型分别为 0.065、0.1589、0.67。膜堆电压即为加在膜堆两端的电压，由 N 对单位膜对电压构成。膜堆电压可用下式计算

$$U_s = N U_p \tag{5-32}$$

膜堆电压与极区电压之和为电渗析器总电压，即

$$U = U_s + U_e \tag{5-33}$$

式中，U_e 为极区电压，V。极区电压包括引出线与电极之间的接触电位、电极本身的电压降、电极与极水之间的电极电位及极水和极膜的电阻等形成的电压降。当电渗析器总电压计算值大于300V时，可采用多级组装，以便选用合适电压等级的整流器。

(9) **膜对电阻** 单位膜对电阻计算的一般表达式为

$$R_p = \frac{a_1}{c_a} + a_2 - a_3 c_a \tag{5-34}$$

式中，R_p 为单位膜对电阻，Ω；c_a 为浓、淡水隔室的当量平均浓度；a_1/c_a 为溶液电阻项；a_2 为膜电阻项；$a_3 c_a$ 为校正项，处理低浓度水时可忽略不计。在32℃下，用DSA Ⅱ-1型电渗析器处理碳酸氢盐水型时，单位膜对电阻可用下式计算

$$R_p = \frac{1.21}{c_a} + 32.9 - 40.3 c_a \tag{5-35}$$

(10) **水泵功率** 水泵功率有以下三种表示法

$$N_{有效} = \frac{QH\rho}{102} \tag{5-36}$$

$$N_{轴} = \frac{QH\rho}{102\eta_{水}} \tag{5-37}$$

$$N_{机} = K\frac{N_{轴}}{\eta_{传}} \tag{5-38}$$

式中，Q 为水泵流量，m^3/s；H 为扬程，m；ρ 为流体密度，kg/m^3；$\eta_{水}$ 为水泵效率；$\eta_{传}$ 为传动效率；K 为选用电动机安全系数，通常取 1.1～1.2。

【例 5-1】 电渗析生产淡水，若将含盐量为 4.6mmol/L 的原水处理成淡水，产量为 $7m^3/h$，要求经电渗析处理后淡水含盐量为 0.95mmol/L。试确定电渗析器组装方式，求出隔板平面尺寸、流程长度、膜对数、工作电压、操作电流及耗电量。

解 （1）计算总流程长度　假定在临界电流密度状态下运行，且临界电流密度相同；若采用聚乙烯异相膜，隔板厚度 2mm，粘普通鱼鳞网，$k=0.03$，电流效率取 0.8，取 $n=1$，$F=96.5\times10^3$ C/mol，则可求得总流程长度：

$$L = \frac{2.3FV^{(1-n)}d}{k\eta}\lg\frac{c_{di}}{c_{do}} = \frac{2.3\times96.5\times0.2}{0.03\times0.8}\lg\frac{4.6}{0.95} = 1267 \text{ (cm)}$$

（2）组装方式选择　由于淡水产量较大，而所需流程长度较短，则可选用全部并联组装方式。

（3）膜对数计算　水在隔板流水道中的流速取 $V=10$cm/s，流水道宽度 $B=6.7$cm，可计算出膜对数：

$$N_D = 278\frac{Q}{BdV} = \frac{278\times7}{6.7\times0.2\times10} \approx 146 \text{ (对)}$$

用塑料隔板 146 对，阴膜 146 张，阳膜 147 张（靠极框边均为阳膜）。

（4）计算隔板尺寸、隔板或膜的有效面积　利用系数 α 按 0.7 计算，隔板或膜面积 A 为：

$$A = \frac{BL}{\alpha} = \frac{6.7\times1267}{0.7} = 12127 \text{ (cm}^2\text{)}$$

采用 800mm×1600mm 的隔板，其面积为 12800cm^2，有效面积为 12800×0.7=8960 (cm^2)。

（5）计算极限电流密度　按下式计算：

$$i_{\lim} = k\bar{c}V^n$$

式中，$\bar{c}$ 为淡室中水的进出口对数平均浓度，即

$$\bar{c} = \frac{c_{di}-c_{do}}{\ln\frac{c_{di}}{c_{do}}} = \frac{4.6-0.95}{\ln\frac{4.6}{0.95}} = 2.32 \text{ (mmol/L)}$$

将 $V=10$cm/s，$n=1$，$k=0.03$（浓度以 mmol/L 表示时的 k 值）代入上式得：

$$i_{\lim} = 0.03\times10\times2.32 = 0.696 \approx 0.7 \text{ (mA/cm}^2\text{)}$$

（6）确定工作电压　由于膜对数较多，考虑组装方式选二级一段，中间设共电极，每膜对电压取 3.5V，则利用式（5-32）计算膜堆电压

$$U_s = NU_p = 73\times3.5 = 256 \text{ (V)}$$

采用铅电极，若每对电极极区电压取 15V，那么，利用式（5-33）可算得工作电压为

$$U = U_s + U_e = 256 + 15 = 271 \text{ (V)}$$

(7) 计算操作电流 由于有共电极,操作电流应为二级电流之和,则:
$$I_D = 2Ai_{\lim} \times 10^{-3} = 2 \times 8960 \times 10^{-3} \times 0.7 = 12.5 \text{ (A)}$$

(8) 计算耗电量 整流器效率约等于 0.95～0.98,取 $m=0.97$,则耗电量:
$$W_i = \frac{UI_D}{Qm} \times 10^{-3} = \frac{271 \times 12.5}{7 \times 0.97} \times 10^{-3} = 0.5 \text{ (kW·h/m}^3)$$

根据以上计算,可选用聚乙烯异相膜,粘普通鱼鳞网;采用 800mm×1600mm 的隔板,隔板厚度 2mm;所组装的电渗析器共 146 对膜对,采用二级一段的并联组装方式,中间设共电极;该电渗析器运行过程中的操作电流为 12.5A、电压为 271V、耗电量为 0.5kW·h/m³。

5.2.5 电渗析器及其脱盐流程设计

(1) 电渗析器及其脱盐流程 电渗析器按组装形式可分为立式和卧式两种,电渗析器的隔板形式可分为网式和冲格式两大类。隔板外形尺寸有一定规格,厚度范围为 0.5～1.5mm。电渗析装置和隔板规格及型号有一定的编制方法,如表 5-6 所示。

表 5-6 型号组成中有关代号意义

电渗析装置代号	电渗析型号	隔板代号	隔板外形尺寸(宽×长)/mm
A	0.9mm 无回路式	I	300×1600
B	0.5mm 无回路式	II	400×1600
C	1.0mm 冲格式	III	400×1200
		IV	400×800

用于电渗析的离子交换膜品种、型号的编制也有一定的规定,如大写字母 Y、L、M 分别代表异相、离子交换、膜。膜的品种和型号以三位阿拉伯数字组成,分别表示膜的分类、膜骨架类别及产品顺序,如表 5-7 所示。

表 5-7 膜及膜骨架分类

膜		膜骨架		膜		膜骨架	
分类号	品种	分类号	类别	分类号	品种	分类号	类别
0	强酸型	0	苯乙烯系	4	螯合型	4	乙烯吡啶系
1	弱酸型	1	丙烯酸系	5	两性	5	脲醛系
2	强碱型	2	酚醛系	6	氧化还原型	6	氯乙烯系
3	弱碱型	3	环氧系				

按照电渗析技术的行业标准,离子交换膜的主要技术指标应满足表 5-8 要求。

表 5-8 离子交换膜的主要技术指标

指标名称	技术指标值	
	阳膜	阴膜
含水率/%	35～50	35～50
交换容量/[mol/kg(干)]	≥2.0	≥1.8
膜面电阻/Ω·cm²	≤12	≤13
选择透过率/%	≥92	≤90

电渗析器的组装及脱盐流程布置过程中,常用到膜对、级、段等基本术语。如图 5-15 所示,由一张阳离子交换膜、一块浓(淡)水室隔板、一张阴离子交换膜、一块淡(浓)水室隔板所组成的一个淡水室和一个浓水室是电渗析器中最基本的脱盐单元,称为一对膜(膜

对），一系列这样的单元组装在一起，称为膜堆。

一对电极之间的膜堆称为级，一台电渗析器内的电极对数就是它的级数。一台电渗析器中浓、淡水隔板水流方向一致的膜堆称为一段。水流方向每改变一次，段数就增加一段。用夹紧装置将膜堆、电极等部件组装成一个电渗析器，称为台。为提高脱盐率，常采用串联形式，工艺上常有段与段的串联、级与级的串联以及台与台的串联三种形式。把多台电渗析器串联起来，成为一次脱盐流程的整体，叫做系列。

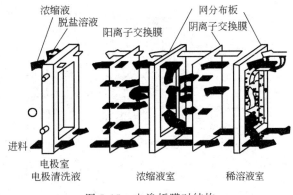

图 5-15　电渗析膜对结构

段与级之间的组装可分为并联与串联组装两种形式，如图 5-16 所示，并联组装有一级一段和二级一段；串联组装有一级二段或一级多段、二级二段或多级多段。

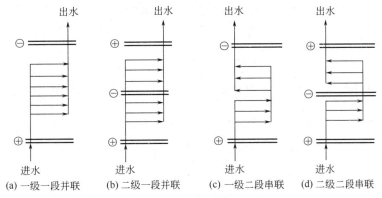

图 5-16　液体在各种组装形式电渗析器中的流动

一级一段是电渗析器最基本的组装形式，其特点是产水量与膜对数成正比，脱盐率取决于一块隔板的流程长度，这种组装方式常用于直流型隔板组装的大、中产水量的电渗析器。一台电渗析器中两对电极间内所有膜堆水流方向一致的流程称为二级一段，如图 5-16 中（b）所示，它与一级一段不同之处是在膜堆间增设一中间电极作共电极，可使电渗析器的操作电压成比例降低，减小整流器的输出电压。为了在低操作电压下获得高产水量，还可采用多级一段组装。

一台电渗析器中一对电极间水流方向改变一次的叫一级二段，改变 $n-1$ 次的称一级 n 段，串联段数受电渗析器承压能力的限制，这种组装形式用于产水量少、单段脱盐又达不到要求的一次脱盐过程。如图 5-16 中（d）所示，在一台两对电极或多对电极的电渗析器中，相邻两级水流方向相反的组装叫二级二段或多级多段，这种组装方式脱盐率高，适用于单台电渗析器一次脱盐。此外，还可以采用串-并联组装，以发挥两者优点，同时满足对产量和质量的要求。电渗析的脱盐流程可分为三种形式，如图 5-17 所示，即一次通过连续式脱盐、部分循环连续脱盐以及间歇（循环）式脱盐三种流程。

图 5-17（a）为一次通过连续式脱盐流程，原水经过电渗析一次脱盐后，即得到符合要求的淡水。根据处理水量的大小，可以采用一级多段或多级多段的单台电渗析器一次脱盐流程，或者多台电渗析器的多级多段串联一次脱盐流程。

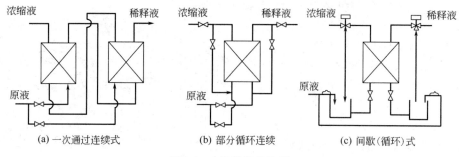

图 5-17 各种脱盐流程

图 5-17 (b) 为部分循环连续脱盐流程,在连续式脱盐过程中,部分淡水可取出使用,部分淡水补充原水进行再循环,极水排放,浓水进入浓水箱,补充适量原水供给极水和浓水。这种流程可连续制得淡水,脱盐范围比较广。

图 5-17 (c) 为间歇式脱盐流程,将一定量原水注入循环槽,经电渗析反复循环脱盐,直到淡水水质符合要求。脱盐过程中浓水可排放,也可同时循环。该流程适用于脱盐深度大、要求成品水质稳定,原料水质经常变化的小型脱盐场合。

(2) 脱盐级数的确定 对于多级连续式脱盐过程,若要求系统总脱盐率为 f,则串联级数与总脱盐率的关系可用下式表示

$$f = 1 - (1 - f_p)^n \tag{5-39}$$

式中,n 为脱盐级数;f_p 为单级脱盐率。整理上式得脱盐级数的计算公式为

$$n = \frac{\lg(1-f)}{\lg(1-f_p)} \tag{5-40}$$

若以淡水浓度及处理量表示,对具有多级部分循环连续式脱盐过程,串联级数与产品脱盐比的关系为

$$\frac{c_F}{c_P} = \left[\frac{Q_R}{Q_F}\left(\frac{c_{di}}{c_{do}} - 1\right) + 1\right]^n \tag{5-41}$$

式中,c_F、c_P 分别为料液及产品浓度;Q_R、Q_F 分别为脱盐室内循环流量及进料流量。

(3) 实际操作电流密度确定 实际操作电流密度计算与工艺流程有关,一般可按以下三种流程计算。

① 单台一级多段或多级多段连续式流程 该流程一般采用一台整流器供电,为了使各段电流密度基本相同,通常调节各段组装的膜对数来改变各段中的流速,使组装膜对数和操作电流密度最佳化;对多级多段连续式流程,可设计成使脱盐级数在等流速或等电压条件下操作运行。在等流速下,各级装置的极限电流密度与该脱盐淡水室中进出口对数平均浓度的比值为常数

$$\frac{i_1}{i_n} = \frac{(c_{di} - c_{do})_1}{(c_{di} - c_{do})_n} \frac{\ln\left(\frac{c_{di}}{c_{do}}\right)_n}{\ln\left(\frac{c_{di}}{c_{do}}\right)_1} \tag{5-42}$$

式中,i_1、i_n 分别为第一级和第 n 级的电流密度。由式 (5-42) 可知,只要进出口浓度确定,即可从给水浓度 c_F 脱盐至产品水浓度 c_P 算出所需要的脱盐级数,故第 n 级电流密度可用下式计算

$$i_n = \frac{(c_{di} - c_{do})_n V dF}{\eta L} \tag{5-43}$$

当电渗析器型号及流速一旦确定，式中 V、d、L 为定值，在极限电流密度下运行时，电流效率也为常数。

② 部分循环式流程　只要求得进口流量 Q_R 和进口浓度为 c_R，则电流密度求法与多级多段连续式相同。

③ 循环式流程　一般采用定压操作法，按该批量循环终止时操作电流所对应的电压作为运行电压，故首先需用式（5-31）、式（5-33）算出终止时的单位膜对电压、膜堆电压，以及利用式（5-34）算出相应膜对电阻，再根据欧姆定律算出循环脱盐起始及终止时的电流密度 i_b、i_e，再用式（5-20）算出循环脱盐起始及终止时的对数平均浓度 c_{mb}、c_{me}。

式中，i_b、i_e、c_{mb}、c_{me} 分别为循环脱盐起始及终止时的电流密度与对数平均浓度；若已知循环脱盐开始及终止时的进出口浓度 c_{bi}、c_{bo}、c_{ei}、c_{eo}，则用式（5-20）计算出相应的对数平均浓度，然后由式（5-19）求得循环脱盐开始及终止时的电流密度，最后按下式求得批量脱盐的对数平均电流密度

$$i_m = \frac{i_b - i_e}{\ln \dfrac{i_b}{i_e}} \tag{5-44}$$

式中，i_m 表示对数平均浓度。应当指出，上述常用计算式在脱盐范围较大及浓、淡水浓度比较高时，计算结果可能会有较大误差，需进行试验验证。

(4) 膜对数（面积）计算

① 连续式流程　假定电流效率恒定，则各级所需膜对数可用下式计算，对第一级及第 n 级的膜对数分别为

$$N_1 = \frac{(c_{di} - c_{do})_1 QF}{\eta i_1 A_p} \tag{5-45}$$

$$N_n = \frac{(c_{di} - c_{do})_n QF}{\eta i_n A_p} \tag{5-46}$$

若各脱盐级采用等流速运行，由式（5-46）所示任何两级的电流密度之比等于该两级淡水对数浓度之比，那么可推得

$$\left(\frac{c_{di}}{c_{do}}\right)_1 = \left(\frac{c_{di}}{c_{do}}\right)_2 = \cdots = \left(\frac{c_{di}}{c_{do}}\right)_n = \left[\frac{(c_{di})_1}{(c_{do})_n}\right]^{\frac{1}{n}} = k_2 \tag{5-47}$$

由式（5-47）则可求得各级淡水进出口浓度，进一步求出各级极限电流密度，再将任一级的出口浓度及相应极限电流密度数据代入式（5-46）和式（5-47）求得任一级的膜对数 N_i。

故所需总膜对数为

$$N = \sum_{i=1}^{n} N_i \tag{5-48}$$

② 部分循环连续式　只要将有关式中的 Q、c 用进入各级的实际流量 Q_R 和浓度 c_R 代替，即可求出各级膜对数。

③ 对间歇循环式　假定电流效率不变，则可采用式（5-44）对数平均电流密度 i_m 作为一个批量的操作电流，取代式（5-46）中的 i_n 即可。

【例 5-2】　某工程中，需除去糖类水溶液中所含的盐分。溶液中各组分质量浓度为糖类 50g/L、食盐 10g/L 以及微量有机物，试设计每小时处理量为 $3m^3$，除去盐分 90% 的工艺过程。所采用的电渗析器有效膜为长 900mm、宽 470mm，膜间距为 0.75mm。极限电流密度可按 $i_{lim} = k\bar{c}V^n$ 计算，取 n 为 0.794、k 为 0.0983。

解 设膜面线速度为 5cm/s，则

$$\frac{i_{\lim}}{c} = 0.0983 \times 5^{0.794} = 0.3528 (A/cm^2)/(mol/L)$$

$$= 0.3528 [A \cdot L/(cm^2 \cdot mol)]$$

当操作温度为 25℃ 时，f_t 为 1.0，并考虑到其中含有微量有机物，取安全系数为 0.70，则可求得操作电流密度

$$\frac{i_D}{c} = 0.3528 \times 0.7 = 0.2470 (A/cm^2)/(mol/L)$$

$$= 0.2470 [A \cdot L/(cm^2 \cdot mol)]$$

设电流效率为 90% 时，求得电渗析器进出口电解质浓度比为

$$\frac{c_{di}}{c_{do}} = \exp\left(\frac{\eta \frac{i_D}{c} L}{FdV}\right) = \exp\left(\frac{0.9 \times 247 \times 90}{96500 \times 5 \times 0.075}\right) = 1.7382$$

采用三级连续操作，用下式求得脱盐的循环流量

$$Q_R = Q_F \frac{\sqrt[n]{c_F/c_P} - 1}{\frac{c_{di}}{c_{do}} - 1} = 3 \times \frac{\sqrt[3]{10} - 1}{1.7382 - 1} = 4.69 \, (m^3/h)$$

故各级所需膜对数

$$N_s = \frac{Q_R}{VdW} = \frac{4.69 \times 10^6}{5 \times 47 \times 0.075 \times 3600} = 73.9 \, (对)$$

因此，可设计成具有部分循环的三级连续操作式，每级一台装入 80 对膜的电渗析器。三级连续操作的脱盐工艺流程中各级料液量与产品浓度如图 5-18 所示。已知该糖水溶液的平均当量，以 NaCl 计为 58.5，各级电流值分别为

第一级

$$I_{D1} = \frac{(c_{di1} - c_{do1})FQ}{MN\eta}$$

$$= \frac{(8.09 - 4.64) \times 3 \times 10^3 \times 26.8}{58.5 \times 80 \times 0.90} = 65.9 \, (A)$$

第二级

$$I_{D2} = \frac{(c_{di2} - c_{do2})FQ}{MN\eta}$$

$$= \frac{(3.74 - 2.15) \times 3 \times 10^3 \times 26.8}{58.5 \times 80 \times 0.90} = 30.4 \, (A)$$

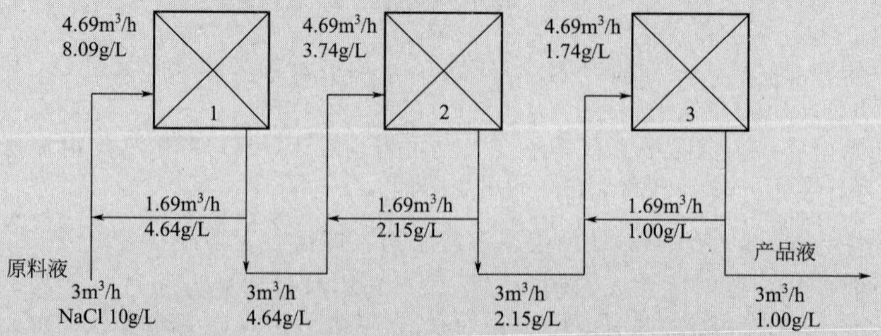

图 5-18 部分循环三级连续操作脱盐工艺流程中各级料液量与产品浓度

第三级

$$I_{D3} = \frac{(c_{di3} - c_{do3})FQ}{MN\eta}$$

$$= \frac{(1.74 - 1.00) \times 3 \times 10^3 \times 26.8}{58.5 \times 80 \times 0.90} = 14.1 \text{ (A)}$$

根据以上计算结果，可采用 DSA Ⅰ-3×3/80 型规格的电渗析器。

5.2.6 电渗析中的浓差极化现象

电渗析过程中的浓差极化与超滤、反渗透过程中的浓差极化不同，电渗析器在运行过程中，水中的阴、阳离子在直流电场的作用下，分别在膜间作定向迁移，各自传递着一定数量的电荷。如图 5-19 所示，当采用过大的工作电流时，在膜-液界面上会形成离子耗竭层。在离子耗竭层中，溶液的电阻会变得相当大，当恒定的工作电流通过离子耗竭溶液层时会引起非常大的电位降，并迫使其溶液中的水分子解离，产生 H^+ 和 OH^- 来弥补及传递电流，这种现象称为电渗析极化现象。

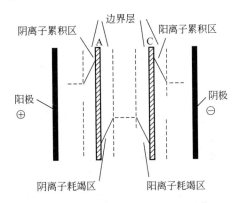

图 5-19 电渗析过程中的浓差极化
A—阴离子交换膜；C—阳离子交换膜

电渗析过程中极化现象的产生，会给电渗析器的运行带来不利。其一是耗电增加。在极化过程中，部分电能消耗在水的电离和与脱盐无关的 H^+ 与 OH^- 迁移上，导致电流效率下降；极化沉淀会使液-膜界面的电阻增大，导致电耗上升。其二是膜的使用寿命缩短。由于极化后膜的一侧受碱的作用，而膜的另一侧受酸的侵蚀；沉淀结垢后的侵蚀，也会改变膜的物理结构使膜的性能下降，两者均降低膜的使用寿命。其三是膜的有效面积减少。极化后沉淀所导致的结垢会堵塞水流道及减少离子渗透膜面积。

电渗析过程中极化现象有很大的危害，必须尽可能地防止极化现象和沉淀的产生。最有效的方法是改善操作条件，使电渗析在极限电流以下运行。为了保护设备的长期安全运行，在实际过程中，通常取极限电流的 70%～90% 作为操作电流。电渗析器的极限电流密度越高，表示单位膜面积的脱盐量越大，脱盐效率也越高。在实际操作中，主要通过调节工作电压，以控制操作电流。

影响极限电流的因素除了浓差极化外，还与膜的种类、水中离子的种类、离子的浓度、流量、隔板结构形式等有关。一般来说，在前两因素固定不变的条件下，提高温度，增加水中离子的浓度，加快流速，适当减薄隔板厚度，选择良好的布水槽和填充网，都能在一定程度上减少浓差极化现象，提高极限电流密度，从而提高电渗析器的性能。

5.2.7 倒极电渗析的设计

电渗析运行过程中膜堆内部的极化沉淀和阴极区的沉淀是最突出问题之一，倒极电渗析（electrodialysis reversal，EDR）是指其在操作运行过程中，可实现每隔一定时间倒换一次电极极性的电渗析装置。其特征是在倒极时，电渗析内浓、淡水系统的流向改变，同时使浓、淡水室互换。这种方式能消除膜面沉淀物积累，对克服膜堆沉淀有显著效果。我国自 20 世纪 70 年代以来，大都采用每隔 2～8h 倒换一次电极极性的倒极电渗析，再结合定期酸

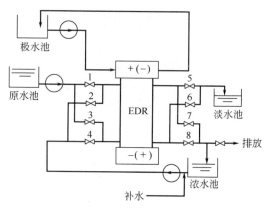

图 5-20 倒极电渗析工艺流程图

洗,提高了电渗析装置的稳定运行周期,不少苦咸水和初级纯水电渗析装置的连续运行周期都在半年以上,也有运行周期超过 1 年的实例。美国 Ionics 公司开发出的每 15~30min 自动倒换电极极性并同时自动改变浓、淡水水流流向的 EDR 装置及其工艺,被称为频繁倒极电渗析,以示与我国 EDR 的区别。

根据图 5-20 倒极电渗析(EDR)流程,其设计步骤及参数选择程序如下:

① 计算脱盐率,对 EDR 系统的脱盐率可用下式计算

$$f=\frac{c_y-c_d}{c_y}\times 100\% \tag{5-49}$$

式中,c_y 为原水含盐量,mg/L;c_d 为淡水含盐量,mg/L。

② 选定浓缩倍数 B。B 与原水水质、水利用率 m 以及电渗析器结构形式等因素有关,表 5-9 为北京顺义水处理设备厂生产的 DSA Ⅰ 型和 DSA Ⅱ 型电渗析器的浓缩倍数与水利用率关系,表中 n 为电渗析段数。

表 5-9 DSA Ⅰ 型、DSA Ⅱ 型电渗析器浓缩倍数与水利用率的关系

n	f	水利用率 $m/\%$								
		$B=1.5$	$B=2.0$	$B=2.5$	$B=3.0$	$B=3.5$	$B=4.0$	$B=4.5$	$B=5.0$	$B=6.0$	$B=7.0$
1	45	67.9	76.3	81.2	84.5	86.3	88.5	89.8	90.1	92.4	93.5
2	68	63.4	71.2	76.2	79.8	82.4	84.4	86.0	87.3	89.3	90.8
3	77	62.2	69.7	74.7	78.2	80.1	83.0	84.7	86.1	88.2	89.8

注:DSA Ⅰ 型规格为 800mm×1600mm,DSA Ⅱ 型规格为 400mm×1600mm。

从表 5-9 可知,浓缩倍数 B 较低时,提高 B 对提高水利用率 m 影响显著,当 B 已较高时,若再提高 B,对 m 的提高并不明显,而循环浓水浓度却上升很多,对系统运行不利。另外 B 值太高还会对电流效率、除盐率及浓差渗漏产生一定影响,因此 B 值不宜太高,通常以 2~4 比较适宜。

③ 计算循环浓水(浓水池)的质量浓度 c_n,计算式如下

$$c_n=Bc_y \tag{5-50}$$

式中,c_n 为浓水池质量浓度,mg/L。

④ 计算换向影响系数 T,计算式如下

$$T=\frac{t_2}{t_1} \tag{5-51}$$

式中,T 为电极倒极换向影响系数;t_1 为自动倒极间隔时间,min;t_2 为每次倒极时出口换向阀门换向完成的时间,也即为水流经过电渗析及其进、出口自动换向阀门之间这段路程所需的时间。对 DSA Ⅰ 型和 DSA Ⅱ 型电渗析器可用以下经验式计算:

$$t_2=\frac{d}{60}\left(\frac{an}{V}+\frac{bn+c+3600LS}{Q_d}\right) \tag{5-52}$$

式中,V 为隔室水流速度,cm/s;Q_d 为单台电渗析淡水隔室进水量,m³/h;L 为进、出口自动换向阀门之间管路长度,m;S 为外管路有效截面积,m²;d 为水质系数,一般取

0.3~1，水质要求愈高 d 取值愈大；a、b、c 为设备系数。对 DSA Ⅰ 型：$a=158$，$b=24$，$c=18$；DSA Ⅱ 型：$a=165$，$b=12$，$c=5$；若多台电渗析并联时，要按外管长度最长的一台计算；t_1 和 t_2 要在运行中进一步调整。

⑤ 计算电渗析淡水隔室进水总量，计算式如下

$$\Sigma Q_d = \frac{\Sigma \overline{Q}_{dc}}{1-T} \tag{5-53}$$

式中，ΣQ_d 为电渗析淡水隔室进水总量，m^3/h；$\Sigma \overline{Q}_{dc}$ 为电渗析淡水总产量，m^3/h。由于在倒极换向过程中，一部分不合格淡水导入浓水池，所以 $\Sigma Q_d > \Sigma \overline{Q}_{dc}$。

⑥ 根据 ΣQ_d 及 f，按常规方法确定电渗析器规格型号及台数 N。

⑦ 水利用率 m 的计算，可利用以下经验公式：

$$m = \frac{1}{1+\dfrac{f}{B-1+f}} \times 100\% \tag{5-54}$$

若 m 的计算值如与要求相差较大时，可重新调整 B，此时可用下式计算：

$$B = \frac{mf}{1-m} - f + 1 \tag{5-55}$$

式中的 m 则为系统要求值。

⑧ 浓水池补水量 Q_B，可用以下式计算：

$$Q_B = \frac{\Sigma \overline{Q}_{dc}}{m} - \Sigma Q_d \tag{5-56}$$

式中，浓水池补水量 Q_B 的单位为 m^3/h。

⑨ 浓水排放量 Q_p，用以下式计算：

$$Q_p = \Sigma Q_d + Q_B - \Sigma \overline{Q}_{dc} \tag{5-57}$$

⑩ 浓水池容积 V_n，一般不应小于 1h 的用水量，以利于保持浓水水位及浓度的动态平衡。

⑪ 极水系统有关参数确定。

极水含盐量大小对传递电流及旁路作用有较大影响，一般其含盐量应在 1000~2000mg/L 之间。

极水水箱容积可用以下经验公式求得：

$$V_j = 210^{-4} c_y Q_j \tag{5-58}$$

式中，V_j 为极水水箱容积，m^3；Q_j 为系统所需极水量，即各台电渗析极水量之和，m^3/h。计算值如果太小，可适当放大，以免循环不起来。

5.2.8 离子交换树脂填充式电渗析

EDI（electrodeionization）是一种将电渗析和离子交换相结合的除盐新工艺，国内也称为填充式电渗析。该技术取电渗析和离子交换两者之长，既利用离子交换能深度脱盐的特点，克服电渗析浓差极化脱盐不彻底的现象，又利用电渗析极化使水解离产生 H^+ 和 OH^- 的特性，克服交换树脂失效后需再生的缺陷，完美地达到了优势互补、相得益彰的功效。该技术把总固体溶解量（TDS）为 1~20mg/L 的水源制成 8~17MΩ 的纯净水。使其在电子、电力、化工等行业得到推广应用，有可能取代原来的电渗析、反渗透、离子交换工艺或它们的组合工艺，成为制备高纯水的主流技术。三种水处理工艺的比较见表 5-10。

表 5-10 三种水处理工艺的比较

工艺	产水水质		电功率 /(kW·h/m³)	水利用率 /%	膜或树脂 寿命/年	运行方式	树脂再生	酸碱排放
	电阻率 /MΩ·cm	内毒素						
反渗透-EDI	15~18	阴性	3.0	>55	>3	连续、简便	无	无
电渗析-离子交换	15~18	阳性	3.0	>55	>3	间歇、麻烦	较频繁	较严重
离子交换	15~18	阳性	2.4	约80	>2	间歇、麻烦	频繁	严重

EDI 的特点明显,具有:

① 离子交换树脂用量少,约相当于普通离子交换树脂柱用量的 5%,省略了离子交换混床和再生装置;

② 离子交换树脂不需酸、碱化学再生,劳动强度降低,环保效益明显;

③ 工艺过程易实现自动控制,产水水质稳定;

④ 产水水质高,电阻率为 15~18MΩ·cm,内毒素含量可小于 0.1EU/mL,达到国家电子级水 I 级标准,满足中国和美国药典对药用水的要求;

⑤ 有脱除二氧化碳、硅、硼、氨等弱解离物质的能力;

⑥ 装置占地空间小,操作安全性高、运行费用低。

填充式电渗析内膜与混合离子交换树脂的组合结构如图 5-21 所示,将离子交换树脂填充到电渗析器内的淡水室中。淡水室内填充的阴、阳树脂体积比大约为 2:1。有的装置填充离子导电纤维或离子导电网,以改善渗析室的水力学条件。阳离子导电网置于阳膜面,阴离子导电网置于阴膜面。该系统与电渗析-离子交换系统相比,淡水室内的阴、阳树脂不需要再生。

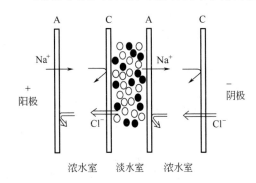

图 5-21 填充式电渗析内膜与混合离子交换树脂的组合结构
● 阳离子交换树脂;○ 阴离子交换树脂

在直流电场的作用下,过程中水中的离子、离子膜及离子交换树脂之间发生交互作用:阴、阳离子交换树脂对水中离子的吸附交换作用,离子交换膜与溶液界面处发生的极化使水解离作用,水解离所产生的 H^+ 和 OH^- 实现离子交换树脂的再生作用。此三个交互作用可使阴、阳树脂所吸附的阴、阳离子,被电渗析极化过程产生的 OH^- 与 H^+ 取代,实现树脂的离子交换和吸附,强化了深度脱盐作用,达到连续不断地脱除水溶液中的离子生产纯水或高纯水。

一般情况下,EDI 用于产水水质较高的场合,其对进水也有较高的要求。若以自来水为进水时,大多采用反渗透来预处理,并同时兼有预脱盐作用,当多价离子存在时会影响 EDI 内离子的再生效率。美国 Ionpure Technologies 公司提出的 EDI 进水水质要求如表 5-11 所示。

表 5-11 EDI 进水水质要求

温度/℃	铁、镁、硫化物/(mg/L)	游离氯/(mg/L)	TOC/(mg/L)	硬度/(mg/L)	pH 值
10~35	<0.01	<0.1	<0.5	<1.0	4~6

目前商品化的 EDI 系统装置可直接生产 5~16MΩ·cm 的高纯水,耗电大约 0.3kW·h/m³。膜堆有微型、小型、大型三种规格,微型膜堆适用于组装 0.1m³/h 以下的装置,小型膜堆适用于 0.2~1m³/h 设备,大型膜堆适用于 2m³/h 以上设备。

EDI过程中，离子首先扩散到离子交换树脂上，然后在电场作用下穿过树脂到达膜面；在离子交换树脂之间和交换树脂与膜之间相互接触的地方，如果电流超过了迁移溶解离子所需的能量，水就会电离成氢离子和氢氧根离子。在适当强电流的作用下，离子交换树脂不断地被酸或碱再生。则解离的 OH^- 和 H^+ 会与溶液中的离子一起进入浓缩室中。

在EDI装置的设计和运行过程中应注意的几个关键因素：

① 合理配置阴、阳导电材料交换容量。导电材料总的阴、阳离子交换容量不同，会导致沿水流流程交换容量的变化，使操作过程不稳定，降低电流效率。

② 选用选择透过性高、浓差扩散系数低的离子交换膜。浓水室电解质的微小扩散，都会明显影响纯水的水质。

③ 装置的密封性要好。严格树脂填充过程，使树脂与膜贴紧，以减少离子迁移不通过树脂的短路现象。

④ 严防浓水和淡水在膜堆中互漏。

5.3 双极膜水解离

双极膜是具有两种相反电荷的离子交换层紧密相邻或结合而成的新型离子交换膜。在直流电场作用下，通过双极膜可将水离解，在膜两侧分别得到氢离子和氢氧根离子。双极膜电渗析过程的特点是过程简单、效率高、废物排放少。双极膜水解离过程中无氧化和还原反应，不会放出 O_2、H_2 等副产物气体；整个装置仅需一对电极，对电极也不存在腐蚀现象。体积小、器件紧凑。为某些酸、碱的提取或制备，实现物质资源回收提供了清洁、高效、节能的新方法，已成为电渗析工业中新的增长点。

双极膜电渗析一般由两张双极膜和一张阴膜组成的两室（酸室和碱盐混合室）结构，适于从强酸弱碱盐生产纯酸和碱盐混合液，而且碱的离解常数越小、盐的浓度越高越好（在竞争扩散时，对盐的负离子越有利）。当碱的浓度低于 0.2mol/L 时，碱离子对盐的负离子的竞争扩散降低，因此，该双极电渗析也可用于强碱盐。为获得更高的电流效率，增加一张阴膜，可组成三室结构形式，使混合液循环，达到酸、碱、盐废液的净化和回收。

日本德山曹达、美国的 WSI Ionic 等公司相继开发出性能优良的商品化双极膜，膜的水解离电压在 1.1~1.7V 间（电流密度在 100~150mA/cm² 时），水解离效率达 95%~98%。

5.3.1 双极膜的特性

双极膜通常由阳离子交换层、阴离子交换层、中间界面层三层复合而成（图5-22）。双

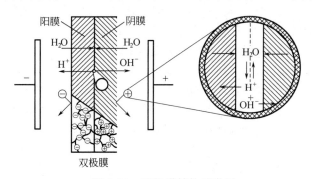

图 5-22 双极膜结构示意图

极膜中的阴、阳离子交换层,既要能高效地把中间层的 H^+、OH^- 迁移到膜外溶液中,又能及时将溶液中的水分传递到中间界面层。中间界面层材料有许多种,目前所采用的中间层材料包括磺化 PEK、过渡金属和重金属化合物,以及聚乙烯基吡啶、聚丙烯酸、磷酸锆、季铵类化合物等,这些材料可单独或同时按不同比例混合使用。

双极膜其总厚度约 0.1~0.2mm,中间界面层厚度一般为几纳米;膜面电阻小于 $5\Omega \cdot cm^2$,其界面电阻与界面层厚度及其水的离解速率有关。能耐 $100 \sim 1000 mA/cm^2$ 的电流密度,在离子膜表面能将水直接解离成 H^+ 和 OH^-,膜对 H^+ 和 OH^- 的渗透选择性很高,而对同名离子渗透选择性则很低。耐热、耐污染、耐降解和长寿命等。

另外,与双极膜配套使用的阴离子交换膜和/或阳离子交换膜是均相膜,也要求低电阻,能耐高电流密度,对单价阳离子有优先选择透过性等基本性能。

5.3.2 双极膜水解离理论电位和能耗

通常认为,对由磺酸型阳离子膜和铵盐型阴离子膜制得的双极膜,其水的解离机理是基于膜上荷电基团的可逆质子传递反应

$$AN\text{—}NR_2 + H_2O \underset{k_{-1}}{\overset{k_1}{\rightleftharpoons}} AN\text{—}NR_2H^+ + OH^- \tag{5-59}$$

$$AN\text{—}NR_2H^+ + H_2O \underset{k_{-2}}{\overset{k_2}{\rightleftharpoons}} AN\text{—}NR_2 + H_3O^+ \tag{5-60}$$

$$CA\text{—}SO_3^- + H_2O \underset{k_{-3}}{\overset{k_3}{\rightleftharpoons}} CA\text{—}SO_3H + OH^- \tag{5-61}$$

$$CA\text{—}SO_3H + H_2O \underset{k_{-4}}{\overset{k_4}{\rightleftharpoons}} CA\text{—}SO_3^- + H_3O^+ \tag{5-62}$$

对普通水的电解离反应,当电极通电时,反应过程会有 H_2 和 O_2 产生,此时在阴极和阳极上的电解反应及理论电位分别为

$$H_2O \longrightarrow \frac{1}{2}O_2 + 2H^+ + 2e \quad \text{理论电位:1.229V} \tag{5-63}$$

$$2H_2O + 2e \longrightarrow H_2\uparrow + 2OH^- \quad \text{理论电位:0.828V} \tag{5-64}$$

则总的电解反应和总电位为

$$3H_2O \longrightarrow \frac{1}{2}O_2 + H_2 + 2H^+ + 2OH^- \quad \text{总电位:2.057V} \tag{5-65}$$

而对双极膜水解离时的反应方程式 $2H_2O \longrightarrow 2H^+ + 2OH^-$,为以下两反应方程之和

$$H_2 \longrightarrow 2H^+ + 2e \quad \text{理论电位:0V} \tag{5-66}$$

$$2H_2O + 2e \longrightarrow H_2\uparrow + 2OH^- \quad \text{理论电位:0.828V} \tag{5-67}$$

已知当有 O_2 和 H_2 放出时,水电解的理论电压为 2.057V,其中 1.229V 电压消耗在 O_2 和 H_2 的产生上,则水解离反应的理论电位为 0.828V。

假定在双极膜中间的界面层存在如下的水离解平衡

$$2H_2O \rightleftharpoons H_3O^+ + OH^- \tag{5-68}$$

则双极膜的理论电位由水解离过程中的自由能的变化来求得。双极膜的过渡层(界面)中 H^+ 和 OH^- 的活度($a_{H^+}^i$、$a_{OH^-}^i$)为 10^{-7} mol/L(25℃),而膜外界相应离子活度为 $a_{H^+}^0$、$a_{OH^-}^0$,则对生成 1mol 的理想溶液,H^+、OH^- 从界面层迁到外表面的自由能变化为

$$-\Delta G = -nFE = -RT\ln\frac{a_{H^+}^i a_{OH^-}^i}{a_{H^+}^0 a_{OH^-}^0} = -RT\ln K_W = -F\Delta U = 2.3RT\Delta pH \tag{5-69}$$

式中，K_W 为水离解常数；ΔpH 为两侧溶液 pH 值差。由于活度系数等于 1，则在 25℃、$\Delta pH=14$ 时，$\Delta U=0.828V$。

按双极膜水解离的理论电位（0.828V，25℃）计算，则生产 1t NaOH 的理论能耗为 560kW·h。实际的双极膜水电渗离解的电压在 1.0V 左右，也即生产 1t NaOH 的实际能耗在 1000~2000kW·h 之间。而若采用电解法则需 2.1V，为 2200~3000kW·h。

5.3.3 双极膜电渗析的水解离原理

双极膜电渗析系统由双极性膜与其他阴、阳离子交换膜组合而成。根据处理对象的不同，可组装成三隔室和二隔室两种。双极膜电渗析利用水直接离解产生 H^+ 和 OH^-，将水溶液中的盐转化生成相应的酸和碱，或将废酸、废碱回收利用等，其过程如图 5-23 和图 5-24 所示。

用于氯化钠分解制备氢氧化钠和盐酸的双极膜电渗析装置如图 5-23 所示，在正负极之间有双极膜、阴离子交换膜、阳离子交换膜和双极膜组成三隔室构成双极膜电渗析器。在电场作用下，氯化钠溶液流过阴、阳离子交换膜的内侧，钠离子透过阳离子交换膜，进入碱室与从双极膜中水解离的 OH^- 形成氢氧化钠溶液；而氯离子则透过阴离子交换膜，进入酸室与从双极膜中水解离出来的 H^+ 结合形成盐酸溶液。氯化钠的稀溶液经浓缩后可循环再利用。

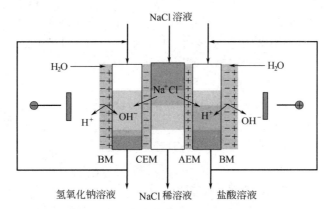

图 5-23 双极膜电渗析过程示意图
BM—双极膜；CEM—阳离子交换膜；AEM—阴离子交换膜

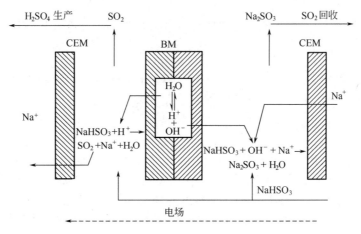

图 5-24 双极膜电渗析脱硫机理

图 5-24 中所使用的是二隔室水解离膜组件，为两张阳离子交换膜和一张双极膜构成的两室结构电解离系统，循环系统利用 $Na_2SO_3+SO_2+H_2O \rightleftharpoons 2NaHSO_3$ 反应，使 SO_2 吸收和解吸。在电解离槽中，双极膜在碱室产生的 OH^-，发生 $2NaHSO_3+2OH^- \longrightarrow Na_2SO_3+SO_3^{2-}+2H_2O$ 反应，而在酸室产生的 H^+ 发生 $2H^++SO_3^{2-} \longrightarrow SO_2+H_2O$ 的反应。在系统中有部分 SO_3^{2-} 被氧化为 SO_4^{2-}。整个过程可实现零排放，不仅治理了环境污染，还可回收 SO_2 生产硫酸。

5.3.4 双极膜过程设计参数

双极膜过程主要的影响因素和有关参数如下：

(1) 进料的种类、浓度及变化 到目前为止，进料多为碱金属和铵的无机或有机盐类，为保证具有较高电导率，其浓度一般在 0.01~0.1mol/L 之间，而对一些易引起膜污染和结垢的金属离子和高分子量的有机物等，如 Ca^{2+}、Mg^{2+}、Fe^{3+} 等，要求其浓度低于 2×10^{-6}。另外进料料液需经 $5\mu m$ 孔径的微滤过滤，使之成为无悬浮物的澄清液。

(2) 进料流速 进料流速取决于双极膜组件隔板的间隙、构型和压差，以及电压与操作电流密度等条件，一般取 5~10cm/s，以保证迁移过膜界面的各种离子，如 M^+、OH^-、X^- 和 H^+ 等能迅速进入本体中。

除流速外，还应在隔板开孔和构型等方面综合考虑，水解离过程中的布液和配液均匀。

(3) 电压、电流密度及其变化 膜堆电压大小与电流密度有关。在低电压下，膜堆电流密度很小，当达到一定范围的电流密度时，电压有一突陡的上升，之后变得平坦。三隔室膜堆电压一般在 1.5~2.5V 之间，电流密度取 50~500mA/cm^2。

(4) 过程能耗 过程能耗计算式如下：

$$E_c=I_d(\sum R_m+\sum R_s)+E_0=I_dR_t+E_0 \tag{5-70}$$

式中，I_d 为电流密度，mA/cm^2；E_c 为膜堆电位，V；R_m 和 R_s 分别为膜和溶液的面电阻，$\Omega \cdot cm^2$；E_0 为初始电位，V；R_t 为总面电阻，$\Omega \cdot cm^2$。

$$P=AI_dE_c/100=A(I_d^2R_t+I_dE_0)/100 \tag{5-71}$$

式中，P 为能耗，kW；A 为有效膜面积，m^2。

(5) 过程放热 由于电阻等存在，不离解水的能则转化为热能。

$$Q=0.860I_dA(E_c-E_0) \tag{5-72}$$

式中，Q 为热能，kcal/h。

(6) 所需膜面积 由于膜的价格很高，它与总投资关系很大，也与操作费用紧密相连。

$$A=\frac{JF}{10\eta I_d} \tag{5-73}$$

式中，J 为过程产率，mol/s；η 为电流效率。由上式可见，若 η 不变，产品产率不变，I_d 加倍，则所用膜面积可减半，但电耗要增加近 1 倍。

5.3.5 双极膜水解离应用

双极膜在直流电场作用下能够将水解离成 H^+ 与 OH^- 两种离子，可作为 H^+ 与 OH^- 的供应源。双极膜单独使用可实现电解反应，用于电解过程；与阳离子交换膜和阴离子交换膜组合使用可实现离子交换，可将盐转化成相应的酸与碱，可从氨基酸盐制备氨基酸。因此，在十余年来，该技术在有机酸新工艺开发与生产、酸性气体去除与回收利用、酸碱废液资源化利用、盐转化制碱等方面取得了重大进展，有些已经实现工业化应用。

【例 5-3】 某工厂每天需处理 $30m^3$ 的氨基酸溶液,其中含盐量为 1%,拟采用 60 室的电渗析装置,在等电点下脱盐,若操作电流为 100A,电流效率为 90%,试问需经多长时间可将含盐量降低至 0.1%?

解 已知氨基酸的含盐量为 1%,将其转化为浓度 $c_1=170.9 mol/m^3$。

同样考虑到溶液较稀,所以将其密度近似地等于水的密度 $1000 kg/m^3$。

利用公式 $\eta = q_v(c_1-c_2)F/(nI)$ 进行计算:

$$q_v = \frac{\eta n I}{(c_1-c_2)F} = \frac{60 \times 100 \times 0.9}{(1-0.1\%/1\%) \times 170.9 \times 96500} = 3.64 \times 10^{-4} (m^3/s)$$

所需脱盐时间 $t = 30/(3.64 \times 10^{-4} \times 3600) = 22.9$ (h)

特别值得指出的是盐碱转化技术,如采用双极膜水解离装置将水分解成 H^+ 和 OH^-,然后分别选择性透过单极阳、阴离子交换膜,进入双极膜两边的碱室和酸室内;同时,硫酸钠水溶液中的钠离子和硫酸根离子分别透过单极阳、阴离子交换膜,分别与来自单极膜的 OH^- 和 H^+ 反应生成 $NaOH$、H_2SO_4。该技术可直接生产无氯气产生的氢氧化钠,其理论分解电位低于普通电解法,仅为 1.4V。若能提高氢氧化钠产物的浓度和电流效率,则该技术有可能颠覆现行的膜电解制碱工业过程。

5.4 离子膜电解

5.4.1 膜电解基本原理

离子膜电解是 20 世纪 70 年代发展起来的新技术,与传统的水银法和隔膜法相比,采用离子膜电解法,具有总能耗低、无污染、产品纯度高、操作运转方便、投资比隔膜法省等优点。因此是近十年来被公认为是氯碱工业老厂技术改造和新建电解装置的发展方向。

离子膜电解就是利用阳离子交换膜将电解槽的阳极和阴极隔离开,进行食盐水溶液电解制造氯气和烧碱,或其它无机盐电解还原等的一种膜技术。在膜两侧的电位差存在下,盐水流的 Cl^- 在阳极上发生反应生成氯气,钠离子则伴随少量的水透过离子膜进入阴极室,淡盐水通过精制回收。纯水流侧的水在阴极上电解产生氢气和 OH^-,OH^- 与透过膜的 Na^+ 在阴极液中生成 $NaOH$ 离开阴极室,最后可获得 30%~35%液碱。

5.4.2 离子电解膜

20 多年来,我国在离子电解膜的研制方面也曾有较大的投入,取得了一定的进步,但与先进国家相比无论在膜的制备基础研究还是工业膜过程开发方面均有较大差距。离子电解膜主要用于氯碱工业中制备氢氧化钠。目前主要采用全氟磺酸膜、全氟羧酸膜以及全氟磺酸全氟羧酸复合膜三大类,三类不同交换基团的特性比较如表 5-12 所示。

表 5-12 不同交换基团的离子电解膜的特性比较

膜性能	离子交换基团		
	R_f-SO_3H	R_f-COOH	R_f-COOH/R_f-SO_3H
交换基的酸度(pK_a)	<1	<2~3	<2~3
亲水性	大	小	小/大
含水率	高	低	低/高
电流效率/%	75~80	96	96

续表

膜性能	离子交换基团		
	$R_f—SO_3H$	$R_f—COOH$	$R_f—COOH/R_f—SO_3H$
电阻	小	大	小
化学稳定性	很好	好	好
操作条件(pH 值)	>1	>3	>2
阳极液 pH 值	>1	>3	>2
用盐酸中和 OH^-	可用	不能用	可用
$(O_2/Cl_2)/\%$	<0.5	1.5~2.0	<0.5
阳极寿命	长	较长	长
电流密度	大	较大	大

全氟膜与一般电渗析膜的主要差异在于膜的含水率,全氟离子电解膜的含水率较低。图 5-25 为全氟膜与一般碳氢膜含水率的比较,图中 A_W 为膜内固定离子浓度,其与膜的含水率[g(H_2O)/g(干膜)]、离子交换容量[mmol/g(干膜)]有如下关系为:

$$A_W = \frac{离子交换容量(IEC)}{含水率(W)} \tag{5-74}$$

图 5-26 所示的为全氟羧酸膜与全氟磺酸膜含水率的比较,可知全氟羧酸膜的含水率要远低于全氟磺酸膜,则磺酸膜的导电性要高于羧酸膜。目前常将全氟羧酸与全氟磺酸复合制备复合膜,所制得的复合膜既具有较高的导电性,又可利用羧酸膜对 OH^- 的优异排斥性能。

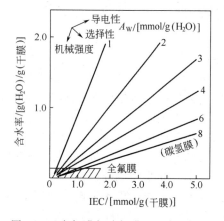

图 5-25 全氟膜与碳氢膜含水率的比较
(1、2、3、4、6、8 均为不同含水率的碳氢膜)

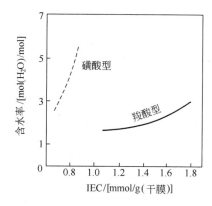

图 5-26 不同全氟膜的交换容量与膜含水率的关系

对于同种膜材料,其含水率也受聚合物分子量大小的影响,如图 5-27,聚合物分子量增加两个数量级,则膜含水率几乎下降 1/3;但对于分子量在 20 万以上的全氟聚合物膜,由于其分子间力较小,易形成疏水结构,可阻止水分子进入聚合物中,因而膜的含水率趋于稳定值。

外液碱浓度对膜含水率的影响十分明显,如图 5-28 所示,在 90℃温度下,当浸泡离子膜的碱液浓度从 10% 增加到 40% 时,两种离子膜的含水率下降大于 2/3。

目前国内所采用的电解膜主要有:DuPont 公司的 Nafion 膜、日本旭硝子公司的 Flemion 膜,以及日本旭化成公司的 Aciplex 膜等几大类。

DuPont 公司生产的 Nafion 400 系列的膜可用于生产碱浓度<15% 的场合,90 系列为磺酸/羧酸增强复合膜,具有高电流效率、低电压、碱浓度高,并耐久性好等特点。

旭硝子公司的 Flemion 700 系列为高低交换容量的全氟羧酸阳离子交换复合膜,800 系

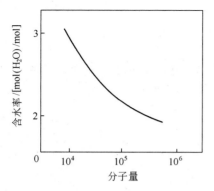

图 5-27 聚合物分子量对膜含水率的影响

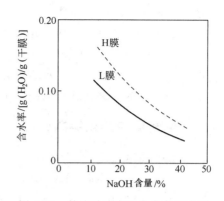

图 5-28 外液碱浓度对含水率的影响
交换容量：H 膜—1.23mmol/g；L 膜—1.43mmol/g

列膜为全氟羧酸和全氟磺酸复合膜。

旭化成公司的 Aciplex-F 系列膜从较早期的 F-2200，用于生产 21%～24% 的 NaOH，F-4000 可生产 30%～40% 的 NaOH，而 F-5000、F-6000Z 则可用于生产浓度为 40%～50% 的 NaOH。其电流效率，第 1～2 年内为 95% 以上，第 3 年为 94.5% 以上，耗电量约为 2100kW·h/t(NaOH)。

另外还有日本德山曹达研制出的 Tosflex 全氟阴离子膜，其商品名为 AEM，有单层（monolayer）膜、高交换容量和低交换容量层叠合的复合（bilayer）膜、阴离子交换层与阳离子交换层组合的双极（bipolar）膜。

5.4.3 膜电解槽中的电化学反应及物料平衡

膜电解食盐制氯气和烧碱的电化学反应及离子迁移过程原理如图 5-29 所示，在电解槽中发生如下反应。

（1）阳极上发生的反应
$$2Cl^- - 2e \longrightarrow Cl_2 \tag{5-75}$$
$$2OH^- - 2e \longrightarrow \frac{1}{2}O_2 + H_2O \tag{5-76}$$

（2）阴极上发生的反应
$$2H_2O + 2e \longrightarrow H_2 + 2OH^- \tag{5-77}$$
$$\frac{1}{2}O_2 + H_2O + 2e \longrightarrow 2OH^- \tag{5-78}$$

（3）在阳极室内溶液中的反应 溶解氯会与从阴极室反渗过来的烧碱反应
$$Cl_2 + NaOH \longrightarrow HClO + NaCl \tag{5-79}$$

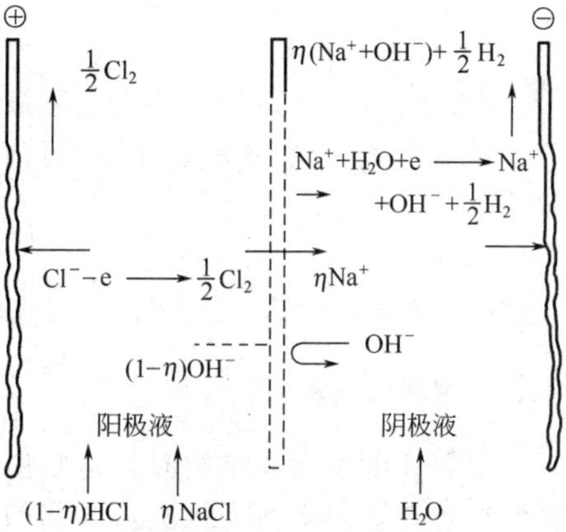

图 5-29 膜电解食盐制氯气和烧碱

$$Cl_2 + 2NaOH \longrightarrow \frac{1}{3}NaClO_3 + \frac{5}{3}NaCl + H_2O \tag{5-80}$$

$$Cl_2 + 2NaOH \longrightarrow \frac{1}{2}O_2 + 2NaCl + H_2O \tag{5-81}$$

$$HClO + NaOH \longrightarrow \frac{1}{2}O_2 + NaCl + H_2O \tag{5-82}$$

（4）阴极室内溶液中的反应 由于阳极液中次氯酸钠、氯酸钠迁入阴极室，与阴极上

产生的氢原子作用还原成氯化钠

$$NaClO+2H^+ \longrightarrow NaCl+H_2O$$
$$NaClO_3+6H^+ \longrightarrow NaCl+3H_2O \tag{5-83}$$

根据以上反应可知，为了提高阴极效率，则需在过程中抑制水氧化而析出氧的反应的进行，以及降低阴极室反渗烧碱与阳极室中溶解氯反应而消耗氯气。

5.4.4 膜电解槽中的物料衡算

（1）电解槽中的钠离子平衡

$$V'_A c'_{NaCl} + V'_A c'_{NaClO_3} = V''_C c''_{NaOH} + V''_A c''_{NaCl} + V''_A c''_{NaClO_3}$$
$$\chi V'_A c'_{NaCl} = V''_C c''_{NaOH} \tag{5-84}$$

式中，V'_A、V''_A、V''_C 分别为流入、流出的盐水流量和流出的阴极液流量；c'、c'' 分别为流入、流出液中物质的浓度；χ 为盐水分解率。

（2）电解槽中氯离子平衡

$$V'_A(c'_{NaCl}+c'_{HCl}+c'_{NaClO})=2J_{Cl_2}+V''_A(c''_{NaCl}+2c''_{Cl_2}+c''_{HClO}+c''_{NaClO_3}) \tag{5-85}$$

式中，J_{Cl_2} 为阳极室流出氯的摩尔流量。

（3）阳极室中氢氧根离子的平衡

$$J_{NaOH}=V'_A c'_{HCl}+4J_{O_2}+V''_A c''_{HClO}+6(V''_A c''_{NaClO}-V'_A c'_{NaClO_3})+4J''_{O_2} \tag{5-86}$$

式中，J_{NaOH}、J_{O_2}、J''_{O_2} 分别为向阳极室反渗烧碱、阳极室流出氧以及向阳极室反渗氧的摩尔流率。

（4）阳极室内氯气的平衡

$$J'_{Cl_2}=J_{Cl_2}+V''_A(c''_{Cl_2}+c''_{HClO}+3c''_{NaClO_3})-3V'_A c'_{NaClO_3}+2J''_{O_2} \tag{5-87}$$

式中，J'_{Cl_2} 为阳极上析出氯的摩尔流率。

（5）氧气的平衡

$$J_{O_2}=J''_{O_2}+J'_{O_2} \tag{5-88}$$

式中，J_{O_2}、J'_{O_2}、J''_{O_2} 分别为阳极室流出、阳极上析出、向阳极室反渗氧的摩尔流率。

（6）阴极室内氢氧根的平衡

$$J_{NaOH}+J''_{NaOH}=\frac{I}{F} \tag{5-89}$$

式中，J_{NaOH}、J''_{NaOH} 分别为向阳极室反渗及流出阴极室的烧碱的摩尔流率。

5.4.5 电解定律

当电解质溶液通入电流时，电解质就会分解，在电极附近析出电解产物。电解过程中生成物质的量与通过电解质的电量之间的关系可用法拉第定律表示。

$$m=\frac{M_B Q}{nF}=\frac{M_B Itk}{nF} \tag{5-90}$$

式中，m 为电极上析出物质的质量；M_B 为物质的摩尔质量；Q 为电量；n 为电极反应时一个原子得失电子数；k 为电解槽个数。

由上式可知，在电解过程中，电极上所产生物质的量与电流强度及通电时间成正比；当相同的电量通过不同的电解质溶液时，电极上生成物质的量与该物质的摩尔质量 M_B 成正比，与参加反应的电子数 n 成反比。由此可知，通过的电量越多，电解生成的产物就越多，也即提高电流强度或延长通电时间能增加电解产物量。

5.4.6 膜电解槽阳极电流效率

按日本旭硝子公司使用的公式，可求出离子膜电解槽阳极电流效率

$$\eta_{阳} = [1-(\eta_{O_2} + \eta_{ClO^-} \ \eta_{ClO_3^-} \ \eta_{NaHCO_3})] \times 100\% \tag{5-91}$$

式中，η_{O_2} 为副反应生成氧的电流效率损失；η_{ClO^-} 为副反应生成 ClO^- 的电流效率损失；$\eta_{ClO_3^-}$ 为副反应生成 ClO_3^- 的电流效率损失；η_{NaHCO_3} 为供给盐水中的 $NaHCO_3$ 降低电流效率损失。

其中，

$$\eta_{O_2} = \frac{2x_{O_2}}{x_{Cl_2} + x_{O_2}} \left(1 - c''_{ClO^-} + 3c''_{ClO_3^-} \times \frac{2FV}{I}\right) \tag{5-92}$$

$$\eta_{ClO^-} = c''_{ClO^-} \times \frac{FV}{I} \tag{5-93}$$

$$\eta_{ClO_3^-} = c_{ClO_3^-} \times \frac{6FV}{I} = \frac{c''_{ClO_3^-}V'' - c'_{ClO_3^-}V'}{V} \times \frac{6FV}{I} \tag{5-94}$$

$$\eta_{NaHCO_3} = \frac{m_{NaHCO_3}}{84} \times \frac{F}{I} \tag{5-95}$$

式中，x_{Cl_2}、x_{O_2} 分别为阳极气体中的 Cl_2、O_2 的摩尔分数；c''_{ClO^-}、$c''_{ClO_3^-}$ 分别为电解槽出口淡水中 ClO^-、ClO_3^- 的浓度；$c_{ClO_3^-}$ 为在淡盐水出口中由副反应产生的 ClO_3^- 浓度；$c'_{ClO_3^-}$ 为进口盐水中 ClO_3^- 浓度；m_{NaHCO_3} 为供给盐水中 $NaHCO_3$ 的质量；V''、V' 分别为出口盐水和进口盐水流量。

5.4.7 膜电解的槽电压

膜电解的槽电压是直接影响电流效率的一个重要参数。槽电压通常由以下几项组成

$$V = V_0 + V_m + \eta_{阳} + \eta_{阴} + IR_{液} + IR_{金} \tag{5-96}$$

式中，V、V_0、V_m 分别为槽电压、理论电解电压、离子膜电压降；$\eta_{阳}$、$\eta_{阴}$ 分别为阳极和阴极过电压；$IR_{液}$、$IR_{金}$ 分别为溶液和金属导体中欧姆电压降。

影响槽电压的因素有膜的结构、两极间距、盐水杂质含量、阴极液循环量、烧碱浓度、电流密度以及操作温度等。据有关文献报道，当电极间距为 0.5~2mm 时，理论分解电压及膜电压降两项之和占槽电压的 90% 左右。

理论分解电压指的是电解质开始分解时所必需的最低电压。若电解质的浓度、温度一定，则离子放电所需的理论分解电压在数值上等于阳极电位与阴极电位之差，也即可用 Nernst 方程求得的电极电位来计算。另外，也可以用 Helmholtz 方程式计算

$$V_0 = \frac{Q}{nF} + T\frac{dE}{dT} \tag{5-97}$$

式中，Q 为反应热效应；$\frac{dE}{dT}$ 为温度系数，根据相关资料为 0.0004V/K，放热反应时为正值，吸热反应时应为负值。

离子膜电压降是由膜本身具有一定的电阻引起的。膜电压与制备膜的聚合物种类、膜的厚度和运转条件有关。如美国 DuPont 公司的 Nafion 膜电阻率为 2.4~2.8Ω·cm，而日本旭硝子公司 Flemion 膜的电压降在 0.31~0.38V 范围内。

【例 5-4】 在日本氯工程公司（CEC）的电解槽中，当通以 109kA 电流时，氯气、碱以及氢气的产率分别为 1.923×10^3 mol/h、3.904×10^3 mol/h 和 2.0334×10^3 mol/h，请计算三种产物的电流效率，以及碱、氯电流效率比。若已知膜电解过程中 NaCl 的分解和 NaOH 的生成按 $NaCl+H_2O\longrightarrow \frac{1}{2}H_2+\frac{1}{2}Cl_2+NaOH$ 反应进行，反应式的自由能变为 211.316kJ/mol，求理论分解电压。

解 已知各产物的产率，则它们的电流效率可用阳极氧化生成物表示，也可用阴极还原生成物来表示，故分别为：

$$\eta_{Cl_2}=\frac{J_{Cl_2}}{\dfrac{I}{2F}}\times100\%=\frac{1.923\times10^3\times(2\times26.8)}{109\times10^3}\times100\%=94.6\%$$

$$\eta_{H_2}=\frac{J''_{NaOH}}{\dfrac{I}{F}}\times100\%=\frac{3.904\times10^3\times26.8}{109\times10^3}\times100\%=96.0\%$$

$$\eta_{OH^-}=\frac{J_{H_2}}{\dfrac{I}{2F}}\times100\%=\frac{2.0334\times10^3\times(2\times26.8)}{109\times10^3}\times100\%=99.99\%$$

则碱、氯电流效率比为

$$G=\frac{\eta_{OH^-}}{\eta_{Cl_2}}=\frac{0.96}{0.946}=1.015$$

已知反应的热效应，则 NaCl 的理论分解电压为

$$V_0=\frac{Q}{nF}=\frac{211.316}{1\times96.5}=2.19\ (V)$$

表 5-13 为用镍电极制成的三种不同形式的阳极，先后安装在同一电解槽内，电解料液为钨酸钠溶液。从表可知，网状阳极由于其开孔率大，有利于电解液的扩散和电极与膜之间的气泡排出，能减少电解过程中的气泡效应的影响，降低了槽电压，提高了电效，因此，选用网式阳极较为合适。

表 5-13 阳极形式对电解的影响

电流密度 /(A/m^2)	电极形状	平均电压 /V	电解效率 /%	NaOH 单位能耗 /(kW·h/t)	阳极腐蚀情况
1000	网状式	2.20	90.60	1640	无腐蚀
	冲孔式	2.22	85.78	1730	无腐蚀
	百叶窗式	2.41	84.84	1940	无腐蚀
1200	网状式	2.30	91.91	1670	无腐蚀
	冲孔式	2.33	86.75	1801	无腐蚀
	百叶窗式	2.53	83.02	2040	点蚀

习 题

5-1 电渗析过程可根据分离目的的不同，分别用于脱盐与浓缩，或同时脱盐和浓缩过程，试问：影响过程的主要参数有哪些？如何合理选择这些参数？

5-2 采用电渗析脱除灌溉用地表水中的盐分，现处理量为 10m^3/h 地表水，使其 NaCl 浓度从 1.2g/L

降至 200mg/L；所用电渗析器长 900mm、宽 470mm，膜间距为 0.75mm，共有 100 个腔室，每室平均电阻为 0.04Ω。假定电流效率为 92%，试计算该操作条件下所需功。

5-3 某乳清溶液含 1%NaCl，处理量为 $20m^3$，利用电渗析脱除 90% 的盐含量。电渗析器有效膜面积为 $400mm \times 900mm$，共 100 个腔室。若操作电流为 100A，电流效率取 0.9，求所需脱盐时间。

5-4 某工厂每天需处理 $30m^3$ 的氨基酸溶液，其中含盐量为 1%，拟采用 60 室的电渗析装置，在等电点下脱盐，若操作电流为 100A，电流效率 90%，试问需经多长时间可将含盐量降低至 0.1%。

5-5 电渗析生产淡水，若将含盐量为 4.6mmol/L 的原水处理成淡水，产量为 $7m^3/h$，要求经电渗析处理后淡水含盐量为 0.95mmol/L。试确定电渗析器组装方式，求出隔板平面尺寸、流程长度、膜对数、工作电压、操作电流及耗电量。

5-6 已知含总可溶性盐为 1.75g/L 的盐水，用电渗析脱盐要求渗析水中总可溶性含盐量降低到 0.2g/L，试设计日产（24h 计）渗析水 $300m^3$ 的电渗析系统。该系统的极限电流密度可用式：$i_{\lim}/\bar{c} = 9.32 \times V^{0.745}$ 计算，取实际电流密度为极限电流密度的 0.9 倍。电流效率 $\eta = 0.85$，膜面线速度为 6cm/s，选用电渗析器的规格为：有效膜长 1600mm、宽 230mm、膜间隔 0.75mm，每台最大组装膜对为 400 对。试求电渗析器每段脱盐比 c_{di}/c_{do}、脱盐段数 n（取整数）、循环量 Q_R，以及每段膜对数 m，并画出部分循环的连续操作示意图，注明各段进出口物料衡算量和浓度。

5-7 采用电渗析工艺进行碳酸氢盐水型原水脱盐，原水盐含量为 1220.97mg/L，其组成如表 5-14 所示，要求产水量为 $12m^3/h$，产品水中盐含量低于 250mg/L。现采用 DSA Ⅱ-1×1/200 型电渗析器，该型号的隔板外形尺寸为 $400mm \times 1600mm$，隔板的有效宽度 W 为 0.34m，厚度 d 为 0.9mm，标准台装膜对数为 200 对；电流效率为 0.95，操作水温为 32℃。试按多级连续式、一级多段连续式工艺进行设计计算。

表 5-14 原水水质组成

组分	Na^+	K^+	Ca^{2+}	Mg^{2+}	Fe^{2+}	NH_4^+	Cl^-	HCO_3^-	CO_3^{2-}
含量/(mg/L)	351.00	5.20	12.14	12.15	0.20	4.00	264.83	550.80	20.65
当量浓度/%	88.59	0.77	3.51	5.80	0.04	1.29	43.47	52.53	4.00

5-8 简述双极膜电渗析及其水解机理，提出与普通电渗析的差异。

5-9 双极膜电渗析器可根据分离体系和要求，采用双极膜、阳离子交换膜、阴离子交换膜组装成三种不同构型方式，试设计用于柠檬酸生产的三种不同构型的双极膜电渗析器，并比较其各自的特色。

参考文献

[1] 佐中孜，等. 透析疗法. 庞宝珍，李林雪，译. 北京：军事医学科学出版社，2000.
[2] Maher J F. Replacement of renal function by dialysis. Third Ed. Holland：Kluwer Academic Publishers，1989.
[3] 日本膜学会. 膜分离过程设计法. 王志魁，译. 北京：科学文献出版社，1988.
[4] 张维润，等. 电渗析工程学. 北京：科学出版社，1995.
[5] 王振棨. 离子交换膜. 北京：化学工业出版社，1986.
[6] 方度，杨维释. 全氟离子交换膜——制法、性能和应用. 北京：化学工业出版社，1993.

第 6 章 特种精馏与蒸馏

对两种或两种以上组分的混合物分离，若其各组分的沸点差小于 5℃ 并形成非理想溶液，如恒沸、近沸组分混合物，其相对挥发度常低于 1.1，此时用普通蒸馏是不经济的，需要采用特种精馏。特种精馏包括萃取精馏、恒沸精馏、加盐精馏、分子蒸馏，还有反应与传递相互促进的反应蒸馏，以膜为界面的膜蒸馏等过程。本章对萃取精馏、恒沸精馏、反应精馏、超重力精馏、分子蒸馏及膜蒸馏作基本介绍。

6.1 混合物组分的相图

6.1.1 三组分相图与蒸馏边界

对三组分体系的蒸馏，可以采用等边或直角三角形图来表示，三个顶点表示各自纯组分浓度。三组分混合物的任一组成均可在三角形图内找到对应位点。

图 6-1 为 1atm 下典型的三元液相组分的三角蒸馏曲线图，组分含量以摩尔分数表示。每一条曲线表示在混合物蒸馏过程中可能的液相组分的平衡轨迹，三组分的沸点和二元或三元恒沸点也包含在图中。图 6-1（a）中没有恒沸点，只有一个蒸馏区，对此三元混合物仅需要两个普通蒸馏塔即可。当三元混合物中较低沸点的二组分间形成一个恒沸点时，如图 6-1（b）所示，三组分混合物也不存在蒸馏边界，这种情况在大的回流比和大的塔板数下，可将三元混合物分离成两个二元体系，在塔顶没有乙醇，而在塔底没有丙酮。图 6-1（c）的情况比较复杂，这种体系的三角相图被蒸馏边界（粗曲线）分成两个区域（区域 1 和区域 2）。连接塔顶和塔底的进料物料平衡线不能穿过蒸馏边界，限制了三元组分的普通蒸馏可能得到

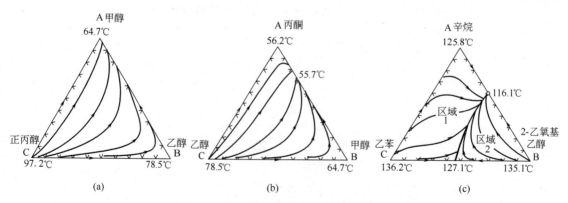

图 6-1 典型的三元液相组分的三角蒸馏曲线图

的产物。例如在区域 2 内的进料组成,采用普通蒸馏不可能在塔底得到具有最高沸点的乙苯,只能在塔顶获得 A-B 恒沸物与塔底 B 和 C 的混合物,或塔顶的三元混合物和塔底的 B 组分。对于在区域 2 内的进料组成,采用普通蒸馏只能在塔顶获得 A-B 恒沸物与塔底 A 和 C 的混合物,或塔顶 A 和 B 的混合物与塔底的 C 组分。

6.1.2 剩余曲线图

简单的间歇蒸馏或微分蒸馏(无塔板、回流)如图 6-2 所示,液体在釜中沸腾,气体逸出后即移走,生成的每一微分量气体与釜中剩余液体呈汽液平衡,液相组成连续变化。

对于三元混合物的蒸馏,假定釜中液体完全混合并处于泡点温度,则任意组分 i 随时间变化的物料衡算为

$$\frac{\mathrm{d}x_i}{\mathrm{d}t} = (y_i - x_i)\frac{\mathrm{d}W}{W\mathrm{d}t} \tag{6-1}$$

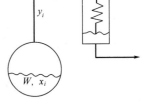

图 6-2 简单蒸馏

式中,x_i 为釜中剩余液体中组分 i 的摩尔分数;y_i 为与 x_i 成平衡的瞬间馏出蒸气中组分 i 的摩尔分数。

由于 W 随时间 t 改变,设无量纲时间 ξ 为与 W 和 t 有关的中间变量,则

$$\frac{\mathrm{d}x_i}{\mathrm{d}\xi} = x_i - y_i \tag{6-2}$$

合并以上两式,可得

$$\frac{\mathrm{d}\xi}{\mathrm{d}t} = -\frac{1}{W}\frac{\mathrm{d}W}{\mathrm{d}t} \tag{6-3}$$

若蒸馏的初始条件为 $t=0$,$x_i = x_{i0}$,则可解得任意时间下的 ξ

$$\xi(t) = \ln\frac{W_0}{W(t)} \tag{6-4}$$

因为 $W(t)$ 随时间单调降低,因此 $\xi(t)$ 随时间单调增加。归纳上述关系,可用一组微分-代数方程式来求解三元物系的简单蒸馏过程

$$\frac{\mathrm{d}x_i}{\mathrm{d}\xi} = x_i - y_i \quad (i=1,2) \tag{6-5}$$

$$\sum_{i=1}^{3} x_i = 1 \tag{6-6}$$

$$y_i = K_i x_i \quad (i=1,2,3) \tag{6-7}$$

泡点温度方程 $\quad \sum_{i=1}^{3} K_i x_i = \sum_{i=1}^{3} K_i(T,p,x,y) x_i = 1 \tag{6-8}$

该系统由 7 个方程组成,其中 p、T、x_1、x_2、x_3、y_1、y_2、y_3 和 ξ 共 9 个变量。如果操作压力恒定,则后面 7 个变量可认为是无量纲时间 ξ 的函数。在给定蒸馏的初始条件下,沿 ξ 增大或减小的方向可计算出液相组成的连续变化。在三角相图上表达简单蒸馏过程中液相组成随时间变化关系的曲线称为剩余曲线。同一条剩余曲线上不同点对应着不同的蒸馏时间,箭头指向时间增加的方向,也是温度升高的方向。对于复杂的三元相图,剩余曲线按簇分布,不同簇的剩余曲线具有不同的起点和终点,构成不同的蒸馏区域(图 6-3、图 6-4)。

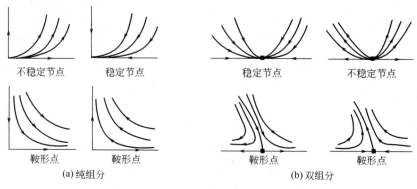

(a) 纯组分　　　　　　　　　　(b) 双组分

图 6-3　纯组分和双组分共沸物的剩余曲线图

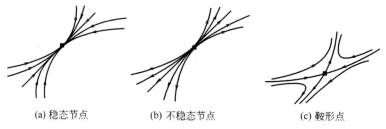

(a) 稳态节点　　　(b) 不稳态节点　　　(c) 鞍形点

图 6-4　三组分共沸物的剩余曲线图

【例 6-1】 已知正丙醇（1）-异丙醇（2）-苯（3）三元物系的三个纯组分的正常沸点分别为 97.3℃、82.3℃ 和 80.1℃。在操作压力为 101.3kPa 下，由此组成的三元物系起始组成（摩尔分数）为：$x_1=0.2000$，$x_2=0.2000$，$x_3=0.6000$。组分 1、3 和组分 2、3 各自形成二元最低共沸物，共沸温度分别为 77.1℃ 和 71.7℃。汽液平衡常数可按式 $K_i=\dfrac{\gamma_i p_i^s}{p}$ 计算。式中，液相活度系数 γ_i 可按正常溶液求出。试计算并绘制正丙醇（1）-异丙醇（2）-苯（3）的剩余曲线图。

解　先采用式（6-7）和式（6-8）进行泡点计算，获得正丙醇（1）-异丙醇（2）-苯（3）三元物系的起始温度为 79.07℃，气相组成为 $y_1=0.1437$，$y_2=0.2154$，$y_3=0.6409$。引入中间变量 ξ 并设定其增量 $\Delta\xi=0.1$，用欧拉法解微分方程式（6-5），分别求得 x_1 和 x_2

$$x_1^{(1)}=x_1^{(0)}+[x_1^{(0)}-y_1^{(0)}]\Delta\xi=0.2000+(0.2000-0.1437)\times 0.1=0.2056$$

$$x_2^{(1)}=x_2^{(0)}+[x_2^{(0)}-y_2^{(0)}]\Delta\xi=0.2000+(0.2000-0.2154)\times 0.1=0.1985$$

式中，上标（0）表示起始值；上标（1）表示增加 $\Delta\xi$ 后的计算值。再用式（6-6）得到 x_3

$$x_3^{(1)}=1-x_1^{(1)}-x_2^{(1)}=1-0.2056-0.1985=0.5959$$

然后由式（6-7）和式（6-8）求解温度 T 值与相应的 y 值。

$$T^{(1)}=79.14℃$$

$$y_1^{(1)}=K_1(T,p,x,y)x_1^{(1)}=0.7169\times 0.2056=0.1474$$

$$y_2^{(1)}=K_2(T,p,x,y)x_2^{(1)}=1.0751\times 0.1985=0.2134$$

$$y_3^{(1)} = 1 - y_1^{(1)} - y_2^{(1)} = 1 - 0.1474 - 0.2134 = 0.6392$$

由计算结果可知，x_1 的变化仅为 2.7%，可以认为取增量 $\Delta \xi = 0.1$ 是合适的。以此类推，增加 $\Delta \xi$ 后重复上述计算。沿 ξ 增加的方向计算至 $\xi = 1.0$，然后再沿 ξ 降低的方向计算至 $\xi = -1.0$。计算结果列于表 6-1 中。

表 6-1 不同增量 ξ 值下三元组分的汽液平衡数据

ξ	x_1	x_2	y_1	y_2	$T/℃$
-1.0	0.1515	0.2173	0.1112	0.2367	78.67
-0.9	0.1557	0.2154	0.1141	0.2344	78.71
-0.8	0.1600	0.2135	0.1171	0.2322	78.75
-0.7	0.1644	0.2117	0.1201	0.2300	78.79
-0.6	0.1690	0.2099	0.1232	0.2278	78.83
-0.5	0.1737	0.2081	0.1264	0.2256	78.87
-0.4	0.1786	0.2064	0.1297	0.2235	78.91
-0.3	0.1837	0.2047	0.1331	0.2214	78.95
-0.2	0.1889	0.2031	0.1365	0.2194	79.00
-0.1	0.1944	0.2015	0.1401	0.2173	79.05
0.0	0.2000	0.2000	0.1437	0.2154	79.07
0.1	0.2056	0.1985	0.1474	0.2134	79.14
0.2	0.2115	0.1970	0.1512	0.2115	79.19
0.3	0.2175	0.1955	0.1552	0.2095	79.24
0.4	0.2237	0.1941	0.1589	0.2076	79.30
0.5	0.2302	0.1928	0.1629	0.2058	79.24
0.6	0.2369	0.1915	0.1671	0.2041	79.41
0.7	0.2439	0.1902	0.1714	0.2023	79.48
0.8	0.2512	0.1890	0.1758	0.2006	79.54
0.9	0.2587	0.1878	0.1804	0.1989	79.61
1.0	0.2665	0.1867	0.1850	0.1973	79.68

按照上述计算方法与数据可画出该三元物系完整的剩余曲线图。如图 6-5 所示，该三元物系的所有剩余曲线都起始于异丙醇-苯的共沸点（71.7℃），箭头方向从较低沸点组分或共沸物指向较高沸点组分或共沸物，其中一条特殊的剩余曲线终止于正丙醇-苯二元共沸点（77.1℃），将三角相图分成两个区域，该线称为蒸馏区域边界线。处于蒸馏边界右上方的所有剩余曲线区域终止于正丙醇顶点，它是该区域内的最高沸点（97.3℃）；处于蒸馏边界左下方的所有剩余曲线都终止于纯苯的顶点，它是第二蒸馏区域的最高沸点（80.1℃）。若原料组成落在右上方区域内，蒸馏过程液相组成趋于正丙醇顶点，蒸馏釜中最后一滴液体是纯正丙醇；位于左下方区域的原料蒸馏结果为纯苯顶点。

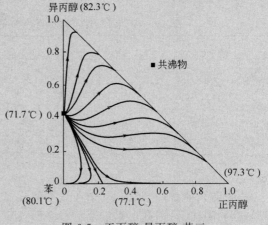

图 6-5 正丙醇-异丙醇-苯三元物系的剩余曲线图

通常，纯组分的顶点、二元或三元混合物的共沸点被称为特殊点，按其附近剩余曲线的形状和趋向不同可分为稳定节点、不稳定节点和鞍形点三类。稳定节点是指所有剩余曲线均汇聚的点；不稳定节点是指剩余曲线的发散点；鞍形点则指其附近的剩余曲线为双曲线形。在同一蒸馏区域中，剩余曲线簇仅有一个稳定节点和一个不稳定节点。

6.1.3 蒸馏曲线图

剩余曲线表示单级间歇蒸馏过程中的剩余液体组成随时间的变化，曲线指向时间增长方向，也即剩余液体从较低沸点状态上升到较高沸点状态。对于在全回流条件下的连续精馏过程，其液体组成在精馏塔内各板上的分布也可用三角相图表示，并称其为精馏曲线。

在精馏塔内各板上的汽液平衡组成分布与操作关系可用逐板计算法计算获得，假定自下而上进行逐板计算，那么液相组成在全回流条件下的操作关系为

$$x_{i,j+1} = y_{i,j} \tag{6-9}$$

而离开同一级板上物料的汽液平衡关系为

$$y_{i,j} = K_{i,j} x_{i,j} \tag{6-10}$$

在给定操作压力条件下，假定起始液相组成为 $x_{i,1}$，则可通过式（6-10）做泡点温度计算，获得第 1 级平衡气相组成 $y_{i,1}$，然后由操作关系 $x_{i,2} = y_{i,1}$ 得 $x_{i,2}$。重复上述步骤可算出一系列汽液平衡与操作关系数据。将所获得液体组成数据依次绘制于三角相图上，可得到一条全回流条件下的精馏曲线。

【例 6-2】 由例 6-1 已知正丙醇（1）-异丙醇（2）-苯（3）三元物系的起始值 $x^{(1)}$ 分别为 0.2000、0.2000 和 0.6000，在 79.07℃下其平衡气相组成 $y^{(1)}$ 分别为 0.1437、0.2154 和 0.6409，由式（6-9）可知 $x^{(2)}$ 分别为 0.1437、0.2154 和 0.6409。在温度为 $T^{(2)} = 78.62℃$ 时，三元物系气相平衡组成 $y^{(2)}$ 分别为 0.1063、0.2360 和 0.6577。重复计算可得表 6-2 中数据。

表 6-2　全回流条件下精馏塔内各平衡级板上的三元物系汽液平衡组成

平衡级	x_1	x_2	y_1	y_2	$T/℃$
1	0.2000	0.2000	0.1437	0.2154	79.07
2	0.1437	0.2154	0.1063	0.2360	78.62
3	0.1063	0.2360	0.0794	0.2597	78.29
4	0.0794	0.2597	0.0592	0.2846	78.02
5	0.0592	0.2846	0.0437	0.3091	77.80

根据剩余曲线的定义，剩余曲线不能穿越蒸馏边界，而精馏曲线（图 6-6）边界与蒸馏边界通常相接近，因此可以推论，在全回流比下操作的精馏塔的组成分布也不能穿越精馏曲线边界。做进一步的近似处理，则可以推论出在一定回流比下操作的精馏塔的组成分布也不能穿越蒸馏边界。

如图 6-7 所示，全回流下的精馏曲线与剩余曲线基本接近，因此精馏曲线具有以下 4 个方面的用途：精馏产物组成分析，开发可行的精馏流程，评价分离方案和确定最适宜的分离流程，为集成过程设计提供理论依据。

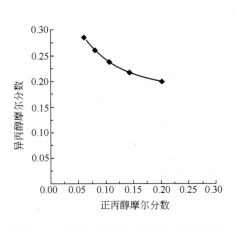

图 6-6 正丙醇-异丙醇-苯三组分体系的蒸馏曲线（◆代表平衡级）

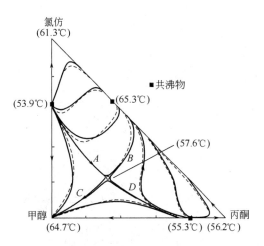

图 6-7 三元物系的精馏曲线与剩余曲线的比较
（虚线为精馏曲线，实线为剩余曲线）

6.1.4 全回流下的产物组成区（蝶形领结区）

剩余曲线图和蒸馏曲线图被用于非理想三元混合物蒸馏初步估算可能生成产物区域，产物区域由添加塔物料平衡线在曲线图上决定。对等压条件下的非恒沸系统，如图 6-8（a）所示的物料平衡线和剩余曲线或称全回流条件下蒸馏曲线，F 为进料组成。在高回流比、等压操作条件下，进料 F 被连续精馏成塔顶产物 D、塔釜产物 B，如图 6-8（b）所示，对给定物料平衡线，组分点 D 和 B 必须在相同的蒸馏曲线上，这导致在两个点上物料平衡线与蒸馏曲线交叉。将蒸馏物与塔釜物组成用直线连接，直线必须经过进料组成 F 的中间点，才能满足组分和总组成物料平衡。

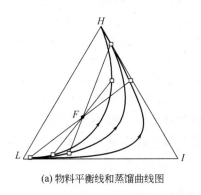

(a) 物料平衡线和蒸馏曲线图

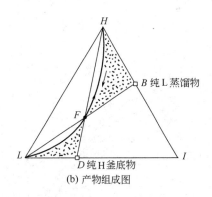

(b) 产物组成图

图 6-8 非恒沸体系的产物组成

对恒沸系统，有蒸馏边界线存在，在每一个蒸馏区域内必定能找到可能的产物组成。两个蒸馏区域常有两个最低沸点的双元恒沸物，并由连接两个最低恒沸点的蒸馏边界所分隔。如图 6-9（a）所示，进料 F_2 在左边的蒸馏区域内，塔釜流出组分为 B_2，则塔顶蒸馏组分为 D_2，不能获得纯的正辛烷。若进料在右边蒸馏区域，则在塔釜不能获得纯乙苯产物。

如图 6-9（b）所示，该体系由两个最低恒沸点和一个最高恒沸点的三个二元恒沸物、一个三元恒沸物组成。具有四个蒸馏区域，体系更复杂，可能的产物区域受到限制。

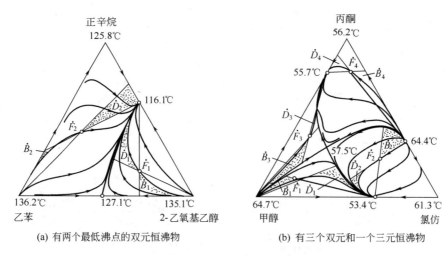

(a) 有两个最低沸点的双元恒沸物　　　　(b) 有三个双元和一个三元恒沸物

图 6-9　给定料液化合物的产物区域

6.2　萃取精馏与恒沸精馏

6.2.1　萃取精馏与恒沸精馏特征及其差异

在被分离的二元混合物中加入第三组分，该组分能与原溶液中的一个或两个组分形成最低恒沸物，从而形成恒沸物-纯组分的精馏体系，使恒沸物从塔顶蒸出，纯组分从塔底排出的蒸馏过程称为恒沸精馏。在恒沸精馏中所添加的第三组分称为恒沸剂或夹带剂。

在被分离的二元混合物中加入第三组分，该组分对原溶液中 A、B 两组分的分子作用力不同，可选择性地改变原溶液中 A、B 两组分的蒸气压，增大了它们之间的相对挥发度，或改变乃至消除恒沸点，使精馏仍能进行的蒸馏过程称为萃取精馏。在萃取精馏中所添加的第三组分称为萃取剂，它沸点较高，一般不与其他组分形成恒沸物，精馏时从塔底排出。

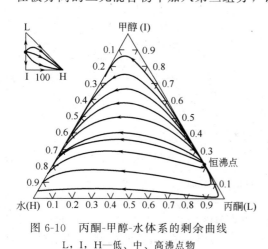

图 6-10　丙酮-甲醇-水体系的剩余曲线
L，I，H—低、中、高沸点物

恒沸精馏和萃取精馏的相同之处是均需在待分离混合物中加入第三组分，以提高组分间的相对挥发度，但二者之间有一定的差异：恒沸剂必须与待分离体系中的至少一个组分形成恒沸物，而萃取剂无此要求，因而萃取剂的选择范围较宽；恒沸剂通常在塔顶蒸出，而萃取剂从塔釜排出；一般情况下，萃取精馏的热量消耗比较低，恒沸精馏的操作温度通常比萃取精馏低，更适合热敏性组分的分离；萃取剂一般从塔上部不断加入，不适宜间歇精馏，而恒沸剂可与料液一起从塔釜加入，可用于大规模的连续生产和实验室的间歇精馏。

【例 6-3】 丙酮-甲醇-水体系的剩余曲线如图 6-10 所示。40mol 75%（摩尔分数）的丙酮和 25%（摩尔分数）的甲醇泡点混合物，在水作溶剂的情况下，通过萃取精馏分离，要求丙酮的浓度不低于 95%（摩尔分数），甲醇的浓度不低于 98%（摩尔分数），水的回收纯度不低于 99.9%（摩尔分数）。该分离过程可用三个蒸馏塔进行，先用一般蒸馏和萃取精馏分离丙酮和甲醇，再用蒸馏将甲醇和水分开。所需活度系数用 UNIFAC 方法计算，整个过程采用 ChemSep 和 ChemCAD 程序计算。

首先，丙酮和甲醇的料液混合物在第一个蒸馏塔中得到部分分离，塔顶馏出物接近于双元共沸组成，塔釜接近于纯丙酮或纯甲醇。这依赖于料液组成是多于还是少于共沸物。若料液组成接近于共沸物［丙酮组分在 80%（摩尔分数）左右］，则第一个蒸馏塔可省略。

其次，将丙酮-甲醇恒沸物作为料液送入萃取精馏塔，用全冷凝器和部分再沸器平衡，得到馏出物丙酮的含量≥95%（摩尔分数），其产率最好接近于 99%，以利于在第三个分离塔中得到纯甲醇。将来自萃取精馏塔的塔釜液送入第三个分离塔，通过一般精馏将甲醇和水分开。

通过调整平衡级、料液级、溶剂进入级、溶剂流速和回流比等操作参数，采用 ChemSep 和 ChemCAD 程序计算出物料平衡和能量衡算，如表 6-3 所示。

表 6-3 三元混合物分离过程的物料平衡和能量衡算

			物料平衡			
种类	流速/(mol/s)					
	塔 2 料液	塔 2 溶剂	塔 2 蒸馏物	塔 2 釜底	塔 3 蒸馏物	塔 3 釜底
丙酮	30	0	29.86	0.14	0.14	0.0
甲醇	10	0	0.016	9.984	9.926	0.058
水	0	60	1.35	58.65	0.06	58.59
总量	40	60	31.226	68.774	10.126	58.648
	能量衡算					
种类			塔 1		塔 2	
冷凝器/MW			4.71		1.07	
再沸器/MW			4.90		1.12	

通过计算，该分离过程所需萃取精馏塔的理论塔板数为 28 块，料液从第 12 块塔板的顶部进入，从第 6 块塔板的顶部进入 50℃ 的溶剂水，其流速取 60mol/s。当回流比取 4 时，可得到 95.6%（摩尔分数）的丙酮，回收率可达到 99.5%。萃取精馏塔的液相组成分布如图 6-11 所示，萃取蒸馏操作的精馏曲线见图 6-12。

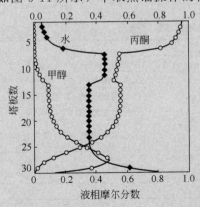

图 6-11 萃取精馏塔的液相组成分布图

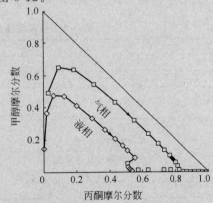

图 6-12 萃取蒸馏操作的精馏曲线图

对于常规精馏塔，用 16 块理论塔板操作，从第 11 块塔板泡点进料，当取回流比为 2 时，可得蒸馏物中甲醇的纯度达 98.1%（摩尔分数），溶剂水的纯度为 99.9%（摩尔分数），可以回收利用。

6.2.2 溶剂选择原则

溶剂选择主要取决于被选溶剂对待分离物中 A、B 组分的选择性大小，使 A、B 间的相对挥发度按所希望的方向改变，并尽可能大。

(1) 尤厄尔分类法选择原则　通常有机化合物的极性减弱顺序依次为：水＞二醇＞醇＞酯＞酮＞醛＞醚＞烃，以此来选择待分离组分的溶剂是较常用的方法。然而，尤厄尔（Ewell）等则提出依据液体能否生成氢键的特性来推出各类有机物组成溶液时的偏差，对萃取剂的选择具有参考价值。

Ewell 等认为氢键强度取决于与氢原子配位的电负性原子的性质，要形成氢键，必须有一个活性氢原子与一个能供给电子的原子相接触。例如 O---HO、N---HO、O---HN 是强氢键，N---HN、O---HCCl、N---HCCl$_3$、O---HCNO$_2$、N---HCNO$_2$、O---HCCN、N---HC-CN 是弱氢键。因此，可根据液体中是否具有活性氢原子与供电子原子，将有机液体分成五类：

类型 I 为能形成三维强氢键网络的液体，如水、乙二醇、甘油、氨基醇、羟胺、含氧酸、多酚、氨基化合物等。

类型 II 为同时含有活性氢原子和其他供电子原子（氧、氮和氟）组成的液体，如醇、酸、酚、伯胺、仲胺、肟、含 α-氢原子的硝基化合物、含氰基的腈化物，以及氨、联氨、氟化氢、氢氰酸等。

类型 III 为仅含供电子原子的水溶性液体，如醚、酮、醛、酯、叔胺、不含 α-氢原子的硝基化合物和腈化物等。

类型 IV 为仅含活性氢原子且微溶于水的液体，这些分子中的碳原子上常连有氯原子，如 $CHCl_3$、CH_2Cl_2、$CH_2Cl—CHCl_2$、$CH_2Cl—CHCl—CH_2Cl$ 等。

类型 V 为没有形成氢键能力，基本上不溶于水的其他液体，如烃类、CS_2、硫醇、不包括 IV 类中的卤代烃等。

各类液体混合形成溶液时的偏差与氢键情况列于表 6-4。如果混合时有新的氢键生成，则呈负偏差，强烈的负偏差有可能出现最高恒沸点混合物；如果混合时氢键断裂或单位体积中氢键数减少，则呈正偏差，强烈的正偏差则可能出现最低恒沸点混合物。虽然，仅用氢键的强弱来表示各种液体混合时的偏差是不充分的，但对溶剂的选择具有实际意义。

表 6-4　各类液体混合时呈现的偏差与氢键情况

类型	偏差	氢键
I + V }	总是正偏差，II + V 常为部分互溶	仅有氢键断裂
III + IV }	总是负偏差	仅有氢键生成
I + IV }	总是正偏差，II + IV 常为部分互溶	既可生成氢键，也可断裂氢键；但 I 或 II 类液体解离效应更重要
I + I }	非常复杂的组合，通常为正偏差，有时为负偏差，形成某些最高共沸物	既可生成氢键，也可断裂氢键
III + III }	理想溶液或接近理想溶液但具正偏差，有可能形成最低共沸物	无氢键
IV + V }	最低共沸物（如形成共沸物）	

(2) 同系物或结构相似性选择　除可采用 Ewell 液体分类原则外，还可根据两组分的同系物来筛选溶剂。如丙酮和甲醇的沸点分别为 56.2℃ 和 64.7℃，其共沸物组成为 $x_{丙酮}$ = 0.8，沸点 55.7℃。表 6-5 列出丙酮和甲醇各自的同系物，在丙酮同系物中，只有甲基乙基酮会与甲醇形成恒沸物；在甲醇同系物中则没有一个能与丙酮形成共沸物。然而利用丙酮比

甲醇易挥发的特性，选择甲醇同系物乙醇作为溶剂，则有利于增大分离因子。另外，乙醇与塔底产物（甲醇）形成的溶液更接近理想状态，而其余的同系物正偏差稍大。对于乙醇-水共沸物的分离，以乙二醇替代苯作为其中水的同系物进行蒸馏，同样也可获得无水乙醇，目前我国已广泛采用此工艺。

表 6-5　丙酮和甲醇的一些同系物

丙酮同系物	沸点/℃	甲醇同系物	沸点/℃
甲基乙基酮	79.6	乙醇	78.3
甲基正丙基酮	102.0	丙醇	97.2
甲基异丁基酮	115.9	水	100.0
甲基正戊基酮	150.6	丁醇	117.8
		戊醇	137.8
		乙二醇	197.2

分子结构相似也可用来推测所选溶剂与关键组分间的相互作用。如苯酚、苯胺等苯环结构化合物与苯、甲苯等芳烃类分子结构化合物比较，比链烷烃和环烷烃类更加相似些。

应用上述定性规则筛选出的溶剂，最好能通过其活度系数、汽液平衡关系等物性参数来估算其对待分离体系的分离因子或经实验验证。

（3）萃取或共沸剂所需一般特性　对二元共沸物的分离，加入共沸剂则至少应能与待分离组分中一个组分形成共沸，共沸剂的作用是使塔顶或塔底分别获得纯的产物。也就是在三角相图上，当加入共沸剂后使得特定区域内某一剩余曲线能连接到所期望获得的产物时，均相共沸物才能被分离成接近纯的组分。因此，共沸剂的选择必须满足：所选共沸剂能形成比原共沸物更低的共沸点，或所选共沸剂比原共沸物有更高的共沸点。要满足所述条件，对于二元最低共沸物系，共沸剂应该是一个低沸点组分或能形成新的二元或三元最低共沸物的组分；对于二元最高共沸物系，共沸剂应该是一个高沸点组分或能形成新的二元或三元最高共沸物的组分。

无论是萃取剂还是共沸剂，均应具备以下特性：能显著影响关键组分的汽液平衡关系；化学稳定性好，不分解或自聚，易于分离与再生利用；能与原料组分互溶，不生成二相，也不发生化学反应；溶剂无毒、无腐蚀、廉价易得。

6.2.3　萃取精馏的分离因子

尽管萃取精馏所处理的物料非理想性较强，气液两相流率变化较大，萃取过程中的塔温变化较大，但仍可采用普通精馏过程的数学模型来算出溶剂量及其加入位置、回流比、理论板数及适宜的进料位置等操作参数，其中溶剂用量及其与塔内溶剂浓度的关系、理论板数的简化算法较为重要。

如图 6-13 所示，假定精馏段和提馏段中的溶剂浓度 x_S、$\overline{x}_S$ 均为常数，并在塔内为恒摩尔流率，塔顶产品中溶剂浓度 $x_{DS}=0$，则精馏段或提馏段中同一段上各板溢流液中的溶剂量相等。对精馏段做围绕塔顶的物料衡算

总物料衡算　　　　$V+S=L+D$

溶剂 S 衡算　　　　$Vy_S+S=Lx_S$

整理两式得

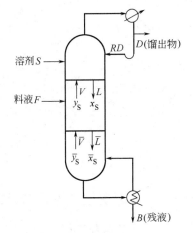

图 6-13　萃取精馏塔物料平衡计算

$$y_S = \frac{Lx_S - S}{L + D - S} \tag{6-11}$$

将非溶剂部分虚拟为一个组分 n，其相平衡关系如图 6-13 萃取精馏塔物料衡算所示

$$y_n = K_n x_n$$

也即
$$1 - y_S = K_n(1 - x_S) \tag{6-12}$$

溶剂的平衡关系为
$$y_S = K_S x_S$$

定义溶剂对非溶剂的分离因子

$$\alpha_{Sn} = \frac{K_S}{K_n} = \frac{y_S/x_S}{(1-y_S)/(1-x_S)} \tag{6-13}$$

由此得

$$y_S = \frac{\alpha_{Sn} x_S}{(\alpha_{Sn} - 1)x_S + 1} \tag{6-14}$$

结合式（6-13）和式（6-14）得

$$x_S = \frac{S}{(1-\alpha_{Sn})L - \dfrac{D\alpha_{Sn}}{1-x_S}} \tag{6-15a}$$

将 $L = RD + S$ 代入上式，整理得

$$S = \frac{RDx_S(1-\alpha_{Sn}) - D\alpha_{Sn} x_S/(1-x_S)}{1-(1-\alpha_{Sn})x_S} \tag{6-16}$$

同理可导出提馏段

$$\overline{x}_S = \frac{S}{(1-\alpha_{Sn})\overline{L} + \dfrac{\alpha_{Sn} B'}{1-x_S}} \tag{6-15b}$$

式中，$B' = F - D$，为塔底脱溶剂产品量。

当非溶剂部分仅为组分 1 和 2 时，则分离因子表达式可简化为

$$\alpha_{Sn} = \frac{y_S/(1-y_S)}{x_S/(1-x_S)} = \frac{y_S/(y_1+y_2)}{x_S/(x_1+x_2)} = \frac{x_1+x_2}{x_S} \cdot \frac{1}{\alpha_{1S}\dfrac{x_1}{x_S} + \alpha_{2S}\dfrac{x_2}{x_S}} = \frac{x_1+x_2}{\alpha_{1S}x_1 + \alpha_{2S}x_2} \tag{6-17}$$

一般 α_{1S} 和 α_{2S} 相当大，故 α_{Sn} 较小，若近似当作零处理，则无论精馏段还是提馏段内的溶剂浓度均可简化为

$$\overline{x}_S \text{ 或 } x_S = \frac{S}{L} \tag{6-18}$$

如果用式（6-15a）和式（6-15b）计算，则 α_{Sn} 需分别取精馏段和提馏段各自的顶与底处 α_{Sn} 的几何均值。一般塔顶 $x_2 \approx 0$，由式（6-17）得

$$(\alpha_{Sn})_D \approx 1/\alpha_{1S} \tag{6-19a}$$

在塔底 $x_1 \approx 0$，故

$$(\alpha_{Sn})_B \approx 1/\alpha_{2S} \tag{6-19b}$$

6.2.4　萃取精馏理论板数计算

由于精馏段和提馏段中溶剂浓度均为常数，溶剂只改变了料液中两个组分（或关键组分）的相对挥发度，因此，可将三组分的萃取精馏按拟二元萃取精馏计算。假定恒摩尔流率

和相对挥发度 $\alpha_{12/S}$ 为常数，则可以采用普通精馏的简洁计算法。

【例 6-4】 采用萃取精馏法分离醋酸甲酯（1）-甲醇（2）二元混合液，原料组成 $x_{F1}=0.649$, $x_{F2}=0.351$，以露点状态进塔，要求塔顶馏出液中醋酸甲酯的浓度 $x_{D1}=0.95$，回收率达到 98%。以水为萃取溶剂，选取精馏段中萃取剂浓度 $x_S=0.8$，操作回流比 $R=1.5R_m$。设处理量为 $F=100\text{kmol/h}$，已知 54℃ 恒沸点时，$p_1^S=90.24\text{kPa}$，$p_2^S=65.98\text{kPa}$。

假定醋酸甲酯（1）-甲醇（2）-水（S）组成的三元体系的活度系数可用 Marbules 方程估算，已知各端值常数为 $A_{12}=1.0293$, $A_{21}=0.9464$, $A_{1S}=2.9934$, $A_{S1}=1.8881$, $A_{2S}=0.8289$, $A_{S2}=0.5066$, $C=0$。

试计算萃取剂与处理液量之比，以及所需的理论板数。

解 （1）已知 $x_{D1}=0.95$，则由物料衡算

$$Dx_{D1}=0.98Fx_{F1}=0.98\times100\times0.649=63.6\ (\text{kmol/h})$$

$$D=\frac{63.6}{x_{D1}}=\frac{63.6}{0.95}=66.9\ (\text{kmol/h})$$

假定馏出液中不含溶剂，$x'_{D1}=x_{D1}=0.95$，则组分 1 的全塔物料衡算

$$B'x'_{B1}=64.9-63.6=1.3\ (\text{kmol/h})$$

$$B'=F-D=100-66.9=33.1(\text{kmol/h})$$

$$x'_{B1}=\frac{1.3}{33.1}=0.0393,\ x'_{B2}=1-0.0393=0.9607$$

（2）平均分离因子计算 近似认为三对二元组分均是对称物系，并有

$$A'_{12}=\frac{1}{2}(A_{12}+A_{21})=0.9879,\ A'_{1S}=2.441,\ A'_{2S}=0.6678$$

则可通过活度系数比求出平均分离因子

$$\ln\left(\frac{\gamma_1}{\gamma_2}\right)_S=A'_{12}(1-2x'_1)(1-x_S)+x_S(A'_{1S}-A'_{2S})$$
$$=0.9879\times(1-0.8)\times(1-2\times0.95)+0.8\times(2.441-0.6678)=1.2407$$

得

$$\left(\frac{\gamma_1}{\gamma_2}\right)_S=3.458$$

又由

$$\left(\frac{p_1^S}{p_2^S}\right)_{T_S}\approx\left(\frac{p_1^S}{p_2^S}\right)_{恒沸点}=\frac{90.24}{65.98}=1.368$$

精馏段（溶剂加入板）$\alpha_{12/S}=\left(\dfrac{\gamma_1}{\gamma_2}\right)_S\left(\dfrac{p_1^S}{p_2^S}\right)_{共沸点}=3.458\times1.368=4.73$

同理求得塔釜的活度系数比：

$$\ln\left(\frac{\gamma_1}{\gamma_2}\right)_S=0.9879\times(1-0.8)\times(1-2\times0.0393)+0.8\times(2.441-0.6678)=1.600$$

则塔釜

$$\alpha_{12/S}=\left(\frac{\gamma_1}{\gamma_2}\right)_S\left(\frac{p_1^S}{p_2^S}\right)_{共沸点}=4.955\times1.368=6.78$$

对露点进料，全塔内溶剂浓度近似为常数，$\alpha_{12/S}$ 可取平均值

$$\alpha_{12/S} = \sqrt{4.73 \times 6.78} = 5.66$$

（3）计算最小回流比

$$R_m = \frac{1}{\alpha_{12}-1}\left(\frac{\alpha_{12}x_D}{y_F} - \frac{1-x_D}{1-y_F}\right) - 1$$

$$R_m = \frac{1}{5.66-1}\left(\frac{5.66 \times 0.95}{0.649} - \frac{1-0.95}{1-0.649}\right) - 1 = 0.747$$

$$R = 1.5R_m = 1.121$$

（4）全回流时的塔板数

$$N_m = \frac{\lg\left(\frac{x'_{D1}}{x'_{D2}} \times \frac{x'_{B2}}{x'_{B1}}\right)}{\lg\alpha_{12/S}} = \frac{\lg\left(\frac{0.95}{0.05} \times \frac{0.9607}{0.0393}\right)}{\lg 5.66} = 3.54$$

（5）实际回流比下的塔板数

$$\frac{R-R_m}{R+1} = \frac{1.121-0.747}{1.121+1} = 0.1763$$

查图 6-14，得 $\frac{N-N_m}{N+1} = 0.47$，则 $N = 7.6$ 块（包括塔釜）。

此外，在溶剂加入板之上应该有一个回收段，可取 3～4 块。

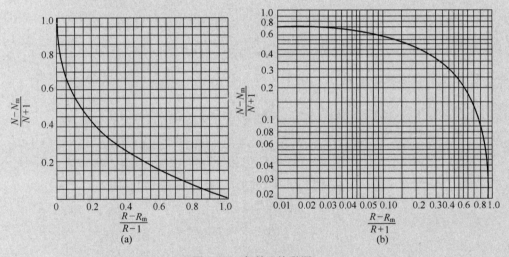

图 6-14 吉利兰关联图

（6）溶剂量与进料量之比 S/F 先计算精馏段顶处 α_{Sn}

$$(\alpha_{Sn})_D = \left(\frac{x_1+x_2}{\alpha_{1S}x_1+\alpha_{2S}x_2}\right)_D = \frac{0.19+0.01}{26.8 \times 0.19 + 5.7 \times 0.01} = 0.0388$$

式中，$\alpha_{1S} = 26.8$，$\alpha_{2S} = 5.7$ 分别由下式求得

$$\ln\alpha_{1S} = \ln\frac{p_1^S}{p_2^S} + A'_{1S}(x_S-x_1) + x_2(A'_{12}-A'_{2S})$$

$$\ln\alpha_{2S} = \ln\frac{p_1^S}{p_2^S} + A'_{2S}(x_S-x_2) + x_1(A'_{21}-A'_{1S})$$

近似取 $x_S=0.8$, $x_1=0.649\times0.2=0.1298$, $x_2=0.0702$, 类似算出 $\alpha_{1S}=37.3$, $\alpha_{2S}=6.22$, 则进料板处的 α_{Sn}

$$(\alpha_{Sn})_F = \frac{0.1298+0.0702}{37.3\times0.1298+6.22\times0.0702}=0.0379$$

由此获得精馏段的平均分离因子

$$(\alpha_{Sn})_{FD}=\sqrt{0.0388\times0.0379}=0.0383$$

由式（6-16）求得溶剂量

$$S=\frac{1.121\times66.9\times0.8\times(1-0.0383)-66.9\times0.0383\times\dfrac{0.8}{1-0.8}}{1-(1-0.0383)\times0.8}=205.7\,(\text{kmol/h})$$

由此可得溶剂与进料量比为 $S/F=2.057$。

6.2.5 恒沸精馏理论板数计算

【例 6-5】 原料中苯酚的浓度为 1.0%（摩尔分数），水为 99.0%，要求釜液中苯酚含量小于 0.001%，而苯酚产品纯度达 99.99%。流程如图 6-15 所示，苯酚与水在 101.3kPa 压力下为均相共沸物，塔Ⅰ和塔Ⅱ出来的蒸汽在冷凝-冷却器中冷凝并过冷到 20℃，在分层器中分层，水层返回塔Ⅰ作回流用，酚层送入塔Ⅱ。假定饱和液体进料，塔内为恒摩尔流率，回流液过冷对塔内回流量的影响可以忽略。查得 20℃时苯酚-水系统的互溶度数据为：水层含苯酚 1.68%（摩尔分数），酚层含水 66.9%。苯酚-水系统在 101.3kPa 下的汽液平衡数据如表 6-6 所示。

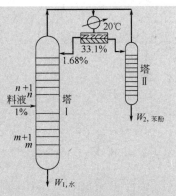

图 6-15 恒沸精馏示意图

表 6-6 苯酚-水系统在 101.3kPa 下的汽液平衡数据（摩尔分数）

$x_{酚}$	$y_{酚}$	$x_{酚}$	$y_{酚}$	$x_{酚}$	$y_{酚}$	$x_{酚}$	$y_{酚}$
0	0	0.010	0.0138	0.10	0.029	0.70	0.150
0.001	0.002	0.015	0.0172	0.20	0.032	0.80	0.270
0.002	0.004	0.017	0.0182	0.30	0.038	0.85	0.370
0.004	0.0072	0.018	0.0186	0.40	0.048	0.90	0.55
0.006	0.0098	0.019	0.0191	0.50	0.065	0.95	0.77
0.008	0.012	0.020	0.0195	0.60	0.090	1.00	1.00

试计算：进料量为 100mol 时，塔Ⅰ和塔Ⅱ的最小上升气量；当各塔的上升气量为最小气量的 4/3 倍时，所需的理论塔板数；求塔Ⅰ及塔Ⅱ的最少理论板数。

解 （1）物料衡算 对整个系统做苯酚衡算，得

$$0.00001W_1+0.9999W_2=1.00$$
$$W_1+W_2=100$$

故得 $W_1=99.0$，$W_2=1.0$

确定塔Ⅰ的操作线：精馏段的操作线可由第 n 块板与第 $n+1$ 块板之间至塔Ⅱ釜一起做物料衡算，得出

$$Vy_n=Lx_{n+1}+0.9999W_2 \tag{1}$$

而提馏段的操作线则为

$$V'y_m = L'x_{m+1} - 0.00001W_1 \qquad (2)$$

最小上升气量相当于最小回流比时的气量。

若夹点在进料板，进料 $x_F = 0.010$ 呈平衡的 $y_F = 0.0138$，则由式（1）得出

$$0.0138V_{min} = 0.010L_{min} + 0.9999W_2$$
$$= 0.010(V_{min} - W_2) + 0.9999W_2$$
$$= 0.010V_{min} + 0.9899W_2$$

故 $V_{min} = \dfrac{0.9899W_2}{0.0038} = 260W_2 = 260$

若夹点在塔顶，与回流液 $x_回 = 0.0168$ 呈平衡的 $y_回 = 0.0181$（内插），故

$$0.0181V_{min} = 0.0168L_{min} + 0.9999W_2$$
$$= 0.0168(V_{min} - W_2) + 0.9999W_2$$

解得 $V_{min} = \dfrac{0.9831W_2}{0.0013} = 756.2W_2 = 756.2$

比较计算结果，取数值较大者 $V_{min} = 756.2$。将在塔Ⅱ的塔顶夹点 $x = 0.331$，$y = 0.0403$ 代入操作线方程式

$$V'y_m = L'x_{m+1} - W_2 x_{m}W_2 \qquad (3)$$
$$0.0403V'_{min} = 0.331L'_{min} - 0.9999W_2$$
$$= 0.331(V'_{min} + W_2) - 0.9999W_2$$

解得 $V'_{min} = \dfrac{0.6689W_2}{0.2907} = 2.3W_2 = 2.3$

（2）塔Ⅰ的理论板数

精馏段 $V = \dfrac{4}{3}V_{min} = \dfrac{4}{3} \times 756.2 = 1007$，$L = 1007 - 1 = 1006$

提馏段 $V' = V = 1007$，$L' = L + F = 1006 + 100 = 1106$

分别代入式（1）及式（2）得精馏段和提馏段操作线方程分别为

$$1007y_n = 1006x_{n+1} + 0.9999$$
$$1007y_m = 1106x_{m+1} - 0.00099$$

由操作线方程式及已知平衡线，在 y-x 图上从 $x = 0.0168$ 到 $x_{W_1} = 0.00001$ 之间绘阶梯，所需理论板数为 16 块。

（3）塔Ⅱ的理论板数

$$V' = \dfrac{4}{3}V'_{min} = \dfrac{4}{3} \times 2.3 = 3.06$$
$$L' = V' + W_2 = 3.06 + 1 = 4.06$$

代入式（3）得操作线方程为

$$3.06y_m = 4.06x_{m+1} - 0.9999$$

同理，在 y-x 图上从 $x_{W_2} = 0.9999$ 到 $x_{回,2} = 0.331$ 的平衡线与操作线之间绘阶梯，所需理论板数为 8 块。

（4）塔Ⅰ的最少理论板数 若在平衡线与对角线之间绘阶梯，从 $x_{W_1} = 0.00001$ 到 $x = 0.0168$ 最少理论板数为 $N_{min} = 13$。

塔Ⅱ的最少理论板数则在 y-x 图上从 $x_{W_1} = 0.9999$ 到 $x = 0.331$，在平衡线与对角线之间绘阶梯得出 $N_{min} = 6$。

6.3 反应精馏

将化学反应和蒸馏结合起来同时进行的操作过程称为反应精馏。其中，若化学反应在液相进行，称为反应精馏；若化学反应在固体催化剂与液相的接触表面上进行，称为催化蒸馏。与反应、蒸馏分别进行的传统方法相比，它具有产品收率高（反应选择性高，且不受反应平衡的限制）、节能（放热反应放出的热量可用于蒸馏）、投资少、流程简单等优点。

反应精馏文献最早见于 1921 年，从 20 世纪 30 年代到 60 年代主要是进行一些特定体系的工艺探索，60 年代末才开始研究有关反应精馏的一般性规律，70 年代后反应精馏的研究已扩大到非均相反应，出现了催化蒸馏过程，在精馏中固体催化剂既加速反应过程，又作为填料或塔内件提供传质表面。由于反应精馏的复杂性，其设计、放大、操作性能和控制方案的研究难度都较大，20 世纪 70 年代末开始，研究重点转向了反应精馏的数学模拟，计算机模拟技术的迅速发展，促进了反应精馏过程的开发。

6.3.1 反应精馏的基本特点

假定合成反应为 $a+b \rightleftharpoons c$，其沸点按 a、b、c 顺序升高，且 b、c 间形成最低共沸物。若按常规的先反应、后蒸馏的分离工艺，其过程如图 6-16 所示。原料 a、b 进入反应器 R-1，在催化剂作用下反应，达到平衡后的反应物 R_1 为 a、b、c 的混合物，再进入精馏塔 C-1 分离，高沸点组分 c 为塔底产品 B_1。从塔顶出来的 bc 恒沸物和 a 的混合物 D_1 循环回反应器。图 6-16 中两个三角坐标图分别为反应和蒸馏过程的相图，可见，当反应平衡线与精馏边界线很接近时，该体系的蒸馏过程受精馏边界线的限制，塔顶的循环量就很大，这是极不经济的。

若反应和蒸馏同时进行，如图 6-17 所示。催化剂置于塔上部，反应物 a、b 较 c 易挥发，在向上移动中，反应生成低挥发度的产物 c，只要反应物 a、b 的组成符合反应化学计量数，且有适当的回流比，反应物可完全转化成产物 c，在塔底可得到纯组分 c，塔内浓度变化如图 6-17 的三角坐标图所示。从以上比较可以看到，在反应蒸馏塔中没有未转化反应物的循环（在塔内部循环）。对放热反应，其反应热可直接供精馏用。

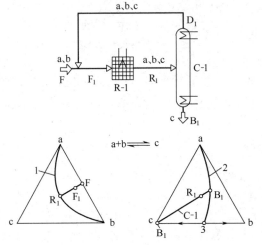

图 6-16 先反应、后蒸馏的过程示意
1—化学平衡线；2—蒸馏边界线；3—最低恒沸线

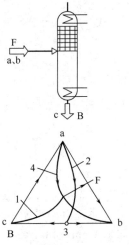

图 6-17 反应和蒸馏同时进行的过程示意
1—蒸馏线；2—蒸馏边界线；3—最低恒沸线；4—反应线

6.3.2 反应精馏的相平衡与化学平衡

在反应（催化）蒸馏中，由于反应的存在，用常规的测试方法难以测得准确的汽液平衡数据，目前在催化蒸馏的模拟计算中仍用 UNIFAC 法估算相平衡数据。另外，由于反应的影响，组分间未反应时的共沸物可能消失，还可能产生反应共沸物（包括理想体系）。

Venimadhavan 等提出了有关在化学平衡控制与相平衡控制两个极端之间的反应蒸馏过程变化，对仅3个组分的反应进行了分析，如

$$A+B \rightleftharpoons 2C$$

那么反应的平衡常数为

$$K = \frac{x_C^2}{x_A x_B} \quad (6-20)$$

式中，x_i 为组分 i 的摩尔分数。K 能从 Gibbs 反应自由能的比变化求出。

如果平衡常数已知，那么任一组成会按照式（6-20）反应，一直进行到其满足化学平衡的那一点为止。在低的平衡常数值下，反应平衡线靠近 A-B 双组分一侧，这时没有多少进料混合物被反应；而在高的 K 值下，化学平衡曲线靠近 A-C 和 B-C 双组分线的角上，在此时，化学平衡有利于产物 C 的生成。

对三元体系，蒸馏过程的化学平衡曲线如图 6-18（a）所示，该线也是化学反应过程的矢量线，该线与化学反应平衡常数 K 相关，由图 6-18（b）可知，化学平衡常数 K 从 100 降到 0.1 时，则其平衡曲线向 A-B 方向靠近。图 6-19 表示具有两个恒沸物系统的蒸馏剩余曲线，在组分 A-B 和 A-C 之间存在低沸点二元恒沸物。

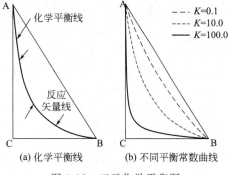

图 6-18 三元化学平衡图

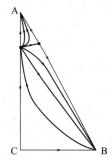

图 6-19 二元恒沸物系统的蒸馏剩余曲线

大多数反应蒸馏系统的平衡特性是介于相平衡与反应平衡之间，Venimadhavan 等建议使用 Damköhler 数来表征这种变化。

$$Da = \frac{H_0 k_1}{V} \quad (6-21)$$

式中，H_0 为持液量，mol；k_1 为拟一级速率常数，s^{-1}；V 为蒸汽速率，mol/s。

Damköhler 数为液体停留时间与反应时间之比。当 $Da<0.5$ 时，反应时间相对较小于停留时间，那么系统由相平衡占主导地位；当 $Da>10$ 时，那么反应速率很快，化学平衡占主导地位；如果 Damköhler 数在此数据之间，则既不是相平衡也不是化学平衡控制，需要采用速率模型计算。Da 和 K 值对反应蒸馏的影响见表 6-7。

根据过程中的 Damköhler 数的大小，可得出如表 6-8 所示平衡机制。

表 6-7　Da 和 K 值对反应蒸馏的影响

Da	K	反应形式	过程特色
低	低	正反应慢,逆反应快,无产物生成,过程难以实现	需要大的持液量,反应蒸馏无特色
低	高	正反应慢,逆反应更慢,产物收率高	塔板持液量不是太大,有利于反应蒸馏
高	低	产物生成速率快,逆反应更快,仅少量产物生成	如果产物能从反应区域及时去除,则反应蒸馏特色明显
高	高	正反应快,逆反应慢,属不可逆反应,在简单反应器内能进行	为使竞争反应最小化,常需调整反应蒸馏条件

表 6-8　Damköhler 数对过程控制和设计要素影响

Da	过程控制类型	过程平衡现象	过程设计要素
$Da<0.5$	相平衡控制	在非反应混合物中的恒沸物强烈影响反应级	需要长的停留时间,相平衡模型不能估算产物时,需用速率模型设计塔
$Da>10.0$	化学平衡控制	可假定反应级为化学平衡,每级为具有气液产物的平衡反应器	已有几种商用模拟元件用于此类反应蒸馏级的设计
$0.5<Da<10.0$	速率限制	动力学和相平衡有重要影响	需用速率模型同时考虑动力学和相平衡

6.3.3　反应精馏的动力学

（1）反应段的传质及流体力学特性　在催化蒸馏塔的反应段,非均相催化剂内部存在着化学反应的质量和能量传递,同时还应考虑气、液膜中的非反应传递过程,许锡恩等将催化剂装入玻璃布袋,再用波纹丝网卷成捆束的已工业化的催化精馏塔,测得催化剂床层中气膜传质系数 k_g 及液膜传质系数 k_L 的关联式分别为

$$k_g = 1.970 \times 10^{-2} \frac{D_g}{d_p RT} Re_g^{0.94} Sc_g^{0.5} \tag{6-22}$$

$$k_L = 2.483 \frac{D_L}{d_p} Re_L^{0.1} Sc_L^{0.5} \tag{6-23}$$

气液有效比表面积的关联式为

$$a/a_t = 0.053 Re_i^{0.24} \tag{6-24}$$

式中,d_p 为催化剂填料的当量直径（$d_p = 4\varepsilon/a_t$）;D 为扩散系数,m^2/s;a 为气液有效相界面积,m^2/m^3;a_t 为催化剂填料比表面积,m^2/m^3;ε 为床层孔隙率。

对以这种方式装填的催化剂床层流体力学特性的研究表明,气液有效比表面积随液速增大而增大。增大气速,床层压降和持液量均先缓慢增加,而后陡增,二者转折点相对应。由实验数据拟合得到单位床层高度压降 $\frac{\Delta p}{Z}$ 与气液表面流速关系如下

当液速 L 为 0 时

$$\frac{\Delta p}{Z} = 171.2 V^{1.790} \tag{6-25}$$

当 $L>0$,但低于泛点时

$$\ln \frac{\Delta p}{Z} = 5.539 V^{0.33} L^{0.048} \tag{6-26}$$

式中,Δp 为床层压降,Pa;Z 为床层高,m;V 为气体表面流速,m/s;L 为液体表面流速,$m^3/(m^2 \cdot h)$。

随着液体喷淋密度及气速的增大,塔内气液接触状态分别为膜状流动态、鼓泡态和乳化态,当气液接触状态为膜状流动态时,压降和动持液量有滞后现象,而鼓泡态和乳化态没有明显的滞后现象。

(2) 反应蒸馏的动力学限制特性　对反应蒸馏过程用平衡级模型来表述是困难的,大多数专家采用费劲的非平衡模型来描述,通常必须考虑以下几个方面:气液相平衡、相间传质速率、反应相内(通常为液相)的传质速率、反应速率、催化剂内的传质及其活性、产物在液体相内的传质。一般可采用气液界面的双膜吸收理论。

若定义 Hatta 数为

$$Ha = \frac{\sqrt{D_A k_1}}{k_L} \tag{6-27}$$

式中,D_A 为组分 A 的扩散系数;k_L 为液相传质系数。

根据 Hatta 数及其与传质系数的比较,可以得到表 6-9 所示的五种情况。

表 6-9　速率限制模型的现象与设计要素

参数比较	动力学机制	反应蒸馏过程现象	设计关键或要素
$Ha^2 \ll 1$	慢	为常见反应蒸馏过程,液相反应物浓度是重要的	只需考虑相平衡和反应动力学,传质速率可忽略
$k_1 \ll ak_L$	慢动力学		
$k_1 \gg ak_L$	慢扩散	在液相反应呈平衡,传质控制	仅需考虑两相之间传质速率
$k_1 \approx ak_L$	慢混合	动力学与扩散项近似相等	需同时考虑反应和传质,气液接触或催化剂改善能强化过程
$Ha^2 \gg 1$	快	总速率主要取决于增强因子,$Ha>3$,总速率与传质系数无关,正比于界面积和反应速率的平方根	需要仔细考虑膜内和主体液流中的反应,否则对慢扩散模型误差较大

事实上,改变塔柱的温度也可影响过程特性。一旦反应蒸馏过程的概念设计完成,其可以被模型和模拟方法证实,紧接的就是对反应蒸馏塔的设计。然而对速率限制过程的设计与放大,D_A 和 k_L 也与温度有关,尽管其通常没有 k_g 那么强。

(3) 典型体系的反应动力学方程　在催化蒸馏塔的模拟设计计算中,催化蒸馏条件下的宏观动力学方程或本征动力学方程是必不可少的,表 6-10 示出了部分体系的已研究情况。

表 6-10　催化反应蒸馏条件下宏观动力学或本征动力学方程

产品	原料	催化剂代号	温度/℃	压力/MPa	反应器形式	动力学方程	活化能/(kJ/mol)
MTBE（甲基叔丁基醚）	甲醇/异丁烯	A-15	50~90	2.1	搅拌式	$r = f(T, k, a)$	92.4
		A-15	50~90	1.5	搅拌式	$r = k_{+\text{CIB}} - k_{-\text{CE}}$	89.2
ETBE（乙基叔丁基醚）	乙醇/异丁烯	K2631	40~90	1.6	微分式	$r = f(T, k, a)$	79.3
TAME（叔戊基甲醚）	甲醇/异戊烯	SPC118	50~70	1.6	循环式	$r = f(T, k, a)$	89.5
乙二醇乙醚	甲醇/环氧乙烷	NKC-01	90~110	0.24	搅拌式	$r = kc_a$	77.65

6.3.4　反应精馏塔的设计计算

反应精馏塔的计算可以用简单的图解计算,也可以用严格的数学模型进行计算机模拟。在反应蒸馏过程中同样存在着物料平衡及相平衡,而且还要考虑化学平衡的影响,当反应速率较大时,主要考虑汽液平衡关系。

在反应蒸馏塔的物料平衡中要考虑反应过程的影响,其方程式为

$$F = D + W - \sum \Delta n_R$$
$$F z_i = D x_{Di} + W x_{Wi} - \sum n_{Ri} \tag{6-28}$$

式中，F、z_i 分别为进料流量及其组成；D、x_{Di} 分别为塔顶产品流量及其组成；W、x_{Wi} 分别为塔底产品流量及其组成；Δn_R、n_{Ri} 分别为反应增加的总分子数及 i 组分的分子数。

精馏段的操作线方程式为

$$y_{n,i} = \frac{L}{V} x_{n-1,i} + \frac{D x_{Di} - \sum n_{Ri}}{V} \tag{6-29a}$$

提馏段的操作线方程式为

$$x_{m,i} = \frac{V'}{L'} y_{m-1,i} + \frac{W x_{Wi} - \sum n_{Ri}}{L} \tag{6-29b}$$

由于各板的浓度变化，反应平衡在不断变化，因此，各板的操作线是变化的，对均相反应蒸馏，板式塔连续反应蒸馏过程的稳态模拟已基本趋于成熟。

(1) 数学模型　用于模拟板式塔连续反应蒸馏过程的主要有平衡级和非平衡级两种数学模型。连续式反应蒸馏塔的稳态模拟尽管存在各种各样的计算方法，但所用数学模型本质相同，均假定各板为全混反应器，离开塔的气液两相处于平衡，且反应仅发生在液相，过程为稳态。

图 6-20 为反应蒸馏塔及其平衡级的模型。此塔共有包括冷凝器（第 1 级）和再沸器（第 n 级）在内的 n 个平衡级，每一级上有一进料 F_j，一气相侧线采出 G_j，一液相侧线采出持液量 U_j 和一级间换热 Q_j。

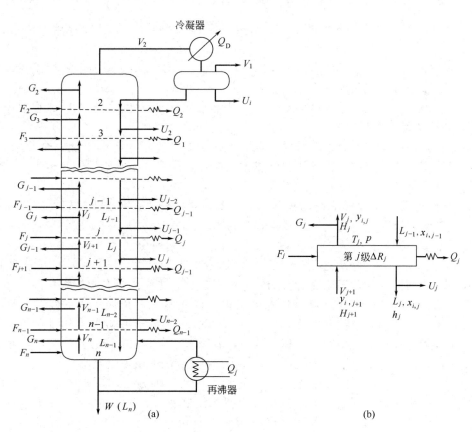

图 6-20　反应蒸馏塔及其平衡级的模型

① 围绕级 j 的组分物料衡算方程（M 方程）

$$L_{j-1}x_{i,j-1}-(V_j+G_j)y_{i,j}-(L_j+U_j)x_{i,j}+V_{j+1}y_{i,j+1}+F_jz_{i,j}+\Delta R_j=0 \quad (6\text{-}30)$$

式中，ΔR_j 为在级 j 上的反应速率，对反应物为负，产物为正；V 为蒸气流速；L 为液体流速；y 为气相摩尔组成；x 为液相摩尔组成；z 为进料组成；下标 i 为组分号；下标 j 为平衡级号。

② 气、液相平衡方程（E 方程）

$$y_{i,j}=K_{i,j}x_{i,j} \quad (6\text{-}31)$$

式中，$K_{i,j}$ 为相平衡常数，是温度、组成和压力的函数。

③ 气、液相组成和为1（S 方程）

$$\sum_{i=1}^{m}y_{i,j}=1.0 \quad (6\text{-}32)$$

$$\sum_{i=1}^{m}x_{i,j}=1.0 \quad (6\text{-}33)$$

④ 围绕级 j 的热量衡算方程（H 方程）

$$L_{i-1}h_{j-1}-(V_j+G_j)H_j-(L_j+U_j)h_j+V_{j+1}H_{j+1}+F_jH_{fj}-Q_j+\Delta R_jH_{rj}=0 \quad (6\text{-}34)$$

式中，H_{fj} 为进料焓；H_{rj} 为反应热。

⑤ 总反应速率为各级上反应速率之总和（R 方程）

$$\sum_{i=1}^{n}\Delta R_j-\Delta R=0 \quad (6\text{-}35)$$

（2）计算方法　采用方程解离法（三对角矩阵法）、同时校正法（Newton-Raphson 法）及松弛法。

① 方程解离法　将 E 方程代入 M 方程，消去 $y_{i,j}$，以气相流率表示液相流率，使组分 i 在各平衡线上的 M 方程构成一个三对角线矩阵；给出 V_j、T_j、ΔR_j 的初值，用 Thomas 法解出 $x_{i,j}$，接着用动力学方程算出新 ΔR_j，用泡点法算出新 T_j，通过 H 方程解出新气相流率 V_j，如此迭代直至收敛。

若变量初值不当或物系的非理想性较强时，该法的计算不稳定或不能完全收敛。此外，该法目前只能用于反应蒸馏塔的操作型（或称模拟态）计算，还不能用于其他类型（如馏出液组成等）的计算。

② 同时校正法　同时校正法也称 Newton-Raphson 法，适用于非理想性较强和反应级数大于 1 的系统，具有收敛速度快的特点，是目前应用最广泛的一种方法。按选用的迭代变量和残差函数的不同，可分为 Nelson 法、Kaibel 法以及各种修正 Newton-Raphson 法。

Nelson 法以 V_j、T_j 作为迭代变量，由 S 方程和 H 方程建立残差函数，在求取 Jacobin 矩阵时作了较大的简化，计算速度有所加快，但 V_j、T_j 迭代值会发生较大振荡，必须仔细选用阻尼因子。Kaibel 等人通过对普通蒸馏塔模拟的块状三对角线矩阵的修正，将它用于反应蒸馏过程的操作型或设计型计算。Newton-Raphson 法具有收敛速度快的优点，但需要给出较为精确的迭代初值，特别对非理想物系，在求算 Jacobin 矩阵时，还需要各物理量对组成的导数值，因此对于复杂系统的计算，Newton-Raphson 法不是很方便。

③ 松弛法　松弛法是用非稳态方程来确定稳态解的一种方法，将非稳态模型中的 M 方程式左边的对时间导数项用欧拉反差公式来代替，经整理后各级上的修正 M 方程即构成三对角线矩阵，将其与 E 方程、S 方程、H 方程一起求解。该法对非线性很强的反应蒸馏模型方程，当所设初值不良时也能保证收敛，其缺点是越接近解时收敛越慢，故有人建议将松

弛法和同时校正法联合使用，开始迭代时用松弛法，随后转用同时校正法，兼取了松弛法的稳定性和同时校正法的快速收敛性。

6.3.5 反应精馏选型与应用

（1）反应蒸馏塔的选型　在使用反应蒸馏塔时，必须谨慎地选用蒸馏塔的形式。料液加入板和产品出口板的位置是非常重要的考虑因素。当反应热影响较大时还必须有中间加热或冷却，并要保证液相具有要求的停留时间。Belck 和一些研究者提出对某些双组分、三组分以及四组分体系要得到合格的产品而不需要其他辅助的精馏过程，有以下几种可能的理想情况：

① 反应 A ⇌ R 或 A ⇌ 2R。其中 R 的挥发度高于 A，在这种情况下反应蒸馏塔只需带再沸器的精馏段。纯组分 A 送到再沸器内，绝大部分（或全部）反应在再沸器内进行，随着 R 的生成并汽化，通过精馏塔并被提纯，从塔顶出来的蒸气被冷凝，部分冷凝液回入塔内作为回流，化学反应也可能在塔内发生。当 A 和 R 形成高沸点恒沸物时，若仍使用这种形式的反应蒸馏塔，则在稳态条件下再沸器中 R 的摩尔分数大于恒沸组成。

② 反应 A ⇌ R 或 2A ⇌ R。其中 A 为低沸点或挥发度较高的组分，在此情况下反应蒸馏塔只需要提馏段。纯组分 A 从塔顶进料，在向下流动的过程中反应生成 R，该塔需有全凝器和部分再沸器，没有产品从塔顶引出，产品 R 从再沸器引出，这种形式反应蒸馏塔的设计中需要对反应完成的位置进行测定，因为在塔内某一位置可能达到化学平衡，低于该位置会进行可逆反应。

③ 反应 2A ⇌ R+S 或 A+B ⇌ R+S。这里 A 和 B 的挥发度在 R 和 S 之间，R 的挥发度最高。在此情况下，料液从全馏塔中部加入，R 从塔顶引出，S 从塔底引出。如果 B 比 A 难挥发，则可在 A 入口稍高些处加入 B。

（2）催化剂的装填　对于催化反应蒸馏，其关键在于反应段催化剂床层的结构设计与安装。由于催化反应蒸馏过程中的催化剂既起催化作用，又起传质表面的作用，不仅要求催化剂结构有较高的催化效率，同时又要有较好的分离效率，因此催化剂在塔内的装填方式必须满足下列条件：a. 使反应段的催化剂床层具有足够的自由空间，提供气液相的流动通道，以进行液相反应和气液传质。这些有效的空间应该达到一般填料所具有的分离效果，以及设计允许的塔盘压力降。b. 具有足够的表面积进行催化反应。c. 允许催化剂颗粒的膨胀和收缩，而不损伤催化剂。

已有的装填方法可以分为两种类型，即拟固定床式和拟填料式。这两大类型的装填方式均有成功的应用实例。

① 拟固定床式装填　拟固定床装填方式是常采用的一种方法，该方法之一是将催化剂直接散放于塔内某一区段，装入板式塔降液管内，如图 6-21 所示。另一种方法是将催化剂直接散装于塔板上两筛网之间或塔板上的多孔容器内，如图 6-22 所示。

② 拟填料式装填　目前还不能将催化剂加工成各种形状的填料，拟填料式装填可采用以下方法：a. 将粒状催化剂与惰性粒子混合装入塔内，如图 6-23 所示；b. 将催化剂装在金属网框间的空隙中，如图 6-24 所示；c. 采用催化剂捆扎包的形式，如图 6-25 所示；d. 将催化剂粒子放入两块波纹网板之间，如图 6-26 所示。

（3）反应精馏的典型应用　典型的反应精馏工艺过程有：醋酸和乙醇酯化生成醋酸乙酯；固体酸作催化剂的甲醛和甲醇反应生成甲醛缩二甲醇；以硫酸为催化剂的醋酸和甲醛反应生成醋酸甲酯；使用固体强酸性离子交换树脂作催化剂，异丁烯与甲醇反应生成甲基叔丁基醚（MTBE）等，下面主要对醚化反应和酯化反应蒸馏作简要介绍。有兴趣者可参阅本书第二版以更深入了解反应精馏的典型应用案例。

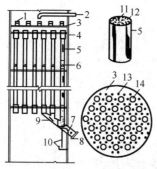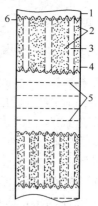

图 6-21　Koch 公司改进的降液管装填方式　　　　图 6-22　UOP 公司的装填方式
1—液体分布器；2—进料口；3—塔板；4—精馏塔；5—降液管；　　　1—塔壁；2—催化剂床层；
6—管内液体分布器；7—塞子；8—催化剂装卸管；9—连接管；　　　3—蒸汽通道；4—催化剂卸出口；
10—液体收集装置；11—催化剂床层；12—催化剂；　　　　　　　　5—普通塔板；6—催化剂装入口
13—筛孔；14—降液管口

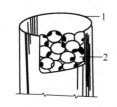　　　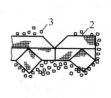

图 6-23　催化剂与惰性粒子混装　　　　　图 6-24　催化剂装在金属网框间的空隙中
1—塔壁；2—筛网包裹的惰性粒子；3—催化剂　　　1—塔壁；2—金属网箱；3—催化剂

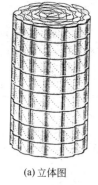　　　

(a) 立体图　　　(b) 截面图　　　　　　(a) 立体图　　　(b) 部件分解图

图 6-25　催化剂捆扎包结构　　　　图 6-26　催化剂复合波纹网板结构
　　　　　　　　　　　　　　　　　　1,2—波纹网板；3—催化剂；4—网板间距调节棒

① 醚化反应蒸馏　以碳四馏分（其中的异丁烯）和甲醇为原料，以大孔强酸性阳离子交换树脂为催化剂，醚化合成甲基叔丁基醚（MTBE）。甲醇、异丁烯、正丁烷、甲基叔丁基醚四元体系存在三个二元恒沸物，虽然正丁烷不参与反应，但与甲醇形成恒沸物。该体系难以采用常规的先反应后精馏的分离工艺，而采用反应精馏则只有甲醇-正丁烷一个最低恒沸物，可从塔顶引出，塔底可得到较高沸点的纯 MTBE。

1981 年美国 CR & L（Chemical Research & Licensing）在得克萨斯州的休斯敦炼油厂

首先将该醚化反应蒸馏过程用于 MTBE 的生产。来自催化裂化的混合碳四馏分，先经水洗去掉阳离子（如铵和金属阳离子）与甲醇一起进入保护床除去残存杂质（保护催化剂），然后进入催化蒸馏塔底部。在催化反应蒸馏塔内，异丁烯与甲醇反应生成沸点较高的 MTBE，通过蒸馏使产物快速离开反应区，蒸馏所需热量由反应放出热量供给。

在催化反应蒸馏塔顶部得到未反应的碳四与甲醇形成的低沸点共沸物，塔底为成品 MTBE。当进料中甲醇与异丁烯配比大于 1（摩尔比）时，即在甲醇过量的情况下，异丁烯几乎全部转化，可得到纯度大于 95% 的 MTBE。此时，为进一步利用未反应的甲醇，首先将催化反应蒸馏塔顶得到的碳四-甲醇共沸物送入碳四分离塔（甲醇萃取塔），用水萃取甲醇而将碳四馏分分出。然后，在甲醇回收塔内回收甲醇，塔顶甲醇循环使用，塔底的水去碳四分离塔作萃取剂。塔下部捆扎式放置树脂催化剂，在 0.69~1.38MPa 下操作，发生醚化反应，而上部在 0~0.69MPa 下进行精馏操作，这种结构保证催化反应蒸馏能在最佳的条件下进行。该技术也可用于乙基叔丁基醚（ETBE）、甲基仲丁基醚（MSBE）和叔戊基甲醚（TAME）等的生产。

② 酯化反应蒸馏　醋酸和甲醇经酯化反应合成醋酸甲酯，同时生成水，该反应平衡常数与温度无关。在醋酸甲酯、甲醇、水、醋酸四元体系中有两个低沸点共沸物，即醋酸甲酯-水最低共沸物和醋酸甲酯-甲醇最低共沸物。反应过程中有大量的水生成，在醋酸和水之间存在切线夹点，使反应物的分离十分困难，采用常规方法（Eastman-Kodak 过程）需要一个反应器、九个塔，还要用萃取精馏和恒沸精馏等，工艺过程十分复杂。但采用反应和精馏同时进行的工艺过程，原则上可分离得到纯组分。将反应精馏塔按四个进料位置分成四个不同的区间，自下而上分别为简单蒸馏段、反应段、萃取蒸馏段、精馏段。反应段位于催化剂（H_2SO_4）进料口和低沸点组分甲醇进料口之间。甲醇进口靠近塔釜，由于该处温度高，甲醇进入后很快汽化，并向上运动，在催化剂存在下，甲醇被醋酸选择性吸收和反应，生成醋酸甲酯和水，水为液态，并向下运动，而醋酸甲酯为沸点最低的组分，汽化、向上运动。

反应区上面的萃取蒸馏段里甲醇被醋酸物理吸收，在萃取段之上的精馏段，醋酸甲酯和醋酸之间进行分离，这仅需很少的塔板数和回流比，在塔底经简单蒸馏将水和甲醇分离。此反应精馏工艺比常规过程简单，设备从一个反应器、九个塔减为一个带有蒸发器的反应精馏塔，若使用非均相固体催化剂，则连蒸发器都可以不用。

6.4　超重力精馏

超重力精馏是指在远大于地球重力加速度下进行气液传质，实现精馏过程。超重力场概念是为解决在太空微重力下，气液难以接触传质的问题而形成的。1976 年英国帝国化学公司（ICI）Colin Ramshaw 教授领导的项目组，参与了美国太空署的微重力实验项目。实验结果表明在微重力场下，液体表面张力占主导地位，液滴难以分散，使气液传质效率大幅降低。进一步研究发现，在离心力场环境中，液体会被巨大剪切力撕裂而形成极大的相界面积，气液传质速率可比重力场中的传统塔设备提高 1~3 个数量级。1979 年 ICI 公司申请了超重力床专利，称为 rotating packed bed (RPB)，或称 HIGEE，在中国称为旋转填料床或超重力旋转填料床。

6.4.1　超重力精馏的基本原理

超重力旋转床内气液相流动路径与填料床层动密封结构如图 6-27 所示，由于内构件差异和离心力的作用,其气液相流向不是传统填料塔内的直线运动,而是通过加大转速来增强离心力强度,获得远超于重力的加速度,以实现气液传质分离的目的。

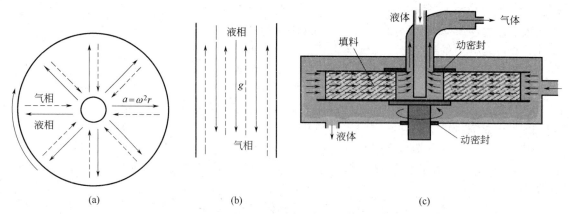

图 6-27 超重力旋转床内气液相流动路径与填料床层动密封结构示意

离心力强度可用超重力因子 β 来定义,超重力因子为离心加速度与重力加速度之比,与转子半径和转速变化相关,一般可达重力加速度的十至数百倍,可用下式计算

$$\beta = \frac{r\omega^2}{g} \tag{6-36}$$

式中,β 为超重力因子;ω 为转子旋转的角速度,rad/s;r 为转子半径,m;g 为重力加速度,m/s²。

因此,在极高的超重力因素作用下,旋转填料床内的液体会被分散成直径不大于 0.4mm 的液滴和厚度小于 20μm 的液膜,由此提高气液传质的比表面。此外,超重力下气液表面瞬间更新的微环境,明显促进气液界面的传质分离速率。

超重力旋转床能明显提高气液传质分离速率,也引起了许多国家研究者的兴趣并开展了较为广泛的研究,并针对不同用途,开发出不同填料旋转床的转子结构,并使该技术分别应用于精馏、吸收、解吸、反应等单元操作的分离过程中。

6.4.2 板式旋转床单层和多层结构

英国 ICI 曾进行过超重力精馏的工业试验,用于乙醇和异丙醇、苯和环己烷的分离。采用两台旋转填料床,代替传统蒸馏塔设备,一台作精馏段,另一台作提馏段。经数千小时运行试验,以证明超重力床能用于精馏,替代传统蒸馏塔设备。

但是,旋转填料床用于精馏过程没有能够推广应用。其原因主要有:完成连续精馏过程需要精馏段和提馏段各一台旋转填料床,使得精馏过程操作复杂;尽管传质效率很高,而转子直径有限,且难以在同一筒体中安装多个转子,因此,一台旋转填料床具有的理论板数难以满足精馏过程的要求。

正如塔设备有填料塔和板式塔一样,超重力场中的板式旋转床,通过在转子结构上的革新,克服了填料床的不足,其结构如图 6-28 所示。

如图 6-29 所示为三层转子板式超重力床,板式旋转床的转子可以由多层不同直径的同心圈构成,上、下同心圈交错镶嵌,上同心圈与静止部分连接,下同心圈与旋转部分连接;转子分成上面静止部分和下面旋转部分,即转子是部分静止、部分旋转的,不同于填料旋转床的转子上、下盖板均旋转。

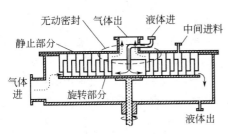

图 6-28 板式旋转床结构

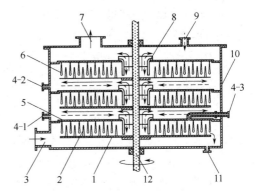

图 6-29 三层转子板式超重力床
1—动盘；2—动折流圈；3—气体进口管；4-1～4-3—液体进口管；5—静盘；6—静折流圈；7—气体出口管；8—导流管；9—回流管；10—壳体；11—液体出口管；12—转轴

板式旋转床的结构可以省略转子与气相管之间的动密封，可以在同一筒体内方便地安装两层以上层转子，从而使一台超重力床的分离能力成倍提高，并且可以在层与层之间，或在转子中部实现连续精馏所必需的中间进料。气体从底层转子外缘，通过动圈和静圈之间形成的上下折流通道，流向转子中心，进一步流向上一层转子，直至气体出口；液体从顶层转子中心，在离心力作用下，由内缘逐圈向外缘流动；在转子内，气液呈逆流流动，气体为连续相，液体为分散相。

6.4.3 超重力旋转床流体动力学和传质分离特性

6.4.3.1 超重力流体动力学压降

板式旋转床的流体力学性能比较复杂，以理论分析和实验数据为依据，可得到压降和液泛关联式。压降关联式如式（6-37）所示。

$$\Delta p_{Td} = \frac{1}{2}\rho_G \left(\frac{u_{Gr,avg}}{\varphi}\right)^2 \frac{f_{Td}}{d_h}(r_o - r_i) \tag{6-37a}$$

$$u_{Gr,avg} = \frac{G}{2\pi H r_m}$$

$$f_{Td} = (1.013 \times 10^7)Re_G^{-4.004} + 0.001942 Re_G^{-0.903} Re_\omega^{1.151}$$

$$\Delta p_{Tw} = \frac{1}{2}\rho_G \left(\frac{u_{Gr,avg}}{\varphi}\right)^2 \frac{f_{Tw}}{d_h}(r_o - r_i) \tag{6-37b}$$

$$f_{Tw} = 0.1159 Re_G^{-1.308} Re_L^{0.0384} Re_\omega^{0.936} + 3.819 Re_L^{-0.0331}$$

式中，Δp_{Td} 为干床总压降，Pa；Δp_{Tw} 为湿床总压降，Pa；ρ_G 为气相密度，kg/m³；$u_{Gr,avg}$ 为平均表观气速，m/s；G 为气量，m³/s；φ 为气体流通截面的开孔率；d_h 为动折流圈的水力学直径，m；r_i 为转子内径，m；r_o 为转子外径，m；r_m 为转子平均半径，m；f_{Td} 为干床总压降系数；f_{Tw} 为湿床总压降系数；Re_G 为气相雷诺数，$Re_G = \dfrac{d_h u_{Gr,ave} \rho_G}{\mu_G}$；$Re_L$ 为液相雷诺数，$Re_L = \dfrac{d_h u_{Lr,ave} \rho_L}{\mu_L}$；$Re_\omega$ 为气相旋转雷诺数，$Re_\omega = \dfrac{\omega r_m^2 \rho_G}{\mu_G}$；$\mu$ 为黏性系数。

6.4.3.2 超重力流体的液泛气速

液泛关联式如式（6-38）所示。

$$\lg\left(\frac{u_{G,\Delta r}^2}{r_i\omega^2\Delta r}\frac{\rho_G}{\rho_L}\right) = -2.281 - 0.9788\lg\left(\frac{L_m}{G_m}\sqrt{\frac{\rho_G}{\rho_L}}\right) - 0.1605\left[\lg\left(\frac{L_m}{G_m}\sqrt{\frac{\rho_G}{\rho_L}}\right)\right]^2 \quad (6\text{-}38)$$

式中，$u_{G,\Delta r}$ 为按转子最内层动、静折流圈之间环隙面积计的液泛气速，m/s；r_i 为转子内径，m；ω 为旋转角速度，rad/s；Δr 为转子最内层动、静折流圈之间的径向距离，m；ρ_G 为气相密度，kg/m³；ρ_L 为液相密度，kg/m³；L_m 为按转子内缘面积计的表观液体质量通量，kg/(m²·s)；G_m 为按转子内缘面积计的表观气体质量通量，kg/(m²·s)。

6.4.3.3 超重力流体的气液传质区间划分

转子内一对静圈和一个动圈组成一个传质单元，在转子内有很多个这样的传质单元；在一个传质单元内有三个传质区，如图 6-30 所示。

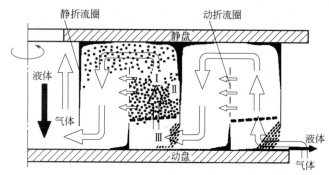

如图 6-30 所示，Ⅰ区为由动圈甩出的液滴与气体传质；Ⅱ区为被甩至静圈上的液膜与气体传质；Ⅲ区为从静圈落下的液滴与气体传质。经过一个传质单元的气液传质，可以达到大约 0.7 块理论板的分离能力；以半径方向长度计算，可达到每米 25 块理论板的分离能力。

图 6-30　板式超重力床三个传质区

除混合物体系外，影响超重力板式床传质效率的因素有转子结构尺寸、转速、气液流量等。图 6-31 是以甲醇-水二元混合物体系，在全回流条件下所测得的一层转子的理论板数。从图 6-31 可知，气液流量较小时，具有较多的理论板数。提高转速，有利于增加理论板数。图 6-32 是板式超重力床与传统的塔设备效率对比图，由于其单位高度的理论板数远多于板式塔和填料塔，可大幅降低床层高度，而且操作弹性大。

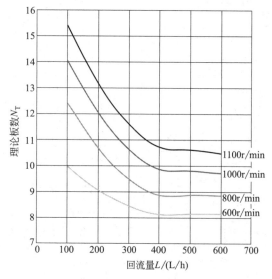

图 6-31　理论板数与回流量和转速关系

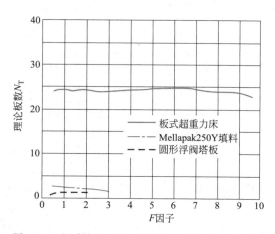

图 6-32　板式超重力床与传统的塔设备效率对比

6.4.4 板式超重力精馏设计原则及步骤

超重力精馏只是强化了精馏过程的气液传质,对精馏的基本原理并未改变,因此,对超重力精馏分离的气液两相平衡数据的计算与普通精馏相同。在此基础上按以下步骤设计:

① 根据工艺计算所需的理论板数和气液流量,确定动静圈的对数、转子直径和转子层数。

② 根据式(6-38)校验液泛点,如果气速达到液泛点的80%以上,则需要重新调整动静圈间距或转子层数,将气速控制在液泛气速80%以下;对于板式超重力床来说,气液流量的下限不受限制。

③ 调整好动静圈间距和数量后,再根据式(6-37)计算单层转子压降,然后确定转子的层数,以及气体进和出超重力床的压降,最后计算出一台板式超重力床的压降。

【例 6-6】 现有处理量为 500kg/h 的乙醇-水混合物,其中乙醇含量30%(质量分数),要求采用板式超重力床,在常温、常压下操作,将乙醇增浓到92.4%(质量分数),要求排放水中乙醇质量分数小于0.5%,试列出设计步骤,并设计出超重力板式床的结构尺寸等必要参数。

解 超重力板式床结构尺寸计算与运行负荷核算等步骤如下:

① 采用乙醇-水二元混合物气液两相平衡法,算出回流比为3时的理论板数为20块,其中蒸馏段12块。塔顶出料162kg/h,乙醇浓度为92.6%(质量分数);再沸器排放水338kg/h,乙醇含量 0.9×10^{-6}。(流量与密度数据为:精馏段气体流量643kg/h,液体流量481kg/h,气相密度1.43kg/m³,液相密度748kg/m³;提馏段气体流量430kg/h,液体流量768kg/h,气相密度0.88kg/m³,液相密度875kg/m³)

② 大致设计采用三层转子的板式超重力床,其中精馏段两层,提馏段一层。

以内缘折流板的尺寸,计算出液泛速度,防止操作运行时的液泛发生。取转子的转速为1000r/min,内缘静板内径为0.2m,动板内径为0.26m,则动、静板间距为0.03m;据精馏段的气液流量、密度和式(6-38)计算出,精馏段第一层转子内缘液泛气速为6.9m/s。

③ 取操作气速为 $u=0.8 \times 6.9 = 5.5$(m/s),则内缘动、静板之间的间距应调整为0.038m,即内缘静板直径为0.2m,动板直径为0.276m。根据内缘动、静板的间距及气液等面积流动原则,逐步向外安排动、静板的间距。

④ 按精馏段的计算方法,采用提馏段的气液流量及密度,算出提馏段内缘进料动、静板的间距。

⑤ 据所需理论板数和板式超重力床的分离能力,凭经验确定为转子直径0.85mm,筒体直径1.0m的板式超重力床。

⑥ 根据气液流量、动静板间距与转速,采用式(6-37)计算超重力板式床的压降,经验表明:压降一般在 0.8~1.5kPa 之间。

⑦ 计算出超重力板式床所需的轴功率。

⑧ 其他技术参数与辅助配管设计:顶部气相管流速取10m/s,则管径为126mm,经圆正取DN125;顶部回流管取流速0.5m/s,管径为DN25;进料管取流速1m/s,管径为

DN20；底部气相管取流速 10m/s，管径为 DN150；底部到再沸器回液管流速取 0.2m/s，取管径 DN40。

6.4.5 超重力板式床蒸馏的应用

超重力板式床蒸馏装置，自 2004 年第一套工业化以来，已成功地应用于甲醇/水、丙酮/水、DMSO/水、DMF/水、乙酸乙酯/水、甲醇/叔丁醇、乙酸乙酯/甲苯/水、甲醇/叔丁醇、氯化苯/异己烷、三乙胺/甲基异丙胺/水、二氯甲烷/硅醚/吗啉/甲醇/水、废氨水精馏-吸收系统，以及二氯甲烷/水共沸精馏和 THF/甲醇/水、无水乙醇、无水乙腈萃取精馏等数十种精馏体系的普通及特殊精馏过程，部分装置已连续运行十多年，设备操作稳定，性能良好。

6.4.5.1 超重力床精馏

在医药、染料和农药等精细化工行业中，溶剂使用品种多、批量小，普遍采用精馏操作回收溶剂。旋转折流板床具有持液量小、开停车时间短的优点，特别适合多品种、小批量物料的精馏；从工程上讲，具有体积小、安装灵活、操作维护方便的优点，可显著节约厂区空间，优化设备布局。以下为两组来自超重力板式床蒸馏的工业运行数据。

某制药厂两层转子超重力板式床，其外壳直径 800mm、高 550mm，旋转转子直径 630mm。用于连续蒸馏乙醇-水混合物，进料乙醇 40%（体积分数），取回流比 2.5。所得产品乙醇 95%（体积分数），再沸器残液中乙醇 0.5%（体积分数）。每天可获得 95% 乙醇（体积分数）达 4.5t。

某化工公司三层转子超重力板式床，其外壳直径 830mm、高 800mm，旋转转子直径 750mm，用于连续蒸馏甲醇-水溶液，进料甲醇 70%（质量分数），回流比为 1.5。所得产品甲醇大于 99.7%（质量分数），再沸器残液中甲醇小于 0.5%（质量分数），每天产出甲醇 12t。厚度为 80mm。

在工艺条件相同的情况下，表 6-11 为超重力旋转折流板床与传统填料塔高、径和体积比较的结果，从表中可以看出折流式超重力场旋转床可极大地降低设备高度、缩小设备体积，是一种资源节约型的小型化气液传质设备，为超重力技术用于连续精馏过程提供了一个很好的范例。

表 6-11 相同精馏任务超重力旋转折流板床和传统填料塔所需尺寸对比

物系	设备	直径/m	高度/m	体积/m³	高度比/体积比
乙醇/水	旋转折流板床	0.8	0.55	0.276	16.4/4.1
	填料塔	0.4	9.0	1.13	
甲醇/水	旋转折流板床	0.83	0.8	0.433	13.8/7.2
	填料塔	0.6	11.0	3.11	

6.4.5.2 超重力床萃取精馏

某制药企业用超重力板式床萃取精馏生产无水乙醇，工艺流程如图 6-33 所示。进入超重力板式床的原料乙醇含量为 90%（质量分数），顶部得到大于 99.7% 的无水乙醇；底部的萃取剂和水混合物进入超重力板式床回收萃取剂。该板式床为负压操作，水从顶部馏出，底部萃取剂经冷却后循环使用。

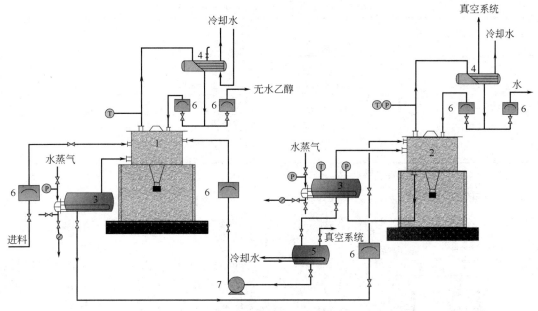

图 6-33 超重力板式床萃取精馏生产无水乙醇流程图
1—超重力床（生产无水乙醇）；2—超重力床（回收萃取剂）；3—再沸器；
4,5—冷凝器；6—流量计；7—泵

6.5 分子蒸馏

分子蒸馏又称短程蒸馏，是在高真空（一般为 10^{-4} Pa 数量级）下进行的一种蒸馏过程，与普通真空蒸馏操作不同，其蒸发面和冷凝面的间距小于或等于被分离物蒸气分子的平均自由程，由蒸发面逸出的分子可无碰撞、无阻拦地传递扩散到冷凝面上冷凝，其蒸发传质速率可高达 $20\sim40 g/(m^2 \cdot s)$。

常规的真空蒸馏通常在沸腾状态下操作，由于塔板或填料的阻力较大，使操作温度比分子蒸馏要高得多，如某一混合物的分离，采用真空蒸馏时的操作温度为 260℃，换用分子蒸馏的操作温度可能降到 160℃ 左右。由于分子蒸馏具有蒸馏温度低、受热时间短、分离程度高的特点，特别适合热敏性、易氧化的活性物质，或高分子量、高沸点、高黏度物料的分离、浓缩与纯化。分子蒸馏与真空蒸馏的比较见表 6-12，与普通蒸馏的比较见表 6-13。

表 6-12 分子蒸馏与真空蒸馏的比较

操作条件		亚油酸	乙酯型鱼油	天然生育酚(维生素 E)
蒸发温度/℃	分子蒸馏	140	130～140	160
	真空蒸馏	200	220	260
真空度/Pa	分子蒸馏	1～3	1～3	<1
	真空蒸馏	20～30	20～30	20～30
产物收率/%	分子蒸馏	95	90	80
	真空蒸馏	80	75	55
产物外观(纯度)	分子蒸馏	微黄色液体	淡黄色液体	棕红色液体
	真空蒸馏	棕红色液体	棕红色液体	棕褐色液体

表 6-13　分子蒸馏与普通蒸馏的比较

比较内容	分子蒸馏	普通蒸馏
温度	任何温度,只要与冷凝面存在足够温差	沸点温度下进行
蒸发-冷凝过程	不可逆过程	蒸发与冷凝为可逆过程
液体的蒸发	液膜表面上的自由蒸发,是不沸腾下的蒸馏	沸腾、鼓泡
分离因子	与组分蒸气压和分子量之比有关 $\alpha_M = \dfrac{p_1^\circ \gamma_1}{p_2^\circ \gamma_2} \sqrt{\dfrac{M_2}{M_1}}$	与组分蒸气压之比有关 $\alpha = \dfrac{p_1^\circ \gamma_1}{p_2^\circ \gamma_2}$

6.5.1　分子蒸馏的原理

（1）分子蒸馏过程及其特点　图 6-34 为分子蒸馏过程示意图,一般可将其分为以下 5 个步骤:

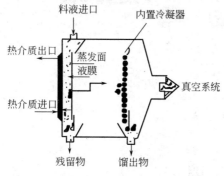

图 6-34　分子蒸馏过程示意图

① 热量通过加热面快速传递到流动的薄层液膜内,分子从液相主体向蒸发表面扩散,液相内的扩散常是控制分子蒸馏速度的主要因素;

② 在高真空、远低于沸点的温度下,分子从液膜表面自由蒸发;

③ 基于真空抽力,蒸发分子向冷凝面飞射;

④ 分子自由程大于蒸发面-冷凝面距离的分子在冷凝面上冷凝,而分子自由程小于蒸发面-冷凝面间距的重组分分子则不能达到冷凝面;

⑤ 没有蒸发的重组分和返回加热面上的极少量轻组分由于重力或离心力作用落到加热器底部。

（2）分子蒸馏的基本原理

① 分子平均自由程　分子在两次连续碰撞之间所走路程的平均值为平均自由程,这是分子蒸馏器设计中的主要参考数据。对纯组分,只有一种分子时,其分子平均自由程为

$$\lambda = 8.589 \frac{\eta_T}{p} \sqrt{\frac{T}{M}} \tag{6-39}$$

两种分子同时存在时,其分子平均自由程为

$$\lambda_{\text{hun}} = \left\{ 4.28 \times 10^{19} \frac{p_2 d_1^2}{T} + 7.55 \times 10^{18} \left[p_2 \frac{(d_1+d_2)^2}{T} \right] \sqrt{1 + \frac{M_1}{M_2}} \right\}^{-1} \tag{6-40}$$

式中,λ 为分子平均自由程,cm;η_T 为温度 T 时液体的黏度;p 为蒸气压或组分分压,mmHg;T 为蒸发温度,K;d 为分子直径,cm;M 为分子量。

分析平均自由程计算式,可以看出较重分子的平均自由程小,而较轻分子的平均自由程大。若在离蒸发面小于轻分子平均自由程而大于重分子平均自由程处设置一冷凝面,轻分子可到达冷凝面,而重分子则不能。这样就使混合物得以分离,如图 6-35 所示。

② 分子蒸发速率　分子蒸馏的蒸发速率由物质分子在蒸发面上的挥发速率决定,与气液相平衡无关。按 Langmuir-Knudsen 方程,多组分体系在理想情况下,每组分的蒸发速率为

$$J = p^\circ x \sqrt{\frac{1}{2\pi MRT}} = 1.384 \times 10^2 p^\circ x \sqrt{\frac{M'}{T}}$$
(6-41)

式中，J 为蒸发速率；p° 为组分的饱和蒸气压；T 为蒸发温度，K；M' 为摩尔质量，kg/mol；x 为液膜中组分的摩尔分数。

对于非理想物系或用于分子精馏的精确计算时，尚需根据实际操作压力进行适当校正。

③ 蒸发温度 分子蒸馏的蒸发温度与被蒸馏物质的分子量大小有关，图 6-36 所示为蒸发温度与被蒸馏分子的分子量呈线性增加关系。

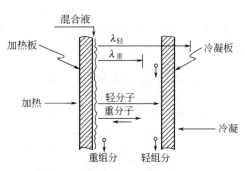

图 6-35 分子蒸馏分离不同分子量组分的原理示意

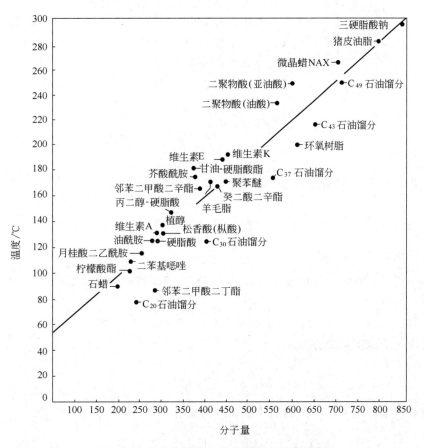

图 6-36 某些物质的分子蒸馏分离蒸发温度

④ 分离因子 假设以相对挥发度 α 表示分离二组分混合物的分离能力。对于分子蒸馏，由于分离过程是不可逆的，其分离因子 α_M 可由蒸发速度直接求出

$$\alpha_M = J_1/J_2 = [p_1^\circ \gamma_1/(p_2^\circ \gamma_2)]\sqrt{M_2/M_1}$$
(6-42)

对于普通蒸馏，由于液相与气相之间达到了动态相平衡，其分离因子 α 为

$$\alpha = p_1^\circ \gamma_1/(p_2^\circ \gamma_2)$$
(6-43)

比较式（6-42）和式（6-43）得

$$\alpha_M = \alpha\sqrt{M_2/M_1} \tag{6-44}$$

由上式可知:分子蒸馏的分离能力与被分离混合物的蒸气压和分子量有关,与普通蒸馏相差 $(M_2/M_1)^{0.5}$ 倍,表明分子蒸馏可以分离蒸气压十分相近而分子量有所差别的混合物。

6.5.2 分子蒸馏的传热与传质

目前已有不少描述分子蒸馏全过程的传热、传质数学模型,并对设备结构和操作条件进行了优化研究。如分子蒸馏的表面蒸发动力学,分子通过蒸馏空间的行程,分子在冷凝面上的冷凝,蒸发与冷凝表面液膜内及蒸馏间隙内的传热、传质过程等研究。特别是 Anh-Dung 等人提出的刷膜式分子蒸发器数学模型,较为详细地论述了分子蒸发器内液膜稳态区(温度恒定)内浓度变化,分子蒸馏过程的分离能力具有普遍性。

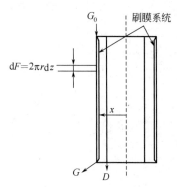

图 6-37 刷膜式分子蒸馏器示意

Anh-Dung 等人的刷膜式分子蒸发器数学模型基于假设:①蒸馏液为理想溶液;②分子蒸馏速率不高,膜内无温度变化;③液膜呈湍流,加热面和蒸发面之间的浓度梯度可忽略。图 6-37 为刷膜式分子蒸馏器模型,当溶液流经 dz 距离,组分 i 在蒸馏表面 dF ($=2\pi r dz$) 的蒸馏量可用下式计算

$$dJ_i = p_i^o x_i \sqrt{\frac{1}{2\pi M_i RT}} dF \tag{6-45}$$

如果传热足以保证稳态区内蒸发过程的进行,则液膜温度在 z 方向不变。上式可表示为

$$dJ_i = k_i x_i dF \tag{6-46}$$

式中,$k_i = p_i^o \sqrt{\frac{1}{2\pi M_i RT}}$。

当液膜中组分 i 的摩尔分数改变为 dx_i,液膜残液流量的改变为 $dG = -\sum dJ_i$ 时,由物料衡算得到

$$(G+dG)(x_i+dx_i) = Gx_i - dJ_i \tag{6-47}$$

上式可转化成以下微分方程

$$dx_i = \frac{x_i \sum dJ_i - dJ_i}{G+dG} \tag{6-48}$$

从进料和残液流量差,可得到蒸馏液量,对组分 i

$$G_0 x_i^0 - G x_i = \int_0^F dJ_i = \int_0^F k_i x_i dF \tag{6-49}$$

以上方程不可能以一般方法求解。但对二元体系,有可能得到数学解。二元体系一个组分(易挥发组分)浓度为 x,另一个组分浓度则为 $1-x$,式(6-48)可表示为

$$dx = \frac{\{x[k_1 x + k_2(1-x)] - k_1 x\}dF}{G+dG} \approx \frac{x(1-x)(k_2-k_1)dF}{G} \tag{6-50}$$

将式(6-50)代入式(6-49),得到:

$$G_0 x_0 - G_F x_F = \int_{x_0}^{x_F} \frac{k_1 G}{(k_2-k_1)(1-x)} dx \tag{6-51}$$

上式可表示成以下微分方程：

$$-\frac{dG}{dx}x - G = \frac{k_1 G}{(k_2 - k_1)(1-x)} \tag{6-52}$$

由边界条件（$F=0$ 时，$x=x_0$，$G=G_0$）所得该方程的解，可得到残液流量 G 与其组成 x 的关系：

$$G = \frac{G_0 x_0}{x}\left[\frac{x_0(1-x)}{x(1-x_0)}\right]^K \tag{6-53}$$

式中，$K = \dfrac{k_1}{k_2 - k_1}$。

由上式可计算蒸馏量

$$D = G_0 - G = G_0\left\{1 - \frac{x_0}{x}\left[\frac{x_0(1-x)}{x(1-x_0)}\right]^K\right\} \tag{6-54}$$

将式（6-53）所示 G 代入式（6-52），可以得到 x 和 F 的关系

$$\frac{(1-x)^{K-1}dx}{x^{K+2}} = \frac{(k_2-k_1)(1-x_0)^K}{G_0 x_0^{K+1}}dF \tag{6-55}$$

引入 $\alpha = x/(1-x)$，$\alpha_0 = x_0/(1-x_0)$，式（6-55）可表示成

$$x_0 \alpha_0^K \left(\frac{1}{\alpha^{K+1}} + \frac{1}{\alpha^{K+2}}\right)d\alpha = \frac{(k_2-k_1)dF}{G_0} \tag{6-56}$$

解上式可得到分子蒸发器内加热表面积和残留液浓度之间的关系

$$\frac{(k_2-k_1)F}{G_0} = \frac{x_0(1-U^K)}{K} + \frac{(1-x_0)(1-U^{K+1})}{K+1} \tag{6-57}$$

式中，$U = \alpha_0/\alpha$。

由上式可得到蒸馏液组成的摩尔分数和回收率。

$$y = \frac{G_0 x_0 - Gx}{G_0 - G} = \frac{x_0(1-U^K)}{1 - x_0 U^K - (1-x_0)U^{K+1}} \tag{6-58}$$

$$\xi = 1 - \frac{Gx}{G_0 x_0} = 1 - U^K \tag{6-59}$$

Anh-Dung 等用以上模型分别对十四烷酸乙酯/十六烷酸乙酯体系、辛酸/月桂醇体系进行了验算，结果表明，十四烷酸乙酯/十六烷酸乙酯体系的模型计算的理论值与实测值符合良好，而辛酸/月桂醇体系模型计算值误差较大，其主要原因在于两个体系的极性作用。对十四烷酸乙酯/十六烷酸乙酯体系，组分的极性小，组分间相互作用力极弱，可认为蒸馏液是理想溶液，而辛酸/月桂醇体系分子间有氢键形成，具有显著的共蒸发作用。

6.5.3 分子蒸馏器及其工艺设计

（1）分子蒸馏器设计　降膜式分子蒸馏器中液膜的厚度、下流速度与处理液性质、处理量及蒸发表面尺寸有如下关系

$$h = \sqrt[3]{\frac{3\mu\Gamma}{\rho^2 g}} \tag{6-60}$$

$$\Gamma = \frac{Q}{\pi D} \tag{6-61}$$

$$D = \frac{3\mu Q}{\pi g \rho^2 h^3} \tag{6-62}$$

式中，h 为蒸发面上的液膜厚度，cm；μ 为液体的动力黏度，g/(cm·s)；ρ 为液体密度，g/cm^3；g 为重力加速度，cm/s^2；Γ 为蒸发面单位圆周长度上的流速，g/(cm·s)；Q 为进料量，g/s；D 为蒸发面直径，cm。

设计中力求减小液层厚度，强化液层流动。蒸馏液的雾沫飞溅会降低分离效果，甚至使蒸馏过程遭到破坏，应尽量设法避免，如料液进蒸馏器前充分脱气，蒸发面与冷凝面之间的间距不宜过小（一般为 20～70mm）。也有研究提出，在蒸发面与冷凝面之间设置筛网作雾沫分离器，雾沫分离器虽会使蒸馏速率下降，但会大大改进分子蒸馏的分离性能。

（2）分子蒸馏工艺设计　图 6-38 为离心式分子蒸馏工艺流程图。该装置主要包括脱气系统、分子蒸馏器、真空系统和控制系统。其中，真空系统包括泵前冷阱，控制系统包括控制软件。

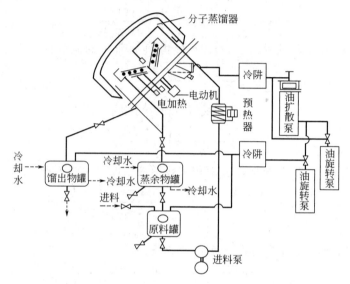

图 6-38　离心式分子蒸馏工艺流程示意

脱气系统在分子蒸馏装置中是必不可少的，其作用是在物料进入蒸馏器之前将所溶解气体和易挥发组分尽量排出，避免易挥发组分进入蒸馏器内由于高真空而导致的物料暴沸，影响蒸馏过程的顺利进行。分子蒸馏器是整个装置的核心设备，一般都采用内置加热器和冷凝器，常用的有刮膜式分子蒸馏器和离心式分子蒸馏器。真空系统是保证分子蒸馏过程进行的前提，由于整个系统必须在非常高的真空度下操作，选择合适的真空设备和严格的密封，是分子蒸馏装置设计的关键问题。一般分子蒸馏装置要求的极限真空度为 $10\sim10^{-4}$Pa，工作真空度为 $1\sim10^{-2}$Pa，通常选用油扩散泵为主泵，油封机械真空泵为前级泵。在密封件设计上应注意高温、高真空下密封变形的补偿问题。

6.5.4　分子蒸馏器特征及其应用

分子蒸馏技术随着相关科学技术的进步，其工艺流程及设备方面近十年来已有较大的改善与发展，出现了多种结构形式，各有特色。在此主要介绍已工业化应用或具有工业化应用前景的 4 种分子蒸馏设备。

（1）静止式分子蒸馏器　静止式分子蒸馏器出现最早、结构最简单，其特点是具有一个静止不动的水平蒸发表面。按其形状不同，可分为釜式、盘式等，如图 6-39 所示。静止式分子蒸馏器生产能力低、分离效果差、热分解的危险性大，一般适用于实验室及小规模工

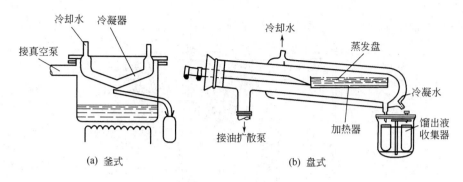

图 6-39 静止式分子蒸馏器

业化生产。

(2) 降膜式分子蒸馏器　降膜式分子蒸馏器的优点是液膜厚度小，且沿蒸发面流动；被加工物料在蒸馏温度下停留时间短，热分解的危险性较小，蒸馏过程可以连续进行，生产能力大，被广泛应用于实验室及工业化生产。其缺点是液体分配装置难以完善，很难保证所有的蒸发表面都被液膜均匀覆盖；液体流动时常发生翻滚现象，所产生的雾沫也常溅到冷凝面上，降低分离效果。图 6-40 是工业用降膜式分子蒸馏器。

刷膜式分子蒸馏器是降膜式分子蒸馏器的一种特例，如图 6-41 所示。刷膜式分子蒸馏器中设置一转动刮板（或称刷板）来强化传热和传质过程，既使液体均匀覆盖蒸发表面，又使下流液层获得充分搅动。为保证密封，刷膜式设备结构比较复杂，但比离心式简单。

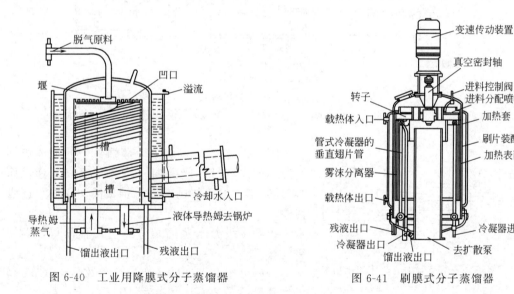

图 6-40　工业用降膜式分子蒸馏器　　　图 6-41　刷膜式分子蒸馏器

(3) 离心式分子蒸馏器　离心式分子蒸馏器（图 6-42）具有旋转的蒸发表面，多用于工业化生产中，其优点是液膜分布有规律，雾沫飞溅现象减少，分离效果很好；液膜非常薄，流动情况好，生产能力大；料液在蒸馏温度下停留时间短，可加工热稳定性极差的有机化合物。

离心式分子蒸馏器的不足之处在于：结构复杂，真空密封较难，设备的成本较高。

(4) 多级分子蒸馏器　对多组分液体混合物的分离，为获取多种馏分或提高产物纯度，可采用多级分子蒸馏器，图 6-43 所示为工业用多级分子蒸馏器的结构。

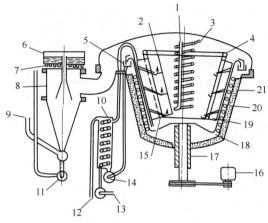

图 6-42 离心式分子蒸馏器

1—冷却水入口；2—三段翼形冷凝器；3—冷却水出口；4—冷凝器的水出口环管；5—残液沟槽；6—喷射泵锅炉；7—喷射泵加热器；8—喷射泵泵体；9—接前级泵；10—换热器；11—喷射泵锅炉加料泵；12—残液出口；13—原料泵；14—残液泵；15—冷凝器的水入口环管；16—电动机；17—轴承座；18—铸铝转子；19—百叶窗式冷凝器；20—辐射加热器；21—绝热层

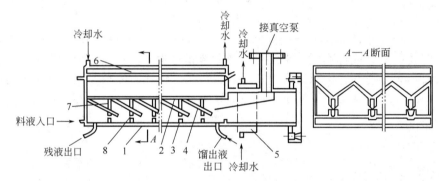

图 6-43 工业用多级分子蒸馏器

1—壳体；2—冷凝器；3—隔板；4—导流槽；5—水冷却器；6—冷却器；7—垂直挡板；8—隔板间膜

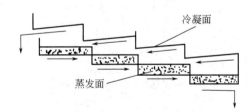

图 6-44 多级分子蒸馏器中的流体流动情况

图 6-44 表示了多级分子蒸馏器中的流体流动情况，馏出液沿冷凝面向"塔顶"逐级传递，而"塔顶"槽内的液体则经溢流挡板向"塔底"逐级传递。

该种多级分子蒸馏装置工艺流程简单，不需级间输送系统。

一些分子蒸馏器的主要特征参数示于表 6-14，可供蒸馏器工艺设计时参考。

表 6-14 分子蒸馏器的主要特征参数

设备名称	液膜厚度/mm	液层上下面温差/℃	料液在高温下的停留时间
釜式	10~50	3~18	1~5h
盘式	1~10	1.5	5~60min
工业型降膜式	1~3	不计	2~10min
工业型离心式	0.03~0.06	不计	0.1~1s
高速离心式	0.001~0.005	不计	0.001~0.005s
逆流阶梯式	5~15	5	5~60min

分子蒸馏适用于高沸点、热敏性及易氧化物的分离，已有数十类产品的生产应用该技术，其应用面已扩展到医药、食品、香料、农药、石油化工等工业领域，如化工中间体的精制、表面活性剂的提纯、混合油脂的分离、农药与农药中间体的提纯与精制、合成与天然香精的提取与纯化、磷酸类增塑剂的提纯等。特别是近几年来在天然物质提取中的应用尤为突出，如从鱼油中提取二十碳五烯酸（EPA）、二十二碳六烯酸（DHA），从植物油中提取天然维生素 A、维生素 E 等。

6.6　膜　蒸　馏

20 世纪 60 年代中期，Findly 提出了膜蒸馏（membrane distillation）的概念。膜蒸馏，即以不会被水湿润的微孔疏水膜为介质，在膜两侧温度差的存在下，使得膜上游高温侧易挥发组分（水）汽化成蒸气分子，并从高温侧通过疏水性微孔膜向低温侧传递扩散，然后在低温侧冷凝而实现溶剂蒸发、溶质浓缩的新型分离技术。

膜蒸馏过程虽有相变，但通常可在常压和低于沸点温度下进行，其特点是可利用低压蒸汽、循环热水等工业余热，甚至太阳能等低效热能，应用于小规模的海水淡化、浓海水制盐、超纯水制取、果汁等热敏性物质的脱水或浓缩等。与常规蒸馏相比，膜蒸馏的优点是操作温度低，设备紧凑，大多设备材质可为塑料，可避免腐蚀。其不足是：仍需要 60～90℃ 的热能，疏水膜长期使用后会亲水化，需要定期恢复处理。

6.6.1　膜蒸馏的原理

（1）膜蒸馏分类　膜蒸馏过程中的传递如图 6-45 所示，当多孔疏水膜的一侧流过热水溶液，另一侧流过低温冷水时，由于膜的疏水性，当膜两侧压力相近时，水不会从膜孔中通过，但高温侧水溶液在膜表面产生的水蒸气在膜两侧蒸气压差的推动下可通过膜孔，进入低温侧并冷凝，因此在低温侧可得到高纯水。图 6-45（a）为直接接触式膜蒸馏，由于其低温侧液体是在膜组件外冷却的，也称外冷式膜蒸馏。图 6-45（b）为气隙式膜蒸馏，低温侧的冷源设在膜组件内，又称为内冷式膜蒸馏。

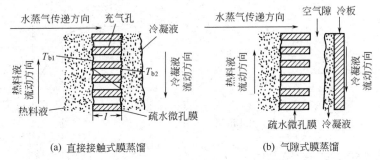

(a) 直接接触式膜蒸馏　　(b) 气隙式膜蒸馏

图 6-45　膜蒸馏过程中的传递

膜蒸馏中的传质推动力是膜两侧温度 T_1、T_2 下水的饱和蒸气压差，蒸气压差由膜两侧的温度差产生，由于气隙式膜两侧温差（T_1-T_2）要比直接接触式大得多，通常其膜蒸馏的通量较大，但传质、传热阻力大于直接接触式，装置结构也较为复杂。除了以上两类膜蒸馏外，还有产品侧为负压的真空膜蒸馏和惰性气带走蒸汽的吹扫气膜蒸馏。真空膜蒸馏比其他膜蒸馏有更大的蒸馏通量，近年来特别受到关注。

（2）传质机理　直接接触式膜蒸馏的传质过程由以下步骤组成：首先水从料液主体扩散到膜料液侧表面；然后水在疏水膜料液侧表面汽化；汽化的水蒸气扩散通过疏水膜孔；水蒸气最后在疏水膜透过侧表面冷凝。

气隙式膜蒸馏传质过程的前三步与直接接触式膜蒸馏相同，第四步改为水蒸气由疏水膜透过侧表面扩散并通过空气滞留层到冷凝壁表面，水蒸气最后在冷凝壁表面冷凝。

对水蒸气通过疏水膜孔的扩散，一般认为是通过其中滞留空气层的分子扩散。也有人认为当膜孔为 $0.1\sim0.45\mu m$ 时，传递过程应受分子扩散与 Knudsen 扩散的联合作用。在真空蒸馏时透过膜的气态物质的平均分子自由程一般为 $1\mu m$，大于膜的平均孔径，膜内传质过程基本属于努森扩散，可用 Knudsen 方程计算透过膜的速率，由于微孔膜具有一定的孔径分布，有的膜孔径可与 λ 相近，实际上蒸汽分子透过膜除了努森扩散外，还存在黏滞流动。

（3）浓度极化和温度极化　浓度极化和温度极化对膜蒸馏过程有着重要的影响。待分离混合物中一些组分优先透过膜后，另一些组分被截留，并在靠近膜表面的边界层中积累，透过组分在边界层中的浓度则下降，这种现象称为浓度极化，在膜蒸馏中传热是与传质同时进行的，某一组分在膜-液界面蒸发所需的蒸发热取自溶液，从而在与膜相邻的液膜中形成温度梯度，这种现象称为温度极化。温度极化将明显影响膜蒸馏的通量：膜蒸馏中的传质推动力是膜两侧温度下的（水）蒸气压差，温度极化使膜两侧温度差小于冷、热主体温度差，从而使传质推动力下降。

6.6.2　膜蒸馏过程中的传热和传质

图 6-46 所示为膜蒸馏器进出物料温度，其温度和压力分布如图 6-47 所示，主体温度均为进出口的平均温度

$$T_{b1}=\frac{T_{b1,in}+T_{b1,out}}{2}$$

$$T_{b2}=\frac{T_{b2,in}+T_{b2,out}}{2} \quad (6-63)$$

$$T_b=\frac{T_{b1}+T_{b2}}{2}$$

$$\Delta T_b=T_{b1}-T_{b2}$$

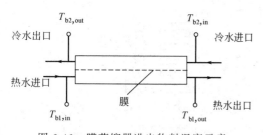

图 6-46　膜蒸馏器进出物料温度示意

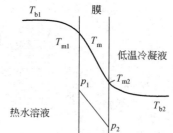

图 6-47　膜蒸馏中温度和压力分布

在膜蒸馏中，传热和传质是耦合进行的。膜两侧的温差不仅导致了传热，也导致了传质的进行，因此透过膜的水蒸气由两部分组成：比例于浓度梯度的扩散流及决定于膜两侧温度梯度的热扩散流。一些研究表明，对于气体，热扩散系数是（浓度）扩散系数的 $1/10^3 \sim 1/10^2$，热扩散对膜质量通量的影响很小。当膜两侧温差不大时，膜通量和膜两侧蒸气压差为线性关系

$$N=C(p_1-p_2) \quad (6-64)$$

式中，p_1、p_2 分别为膜两侧温度下，水的饱和蒸气压；C 为膜传质系数，决定于组分透过膜的传质机理，可有如下三种情况：a. 当膜孔内有不凝气体滞留时，蒸汽分子通过膜孔为分子扩散；b. 当膜孔中蒸汽分子被真空带走时，蒸汽分子可能以对流方式排出；c. 在大多情况下，膜的孔径与蒸汽分子的平均自由程在同一数量级范围，则近似为努森扩散，可利用相应扩散系数方程，计算出膜传质系数。

在实际膜蒸馏中几种传质同时存在，且以上计算式中的一些参数往往很难得到，因此膜传质系数 C 大多由实验测定。但上面的模型表明，传质系数受温度影响不大（一般平均温度上升 10℃，传质系数减小 3%）。在对流传质控制时，C 与膜孔的几何结构有很大关系；在扩散控制时，膜孔内所存在空气的平均摩尔分数将会成为控制因素。

由于膜内蒸气压不能直接测量，需将式 (6-64) 转换成以温度表示的形式

$$N = C \frac{\mathrm{d}p}{\mathrm{d}T}\bigg|_{T_m} (T_{m1} - T_{m2}) \tag{6-65}$$

上式对 $(T_{m1} - T_{m2}) < 10℃$，且为稀溶液的体系是相当好的近似。$\frac{\mathrm{d}p}{\mathrm{d}T}$ 可由平均膜温下 Clausius-Clapeyron 方程估算

$$\frac{\mathrm{d}p}{\mathrm{d}T}\bigg|_{T_m} = \frac{p\lambda M}{RT^2}\bigg|_{T_m} \tag{6-66}$$

p 可由 Antoin 方程估算

$$p = \exp\left(23.238 - \frac{3841}{T_m - 45}\right) \tag{6-67}$$

对浓溶液，式 (6-65) 必须做如下校正，以考虑溶解组分引起蒸气压的下降

$$N = C \frac{\mathrm{d}p}{\mathrm{d}T}[(T_{m1} - T_{m2}) - \Delta T_{th}](1 - x_m) \tag{6-68}$$

式中，ΔT_{th} 为修正温度，可由下式得到

$$\Delta T_{th} = \frac{RT^2}{M\lambda} \frac{x_1 - x_2}{1 - x_m} \tag{6-69}$$

式中，x_1、x_2、x_m 分别为组分在料液侧、透过液侧的浓度及平均浓度；λ 为汽化潜热。

膜蒸馏中的传热有两种机理，一种是伴随着蒸汽通量产生的潜热传递，另一种是通过膜的热传导。

大多数商品微滤膜的 k_m 值为 $0.04 \sim 0.06 \mathrm{W/(m \cdot K)}$，随 ε 减小而增大。通过膜的总传热量为以上两部分之和

$$Q = Q_v + Q_C = \left(C\lambda \frac{\mathrm{d}p}{\mathrm{d}T} + k_m/\delta\right)(T_{m1} - T_{m2}) = H(T_{m1} - T_{m2}) \tag{6-70}$$

式中，$H = C\lambda \frac{\mathrm{d}p}{\mathrm{d}T} + \frac{k_m}{\delta}$ 为膜的有效传热系数。H 随 T_m 而增加，因为 $\frac{\mathrm{d}p}{\mathrm{d}T}$ 随 T_m 而增加。

另外，C 值大，传热量低时，T_{m1} 趋近于 T_{m2}，$\tau \to 0$，在这种情况下，过程速率完全由液相中的传热阻力控制。

【例 6-7】 已知聚丙烯微孔膜的水渗透系数为 $4.2 \times 10^{-7} \mathrm{m/(s \cdot atm)}$，用此膜元件进行膜蒸馏过程，设进料温度分别为 50℃ 和 90℃，透过液侧水蒸气被冷凝为 20℃ 的纯水，假定过程中的温度极化现象可忽略。试计算进料温度分别为 50℃ 和 90℃ 时的纯水流速。比较两操作温度下的纯水透过比。

解 首先查得，在 50℃、90℃、20℃ 下水的饱和蒸气压分别为：

$$p^\circ_{50}=12.340\text{kPa} \quad p^\circ_{90}=70.136\text{kPa} \quad p^\circ_{20}=2.3346\text{kPa}$$

其次，计算出进料温度为 50℃和 90℃时的纯水流速分别为：

$$N_{50}=C(p_1-p_2)=4.2\times10^{-7}\times\frac{12.340-2.3346}{101.325}=4.15\times10^{-8}(\text{m/s})$$

$$N_{90}=C(p_1-p_2)=4.2\times10^{-7}\times\frac{70.136-2.3346}{101.325}=2.81\times10^{-7}(\text{m/s})$$

最后，算出两个温度下的纯水流速比：

$$N_{90}/N_{50}=2.81\times10^{-7}/4.15\times10^{-8}=6.77$$

可见，对膜蒸馏过程，在可能的条件下，较高进料温度有利于产水能力的提高。

6.6.3 膜蒸馏用膜及其膜元件

（1）膜的浸润及浸润压力　膜蒸馏对膜最基本的要求是膜不被液体物料所浸润，否则液体将自发透过膜孔。浸润程度可通过接触角测定，将液滴置于膜材料的无孔光滑平面上，

由于液滴和膜的亲和力不同，液滴和膜之间形成不同的接触角，见图 6-48，低亲和力者接触角大于 90°，高亲和力者接触角小于 90°，后者表明液体可浸润该表面，如果材料是多孔的，液体将自动透入孔中，这可以用 Laplace 方程表示

图 6-48　液滴在固体（无孔）材料上的接触角

$$\Delta p=-\frac{2\gamma_i}{r}\cos\theta \tag{6-71}$$

式中，r 为孔径；γ_i 为液体的表面张力。当 $\theta<90°$ 时，$\cos\theta>0$，表明液体可自发进入膜孔；如果 $\theta>90$，则 $\cos\theta<0$，$\Delta p>0$，表明必须加一压力 Δp 才能将液体压入孔中，Δp 为浸润压力，即液体进入膜孔的压力。膜蒸馏时，膜两边压差不应超过浸润压力。式（6-71）表明，浸润压力反比于膜孔大小。图 6-49 为膜孔径与浸润压力的关系，可见，孔径较大的膜容易浸润。

影响膜浸润的另一参数是液体的表面张力。表面张力与分子间的作用力有关，乙烷之类的烃类化合物表面张力很低，像水之类形成氢键的物质，分子间有强作用力，表面张力高。

当水中含有机溶剂时，其表面张力迅速下降，浸润压力也随之下降，图 6-50 为孔径 0.1μm 的聚丙烯膜浸润压力与水溶液中乙醇浓度的关系。聚合物的表面能是决定浸润的另一个重要因素，表面能高的聚合物容易浸润。

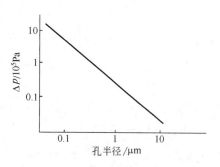

图 6-49　PTFE 多孔膜的膜孔径与浸润压力的关系

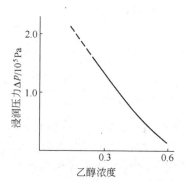

图 6-50　聚丙烯多孔膜浸润压力与水溶液中乙醇浓度（质量分数）的关系

(2) 用膜材料及其膜元件　膜蒸馏所用膜材料大多为聚丙烯（PP）、聚偏氟乙烯（PVDF）、聚四氟乙烯（PTFE）等，其特征是有较强的疏水性、耐热性好，且可熔纺成中空纤维或毛细管微孔膜，或先熔纺成纤维后，再定向拉伸成孔制成微孔膜。近来也有采用加适量制孔剂的烧结法制管式微孔膜，强度有所提高，孔径也可适当调控，唯一不足的是管壁较厚，影响传质速度，装填密度就小得多。如 PTFE 的疏水性、化学稳定性都好，可用于酸、碱度较高的溶液浓缩或蒸发，并已开始应用于小规模的工业过程。

膜蒸馏用膜的孔径均一性和较高的孔隙率也十分重要，高的孔隙率可提供膜蒸馏较大的蒸发面积，提高蒸发通量。孔径的均匀性也十分重要，若有较大的孔径存在，则会降低膜的疏水性，增加膜孔被湿润化而亲水的概率。一般适用于膜蒸馏的膜孔径为 $0.1\sim0.5\mu m$，孔隙率为 $60\%\sim80\%$。

膜蒸馏用膜元件的构型，类似于微滤与超滤膜，也可制成为中空纤维膜元件、毛细管膜元件、卷式膜元件和板框式组件，并进一步组合成膜蒸馏装置。

习 题

6-1　恒压下的等温线与等泡点（等露点）温度线是否相同？为什么？

6-2　乙醇-水共沸物的分离，可用乙二醇替代苯作为恒沸剂，获得无水乙醇。请问异丙醇-水共沸物的分离，是否也可用乙二醇作为共沸剂？请解释。

6-3　苯和甲苯二元混合物，苯含量 40%（质量分数），处理量 500kg/h。要求采用板式超重力蒸馏装置，将苯和甲苯分离，并分别获得 99.5%（质量分数）纯度。请计算出板式超重力床的转子直径和转子层数，以及所需的轴功率。

6-4　现有乙腈-水混合物 300kg/h，其中乙腈的含量为 50%（质量分数），拟用板式超重力装置，通过三步法将乙腈提纯到 99.7%，即首先将乙腈-水混合物蒸馏到共沸组成，然后用乙二醇作萃取剂，用萃取精馏法获得纯度为 99.7% 的乙腈产品，最后将乙二醇回收并重复利用。试设计三台板式超重力床装置，分别用于普通蒸馏、萃取精馏和乙二醇回收。已知乙腈-水混合物在 76℃ 下的共沸组成（质量分数）分别为 85.8% 和 14.4%。

6-5　比较膜蒸馏与渗透蒸馏的差异，为什么说膜蒸馏与渗透蒸馏过程可用于溶液的浓缩，浓缩倍数与何种因素有关？

6-6　反渗透与膜蒸馏过程都能制备超纯水，举例说明两种过程的异同。

6-7　聚丙烯（PP）疏水微孔膜可用于膜蒸馏，试问：

(1) PP 适用于哪种液体的膜蒸馏，为什么？

(2) 图 6-51 所示三种（a、b、c）不同孔径分布的 PP 膜，哪一种可用于膜蒸馏，为什么？

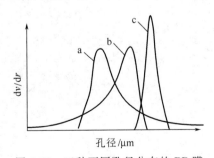

图 6-51　三种不同孔径分布的 PP 膜

(3) 膜蒸馏可用于从海水制饮用水，透过液侧应使用哪种液体？

(4) 如果料液侧用苦咸水代替海水，透过液侧保持不变，透过的通量和水质有何变化？

(5) 在逆流操作的膜组件中进行膜蒸馏，两侧的进出口都有同一温差，如 10℃（热侧为 90℃/80℃，冷侧为50℃/40℃），整个膜组件的水通量是否相同，为什么？

6-8 已知聚丙烯中空纤维微孔膜的水渗透系数为 4.2×10^{-7} m/(s·atm)，该微孔膜被用于膜蒸馏过程，设进料温度分别为60℃和85℃，设膜蒸馏装置的透过液侧温度均为20℃，假定忽略温度极化。试算出进料温度分别为60℃和85℃时的纯水流率为多少，并与例6-7比较出水流率比。

参考文献

[1] Walas S M. Phase Equilibria in Chemical Engineering. Oxford：Butterworth Publishers MA，1985.
[2] Sundmacher K，Kienle A. Reactive Distillation：Status and Future Directions. Weinheim：Wiley-VCH，2002.
[3] 于鸿寿，等. 化学工程手册：第11篇蒸馏. 北京：化学工业出版社，1989.
[4] 杭道耐，赵福龙. 甲基叔丁基醚生产和应用. 北京：中国石化出版社，1993.
[5] 计建炳，徐之超，俞云良. An Equipment of multi-rotors zigzag high-gravity rotating beds：USP 7344126B2. 2008-03-18.
[6] 王广全，徐之超，等. 超重力精馏技术及其产业化应用. 现代化工，2010，30（s1）：55-57.
[7] 刘有智，等. 超重力分离工程. 北京：化学工业出版社，2020.
[8] 俞云良，计建炳，徐之超，等. 折流式旋转床电功率消耗特性. 石油化工设备，2004，33（4）：4-7.
[9] 杨村，于宏奇，冯武文. 分子蒸馏技术. 北京：化学工业出版社，2003.

第 7 章
超临界流体与特种溶剂萃取

溶剂萃取是一种已在工业生产中得到普遍应用的平衡级分离过程。在该过程中水溶液或有机溶液中的组分被萃取进入另一不互溶的有机或水溶液中。萃取是用于分离液体混合物的一种传统技术，其方法是选择一种萃取剂，对混合物中待分离组分具有选择性溶解特性，而其余组分则不溶或少溶而获得分离。传统的液液萃取分离适用于那些难以用蒸馏方法分离的混合物体系，如溶质 A 的浓度很小而溶剂 B 又为易挥发组分体系，芳烃与烷烃等恒沸或近沸混合物，以及某些易分解或聚合的温敏混合物等的分离。萃取技术从核燃料的提取、分离和纯化开始，已广泛地应用于化工、冶金、制药、生物、航天等工业领域。

如图 7-1 所示，20 多年来基于某些新兴学科与技术的发展，又派生出超临界萃取、双水相萃取、膜基萃取等新型萃取分离技术。

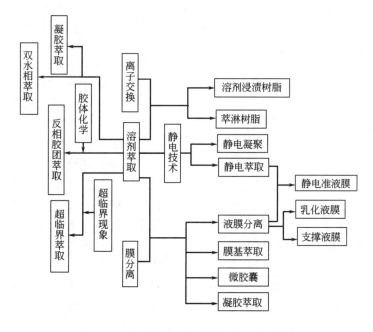

图 7-1 新型萃取分离技术的衍生与拓展

7.1 超临界流体萃取

超临界流体萃取（supercritical fluid extraction，SFE）是利用超临界条件下的流体作为萃取剂，从液体或固体中萃取出特定成分，以达到某种分离目的的一种化工新技术。在超临界流体萃取过程中，作为萃取剂的气体必须处于高压或高密度下，以具有足够大的萃取能力。超临界流体萃取实际上是介于精馏和液体萃取之间的一种分离过程，在大气压附近精馏时，把常压下的气相当作萃取剂；当压力增加时，气相的密度也随之增加。当气相变成冷凝液体时，分离过程即成为液液萃取。在这个物理条件连续变化的过程中，超临界流体萃取相当于处于高压精馏端。因此，它在某种程度上结合了蒸馏和萃取过程的特点。

超临界流体萃取的特点是：萃取剂在常压和室温下为气体，萃取后易与萃余相和萃取组分分离；在较低温度下操作，特别适合于天然物质的分离；可通过调节压力、温度和引入夹带剂等调整超临界流体的溶解能力，并可通过逐渐改变温度和压力把萃取组分引入到希望的产品中去。

20 多年来，超临界流体萃取技术已被用于石油、医药、食品、香料中许多特定组分的提取与分离，如咖啡豆中脱除咖啡因，啤酒花中提取有效成分等，植物中提取生物活性物质（如药物、β-胡萝卜素、生物碱、香精香料、调味品、化妆用品等）；鱼油中提取 EPA 和 DHA 等特定成分；植物和动物油脂的分级，有价值物质的提取，热敏物质的分离；高分子的聚合、分级、脱溶剂和脱挥发成分上的应用，有机水溶液的分离，含有机物的废水处理等方面，获得了较好成果。

7.1.1 超临界流体及其性质

（1）超临界流体的 $p\text{-}V\text{-}T$ 性质　　当流体的温度和压力处于它的临界温度和临界压力以上时，称为超临界流体。流体在临界温度以上时，无论压力多高，流体都不能液化，但流体的密度随压力增高而增加。图 7-2 是二氧化碳的压力-温度-密度线图。

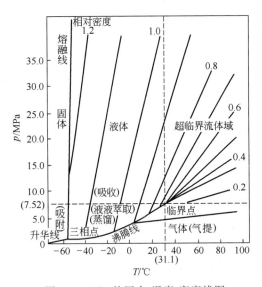

图 7-2　CO_2 的压力-温度-密度线图

由图 7-2 可清楚了解气体、液体区相对应的超临界流体区，特别是所示出的等密度线，其在临界点附近出现收缩。在比临界点稍高一点的温度区域内，压力稍有变化，就会引起超临界流体密度的显著变化。若升高压力，则流体的密度几乎与液体相近。由此而知，超临界流体对液体或固体溶质的溶解能力也将与液体溶剂相仿，因此，可进行萃取分离。

很多物质具有超临界流体的溶剂效应，如表 7-1 所列溶剂，大多数溶剂的临界压力在 4MPa 上下，符合选作超临界流体萃取剂的条件。然而，超临界流体萃取剂的选取，还需综合考虑对溶质的溶解度、选择性、化学反应可能性等一系列因素，因此，可用作超临界萃取剂的物质并不太多。如表中乙烯的临界温度和临界压力适宜，但在高压下易爆聚；氨的临界温度和临界压力较高，且对设备有腐蚀性等，均不宜作为超临界萃取剂。

表 7-1 供选用溶剂的临界性质

物质	沸点/℃	临界温度 T_c/℃	临界压力 p_c/MPa	临界密度 ρ_c/(g/cm³)	物质	沸点/℃	临界温度 T_c/℃	临界压力 p_c/MPa	临界密度 ρ_c/(g/cm³)
氩		−122.4	4.86	0.53	氟利昂-11		198.1	4.41	
甲烷	−164.0	−83.0	4.64	0.160	异丙醇	82.5	235.2	4.76	0.273
氪		−63.8	5.50	0.920	甲醇		240.5	8.10	0.272
乙烯	−103.7	10.0	5.12	0.217	正己烷	69.0	234.2	2.97	0.234
氙		16.7	5.89	1.150	乙醇	78.2	243.4	6.30	0.276
三氟甲烷		26.2	4.85	0.620	正丙醇		263.4	5.17	0.275
氟利昂-13		28.9	3.92	0.580	丁醇		275.0	4.30	0.27
二氧化碳	−78.5	31.0	7.38	0.468	环己烷		280.3	4.07	
乙烷	−88.0	32.4	4.88	0.203	苯	80.1	288.1	4.89	0.302
丙烯	−47.7	92.0	4.67	0.288	乙二胺		319.9	6.27	0.29
丙烷	−44.5	97.2	4.24	0.220	甲苯	110.6	320.1	4.13	0.292
氨	−33.4	132.3	11.39	0.236	对二甲苯		343.0	3.52	
正丁烷	−0.5	152.0	3.80	0.228	吡啶		347.0	5.63	0.31
二氧化硫		157.6	7.88	0.525	水	100.0	374.1	22.06	0.326
正戊烷	36.5	196.6	3.37	0.232					

二氧化碳的临界温度在室温附近，临界压力也不算高，却密度较大，对大多数溶质具有较强的溶解能力，而对水的溶解度却很小，有利于在近临界或超临界下萃取分离有机水溶液；而且还具有不易燃、不易爆炸、不腐蚀、无毒害、化学稳定性好、廉价易得、极易与萃取产物分离等一系列优点，是超临界流体技术中最常用的溶剂。另外，轻质烷烃和水用作超临界萃取剂也具有一定的优势。

图 7-3 表示二氧化碳的对比密度、对比温度与对比压力之间的关系。图中画有阴影部分的斜线和横线区域分别为超临界和近临界流体萃取较合适的操作范围。从图中可以看出，当二氧化碳的对比温度为 1.1 时，若将对比压力从 3.0 降至 1.5，其对比密度将从 1.72 降至 0.85。如维持二氧化碳的对比压力 2.0 不变，若将对比温度从 1.03 升高至 1.1，其相应的密度从 839kg/m³ 降至 604kg/m³。由于超临界流体的压力降低或温度升高所引起明显的密度降低，使溶质从超临界流体中重新析出，这是实现超临界流体萃取的依据。

（2）超临界流体的相图 Van Konynenburg 和 Scott 将大多数二元流体在临界区附近的相行为分成六大类，如图 7-4 所示。除了第Ⅵ型外，所有五种型式的相图均可用 van der Waals 状态方程来描述。在这些 p-T 图中实线代表纯物质的蒸气压曲线，虚线代表二相分界轨迹；点

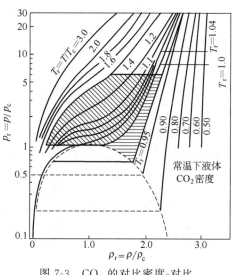

图 7-3 CO_2 的对比密度-对比温度-对比压力的关系图

划线表示三相共存线，实心圆点表示纯组分的临界点，空心圆点表示二相分界线与液-液-气三相线的交点，也称临界终点。下标 α 和 β 分别是组分 α 和组分 β；LLG 代表液-液-气三相并存；UCEP 和 LCEP 分别代表上临界端点和下临界端点。

Ⅰ型是液相不分层的最简单体系在临界区附近的一类相图，通常由两种化学性质相似、

分子尺寸差别不太大的非极性或弱极性组分构成，但也可有少数极性物质参与。其特点在于从 C_α-C_β 形成连续的临界轨迹曲线，且液相完全互溶。此类相图的临界轨迹曲线形状还可分成五种亚型，如图 7-4 所示。

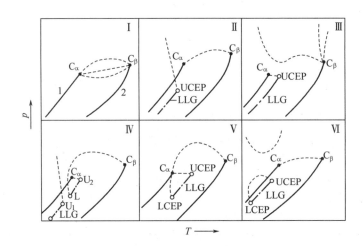

图 7-4　二元流体混合物相行为的分类示意图

Ⅱ型相图的临界轨迹曲线仍然保持连续，与Ⅰ型的主要差异在于温度较低时出现液液部分互溶区，且具有上部临界会溶温度的液液平衡，在此温度以上两个液相的差别消失。产生这种液液不互溶区的原因在于混合物中组分间的分子尺寸和极性差别的变大所导致。

Ⅲ型相图进一步增加两组分间的尺寸和极性差异，这时在 C_α 和 C_β 间的临界轨迹曲线就不再呈连续形状，而有两条分支。一条从易挥发组分 C_β 出发，在上临界端点处结束，与三相区相交。另一条从难挥发组分 C_α 出发，描绘出气液临界点轨迹，到达最低温度后又再上升，最后向很高压力处延伸。属于此类流体混合物的有乙烷-甲醇、CO_2-C_nH_{2n+2}（$n \geqslant 12$）、甲烷-甲基环戊烷、甲烷-正己烯等。对 CO_2-C_nH_{2n+2} 体系，当 $n=2,4$ 时，属Ⅰ型相图，当 $7<n<12$ 时，转化为Ⅱ型，当 $n \geqslant 13$ 时，又属于Ⅲ型。

Ⅳ型相图存在两个液液部分互溶区。由上临界端点 U_2 出发的会溶曲线，和由 C_α 出发的气液平衡临界轨迹线会合于下临界端点处。在 U_1 和 L 之间，组分 β 和组分 α 可以按任何比例互溶。该类体系有甲烷-正己烯、甲烷-2,3-二甲基-1-丁烯、CO_2-硝基苯等；以及环己烷-聚苯乙烯、苯-聚异丁烯等含聚合物的系统。

Ⅴ型相图与Ⅳ型的差别是在低温区不出现液液相分裂，与Ⅰ型和Ⅱ型相图的差别相类似。从Ⅰ型易于转变成Ⅴ型，从Ⅱ型则易于转变成Ⅳ型。这类体系有乙烷-乙醇、乙烷-丙醇、乙烷-丁醇等。

Ⅵ型相图在较低的温度下，存在液-液-气三相平衡，这三相共存区在图中的上、下临界端点上消失，从上、下临界端点可分别引出临界曲线，但这种临界曲线并不连接到气液临界曲线上，而是两条线本身在液液临界点上的会合。该型混合物组分间的相互作用力以氢键为主，温度下降，氢键增强，使互溶度增加直至完全互溶。已知这类体系有水-2-丁醇、水-丁醇、水-烟碱等。

在超临界流体技术中，三元体系较为常见，根据三元体系的液-液-气三相状态的存在形式，在一定温度和压力下，可将三元相图分为三类。

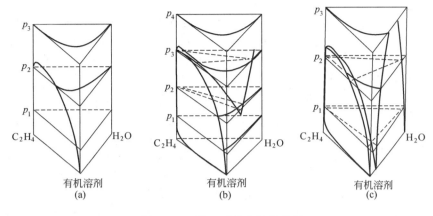

图 7-5 三类三元混合物的相图

第一类体系由两个互溶的、挥发度不高的液体和超临界气体所组成。在相图中不存在 LLG 三相区。图 7-5（a）为温度处在稍高于超临界流体的临界温度时的三元混合物的等温 p-x 图。p_1 为大气压时，水和有机溶剂可按任意比例混合，而乙烯基本不溶于水，仅微溶于有机溶剂中。当压力升高到比乙烯的临界压力稍低的 p_2 时，乙烯在有机溶剂中的溶解度显著升高，当压力进一步增加到高于乙烯和有机溶剂二元混合物的临界压力 p_3 时，此时的乙烯可以任意比例与有机溶剂混合，溶解度曲线不再与三元相图中乙烯有机溶剂的二元轴相交。根据此现象，可用超临界乙烯从有机物的水溶液中选择性地萃取有机溶剂。CO_2-水-乙醇、CO_2-水-异丙醇、乙烷-水-乙醇、乙烯-水-有机溶剂属于此类相图。

第二类体系也由两个互溶的、挥发度不高的液体和超临界气体所组成。如图 7-5（b）与第一类体系不同的是在相图中出现 LLG 三相平衡区和 LL 两相平衡区，但液相不互溶区并不扩展至三棱柱的有机溶剂-乙烯面上。在低压及超临界压力下，其相图与图 7-5（a）相同，在低于乙烯临界压力的 p_2，出现有机溶剂-水-乙烯不互溶区和液-液两相区。随着压力进一步升高到 p_3 时，两个不互溶区的范围显著扩展，这一现象表明，虽然在富有机相中的有机溶剂的含量稍有下降，但有机溶剂更容易从水中分离出来。正丙醇-水-乙烯、丙酮-水-乙烯、正丁醇-水-乙烯、醋酸-水-乙烯、丙酸-水-乙烯、乙腈-水-乙烯等属于此类。

第三类体系由两个部分互溶，且有较低挥发度的液体和超临界气体所组成。如图 7-5（c）在大气压下就存在很大的 LLG 三相区，当压力升高到 p_2 时，有机溶剂-水两相区扩大，当压力超过有机溶剂-水二元混合物系的临界压力 p_3 时，出现单一的液体-流体溶解度曲线，并与有机溶剂-水轴的两点相交。由图 7-5（c）可知，随着压力的增加，提高了有机溶剂-水混合物中的乙烯含量，随之而来的是 LL 两相区的扩大，而有机溶剂和水的互溶度下降，则可将更多的水从有机溶剂中分离出来。乙烯-水-丁酮属于此类。

由以上相图表明，流体的相图与组分的浓度相关。图 7-6 中有两个临界点（DCEP，低临界端点）存在，临界点终端的轨迹 $l_1=g+l_2$ 被打断，不再形成闭合的环路；另外该图也表明了溶质的浓度从己醇（$x^*=0$）到十四烷（$x^*=1$）流体相态按 Ⅲ→Ⅳ→Ⅱ→Ⅳ→Ⅲ 序列发生相变。图 7-7 为近几年来提出的具有Ⅶ型相图的超临界流体相变系统，其从 Ⅱ→Ⅳ→Ⅶ→Ⅳ 序列相变的对应相图如图 7-8 所示。

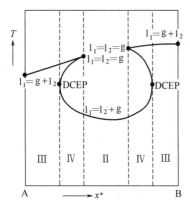

图 7-6 CO_2-十四烷-己醇体系的流体相变特性

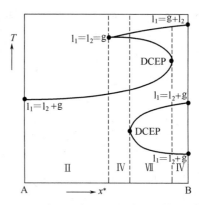

图 7-7 具有Ⅶ型相图的超临界流体相变系统

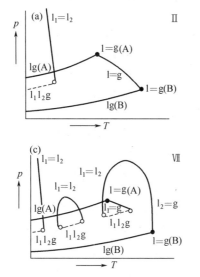

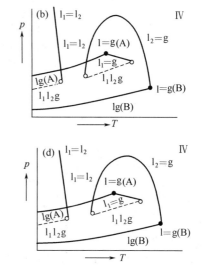

图 7-8 流体混合物在不同浓度区间的相行为示意图

对于有固体存在的三元系统，对其相图的描述较为复杂，有兴趣者可参考有关文献。

7.1.2 超临界流体萃取中的相平衡

(1) 超临界流体的溶解能力　超临界流体的溶解能力与流体的种类密切相关，如图 7-9 所示，比较菲分别在乙烯、乙烷、CO_2 等气体中的溶解度，可见，菲在乙烯中溶解度最大。尽管菲在 CO_2 中的溶解度不及乙烯中的，但 CO_2 具有不可燃、不腐蚀、无毒、无害优点，化学稳定性好、廉价易得，故是首选的溶剂。图 7-10 表示菲在 CO_2 中的溶解度与压力关系。当压力小于 7.0MPa 时，菲在 CO_2 中的溶解度非常小。当压力上升到临界压力附近时，则溶解度快速上升，到 25MPa 时，溶解度可达到约 70g/L。图 7-10 中横坐标 20MPa 附近圆点表示按理想气体由蒸气压数据所得到的计算值。显然，实际溶解度远比它大得多。这种溶解度的非理想性，不仅仅出现在菲-CO_2 体系，也出现在许多其他体系中。

(2) 溶解度增强因子　固体在超临界流体中的溶解度与溶质的蒸气压有关，也与溶质-溶剂分子间的相互作用有关，其在数值上要比在低压下同种气体中的溶解度大得多，这种现象称为溶解度增强。可用增强因子 E 来表示

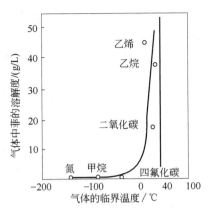

图 7-9 菲在各种气体中的溶解度

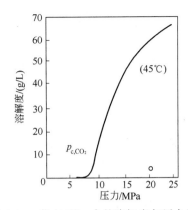

图 7-10 菲在 CO_2 中的溶解度与压力关系

$$E=\frac{y_2 p}{p_2^s} \tag{7-1}$$

式中，p 为总压；p_2^s 为固相纯组分 2 的饱和蒸气压；y_2 为纯组分 2 的浓度。假定固相是纯组分 2，其逸度可表示为

$$f_2^s = p_2^s \phi_2^s \exp\left(\int_{p_2^s}^p \frac{V_2 dp}{RT}\right) \tag{7-2}$$

式中，V_2 为气相的体积；ϕ_2^s 为固体溶质在饱和压力下的逸度系数；指数项是考虑到总压 p 不同于饱和蒸气压时所加的校正，通常称为 Poynting 校正因子。若气相逸度为

$$f_2^V = p \phi_2^V y_2 \tag{7-3}$$

式中，ϕ_2^V 为溶质在气相的逸度系数。则可得增强因子：

$$E=\frac{\phi_2^s \exp\left(\int_{p_2^s}^p \frac{V_2^s dp}{\phi_2^s}\right)}{\phi_2^V} \tag{7-4}$$

式中，V_2^s 为在温度 T 下固体摩尔体积。

假定压力变化时，固体组分 2 的摩尔体积不变，对增强因子 E 中指数项积分得到：

$$E=\frac{\phi_2^s}{\phi_2^V} \exp \frac{V_2^s(p-p_2^s)}{RT} \tag{7-5}$$

由于固体蒸气压很低，在饱和压力下固体溶质的逸度系数接近于 1；而在普通压力到 10MPa 范围内，Poynting 修正因子也不会大于 2，因此溶质在气相中的逸度系数是形成高增强因子的主要因素。例如，对乙烯-萘体系，在压力为 10MPa 时，萘的逸度系数≪1，因而增强因子高达 25000。另外，增强因子值随压力增加而增大，还与系统的温度和溶质在超临界流体中的溶解度有关。

Rowlinson 和 Richardson 利用简化的维里（Vrial）方程

$$\frac{pV}{RT}=1+\frac{B}{V}+\frac{C}{V^2} \tag{7-6}$$

得增强因子 E 的计算式为

$$\ln E=\frac{V_2^s-2B_{12}}{V} \tag{7-7}$$

上式是在假定 $\phi_s^s=1.0$，维里方程中的高阶项可忽略的前提下推出的。式中第二维里系

数 B_{12} 表示溶质 2 和超临界流体 1 之间的相互作用，溶质和溶剂间相互作用的位能越大，则 B_{12} 就负得越多，显然增强因子变大。

压力对气相中溶质溶解度的影响较复杂，在低压范围内，溶解度先随压力增加而减小，随后又随压力增加而增加；在高压范围内，溶解度随压力增大而略有增加；在中压或低压区有最低点，Hinckley 和 Reid 从维里系数二元逸度系数方程整理并略去固相逸度、Poynting 校正因子和第三维里系数，可得 $\lg y$-p 曲线中的最低点位置。

溶质和溶剂之间具有比较大的相互吸引力，因此 B_{12} 就有很大的负值，增强因子也就很大。在缺少维里系数时，气体的临界温度也可以作为其位能的近似恒量。因为在温度一定时，具有高临界温度的气体与溶质所组成的体系其 B_{12} 一般具有比较大的负值，因此它比临界温度低的气体，溶解能力可能更大。

$$p_{\min} = -\frac{RT}{B_{21} + 2B_{12}} \tag{7-8}$$

$$y_{\min} = -\frac{5.44 B_{12} p_2^s}{RT} \tag{7-9}$$

从维里方程式也可导出增强因子 E 的表达式

$$\ln E = \frac{V_2^s - 2B_{12}}{V_M} + \frac{V_2^s B_{11} - \frac{3}{2} C_{211}}{V_M^2} + \cdots \tag{7-10}$$

若截去上式第二相以后，可得截断维里方程。式中交叉维里系数 B_{12} 表示组分 1 和组分 2 分子间相互作用力。一般作用力越大，B_{12} 的绝对值越大；温度下降，B_{12} 的负值增加。对于简单体系，维里系数可以用 Lennard Jones 相互作用位能参数来计算。维里方程一般只适用于密度为临界温度 1/2 的压力范围，在高密度以使用经验和半经验方程为好，由 Prausnitz 和 Chuch 所推出的修正 RK 方程就能很好地用于推算萘在乙烯中的溶解度数据。

在普通压力下，由于温度上升，溶质的饱和蒸气压 p 增大，气相中溶质的浓度增加。当压力增高时，随着温度变化则出现了几个相反的作用因素：一方面随着温度上升溶质的饱和蒸气压随之增加，另一方面随着温度上升，第二维里系数的绝对值逐渐减小，甚至变成正数，从而使增强因子 E 变小。随着温度上升，气相溶剂的密度也下降，后两个因素使溶解度随温度上升而下降，这两个相反因素作用的结果，使溶解度、温度关系中出现了极值点。

(3) 相平衡计算状态方程　超临界流体在固体中的溶解度可以忽略，而液相是介于气体和晶体之间的一种物态，液体溶质在液相中的溶解度可很大，涉及气-液相平衡关系及液相活度系数的计算，比较复杂。液体在超临界流体中的溶解度计算较难，如两参数的 van Laar 和 Margules 活度系数方程，一般的状态方程对临界温度以上的轻组分及临界温度附近的重组分的计算不适用，必须对有关的方程进行修正。近十几年来有很多修正模型用于液体溶质在超临界流体中的相平衡计算。

由 van Konynenburg 和 Scott 归纳出的超临界流体六种相图，可用作对过程的判断，然而对萃取过程和设备的分析和设计，尚需要应用体系的流体相平衡数据，表 7-2 列出了有关可用于超临界流体间相平衡计算的有代表性的状态方程。

还有一些更复杂的状态方程，如基于 RK 方程的 SRK 方程、Carnahan-Starling-van Waals 方程、Benedict-Web-Rubin 方程等，可用来更正确地拟合数据和代表物料的状态，但往往可调参数太多，并需用一系列的实验数据来加以验证。

表 7-2　几个常用于超临界流体萃取相平衡计算的状态方程

方程名称	状态方程式	u	ω	b	a
van der Waals	$p=\dfrac{RT}{V-b}-\dfrac{a}{V^2}$	0	0	$\dfrac{RT_c}{8p_c}$	$\dfrac{27R^2T_c^2}{64p_c}$
Redlich-Kwong	$p=\dfrac{RT}{V-b}-\dfrac{a}{V(V+b)T^{0.5}}$	1	0	$\dfrac{0.08664RT_c}{p_c}$	$\dfrac{0.42748R^2T_c^{2.5}}{p_c T^{0.5}}$
Soave	$p=\dfrac{RT}{V-b}-\dfrac{a}{V(V+b)}$	1	0	$\dfrac{0.08664RT_c}{p_c}$	$\dfrac{0.42748R^2T_c^2}{p_c}[1+f(\omega)(1-T_r^{0.5})]^2$ 其中，$f(\omega)=0.48+1.57\omega-0.17\omega^2$
Peng-Robinson	$p=\dfrac{RT}{V-b}-\dfrac{a}{V(V+b)+b(V-b)}$	2	-1	$\dfrac{0.07780RT_c}{p_c}$	$\dfrac{0.45724R^2T_c^2}{p_c}[1+f(\omega)(1-T_r^{0.5})]^2$ 其中，$f(\omega)=0.37464+1.54226\omega-0.269\omega^2$

7.1.3　超临界流体的传递性质

在超临界流体萃取分离中，用相平衡数据可估算出萃取过程可能性和进行的程度，并由此确定最小萃取剂用量；当实际萃取剂用量确定后，就可求出过程所需的理论级数与能耗。对于给定的设备，过程实际能进行的程度，还与系统固有传递性质、系统偏离平衡的程度以及操作条件等因素有关。如果过程速率低，则对给定处理量和分离程度，所需的实际分离级数就增多，或需要增大剂量，从而增加设备投资和操作费。

超临界流体具有常温常压下气体的黏度，而其扩散系数介于气体和液体之间。表 7-3 为超临界流体的传递特性与普通的气体和液体的比较。从这个表里可以看出，超临界流体有比溶剂萃取中所用的液体溶剂有更有利的性质，即其密度接近于液体，黏度却接近于普通气体而扩散能力又比液体大 100 倍，这些性质是超临界流体萃取比溶液萃取效果要好的主要原因。

表 7-3　气体、液体和超临界流体的性质

物性	气体 （常温、常压）	超临界流体 T_c、p_c	超临界流体 T_c、$4p_c$	液体 （常温、常压）
密度/(g/cm³)	$(0.6\sim2)\times10^{-3}$	$0.2\sim0.5$	$0.4\sim0.9$	$0.6\sim1.6$
黏度/mPa·s	$0.01\sim0.03$	$0.01\sim0.03$	$0.03\sim0.09$	$0.2\sim3.0$
自扩散系数/(cm²/s)	$0.1\sim0.4$	0.7×10^{-3}	0.2×10^{-3}	$(0.2\sim2)\times10^{-5}$
热导率/[W/(m·K)]	$(5\sim30)\times10^{-3}$	$(30\sim70)\times10^{-3}$		$(70\sim250)\times10^{-3}$

(1) 超临界流体的黏度　气体的黏度可用气体分子运动学说的黏度理论来说明，当分子间存在引力时，碰撞积分值与温度间呈现出复杂的关系，所以，黏度对温度的依赖关系比 0.5 次的方次要高些。

在超临界状态下的流体黏度，既不同于气体，也不同于液体，这时，流体的密度已与液体的密度相近，由于压力高，流体分子运动的平均自由程已很小，以致分子的平动范围变得很小，与液体相类似，分子的运动更多地被限制在由邻近分子所围成的"笼子"范围内，其振动的效应变得明显起来。所以超临界流体的黏度值有向液体靠拢的倾向。

图 7-11 是二氧化碳的黏度图，由图中可以看出，在低 p_r 值的区域，气体的黏度随温度升高而增大；在高 p_r 值的区域，黏度却随温度升高而下降，呈现了液体黏度的性能。而在很高的温度区，各种压力的曲线互相靠拢，呈现压力对黏度的影响减弱，而黏度随温度升高而增大。

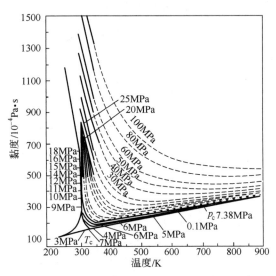

图 7-11　CO_2 气体温度、压力对黏度的影响

液体的黏度理论远没有气体黏度理论完善，所以液体的黏度公式的经验成分要多些。液体的黏度一般随温度升高而减小，并且液体的极性和组成液体分子的基团对黏度的影响较大。

（2）超临界流体中的扩散系数　溶质在液体中的扩散系数要比在气体中的小得多，温度和黏度对扩散系数有较大影响，溶质在超临界流体中的扩散系数虽只有气体中的几百分之一，但却比在液体中的大几百倍，这表明在超临界流体中的传质比液相中的传质要好得多。超临界流体萃取工艺通常用超临界流体来萃取固体中的溶质，或用来萃取分离液体混合物。这些情况下，液体中和固体中的传质阻力往往对整个传质过程起控制作用，虽然与液体和固体相接触的超临界流体相的传质阻力相对较小但它在总传质阻力中所占的比重不大，有时就体现不出超临界流体所具有的扩散系数大和黏度系数小的优越性。

与黏度系数相似，Chapman 和 Enskog 引用 Lennard-Jones 势函数，在扩散系数的气体分子运动学说所推出的理论式中引入碰撞积分，得出

$$D_{AB} = \frac{1.881 \times 10^{-4} T^{3/2}}{p \sigma_{AB}^2 \Omega_D} \left(\frac{1}{M_A} + \frac{1}{M_B}\right)^{1/2} \tag{7-11}$$

式中，D_{AB} 为溶质 A 在溶剂 B 中的扩散系数，m^2/s；T 为热力学温度，K；M_A、M_B 分别为组分 A 和 B 的摩尔质量；p 为总压，Pa；Ω_D 为碰撞积分；σ_{AB} 为分子碰撞直径，nm。

上式还表明低密度气体的扩散系数与温度的 3/2 次方成比例。文献中常以 $D_{AB}p$ 的形式来报道给定温度下气体扩散系数的值。

液体中溶质扩散的机理没有像低密度气体扩散那样清楚，其计算式的经验成分也比气体的大得多。最常用的是 Wilke-Chang 公式，它是对 Stokes-Einstein 的扩散系数的流体力学理论式改进修正而来的。

$$D_{AB} = 1.1728 \times 10^{-16} (\phi M_B)^{1/2} T/(\mu_B V_A)^{0.6} \tag{7-12}$$

式中，ϕ 为溶剂的缔合参数，对无缔合性的溶剂取 1.0，水取 2.6，甲醇取 1.9，乙醇取 1.5。

超临界流体中的扩散系数值介于气体和液体扩散系数值之间一个很大的范围内，其值随温度和压力有很大变化。Takahashi 用对应状态方法关联扩散系数随对比温度和对比压力间的关系，图 7-12 为以对比温度为参数，对比压力为横坐标，对比值 $(D_{AB}p)/(D_{AB}p)^+$ 为

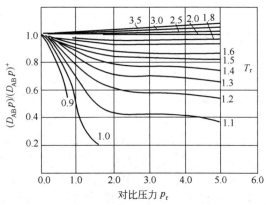

图 7-12　压力、温度对二元扩散系数的影响

纵坐标制得的。其中$(D_{AB}p)^+$为低压下气体扩散系数和压力的乘积，用式（7-11）估算。

由图 7-12 可知，在临界点附近，流体的扩散系数变得很小，其值向液体的扩散系数靠拢，在较高对比压力下，例如 $p_r > 2.0$，各对比温度下的$(D_{AB}p)/(D_{AB}p)^+$值近似为常数，表示在给定温度下扩散系数与压力成反比。

超临界流体的扩散系数随温度升高而增大。对于低密度气体，扩散系数正比于温度的 3/2 次方，将式（7-11）取对数并对温度求导可得：

$$\left(\frac{\partial \ln D_{AB}}{\partial \ln T}\right)_p = \frac{3}{2} - \frac{\mathrm{d}\ln \Omega_D}{\mathrm{d}\ln T} \tag{7-13}$$

按照 $\Omega_D = f[\varepsilon/(kT)]$ 的关系，$\mathrm{d}\ln\Omega_D/\mathrm{d}\ln T$ 的值约在 $0 \sim -1/2$ 之间变化，因此，T 的方次可在 3/2～2 之间变化。图 7-13 是二氧化碳气体的扩散系数在不同温度下的温度指数值。

图 7-13 是示意性的，但可从图中看出温度的指数范围与许多理论式和经验式的温度指数相符合。

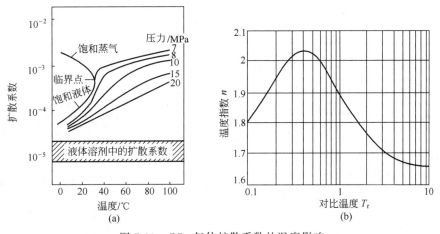

图 7-13　CO_2 气体扩散系数的温度影响

（3）夹带剂等对溶解度的影响　超临界流体中，溶质-溶质之间的相互作用会引起其溶解度的改变，如萘-苯甲酸混合物在超临界 CO_2 中，其溶解度比它们各自的溶解度都大。利用此现象，可选择性地加入少量特殊物质，使被分离溶质在超临界流体中的溶解度增强，或使该溶质的分离因子提高，或增加溶质溶解度对温度、压力的敏感性。这种特殊物质被称为夹带剂，其挥发性介于被萃取物质与超临界组分之间，在超临界流体中可混溶。

夹带剂可分为极性和非极性两类。对非极性夹带剂与溶质的分子间作用主要是色散力，与分子的极化率有关。除甲烷以外，CO_2 的极化率在所有碳氢化合物中最小，加入极化率高的非极性夹带剂可增加 CO_2 对溶质的溶解度。如表 7-4 所示为在 CO_2 超临界萃取剂中，非极性夹带剂对溶质溶解度的影响，萃取温度为 35℃。表内溶解度比是指有夹带剂时的溶解度与无夹带剂时的溶解度之比。

由于非极性夹带剂与极性溶质没有特定的分子间作用力，夹带剂的加入往往使两种溶质的溶解度以相似倍数增加，不大可能单独使被分离溶质的溶解度有明显的增大，因而对分离因子不会有大的改善。极性夹带剂是指那些带有极性官能团的物质。极性夹带剂与极性溶液会形成氢键或其它特定的化学作用力，可使被分离溶质的溶解度和选择性有很大的改善。夹带剂的作用目前虽不能被定量描述，但可通过有关溶解度参数、Lewis酸碱解离常数、氢键供受体能力、分子间缔合作用力等来判断其夹带效应，选择夹带剂。

表 7-4　非极性夹带剂对溶质溶解度的影响

溶质	夹带剂	夹带剂含量(摩尔分数)/%	溶解度比
六甲基苯	正庚烷	3.5	1.6
	正辛烷	3.5	2.1
	正十一烷	3.5	2.6
菲	正庚烷	3.5	1.6
	正辛烷	3.5	2.8
	正辛烷	5.25	4.2
	正辛烷	7.0	5.4
	正十一烷	3.5	3.6

对夹带剂的作用，也可以用维里系数加以分析，对多组分混合物的维利系数可由下式由各二元混合物的维利系数计算得到

$$B_m = \sum_i \sum_j x_i x_j B_{ij} \tag{7-14}$$

$$C_m = \sum_i \sum_j \sum_k x_i x_j x_k C_{ijk} \tag{7-15}$$

图 7-14 为萘在 CO_2 中的等温溶解度曲线，虚线为按理想气体计算的结果，实线由增强因子方程算出（取萘的摩尔体积为 $128.6 cm^3/mol$，在 55℃ 和 65℃ 时的蒸气压分别为 0.159kPa 和 0.342kPa，采用表 7-5 中的维里系数）。图 7-15 以丙烷作夹带剂，使用表 7-5 中二组分的维里系数计算所得溶解度。由此可见，加入少量丙烷，可大大增加萘的萃取量。

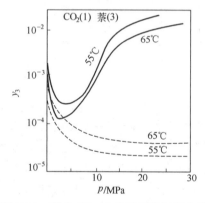

图 7-14　萘在 CO_2 中的等温溶解度曲线

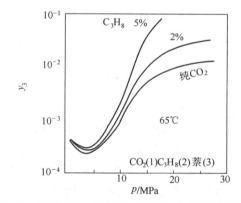

图 7-15　萘在 CO_2-夹带剂（丙烷）中的溶解度曲线

表 7-5　二元及三元维里系数值

维里系数	温度 55℃	温度 65℃	维里系数	温度 55℃	温度 65℃
B_1	−97.16	−90.1	B_{23}	−1152.0	−1061.0
C_1	3955.0	3745.0	C_3	−13580.0	−2937.0
B_{13}	−382.1	−337.5	C_{223}	−17260.0	−3149.0
C_{13}	12210.0	11970.0	C_{133}	−15580.0	−8502.0
B_2	−302.0	−286.0	C_{112}	6870.0	6625.0
B_{12}	−139.0	−129.9	C_{122}	−10370.0	−6110.0

注：下标 1=CO_2，2=C_3H_8，3=萘；单位 cm^3/mol，cm^6/mol^2，cm^9/mol^3。

从上面的分析可见，选用的夹带剂使 B_{23} 负得越大，效果越好。为了得到大的负 B 值，应选分子间引力强的组分。有关研究结果表明，采用分子量相近的非极性夹带剂，则对极性

及非极性溶质都能起作用,而极性夹带剂可明显增加极性溶质的溶解度,但对非极性溶质不起作用。

在超临界流体中加入 N_2、Ar 等惰性气体,也可以改变低蒸气压物质的溶解度,如图 7-16 所示,在超临界 CO_2 中加入 N_2,使咖啡因在 CO_2 中的溶解度显著下降。

在使用单一气体时,溶解度或选择性往往受到一定限制,此时可选用与被萃取物亲和力强的组分,加入超临界流体,以提高其对被萃取组分的选择性和溶解度。

图 7-17 是萘在超临界二氧化碳中的偏摩尔体积对压力关系的图,图中的实线是按 RK 状态方程计算所得的结果,点是 van Wasen 的实验数据。由图 7-17 中三个温度下的曲线可知,愈靠近 CO_2 的临界温度(31.4℃),偏摩尔体积的负值也愈大,并且最大的负值出现在临界点附近,此时如压力稍有变化,将引起逸度系数的明显变化。

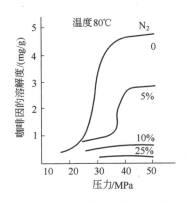

图 7-16 惰性气体对溶解度的影响

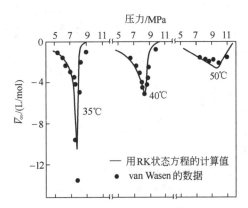

图 7-17 萘在超临界 CO_2 中的偏摩尔体积对压力关系图

7.1.4 超临界流体萃取工艺及设备计算

超临界流体萃取塔设备计算可分成两部分:其一是按照原料组成和产品纯度要求,先由相平衡关系和经济衡算确定萃取剂的用量,然后在传质系数或等板高度已知的情况下,进行所需平衡级数或塔高的计算;其二是通过有关传质系数、传质单元高度的确定,来计算有关塔的尺寸等。前者在已知传质系数等条件下,只需相平衡和物料衡算方面的数据即可;后者则需要确定传质速率、系统物性、流体力学条件等。

(1) 萃取过程的基本参数 Seibert 和 Fari 设计的萃取塔塔径为 102.4mm,作为喷洒塔使用时的喷洒段高度为 1.7m,作为填料塔使用时的填料层高度为 1.55m,塔的上下端各设置高为 0.5m 的澄清段。使用的填料品种有 12.7mm 的陶质拉西环、16mm 的金属鲍尔环、12.7mm 的陶质矩鞍形填料、美国 Norton 公司的 15 号 IMTP 填料、BX 型苏采尔金属丝网填料、苏采尔兄弟有限公司的 SMV 结构填料等。他们提出了以下的模型和关联式。

① 泡滴的体积表面直径 假定作为分散相的液滴不优先润湿填料,当液滴从填料表面脱离时,呈现上为半球下为角锥的形状,经用 Young-Laplace 公式处理后可得

$$d_{vs} = 1.15\eta \left(\frac{\sigma}{g\Delta\rho}\right)^{0.5} \tag{7-16}$$

式中,d_{vs} 为泡滴的体积表面直径;σ 为界面张力;$\Delta\rho$ 为两相流体的密度差;η 为用实验所得滴径数据的校正因子,无传质时或从连续相向分散相传质时,取 $\eta=1.0$,从分散相向连续相传质时,取 $\eta=1.0\sim1.8$。实验表明,液滴的直径与流速和填料种类无关,关联计算值与实验值相比,误差在 7% 范围以内。

② 泡滴水力学　单个泡滴在连续介质中运动的滑动速度为 U_{so}，可按质量力和曳力呈平衡的关系式导出

$$U_{so} = \left(\frac{4gd_{vs}\Delta\rho}{3\rho_c C_D}\right)^{0.5} \tag{7-17}$$

式中，ρ_c 为连续相的密度；C_D 为球形颗粒的曳力系数，其值与雷诺数有关。

对于泡滴群在连续相中的滑动速度 U_s 值的确定，则要考虑泡滴相的持有分率 ϕ_d，可用泡滴之间的相互作用函数 $f(\phi_d)$ 对单泡滴滑动速度作校正，因此

$$U_s = U_{so}f(\phi_d) \tag{7-18}$$

考虑填料表面和静持有分率对泡滴运动的影响，泡滴的运动和滑动速度分别为：

$$U_t = [U_{so}f(\phi_d) - U_{ic}]\cos(\pi\zeta/4) \tag{7-19}$$

$$U_s = U_{so}f(\phi_d)\cos(\pi\zeta/4) + [1-\cos(\pi\zeta/4)]U_{ic} \tag{7-20}$$

式中，$\zeta = ad_{vs}/2$，是填料层中的无量纲曲折因子，其与泡滴运动距离 S 和填料层高度 Z 的关系为

$$\cos(\pi\zeta/4) = Z/S \tag{7-21}$$

③ 连续相的实际速度　连续相在塔截面上的运动速度 U_{ic}，与其在空塔截面上的速度 U_c 有关

$$U_{ic} = \frac{U_c}{\varepsilon(1-\phi_d)} \tag{7-22}$$

④ 分散相的持有分率　分散相的持有分率定义为填料层的空隙体积中泡滴所占的体积分率，它与泡滴运动速度 v_t、泡滴运动距离 S、填料层的孔隙率 ε 和填料层的体积 $A_c Z$ 之间的关系为

$$\phi_d = \frac{Q_d S}{\varepsilon A_c U_t Z} \tag{7-23}$$

式中，Q_d 为泡滴和分散相的流量；A_c 为塔的横截面积。

故最后可得以下关系式

$$\phi_d = \frac{U_d[\cos(\pi\zeta/4)]^{-2}}{\varepsilon[U_{so}\exp(-6\phi_d/\pi) - U_{ic}]} \tag{7-24}$$

上式既可用于乱堆填料和规整填料，也可用于无填料的喷洒塔（$\zeta=0$）。经性质十分不同的两个体系，在六种不同的填料和喷洒塔上作考核，方程预测值和实验值之间的误差仅为 12%，Lahiere 的考核数据也表明此式适用于超临界流体萃取的计算。

⑤ 泛点连续相的速度　泛点是塔设备操作的极限条件，发生液泛时，分散相将被连续相夹带，使两相逆流操作遭到破坏，因此，泛点连续相的速度是确定萃取塔直径的依据。可用以下的简化式求泛点连续相速度

$$\frac{1}{U_{cf}} = \frac{5.63}{\varepsilon U_{so}} + \frac{5.21}{\varepsilon U_{so}}[\cos(\pi\zeta/4)]^{-2}\frac{U_{df}}{U_{cf}} \tag{7-25}$$

式中，U_{df}/U_{cf} 为泛点分散相对泛点连续相速度之比。式（7-25）经用实验值作考核，所得平均误差为 12%。设计萃取塔时，常取实际连续的空塔速度 U_c 为泛点连续相空塔速度 U_{cf} 的 60%左右。

在萃取塔内两相间的传质贡献中，泡滴的形成和聚并阶段占有一定的比重，如果分散相在设备内有较长的呈泡滴状运动的时间，则以泡滴状作稳定传质的过程将占有主导地位。

（2）萃取过程分离度与传质单元高度　超临界流体与液体间的萃取过程多采用逆流塔式萃取，塔的形式常采用筛板塔、填料塔或喷淋塔等。超临界流体萃取塔的分离度计算与通

常的液-液萃取塔的算法一样，可采用把塔的分离作用作为由多个平衡级来体现的平衡级算法，或采用连续微分接触式算法，后一算法常体现为计算塔的传质单元数。在超临界流体萃取中，由于压力高，超临界流体和原溶剂之间的互溶度常常是很大的，例如用超临界二氧化碳来萃取有机水溶液时，二氧化碳在水中的溶解度甚至可高达百分之几十（摩尔分数），因此，认为沿塔高流股的恒摩尔或恒质量流率的简化计算，如 Mc-Cabe Thiele 图解法、分析解法等会带来一定的误差。

采用计算机算法是最有效的设计途径，如果萃取过程在等温下进行，能量衡算方程可省去，只需要物料衡算、相平衡和归一化三个方程。设定合适的目标函数，进行迭代计算，使其与塔顶、塔底的组成契合，此时即为萃取过程所需的平衡级数。

由于萃取过程通常在等温下进行，只需一个等温下的相图可清楚表明其相平衡关系，故利用三元相图的图解计算方法也可获得较为准确的结果。

若萃取剂和原溶剂之间的相互溶解度不大，而近似地可认为塔内具有恒定的流股流率的情况成立，则可采用 Mc-Cabe Thiele 图解法、分析解法等多种简化算法。

当溶质从连续相向分散相传质时，按熟知的传质方程，有

$$\int_{c_{c1}}^{c_{c2}} \frac{\mathrm{d}c_c}{c_c - c_c^*} = K_{oc} a_i \frac{Z}{U_c} = K_{oc} \frac{6\varepsilon\phi_d}{d_{vs}} \frac{Z}{U_c} \tag{7-26}$$

式中，c_c 为溶质在连续相中的浓度；c_c^* 为溶质在分散相中的浓度换算成在连续相中的平衡值；K_{oc} 为以连续相浓度来表示传质推动力的总传质系数；a_i 为单位体积中的相际传质比表面积。

$$\frac{1}{K_{oc}} = \frac{1}{k_c} + \frac{1}{\frac{\mathrm{d}c_d^*}{\mathrm{d}c_c} k_d} \tag{7-27}$$

式中，$\frac{\mathrm{d}c_d^*}{\mathrm{d}c_c}$ 为相际分配系数；k_c 和 k_d 分别为连续相和分散相的传质膜系数，可用有关经验公式计算。

两流体接触段所需的高度可用传质单元数（NTU）乘以传质单元高度（HTU）求出，也等于平衡级数（NETS）与理论级高度（HETS）的乘积

$$Z = (\mathrm{NTU})_{oc}(\mathrm{HTU})_{oc} = (\mathrm{NETS})(\mathrm{HETS}) \tag{7-28}$$

式中，下标 oc 表示以连续相为计算基准的值。

故传质单元高度和传质数之间的关系为

$$(\mathrm{NTU})_{oc} = \frac{U_c}{K_{oc} a_i} = \frac{Z}{(\mathrm{HTU})_{oc}} \tag{7-29}$$

若以分散相为基准，也可推出以上相类似的有关计算公式。

（3）萃取过程的设计计算步骤　超临界流体萃取液体混合物的设计计算：

① 针对待分离的混合物选择合适的超临界萃取溶剂，确定操作温度和压力条件，并查取或计算出相平衡关系。

② 选择合适的溶剂-料液比，按料液处理量作出物料衡算和所需平衡级数或传质单元数的计算。

③ 查取或计算出在超临界条件下的有关物性参数。界面张力是萃取过程的一个很重要的参数，它决定分散相的直径和传质界面，但这一参数较难取得，有时要借助于实验。

④ 确定采用的塔型是喷洒塔还是填料塔，如采用填料塔，则选定所采用的填料，并查取该种填料的特性。

⑤ 按所确定的传质方向（从连续相到分散相或从分散相到连续相），用式（7-16）计算泡滴的体积表面直径。

⑥ 用式（7-17）计算单个泡滴的滑动速度，因系数 C_D 是滑动速度的函数，需用试差方法。

⑦ 计算牵制泡滴在填料层和静持液量的存在下作运动时的比表面积 $a=a_s+a_p$。式中，a_s 为填料及填料上的静持有分率（static holdup）对泡滴牵制运动的部分面积；a_p 为填料的比表面积。

⑧ 计算泡滴运动的无量纲曲折因子 $\zeta=ad_{vs}/2$。

⑨ 用泛点关联式（7-25）计算连续相的泛点速度，实际连续相的空塔速度取泛点速度的 60% 左右以示安全。由已知溶剂/料液流量比，算出分散相的空塔速度再按连续相的处理量和实际速度计算出萃取塔的横截面积和塔径。

⑩ 计算出泡滴运动速度 U_t、滑动速度 U_s、分散相持有分率 ϕ_d。

⑪ 按所得 ϕ_d 值，计算单位体积中的相际传质比表面积 $a_i=6\varepsilon\phi_d/d_{vs}$。

⑫ 分别计算分散相和连续相的传质膜系数 k_d 和 k_c，并求出以连续相为基准的总传质系数 K_{oc} 和以连续相为基准的体积传质系数 $K_{oc}a_i$。

⑬ 用式（7-29）计算以连续相为计算基准的传质单元高度 HTU。

Seibert 等用以上方法对规整填料、乱堆填料萃取塔作了计算，对喷洒塔的计算中加入了连续相返混的校正，其结果的平均误差为 19%，用于超临界流体萃取时，平均误差为 21%，对于萃取过程，该误差范围是可以接受的。

7.1.5 超临界流体萃取分离方法及典型流程

超临界流体萃取过程基本上由萃取阶段和分离阶段所组合而成，基本过程示于图 7-18 中。在萃取阶段，超临界流体将所需组分从原料中提取出来；在分离阶段，通过变化某个参数或其它方法，使萃取组分从超临界流体中分离出来，并使萃取剂循环使用。根据分离方法的不同，可以把超临界萃取流程分为等温法、等压法和吸附萃取法三种基本流程。

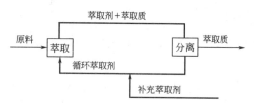

图 7-18　超临界流体萃取的基本过程

（1）变压萃取分离（等温法）　变压萃取分离法如图 7-19（a）所示，在萃取器中使萃取物质与超临界流体充分接触而被萃取，含有萃取组分的超临界流体从萃取器抽出，经膨胀阀后流入分离器内；由于压力降低，被萃取组分在超临界流体中的溶解度变小，使其在分离器中析出。被萃组分经分离后，从分离器下部放出；降压后的萃取气体则经压缩机或高压泵提升压力后返回萃取器循环使用。该法的特点是在等温条件下，利用不同压力时待萃取组分在萃取剂中的溶解度差异来实现组分的萃取及与萃取剂的分离。该过程易于操作，应用较为广泛，但能耗高一些。

（2）变温萃取分离（等压法）　变温萃取分离利用超临界流体在一定范围内萃取组分的溶解度随温度升高而降低的性质，将萃取组分通过升温来降低其在超临界流体中的溶解度，以实现萃取组分与萃取剂的分离。如图 7-19（b）所示，其特色在于低温下萃取，在高温下使溶剂与萃取组分的分离，萃取组分从分离器下方取出，萃取剂经冷却压缩后返回萃取器循环使用。该过程中，萃取器和分离器处于相同压力下，因此，只需循环泵即可，压缩功耗较少，但需要加热蒸汽和冷却水。如果溶质在超临界流体中的溶解度随温度升高而增大的话，那么则要通过降低温度才能把溶剂与被萃物质分离。

（3）吸附萃取法　吸附萃取法则是采用可吸附溶质而不吸附萃取剂的吸附剂。如

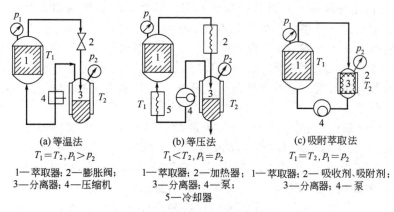

(a) 等温法 (b) 等压法 (c) 吸附萃取法
$T_1=T_2, p_1>p_2$ $T_1<T_2, p_1=p_2$ $T_1=T_2, p_1=p_2$

1—萃取器；2—膨胀阀； 1—萃取器；2—加热器； 1—萃取器；2—吸收剂、吸附剂；
3—分离器；4—压缩机 3—分离器；4—泵； 3—分离器；4—泵
　　　　　　　　　　　5—冷却器

图 7-19　超临界流体萃取的三种基本流程

图 7-19（c）所示，在分离器内放置了只吸附萃取物的吸附剂，被萃取物在分离器内被吸附并与萃取剂分离，不吸附的萃取剂气体则由压缩机压缩并返回萃取器循环使用。在操作过程中，萃取器和分离器的温度和压力相等。该过程利用分离器中填充的特定吸附剂，将超临界流体中的分离组分选择性地除去，并定期再生吸附剂。

以上前两种流程主要用于萃取相中的溶质为需要的精制产品，第三种流程则常用于萃取产物中的杂质或有害成分。

7.1.6　超临界萃取操作条件选择

图 7-20 为各种温度、压力下萘在 CO_2 中的溶解度及超临界萃取操作曲线。由图 7-20 可见，在压力非常高的情况下，随着温度上升，溶解度也随之增大，这是因为当温度上升时，

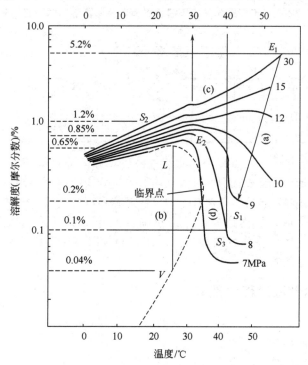

图 7-20　萘在 CO_2 中的溶解度及超临界萃取操作曲线

虽然超临界CO_2的密度减小了，但减少得并不多。反之萘的蒸气压却显著增加，从而使萘在气相溶解度也增加。与此相反，当压力不太高时，随温度上升，溶解度下降，因为在这种压力下，随着温度上升，气体密度下降所产生的影响比萘蒸气压增加所产生的影响更大。

由图 7-20 可见，当温度或压力变化时，超临界流体的溶解能力将发生很大变化，超临界气体的分离回收可在温度一定的条件下用变压来进行，或者当操作压力必须保持一定时，用改变温度来进行。

在变压操作时，假设处于图 7-20 中 E_1 点的超临界 CO_2（30.40MPa，55℃）将萘从混合物中溶解萃取出来。CO_2-萘萃取相出萃取器后，由减压阀减压到 S_1（9.12MPa，43℃），由于减压萘从萃取相中析出，与 CO_2 分离后，留在分离器底。CO_2 压缩后，返回萃取器，该过程在图 7-20 中如线（a）所示。

变压分离的另一种方法为气-液分离法。在这种分离方法中，萃取器中体系的操作条件位于临界点附近的 L 点（液体 CO_2）。分离器则在图中 V 点（气体 CO_2）的条件下操作，在这种情况下，L-V 的连线表示在 25℃下萘在液体 CO_2 与气体 CO_2 中的平衡溶解度系数。萘在 CO_2 气体中的溶解度比它在液体中的溶解度低得多。因此被萃取出的萘就聚积在分离器中，该过程在图 7-20 中如线（b）所示。

如果采用等压法，则以 E_1 状态（30.40MPa，55℃）出萃取槽的萃取相沿等压线冷却到 S_2 状态（30.40MPa，20℃），由于温度下降了 35℃，使 CO_2 的溶解能力下降，萘在分离器中析出。从分离器中出来的 CO_2 重新加热后，循环回萃取器。该过程在图 7-20 中如线（c）所示。

变温分离法的另一种形式，主要着眼于可以在比较低的压力下操作，如在 E_2（8.11MPa，30℃）条件下进行萃取，在 S_3（8.11MPa，40℃）条件下进行解吸分离。解吸时，虽只加热了 10℃，但溶解度却差 10 倍。该过程如图 7-20 中线（d）所示。

表 7-6 列出了在不同操作方式下超临界萃取萘所需溶剂循环量比较。

表 7-6 在不同操作方式下超临界萃取萘所需溶剂循环量比较

操作线	操作方式	萃取条件				分离条件				每千克萃取质所需溶剂量/kg
		点号	压力/MPa	温度/℃	溶解度(摩尔分数)/%	代号	压力/MPa	温度/℃	溶解度(摩尔分数)/%	
(a)	等温、减压	E_1	30.40	55	5.2	S_1	9.12	43	0.2	6.88
(b)	等温、气液分离	L		25	0.65	V		25	0.04	56.35
(c)	等压、冷却	E_1	30.40	55	5.2	S_2	30.40	20	1.2	8.59
(d)	等压、加热	E_2	8.11	30	0.85	S_3	8.11	40	0.1	45.83

除了以上 4 种操作方式外，还有添加惰性气体等压分离法，如图 7-16 所示。基于惰性气体对溶解度的影响，所建立起来的添加惰性气体的等压分离流程，其操作均在等温、等压下进行，能耗较省。该方法的关键在于必须有一种可使超临界流体与惰性气体分开的简便方法。

通常的有机溶剂萃取，操作比较简单。超临界流体萃取可采用减压、汽化、冷却、加热、吸附、添加惰性气体等操作方法和条件，使其应用面显得比溶剂萃取广，同时也为最佳条件的确定带来一定的难度。

7.1.7 超临界流体萃取过程的能耗

超临界流体萃取过程，无论等温、等压流程，还是吸附流程，其主要由萃取器、分离器以及压缩机和节流阀所组成。

在超临界流体萃取操作中，萃取器内的溶质溶解于超临界流体属自发过程，不需能；节流膨胀属等焓过程，若用膨胀机代替节流阀可回收部分能；分离器为机械分离操作，不耗能；只有压缩机是主要耗能设备，其功率取决于压缩比和流体的循环量。在超临界流体萃取中的压缩比一般不会大；流体的循环量则取决于超临界流体对溶质的溶解能力，溶解度大，所需循环量就少，能耗就低。若利用临界点附近流体汽化潜热小，蒸发所需热量少，而溶剂和溶质间的挥发度差异很大的特性，采用在临界点附近液化溶剂气体，在近临界点萃取原料，将萃取相中的溶剂蒸出供循环使用，并提取萃取质的工艺操作条件，则分离方便，操作所需的能耗也不大。

7.2 双水相萃取

有机溶剂萃取系统用于某些活性物质或强亲水性物质的分离时，易使活性物质失活或溶解性差等不足，其应用面受到一定的限制，双水相萃取就是新的方法之一。

双水相系统由两种聚合物或一种聚合物与无机盐水溶液组成，由于聚合物之间或聚合物与盐之间的不相容性，当聚合物或无机盐浓度达到一定值时，就会分成不互溶的两个水相，两相中水分所占比例在85%~95%范围，被萃取物在两个水相之间分配。双水相系统中两相密度和折射率差别较小、相界面张力小，两相易分散，活性生物物质或细胞不易失活；可在常温、常压下进行，易于连续操作，具有处理量大等优点，备受工业界的关注。

从化学工程的角度看，有关溶剂萃取原理、设备和操作都可用于双水相萃取过程中，但由于两者在物化特性、热力学性质以及被分离物质在两相中的分配特性等方面的较大差异，还须对该技术进行深入的工程基础讨论。

7.2.1 双水相分配原理

双水相形成及生物分子在双水相中的分配机理，两种聚合物溶液或一种聚合物与一种小分子物质互相混合时，是否会形成双水相，取决于混合熵增和分子间作用力两个因素。混合是自发的熵增过程，而分子间相互作用力则随分子量的变大而增强。

两种物质混合时熵的增加与所涉及的分子数目有关，以物质的量计，小分子间与大分子间的混合，熵增相同，而分子间作用力可看作分子中各基团间相互作用力之和。对两种高分子聚合物的混合，分子间的作用力与分子间的混合熵相比占主要地位，分子越大，作用力也越大。当两种聚合物所带电荷相反时，聚电解质之间混合均匀不分相；若两种聚合物分子间有相互排斥作用，一种聚合物分子的周围将聚集同种分子而排斥异种分子，达到平衡时，会形成分别富含不同聚合物的两水相。这种含有聚合物分子的溶液发生分相的现象称为聚合物的不相容性。除双聚合物系统外，基于盐析作用原理，聚合物与无机盐的混合溶液也能形成双水相。

(1) 双水相系统　可形成双水相的双聚合物体系很多，典型的双水相系统列于表7-7中，其中A类为两种非离子型聚合物；B类其中一种为带电荷的聚电解质；C类两种都为聚电解质；D类为一种聚合物与一种低分子物质（无机盐、有机物）组成。

表 7-7　典型的双水相系统

类型	相（Ⅰ）	相（Ⅱ）
A	聚丙烯醇(PPG)	聚乙二醇、聚乙烯醇、葡聚糖
	聚乙二醇(PEG)	聚乙烯醇、葡聚糖、聚乙烯吡咯烷酮
B	葡聚糖(Dx)	NaCl、Li_2SO_4
C	羧甲基葡聚糖钠盐	羧甲基纤维素钠盐
D	聚乙二醇(PEG)	磷酸钾、磷酸铵、硫酸铵、硫酸钠
	聚丙烯醇(PPG)	葡萄糖、甘油

在双水相萃取中，常采用的双聚合物系统为聚乙二醇（PEG）/葡聚糖（Dx），该系统的上相富含 PEG，下相富含 Dx；常用的聚合物/无机盐双水相系统有 PEG/磷酸钾、PEG/磷酸铵、PEG/硫酸钠等，其上相富含 PEG，下相富含无机盐。

A、D 两类中聚合物为多元醇、多元糖结构，能使生物大分子稳定，且无毒性，已被许多国家的药典所收录，因此，这两类在生物制品分离中应用较多。对高聚物/高聚物体系操作比较容易，且变性作用小，界面吸附少；而聚合物/无机盐体系，由于高浓度的盐废水不能直接排入生物氧化池，使其可行性受到环保要求的限制，且某些生物物质会在这类体系中失活。

（2）双水相组成的定量关系　双水相形成条件和定量关系可用相图表示，由两种聚合物和水组成的体系，其相图如图 7-21 所示。若聚合物 Q 的浓度以纵坐标表示，聚合物 P 的浓度以横坐标表示，当体系的总浓度在图中所示的曲线以下时，体系为单一的均相，只有当达到一定浓度时才会形成两相。图 7-21 中把均匀区域和两相区域分隔开来的曲线，称为双节线。在双节线下面的区域是均匀的，在上面的区域为两相区。例如点 M 代表整个系统的组成，该系统实际上由两相组成，M、T、B 三点在一直线上，T 和 B 代表成平衡的两相，上相和下相分别由点 T 和 B 表示，连接 T 及 B 两点直线 TMB 称为结线。在同一条线上的各点分成的两相，具有相同的组成，但体积比不同。结线的长度是衡量两相间相对差别的尺度，结线越长，两相间的性质差别越大，反之则越小。当体系的总浓度在曲线的上方时，体系分为两相。若上相（轻相）的组成用 T 表示，下相（重相）的组成用 B 表示，曲线 TCB 称为双结点曲线，即 T 和 B 相质量之比等于结线上 MB 与 MT 的线段长度之比。当体系的总组成由 M 变到 M′ 时，两相的组成变为 T′ 和 B′，体系组成差变小。当结线长度趋向于零时，两相差别消失，任何溶质在两相中的分配系数均为 1，因此 C 点称为临界点，在此浓度下，体系为单一的均相。

以 V_E、V_F 分别代表上相和下相体积，则点之间的距离服从杠杆定律

$$\frac{V_E}{V_F} = \frac{\overline{FC}}{\overline{EC}} \tag{7-30}$$

又由于两相的密度与水相近，故上、下相体积之比也近似等于结线上 MB 与 MT 线段长度之比。温度的变化可以引起双结点曲线的位置和形状的变化，也能引起临界点的位移。如果用盐来代替某一种聚合物，也可得到类似的相图（图 7-22）。

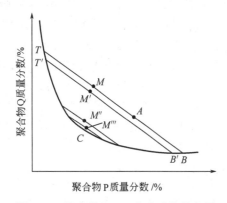

图 7-21　聚合物 P、Q 和水系统的相图

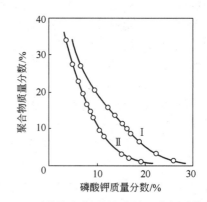

图 7-22　两种聚合物-盐溶液的双水相系统相图

影响生物物质在双水相系统中分配的因素很多，主要有：组成相系统的聚合物种类、结构、平均分子量、浓度；系统中所加盐的种类、浓度、电荷等；被分配物质的分子大小、形状、荷电性；还有温度、pH 等环境因素。

7.2.2 双水相系统中的作用力

已有大量研究表明，生物分子的分配系数取决于溶质与双水相系统间的各种相互作用，主要有静电作用、疏水作用和亲和作用等，其分配系数可为各种相互作用之和

$$\ln K_P = \ln K_E + \ln K_S + \ln K_A \tag{7-31}$$

式中，K_P 为总分配系数；K_E、K_S、K_A 分别为静电作用、疏水作用、亲和作用对溶质分配系数的贡献。

（1）静电作用 双水相体系中常含有缓冲液和无机盐等电解质，这些荷电溶质的存在会导致溶质在两相中分配浓度的差异，由此在两相间产生电位差，常称为唐南电位。从相平衡热力学理论推导溶质的分配系数 K_P 表达式为

$$\ln K_P = \ln K_0 + \frac{FZ}{RT}\Delta\varphi \tag{7-32}$$

式中，K_0 为溶质净电荷为零时的分配系数；F 为法拉第常数；Z 为溶质的净电荷数；$\Delta\varphi$ 为相间电位差。

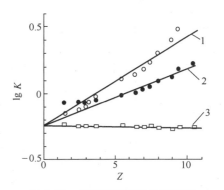

图 7-23 核糖核酸酶的分配系数与其电荷的关系
1—0.1mol/L KSCN；2—0.1mol/L KCl；
3—0.05mol/L K_2SO_4

由式（7-32）可知，荷电溶质的分配系数的对数与溶质的净电荷数成正比。另外，分配系数因荷电的正负离子、荷电数而异，如图 7-23 所示，为 5.8% PEG-6000 和 8.4% Dx-T500 所组成的双水相系统，在 20℃时，含有不同负离子的无机盐其电荷对分配系数产生影响。各种无机盐、酸和芳香族化合物的分配系数见表 7-8。

表 7-8 各种无机盐、酸和芳香族化合物的分配系数

化合物	浓度/(mol/L)	K	化合物	浓度/(mol/L)	K
LiCl	0.1	1.05	K_2SO_4	0.05	0.84
LiBr	0.1	1.07	H_3PO_4	0.06	1.10
LiI	0.1	1.11	NaH_2PO_4	混合物	0.96
NaCl	0.1	0.99	Na_2HPO_4	每种含 0.03	0.74
NaBr	0.1	1.01	Na_3PO_4	0.06	0.72
NaI	0.1	1.05	柠檬酸	0.1	1.44
KCl	0.1	0.98	柠檬酸钠	0.1	0.81
KBr	0.1	1.00	草酸	0.1	1.13
KI	0.1	1.04	草酸钾	0.1	0.85
Li_2SO_4	0.05	0.95	吡啶①		0.92
Na_2SO_4	0.05	0.88	苯酚②		1.34

① PEG/Dx 系统（质量分数 7% Dx-T500，质量分数 7% PEG-4000）。
② 0.025mol/L 磷酸盐（钠盐）缓冲液，pH=6.9。

由于各相应保持电中性，因而在两相间形成电位差，这对带电生物大分子，如蛋白质和核酸等的分配，产生很大影响。在 pH6.9 时，溶菌酶带正电，而卵蛋白带负电。当 NaCl 的浓度低于 60mmol/L 时，上相电位低于下相因而使溶菌酶的分配系数增大，而卵蛋白的分配系数减小。

（2）疏水作用 某些大分子物质的表面具有疏水区，疏水区所占比表面越大，常意味其疏水性越强。因此，在双水相系统中，两种组分的表面疏水性差异使各自在系统的两相中

产生相应的分配平衡。对于等电点双水相系统，氨基酸的分配系数可用以下公式计算：

$$\ln K_S = HF(RH+B) \tag{7-33}$$

式中，HF 为相间的疏水性差，也称疏水性因子；RH 为氨基酸的相对疏水性；B 为比例常数，设甘氨酸的相对疏水性 RH＝0。通过测定氨基酸在水和乙醇中溶解度的差别确定，其计算方程如下：

$$B = \ln K_{Gly}/HF \tag{7-34}$$

式中，K_{Gly} 为甘氨酸的分配系数。

由上式可知，pH＝pI 时氨基酸在双水相系统中的分配系数与其 RH 值呈线性关系，如图 7-24，在 pH≈pI 时，由 PEG-4000/KPi 所组成的双水相体系，直线的斜率就是该双水相系统的疏水性因子 HF 值。研究结果可表明，PEG/Dx 和 PEG/KPi 系统的 HF 值与上下相中 PEG 的浓度差成正比，PEG/Dx 系统，HF 约为 0.005～0.02mol/kJ；PEG/KPi 系统约为 0.1～0.4mol/kJ。

双水相系统的疏水性与成相聚合物的种类、分子量、浓度，添加盐的种类、浓度以及 pH 有关，一般随聚合物的分子量、浓度以及添加盐浓度的增大而增大。

(3) 界面张力作用　若将非电解质型溶质作为微小的球体粒子，如细胞之类固体颗粒，忽略重力作用，那么，溶质在液体中的界面张力的存在使它呈不均匀分布，并聚集在双水相体系中具有较低能量的一相中。如图 7-25 所示，当粒子溶质处在液相 1 和液相 2 的界面上，且粒子大部分浸在液相 2 中。

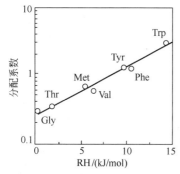

图 7-24　各种氨基酸的相对疏水性
与分配系数的关系

双水相系统：PEG-4000/KPi 各 14%，pH≈pI
Gly—甘氨酸；Thr—苏氨酸；Met—蛋氨酸；
Val—缬氨酸；Tyr—酪氨酸；Phe—苯丙氨酸；
Trp—色氨酸

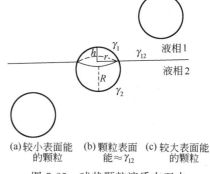

(a) 较小表面能　(b) 颗粒表面　(c) 较大表面能
　的颗粒　　　　能≈γ_{12}　　　的颗粒

图 7-25　球状颗粒溶质在双水
相体系中的三种位置

因此，可以认为，非电解质型溶质的分配系数与相间表面自由能差及溶质的分子量有关，其表达式可表示为

$$\ln K_P = -\frac{\Delta E}{kT} = \frac{M\Delta\gamma}{RT} \tag{7-35}$$

式中，M 为溶质的分子量；$\Delta\gamma = \gamma_1 - \gamma_2$ 为相间溶质表面自由能差，J/mol。

溶质的分配系数的对数与其分子量呈线性关系，在同一个双水相系统中，若 $\Delta\gamma > 0$，不同溶质的分配系数随其分子量的增大而减小；同一溶质的分配系数随双水相系统的不同而改变，$\Delta\gamma$ 随双水相系统而异。

实质上，式 (7-35) 是式 (7-32) 的一种特殊情况（$Z=0$）。双水相体系两相间的界面张力很小，仅为 $10^{-6} \sim 10^{-4}$ N/m，界面与试管壁形成的接触角几乎是直角。

7.2.3 影响双水相分配的主要因素

除了静电作用、疏水作用及界面张力等各种相互作用因素外,影响双水相分配的因素还有聚合物的分子量和浓度、pH、盐的种类和浓度、温度等。适当选择各参数在最适条件下,可获得较高的分配系数和选择性。

(1) 成相聚合物分子量 成相聚合物的分子量和浓度是影响分配平衡的重要因素。Albertsson 发现了一个具有普遍化的规律:对于 PEG/Dx 所形成的双水相体系中,若减小 PEG 的分子量,则蛋白质易分配于富含 PEG 的上相中,使分配系数增大;而将 Dx 分子量减小,则会导致分配系数的减小。任何成相的聚合物系统和被分配的生物大分子溶质都均服从这一规律。

(2) 成相聚合物组成与浓度 如图 7-26 可以看出,聚合物分相的最低浓度为临界点,结线的长度为零,此时分配系数为 1,组分均匀地分配于两相;而随着成相聚合物的总浓度或聚合物/盐混合物的总浓度增大,系线的长度增加,系统远离临界点,成相聚合物两相性质的差别也增大,组分在两相的分配系数偏离 1。

图 7-26 所示为藻红蛋白和血清白蛋白在不同浓度 PEG/Dx 体系中的分配,图中横坐标为葡聚糖在两相中的浓度差,此浓度差越大,结线越长。可以看出,随着组成浓度差的变化,分配系数 K 有很大的改变。

因此,成相物质的总浓度越高,结线越长,蛋白质越容易分配于其中的某一相。当结线长度增加时,系统的表面张力增大,还可能导致细胞或固体微粒集中在界面上,给萃取操作带来困难。

(3) 分配物质的分子量 分配物质的分子量对分配系数的影响可用式 (7-35) 计算,式中的 $\Delta \gamma$ 为与系统性质有关的参数,可用下式分析

$$\Delta \gamma = -(\gamma_{p1} - \gamma_{p2}) \tag{7-36}$$

式中,γ_{p1}、γ_{p2} 分别为物质在液相 1 及液相 2 中的表面张力。

若一种待分离的混合物,其中一个组分具有 $\gamma_{p1} > \gamma_{p2}$,则 $K<1$,而另一个组分具有 $\gamma_{p1} < \gamma_{p2}$,则 $K>1$,那么,随着混合物分子量 M 的增大,前者的 K 值变大,而后者的 K 值变小,从而使两种物质分离。按此分析,双水相系统适用于大分子物质的分离,分子量越小,分配系数越接近 1,分离越困难。图 7-27 为双水相中溶质的分配系数与分子量的关系。

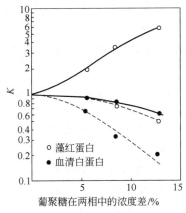
图 7-26 不同蛋白质分配系数随葡聚糖浓度的变化
实线—0.01mol/L 磷酸盐,pH6.8;
虚线—0.01mol/L 磷酸盐

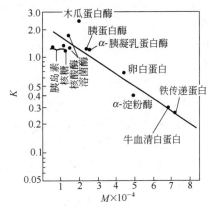
图 7-27 双水相中溶质的分配系数与分子量的关系
4.4% PEG-8000/7% Dx-T500,
20℃,0.1mol/L NaCl,pH=6.8

(4) 盐的种类和浓度　盐的种类和浓度对分配系数的影响，主要反映在相间电位、蛋白质疏水性的差异上。图 7-28 列出了几种离子在 PEG/Dx 系统中的分配系数，不同种类盐的正、负离子具有各自的分配系数。在 PEG/Dx 各为 8%（质量分数）所形成的双聚合物双水相系统中，如 NaCl 中的 Na^+ 分配系数 K^+ 为 0.889，而 Cl^- 的分配系数 K^- 为 1.12，其原因主要由相间电位引起。

这是由于当双水相系统中存在的这些电解质达到平衡时，各相均需保持电中性的原则。因此，盐的种类和组成影响蛋白质、核酸等生物大分子的分配系数。

图 7-29 所示，在 PEG/Dx 双水相系统中，在疏水性因子 HF 为 0.02mol/kJ 时，当 NaCl 浓度增加到 2.0mol/kg，血红蛋白的分配系数几乎上升了两个数量级，充分显示了盐浓度变化引起的分配系数急剧变化。由图 7-29 实测的关联结果可知，盐浓度的增加会导致蛋白质表面疏水性增加，设无盐时蛋白表面疏水性为 HFS，由盐浓度效应导致蛋白质表面疏水性的增量为 ΔHFS，则可由下式表达双水相系统中的疏水作用、盐效应和净电荷数对分配系数的影响。

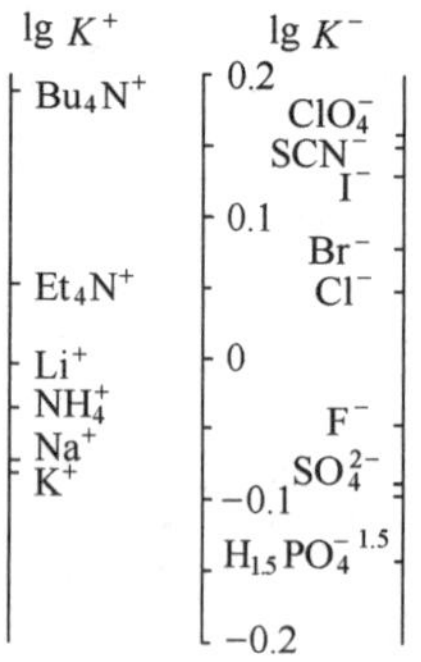

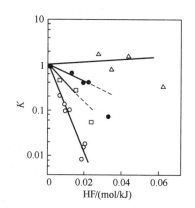

图 7-28　不同盐类正、负离子的分配系数
双水相系统：各 8%（PEG-3000～3700/Dx-T500），
盐浓度：0.02～0.025mol/L，25℃

图 7-29　盐浓度对血红蛋白分配系数的影响
双水相系统：PEG/Dx，pH＝pI
NaCl（mol/kg）：○ 0.0；□ 0.6；● 1.0；△ 2.0

$$\ln K = HF(HFS + \Delta HFS) + \frac{FZ}{RT}\Delta\varphi = \ln K_0 + \frac{FZ}{RT}\Delta\varphi \tag{7-37}$$

式中，$\Delta\varphi$ 为相间电位；Z 为溶质的净电荷数；K_0 为蛋白质在等电点双水相系统中的分配系数。

该通式表示了盐对蛋白质表面疏水性和相间电位的作用反映在盐效应对蛋白质分配系数的影响。

图 7-30 为万古霉素在 PEG/Dx 双水相系统中的分配行为，万古霉素主要在富含 PEG 的上相，然而当向此系统加入不同种类的盐时，万古霉素的分配系数几乎成指数形式增加，其增加的程度与盐的种类有关。当盐的浓度很大时，由于强烈的盐析作用，万古霉素的溶解度达到极限，表现分配系数增大，此时分配系数与万古霉素的浓度有关。

(5) pH 影响　双水相系统的 pH 值能影响蛋白质上可解离基团的离解度，使蛋白表面电荷数改变，影响其分配系数。对某些蛋白质，pH 的微小变化足以使其分配系数改变 2～3 个数量级；另外，pH 也会影响磷酸盐的解离，改变 $H_2PO_4^-$ 和 HPO_4^{2-} 的比例，使两相间电位发生变化，导致分配系数改变。

不同种类盐的相间电位 $\Delta\varphi$ 有差异，使分配系数与 pH 的函数关系也不一样。在蛋白质的等电点处，由于 $Z=0$，则分配系数应相同，即两条 pH-K 关系曲线交于一点（图 7-31）。

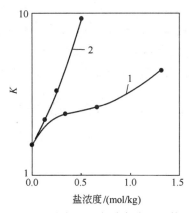

图 7-30 盐的种类对万古霉素分配系数的影响
双水相系统：PEG/Dx；1—NaCl；2—Na_2SO_4

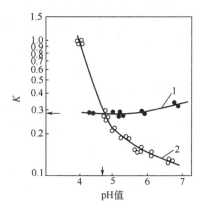

图 7-31 牛血清白蛋白（BSA）的交叉分配系数
双水相系统：4.4%PEG-6000/7%Dx-T500，20℃；
1—0.1mol/L NaCl；2—0.05mol/L Na_2SO_4

因此，可以通过测定两种不同盐类下的 pH 与分配系数关联曲线的交点，来测得蛋白质、细胞器的等电点，这种方法称为交叉分配法。

在相间电位为零的双水相中，原则上蛋白质的分配系数不受 pH 值的影响。但对不少蛋白质，当相间电位为零时，分配系数中的 K_0 随 pH 值的变化有所增减。这是由于蛋白质自身结构和性质随 pH 的变化所致，如疏水性、带电性的变化，形成二聚体或二聚体的解离，与其它共存蛋白质或小分子形成复合物等。尤其当体系的 pH 与蛋白质的等电点相差越大时，更会导致蛋白质自身结构和性质的改变。因此，对于酶蛋白，体系应控制在酶稳定的 pH 范围内。根据 K_0 随 pH 值的变化情况可判断 pH 对蛋白质结构和形态的影响。

（6）操作温度　温度影响双水相系统的相图，继而影响蛋白质的分配系数，在临界点附近尤为显著；当双水相系统离临界点足够远时，温度的影响很小，1~2℃的温度改变不影响目标产物的萃取分离。

在大规模双水相萃取生产过程中，由于室温下成相聚合物 PEG 对蛋白质有稳定作用，不易失活或变性，溶液黏度较低，容易相分离，故一般采用室温操作。

7.2.4 双水相系统的选择

选择理想的双水相系统，成相系统易于相分离，可使目标物质的收率和纯化程度均达到较高的水平。从表 7-9 所示两种体系的比较中可见，高聚物-高聚物系统操作比较容易，且变性作用少，界面吸附少，但 Dx 价格高昂；聚合物-盐系统，具有黏度小、成本低的优点，不足之处是不能用于盐敏感物质的分离。

表 7-9　两类双水相体系的比较

体系	优点	缺点
PEG/Dx	盐浓度低、易分相、不易失活	黏度大、价格高
PEG/盐	黏度小、成本低	盐浓度高、界面吸附多、失活多

根据目标蛋白质和共存杂质的表面疏水性、分子量、等电点和表面电荷等性质上的差别，来选择双水相系统，并确定成相聚合物的分子量、浓度、盐的添加量、pH 值最佳的萃取系统。特别是对于差异比较明显的待分离体系，可以通过以下方法选择与调节合理的双水相系统：

① 对于目标产物与杂蛋白的等电点不同的体系，添加适当的盐，并通过调节系统 pH

值，使相间电位差变大，而达到目标产物与杂蛋白的分离；

② 对于目标产物与杂蛋白的表面疏水性相差较大体系，可利用盐析作用原理，通过提高成相系统的浓度，增大双水相系统的疏水性，达到目标产物与杂蛋白的分离；

③ 可采用分子量较大的 PEG 组成成相系统，以提高目标蛋白质的选择性，使萃取到 PEG 上相的蛋白质总量减少；

④ 也可在磷酸盐存在下，通过调节 pH 值在较佳范围内，来提高目标产物的萃取选择性。

要成功地应用双水相萃取系统，必须满足下列条件：

① 待提取物质和原料液应分配在不同的相中；

② 待提取物的分配系数应足够大，使其在一定的相体积比时，经过一次萃取，就能得到高的收率；

③ 两相易于用离心机分离。

7.2.5 双水相萃取工艺设计

（1）多步萃取工艺设计　细胞匀浆液中的目标产物酶可采用多步双水相萃取工艺获得较高的纯化倍数。图 7-32 为三步萃取流程图。

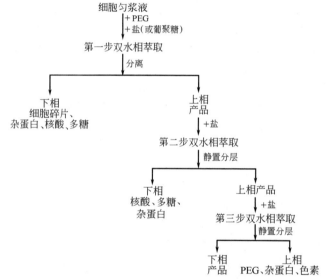

图 7-32　三步法双水相萃取酶的流程示意图

第一步萃取使细胞碎片、大部分杂蛋白和亲水性核酸、多糖等进入下相，而目标产物分配在上相；如目标产物尚有杂质时，可在上相中加入适量的盐使其重新形成双水相，进行第二步萃取，去除大部分多糖与核酸；为便于目标产物与 PEG 分离和 PEG 的重复利用，在第三步萃取中，使目标产物分配于盐相。如第一步的选择性足够大，目标产物的纯度已达到要求，则可直接进入第三步，将目标产物分配于盐相，再用超滤法去除残余的 PEG，以提高产品纯度。

多级分离过程是化工单元操作常用的一种手段，对于同为萃取类的单元操作，在原理上类似，设计方面可参照。原则上溶剂萃取工艺中的多级逆（错）流接触萃取、微分萃取也可用于双水相萃取工艺。当然，由于双水相萃取系统的表面张力低、黏度高、密度差小、分相较慢等特征，影响分配平衡的因素更为复杂，必须在工艺过程设计中引起足够重视。

（2）塔式萃取器工艺设计　利用塔式萃取器进行双水相萃取的流体力学及传质特性研

究的报道较多,所涉及的萃取器包括筛板、填料、搅拌及喷淋等各种塔型。有关研究结果表明,对于双水相萃取过程,填料萃取塔的分散相质量传质系数是喷淋塔和筛板塔的3～10倍,喷淋塔中的传质效率较低;在不同类型填料对传质系数影响的比较中,拉西环填料的传质性能最好。

对萃取塔中PEG/盐系统传质系数$K_d a$,提出如下关联式

$$K_d a = \frac{A_0}{(2+3Q)A_1} \frac{d^3 \Delta\rho g}{6\mu_c} \phi^{A_2} \left(\frac{a_p^0}{\varepsilon}\right)^{A_3} \left(\frac{\mu_d}{D_{md}\rho_d}\right)^{A_4} a \tag{7-38}$$

式中,d为分散相液滴平均直径;$\Delta\rho$为两相密度差;g为重力加速度;Q为流量;μ_c、μ_d分别为连续相及分散相黏度;D_{md}为分散相扩散系数;ρ_d为分散相密度;a为相际传质比表面积;ε为填料孔隙率;a_p^0为无量纲填料比表面积,$a_p^0 = a_p/a_{p,5}$,a_p及$a_{p,5}$分别为填料及0.005m拉西环填料的比表面积;A_0、A_1、A_2、A_3、A_4分别为决定于填料种类、温度、溶质种类及双水相系统的常数,可由实验数据回归得到。

该式适用于PEG/盐双水相系统、填料塔和搅拌塔、大分子蛋白质和小分子氨基酸等条件下传质系数的关联,用于喷淋塔及筛板塔时,误差较大。

除了塔式萃取器外,对于连续和大规模双水相萃取过程的设备也可采用碟片式离心机、喷嘴分离机、倾析式离心机等离心设备,以及采用Graesser喷淋柱式接触器等。

7.2.6 双水相分配技术的应用

当前双水相萃取技术主要应用于大分子生物质的分离,如蛋白质、核酸等,尤其是从发酵液中提取酶。对小分子生物质,如抗生素、氨基酸的双水相萃取分离的研究是近几年才开始的,并发现该技术对小分子生物质也可以得到较理想的分配效果。双水相萃取的工业规模应用也是近十几年才开始的,目前除酶的提取外,核酸的分离,人生长激素、干扰素的提取都已有工业规模应用。典型应用实例见表7-10。

表7-10 双水相萃取分离的典型应用实例

应用体系	提取物质	双水相系统	分配系数(纯化因子)	收率/%
湿菌体胞内酶提取	胞内酶	PEG/盐	1～8	90～100
重组活性核酸DNA分离	核酸	PEG/Dx	—	—
人生长激素的纯化	生长激素	PEG-4000/磷酸盐	6.4～8.5	81
β-干扰素提取	β-干扰素	PEG-磷酸酯/盐	350	97
脊髓病毒和腺病毒	病毒	PEG-6000/NaDS	—	90
含胆碱受体细胞分离	组织细胞	PEG-三甲胺/Dx	3.64	57

注:NaDS为硫酸葡聚糖。

瑞典Alfa-Laval公司用6.6% PEG-4000/14%磷酸盐体系将人生长激素(hGH)与$E.coli$碎片分离,研究了pH值和菌体含量对提取率的影响。当pH=7,菌体含量为13.5g/L干细胞时,hGH分配在上相,分配系数高达6.4,相比为0.2,收率>60%,蛋白质的纯化系数为7.8,只需萃取5～10s即可达到平衡。为提高hGH的收率,采用了图7-33所示的三级错流萃取,结果总收率达81%,纯化系数为8.5。

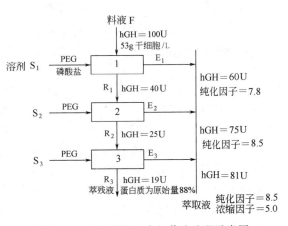

图7-33 三级错流双水相萃取流程示意图

近几年来，双水相萃取技术与其它分离技术结合的集成技术得到了较大的发展。如与生物转化技术相结合的集成技术，将木质素纤维素经酶水解转化生产乙醇；与膜分离技术相结合的集成技术，以解决双水相体系易乳化和生物大分子在两相界面吸附，并加速萃取传质速率，用来提取细胞色素、肌红蛋白、过氧化酶、尿激酶等；与亲和色谱相结合的亲和双水相过程，用于分离葡萄糖-6-磷酸化脱氢酶。

7.3 凝胶萃取

十余年来，人们开始关注具有敏感反应与自我调节功能的凝胶，如外界环境的 pH、温度、电场的变化，或离子强度、官能团等的变化引起凝胶的溶胀或收缩，实现其选择性萃取或化学阀功能。生物体的大部分由柔软且含水分的凝胶组成，如海参就是利用其独特的凝胶结构从周围环境中吸取养分。

高分子凝胶是分子链经交联聚合而成的三维网络或互穿网络与溶剂组成的体系。交联结构使之不溶解而保持一定的形状，渗透压的存在使之溶胀而达到平衡体积，溶胀推动力同凝胶分子链与溶剂分子之间的相互作用、网络内分子链之间的相互作用，以及凝胶内外离子浓度差所产生的渗透压有关。凝胶的溶胀和收缩是其三维高分子网络中交联点之间链段的伸展和蜷缩的宏观表现。

利用高分子凝胶的变形、膨胀、收缩特性，来进行蛋白质和多糖等大分子稀溶液的浓缩和分离。在低于相变温度时，大分子溶液中的凝胶大量吸收水分使溶液浓缩，通过将溶胀的凝胶与浓缩液分开，并升温至相变温度，使凝胶释放出水而收缩，收缩的凝胶可重复使用。Cussler 等人提出一种凝胶萃取新技术，利用凝胶在溶剂中的溶胀特性和凝胶网络对大分子、微粒等的排斥作用达到溶液的浓缩与分离。

由于凝胶萃取过程具有操作简单，便于保持被分离物质的活性等特点，现已引起人们极大的关注。本节将介绍具有分离功能的凝胶的种类、凝胶的溶胀与收缩机理，以及其在混合物的分离与纯化过程中的应用。

7.3.1 凝胶的种类及其特性

(1) 凝胶的种类 胶体是指微粒直径在 1~1000nm 之间的分散相或分散介质，分散介质为气体的是气溶胶（如烟、雾），为液体的是溶胶，为固态的是固溶胶（如水晶、有色玻璃）。胶体中的微粒一般由 $10^3 \sim 10^9$ 个原子组成，是许多分子的集合体。凝胶是胶体微粒凝聚或交联键合形成网络并与网络的间隙中液体在一起形成不流动的溶胀体。凝胶既不是液体也有别于固体，液体被高分子网络封闭，失去了流动性，可又具有一定的形状，能产生较为明显的变形。

根据含水量的多少，凝胶可分为干凝胶和软胶。干凝胶中含水量小于固体量；而软胶中含水量超过固体量，最高甚至可达 95% 以上；根据力学性质，凝胶又可分为弹性凝胶、脆性凝胶和敏感凝胶三种。脆性凝胶（如硅胶）失去或重新吸收水分时，形状和体积都不改变，但吸收水分后再不能重新变成溶胶（也称不可逆凝胶）；弹性凝胶（如明胶）失去水分后，体积显著缩小，当重新吸收水分时，体积膨胀，直到重新变成溶胶；敏感凝胶易受外界条件影响而产生突变；弹性凝胶和敏感凝胶又称可逆凝胶。

用于萃取过程的凝胶按其化学组成通常可分成：疏水性有机凝胶、亲水性有机凝胶、非溶胀性的无机凝胶三大类。有机凝胶通常是化学键交联的高聚物溶胀体，由液体与高分子网络所组成。其中亲水性有机高分子凝胶具有胀缩特性，能吸收比自身重量大数十倍乃至数百倍的溶剂而溶胀。在这些凝胶中，水凝胶是最常见也是最为重要的一种。绝大多数的生物、植物内存在的天然凝胶以及许多合成高分子凝胶均属于水凝胶。

表 7-11 列出了几种常用的凝胶，这些凝胶不但可用于凝胶萃取，也大量用于凝胶电泳和凝胶色谱。

表 7-11　几类常用凝胶的特征与用途

凝胶种类	商品名	结构或作用机理	特点	用途
交联葡聚糖	Sephadex G-25 Sephadex LH-20	为 Sephadex G-25 的羧丙基衍生物	能溶于水及亲脂溶剂	分离不溶于水的物质
琼脂糖	Sepharose(瑞典,pharmacia) Bio-Gel-A(美国 Bio-Rad)	靠糖链之间的次级链维持网状结构,其疏密度取决于浓度	结构稳定,可用化学法灭菌,40℃以上开始熔化	水或 pH 4～9 范围内的盐溶液
聚丙烯酰胺	生物胶-P(Bio-Gel P)	由亚甲基双丙烯酰胺交联而成		
聚苯乙烯	Styrogel	具有大网孔结构	机械强度好,洗脱剂可用甲基亚砜	有机多聚物、天然脂溶性物质

注：Sephadex G 后面的数字表示凝胶吸水值，如 G-25 为吸水 2.5g/g（凝胶）；生物胶-P 后面的数字再乘 1000 为凝胶的排阻限度。

(2) 萃取用凝胶的要求　凝胶通常用于从稀溶液中提取有机物或生物制品，如淀粉脱水、发酵液中抗生素提取、蛋白质的提取与浓缩、废水中微量有机物的去除等。凝胶萃取具有耗能小、萃取剂易再生、设备与操作简单、对物料分子不存在机械剪切或热力破坏等优点。但根据不同的用途有不同的要求。一般情况下应具以下特性：凝胶在给定温度下不溶解、不熔融、不污染溶液；凝胶的溶胀与收缩过程要快，溶胀量大，易与溶液分离及易再生；凝胶对溶质的吸着选择性高；还要具有强度好，使用寿命长等特点。

7.3.2　凝胶的相变温度

凝胶的性质取决于网络和溶剂及其相互间的作用。我国姚康德论述了范德瓦尔斯力、氢键、离子吸力、疏水作用等 4 种分子间力组合产生的凝胶体积相转变，在不同分子间力作用下凝胶体积与环境因素的关系受离子化程度的影响，其体积取决于作用在聚合物网络上斥力和引力的平衡。

聚（N-烷基丙烯酰胺）类凝胶聚合物在吸收数倍于自身重量的水后所形成的亲水凝胶具有温度敏感性，这种凝胶的溶胀与收缩强烈地依赖于温度，在低温下溶胀度高，在相对较高温度下溶胀度低。并且溶胀度随温度的变化是不连续的，在某一温度下，凝胶体积会发生突然收缩与膨胀，称该温度为凝胶相变温度。一般来说，凝胶体积的变化与溶液的热力学性质成比例，可是在一定的条件下，凝胶会因为溶液性质的微小变化而引起极大的体积变化，其体积相变热力学可用 Flory 的凝胶溶胀或收缩的自由能理论来分析。

Hoffman 测定了 50% PNIPAAm［聚（N-异丙基丙烯酰胺）］接枝共聚物的浊点随 pH 及温度的变化关系，如图 7-34 所示，箭头表示相分离的可逆状态、虚线表示 pH 接近于 PAA（聚丙烯酸）的 pK 值。

高分子凝胶是一种网络聚合物，一般具有下临界温度（LCST），在 LCST 以下，随着温度降低，凝胶会急剧膨胀；当凝胶的温度超过临界溶液温度时，随着温度的进一步上升，其体积会急剧收缩，如图 7-34 所示。网络聚合物的临界溶液温度与其结构及侧基的种类有关，如 NIPPAAm 及其衍生物，网络间的疏水侧基作用使凝胶的体积在其临界温度 32℃ 以上收缩。将 NIPPAAm 聚合接枝到多孔的高分子膜上制成 NIPPAAm 凝胶膜，用于色氨酸溶液的分离浓缩。

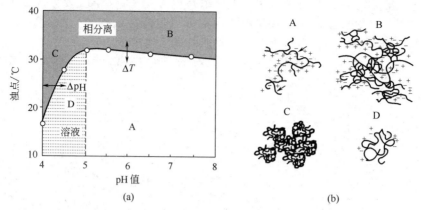

图 7-34　50%NIPPAAm 接枝共聚物的浊点随 pH 及温度的变化
图中的四个区间：B，C—共聚物的相分离状态；A，D—在溶液中的共聚物形态

7.3.3　凝胶的溶胀与收缩机理

凝胶通常由具有弹性的交联高分子网络组成，将其放置纯水中，带有负离子的聚合物链由于斥力的存在呈伸展状态，体积大量膨胀。当水中有低分子无机盐存在时，带正电荷的盐离子就会聚集在聚合物链附近并中和链上的负离子，由于聚合物链上的负离子之间的斥力被带相反电荷的盐离子所屏蔽，导致整个凝胶呈收缩状态。这就是高分子电解质凝胶在纯水中的膨胀和在高浓度的盐水中体积收缩的现象。

引起凝胶体积变化的主要因素有：溶液的酸度、温度、电场效应、溶液组成及溶液中金属离子的浓度。凝胶体积胀缩过程是否连续，可由以下参数确定：

$$S_0 = \left(\frac{b}{a}\right)^4 (2f+1)^4 \tag{7-39}$$

式中，b/a 为高分子链长与其有效半径之比，表示凝胶的刚度；f 为单位高分子链中所有的离子官能团数。

若 $S_0 > 290$，则凝胶体积变化是不连续的；若 $S_0 < 290$，则为连续变化。对于分离过程，选用体积突变型凝胶较为合理。

凝胶的平衡溶胀度与温度、pH 值、无机盐的浓度、溶剂的性质有关。但主要由低分子离子产生的溶胀压力、高分子间的亲和效果产生的收缩压力，以及高分子的弹性压力等 3 个因素所决定。当这三者间达到平衡时，凝胶的溶胀呈平衡状态。

根据 Flory-Huggins 理论，平衡时凝胶的溶胀度与归一化温度 τ 有以下关系

$$\tau = 1 - \frac{\Delta F}{kT} = \frac{V\nu}{N_A \phi^2}\left[(2f+1)\left(\frac{\phi}{\phi_0}\right) - 2\left(\frac{\phi}{\phi_0}\right)^{1/3}\right] + 1 + \frac{2}{\phi} + \frac{2\ln(1-\phi)}{\phi^2} \tag{7-40}$$

式中，ΔF 是高分子间相互作用的自由能；V 是溶剂的摩尔体积；ϕ 是高分子网络的体积占有率；ϕ_0 是参考状态的体积占有率；ν 是在单位体积中高分子链的数量；f 是每条高分子链上带有的电荷数。

图 7-35 是根据上式得到的理论曲线。当高分子链上不带电荷或者只带少量电荷时，凝胶的体积随着归一化温度的变化作连续的变化。然而，当高分子链上带有的电荷数 f 增大的时候，凝胶的体积随着归一化温度的变化作不连续的变化，即发生体积相变。

凝胶的性质与它的网络结构及网络所包含的溶剂的性质有密切的关系。溶剂与高分子链的亲和性越好，凝胶的溶胀能力就越大。平衡时的溶胀量还与交联的程度有关。交联点的数

量越少，溶胀量越大。有的凝胶能在良溶剂中溶胀几百甚至几千倍。特别是当在某一外界物化条件变化时，吸水凝胶可突然收缩而释放出所吸收的水或其他溶剂，使其体积发生急剧的、大幅度的变化。凝胶能实现可逆的变形，便于萃取操作过程中再生重复使用，为凝胶萃取分离技术的实用化打下了良好的基础。

7.3.4 凝胶的筛分作用

凝胶除了相变特性外，另一个重要特征是具有筛分作用。对于一个含有不同大小分子的溶液流经凝胶时或将凝胶放入此类溶液中，小分子物质和无机盐则能进入凝胶颗粒的微孔中，而较大分子不易进入凝胶颗粒的微孔，则被排斥而分布在颗粒之间。

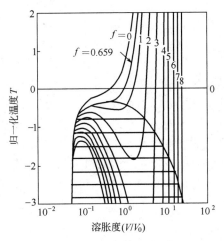

图 7-35 凝胶的体积相变

在达到平衡时，凝胶中会有三种情况，很小的分子进入分子筛全部的内孔隙，大小适中的分子则在凝胶的内孔隙中孔径大小相应的部分，大分子则仍然留在溶液内。因此，凝胶可作为固相萃取剂，用于对溶液中大分子物质的浓缩和净化，或不同分子的分级等。

7.3.5 凝胶萃取设计参数

凝胶萃取中两个主要的问题是溶质分配和凝胶溶胀能力。溶质在凝胶相和溶液相的分配系数以 K_G 来表示

$$K_G = \frac{c_g}{c_s} \tag{7-41}$$

式中，c_g、c_s 分别为溶质在凝胶相和溶液相的浓度。

凝胶的溶胀能力可用聚合物的体积分数表示

$$v = 1 + \left(\frac{W_d}{W_s} - 1\right)\frac{\rho}{\rho_s} \tag{7-42}$$

式中，W_d、W_s 分别为干聚合物及溶胀凝胶的质量；ρ、ρ_s 分别为溶剂及溶胀凝胶的密度，由于溶胀比通常高达数十倍，ρ 与 ρ_s 近似等于1，故聚合物在凝胶中的体积分数与质量分数在数值上几乎相等。由于质量易于测定，因此可通过测定质量分数来反映体积分数。

凝胶的溶胀度可表示为凝胶与干聚合物的质量比

$$q = \frac{W_s}{W_d} = \frac{1}{v} \tag{7-43}$$

凝胶中聚合物的体积分数 v 的测定方法为：在超级恒温槽中，先将干聚合物称量后装入尼龙网袋中，在不同温度下的水或蛋白质水溶液中溶胀，平衡后离心分离，去除表面的水分，称重。

非离子型凝胶的组成用总单体浓度 c_T 和交联剂浓度 c_{cross} 表示，即

$$c_T = \frac{W_{mon} + W_{cross}}{W_{cross} + W_{mon} + W_{water}} \times 100\% \tag{7-44}$$

$$c_{cross} = \frac{W_{cross}}{W_{cross} + W_{mon}} 100\% \tag{7-45}$$

式中，下标 mon、cross、water 分别为单体、交联剂和水。

图 7-36 中的曲线表明，凝胶的相变温度随总单体浓度的增加而略有提高，而相变区则随总单体浓度的增加而缩短，这显然是由于 c_T 和 c_{cross} 的增加，聚合物交联密度增大，分子间作用力增强，线团结构弹性减弱所致。因而可以通过改变 c_T 和 c_{cross} 以调节凝胶性能。

溶质分子大小、溶液浓度、凝胶网络的疏密度及溶剂、溶质与凝胶网络的相互作用等对凝胶萃取中溶质的分配及凝胶的溶胀能力具有较大的影响。一般有以下规律：溶液越稀，溶质分子越大，溶质与凝胶网络的亲和性就越小，则分配系数和溶胀度就小；凝胶网络越密集，溶质的链节数越多，则进入凝胶网络的溶质就越少，也降低分配系数；溶质与凝胶网络的化学亲和性大，则溶质易进入凝胶相。另外溶剂会在凝胶相中聚集，增加化学位，导致部分溶剂从凝胶相中转移到溶液相，使溶质的分配系数与凝胶溶胀度均增加。

凝胶萃取的分离效率可用下式计算：

$$\alpha_{gel} = \frac{c_G - c_F}{c_{max} - c_F} \tag{7-46}$$

式中，c_F 为原料浓度；c_G 为浓缩液浓度；c_{max} 为凝胶完全排斥大分子情况下所得浓缩液浓度，由于实际过程中仍然有部分大分子进入凝胶相，故一般 $c_G < c_{max}$ 也即分离效率小于 1。选择适当交联度的凝胶或经某种改性处理，可使分离效率趋近于极限。

7.3.6 典型的凝胶萃取工艺

凝胶萃取主要利用凝胶的膨胀与收缩性质来实现液相混合物分离、提取及浓缩等，根据其对外界环境的敏感性分成 pH 值敏感、温度敏感和电场力敏感三类萃取分离工艺。

（1）pH 敏感凝胶萃取　聚丙烯酸（PAA）为含羧基的聚电解质，羧基可随溶液 pH 的变化而离解或非离子化，离解时产生离子。因静电斥力，使官能团之间的距离增大，大分子网络伸展；反之，在非离子化状态下，因无斥力，大分子网络收缩。图 7-37 是接枝聚甲基丙烯酸凝胶体积与 pH 关系，pH 在 3~6 之间有一突变。

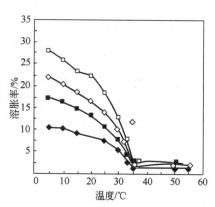

图 7-36　交联剂质量分数对凝胶溶胀率的影响
□ 0.001；◇ 0.004；■ 0.016；◆ 0.064

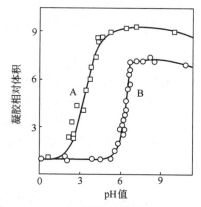

图 7-37　pH 对不同接枝结构（A 和 B）的聚甲基丙烯酸凝胶体积的影响

酸敏凝胶萃取过程如图 7-38 所示，凝胶投入某一 pH 值的溶液并发生膨胀；滤去膨胀的凝胶得浓缩液；凝胶加酸调节 pH，收缩再生。

除了交联聚丙烯酰胺外，还有葡聚糖凝胶也属于此类，其体积发生骤变时的 pH 值通常在 2~3 之间。所用的凝胶是经过一定程度水解的交联聚丙烯酰胺，它可以在短时间内膨胀并达到平衡状态，因此潜在的分离速度较快；同时，这种凝胶粒子的表面是非黏性的，故易于处理。凝胶的分离作用取决于它在不同 pH 条件下胀缩性的急剧变化。如在 pH=7 时，凝胶能吸着相当于自身质量 20 倍的水却不吸着大分子；在 pH＝5 时，凝胶释放出所吸着水分的 85％。

如果凝胶中含有大量易水解或质子化的酸碱基团（如羧基、氨基），那么这些基团的解离会受外界 pH 的影响。当 pH 改变时，解离程度也相应改变，使凝胶内外离子浓度发生改变，破坏了凝胶内的氢键，使凝胶网络的交联点减少，造成凝胶结构改变，使凝胶溶胀、孔径变大。Shiro 等人所研制的高 pH

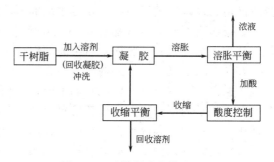

图 7-38　酸敏凝胶的萃取过程

溶胀、低 pH 收缩的聚环氧乙烷和聚丙烯酸互穿网络型响应性凝胶制成的膜中，由于两者间形成氢键，聚丙烯酸中羧基在高 pH 时电离成羧基负离子，相同羧基负离子的电子相斥作用破坏了氢键，使网络疏松溶胀，而在低 pH 时羧基不电离，氢键稳定，网络紧密，孔径收缩，从而使该凝胶具有可逆的响应性。

（2）温敏凝胶萃取　具有温度敏感性的凝胶含有一定比例的疏水和亲水基团。温度的变化可以影响这些基团的疏水相互作用以及分子间的氢键，从而使凝胶结构和体积发生改变，如图 7-39 所示。

无论是多孔或非多孔的 PNIPAAm［聚（N-异丙基丙烯酰胺）］凝胶，当温度从 40℃ 降至 20℃ 时，色氨酸透过凝胶膜的量随时间的变化过程中均有一个突变，而未接枝 PNIPAAm 凝胶的多孔高分子膜则无此突变。图 7-40 为温敏性凝胶进行萃取分离的流程图。

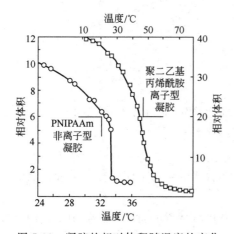

图 7-39　凝胶的相对体积随温度的变化

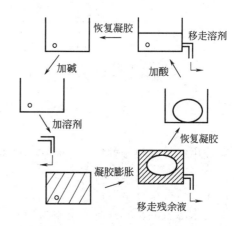

图 7-40　温敏凝胶的萃取过程

Kabanov 和 Papisov 发现在分子量为 2000 的聚乙二醇（PEG）水溶液存在下，聚甲基丙烯酸（PMAA）膜的孔径随温度不同而发生变化，在高温时收缩显著，特别是在 20～30℃ 之间，膜内收缩力大概为 4～6kgf/cm^2（1kgf/cm^2＝98.0665kPa）。Inomata 等人用不同的 N-取代基聚丙烯酰胺合成凝胶制得的膜在水溶液中具有低温溶胀、高温收缩的温度响应性。N,N-二甲氨基乙基甲基丙烯酸与丙烯酰胺的共聚物也具有这一特性。通过调节温度来实现凝胶胀缩，其过程 pH 值恒定，不需要添加酸、碱，凝胶可多次重复利用。

（3）电场力敏感凝胶萃取　只要高分子凝胶网络上带有电荷，在直流电场下均会发生凝胶的电收缩。网络上带正电的凝胶，在电场下，水分从阳极放出，带负电时从阴极放出。

凝胶的电收缩现象是可逆的，如将收缩的凝胶放入水中，它又会膨胀到原来大小。根据这个模型，可得到凝胶的电收缩速度与电场强度成正比，与水的黏度成反比的结论，并且还发现，单位电量所引起的收缩量与凝胶的电荷密度成反比，而与电场强度无关。

在外电场下高分子链上的离子与其反离子，受到相反方向的静电场力的作用。由于高分子离子被固定在网络上，因此它们不能在电场下移动。低分子离子则在电场下作泳动，水和在低分子离子周围的水分子也随着对离子一起移动。在电极附近低分子离子因电化学反应而变成中性，从而水和分子被从凝胶中释出，使凝胶脱水收缩。

在电场力的作用下，高分子链上的阴离子要向阳极移动，其反离子要向阴极移动。由于阴离子被固定在高分子链上，其位移几乎等于零。与此相反，对离子因为是带正电的小分子，所以它们带着水和分子在电场力的作用下电泳到达阴极。在阴极，这些带正电的离子得到电子被还原。

在一定的溶胀度下，凝胶的电收缩量与流过凝胶的电量成正比（图 7-41）。凝胶的电收缩速度与溶胀度成正比，溶胀度越大单位电量所引起的收缩量越大。

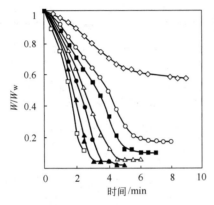

(a) 在1V/cm电场下，尺寸1cm²具有不同溶胀度 q 的PAMS(聚丙烯酰胺)凝胶的质量变化过程

(b) 不同溶胀度 q 的PAMS凝胶的质量变化与通过凝胶电量的关系

图 7-41　膨胀时间和电收缩量对凝胶质量的变化（实验前后凝胶质量之比）

q：◇25；○70；■100；△200；●256；▲512；□750

凝胶中电收缩快慢的原因，是在不同的膨胀度的情况下，高分子链对水分子的摩擦抵抗不同。这就像在一定的压力下，不同粗细的毛细管中的液体具有不同的流速一样。高分子链对水的阻力与毛细管壁对液体的阻力相似。

经过水溶胀的交联高分子电解质凝胶放入电场中并通直流电时，凝胶显示了各向同性的收缩。对这一现象目前已经有了一些机理性的解释，Masao 等人认为是电极附近的 pH 值发生变化引起的，还有人认为是由于相转变而引起体积的收缩。Osada 和 Kishi 等人的实验事实证明由于在凝胶中的水合离子定向移动造成凝胶内外的离子强度不均，产生渗透压变化而引起凝胶变形、孔径变化。他们观察到：中性水合凝胶完全不会收缩；对阴离子型凝胶在阴极附近有轻微收缩，在阳极附近有明显收缩；对阳离子型凝胶正好相反；收缩率与电流成正比。

对于两端固定的凝胶膜，在电场作用下，如果凝胶的收缩在单位时间内是等体积变化的，那么通过溶质和溶液的渗透，在膜内产生的张力使孔径变大。

图 7-42 显示了聚乙烯醇-聚丙烯酸（PVA-PAA）凝胶膜系统在电场作用下的变化情况。水渗透量正比于电流大小，所以这种膜可以用做选择渗透性膜来连续分离液体混合物。

PVA-PAA 凝胶膜系统中，PAA 充当电敏材料，PVA 是增韧材料。该膜因可以分离蛋白质、多肽等生物物质而又不使它们失去活性，得到了广泛的应用。

7.3.7 凝胶萃取的应用

（1）碱性蛋白酶浓缩 萃取实验使用聚（N-异丙烯酰胺）温敏凝胶，其相变点为 37.5℃。当温度在 35℃ 以下时聚合物体积分数为 0.02~0.04，表明溶胀度为 50~25 倍，滤去凝胶，溶液

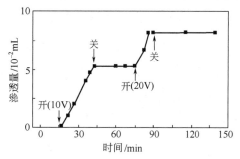

图 7-42 PVA-PAA 复合膜在直流电场开关状态下的渗透量变化

得到浓缩，而溶胀的凝胶调温至 37.40℃ 时，很快就可干缩到接近 2 倍。

用 N,N'-亚甲基双丙烯酰胺（MBAAm）交联的 N-异丙基丙烯酰胺（NIPAAm）与丙烯酰胺（AAm）的共聚物凝胶可用于固定化半路糖苷酶的水解反应。温度变化时凝胶反复溶胀和收缩，可控制邻硝基苯基-β-D-半乳糖苷酶的水解反应，这是由于升温时凝胶收缩，冷却时凝胶溶胀。当凝胶载体溶胀时，将促进底物溶液的吸收与扩散，增加凝胶内底物浓度，从而促进酶反应。当凝胶载体的表面收缩时，将减弱底物的吸收与扩散，降低凝胶内底物浓度，从而抑制酶反应。故利用这种性质可控制酶反应的进行。

（2）牛血清蛋白和牛血红蛋白的分离 萃取实验使用水解淀粉-聚丙烯酰胺接枝共聚物酸敏凝胶（H-SPAM 树脂），其相变点为 pH=3.5，可溶胀 40~50 倍，当 pH 降到 3.0 时，凝胶突然收缩，体积发生突变，这是由于氢离子增加，引起聚合物上某些羧基离子与过量氢离子结合，改变了聚合物网络的有效电离程度，离子压力减弱，从而使凝胶的渗透压向着凝胶体积收缩的方向变化。通过凝胶的溶胀，可以分别从 0.1% 牛血清蛋白和 0.05% 牛血红蛋白溶液中浓缩，分配系数分别为 16 和 44。如果采用颗粒度较小的凝胶并使溶液的 pH 小于溶质的等电点，则由于吸附等原因，牛血红蛋白会进入胶相呈红色，这样可将两种蛋白质进行分离。

（3）维生素 B_{12} 的脉动式释放 在不同的凝胶中，维生素 B_{12} 的扩散系数和释放速率差别很大，其脉动式释放见图 7-43。在 pH=3.2 的缓冲溶液中，维生素 B_{12} 在前 24h 从 P(MAA-g-EG) 凝胶中释放出来；超过 24h，只有 15% 的维生素 B_{12} 释放出来。在这种条件下，由于凝胶处于高收缩状态，导致维生素 B_{12} 的缓慢释放。然而，当水凝胶处于 pH 大于其 pK_a（如 pH=7.4 的缓冲溶液）的环境时，凝胶溶胀，维生素 B_{12} 得到快速释放。在这种情况下，剩余的维生素 B_{12} 的 60% 从高溶胀的凝胶中释放出来。

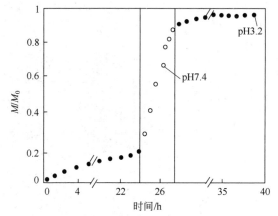

图 7-43 维生素 B_{12} 从含有 PEG 的凝胶中的脉动式释放
M/M_0—试验过程中凝胶释放出的维生素 B_{12} 质量与凝胶初始所含维生素 B_{12} 质量之比

（4）胰岛素释放设备的设计 在这种系统中，多孔膜作为胰岛素存储器与血液之间的支撑介质。含有 P(MAA-g-EG) 的水凝胶填充于这些孔之间（图 7-44）。当葡

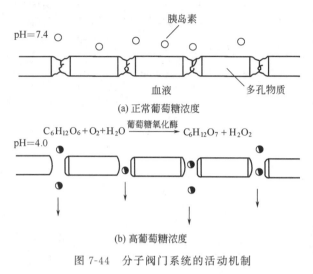

图 7-44 分子阀门系统的活动机制

萄糖浓度较高时,就会发生葡萄糖氧化酶催化的反应,导致周围 pH 的降低和凝胶的收缩。溶液中的葡萄糖就会在葡萄糖氧化酶的作用下发生以下反应,生成葡萄糖酸:

$$C_6H_{12}O_6 + O_2 + H_2O \xrightarrow{\text{葡萄糖氧化酶}} C_6H_{12}O_7 + H_2O_2$$

这个过程会导致膜孔径的增大(分子阀门被打开),允许胰岛素以扩散的方式得到释放。当葡萄糖浓度降低后,pH 的增加会引起凝胶的溶胀,从而使分子阀门关闭,膜不允许胰岛素的渗透。

7.4 膜基溶剂萃取

7.4.1 膜基萃取基本原理

膜基萃取(membrane based extraction)是利用微孔膜的亲水性或疏水性,并与萃取过程相结合的新型膜分离技术,与传统的萃取过程不同,在膜萃取过程中,萃取剂与料液分别在微孔膜两侧,传质过程发生在分隔两液相的微孔膜的一个表面进行,没有相分散和聚结行为发生。

如图 7-45(a)所示为膜基萃取与反萃取结合过程,采用疏水微孔膜,疏水膜微孔内充满具有萃取功能的有机溶剂。膜上游侧为待处理的原料水溶液,通过泵输入膜组件内并从疏水微孔膜表面流过,水相流体与膜孔内萃取剂接触后,水相中待萃取的溶质通过扩散传递到有机溶剂相,萃余液(水相)流出膜组件。

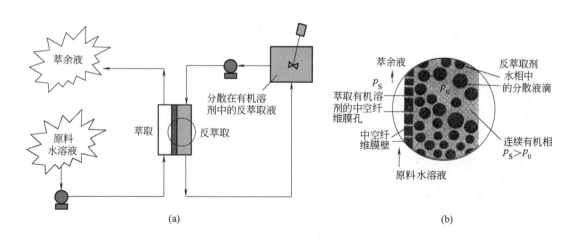

图 7-45 膜基萃取与反萃取结合过程原理

膜下游侧为有机溶剂萃取相和反萃剂水相，其中有机溶剂萃取相为连续相，而具有反萃取功能的反萃剂水相为分散相，如图 7-45（b）所示。如果保持水相侧压力相等或高于有机相侧的压力，则水-有机溶液相界面就会固定在水相侧的膜孔表面处。除非过量水相压力超过被称为穿透点的临界压力，否则微孔中的有机相溶液不会被水相溶液所取代。

对给定的疏水膜和萃取体系，以疏水膜作为固定的两相界面，在适当压差条件下，使原料与萃取剂相互接触，溶质通过疏水膜的相界面从水相传递到膜孔内的有机相，然后扩散透过膜孔，达到疏水膜下游侧，并进一步被分散在有机相中的水相反萃，随主体流流出分相分离。对这种膜基萃取与反萃取过程，上游的原料水溶液流速和下游的萃取与反萃取相的二相流体速率可在较宽的范围内变化，不产生液泛和夹带。

7.4.2 膜基传质方程式

膜萃取过程的总传质速率系数及局部传质速率系数、传质通量以及两相的传质阻力等的计算，类似于膜吸收过程，可参照推出。

（1）中空纤维内传质系数 由于纤维直径很小，管内的流动大多为层流，否则沿纤维的压降将很大。Dahuron 和 Cussler 提出用疏水膜进行小分子和蛋白的溶剂萃取时，管内传质系数的关联式为

$$Sh_i = \frac{k_{it}d_{ti}}{D_{it}} = 1.5\left(\frac{d_{ti}V_t}{LD_{it}}\right)^{1/3} \tag{7-47}$$

在 Re_i 和 Sc_i 不变的条件下，Sh_i 可从 8 变到 40。

Yang 和 Cussler 对用疏水中空纤维进行水的气体吸收时管内传质系数提出了类似的关联式

$$Sh_i = \frac{k_{it}d_{ti}}{D_{it}} = 1.64\left(\frac{d_{ti}}{L}Re_t Sc_t\right)^{0.33} \tag{7-48}$$

（2）壳侧传质系数 中空纤维的壳侧流动有两种形式：平行流和错流。溶剂萃取中壳侧传质系数的关联多以平行流进行，而气体吸收壳侧传质系数的关联多以错流进行。壳侧的流动受返混、壁流、沟流等影响，因此提出的任一关联式只适用于某一特定体系和条件，使用时务必谨慎。

Prasad 和 Sirkar 对简单管壳结构的疏水中空纤维在壳侧平行流时的溶剂萃取提出以下关联式

$$Sh_i = \frac{k_{is}d_e}{D_{is}} = 5.85(1-\phi)\frac{d_e}{L}Re_s^{0.66}Sc_s^{0.33} \tag{7-49}$$

式中，$Re_s = d_e v_s/\mu_s$；$Sc_s = \mu_s/D_{is}$；ϕ 是壳体中中空纤维的装填率；d_e 为壳侧的水力学半径，其值为 4×横截面积/浸润周边长度。

对亲水中空纤维，将式中系数 5.85 改为 6.1 即可。

7.4.3 影响膜基萃取传质的因素

（1）两相压差对传质的影响 Prasad 认为溶质 i 在膜两侧的化学位差 $\Delta\mu$ 中 $\overline{V}_i\Delta p$ 与 $RT\ln c_i$ 相比可略，因此在操作范围内 Δp 的变化不影响传质系数，许多实验研究也验证了该论点。图 7-46 为亲水或疏水膜的压差对传质系数的影响，可见压差对传质系数 K 基本没有影响。

（2）溶质分配系数对传质的影响 在疏水膜膜孔内充满有机溶剂，分配系数 $m_i \gg 1$ 或 $m_i \ll 1$ 时，总传质系数与分传质系数间的关系可被简化为

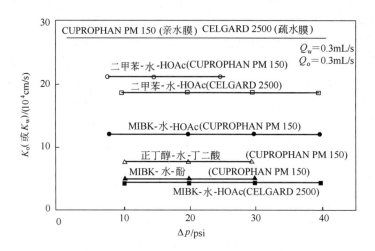

图 7-46 有机相流速和压差对传质系数的关系（不同种类膜）

1psi＝6.89476×10³Pa

MIBK—甲基异丁基酮；HOAc—醋酸

$$\left\{\begin{array}{ll} m_i \gg 1 & m_i \ll 1 \\ \dfrac{1}{K_o} \approx \dfrac{m_i}{k_{iw}} & \dfrac{1}{K_o} \approx \dfrac{1}{k_{imo}} + \dfrac{1}{k_{io}} \\ \dfrac{1}{K_w} \approx \underbrace{\dfrac{1}{k_{iw}}}_{\text{水溶液}} & \dfrac{1}{K_w} \approx \underbrace{\dfrac{1}{m_i k_{imo}} + \dfrac{1}{m_i k_{io}}}_{\text{有机溶剂}} \end{array}\right. \tag{7-50}$$

同理可得亲水膜膜孔内充满水溶液时，总传质系数与分传质系数间的关系

$$\left\{\begin{array}{ll} m_i \gg 1 & m_i \ll 1 \\ \dfrac{1}{K_o} \approx \dfrac{m_i}{k_{imw}} + \dfrac{m_i}{k_{iw}} & \dfrac{1}{K_o} \approx \dfrac{1}{k_{io}} \\ \dfrac{1}{K_w} \approx \underbrace{\dfrac{1}{k_{iw}} + \dfrac{1}{k_{imw}}}_{\text{有机溶剂}} & \dfrac{1}{K_w} \approx \underbrace{\dfrac{1}{m_i k_{io}}}_{\text{水溶液}} \end{array}\right. \tag{7-51}$$

对 $m_i \gg 1$ 的体系，疏水膜的阻力可略；对 $m_i \ll 1$ 的体系，亲水膜的阻力可略。在此条件下，膜基萃取的传质速率与膜性质无关。如果溶质通过膜孔内液体为有障碍扩散，且膜较厚，即使满足以上条件，膜的阻力不能忽略。另外，对 $m_i \gg 1$ 体系的亲水膜，或者 $m_i \ll 1$ 体系的疏水膜，膜的阻力也占有重要作用。

若已知体系的 m_i、k_{iw}、k_{io}，从传质角度考虑，膜基萃取用膜的选用规则为：$m_i \ll 1$ 体系，应选亲水膜；$m_i \gg 1$ 的体系，应选用疏水膜。也即当溶质优先溶于水相时选亲水膜，而当溶质优先溶于有机相时，则选用疏水膜更好。

（3）界面张力对传质的影响 在常规的分散相溶剂萃取中，两相的界面张力对萃取效果影响很大。界面张力小，分散相液滴小，可以得到高的体积传质系数；反之，界面张力大，分散相液滴大，不利于传质。而在膜基溶剂萃取中，界面张力一般不影响传质系数，而只影响临界突破压差。

（4）**临界突破压差** 对膜基萃取，膜外液体侧的压力应稍大于膜孔内液体侧的压力，但若压差超过某一允许的最大值——临界突破压差 Δp_{cr}，则膜孔内液相将被另一相所置换。Δp_{cr} 值与体系和膜性质有关。

假定膜孔为半径 r_p 的圆柱形，则临界突破压力可用 Young-Laplace 方程关联

$$\Delta p_{cr} = 2\gamma_{wo} \cos\theta_c / r_p \tag{7-52}$$

式中，γ_{wo} 为水-有机相间界面张力；θ_c 为孔壁和液-液界面切线所形成的接触角。

对低界面张力的体系，可用减小孔径的方法以增加临界突破压差。

7.4.4 萃取剂选择原则

膜基萃取过程中，萃取剂可以为一种溶剂，也可以包括助溶剂和稀释剂，根据萃取体系的需要而定。如在富马酸等溶质的膜基萃取与反萃取过程中，有时在反萃取液中除了反萃水相外，还会存在酸-胺自身聚集而形成的复合物，通常也称为第二有机相。为避免此现象发生，需要在有机萃取相中加入稀释剂和助溶剂。

稀释剂与助溶剂的选取可参考 Hansen 溶解度参数模型，如采用式（2-110）来估算萃取剂与溶质相互作用距离，或称溶解度参数的差值 $\Delta\delta_{SP}$。当萃取剂与溶质之间的距离小于溶质的相互作用半径时，溶质才有可能溶解在该萃取剂或混合萃取溶剂中。

通过溶解度参数差的相对大小，判别溶质在不同萃取剂中的溶解能力。以胺-酸复合物（1:1 或 2:1 型）为溶质，各类稀释剂或助溶剂为萃取剂，可计算出萃取剂与胺-酸复合物的相互作用距离。

从图 7-47 可以看出，当萃取剂与胺-酸复合物之间的距离增加时，萃取率是下降的。这主要是由于 $\Delta\delta_{SP}$ 越小，说明胺-酸复合物在该溶剂中有较大的溶解度，可有效防止胺-酸复合物的相互聚集形成第二有机相。从图 7-47 中也可看出，正辛醇与胺-酸复合物（1:1）之间的距离比 MIBK 与胺-酸复合物（1:1）之间的距离大，相反，MIBK 与胺-酸复合物（2:1）之间的距离大于正辛醇与胺-酸复合物（2:1）之间的距离。

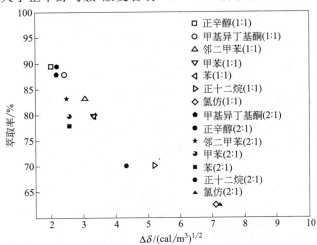

图 7-47 各种溶剂与胺-酸复合物之间的距离对萃取率的影响（1cal=4.1868J）

图 7-48 所示分别为极性溶剂正辛醇、供电子溶剂 MIBK 和受电子溶剂氯仿三种不同助溶剂对萃取率的影响。由图 7-48 可知，在开始至达到稳定阶段的 3h 萃取过程中，以正辛醇或 MIBK 为助溶剂时，其萃取率均高于氯仿为助溶剂时的萃取率，这种现象可用 Hansen 模

型的相互作用距离来解释。

除了萃取剂的种类外，萃取剂的浓度对萃取率也有较大的影响，如当正辛醇浓度为30%时，萃取率可达到最佳值，过低或过高的正辛醇浓度对萃取过程及萃取率都不太理想。

7.4.5 膜与膜组件的选择原则

用于膜萃取的组件可为中空纤维、卷式和板框式，其中中空纤维组件最适于工业应用。膜基萃取中，选用合适膜组件并决定操作模式（两股液流在纤维内或壳程）是一个很基本的问题。

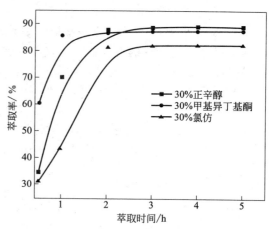

图 7-48　三种不同助溶剂对萃取率的影响

对有机溶剂进入膜孔内的疏水膜适用要求：$m_i > 1$、污染不大、便于灭菌的体系；膜的 pH 适用范围大或化学稳定性好，膜孔径较大，使大分子组分在孔内为自由扩散。

对亲水膜适用要求为：$m_i < 1$ 的体系，膜的孔径小，使大分子组分不透过膜。

膜组件的操作模式选取：对希望料液中组分被充分萃取，料液应走纤维管内，壳侧容易形成严重的壁流，使组分的萃取不完全；走管内的物料中所含粒子的直径应比纤维直径小 1～2 个数量级。

如图 7-49 所示，在连续逆流萃取装置中，一方面，大多数情况下萃取相出口浓度 c_{iob}^{out} 与进口的料液浓度 c_{iwb}^{in} 相平衡，而与连续接触装置的长度无关；另一方面，萃取相进口浓度 c_{iob}^{in} 大多为零，如果料液相的流速足够慢，其出口浓度 c_{iwb}^{out} 可以降到非常低。

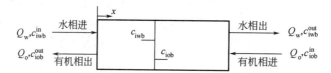

图 7-49　中空纤维连续逆流膜基萃取示意图

在分批式操作中，料液的浓度不可能低于其平衡浓度 $c_{iwb}^{F} = c_{iob}^{F}/m_i$。显然，连续逆流萃取比分批式循环更有效，后者事实上相当于一级平衡。

几乎所有常规的分散相溶剂萃取都可以用膜基萃取代替，膜基萃取主要用于金属萃取、有机污染物萃取、芳香族化合物萃取、药物萃取、发酵产物萃取和萃取生化反应等方面。在这些萃取中大多使用疏水膜，采用中空纤维组件或卷式组件。

习 题

7-1　超临界流体用作萃取剂有哪些优缺点？

7-2　将超临界流体与萃取质分离可采用哪些方法，各有何优缺点？在选用时应考虑哪些因素？

7-3　在压力为 14MPa、温度为 35℃ 条件下，用 CO_2 从发酵液中萃取乙醇，所用萃取设备为高 2m 的鼓泡塔，乙醇质量分数为 6.5% 的发酵液置于塔内，流量为 1000cm³/h 的超临界 CO_2 鼓泡通过发酵液，若要求乙醇萃取率为 80%，计算萃取开始及结束时，萃取相 CO_2 中乙醇的浓度（脱气及非脱气浓度），在操作条件下，水-乙醇-CO_2 的相平衡数据如图 7-50 所示。

7-4　在一金属波纹板填料塔内用超临界 CO_2 从异丙醇-水溶液中萃取异丙醇，萃取压力为 $p=$

8.0MPa,温度35℃,连续相(液相)表观流速为 3.8m/h,分散相(超临界流体)流速为 7.1m/h,两相逆流。已测得该超临界萃取填料塔液相总传质系数 $K_{DL}a$ 为 $6.5h^{-1}$。求该填料塔的传质单元数 N 和传质单元高度 H。

7-5 用超临界流体从某种植物或果实内萃取一种化疗药物,其在 CO_2 中的溶解度常为超临界流体相密度的函数,假定为 0.07%。如果植物或果实中化疗药物的含量为 1.2%,在逆流接触器生物质的流量为 100g/min,CO_2 超临界流体为 5L/h,现假定提取 90% 的化疗药物,需要几级才能实现?

7-6 已知一流体混合物在不同浓度下其随温度的变化关系如图 7-51 所示,请画出对应 4 个浓度区间的相变行为曲线图。

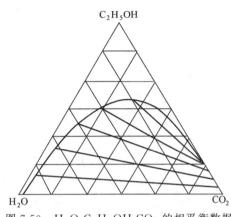

图 7-50 H_2O-C_2H_5OH-CO_2 的相平衡数据

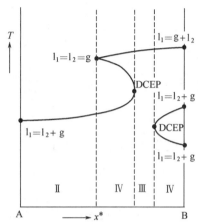

图 7-51 某流体混合物在不同浓度下其随温度的变化关系

7-7 采用 PEG/磷酸盐系统萃取肌红蛋白,肌红蛋白的等电点为 7.0,当系统中分别含有 0.1mol/L 氯化钾与 0.05mol/L 硫酸钠时,分配系数随 pH 如何变化,并图示说明。

7-8 已知胰蛋白酶的等电点为 10.6,在 PEG/Dx 系统中,随 pH 值的增大,胰蛋白酶的分配系数如何变化?

7-9 采用双水相系统从变性 DNA 中分离 DNA,在 4%PEG-6000/5%Dx 双水相系统中,使用 5mmol/L NaH_2PO_4 和 5mmol/L Na_2HPO_4 的缓冲液,变性 DNA 和 DNA 的 lgK 分别为 1.0 和 1.6。试求:(1) 对 10mg/L 的 DNA 溶液,其中变性蛋白为 20%,假定流率比 $L/H=2$,当采用五级错流接触器萃取时,试求 DNA 的回收率和其纯度;(2) 当采用五级逆流接触器萃取时,DNA 的纯度和产量为多少?(3) 仍使用五级微分萃取器,当进料流率为 $1/4H$ 并从第三级进入,那么 DNA 的纯度和产量为多少?

7-10 采用离心式萃取器(称为 Podbielniak 萃取器)回收抗生素,最大的能力为 260gal/min(1gal=4.5L)。如果 50000gal 的酵母发酵液能生产 3g/L 的 β-半乳糖苷酶($K=62$)和醇脱氢酶($K=8.2$),假定采用 PEG/盐双水相系统,需要多少级才能使酶纯化到 95%?

7-11 肌红蛋白和牛血清蛋白的等电点分别为 7.0 和 4.7,表面疏水性分别为 −120kJ/mol 和 −220kJ/mol。试分析:双水相系统的组成和性质对肌红蛋白萃取选择性的影响如何?应选择何种双水相萃取系统,可使肌红蛋白萃取选择性较大?

参考文献

---

[1] 朱自强. 超临界流体技术——原理和应用. 北京:化学工业出版社,2000.
[2] 陈维杻. 超临界流体萃取的原理和应用. 北京:化学工业出版社,1998.
[3] 廖传华,黄振仁. 超临界 CO_2 流体萃取技术——工艺开发及其应用. 北京:化学工业出版社,2004.
[4] Driol E, Criscuoli A, Curcio E. 膜接触器——原理、应用及发展前景. 李娜,等译. 北京:化学工业出版社,2009.

第 8 章
吸附、离子交换与色谱分离

8.1 吸附分离

8.1.1 吸附及其吸附剂特征

自然界中流体与固体物质接触时,流体中某一组分或多个组分在固体物质表面处产生积蓄,此为吸附现象。工业上的吸附分离过程是利用某些特定的多孔固体物质对液体或气体混合物中某一组分具有选择性吸附能力,使其富集在多孔固体物质表面,再经适当的洗脱剂将其脱附,从而实现液体或气体混合物的分离、纯化。具有选择性吸附能力的多孔固体物质称为吸附剂,被吸附剂吸附的组分称为吸附质。

吸附剂应具有如下特征:

① 吸附容量大。吸附过程发生在吸附剂表面,吸附容量取决于吸附剂的比表面积大小,吸附剂的比表面积通常在 $300 \sim 1200 m^2/g$ 之间。

② 选择吸附能力高。对被分离或纯化的组分有较高的选择吸附能力。

③ 粒度及其粒径分布适当。粒度均匀能使吸附床层中的流量分布均匀;粒度过大,床层中表观传质速率大,对分离不利;但粒度小,床层中压力损失随之增大,操作压力增加。

④ 稳定性好。吸附剂的稳定性通常与其本身的机械强度有关,此外还与操作条件、原料和流动相的性质有密切关系。如原料中的酸、碱等杂质或微生物对吸附剂表面的污染,以及化学溶剂对吸附剂的溶胀等。

⑤ 廉价易得。

常用的吸附剂有活性炭、沸石分子筛、硅胶、活性氧化铝等,形状有粉末、柱形、球形、薄片形等,平均孔径大致在 $1.0 \sim 10.0 nm$、孔隙率在 $30\% \sim 85\%$ 之间。各种吸附剂的孔径分布见图 8-1。

8.1.2 吸附分离剂

8.1.2.1 活性炭

活性炭是应用最广泛的吸附剂,由木质、煤质和石油焦等含碳的原料经热解、活化加工制备而成,具有大量的孔隙结构、较大的比表

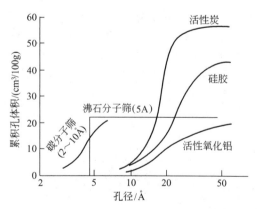

图 8-1 各种吸附剂的孔径分布
$1Å = 10^{-10} m$

面积和丰富的表面化学基团，是特异性吸附能力较强的炭材料的统称。活化有气体法和药剂法两种，气体法是通入水蒸气在 800～1000℃下形成发达的细孔；药剂法是加入氯化锌、硫酸、磷酸等形成发达的细孔。活性炭的比表面积约为 500～1700 m^2/g，其中小于 2nm 的微孔约占总比表面的 95%，对吸附量起支配作用；2～100nm 的过渡孔占总比表面小于 5%，主要起通道和吸附作用；100～10000nm 的大孔占总比表面不足 1%，主要起通道作用，影响吸附速度。

活性炭本身呈非极性，但由于表面共价不饱和键易与其他元素如氧、氢结合，生成各种含氧官能团，如—OH、—COOH。由于含氧官能团的微弱极性，使活性炭对极性吸附质的竞争吸附加强。

8.1.2.2 硅胶

硅胶是一种坚硬无定形链状或网状结构的硅酸聚合物颗粒，化学式为 $SiO_2 \cdot nH_2O$。用硫酸处理硅酸钠水溶液，生成凝胶，再水洗除去硫酸钠后经干燥，便可得到玻璃状的硅胶。

硅胶是极性吸附剂，易于吸附极性物质（如水、甲醇等），如吸湿、高湿度气体的干燥。

8.1.2.3 活性氧化铝

活性氧化铝是含水氧化铝经加热脱水制成的一种极性吸附剂，化学式为 $Al_2O_3 \cdot nH_2O$。与硅胶相比，具有良好的机械强度。

活性氧化铝的比表面积约为 200～300 m^2/g，对水分有极强的吸附能力。它主要用于气体和液体的干燥，石油气的浓缩与脱硫，磷的吸附。

8.1.2.4 沸石分子筛

沸石分子筛的化学式为 $Me_{x/n}[(AlO_2)_x(SiO_2)_y] \cdot mH_2O$，其中 Me 为阳离子，$n$ 为原子价数，m 为结晶水分子数。沸石分子筛由高度规则的笼和孔组成，具有相对均一的孔径，其大小随分子筛种类的不同而不同。

沸石分子筛是强极性吸附剂，对极性分子如 H_2O、CO_2、H_2S 等有很强的亲和力，对氨氮的吸附效果好，而对有机物的亲和力较弱。

8.1.2.5 商用吸附剂的基本特性

有代表性的商用吸附剂的基本特性见表 8-1。

表 8-1 商用吸附剂的基本特性

吸附剂	表面特性	平均孔径/nm	孔隙率 ε_p	颗粒密度/(g/cm³)	比表面积/(m²/g)	吸附水蒸气质量分数/%
活性氧化铝	亲水	1.0～7.5	0.4～0.5	0.9～1.25	150～320	7
硅胶：小孔	亲水、疏水	2.2～2.6	0.4～0.5	0.8～1.3	650～850	11
大孔		10.0～15.0	0.5～0.71	0.62～1.09	200～350	—
活性炭：小孔	疏水、无定形	1.0～2.5	0.4～0.6	0.5～1.0	400～1500	1
大孔		>3.0	—	0.6～0.8	200～700	—
碳分子筛	疏水	0.2～2.0	0.35～0.41	0.9～1.1	400～550	—
沸石分子筛	极性-亲水	0.29～1.0	0.2～0.5	0.9～1.3	400～750	20～25
聚合物吸附剂	亲水或疏水	4.0～25.0	0.4～0.55	—	80～700	—

8.1.3 吸附分离基本概念

根据吸附质和吸附剂分子之间的作用力，吸附可分为物理吸附和化学吸附两大类。物理吸附是指吸附质分子与吸附剂表面分子之间通过范德瓦尔斯作用力引起的吸附，也称范德瓦尔斯吸附。物理吸附具有如下特点：①吸附热较小（放热过程，吸附热在数值上与冷凝热相当），可在低温下进行；②过程是可逆的，易脱附；③吸附选择性相对较小，吸附剂可吸附多种吸附质；④吸附质的分子量越大，与吸附剂间作用力越大，吸附量越大；⑤可形成单分子吸附层或多分子吸附层。工业过程的吸附多指物理吸附。

化学吸附又称活性吸附，是由吸附剂和吸附质之间通过化学反应引起的吸附，如石灰吸附 CO_2，变成 $CaCO_3$。化学吸附的特点：①吸附热大，一般在较高温下进行；②吸附选择性高；③单分子层吸附；④作用力（化学键）大，吸附不可逆。

按吸附剂的再生方法有变温吸附和变压吸附。根据分离机理有基于位阻效应、动力学效应和平衡效应的吸附。

吸附分离的应用范围很广，既可以用于对气体或液体混合物中的某些组分进行大吸附量分离，也可以用于去除混合物中的痕量杂质。

8.1.3.1　单组分气体吸附

在一定条件下单组分气体或蒸气与吸附剂接触，气体或蒸气将被吸附剂所吸附。同时，吸附在吸附剂上的气体或蒸气也会向流体中逸出（脱附）。当吸附速率与脱附速率相等时，这种状态称为吸附平衡。平衡时吸附质的吸附量称为平衡吸附量，它取决于吸附剂的化学组成和物理结构，同时与系统的温度以及气体或蒸气的分压有关。当吸附剂和单一组分气体或蒸气一定时，平衡吸附量是气体的分压和温度的函数，称为吸附等温线。气体或蒸气吸附等温线可以用式 $q=f(p,T)$ 描述。不同温度下 NH_3 在木炭上的吸附等温线如图 8-2 所示。当 NH_3 的分压较低时，吸附等温线的斜率较大，近似直线。这说明在低压范围内，吸附量与其分压成正比。随分压的增大，吸附等温线的斜率减小，曲线逐渐趋于平缓，说明吸附量受分压的影响减弱，最终达到饱和吸附量，吸附剂不再具有吸附能力。

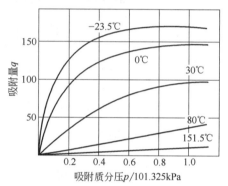

图 8-2　不同温度下 NH_3 在木炭上的吸附等温线

对于单组分气体或蒸气的吸附，常见的有五类吸附等温线，如图 8-3 所示。

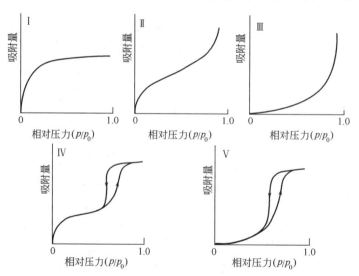

图 8-3　五种类型的单组分气体或蒸气等温吸附线

第Ⅰ类为最简单的单分子层吸附等温线，适用于临界温度以上的气体。第Ⅱ类为多分子层吸附等温线，气体的温度低于临界温度，压力也较低，接近于饱和蒸气压。通常第一吸附层的吸附热大于后继吸附层的吸附热。符合第Ⅱ类吸附等温线的吸附剂的吸附能力较强，是过程所期望的。第Ⅲ类吸附在压力较低时，吸附量低，随着相对压力的提高，吸附量才增大。此类通常也为多层吸附，与第Ⅱ类相反，第一层吸附热低于后继吸附层；第Ⅳ、Ⅴ类等温吸附在相对压力达到饱和以前，在多层分子吸附区域存在毛细管冷凝现象，上行吸附线表示多层吸附与毛细管冷凝同时发生，而下行脱附线表示仅有毛细管冷凝，使吸附等温线出现滞后现象。第Ⅳ、Ⅴ类分别为第Ⅰ、Ⅱ类的等温吸附的毛细管冷凝型。

8.1.3.2 多组分气体的吸附平衡

工业上一般为双组分或多组分混合气体吸附分离。如果混合气体中的两个或多个组分都具有吸附作用，一个组分的吸附会影响另一组分的吸附；若被吸附分子之间存在相互作用，则吸附更加复杂。假定混合物中各组分无相互作用，则可采用扩展的 Langmuir 吸附等温方程来描述，如式（8-1）所示。

$$q_i = (q_m)_i \frac{k_i p_i}{1 + \sum_j k_j p_j} \tag{8-1}$$

式中，$(q_m)_i$ 为 i 组分单分子吸附层饱和吸附量；k_i 为 i 组分的 Langmuir 吸附常数；p_i 为被吸附气体 i 组分分压。

对于多组分气体的吸附，若吸附平衡时 A、B 两组分的吸附量分别为 q_A 和 q_B，气相中的分压分别为 p_A 和 p_B，A 组分在气相和吸附相中的摩尔分数分别为 x_A 和 y_A，则 A 组分对于 B 组分的吸附分离度为

$$\begin{aligned}
\alpha &= \frac{p_B y_A}{p_A (1 - y_A)} = \frac{p_B q_A}{p_A q_B} \\
&= (1 - x_A) \frac{q_A}{x_A q_B} \\
&= (1 - x_A) \frac{y_A}{x_A (1 - y_A)}
\end{aligned} \tag{8-2}$$

对于多组分碳氢化合物吸附体系，设 q_{A0}、q_{B0} 分别是 A、B 组分单独存在且分压等于双组分总压时的平衡吸附量，则式（8-3）成立。

$$\frac{q_A}{q_{A0}} + \frac{q_B}{q_{B0}} = 1 \tag{8-3}$$

这种关系也可扩展到三组分吸附体系。

8.1.3.3 液相吸附平衡

液相中的吸附比较复杂，溶液中溶质（吸附质）的溶解度和离子化程度、溶质与溶剂之间的相互作用，以及共吸附现象等均会不同程度地影响溶质的吸附。图 8-4 为常用不同溶剂中的水分在 4A 分子筛中的平衡吸附量。

大量的研究结果表明活性炭对水溶液中有机物的吸附性能，可总结归纳为以下几点规律：

① 同类有机物，分子量愈大，吸附量愈大；

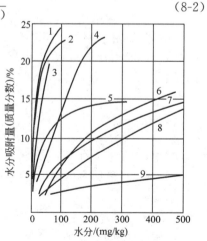

图 8-4　4A 分子筛对不同溶剂中水分的平衡吸附量

1—苯；2—甲苯；3—二甲苯；4—吡啶；
5—甲基乙基甲酮；6—（正）丁醇；
7—丙醇；8—（叔）丁醇；9—乙醇

② 分子量相同的有机物，芳香族类比脂肪族类易吸附；
③ 直链化合物比支链化合物易吸附；
④ 溶解度愈小、疏水性愈强的有机物，愈易吸附；
⑤ 置换位置不同的异构体有机物，吸附性能有差异。

在溶液的浓度比较低时，可以用浓度替代分压，用 Langmuir 方程或 Freundlich 方程来描述液相的吸附平衡。与气体吸附不同，由于溶质与溶剂之间的相互作用，以及溶质与溶剂的性质，将使吸附等温线存在相当大的差异。

假设溶剂不被吸附，并忽略液体混合物总物质的量变化，则溶质的表观吸附量可用下式表示：

$$q_i^e = \frac{n^0(x_i^0 - x_i)}{m} \tag{8-4}$$

式中，q_i^e 为单位质量吸附剂所吸附溶质 i 的量，称表观吸附量；n^0 为与吸附剂接触的溶液总量；m 为吸附剂质量；x_i^0、x_i 分别为吸附前后溶液中溶质 i 组分的摩尔分数。

8.1.4 吸附平衡与吸附等温方程

具有代表性的描述单组分气体或蒸气的吸附等温方程有以下几种：

8.1.4.1 Langmuir 吸附等温方程

Langmuir 等温吸附方程是一个理论公式，它是基于吸附范德瓦尔斯力的作用范围与分子直径相当，因此吸附剂表面只能发生单分子层吸附。推导该方程的基本假设为：①吸附剂表面性质均一，每一个具有吸附范德瓦尔斯力的表面分子或原子吸附一个气体分子；②吸附质在吸附剂表面为单分子层吸附；③吸附是动态的，被吸附分子受热运动影响可以重新回到气相；④吸附过程类似于气体的凝结过程，脱附类似于液体的蒸发过程；⑤气体分子在吸附剂表面的吸附速率正比于该组分的气相分压，吸附在吸附剂表面的吸附质分子之间无作用力。

设吸附剂表面被气体分子吸附的覆盖率为 θ，则 θ 可以表示为：

$$\theta = \frac{q}{q_m} \tag{8-5}$$

式中，q_m 为吸附剂表面所有吸附位点均被吸附质覆盖时的吸附量，即饱和吸附量。

气体的脱附速率与 θ 成正比，可以表示为：$k_d \theta$。气体的吸附速率与未覆盖率（$1-\theta$）和气体分压成正比，可以表示为：$k_a p(1-\theta)$。达到吸附平衡时，吸附速率与脱附速率相等，则

$$k_d \theta = k_a p(1-\theta)$$

$$\frac{\theta}{1-\theta} = \frac{k_a}{k_d} p \tag{8-6}$$

式中，k_a 为吸附速率常数；k_d 为脱附速率常数。

式（8-6）整理后可得单分子层吸附的 Langmuir 吸附等温方程

$$q = \frac{k_1 q_m p}{1 + k_1 p} \tag{8-7}$$

式中，q 和 q_m 分别为吸附剂的吸附量和单分子层吸附的饱和吸附量；p 为被吸附气体的分压；k_1 为 Langmuir 吸附常数，与吸附剂和吸附质的性质与温度有关，该值越大表示吸附剂的吸附能力越强。

对于 Langmuir 吸附等温方程，当 p 很小时，则 $q = k_1 q_m p$，符合亨利定律，即吸附量与气体的平衡分压成正比。

当 $p\to\infty$ 时，$q=q_m$，此时，吸附量与气体分压无关，吸附剂表面被占满，形成单分子层。

Langmuir 方程可较好地描述低、中压力范围内的等温吸附线，当气相中压力较高或接近饱和蒸气压时，该方程产生的偏差较大。这是因为这种状况下吸附质可在吸附剂的毛细孔中冷凝，已极大地偏离了单分子层吸附假设。

另外，将式（8-7）作适当变换，可得以下形式。

$$\frac{p}{q}=\frac{p}{q_m}+\frac{1}{k_1 q_m} \tag{8-8}$$

以 p/q 对 p 作图，斜率为 $1/q_m$，截距为 $1/(k_1 q_m)$，可求解 Langmuir 方程中相关参数。

8.1.4.2 Freundlich 吸附等温方程

Freundlich 吸附等温方程是基于大量的实验结果归纳总结获得的。认为吸附量与气体的分压呈非线性关系，由式（8-9）所示。

$$q=kp^{1/n} \tag{8-9}$$

式中，k 和 n 均为与温度有关的常数。n 值一般大于 1，随着 n 值的变大，其吸附等温线偏离线性程度增加，当 n 值增大到 10 时，其吸附等温线几乎变成矩形。

Freundlich 方程表明吸附量与吸附质分压的 $1/n$ 次方成正比。$1/n$ 越小，说明吸附可在相当宽的分压范围下进行，一般情况下 $1/n=0.1\sim0.5$ 时容易发生吸附。

Freundlich 方程为经验公式，在实际的过程中随吸附质分压的增加 k 值会有较大的变化，导致方程在低压和高压区域内难以获得满意的拟合效果。

为求解 Freundlich 方程参数，可对式（8-9）两边取对数，得式（8-10）。

$$\lg q=\lg k+\frac{1}{n}\lg p \tag{8-10}$$

通过实验结果，基于式（8-10）作图，根据图中直线的斜率与截距计算获得 n 和 k。

8.1.4.3 BET 方程

BET 方程是 Brunaner, Emmett 和 Teller 等人在 Langmuir 模型的基础上，基于多分子层吸附模型提出的。其核心要点是吸附过程取决于范德瓦尔斯力；吸附质可以在吸附剂表面一层一层地累叠吸附，每一层吸附都符合 Langmuir 公式；每层吸附范德瓦尔斯力逐渐减弱，吸附量逐渐减小。BET 方程可用式（8-11）表示。

$$q=\frac{k_b p q_m}{(p-p_0)\left[1-(k_b-1)\frac{p}{p_0}\right]} \tag{8-11}$$

式中，p_0 为吸附质组分的饱和蒸气压；q_m 为吸附剂表面完全被吸附质单分子层覆盖时的吸附量；k_b 为常数，与温度、吸附热和冷凝热有关。

BET 方程通常只适用于 p/p_0 约为 $0.05\sim0.35$。$p/p_0<0.05$ 时，难以建立多层物理吸附平衡；$p/p_0>0.35$ 时，吸附过程中毛细凝聚显著，破坏了多层物理吸附平衡。BET 方程中的参数 q_m 和 k_b 可以通过实验测定。

8.1.5 吸附动力学与扩散传质机理

气相或液相中的吸附质在传输到吸附剂表面时被吸附。吸附质在吸附剂多孔表面上的吸附过程主要由以下三个步骤组成：

① 吸附质从流体主体相通过分子与对流扩散传递到吸附剂外表面，称为外扩散；
② 吸附质从吸附剂外表面通过孔扩散传递到吸附剂微孔内表面，称为内扩散；

③ 吸附质被吸附剂表面吸附。

对于物理吸附，一般来说第③步的速率很快，吸附速率通常由扩散控制。若外扩散速率很慢，则外扩散是控制步骤；若内扩散速率很慢，则内扩散是控制步骤，实际过程中内扩散控制较多。

8.1.5.1　吸附剂颗粒外表面的传质

在实际过程中吸附剂颗粒、吸附质浓度和温度随吸附时间而变化。在吸附的同时，吸附质也会从吸附剂表面脱附，其过程与吸附相反。

在颗粒外表面流体与主体之间的对流传质和传热微分方程如下：

$$\frac{dq_i}{dt} = k_c A(c_{bi} - c_{si}) \tag{8-12a}$$

$$\frac{dQ}{dt} = hA(T_s - T_b) \tag{8-12b}$$

式中，$\frac{dq_i}{dt}$、$\frac{dQ}{dt}$ 分别为吸附质 i 的吸附速率和传热速率；k_c、h 分别为流体相侧的传质系数和传热系数；A 为吸附剂颗粒的外比表面积；c_{bi}、c_{si} 分别为流体相主体和吸附剂表面上流体相中吸附剂 i 的浓度；T_b、T_s 分别为流体相主体和吸附剂表面上的温度。

流体流经单个颗粒时的传质和传热系数可从实验数据关联得到。对于 Nu 为 30 和 Sh 达到 160 时，可用 Ranz 和 Marshall 提出的关联方程来计算：

$$Nu = 2 + 0.60 Re^{1/2} Pr^{1/3} \tag{8-13a}$$

$$Sh = 2 + 0.60 Sc Re^{1/2} \tag{8-13b}$$

式中，Pr、Nu、Sc、Re 分别为普兰特数、努塞特数、施密特数和雷诺数。

计算吸附床中吸附剂颗粒，则需要用下式对 Sh 进行轴向弥散修正。

$$Sh = \frac{k_c D_p}{D_i} = 2 + 1.1\left(\frac{D_p G}{\mu}\right)^{0.6}\left(\frac{\mu}{\rho D_i}\right)^{1/3} \tag{8-14}$$

式中，D_p 为大孔吸附剂颗粒内扩散系数；G 为流体流速；μ 为流体黏度；ρ 为流体密度；D_i 为扩散系数。

方程的关联结果与 12 组气相数据和 11 组液相数据比较吻合，该估算范围的 Sc 和 Re 分别在 0.6～70600 和 3～10000 之间。

同理，对填充床中流体-颗粒的对流传热的 Nu 可用下式关联

$$Nu = \frac{hD_p}{\lambda} = 2 + 1.1\left(\frac{D_p G}{\mu}\right)^{0.6}\left(\frac{C_p \mu}{\lambda}\right)^{1/3} \tag{8-15}$$

式中，C_p 为比热容；λ 为热导率。

以上两式适用于球形或非球形（短圆柱形、片状）颗粒，其当量直径 d_p 的范围为 0.6～17.1mm。

8.1.5.2　吸附剂颗粒内表面的传质

吸附质在吸附剂颗粒微孔内的扩散可分为沿孔截面扩散和沿孔表面扩散。沿孔截面扩散即为一般的分子扩散，其与微孔孔径和吸附分子的平均自由程大小有关；沿孔表面扩散则指内表面上吸附质的浓度梯度导致吸附质沿孔口表面向颗粒中心的扩散。

对微孔中吸附质的分子扩散可用费克第一定律描述

$$(N_i)_a = \frac{n_i}{A} = -(D_i)_a \frac{dc_i}{dx} \tag{8-16}$$

式中，$(N_i)_a$ 为截面分子扩散通量；$(D_i)_a$ 为分子扩散系数。

对于孔表面扩散可用 Schneider 和 Smith 提出的修正的费克第一定律表达：

$$(N_i)_s = -(D_i)_s \frac{\rho_p K_i}{\varepsilon_p} \frac{dc_i}{dx} \tag{8-17}$$

式中，c_i 为单位吸附剂上的质量摩尔浓度，mol/g；$(N_i)_s$ 为表面扩散通量；$(D_i)_s$ 为表面扩散系数；ε_p、ρ_p 分别为吸附剂的孔隙率和吸附剂颗粒密度；K_i 为孔表面边缘效应系数（与孔的直径成反比）。

将上两式相加，即得颗粒内部传质的总通量方程式

$$N_i = -\left[(D_i)_a + (D_i)_s \frac{\rho_p K_i}{\varepsilon_p}\right] \frac{dc_i}{dx} \tag{8-18}$$

该式常用于液相扩散吸附过程中的通量估算；对于气体扩散吸附，Sladek 等人提出，轻质气体物理吸附的表面扩散系数在 $1\times10^{-6}\sim5\times10^{-3}\text{cm}^2/\text{s}$ 范围内；对非极性吸附剂表面扩散系数可用以下关联式估算

$$(D_i)_s = 1.6\times10^{-2}\exp[-0.45(-\Delta H_{ads})/(mRT)] \tag{8-19}$$

式中，$m=2$ 为导热吸附剂；$m=1$ 为绝热吸附剂。

气体在吸附剂颗粒孔中的扩散，与气体在高分子膜内渗透类似，通常包括分子扩散和 Knudsen 扩散，这时需采用以下有效扩散系数估算方程式

$$D_e = \frac{\varepsilon_p}{\tau}\left[\frac{1}{\dfrac{1}{D_i}+\dfrac{1}{D_K}}+(D_i)_s\frac{\rho_p K_i}{\varepsilon_p}\right] \tag{8-20}$$

8.1.5.3 吸附剂颗粒的结构和性质对内扩散传质的影响

吸附剂颗粒的大小、比表面积、内部细孔结构及分布、吸附剂的极性等对内扩散传质有较大影响。吸附剂颗粒直径越小、比表面积越大，其内扩散速度越大。所以，粉末状活性炭比粒状活性炭的吸附速度要快，接触时间短，设备容积小。

8.1.6 固定床吸附及穿透曲线

为适应不同物料的吸附分离要求，吸附有各种不同的操作工艺，如接触过滤吸附、固定床吸附、流化床吸附、移动床吸附等，其中流化床吸附操作应用最广。

固定床吸附是指以颗粒状吸附剂作为填充层，流体从床层一端连续地流入，并从另一端流出进行吸附的过程，如图 8-5 所示。

8.1.6.1 穿透点和穿透曲线

如图 8-6 所示，当从吸附层上部流入含有某一成分的流体开始，吸附在床层的上部有效地进行，残余的吸附质在紧接着的层内被吸附完成。此过程中，在某一时刻，填充层内吸附的大部分是在比较狭窄的带状部分进行，而在位于吸附带上部的吸附层的吸附量几乎与初始浓度 c_0 平衡，吸附带本身的吸附量沿着高度下降，而在其下部的层均处于未吸附状态。

当料液连续稳态流入床层，则床内吸附带较之流体速度缓慢的恒定速度向前推进。当吸附带的下端到达吸附层底部时，流出液中吸附质浓度逐渐上升，这时床层被吸附质"穿透"。若料液继续稳态流入床层，流出液中吸附质最终将达到 c_0 值，此时床层已失效。

若以流出液体积或进料时间为横坐标，流出液中吸附质浓度为纵坐标，可得到浓度变化曲线，即为穿透曲线（图 8-7），其形状一般为 S 形，其斜率则根据平衡关系与操作条件而变化。当 c 达到某一容许值 c_B 的点称为穿透点。一般多选择流出浓度为进料浓度的 5%～10% 为穿透点。

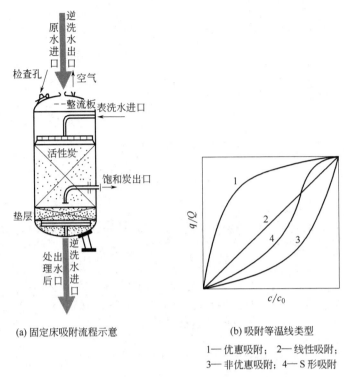

(a) 固定床吸附流程示意

(b) 吸附等温线类型

1—优惠吸附；2—线性吸附；
3—非优惠吸附；4—S形吸附

图 8-5　固定床吸附流程示意及其吸附等温线类型

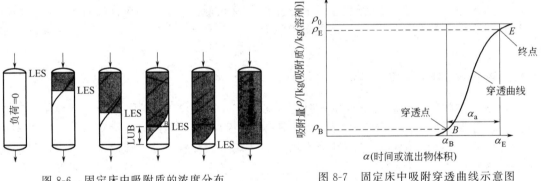

图 8-6　固定床中吸附质的浓度分布
LES—床层平衡区长度；LUB—附加长度

图 8-7　固定床中吸附穿透曲线示意图

8.1.6.2　传质区理论高度

在固定床吸附过程中，床层中存在传质区（吸附区、吸附带）、未用区、饱和区（失效区）3 个区域。固定床吸附床层的演变过程示意图如图 8-8 所示：

传质区（吸附区）是吸附质被吸附剂吸附发生的区域，固定床吸附过程中，传质区（吸附区）逐渐下移，直至传质区（吸附区）消失。

未用区是在固定床吸附过程中，床层中还未发生吸附作用的区域。在固定床吸附过程中，未用区的高度逐渐变低。

饱和区（失效区）是在固定床吸附过程中，床层中已被吸附剂吸附饱和的区域。在固定床吸附过程中，饱和区（失效区）的高度逐渐变高，直至整个固定床，此时固定床层失效。

影响穿透曲线形状的主要因素有传质速率和吸附平衡常数，穿透曲线的平坦与否即传质

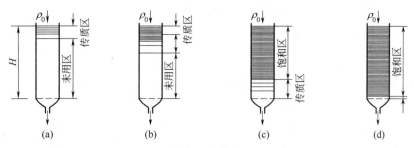

图 8-8 固定床吸附传质过程示意图

区长度大小是评价操作条件的优劣、估算吸附柱尺寸等的重要依据。

当进料浓度较低，取 $\rho_B = \varepsilon/(1-\varepsilon)$，则恒定穿透曲线定形前沿的移动速度可近似表示为

$$u_c = \frac{c_0 \nu}{\rho_B q_m} \tag{8-21}$$

固定床内任一点吸附量 q 和溶液浓度 c 之间，对定形前沿有下列关系

$$q/q_m = c/c_0 \tag{8-22}$$

该式也称为操作线方程。在整个吸附阶段，传质区的理论高度 L_a 应为

$$L_a = u_c(t_e - t_b) = \frac{\nu}{K_F a_v} \int_{c_b}^{c_e} \frac{dc}{c - c^*} \tag{8-23}$$

积分项中推动力 $(c-c^*)$，可由操作线和吸附等温线之间的相应值求得。积分项可用图解积分法取得，表示在传质区内从浓度 c_b 改变到 c_e 所需要的总传质单元数 N_t（传质单元数约为理论板数的两倍）。

对线性吸附等温线，取 $c/c_0 = 0.08 \sim 0.92$ 范围内的传质区长度

$$L_a = 4\sqrt{\frac{L\nu}{K_F a_v}} \tag{8-24}$$

式中，L 为床层高度；ν 为吸附质被吸附的分子数；K_F 为基于 Freundlich 吸附等温常数；a_v 为吸附常数。

① 当床层高度为 L 时，透过时间 t_B 可用下式计算

$$t_B = \frac{\rho_B q_m}{\nu c_0}\left(L - \frac{\nu}{2K_F a_v}\int_{c_b}^{c_0 - c_b}\frac{dc}{c - c^*}\right) = \frac{\rho_B q_m}{\nu c_0}\left(L - \frac{L_a}{2}\right) \tag{8-25}$$

② 传质区高度 L_a：

线性平衡吸附等温线时 $\quad \dfrac{c}{c_0} = \dfrac{1}{2}(1 + \text{erf}E)$

$$L_a = 4\sqrt{\frac{L\nu}{K_F a_v}}$$

非线性平衡吸附等温线时 $\quad L_a = \dfrac{\nu}{K_F a_v}\int_{c_b}^{c_e}\dfrac{dc}{c - c^*}$

图 8-9 和图 8-10 分别表示床层与传质区高度比值对利用率的影响和空气中丙酮浓度的吸附等温线。

8.1.6.3 床层高度

要使吸附柱便于连续操作，按处理量大小、再生方法等多要求选用多柱吸附工艺，使吸附和脱附轮换进行。对于气体干燥和溶剂回收，其床层高度对气体可取 0.5~2m，对液体

则可取几米到数十米不等。对分子筛床层，空塔线速一般取气体为 0.3m/s 左右，液体为 0.3m/s 左右。

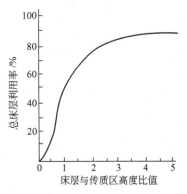

图 8-9　床层与传质区高度比值与利用率关系

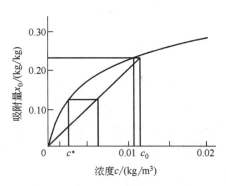

图 8-10　空气中丙酮蒸气的吸附等温线

8.1.7　吸附分离工艺设计及其计算

吸附系统的几种典型操作方式如图 8-11 所示。

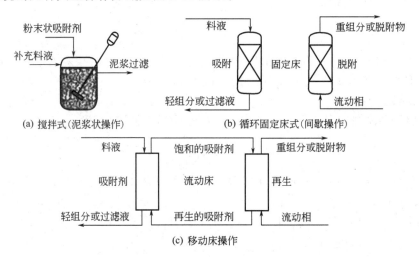

图 8-11　三种典型的吸附系统

对以上典型吸附系统，按吸附剂与溶液的物流方向和接触次数，吸附过程可分为一次接触吸附、错流吸附、多段逆流吸附等三类，如图 8-12 所示。

对多端逆流吸附过程，其操作线可由总物料衡算求出：

$$G(Y_1 - Y_{n+1}) = V(c_0 - c_n) \tag{8-26}$$

式中，G、V 分别为吸附剂用量和处理溶液量；Y、c 分别为溶质在吸附剂中的吸附量和在溶液中的浓度。

若吸附过程的传质单元数可用图解积分法获得，则可求出吸附过程所需的接触时间。

$$t = \frac{1}{K_F a_v} \frac{V}{G} \int \frac{\mathrm{d}c}{c - c^*} \tag{8-27}$$

8.1.7.1　变压吸附工艺

变压吸附分离过程是在等温条件下，借助于吸附量随压力变化而变化的吸附分离技术。

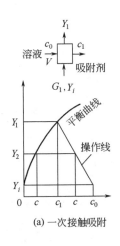
(a) 一次接触吸附

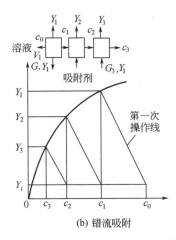
(b) 错流吸附

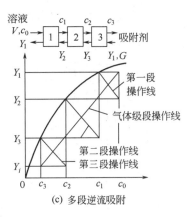
(c) 多段逆流吸附

图 8-12　三种典型吸附操作

变压吸附分离一般需要两个塔,一个用于在某压力下吸附,另一个则用于在较低压力下脱附。由于压力对液相体系压力不大,故变压吸附通常只用于气体吸附分离。

最简单的变压吸附和变真空吸附是在两个并联的固定床中实现的,如图 8-13 所示。与变温吸附不同,它不是加热变温的方式,而是靠消耗机械功提高压力或造成真空完成吸附分离循环。一个吸附床在某压力下吸附,而另一个吸附床在较低压力下脱附。变压吸附只能用于气体吸附,因为压力的变化几乎不影响液体吸附平衡。变压吸附可用于空气干燥、气体脱除杂质和污染物以及气体的主体分离等。

具有两个固定床的变压吸附循环如图 8-14 所示,称为 Skarstrom 循环。每个床在两个等时间间隔的半循环中交替操作:①充压后吸附;②放压后吹扫。实际上分四步进行。

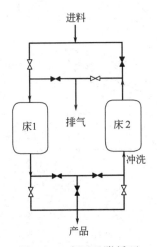

图 8-13　变压吸附循环

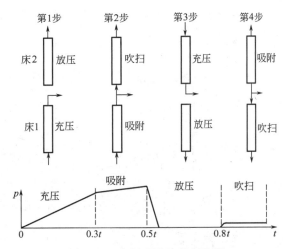

图 8-14　变压吸附的循环步骤

8.1.7.2　移动床吸附工艺

在恒温、恒压下,对脱除二元稀溶液中溶质的连续逆流吸附与脱附系统,其各物流流向如图 8-15(a)所示。假定溶剂和吸附剂中溶质的吸附等温线均为线性且相同,吸附和脱附的操作线分别处于平衡线的上方和下方。由图 8-15(b)可知,吸附剂的用量要比进料量大;通过对 McCabe-Thiele 图的平衡线和操作线之间画阶梯,可确定平衡级数分别为:吸附段 2 级,脱附段 3 级。

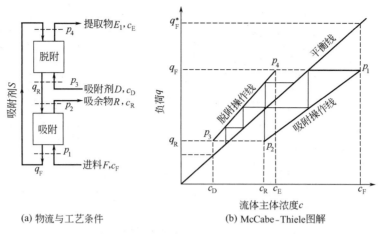

(a) 物流与工艺条件　　(b) McCabe-Thiele图解

图 8-15　连续逆流吸附与脱附系统

也可采用 Kremser 方程来计算塔板数：

$$N_t = \frac{\ln\dfrac{c_1 - q_1/K}{c_2 - q_2/K}}{\ln\dfrac{c_1 - c_2}{q_2/K - q_2/K}}$$

如果适当改变两段的操作条件，如通过提高脱附温度，可使脱附平衡线的位置低于吸附平衡线，如图 8-16 所示。通过调整吸附剂和进料量（D/F）的比例，可使操作线相交于坐标为 q_R 和 c_R 的点。但需要更高的床层。

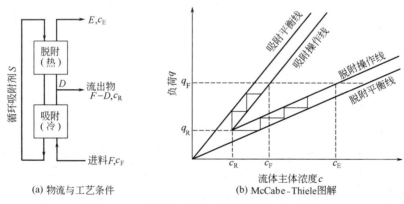

(a) 物流与工艺条件　　(b) McCabe-Thiele图解

图 8-16　连续逆流吸附与脱附系统的变温操作

8.1.7.3　流化床工艺

流化床吸附分离常用于工业气体中水分脱除，排放废气中 SO_2、NO_x 等有毒物质脱除和回收溶剂。它采用颗粒坚硬耐磨、物理化学性能良好的吸附剂，如活性氧化铝、活性炭等，其特点是流化床（包括沸腾床）内流体的流速高、传质系数大、床层浅，因而压降低、压力损失小。吸附物通常采用加热方法脱附，经脱附的吸附剂冷却后重复使用。流化床优点在于：它能连续或半连续逆流运行，可避免液体的旁通和沟流，反应器中的压头损失较小，吸附剂相和处理液相的流量控制相对比较简单，分配器的设计不复杂，易于直接从实验室试验数据按比例放大到中试和工业装置。

流化床吸附按吸附器的结构不同,可分为单层和多层两种。按操作过程不同可分为间歇操作和连续操作过程两种。间歇式操作的沸腾床吸附剂容易迅速达到吸附饱和,没有足够高度的床层,不能形成稳定的流化区,因此,大多用于吸附分离操作的可能性和有关的吸附传质机理研究,实际工业应用不多。

连续操作过程可采用单层和多层吸附两种方式,图 8-17 为 Fluicon 连续逆流式多级流化床操作工艺,常用于水的软化处理等。该流化床包括一系列的多孔配水盘,并带有导流管用于树脂逆流。此工艺难以制成较大直径的柱和较多的级数,使该设备相对较小,处理流量通常在 $10 \sim 100 \mathrm{m}^3/\mathrm{h}$ 范围。

Cloete-Streat 接触器为一种周期性的反应器。它由一系列多孔配水盘构成,一般料液方向向上,如图 8-18 所示。周期性地将料液停掉一个短时间,以便让树脂流化沉降。柱中的所有物料靠重力流动或沿给料流动相反方向用泵向下抽吸,以便盘和盘之间转移增加的树脂。然后恢复正常流量,重新启用。基于 Cloete-Streat 接触器原理的设备已用于金矿副产品铀的回收,南非 Stifontein 的 Chemues 金矿建有四个玻璃钢交换柱,萃取柱直径为 5m,能处理 $14000 \mathrm{m}^3/\mathrm{d}$ 的含铀液;加拿大 Agnew Lake 市和美国 Twin Buttes 也建有改形的多级流化床大型装置用于铀的回收。

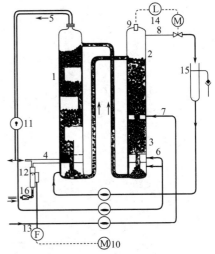

图 8-17 Fluicon 连续逆流式多级流化床
1—负载柱;2—再生柱;3—洗涤柱;4—原水;
5—软化水;6—洗涤水;7—再生水;8—盐水;
9—料面计;10—计量泵;11—循环泵;
12—流量计;13,14—调节器;
15—收集器;16—减压器

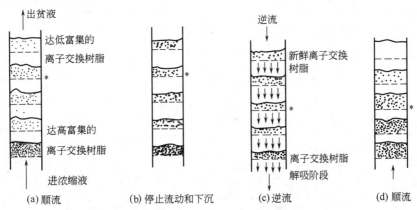

图 8-18 Cloete-Streat CIX 工艺的操作工况

【例 8-1】 已知空气中含有丙酮蒸气 $12 \mathrm{g}/\mathrm{m}^3$,在 20℃下用活性炭固定床吸附塔回收丙酮蒸气,设吸附床床层高度 0.8m,气体的空塔线速度 20m/min,经一定时间后,吸附塔出口气体浓度为进口浓度的 10%,试求床层的穿透时间 t_b 和透过床层的丙酮蒸气量。

已知活性炭颗粒为圆柱形 $\phi 4\mathrm{mm}$(4~6 目),填充密度 $\rho_B = 410 \mathrm{kg}/\mathrm{m}^3$,床层孔隙率 $\varepsilon = 0.45$,颗粒内阻的比例系数为 2.7。在 20℃时丙酮的吸附等温线见图 8-12(a),由图解积分得传质单元数 $N = \int_{c_b}^{c_0 - c_b} \frac{\mathrm{d}c}{c - c^*} = 3.30$,传质系数为 $K_F a_v = 3.52 \times 10^4 \mathrm{h}^{-1}$。

解 (1) 吸附传质区长度　已知数据 $c_b=0.012\text{kg/m}^3$，$c_0-c_b=0.0108\text{kg/m}^3$，操作线方程为 $X/0.230=c/0.012$，以及传质单元数和传质系数。则

$$L_a=\frac{v}{K_F a_v}\int_{c_b}^{c_0-c_b}\frac{dc}{c-c^*}=\frac{1200}{3.52\times 10^4}\times 3.30=0.113 \text{ (m)}$$

(2) 穿透时间　在实际过程中，由于颗粒的内阻存在，导致每一传质单元的板效降低，为此取传质单元的板效系数为 2.7，则传质区实际长度 $L_a=0.30\text{m}$，故

$$t_b=\frac{q_m \rho_B}{v c_0}\left(L-\frac{L_a}{Z}\right)=\frac{0.23\times 410}{1200\times 0.012}\times\left(0.8-\frac{0.30}{2}\right)=4.25 \text{ (h)}$$

(3) 透过床层的丙酮蒸气质量　由图 8-9 可知，当床层与传质区高度比为 2.7 时，总床层利用率为 0.81，则

$$Y_b=X_0\frac{\dfrac{L}{2.7\times L_a}\eta}{L}=0.23\times\frac{\dfrac{0.8}{2.7\times 0.113}\times 0.81}{0.8}=0.187\text{ [kg/kg(活性炭)]}$$

在实际吸附过程中，由于吸附剂中有残留水分存在，会对吸附平衡产生一定的影响，故以上估算最好能用实验验证。

【例 8-2】 用填充有 4A 分子筛的固定床吸附干燥处理含水分的丙酮，处理量 4t/h，以每 12h 为 1 周期切换一次，4A 分子筛的平衡吸附量 $q_0^*=0.19\text{kg(H}_2\text{O)/kg(分子筛)}$，分子筛多次运转后劣化率 $R=0.2$，残留水分量 $q_R=0.04$，试计算此吸附器的直径和高度。

解　有效吸附量 q_d

$$q_d=q_0^*(1-R)-q_R=0.19\times(1-0.2)-0.04=0.112\text{ [kg(H}_2\text{O)/kg(分子筛)]}$$

式中，q_0^* 为平衡吸附量，$\text{kg(H}_2\text{O)/kg(分子筛)}$；$q_R$ 为残留水分量，一般取 2%~5% 之间；R 为吸附剂经使用后的劣化率。

(1) 水分总量 W_{H_2O}：已知丙酮处理量 4t/h，含水 5000mg/kg，则每 12h 水量为

$$W_{H_2O}=4000\times 12\times 0.005=240 \text{ (kg)}$$

(2) 饱和吸附床层高度 L_o：已知丙酮流量 $W=4\text{t/h}$，流速 $v=0.15\text{cm/s}$，$\rho_L=792\text{kg/m}^3$，设床层的充填密度 $\rho_B=720\text{kg/m}^3$，则

吸附剂用量

$$G=W_{H_2O}/q_d=240/0.112=2143\text{(kg)}$$

床层容积

$$V=G/\rho_B=2143/720\approx 2.98 \text{ (m}^3\text{)}$$

吸附塔截面积

$$A=W/(\rho_L v)=4000/(792\times 0.15\times 10^{-2}\times 3600)=0.94\text{(m}^2\text{)}$$

塔的直径 $D_t=\sqrt{4A/\pi}=1.1\text{m}$

饱和吸附床层高度 $L_o=2.98/0.94=3.17 \text{ (m)}$

(3) 从吸附等温线计算传质区的长度 L_a

传质单元数

$$N_{oF} = \int_{0.1}^{0.9} \frac{dc}{c-c^*} = 3.9$$

容积总传质系数 $(K_F a_v)^{-1} = 156.3 \text{s}$,则

$$L_a = N_{oF} v/(K_F a_v) = 3.9 \times 0.15 \times 156.3 = 91.5 \text{ (cm)}$$

吸附塔的高度

$$L = L_o + \frac{L_a}{2} = 317 + 91.5/2 = 362.8 \text{ (cm)}$$

安全计取 $L = 400 \text{cm}$。

(4) 分子筛用量 (以每一吸附床层计)

$$W = AL\rho_B = 0.94 \times 400 \times 720 = 2707 \text{ (kg)}$$

则可求得吸附塔直径为110cm,床层高度为400cm。

固定床吸附干燥,可用加热脱附再生,冷却后重复使用外;对气体干燥脱水,也可用降压法脱附再生。

8.2 离子交换

离子交换是溶液中的离子与某种离子交换树脂上的离子进行交换的作用或现象,是借助于固体离子交换树脂上的离子与稀溶液中的离子进行交换,以达到提取或去除溶液中某些离子的目的,是一种传质分离过程的单元操作。

8.2.1 离子交换树脂种类

通用的离子交换树脂是基于苯乙烯共聚和交联的强酸或强碱型离子交换树脂,见表8-2。而弱酸型交换树脂大多是基于丙烯酸或甲基丙烯酸共聚制得。具有阳离子交换功能的基团有磺酸 (—SO_3H)、羧酸 (—COOH) 等;具有阴离子交换功能的有伯、仲、叔胺型 (—NH_2、—NHR、—NR_2) 以及季铵型 (—NR_3^+) 等;作为螯合型离子交换树脂则有氨基羧酸 [—N—$(CH_2COOH)_2$]、聚胺 [—NH$(CH_2)_n$—NH_2] 和 N-甲基葡萄糖胺 [—$NCH_3CH_2(CHOH)_4CH_2OH$]。

表 8-2 离子交换树脂的结构

形式	功能基团	体积湿密度 (沥干)/(kg/L)	湿含量(沥干) (质量分数)/%	交换容量 /(mmol/cm³)	最高允许温度/℃	pH值范围
阳离子型	磺酸基	0.75~0.85	44~70	1.7~1.9	120	0~14
	羧基	0.75~0.85	48~60	≤2.5	150	5~14
	丙烯酸基	0.70~0.75	70	≥3.5	120	4~14
	酚醛树脂	0.70~0.80	约50	≤2.5	45~65	0~14
阴离子型	三甲基苯基铵	0.67~0.70	45~60	≥1.3	60~80	0~14
	二甲基羧基乙基铵	0.67~0.70	42~55	≥1.3	40~80	0~14
	氨基聚苯乙烯	0.67~0.67	55~60	≥1.3	100	0~9

离子交换树脂通常是球形颗粒的固体凝胶，它包含三维高分子网络、附着在网络上的离子功能基团、反离子以及溶剂。除了通用的均孔型离子交换树脂外，还有如图8-19所示的特种离子交换树脂。

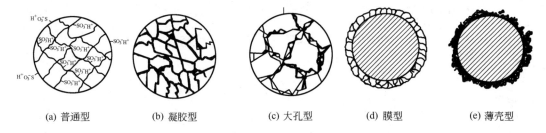

(a) 普通型　　(b) 凝胶型　　(c) 大孔型　　(d) 膜型　　(e) 薄壳型

图8-19　具有不同表面结构的离子交换树脂

离子交换树脂主要用于纯水制备，金属回收，脱碱，糖液精制，抗生素与氨基酸废水处理，抗生素、酶、氨基酸生产的脱盐纯水制备，氨基酸分离，福尔马林精制等。

离子交换树脂的吸着与离子交换过程如图8-20所示，(a) 为染料分子均匀地渗入可交换树脂内，染料分子通过与树脂的相互作用吸着，其相互作用服从相似相容原则；(b) 为多孔聚合物吸附剂，其离子交换能力一般较小，但其比表面很大，大多数吸附树脂带有酚基和氨基，具有两性，能从溶液中吸着有色的有机化合物；(c) 为合成离子交换剂，其带有的固定离子或反应离子基团具有对溶液中反离子进行离子交换反应的能力。吸着、吸附和离子交换在机理上有所不同。

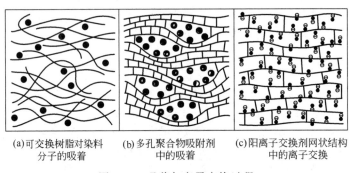

(a) 可交换树脂对染料分子的吸着　　(b) 多孔聚合物吸附剂中的吸附　　(c) 阳离子交换剂网状结构中的离子交换

图8-20　吸着与离子交换过程

吸着过程比较复杂，包含吸收与吸附，主要依据于相似相容性原则，亦即极性物质容易进入极性可塑性物质里，而非极性物质更容易进入非极性可塑性物质里；在吸附过程中，溶质是通过固体吸附剂内表面的物理力与溶质的相互作用使溶质滞留；在离子交换过程中，溶质与树脂上的离子交换基团发生缔合作用或化学作用而滞留在物体内。

工业上常利用离子交换树脂的交换反应去除溶液中的离子，也可以利用交换反应的选择性，对溶液中的离子进行分离。螯合型离子交换树脂的功能基团及其选择性见表8-3。

表8-3　螯合型离子交换树脂的功能基团及其选择性

功能基团	基团结构式	选择性大小次序
亚氨基二乙酸	$-N(CH_2COOH)_2$	$Hg^{2+}>Cu^{2+}>UO_2^{2+}>Pb^{2+}>Fe^{3+}>Al^{3+}>Cr^{3+}>Ni^{3+}>Zn^{3+}>$ $Ag^+>Co^{2+}>Cd^{2+}>Fe^{2+}>Mn^{2+}>Ba^{2+}>Ca^{2+}>Sr^{2+}>Mg^{2+}>Na^+$

续表

功能基团	基团结构式	选择性大小次序
聚胺 (含聚乙烯亚胺)	$-NH(CH_2)_nNH_2$	$Au^{2+}>Hg^{2+}>Pt^{2+}>Pd^{2+}>Fe^{3+}>Cu^{2+}>Zn^{2+}>Cd^{2+}>Ni^{2+}>$ $Co^{2+}>Ag^+>Mn^{2+}\gg Ca^{2+},Mn^{2+},Na^+$
磷酸	$-PO_3H_2$	$Th^{4+}>U^{4+}>UO_2^{2+}>Fe^{3+}>Be^{2+}>$稀土类$>H^+>Ag^+>$ $Cd^{2+}>Zn^{2+}>Cu^{2+}>Ni^{2+}\gg Co^{2+}>Mn^{2+}>Ca^{2+}>Na^+$
氨基膦酸	$-NHCH_2PO_3H_2$	$Cu^{2+}>Ca^{2+}>Zn^{2+}\approx Fe^{2+}>Ni^{2+}>Cd^{2+}>Cr^{2+}>Na^+$
硫醇	$-SH$	$Ag^+>Cu^{2+}>Pd^{2+}>Cd^{2+}\gg Zn^{2+}>Ni^{2+}>Fe^{3+}>Ca^{2+}$
二硫代氨基甲酸	$\diagup NCS_2H$	$Hg^+,Au^{3+},Ag^+,Cr^{6+}$
偕胺肟	$-C(NOH)NH_2$	$Cu^{2+},Ru^{2+},Au^{2+},Rh^{2+},V^{2+},Pb^{2+},U^{2+},Pt^{2+},Fe^{3+},Mo^{2+}$,对以上元素有较大选择性 $Cu^{2+}>Ni^{2+}>Co^{2+}>Zn^{2+}>Mn^{2+}$
N-甲基葡萄糖胺	$-N[CH_2(CHOH)_5H]CH_3$	对BO_3^{2+}有特殊的吸附性

8.2.2 离子交换平衡与动力学关系

8.2.2.1 离子交换平衡及其选择性系数

将离子交换树脂放入有反离子 A 的电解质溶液中，溶液中的反离子 A 和离子交换树脂中的反离子 B 部分取代交换。对阳离子交换树脂具有以下反应：

$$nR^-A^+ + B^{n+} \rightleftharpoons R_n^-B^{n+} + nA^+ \tag{8-28}$$

对于稀溶液，活度系数近似等于1，树脂相中的活度系数归入平衡常数内，则上述可逆反应达到平衡时，依据质量守恒定律，可得

$$K'^{B^{n+}}_{A^+} = \frac{[R_n^-B^{n+}]_R[A^+]_S}{[R^-A^+]_R^n[B^{n+}]_S} \tag{8-29}$$

该式表示离子交换树脂对不同离子的相对亲和力，通常也称为离子交换选择系数，该数值可从实验测得。

假定离子交换树脂的分离因子为：

$$\alpha_s = \frac{[R_n^-B^{n+}]_R[A^+]_S}{[R^-A^+]_R[B^{n+}]_S} \tag{8-30}$$

则选择系数与分离因子之间的关系为

$$K'^{B^{n+}}_{A^+} = \alpha_s \left(\frac{[A^+]_S}{[R^-A^+]_R}\right)^{n-1} \tag{8-31}$$

对于一价与一价离子的交换，$n=1$，选择系数等于分离因子。若 $\alpha>1$，表示该树脂对 B^{n+} 较 A^+ 具有更大的选择性；$\alpha=1$，两种离子无选择性。

对稀溶液，离子交换树脂具有以下规律：

① 二价离子对树脂的亲和力大于一价离子；

② 同价离子的亲和力与其水合离子半径成反比。若浓度增高，树脂对不同离子的选择性差别变大。

(1) 1-1 价离子交换平衡　1-1 价阳离子交换反应可按以下通式表示：

$$R^-A^+ + B^+ \rightleftharpoons R^-B^+ + A^+ \tag{8-32}$$

则离子选择性系数为

$$K'^{B^+}_{A^+} = \frac{[R^-B^+]_R[A^+]_S}{[R^-A^+]_R[B^+]_S} \tag{8-33}$$

令

$$c_0 = [A^+] + [B^+], \quad c = [B^+]$$
$$Q = [R^-A^+] + [R^-B^+], \quad q = [R^-B^+]$$

则

$$\frac{\frac{q}{Q}}{1-\frac{q}{Q}} = K'^{B^+}_{A^+} \frac{\frac{c}{c_0}}{1-\frac{c}{c_0}} \tag{8-34}$$

式中，q/Q 为树脂相中 B^+ 浓度与其全交换容量之比；c/c_0 为液相中 B^+ 浓度与其总离子浓度之比。

取不同的选择系数，以 q/Q 为纵坐标，c/c_0 为横坐标作图，可得 1-1 价离子交换平衡曲线，见图 8-21。

（2）2-1 价离子交换平衡

$$2R^-A^+ + B^{2+} \rightleftharpoons R_2^-B^{2+} + 2A^+$$

相应的选择系数为

$$K'^{B^{2+}}_{A^+} = \frac{[R_2^-B^{2+}]_R[A^+]_S^2}{[R^-A^+]_R^2[B^{2+}]_S} \tag{8-35}$$

又由于

$$\frac{[R_2^-B^{2+}]}{[R^-A^+]} = \frac{q}{(Q-q)^2}, \quad \frac{[B^{2+}]}{[A^+]^2} = \frac{c}{c_0 - c} \tag{8-36}$$

可得

$$\frac{\frac{q}{Q}}{Q\left(1-\frac{q}{Q}\right)^2} = K'^{B^{2+}}_{A^+} \frac{\frac{c}{c_0}}{\left(1-\frac{c}{c_0}\right)^2} = K'^{B^{2+}}_{A^+} \frac{Q\rho_a}{c_0} \frac{\frac{c}{c_0}}{\left(1-\frac{c}{c_0}\right)^2} \tag{8-37}$$

上式中，$K'^{B^{2+}}_{A^+} Q\rho_a/c_0$ 为平衡参数。同理可作图如图 8-22 所示，可以看出 $K'^{B^{2+}}_{A^+}$ 及 Q 值的增加或 c_0 值的减小而增大，有利于离子交换；当平衡参数随着 c_0 值的增加而减小，有利于再生反应；再生液浓度增大，有利于逆反应。对强酸或强碱型离子交换树脂，树脂全交换容量基本为一定值，而溶液中离子总浓度可能变化较大，对离子交换平衡起主要作用；一般条件下，选择系数大，有利于吸着的进行，但过大的选择系数不利于再生，也会给离子交换带来困难。在实际生产过程中往往采用再生液浓度的办法。

如将树脂单位以 mmol/L 表示，则乘以干树脂视密度 ρ_a。那么可用相对比值表示整个平衡式。

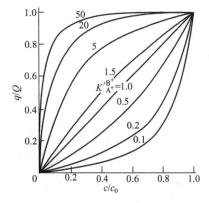

图 8-21 1-1 价离子交换平衡曲线

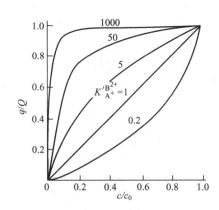

图 8-22 2-1 价离子交换平衡曲线

在等温状态下，溶液中离子浓度分数 $x=c/c_0$ 与离子交换剂中离子浓度分数 $y=q/Q_0$ 的平衡关系称为离子交换等温线，Q_0 为每单位质量或单位床层容积树脂能进行离子交换的基团总数，也称总交换容量。与吸附平衡的等温线类似，离子交换平衡等温线也可分为优惠、线性、非优惠和 S 形四种，如图 8-5（b）所示。

8.2.2.2 选择性系数相关的工程参数估算

选择性系数是衡量离子交换剂对 B 和 A 离子的相对选择能力大小的。

（1）**离子交换出水泄漏量计算** 离子交换柱经过再生后，大部分转变为 RA 型，但仍残留着一部分 RB 型。另外，再生方式的不同，其效果也不同。在离子交换初期，流出液组成与树脂组成所处的平衡状态，以 1-1 价离子交换为例，可表示为

$$K = \frac{[R^-B^+][A^+]}{[R^-A^+][B^+]} \tag{8-38}$$

式中，$[R^-B^+]$、$[R^-A^+]$ 分别为经过再生后仍残留着的和恢复了交换能力的部分；$[B^+]$ 为离子交换初期出水泄漏量。

将 $[A^+]=c_0-[B^+]$，代入上式，得

$$[B^+]=\frac{[R^-B^+]c_0}{K[R^-A^+]+[R^-B^+]}=\frac{c_0}{K\frac{[R^-A^+]}{[R^-B^+]}+1} \tag{8-39}$$

由上式可以看出，$[R^-B^+]$ 值和 c_0 值愈小或 K 值愈大，则 B^+ 的泄漏量 $[B^+]$ 就愈小。逆流再生的 $[R^-B^+]$ 值较顺流再生的小，因而能提高出水水质。离子交换过程中的泄漏量见图 8-23。

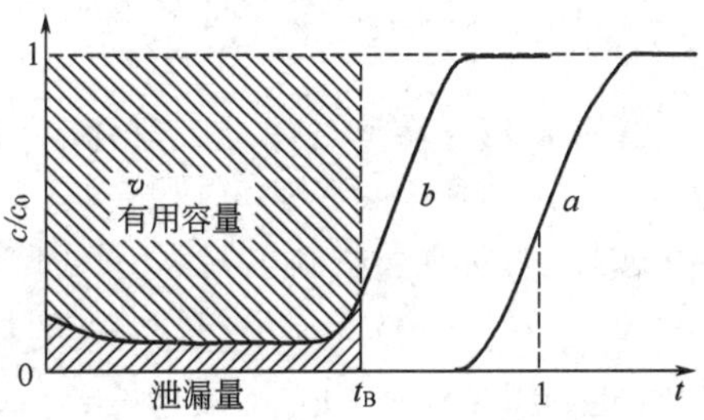

（2）**树脂极限工作交换容量计算** 当离子交换柱通水到完全漏过，即出水中的离子组成接近等于进水中的离子组成时，流入液组成与树脂组成所处的平衡状态可表达为：

$$K' = \frac{[R^-B^+]_0[A^+]}{[R^-A^+][B^+]} \tag{8-40}$$

式中，$[R^-B^+]_0$ 为树脂的极限工作交换容量，也即最大饱和度时的交换容量；$[A^+]$、$[B^+]$ 为原水中的离子组成。

图 8-23 离子交换过程中的泄漏量

将 $[R^-A^+]=Q-[R^-B^+]_0$ 代入上式得

$$[R^-B^+]_0=\frac{K'Q[B^+]}{K'[B^+]+[A^+]} \tag{8-41}$$

由上式求得的 $[R^-B^+]_0$ 值减去原有的残留量后即为最大可能的吸着量。在实际生产中，B^+ 的泄漏量达到某一定值时即停止通水，进行再生。因此，树脂工作交换容量要小于上述的最大可能吸着量。

（3）**树脂再生度极限值计算** 树脂再生度极限值系指无限量的已知浓度的再生液使树脂能达到的最大再生程度。其平衡

$$K'' = \frac{[R^-B^+][A^+]}{[R^-A^+][B^+]} \tag{8-42}$$

式中，$[R^-A^+]$ 为树脂最大再生度时的交换容量；$[A^+]$、$[B^+]$ 为再生液浓度。

将 $[R^-B^+]=Q-[R^-A^+]$ 代入上式得极限工作交换容量

$$[R^-A^+]=\frac{Q[A^+]}{K''[B^+]+[A^+]} \tag{8-43}$$

以上式（8-39）、式（8-41）、式（8-43）均为 1-1 价离子交换平衡，对 2-1 价离子交换平衡，上述各项需根据式（8-36）按照具体要求进行来估算。

【例 8-3】 采用强酸性钠型阳离子交换柱进行水的软化处理。树脂全交换容量 Q 等于 2.0mol/L。由于采用顺流再生，再生后树脂层底部的树脂仍有 80% 呈 Ca 型。针对不同的原水水质，试计算交换初期的出水硬度泄漏量。Ca 离子对 Na 离子的离子交换选择系数 $K=3$。原水硬度分别等于 2.0mmol/L 和 24mmol/L。

解 已知 $c_0=2.0\times10^{-3}$ mol/L；$Q=2.0$ mol/L；$K=3$；$[R^-B^+]=q=2\times0.8=1.6$ (mol/L)

$$\frac{\dfrac{c}{c_0}}{\left(1-\dfrac{c}{c_0}\right)^2}=\frac{1}{K}\frac{c_0}{Q}\frac{\dfrac{q}{Q}}{\left(1-\dfrac{q}{Q}\right)^2}$$

$$=\frac{1}{3}\times\frac{2.0\times10^{-3}}{2.0}\times\frac{0.8}{(1-0.8)^2}=6.67\times10^{-3}$$

可解得 $\dfrac{c}{c_0}=0.0066$

出水硬度泄漏量 $c=0.0066\times2.0=0.013$ (mmol/L)。

同理，按以上计算，可求得 $c_0=24$mmol/L 时的硬度泄漏量为 1.68mmol/L。

【例 8-4】 在水的除盐处理中利用工业液碱再生强碱性阴离子交换树脂（Ⅰ型）。若液碱中 NaOH 含量为 30%，而 NaCl 含量为 3.5%，试核算再生剂对再生阴离子交换树脂的影响。根据有关资料，对强碱性Ⅰ型树脂，氯离子对氢氧根离子的选择性系数等于 15。

解 3.5% NaCl 相当于 1kg 液碱中含有 35g NaCl，与其相应的 Cl^- 为 0.598mol；30% NaOH 相当于 1kg 液碱中含有 300g NaOH，与其相应的 OH^- 为 7.5mol；1kg 液碱中离子总含量等于 8.098mol；那么，$c/c_0=0.074$。

将以上换算获得的数据，代入 1-1 型离子交换平衡计算式（8-34），求出

$$\frac{\dfrac{q}{Q}}{1-\dfrac{q}{Q}}=K\frac{\dfrac{c}{c_0}}{1-\dfrac{c}{c_0}}=15\times\frac{0.074}{1-0.074}=1.198$$

$$\frac{q}{Q}=\frac{1.198}{2.198}=0.545$$

以上核算结果表明，即使用大量的高浓度液碱进行再生，尚有 54.5% 的树脂仍然保留有 Cl 型。利用树脂再生度极限公式估算，也可获得相近结果

$$\frac{[R^-A^+]}{Q}=\frac{[A^+]}{K''[B^+]+[A^+]}=\frac{7.5}{15\times0.598+7.5}=0.455$$

也即树脂的最大再生度为 45.5%。

8.2.3 离子交换过程设计

8.2.3.1 固定床近似计算法

(1) **离子交换树脂的体积用量估算** 对非常优惠的离子交换平衡等温线,若不考虑轴向弥散效应,设反离子组分进料浓度为 c_0,穿透浓度 $c_B < 0.05c_0$,离子交换剂的交换容量为 Q,则离子交换树脂的体积用量 V_r 可用下式求出

$$V_r = \frac{c_0 \xi u t_s}{(1+\xi) Q} \tag{8-44}$$

式中,$t_s = \tau(1+\xi)$ 为化学计量时间;$\xi = (1-\varepsilon)Q/(\varepsilon c_0)$ 为质量容量因子;$\tau = \varepsilon v/u$ 为空速时间,v 为床层容积,ε 为孔隙率。

由于轴向弥散效应,平衡状态下的离子交换树脂的穿透时间会缩短,为此由上式求出的离子交换树脂体积用量需乘以一个安全系数 S_f,以确保过程的实现。

对具有恒定分离因子,且分配系数 $K<1$ 的非优惠等温线,得到浓度变化式

$$\frac{c}{c_0} = \frac{\sqrt{\frac{\xi K}{(1+\xi)\theta - 1}} - 1}{K - 1} \tag{8-45}$$

式中,$\theta = t/t_s$,对稀溶液,$\xi \gg 1$,则

$$\frac{c}{c_0} = \frac{\sqrt{K/\theta} - 1}{K - 1} \tag{8-46}$$

穿透时间(泄漏点)可用下式求出:

$$t_B = (1 + K\xi) t_s / (1+\xi) \tag{8-47}$$

(2) **离子交换柱床层长度确定** 类似于固定床吸附柱,离子交换柱也可用传质区概念来考虑,如图 8-24 所示,流出液浓度到达透过点(透过时间 t_b),所需离子交换柱总长度为床层饱和区(平衡区长度 LES)与附加区段(附加长度 LUB)之和:

$$L_B = \text{LES} + \text{LUB}$$

附加长度取决于传质区(MTZ)的宽度和在该传质区内的浓度分布形状,一般情况下 MTZ 传质区不等于零。对理想的离子交换柱,MTZ=0,则不需要 LUB;如果当 $L_B>$LES 时,则 LUB 就是未用床层的长度。

$$\text{LUB} = \frac{t_s - t_b}{t_s} L_e \tag{8-48}$$

式中,L_e 为实验床层长度。

在理想状态下,对直径为 D 的圆柱形离子交换柱,可从床中溶质的物料衡算来确定床层长度

$$\text{LES} = \frac{4c_F Q_F t_b}{q_F \rho_b \pi D^2} \tag{8-49}$$

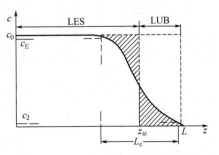

图 8-24 床层内透过时间的浓度曲线

如图 8-24 所示,LES 的定位应使两边阴影部分的面积相等。

从透过时间 t_b 和计量时间 t_s,可算出由实验透过曲线 LUB 值。对称的浓度前沿,$L_e = 2\text{LUB}$,则

$$L_e = L(t_b - t_s) \tag{8-50}$$

式中,t_b 和 t_s 分别为流出液出口浓度 $c_2 =$

$0.05c_0$ 和 $c_E=0.95c_0$ 处对应时间。

带 Cl^- 的 HCl 和阴离子树脂 ROH^-，在柱长 $L=15cm$、截面积 $5.2cm^2$、树脂颗粒直径 $d_p=0.06cm$ 的离子交换柱内进行交换，得出其传质区的长度 L_e 和空速 u_0 的关系为

$$L_e=14.55u_0^{0.362} \tag{8-51}$$

8.2.3.2 离子交换循环量计算

离子交换循环包括交换和再生过程，再生过程的再生条件决定了再生的程度（再生率），再生率又和交换容量有关。交换容量指在操作条件下的有用容量（useful capacity）。由于经济的原因，要节省再生剂的用量，饱和阶段离子组分的穿透点带前移，以致有用容量减少。设溶液中的离子 A 和最初在树脂中的离子 B 进行交换，则在饱和阶段：A 离子在树脂中积累量 $A_{in}-A_{out}$ 等于 B 离子离开树脂的量。

$$y_{sj}-y_{si}=t_{si}-x_{si}t_{si}=y_{ri}-y_{rj}=F_{si}y_{ri} \tag{8-52}$$

在再生阶段，B 在树脂中积累量 $B_{in}-B_{out}$ 等于 A 离子离开树脂的量

$$y_{rk}-y_{rj}=t_{rj}-x_{rj}t_{rj}=y_{sj}-y_{sk}=F_{rj}y_{sj} \tag{8-53}$$

式中，下标 s 和 r 分别表示饱和液（离子 A）和再生剂（离子 B）。

$$x_s = \frac{A 在流出液中的当量}{饱和阶段进入床层的总当量}$$

$$y_{ri} = \frac{在阶段 i 开始时，床层中 B 的当量}{床层中的总容量}$$

$$t_s=c_sV_s/Q, t_r=c_rV_r/Q \text{（}V\text{ 为通过床层的体积）}$$

$$F_{si} = \frac{饱和阶段期间排出 B 的当量}{饱和阶段 i 开始时，床层中 B 的当量}$$

$$F_{rj} = \frac{再生阶段期间离开的 A 当量}{再生阶段 j 开始时，床层中 A 的当量}$$

求出

$$\eta_r = \frac{2\sqrt{K_A^B W}-K_A^B(W-1)}{1-K_A^B} \tag{8-54}$$

式中，K_A^B 为选择性系数；在一价离子交换中和分离因子相等；W 为通过床层每当量总树脂容量的再生剂当量。设 R 是树脂总容量；E_w 为再生剂的当量质量，则再生剂用量 G 为

$$G=WRE_w \tag{8-55}$$

图 8-25 表示不同 K_A^B 值下再生水平（再生率，η）和再生剂当量［x（溶液/树脂）］的关系曲线。选择性系数约为 0.65 的磺酸再生钠型典型强酸性阳离子交换树脂，和选择性系数仅为 0.06 的氢氧化钠再生氯型一类标准阴离子交换树脂比较，显然，后者要完全再生需非常过量的氢氧化钠。图 8-25 中斜率为 1 的直线说明这种再生剂的利用率为 100%，在 $W=K_A^B$ 时可完全再生。式（8-54）仅指柱的流动状态是在平衡条件下操作的。

假设在整条柱内树脂的组成是均一的，再生曲线可反映部分载荷，以再生曲线上树脂最初组成上一点作切线，即为最初再生曲线，在切点上的 W 值等于

$$W=[K_A^B+(1-K_A^B)(1-y_0)]^2/K_A^B \tag{8-56}$$

式中，y_0 是冲洗阶段开始时，树脂中负载离子的当量分率。

强碱性树脂在透过时含 0.56mol/L 硝酸盐，负载分率 $y_0=0.56/1.3=0.46$（树脂容量 1.3mol/L），用 NaCl 为再生剂，得出再生曲线（图 8-26），选择性系数 $K_A^B=1/4$，为了避免过量地使用再生剂 NaCl，在再生率和 NaCl 用量之间选取适宜值。

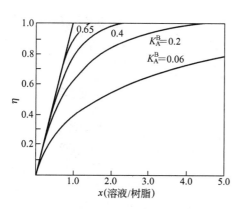

图 8-25 树脂再生率和再生剂当量的关系

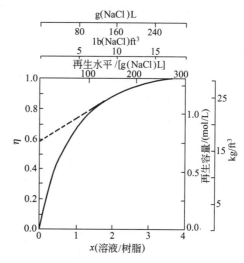

图 8-26 从强碱树脂中用 NaCl 脱除硝酸盐的再生曲线

8.2.4 离子交换器及其设计要求

8.2.4.1 固定床

固定床分一般固定床、串联固定床、移动固定床三种。简单的固定床柱体通常为一个侧面平行的压力容器,带有一个通常由碳钢制成的底盘,特殊情况下可用不锈钢带橡胶或塑料内衬。单个柱径小于 $2\sim3m$,床深 $1\sim2m$,并超高 $1\sim2m$,以利于反洗清除上部空间杂质和碎片时的床层膨胀。在大多数情况下,向下的流量一般限制在 $60m^3/(m^2 \cdot h)$,流量越大,压力损失越大,并会导致严重的沟流。串联固定床设备通常由三个离子交换柱串联而成,分别用于萃取、反洗和分流洗脱。

8.2.4.2 移动床

希金斯(Higgins)移动床接触器,它包括一个封闭的回路,其中树脂固定床分布在独立的室中,并且能在液压脉冲的作用下沿与被处理液相反的方向移动。图 8-27 为 Higgins 移动床接触器,即萃取、冲洗和再生部分。液体通过筛孔收集器进、出接触器,并由流量控制器控制,使树脂逆向流动。该离子交换萃取部分的柱径一般为 1m,流速取决于填充萃取段的总压差,一般取在 $40\sim100m^3/(m^2 \cdot h)$ 范围内。

除了 Higgins 移动床外,还有 Asahi 移动床、Avco 连续移动床、Watts 连续交换器等。这些典型的床层各有特色,可满足各种需求。

8.2.4.3 流化床

流化床离子交换器对含有悬浮固体微粒的溶液很有潜力,可处理大约含 5000mg/kg 悬浮固体的溶液,连续逆流离子交换设备主要有柱形和多级段槽形。除了 8.1 节介绍的 Cloete-Streat 流化接触器外,还有希姆斯利(Himsley)连续逆流多

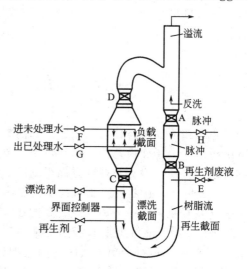

图 8-27 Higgins 移动床接触器

级流化床,如图 8-28 所示。

它是改进的多层流化床,由离子交换树脂和一液体进口管组成垂直床层,也称为喷动床塔。

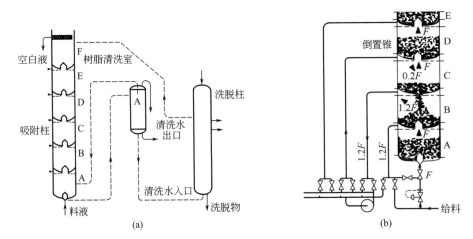

图 8-28　希姆斯利连续逆流多级流化床离子交换系统

8.2.5　离子交换处理装置选用与设计要求

① 确保设备在任何时候树脂和被处理液都接触良好;
② 在大多数应用情况下,树脂的停留时间必须远大于被处理液的停留时间(采用填充式或连续逆流式可达到);
③ 为降低成本和紧缩设备结构,溶液的滞留时间一般很短;
④ 设备结构应确保树脂的有效吸附、冲洗和再生,确保流体进出口的均匀分布;
⑤ 避免离子交换树脂的磨损和破碎;
⑥ 装置结构应易于装填树脂。

离子交换设备的选取,原则上取决于工艺过程,但大约 90% 的采用填充式或连续逆流式。如想从给料溶液中去除一种痕量杂质,一般可选固定床或串联固定床设备;如果处理水量较大,则可采用连续逆流式离子交换设备。在一些特殊场合采用移动床或连续多级接触器。

8.3　色谱分离

色谱按流动相态分为气相色谱和液相色谱两大类。按过程分离原理分,则有吸附色谱、分配色谱、离子交换色谱、亲和色谱、凝胶色谱等多种。目前,工业规模的色谱技术已在产物提取、分离、净化与提纯方面得到广泛的应用。如大型冲洗色谱、置换色谱的色谱柱直径达到 1m 以上,在制糖工业中有柱直径达 4m 的色谱在运行,美国 UOP 公司开发了 Sorbex 工艺从烷烃化合物中分离芳烃。我国在工业色谱技术开发方面具有特色,已开发成功出紫杉醇制备、α 型天然维生素 E 吸附提纯的工业色谱。

图 8-29 为两种分离方法的适用范围比较。由图可知。凡是精馏和萃取精馏可分离的体系都可以采用气液色谱分离,对分离因子 >1.3 的易分离体系,气液色谱的生产率低于

精馏。

对分离因子<1.3的分离体系,精馏分离的回流比需加大,能耗增加;或塔板数增加,设备投资费上升。而色谱过程适用于难分离体系,如同分异构体、近沸混合物等的分离。

8.3.1 色谱的分类和特点

色谱是利用不同组分在固定相和流动相中具有不同的平衡分配系数(或溶解度),当两相作相对运动时,这些组分在两相中进行反复多次分配,从而使分配系数相差微小的组分能产生很好的分离效果。

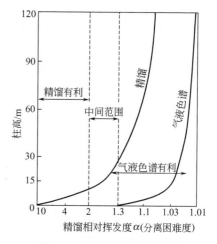

图 8-29 精馏与气液色谱的相对适用范围

8.3.1.1 吸附色谱

吸附色谱是利用流动相中溶质各组分分别与吸附剂固相之间的相平衡关系的差异,使得各组分在固定相内的保留能力不同而达到分离的一种方法。相平衡关系反映组分在固定相中的保留能力的差异,表征流动相各组分与固定相的相互作用的强弱。

吸附色谱中固相吸附剂的吸附能力与其官能团和流体相溶质分子的相互作用大小有关。若以硅胶为吸附剂,则对酚、醇、胺、酰胺、亚砜、酸等化合物为强吸附,对多核芳烃、醚、腈、硝酸基化合物和大多数羰基化合物为中等吸附,对硫醚、硫醇、烯烃、双环或单环芳烃、卤代芳烃等为弱吸附,而对烷烃、氢等不发生作用。

吸附色谱中溶质与吸附剂分子表面之间的作用力一般为色散力,其大小取决于极性度效应,适用于醇、酮、酯类等混合物的分离;对于链状碳氢化合物中,增加一个—CH_2—,其色散力效应不足以明显影响同系列化合物的相互作用力,因此,吸附色谱不宜用于同系化合物的分离。

极性溶质分子在极性固定相上的冲洗次序由溶质的分子官能基的极性大小而定,其次序一般为—CO_2H>—OH>—NH—>—SH>—CHO>—$C=O$>—CO_2R>—OCH_3>—$CH=CH$—;对活性炭一类非极性固定相吸附剂,则次序相反。

8.3.1.2 离子交换色谱

根据分离方式的不同,离子交换色谱可分为高效离子交换色谱、离子排斥色谱和离子流动色谱三种形式。高效离子交换色谱采用低容量离子交换树脂,基于离子交换作用将阴离子与阳离子分离;离子排斥色谱则利用高容量的离子交换树脂,基于离子排斥作用将某些有机酸与氨基酸分离,或有机物中去除无机物离子;离子流动色谱则采用表面多孔树脂,利用吸附作用和离子对形成机理,将疏水性物质与阴离子或金属络合物分离。

离子交换树脂的交换选择性与离子的种类有关,一般情况下,离子的价数高、原子序数大、水合离子半径小的离子交换树脂其亲和力大。在相等浓度的流动相中,不同阴离子在强碱型阴离子交换树脂上的选择性依次减小,为 $F^->OH^->CH_3COO^->HCOO^->Cl^->SCN^->Br^->CrO_4^{2-}>NO_3^->I^->$草酸根$>SO_4^{2-}>$柠檬酸根。

在强酸型阳离子交换树脂上,流动相中各阳离子的选择性强弱依次为 $Li^+>H^+>Na^+>NH_4^+>K^+>Rb^+>Cs^+>Ag^+>Ti^+>UO_2^{2+}>Mg^{2+}>Zn^{2+}>Co^{2+}>Cu^{2+}>Cd^{2+}>Ni^{2+}>Ca^{2+}>Sr^{2+}>Pb^{2+}>Ba^{2+}$。

在一定程度上，离子交换选择性的强弱次序反映了所需洗脱力的大小。洗脱力大小与离子间的相互作用力有关，主要有络合配体与金属离子间的配位螯合键力或/和离子间的亲和吸附力，特别以前者为佳。如通常采用乙二胺阳离子和酒石酸盐，或羟基丁二酸盐阴离子等络合淋洗剂来实现金属离子的洗脱。

8.3.1.3　正（反）相色谱

正（反）相色谱也称离子对色谱，是通过在流动相中加入合适的、与进料离子相反电荷的离子，使其与进料离子缔合成中性离子对化合物，以增大其保留值而达到良好分离效果的一种技术。正、反相色谱之差异在于：正相色谱的固定相极性大于流动相极性，也即为极性固定相和中等或弱极性流动相的色谱体系；而反相色谱的固定相极性小于流动相极性，也即为非极性固定相和极性流动相的色谱体系。

正相色谱的极性键合相通常以硅胶为基质，键合以极性基团，如$-NH_2$、$-CN$、$-CH(OH)-$、$-CH_2OH$、$-NO_2$等，分别称为氨基、氰基、醇基和硝基键合固定相。由于极性基团的可变性大，故可选取不同极性键合固定相来筛选合适的分离选择性，具有较大的灵活性。极性键合相的极性通常弱于硅胶，其适用于非极性至中等极性的中小分子化合物的分离。氨基键合固定相由于其极性比硅羟基弱，位于烷基链末端，有一定的自由度，并且氨基浓度较小，在同一条件下其保留值相对要小些，特别适用于酚、核苷酸等酸性化合物的分离。

反相色谱则通常采用烷基键合相为固定相，流动相是含有低浓度反离子的水，有机溶剂为缓冲溶液，离子对试剂不易流失，使用方便，适用面广。常用的为C_{18}烷基键合相，如十八烷基三氯硅烷、十八烷基醚型三甲氧基硅烷等，短链烷基键合相的稳定性较差。

8.3.1.4　凝胶色谱

凝胶色谱或凝胶渗透色谱（gel permeation chromatography）也称排阻色谱（exclusion chromatography），是基于溶质分子的大小及其在色谱柱内的迁移速率差异来达到分离的一种新技术。凝胶类似于具有较大孔径的分子筛，是一种不带电荷的具有三维空间的多孔网状结构。当含有大小不同的溶质分子的混合物随流动相流经以凝胶颗粒为固定相的色谱床层时，混合物中各组分按其分子的大小不同而被凝胶阻拦，分子量较小的组分可以进入凝胶网孔，而大分子被阻在凝胶颗粒外，可随洗脱液沿凝胶颗粒间的空隙迁移，速度较快，只需较短的时间就能将其冲洗出；而小分子进入凝胶后，随着洗脱过程的进行，会从凝胶网孔中缓慢扩散出来，需要较长的冲洗时间。

根据制备原料不同，凝胶可分为有机凝胶和无机凝胶两大类；按力学性能可分为软性凝胶、半硬性凝胶和硬性凝胶三类；按凝胶对溶剂的适应性可分为亲水、亲油和两性凝胶三类。软性凝胶的交联度低，溶胀性大，不耐压；硬性凝胶的机械强度好，如多孔玻璃和硅胶等；目前常用的大多为半硬性凝胶，有交联聚苯乙烯、交联聚乙酸乙烯酯、交联葡聚糖、交联聚丙烯酰胺、琼脂糖等种类。亲水性凝胶主要应用于蛋白质、核酸、酶、多糖等生物大分子的脱盐与分离提纯，亲油性凝胶多用于不同分子量的高聚物分离。

凝胶的分离范围、渗透极限，以及凝胶色谱柱中的固流相比是三个重要的性能指标。分离范围是指分子量与淋出体积标定曲线的线性部分，相当于$1\sim3$个数量级的分子量；渗透极限表示可分离分子量的最大极限，超过此极限的大分子均会在凝胶间隙中流走，没有分离效果；固流相比为色谱柱内所有可渗透的孔内容积与凝胶粒间隙体积之比，固流相比越大，分离容量越大。

8.3.1.5 亲和（膜）色谱

亲和色谱是利用偶联于载体上的亲和配基对特定大分子的亲和作用达到大分子的分离和纯化的。通常，在亲和识别和结合过程中有四种非共价键合的相互作用力存在，它们是范德瓦尔斯力、静电力、氢键和疏水作用，这些作用可能以单独或同时存在于亲和识别和结合过程中。此外，在载体上的配基与混合物中的配体（counterligand 或 ligate）之间的空间位置的合理配合，配基与配体之间的相互作用如图 8-30 所示。目前，具有实用意义的亲和色谱包含亲和载体色谱和亲和膜色谱两种型式。

亲和配基与载体之间的活化与偶联，目前大多采用化学方法，主要有溴化氰法、环氧法、羰基二咪唑法等。亲和色谱对特定的生物大分子具有亲和作用，能选择性地分离或纯化生物大分子。根据亲和载体上固定的配基不同，可将其分为两大类，即特异性配基亲和色谱（biospecific ligand affinity chromatography）和通用性配基亲和色谱（pseudobiospecific ligand affinity chromatography），前者连接的配基为复杂的生物大分子（如抗原、抗体等），后者的配基为简单的生物分子（如氨基酸等）或非生物分子（如过渡金属离子和某些染料分子）。

在亲和膜色谱中使用的基膜材料主要有：纤维素、聚酰胺及其衍生物、聚丙烯酰胺及其衍生物、聚羟乙基甲基丙烯酸酯、聚三羟甲基酰胺、化学改性聚砜等。

亲和膜色谱结合了膜分离和亲和色谱两种技术的优点。亲和膜色谱过程如图 8-31 所示，由于膜上偶联有亲和作用的配基，混合物通过膜时，与膜上亲和配基具有相互作用的物质被吸附，根据所采用膜的孔径大小，小分子物质则选择性地透过膜，而大分子物质随料液流走。然后用清洗液纯化，再采用适当的方法将结合在配基上的大分子洗脱下来，从而达到分离的目的。传统的亲和膜色谱通常为叠合平板式，但也可采用中空纤维式或卷式。

如图 8-31 所示，有三种方法将亲和吸附在配体上的蛋白质脱附下来。第一种为可溶反向配体法，采用一种能与吸附在亲和膜上的大分子作用并结合的配基，将膜上的大分子洗脱下来，然后再将此配基分离；第二种方法为配体交换法，用一种与吸附蛋白质竞争性结合的溶质洗脱，特异性地将吸附的不同蛋白质分子分别洗脱下来，这类竞争性溶质包括含—NH_2、—COOH、—SH 等基团的物质和咪唑基等取代基；第三种方法为"变形"缓冲液法，用一种能使大分子产生形变的缓冲液进行洗脱，将吸附在膜上的大分子脱附下来。

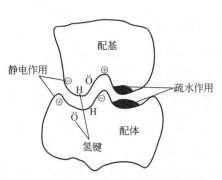

图 8-30 亲和色谱配基与配体的相互作用

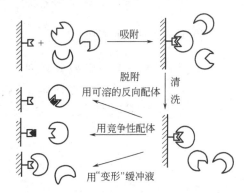

图 8-31 亲和膜色谱吸附与脱附过程示意图

8.3.2 色谱分离平衡关系及操作方法

色谱分离常用的操作方法有冲洗操作法、顶替操作法和迎头操作法等三种。冲洗色谱操作是工业中常用的方式之一，如模拟移动床分离就采用冲洗色谱操作。载液（或吸附剂）不断循环冲洗,待分离原料定期脉冲注入柱进口的载液中,溶质组分在床层内不断地吸附和脱附。假定固定相对 A 组分的保留能力比 B 组分强,由于传质速度的限制,A 组分的色谱峰会逐步落后,从而实现 A、B 两组分分离的目的。

顶替操作色谱和冲洗操作法是类似的,在色谱柱进口端脉冲进料后,再用一种或多种溶质的溶液冲洗。这些溶质组分的吸附能力比进料中各个组分的强,将进料中的最弱组分顶替下来,再依照各组分吸附能力的强弱依次置换其他组分。

(1) 色谱分离等温线　组分在固定相和流动相的平衡关系可以用吸附(溶解)等温线表示。

(2) 色谱分离流出曲线　色谱的流出曲线(色谱峰)与吸附等温线密切相关,对应于图 8-5(b) 所示的线性吸附、优惠吸附和非优惠吸附,三种吸附所对应的色谱峰如图 8-32 所示,线性吸附的色谱峰为对称的,可用 Gaussian 分布函数表示,平衡分配系数 K (c_S/c_m) 与样品量(即两相浓度)无关。

在实际上的色谱分离过程中,特别是大进样量的制备色谱和工业分离色谱,等温线常为非线性的优惠吸附与非优惠吸附。优惠吸附等温线具有拖尾峰,分配系数 K 随样品浓度增加而下降。非优惠吸附等温线则产生"伸舌峰",K 值随样品浓度增加而增加,像这类洗出谱峰为不对称的色谱称非线性洗出色谱。在高浓度下除了吸附(溶解)等温过程影响峰的形状和位置以外,组分在固定相中吸附、脱附时发生的体积变化、热效应、黏度变化等都对色谱峰的加宽起重要影响。

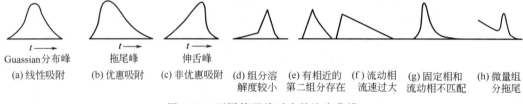

图 8-32　不同等温线对应的流出曲线

(3) 多组分色谱分离基础　采用蒸馏来分离四组分体系,常需要三个蒸馏塔。然而采用色谱分离则只需要一根色谱柱就可以实现对多组分的有效分离。分离的程度取决于色谱柱的长度和分离组分对吸附剂的亲和性差异。

8.3.3　色谱分离的基本参数

8.3.3.1　色谱的分配系数和分离因子

对离子交换色谱系统,存在树脂之间的液相、树脂内的液相,以及树脂聚合母体的固相。达到平衡时,颗粒内外液体中的溶质浓度会有一定的差异,用分配系数 K_{di} 来表示。

$$K_{di} = \frac{c_{ri}}{c_{li}} \tag{8-57}$$

式中,c_{ri}、c_{li} 分别为组分 i 在树脂内和树脂颗粒间液体中的浓度。

离子或分子的分配系数大小,取决于该组分的结构和浓度、树脂的类型和离子形式,以及料液中的其它组分。表 8-4 列出一些有关的小分子有机物在不同离子交换树脂中的分配系数。对 a、b 双组分混合物,其分配系数的比值即为分离因子 α。也可用色谱图中组分的保留时间 t_a 和 t_b 扣除惰性组分(如空气)的保留时间 t_n 后的比值表示:

$$\alpha = \frac{K_{da}}{K_{db}} = \frac{t_a - t_n}{t_b - t_n} \tag{8-58}$$

一般要求色谱分离的 α＞1.1。

表 8-4　有关小分子有机物在不同树脂中的分配系数

溶质	树脂	K	溶质	树脂	K
乙二醇	Dowex 50×8,H$^+$	0.67	丙酮	Dowex 1×7.5,Cl$^-$	1.08
蔗糖	Dowex 50×8,H$^+$	0.24	丙三醇	Dowex 1×7.5,Cl$^-$	1.12
D-葡萄糖	Dowex 50×8,H$^+$	0.22	甲醇	Dowex 1×7.5,Cl$^-$	0.61
丙三醇	Dowex 50×8,H$^+$	0.49	酚	Dowex 1×7.5,Cl$^-$	1.77
三甘醇	Dowex 50×8,H$^+$	0.74	甲醛	Dowex 1×8,SO$_4^{2-}$	1.02
酚	Dowex 50×8,H$^+$	3.08	丙酮	Dowex 1×8,SO$_4^{2-}$	0.66
乙酸	Dowex 50×8,H$^+$	0.71	丙三醇	Dowex 50×8,Na$^+$	0.56
丙酮	Dowex 50×8,H$^+$	1.20	乙二醇	Dowex 50×8,Na$^+$	0.63
甲醛	Dowex 50×8,H$^+$	0.59	三甘醇	Dowex 50×8,Na$^+$	0.61
甲醇	Dowex 50×8,H$^+$	0.61	二甘醇	Dowex 50×8,Na$^+$	0.67
甲醛	Dowex 1×7.5,Cl$^-$	1.06			

由表 8-4 可以算出，采用 Dowex 50×8（H$^+$）树脂时，丙酮与甲醛的分离因子为 2.03，甲醛先从柱中流出；而采用 Dowex 1×8（SO$_4^{2-}$）树脂时，丙酮和甲醛的分离因子为 0.65，丙酮先从柱中流出；若采用 Dowex 1×7.5（Cl$^-$）树脂，由于 α≈1，不能将二者充分分开。在色谱分离中，分离因子也称为相对保留比。

在制备色谱的分离过程中，分离因子的大小不但表示分离的难易程度，也反映所需吸附剂的大致用量。如当 α≥2.0 时，分离很容易，吸附剂用量约为 15g/g；当 2.0＞α≥1.5 时，分离难度一般，吸附剂用量约为 50～500g/g；1.5＞α≥1.3 时，分离较难，吸附剂用量约为 5000g/g。

8.3.3.2　标准偏差和理论板数

标准偏差 σ 是表示色谱峰形宽窄，即色谱柱分离条件好坏的指标之一。σ 定义为与 0.607 倍峰高相对应色谱峰宽度的一半。高斯色谱峰的特征宽度见图 8-33。

按"塔板理论"，色谱柱可比作一精馏塔，在每块塔板高度间隔内，样品混合物在气液两相的分配达到平衡，气相富集了挥发度高的组分。经多级平衡分配后，挥发度大的组分以气相从塔顶逸出。按色谱理论，色谱柱的理论板数 N 与标准偏差 σ 和保留时间 t 的关系为

$$N = \left(\frac{t}{\sigma}\right)^2 \tag{8-59}$$

其中，保留时间 $t = t_R - t_R^0$。

8.3.3.3　色谱分离度

色谱过程的目的是将混合物分离成单一化合物。在复杂组分的分离中，有些组分难以分离，在流出曲线上出现谱峰重叠的现象。所出现部分

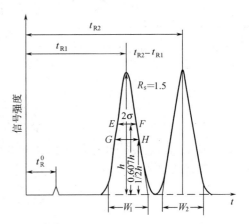

图 8-33　高斯色谱峰的特征宽度

重叠的谱峰，使分离所得产物的纯度下降。色谱分离效果常用分离度 R_s 表示为

$$R_s = \frac{t_{R2} - t_{R1}}{(W_1 + W_2)/2} = \frac{t_{R2} - t_{R1}}{4\sigma_{21}} \tag{8-60}$$

式中，t_R 为组分的保留时间。

$\sigma_{21}=(\sigma_2+\sigma_1)/2$ 指两组分保留时间的差值和其峰宽与 (W_1+W_2) 一半的比值，或取峰高 0.607 倍处峰宽的一半 σ，即谱峰标准偏差的比值表示。当 $R_s \geqslant 1.5$ 时（图 8-34），两组分可以完全分开。R_s 值由产品的纯度及生产能力大小等因素决定。对低浓度小脉冲输入的线性色谱，其谱带浓度分布可用高斯分布曲线表示

$$c=c_{\max}\exp[-x^2/(2\sigma^2)] \tag{8-61}$$

式中，x 为离峰最高点的距离；σ 为标准偏差，以长度单位计。

此结果可从线性等温线平衡的塔板理论，描述区域扩展的随机游动理论或随机分析的传质方程的解取得。

色谱峰扩展程度的标准偏差 σ 和理论板当量高度 H 的关系为

$$\sigma=\sqrt{HL} \tag{8-62}$$

式中，L 为柱长；σ 为偏差也同长度单位，和溶质色谱峰的扩展及溶质移动距离的平方成比例。

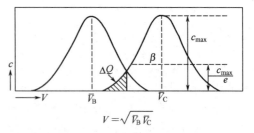

图 8-34　组分 B 和 C 流出曲线的宽度和重叠

色谱分离中，另一表达分离度 R_s 和分离因子 α 及理论板数 N 之间关系的公式为

$$R_s=\frac{1}{2}\frac{\alpha-1}{1+\alpha}\frac{\overline{k'}}{1+\overline{k'}}N^{\frac{1}{2}} \tag{8-63}$$

式中，α 为分离因子，$\alpha=k'_2/k'_1=k_2/k_1$；$\overline{k'}$ 为两种溶质的平均相对保留值；k_2、k_1 为溶质组分的平衡常数。

由于理论板数为 $N=L/H$，增加柱长 L 值或减小 H 值，均可使两色谱峰的分离度 R_s 增大；而当分离度一定时，增大分离因子（$\alpha>2.0$ 或更高）可使理论板数 N 减少；当分离因子低于 1.1 时，所需要的理论板数剧增。通常分离因子 α 在 2.0 左右时，所需要的板数较为合适。$R_s<1.0$ 时，大型色谱对难分离的物料常采用多次循环的办法，并常利用非线性效应，在超负荷下工作。

对脉冲输入得到的两个高斯分布峰，要得到分离度 $R_{21}\geqslant 1.5$ 的理论板数 N_{p1}（取 $a=t_{R2}/t_{R1}$）为

$$N_{p1}=4R_{21}^2\left(\frac{a+1}{a-1}\right)^2 \tag{8-64}$$

对大型分离色谱，要用较长时间（一般 10~30s）和较大的进液量，以使色谱分离设备有较大的处理量，常用矩形波输入（冲洗前沿色谱），要使分离度 $R_{21}>1.5$，需要的矩形波输入的理论板数 N_{R1} 为

$$N_{R1}=N_{p1}\left(1+\frac{\sigma_i}{\sigma_{21}R_{21}}\right)^2 \tag{8-65}$$

式中，σ_i 可从注入时间 σ_{21} 得到。

实际上 σ_i/σ_{21} 约为 4，意味着矩形波输入需要的 N 值比脉冲输入的为大（图 8-35）。

理论板当量高度 H 是表征色谱柱分离效果的参数之一，H 值愈小，色谱柱高一定时，理论板数 N 愈多。要使柱的处理量加大，就要提高载气的流速，但同时提高了塔板当量高度。

8.3.3.4　容量因子

容量因子用于描述色谱柱中溶质的迁移速度，可定义为溶质的分配系数与柱子相比之

商，可用下式表示

$$k' = \frac{K}{\phi} = \frac{K}{\dfrac{V_M}{V_S}} \tag{8-66a}$$

式中，$\phi = V_M/V_S$ 为流动相体积与固定相体积之比。

由于保留体积即为死体积 V_0，为柱中流动相体积 V_M 和柱外体积 V_E 之和，则当柱外体积 V_E 足够小时，容量因子表达式为：

$$k' = \frac{V_R'}{V_0} \tag{8-66b}$$

式中，$V_R' = KV_S$ 为调整保留体积，与溶质在两相中的分配系数及固定相体积有关，而与流速等其它柱参数无关。

在实际测量过程中，通常使用某溶质峰至死体积之间的距离除以死点至原点的距离获得。

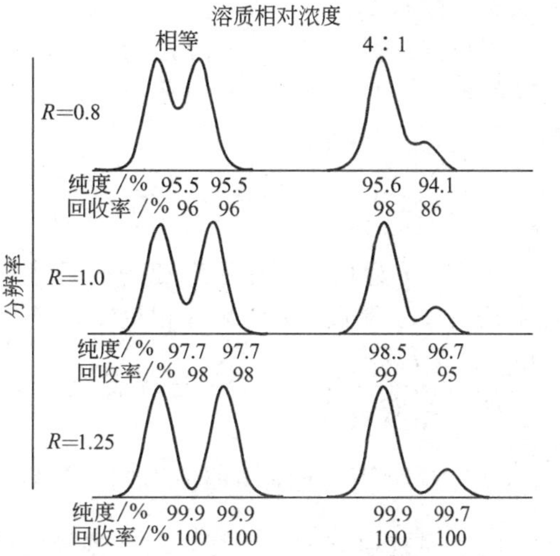

图 8-35 溶质浓度对峰分辨率的影响

8.3.3.5 等［理论］板高度

等［理论］板高度（height equivalent to one theoretical plate，HETP 或 H）为相当一块理论板作用的色谱柱高度，是表示色谱柱分离效率的重要参数。设色谱柱的长度为 L，则

$$\text{HETP} = \frac{L}{N} \tag{8-67a}$$

HETP 与柱的结构、操作条件、体系性质等有关，装填好的色谱柱 HETP 可保有 1～1.25mm，相当每米色谱柱有理论板 800～1000 块。

为了提高色谱柱的处理能力而增大载气流速时，HETP 随之增加，载气流速与 HETP 的关系可用修正的 Van Deemter 关系表示

$$\text{HETP} = A + \frac{B}{u} + ku + H_P \tag{8-67b}$$

式中，u 为载气平均流速；A 为涡流扩散常数，与色谱柱的几何状况有关，与颗粒直径成正比；B 为轴向扩散常数，与流动相中混合物组分的扩散系数成正比，在低速下起主导作用；k 为两相间对流传质系数，在高气速下起主导作用；H_P 为附加的 HETP。

若固定相为分散在惰性填料表面的固定液，流动相为气体，则上述参数可用以下公式求出

$$A = 2\lambda d_s$$
$$B = 2r D_g$$
$$k = k_g + k_L \tag{8-68}$$

式中，λ 为填充因子，与填充的均匀性有关；d_s 为色谱填料的平均粒径；r 为曲折因子，对空柱 $r=1$，对填充柱 $r<1$；D_g 为组分在流动相中的分子扩散系数；k_g、k_L 分别为气相和液相传质系数，可用以下方程估算：

$$k_g = \frac{0.01K}{(1+K)^2} \frac{d_s^2}{D_g} \tag{8-69}$$

$$k_L = \frac{2K}{3(1+K)^2} \frac{d_L^2}{D_L} \tag{8-70}$$

式中，K 为组分在填料与流动相之间的分配系数；d_L 为固定液液膜厚度；D_L 为组分

的液相扩散系数。

当色谱柱直径在 2~5cm 之间，流动相在柱截面上不易均匀，需要用 H_P 来修正，随着柱径的增大，H_P 的重要性更明显。对大型工业色谱，其附加理论板当量高度可用下式分析与估算：

$$H_P = \frac{0.5\kappa d_c^2 u}{\gamma D_g + \zeta d_p u} = \frac{2.83 d_c^{0.58}}{u^{1.888}} \tag{8-71}$$

式中，γ 为填充床床层颗粒的曲折率；D_g 为组分在流动相中的分子扩散系数；ζ 为填充床几何尺寸常数；κ 为流动相流线因子，量纲为1。

$\dfrac{0.5\kappa d_c^2 u}{\gamma D_g + \zeta d_p u}$ 项表示 H_P 与柱径（d_c）、颗粒直径（d_p），以及流速和流线因子有关；$\dfrac{2.83 d_c^{0.58}}{u^{1.888}}$ 项为 Hope 提出的估算式，与前者不同，H_P 随 u 的增大而减小。二者表达的差异在于由不同装填方法对填充均匀性差异所致，但均随柱径的加大而增高。

采用标准方法装填颗粒时，理论板当量高度与色谱柱直径的关系如表 8-5。

表8-5　标准方法装填颗粒时的等板高度与色谱柱直径的关系

柱直径/cm	等板高度/mm	柱直径/cm	等板高度/mm
1	2.0	10	3.1
4	2.8	50	4.0

影响 HETP 的另一个重要因素是原料注入量。注入量增加，HETP 先缓慢增加，当超过某一值后，注入量继续增加，HETP 则迅速增高。设 H_s 和 N_s 分别为原料注入量极小时的等板高度和理论板数，原料注入时间为 t_i 时的当量高度为 H，保留时间为 t_b，则这些参数间有以下近似关系

$$(N_s)^{1/2} \frac{t_i}{t_b} = 3.26 \left(\frac{H}{H_s} - 1 \right)^{1/2} \tag{8-72}$$

8.3.4　色谱分离的放大设计与优化

色谱分离技术能将难以用常规分离手段分离的那些体系实现有效分离，产物纯度高，但不足之处是处理量太小，要使该技术用于大规模生产，通过对色谱柱的放大来增加处理量是所期望的。产率和纯度是大规模生产色谱中两个很重要的参数，为此，对其影响较大的因素进行定性及定量分析具有十分重要的意义。

8.3.4.1　色谱柱的最大溶质负载量

在一定的色谱操作条件下，送入溶质量 M 与峰宽呈正比，即与塔板容积和理论塔板数 N 的平方根成反比，可表示为

$$M = \frac{1}{\sqrt{N}} A \pi r^2 d_t L K_P A_S \tag{8-73}$$

式中，r 为色谱柱半径；L 为色谱柱长度；d_t 吸附剂的填充密度；A_S 吸附剂的比表面积；K_P 为溶质分配系数；A 为比例常数。

假定在流动相恒定线速度下的等板高度可表示为 $H = L/N = \beta d_p^2$，则上式变为

$$M = A\pi r^2 d_t L K_P A_S \left(\frac{\beta d_p^2}{L} \right)^{\frac{1}{2}} \tag{8-74}$$

式中，β 为理论板数的比例系数。

由上式可知，最大负载量与色谱柱截面积、分配系数、吸附剂的比表面积、柱长和粒径、填充密度等参量有关。

8.3.4.2 色谱柱长（高）径比

色谱柱的生产能力的提高可通过扩大色谱柱直径或加长色谱柱的高度来实现。当流动相的流速一定时，适当扩大色谱柱的直径，体积流量增大，使其生产能力增加，但分离效果会相应下降。色谱柱直径对理论板当量高度可用 Hupo 提出的关联方程估算，H 与直径的 0.58 次方成正比，随着柱径的进一步加大，H 值上升显著。色谱柱直径一定，可通过增大流速及加长色谱柱来增大色谱柱的生产能力，但色谱柱延长到一定长度时，轴向扩散影响增大而使分离效果下降。因此，在一定条件下，色谱柱的高径比有一个比较合适的比例。

色谱柱可分为长细型和短粗型两类，长细型的循环操作所需时间长，产物纯度较高；而短粗型的生产能力大，而产物纯度下降。工程上应根据体系分离的难易程度、所采用的工艺、再生循环条件等来决定。对 α 大于 1.5 的易分离体系，可采用短粗的大直径柱，以增加处理量；对 α 在 1.1~1.5 之间的分离体系，应当采用长细型色谱柱，若柱径为 5~10cm 时，制备色谱的每米床层约为数百块理论板；α 小于 1.1 的难分离体系，其理论塔板数往往需要 2000 块以上，则所用色谱柱的长细比要更大。

在冲洗线速度 $D=10^{-5}$cm/s 和置换线速度 $\overline{D}=3\times10^{-7}$cm/s 操作条件下，相对保留比、理论塔板数和产物纯度之间的关系如图 8-36。在 $D=10^{-5}$cm/s，$\overline{D}=3\times10^{-7}$cm/s，等高线代表塔板数，左边的纵坐标和下方横坐标表示冲洗过程，右边和上方的横坐标表示置换过程。

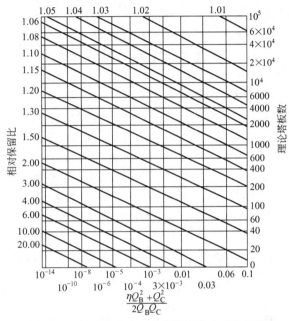

图 8-36 相对保留比、理论塔板数和产物纯度之间的相互关系

柱长应与柱径、柱效、流速、填料尺寸等一起优化。增加柱长有利于提高产品纯度和处理量，但柱长超过某一长度后，由于填充床的不均匀性，柱效并非随柱长成线性增加，而柱长增加引起的阻力增加使泵的操作压力增加，这是柱长具有上限的重要因素。

在大直径色谱柱中，保持柱内为柱塞流流动的难度增加，可通过安装特殊挡板以增加柱的径向混合，以减少轴向返混改善色谱柱的分离性能，这是色谱技术大规模工业应用需要解决的关键。

【例 8-5】 假设两个组分 B 和 C，它们的摩尔比为 10:1（$Q_B/Q_C=10$），峰相对保留比 $\alpha_{BC}=1.5$，容许的最高不纯率为 0.1%（即 $\eta=10^{-3}$），计算所需塔板数。

解 $\eta \dfrac{(Q_B/Q_C)^2+1}{2Q_B/Q_C}=0.001\dfrac{10^2+1}{2\times10}=5\times10^{-3}$

根据图 8-36，当横坐标为 5×10^{-3}，与 $\alpha_{BC}=1.5$ 的直线相应的 $N\approx160$。如果 $Q_B/Q_C=1$，则横坐标为 10^{-3}，所需塔板数约为 240。

8.3.4.3 填料尺寸与粒度分布

在色谱柱放大中,对填料尺寸的优化存在两种观点。一种认为使用小颗粒填料可以获得高柱效,缺点是压降太大,填料价格昂贵;另一种认为使用大颗粒填料可以获得较大的生产能力,填料也便宜,但柱效降低,要获得与小颗粒填料相同的柱效需增加柱长,对制备型色谱,最重要的是产率,对填料尺寸的优化应以此为目标函数。

填料的粒度分布有一定的范围。粒子分布不同,会使速度流线分布混乱,粗粒填充松散,渗透性大;细粒填充密实,流动相停留时间延长,使谱带变宽。例如树脂粒径对乙二醇洗脱曲线的影响见图 8-37。

8.3.4.4 壁效应和样品注入方式

在大规模制备色谱中,柱的壁效应会加剧弥散扩散的影响,导致柱分离性能的严重恶化。壁效应来源于柱壁对填料的支撑效应、填料之间的架桥效应以及柱壁与流动相间的温度差引起的柱壁膨胀与填料膨胀。通过改进填料的装填技术和样品的注入方式可减少壁效应。如果柱径足够粗,将样品从柱口中心注入,组分的谱带可不经过壁面附近区域而到达柱出口,以消除壁效应。但柱口中心注入法使填料利用率降低,另外,在进料量

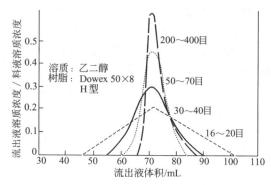

图 8-37 树脂粒径对乙二醇洗脱曲线的影响

相对较大时很难完全按中心注入方式进样。对中心进料和截面均匀进料的研究表明,样品浓度低时,中心进料的 HETP 较小。

8.3.4.5 溶质浓度与流速对洗脱曲线的影响

溶质浓度和流动速度对分离效果有较大的影响。图 8-38 和图 8-39 分别为溶质浓度和流速对乙二醇洗脱曲线的影响。由图 8-38 可以看出,浓度的变化会引起 V_{max} 位置的改变,但不会影响溶质流出柱穿透点位置的改变。因此溶质流出的最低浓度可能是溶质溶解总量的限制因素。由图 8-39 可以看出,随着流速的降低,洗脱曲线变得陡峭,溶液通过柱时,由于密度和黏度的差异引起洗脱曲线拖尾,为了避免或者减少这种现象,流动速度应保持在临界速度 (v_c) 的 0.5~2 倍范围内。

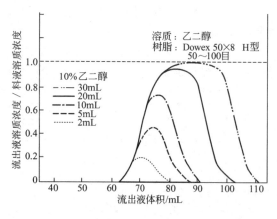

图 8-38 溶质浓度对乙二醇洗脱曲线的影响

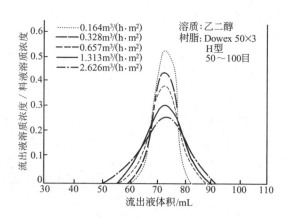

图 8-39 流速对乙二醇洗脱曲线的影响

8.3.4.6 分子大小对洗脱体积影响

图 8-40 表示树脂柱上分子大小与洗脱时间之间的关系，对于分级排斥色谱，小分子易进入树脂内，大分子被排斥在外面。

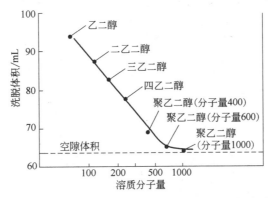

图 8-40 树脂柱上分子大小与洗脱时间之间的关系

习 题

8-1 用聚丙烯酰胺钙颗粒柱进行大规模脲酶提纯，得到以下数据：

洗脱体积/L	浓度（任意单位）
170	0.0053
190	0.00152（最大）

床层体积为 20L，分别求 V_0、σ 及洗脱体积为 190L 和 200L 时的产率。

8-2 已知某一床层高度为 10m 的活性炭吸附塔，其堆积密度 $\rho = 300 \text{kg/m}^3$；用于处理含有机物废水，原始废水浓度为 $c_0 = 3000 \text{g(TOC)/m}^3$，取实际失效浓度为 2800g(TOC)/m^3；出水允许浓度为 100g(TOC)/m^3。试求该床层的透过时间为多少？已知空塔速度为 $U_a = 3 \text{m/h}$ 条件下，液相总体积传质系数 $K_p a_v$ 为 420h^{-1}，吸附平衡关系如下表所示。

$c/(\text{g/m}^3)$	100	500	1000	1500	2000	2500	3000
$X^*/(\text{g/kg})$	55.6	192.3	227.8	326.1	357.1	378.8	394.7

8-3 碳氢化合物原液的色度为 20.0 个色度单位/kg(溶剂)，拟在 80℃ 用活性炭接触吸附，过滤脱色至原液色度的 2.0%，试求：分别采用单级操作、二级错流操作以及二级逆流操作法处理 1000kg/h 原液所需活性炭量。该溶液在 80℃ 下的平衡数据如下表所示。

吸附剂用量/[kg(活性炭)/kg(溶液)]	0.0	0.005	0.01	0.015	0.02	0.03
平衡时原液色度/[个色度单位/kg(溶剂)]	20.0	10.6	6.0	3.4	2.0	1.0

8-4 在一色谱柱中提纯庆大霉素，测得该组分在柱中的保留时间为 8.73min，标准偏差为 0.44min，估算该柱的理论塔板数。

8-5 在一装有纤维粒子的色谱柱上，进行林肯霉素 A 和 B 的洗脱色谱分离，填充柱总体积为 100L，孔隙率为 0.35，已测定 A 和 B 的平衡常数 K 分别为 10.2 和 11.8，计算 A、B 分别出峰的洗脱体积。

8-6 何为线性色谱和非线性色谱，为什么大量进料的分离色谱往往是非线性的，研究应用中的主要困难是什么？

8-7 试比较亲和色谱与亲和膜色谱分离生物大分子的特征及优缺点。

8-8 亲和色谱分离基于哪些作用力，在什么场合下，亲和色谱剂需要"手臂"？

参考文献

[1] 王方,凌达仁,黄文强. 国际通用离子交换技术手册. 北京:科学技术文献出版社,2000.
[2] 钱庭宝. 离子交换剂应用技术. 天津:天津科技出版社,1984.
[3] 王乃忠,滕兰珍. 水处理理论基础. 成都:西南交通大学出版社,1988.
[4] 叶振华. 化工吸附分离过程. 北京:中国石化出版社,1992.
[5] 叶振华,宋清,朱建华. 工业色谱基础理论和应用. 北京:中国石化出版社,1998.
[6] 刘国诠,余兆楼. 色谱柱技术. 2版. 北京:化学工业出版社,2007.

第 9 章 分子识别与印迹分离

9.1 弱相互作用与分子识别

分子间相互作用有强弱之分，通常除共价键外，其他均被称为弱相互作用力。弱相互作用又可分为非专一性和专一性两类。非专一性指的是分子之间普遍存在的一般相互作用，如溶剂与溶质分子之间，水体中微量物质与水分子之间，大气中气体分子之间的相互作用等；专一性指的是生物分子之间，生物分子与化学物质之间，以及化学分子与化学物质之间的专一性相互作用，也即分子识别（molecular recognition）。

9.1.1 分子间弱相互作用

分子间弱相互作用主要包括：离子或电荷基团、偶极子、诱导偶极子等之间的相互作用；氢键、配位键、π-π作用力，范德瓦尔斯力、亲水/疏水基团相互作用；以及非键电子相互作用等；除氢键外，这类相互作用一般没有方向性和饱和性。

对于某种特制的印迹聚合物，其对印迹分子的识别作用往往不是单一的，通常以某一种力为主，还有其他几种力的协同识别作用，也即具有多样性和协同性。由于弱相互作用力的强度都不是很大，如色散力、诱导力和取向力分别为 0.8~8.4kJ/mol、6.0~12.0kJ/mol 和 12.0~24.0kJ/mol 范围内，要比通常的共价键键能小 1~2 个数量级，各种键能的大小范围，可见图 2-5。此类弱相互作用的存在，使得对具有时间和空间结构上的调节、控制成为可能。

分子间的相互作用能大小还与分子间相互作用的距离 r 相关，通常的作用大多发生在 0.3~0.5nm 范围内，如表 9-1 所示的相互作用能与其分子间距离的关系。

表 9-1 分子间的各种相互作用能与其分子间距离的关系

作用力类型	能量与距离的关系	作用力类型	能量与距离的关系
荷电基团静电作用	$1/r$	偶极子之间	$1/r^6$
离子-偶极子	$1/r^2$	诱导偶极子之间	$1/r^6$
离子-诱导偶极子	$1/r^6 \sim 1/r^4$	非键推斥	$1/r^{12} \sim 1/r^9$

分子间静电作用能随分子的偶极矩增大而增强，对同类分子来说静电作用能与偶极矩的 4 次方成正比。诱导力是指偶极子-诱导偶极子间作用力，非极性分子在极性分子偶极矩电场的影响下会发生极化作用，即电子云会发生变形，因而产生所谓的诱导偶极矩，其与极性分子永久偶极矩间会产生吸引作用而使能量降低。

9.1.2 分子识别及其专一性条件

专一性相互作用指的是发生在生物分子之间或生物分子与化学物质之间通过特异性接触结合的现象，如抗原与抗体、药物与受体靶等。在复杂的混合物中，一个分子或分子片段特异性地与另一个分子或分子片段，通过非共价键作用相互结合形成复合物或超分子的过程，被称为分子识别。因此，分子识别也可认为是两个分子间特异性非共价键作用和选择性接触结合在一起的现象。

分子识别的两个重要特征是具有选择性结合和非共价键作用。人们利用一些天然化合物如环糊精，或合成化合物如冠醚、杯芳烃和环蕃等模拟生物体系进行分子识别研究。典型的分子印迹（molecularimprinting）技术就是在分子识别的基础上发展起来的，是以特定的分子为模板，制备对特定分子具有高选择性和特殊结合能力的印迹分子材料，用于同分与旋光异构体的拆分、抗体与抗原的纯化、药物与受体靶的结合等，已成为当今开发的热点技术之一。

9.1.3 分子识别的基本尺度

不同生物大分子之间存在的专一性结合现象，如胰岛素和其受体、凝血酶与血纤维蛋白原之间的结合。这种分子识别作用通常需要通过分子之间的某一特定结合部位来实现。因此，生物分子之间的分子识别必须具备两个条件：两者结合部位的微区构象互补；结合部位的化学基团形成化学键。

分子识别过程中，受体与配体之间的这三个尺度特征相互影响分子间的有效识别。

① 时间尺度：受体与配体的相互作用时间比最初两者相互碰撞的时间要长。尽管时间长度为毫秒数量级，但相对于两个分子简单的布朗运动造成的相互弹性碰撞的时间尺度要长得多。

② 空间尺度：受体与配体之间在空间结构上具有互补性，在相互结合的同时，仍然可保持其各自空间的独立性。

③ 信息尺度：分子识别不仅是分子之间的结合，还在相互结合之时具有一种信息的流动。对单一位点的分子识别，就是一个基本的信息单元，如信息论中的字母与数字。

9.1.4 互补性和预组织原则

要实现分子识别，有两个因素很重要：受体与底物的互补性（complementarity）和预组织（preorganization）原则，前者决定分子识别的选择性，后者决定识别过程的键合能力。

互补性指的是底物与受体之间的空间结构互补和空间电学特性的互补，也即二者之间的空间结构不仅应具有 Fisher 所描述的"锁钥关系"；同时还具 Koshland 提出的诱导契合（inducedfit）概念，即当受体与底物相互接近时，来自底物的诱导，受体会重组成一个能接受底物的最佳结合构象。这个过程也被称为识别过程的构象重组。如图 9-1 所示，化合物 1 和 3 分别为 Pedersen 的冠醚-6 和 Lehn 的穴状配体 [2,2,2]，它们在络合前既不具有一定的空腔，也没有合适的键合位置。它们同 K^+ 络合时，构象发生变化，即进行了重组，其络合物 2 与 4 均形成了与 K^+ 互补的空穴与键合位置，并去掉了溶剂。

电学特性互补包括满足氢键的形成、静电相互作用（如盐桥的形成）、堆积相互作用和疏水相互作用等。电学特性互补要求受体与底物之间的键合位点与电荷分布都能很好地匹配。

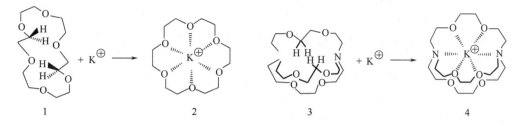

图 9-1 分子识别前后构象变化图

预组织原则是指受体与底物分子在识别之时,受体能预先形成可容纳底物的最佳环境。预组织原则决定识别过程中的键合能力,接纳底物的环境组织得愈好,其溶剂化能力就愈低,识别效果愈佳,形成的络合物也愈稳定。因此,受体结构模式的选择及其设计对底物分子的识别至关重要。

9.1.5 分子识别的键合常数

在自然界中,某些生物素与亲和素蛋白间的作用强度可达到皮摩尔级,但绝大多数的主客体复合物,包括人工合成的,其作用强度在毫摩尔与微摩尔级之间。因此,设计合成出类似于某些天然生物素与亲和素蛋白那样的,能在水溶液中具有超强键合作用的主客体复合物是人工分子识别领域的重要研究目标之一。

分子识别依赖于分子间的非共价弱作用,这些非共价弱作用将两个或多个分子连接在一起形成主客体复合物。主客体复合物的稳定性取决于主客体之间相互作用强度和主客体分子浓度。

在水中要对中性亲水分子进行分子识别是非常困难的,因为水的氢键作用极强,中性亲水分子在水中易溶剂化。南方科技大学蒋伟等提出"内修饰分子管"的概念,利用桥联双萘骨架设计合成出脲基、硫脲基内修饰分子管,将氢键键合位点植入到深穴空腔中,疏水空腔为氢键相互作用提供了相对非极性的环境,避免了水分子的竞争。由于疏水效应与氢键之间的协同效应增强了主客体分子间的相互作用,使得这种脲基、硫脲基内修饰分子管对有机中性小分子具有高选择性识别能力。内修饰分子管选择性识别水中极性溶剂机理见图 9-2。

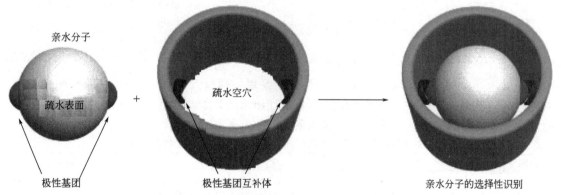

图 9-2 内修饰分子管选择性识别水中极性溶剂机理

特别值得赞赏的是:这类酰胺基内修饰分子管,能够在水中选择性地识别如 1,4-二氧六环、二甲基甲酰胺(DMF)、二甲基亚砜(DSMO)、丙酮、四氢呋喃等极性溶剂分子。当加入 1,4-二氧六环后,萘基内修饰分子管会产生荧光增强,对 1,4-二氧六环的键合常数 K_d 甚至可高达

$10^6 L/mol$，将其用于地下水中 1,4-二氧六环的荧光检测，检测限可达 $120\mu g/L$。

键合常数 K_d 的高低，是判断主客体之间能否进行选择性识别的主要因素。若主客体之间的键合常数超过 100 倍时，则键合率可达到 90%。也就是说，若主客体键合常数越大，则其键合的浓度就可以更低。

在印迹手性拆分、印迹固相萃取等过程中均需要获得与待分离物之间的键合常数足够大的印迹聚合物，因此，筛选和合成出对目标分子具有较大键合常数的功能基团单体与模板分子，是成功制备出印迹聚合物的关键。

9.1.6 分子识别体系

分子识别体系可分为两类：一类是生物体所固有的分子识别体系，它是自然界千万年来通过进化而实现的最适用于生物体分子识别的体系；另一类是人类效法自然，通过人工设计合成出来的人工分子识别体系，是一类崭新的分子识别体系。以茶碱为模板的印迹聚合物见图 9-3。

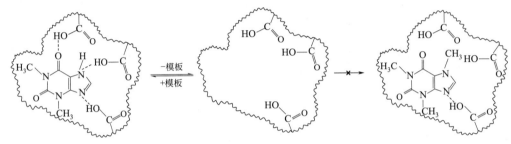

图 9-3 茶碱为模板的印迹聚合物及其对类似物的相互作用示意

（1）生物体 生物体内的分子识别体系主要指生物体内直接获得的具有分子识别功能的敏感材料，它主要包括酶与底物、受体与配体、抗体与抗原、DNA 与互补 DNA 等（见表 9-2）。生物体的分子识别具有其独特的优点，主要体现在：①具有极强的分子识别能力，这是自然界千万年进化所产生的，远非人工分子识别系统所能比拟；②分子识别功能主要在纳米级分子水平上得以体现，并具有催化、信息传递、遗传信息控制等多种功能。

表 9-2 常见生物体系及其相互识别作用特点

形式	底物	特点
酶	底物	分子识别与催化功能结合
受体	配体	分子识别,可逆性极好
抗体	抗原	分子识别,具有应激生成特性
DNA	互补 DNA 或嵌合剂	分子识别与信息储存

（2）人工合成分子 随着生物有机化学的发展，通过人工合成的有机小分子也可以用来进行分子识别。虽然人工分子识别体系是设计出来的，但至少在理论上还是能满足设计者的复杂要求。目前主要的合成分子识别体系见表 9-3 所示。

表 9-3 具有分子识别功能的几种合成分子的结构及其作用特点

合成分子	结构形式	特点	应用
冠醚 (crown ether)		可与碱金属、碱土金属、铜、银、金、镉、汞、钛(Ⅰ)、锡(Ⅱ)、锰(Ⅱ)及铵离子（NH_4^+,RNH_3^+）形成一定的配合物，这种配合物是由阳离子陷入醚环的孔内、与环中带孤对电子的电负性氧(氮、硫)原子之间通过离子-偶极静电相互作用而形成的	用于有机合成、高分子合成、金属离子富集和分离、光学异构体的拆分、模拟酶等领域

续表

合成分子	结构形式	特点	应用
环蕃 (cyclophane)		内部含有较大的亲脂空穴，可形成刚性或柔性的三维疏水空穴，通过疏水作用识别中性分子	用于色谱、催化等方面，尤其是对中性有机分子这类比离子有机分子更常见的分子检测
杯芳烃 (calixarene)		分子外缘是疏水性的烷基基团，和苯环一起构成疏水性环状空腔，内缘是整齐排列的亲水性酚羟基，前者能与中性有机分子形成主客体包结物，后者则能螯合和输送阳离子与离子型化合物	用于萃取分离、液膜分离、离子选择电极和光分析中进行手性分离与手性催化
胆甾醇系 (steroid)		分子识别系统是二维的疏水环境，而且分子中不存在"空穴"，主要是利用二维甾体骨架的疏水作用	应用于仿酶功能方面
环糊精 (cyclodextrin, CD)		CD 对客体识别主要有两种方式：一种是"内识别"，以范德瓦尔斯力、疏水作用力、色散力等为主要作用力；另一种是"外识别"，作用力主要为氢键力。识别对象主要是带有亲脂基团（芳基、脂环基）的化合物	用于各种色谱、电泳与固相萃取，进行位置异构体、结构异构体和对映体拆分
分子印迹 (molecular imprinting)		有可逆性共价键的反应和形成非共价键（包括氢键、离子键、金属配位键、π-π 作用力、疏水作用力和范德瓦尔斯力）的反应	应用于色谱分离、模拟酶、膜分离和固液萃取等，以及临床药物的手性拆分和异构体分离等
其他	包括分子裂缝、胍类、螺旋、卟啉等		用于色谱中进行异构体及手性物的拆分

（3）化学修饰　化学修饰指的是利用现有的材料，如合成分子、生物分子等通过化学手段实现其具有识别功能。以合成分子为基质的识别体系具有很多优点，但其合成途径往往复杂而困难。因此，通过化学修饰手段扩大分子识别体系范围是一条不可缺失的途径。化学修饰可大致分为以下几类：

① 酶的修饰　酶本身已有特异性识别能力，材料相对易得。在酶的非活性位置上再接枝上特定的功能基团，在保持原有分子识别能力基础上，进一步增强酶的催化功能。

② 抗体的修饰　抗体的最大优点是在特殊的环境条件下能产生不同的抗体，即使生物体内原来没有这种抗体。因此，通过对某些抗体的修饰，用于产生新的抗体以进行一些特殊分子的识别。

③ DNA 的修饰　通过把嵌入剂共价结合到 DNA 上，不仅能强化双链间的分子识别功能，还可以进一步实现对双链 DNA 的分子识别；若在单链 DNA 上键合吖啶酯，可增强对

其互补链的分子识别，但目前对 DNA 的修饰尚局限于寡核苷酸。

④ 合成分子的修饰　酶、抗体等生物分子的高选择性识别功能来源于与其底物相匹配的空穴结构的相互作用。为获得如此空穴，可以通过对小分子环状或桶状化合物，如对冠醚、环糊精、杯芳烃等模拟生物体系的进一步化学改性来获得。

（4）分子印迹聚合物　同样可以用功能单体合成的办法制备出相似模板分子空穴的分子印迹聚合物。如果以一种分子充当模板，其周围用聚合物交联，当模板分子除去后，聚合物就留下了与此分子相匹配的空穴结构。只要构建合适，这种分子印迹聚合物就像钥匙-锁一样，具有极高选择性的对应相互作用关系。

总之，随着化学与生物学科的快速发展，生物分子识别系统将更为完善。但其与人们期待的分子识别系统仍会有一定的距离，化学修饰分子识别系统将会变得愈来愈重要。

9.2　分子识别理论及模型分析

分子识别的发展可从三个角度来描述。首先是生物学的"钥匙-锁"（key-lock）理论、"诱导契合"（induced-fit）理论和现代的"二态"（two-state）理论；其次是化学的主客化学与超分子化学理论，对弱相互作用的分子识别具有决定性作用；最后是数学物理的场效应、拓扑变形理论。通过三方面的互相借鉴、融合形成了较为系统的分子识别理论体系。

9.2.1　分子识别的热力学基础分析

分子识别过程的能量变化可用 Gibbs 自由能变 $\Delta G(=\Delta H-T\Delta S)$ 来定量表述，可从结合熵变、键结合能与键自由能的加和、空间效应与诱导匹配三个方面考虑。

（1）结合熵变　分子识别的结果是受体与配体结合形成一个复合物，伴随过程的自由度减少而熵减。分子识别过程的结合熵变大小可通过 Scakur-Tetrode 方程来估算。对于 20～30 个原子的体系，其 ΔG_0 在 7～10kcal（1kcal＝4.18kJ）左右，而实际分子识别过程的 ΔG 值为其两倍以上。

（2）键结合能与键自由能的加和　分子识别过程中受体与配体的非共价键结合所产生的自由能主要为负的，可用以补偿结合熵变以及诱导配合所产生的正自由能，使整个过程能自发进行（$\Delta G_0<0$）。

$$\Delta G_0 = \Delta G_{01} + \Delta G_{02} + \Delta G_{03} < 0$$
$$>0 \quad\ \ <0 \quad\ \ >0$$
$$\text{结合熵}\ \ \text{键合}\ \ \text{诱导}$$
$$\phantom{\Delta G_0 = \text{结合熵}\ \ }\text{贡献}\ \ \text{自由能匹配}$$

（3）空间效应与诱导匹配　分子识别过程的空间互补性是通过诱导匹配而得以实现。诱导匹配表示在两个相互作用的片段中的结构调整，其结果是其中一个片段构象的变化，它相应于构象熵的减少，不利于分子识别。在分子识别过程中，诱导匹配的自由能的贡献是正值，将分子识别转化为特定的效应，如调控酶活性、调控基因的表达、离子通道的启闭、反应官能团的暴露等。如何利用并平衡诱导契合是分子识别面临的关键难题之一。

9.2.2　分子识别的动力学基础分析

平衡过程：对于一个分子识别位点（受体 R），其在表面上与一系列不同的配体（被测物 A_i）作用达到平衡

$$R + A_i \underset{k_2}{\overset{k_1}{\rightleftharpoons}} [RA_i] \tag{9-1}$$

平衡常数：
$$k_i = \frac{[RA_i]}{[R][A_i]}$$

式中，$[RA_i]$、$[R]$、$[A_i]$ 分别为各种物质的活度（近似作浓度）；k_1、k_2 为正、逆反应速率常数。对于其中任一特定配体识别的概率为：

$$P_i = \frac{[A_i]k_i}{\sum_j^N [A_j]k_j} \tag{9-2}$$

式中，N 为各种分子总数和。对于特定配体 A_0 的选择性识别则要求：

$$P_0 > \sum_i^{N-1} P_i \quad (P_i \neq 0) \tag{9-3}$$

这就是分子识别选择性的基本要求。

分子识别与其他化学过程一样，亦是一个动力学过程，面临着实现反应的过程与速度问题。

$$v = k_1[R][A_i] \tag{9-4}$$

分子识别是一个典型的二级反应。

9.2.3 分子识别过程键能分析

分子识别中的相互作用可以归纳为长程作用与短程作用，是以非共价键作用为主。与共价键作用相比，非共价键属于一种弱相互作用，其主要种类、作用能与距离、基团作用近似自由能变见表 9-4。

表 9-4 常见的非共价键基团及其相互作用自由能变

非共价键种类	作用能与距离	典型互识基团	近似自由能变 $\Delta G(300K)/(kcal/mol)$
静电作用:离子-离子	$\propto 1/r$	COO^- 与 NR_4^+	-5
		Br^- 与 NR_4^+	$-6 \sim -17$
离子-永久偶极子	$\propto 1/r^2$	$-(CH_2)_2O$ 与 NR_4^+	-3
范德瓦尔斯力:取向力	$\propto 1/r^3$		$-1 \sim -5$
诱导力:离子-诱导偶极子	$\propto 1/r^4$	NR_4^+ 与芳烃	$-1 \sim -2$
永久偶极子-诱导偶极子	$\propto 1/r^5$		$-1 \sim -5$
色散力	$\propto 1/r^6$	C—H/C—H 芳烃-芳烃	$-1 \sim -2$
电荷转移			-2
氢键		$-(CH_2)_2O$ 与 NHR_3^+ 酰胺-酰胺	$-5 \sim -10$
疏水作用		$-CH_2^+$ 烷与 $-CH_3$ 烷等	$0 \sim -2$

生物体内常见的带电荷的官能团见表 9-5。

表 9-5 生物体内常见带电荷官能团

阴离子	阳离子	阴离子	阳离子
羧酸离子 R—COO^-	铵离子:—NH_3^+、$\diagup NH_2^+$	硫酸基离子 —SO_4^-	金属离子:Zn^{2+}、Ca^{2+}、Mg^{2+} 等
磷酸基离子 —PO_4^{2-}	$\diagup NH^+$、$\diagup N^+$	酚羟基离子 Ph—O^-	
磺酸基离子 —SO_3^-	—$NHC^+(NH_2)_2$		

在分子识别过程中，往往同时有多种键合作用存在，需要全面考虑分子识别中的多种作用。分子识别过程，特别是如何建立相应识别体系，可以采用计算化学法来设计，但其运算复杂而烦琐。

9.3 分子印迹聚合物的制备

1972 年德国 Heinrich Heine 大学的 Wulff 教授领导的研究小组首次采用共价结合方式在交联聚合物中制备出分子印迹聚合物（molecular imprinting polymer，MIP），该制备方法是在印迹分子［也称目标分子或模板分子（templatemolecular）］存在的条件下，将功能单体与大量的基质单体进行模板聚合反应，由于印迹分子的存在，在聚合过程中，功能单体的官能团会依据与印迹分子的相互作用，调整并形成特定的空间构象、具有适度交联的分子印迹聚合物。聚合结束后通过洗脱等方法除去印迹聚合物上结合的印迹分子，印迹聚合物主体上就形成了与印迹分子空间匹配的具有多重作用位点的空穴。这种分子印迹聚合物对印迹分子或与印迹分子结构相似的客体分子具有较高的特异性结合能力，类似于酶-底物的"钥匙-锁"相互作用，依赖于印迹聚合物和客体分子大小及形状的匹配。

9.3.1 制备材料的筛选

（1）**模板分子** 也称印迹分子，被选择用来作为印迹的目标分子，印迹聚合物对其具特异性识别功能。根据被分离物或催化底物结构与性质要求，模板分子可以选用生物小分子、金属离子或其络合物，如氨基酸及其衍生物、核苷酸及其衍生物、蛋白质、嘌呤、吡啶等生物碱、药物、激素、染料、农药、杀虫剂、除草剂，以及胆固醇、维生素、抗原、乙酰胆碱、酶或辅酶等均可以作模板分子。这些印迹分子通过与合适功能基团的单体结合，并形成具有特定模板孔穴结构的印迹聚合物。

（2）**功能单体** 具有双键或特征功能团的可聚合单体，能与模板分子发生特定作用。分子印迹聚合中，所选择的功能单体应能和印迹分子具有较强的相互作用力，应用最广的功能单体是羧酸类（如丙烯酸、甲基丙烯酸、乙烯基苯甲酸）、磺酸类、杂环弱碱类单体，金属配合的则用氨基二乙酸类单体，其它的如聚硅氧烷类单体等。合理选取或人工合成具有特殊功能的单体和基质。

（3）**交联剂** 为了获得比较专一的分子印迹聚合物，在制备时其交联度一般需要达到 70%～90% 范围，尤其在预聚溶液中还要兼顾功能单体的溶解性，因而可选的交联剂有限。开始常用二乙烯基苯为交联剂，后来发现乙二醇双甲基丙烯酸酯交联剂能制备出更高特异性的印迹聚合物。在肽类分子的印迹聚合物制备过程中，则常采用三功能基团甚至四功能基团的交联剂，如季戊四醇三丙烯酸酯或季戊四醇四丙烯酸酯等。在水相分子印迹中常采用 N,N-亚甲基双丙烯酰胺，而在表面分子印迹中则可采用戊二醛和环氧氯丙烷。

（4）**致孔溶剂** 致孔溶剂也即反应溶剂，能使聚合物基体产生多孔结构。聚合时，溶剂能控制非共价键结合的强度，同时也会影响印迹聚合物的孔结构形态。一般说来，溶剂的极性越大，则印迹分子与功能单体间的相互作用就越弱，导致分子识别能力降低。另外，聚合物形态结构也受溶剂的影响，某些溶剂会使聚合物溶胀，从而导致结合部位三维孔结构发生形变，减弱结合能力。因此，选用的溶剂最好能与聚合用溶剂相一致，以避免任何溶胀问题；选择较低介电常数的溶剂，比如甲苯和二氯甲烷等。

9.3.2 分子印迹聚合物制备方法

分子印迹聚合物（MIP）的形成需要基质单体、功能单体和目标分子三者的相互作用，其制备方法主要有两种，图 9-4 为目前分子印迹聚合物的制备方法和印迹技术的基本作用原理。由 Wulff 等人创立和发展起来的共价键法（预组织法）和由 Mosbach 等人发展起来的非共价键法（自组织法）（图 9-5）、共价与非共价相结合的杂化法，以及以金属螯合物或离子作为目标分子的配位键或离子键法等。以下对四种方法作简单的介绍。

（1）共价键法　共价键法又叫作预组织法，该方法是目标分子与功能单体通过共价键结合而形成目标分子的衍生物，该衍生物在交联剂的存在下合成或接枝到相应的聚合体基质上，然后用化学方法断裂共价键将目标分子洗脱出来，从而形成具有吸附活性的印迹聚合物。目标分子与功能单体之间的可逆共价键是该印迹聚合物制备及其用于分子识别过程的关键。

共价键法的优点在于共价键作用力较强，目标分子可与功能单体完全作用，合成或接枝后的印迹聚合物具有排列有序、空间精确的结合基团，形成的复合物稳定，在识别过程中显示出高效的特异性相互作用功能。

在共价键法中，所采用的功能单体通常为低分子化合物，在选择时应考虑该功能单体与目标分子形成的共价键键能要适当，达到在聚合时能牢固结合，在聚合后又能完全脱除的目的；另外还要考虑该功能单体与客体目标分子有良好的相互作用。目前，共价键结合作用包括硼酸酯键、席夫碱键、缩醛（酮）键、酯键、二硫键、螯合键作用等。常用功能单体有：含乙烯基的硼酸和二醇、含硼酸酯的硅烷混合物等。

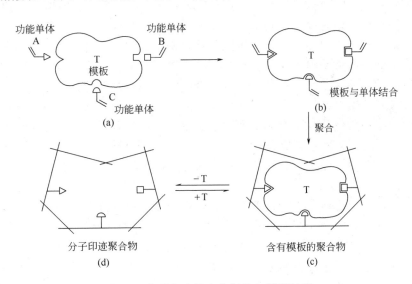

图 9-4　分子印迹聚合物制备与脱模过程

利用共价键相互作用，进行目标分子自组装时，单体与模板形成的混合物是稳定和可以计量的，因而分子印迹过程以及聚合物中客体结合位点的结构也相对比较清晰。同时，由于共价键是很稳定的，所以高温、酸性、碱性、高浓度极性溶剂的聚合反应条件均可适用。

由于共价键作用力比较强，其在目标分子自组装或在识别过程中结合与解离速度较慢，通常难以达到热力学上的可逆平衡，不适用于快速识别过程的体系，识别水平也与理想的生物分子识别系统有一定的差距。

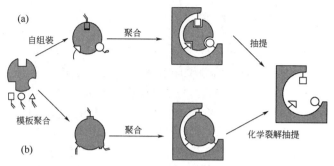

图 9-5 印迹聚合物制备过程差异
(a) 非共价键法；(b) 共价键法

（2）非共价键法　非共价键法又叫作自组织法，此法是目标分子与功能单体之间先进行自组织排列，以较弱的非共价键自发形成带有多重作用位点的分子复合物，再经过与交联剂作用之后，除去目标分子。

非共价键法的优点在于方法简便易行，印迹分子易于除去，在印迹过程中可以同时使用多种单体以使分子印迹系统多样，识别过程与天然的分子识别系统接近。其缺点在于聚合物的选择性低于非共价键法。把适当比例的印迹分子与官能团单体和交联剂混合，通过非共价键结合在一起制成非共价键印迹分子聚合物。这些非共价键包括离子键、氢键、疏水与静电作用等。常用的功能单体是甲基丙烯酸。由于这种方法与溶剂的极性密切相关，所以分子印迹聚合物的形成是在有机溶剂中完成的。在溶液中官能团单体与印迹分子的比例至少为 4：1，以便尽可能多的非共价作用形成。这些与印迹分子相配位的官能团单体在溶液中与交联剂达到快速平衡，形成印迹聚合物将印迹分子包围，产生与印迹分子在形状、功能上互补的识别位点。在聚合物形成后再将印迹分子洗脱掉，所得的印迹聚合物就具有吸附活性。

非共价键结合的最重要的类型是静电作用，可是，只有静电作用会导致较低的选择性，因此需要有另一种作用存在。显然，一种可聚合的酸和碱同时能通过静电结合与模板发生作用。这时模板羧基的酸度必须比甲基丙烯酸高才能使它优先与所加的碱发生作用。非共价键结合的另一种类型是氢键作用，例如，甲基丙烯酸的羟基和酰胺中的氧原子之间可出现氢键。在这种条件下可以得到选择性很高的模板孔穴，其拆分外消旋体的分离因子 α 值可达到 3～8。但是，如果在模板印迹和后续的分离中只有氢键一种作用时，其拆分外消旋体的 α 值只有 1.1～2.5。

利用非共价键作用进行印迹时，低温有利于聚合反应的进行，因为这种条件下对缔合平衡有利。

（3）共价与非共价杂化法　除了以上两种方法外，Whitecombe 等人在分析了共价键和非共价键法各自优缺点之后，建立了两者相结合的杂化法。即在制备印迹聚合物时功能单体和目标分子以共价键的作用力结合，而在洗脱目标分子之后，其所形成的分子印迹聚合物则是以非共价键作用来识别目标分子。

模板分子同聚合物单体以共价键作用，洗脱时发生水解反应，失去一个 CO_2 分子，则得到分子印迹聚合物。这种聚合物在以后的分离应用过程中则是以非共价键的方式同模板分子再结合。因而，既具有共价分子印迹聚合物亲和专一性强的优点又具有非共价分子印迹聚合物操作条件温和的优点。近来 Vulfson 等人又发展了一种称为"牺牲空间法（sacrificial space method）"的分子印迹技术。该法实际上也是把 Piletsky 的自组装和预组织两种方法结合起来形成的综合方法，其制备过程如图 9-6 所示。

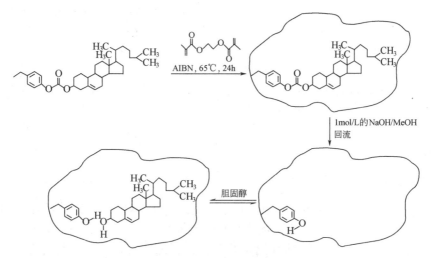

图 9-6 印迹聚合物的共价-非共价结合制备过程

在此方法中，模板分子胆固醇与功能单体 4-乙烯吡啶以共价键的形式形成模板分子的衍生物（单体-模板分子复合物），这一步相当于分子预组织过程，然后交联聚合，使功能基固定在聚合物链上，除去模板分子后，功能基留在空穴中。当模板分子重新进入空穴中时，模板分子与功能单体上的功能基不是以共价键结合，而是以非共价键结合，如同分子自组装。

（4）金属螯合作用法　金属离子与生物或药物分子的螯合作用具有高度的立体选择性，结合和断裂均比较温和，亲和特性也比较专一。在模板分子结构中，酚羟基或羧基中的氧原子能够与钴离子、镍离子等金属离子配位，形成金属离子螯合物。因此，可以选用这类金属离子作为桥接剂，用于印迹聚合物的制备，将适当比例金属离子和模板分子引入溶液中，使模板分子、金属离子、功能单体共同形成具有配位键、氢键和范德瓦尔斯力等多重作用力的稳定复合物，再经过单体聚合并抽提出模板分子和金属离子，获得相应的分子印迹聚合物。可选作为金属螯合物的离子有 Zn^{2+}、Cu^{2+}、Co^{2+}、Ni^{2+}，常用的功能单体主要有 1-乙烯基咪唑、乙烯多胺等。

利用这类金属螯合物制成的分子印迹聚合物可以实现对相应金属离子的高选择性配位结合，在亲和分离、印迹分离等方面具有相当广泛的应用前景。

9.3.3　典型制备方法的利弊分析

在以上几种制备方法中，均对结合基团和模板分子等材料的筛选有要求。首先，模板分子与结合基团间的键合能要尽可能大，以免聚合过程中模板分子断键，使交联时结合基团排列在确定的空间位置上；其次，生成印迹聚合物后，模板分子要尽可能地完全除去；最后，印迹聚合物与目标分子具有专一性快速结合-脱落的可逆功能。然而在实际过程中，要同时满足以上三条要求是不现实的，还是需要按照实际的要求来综合考虑，筛选合适材料并优化设计制备过程。

对于共价键法和非共价键法制备印迹聚合物的比较，其利弊可以从表 9-6 中的对比来显示。

表 9-6　共价键和非共价键制备法的利弊比较

比较项目	共价键法	非共价键法	比较项目	共价键法	非共价键法
模板单体的合成	需要	不需要	客体的结合与释放速度	慢	快
聚合条件	相对自由	限制	客体的结合位点结构	清晰	较清晰
聚合后模板去除	困难	容易	功能单体	较少	较多

可见，基于非共价键法制备印迹聚合物，除了聚合条件稍有限制性要求和结合位点不如共价键法清晰外，其余几项对比参数均优于共价键法。特别是在结合位点的结合与释放速度方面，其对于应用过程十分有利。

对于功能单体的可选性方面，共价键法的可选范围较小，基本上选用：4-乙烯苯硼酸、4-乙烯苯甲酸、4-乙烯苯胺、4-乙烯苯酚等乙烯苯系列；而非共价键法的功能单体种类较多，有丙烯酸、甲基丙烯酸、甲基丙烯酸甲酯、对乙基苯甲酸、对乙基苯乙烯、亚甲基丁二酸、1-乙烯基咪唑、4-乙烯基吡啶、2-乙烯基吡啶等，除了乙烯苯系列外，还有丙烯酸、乙基苯等多种系列可供选用。

9.3.4 典型印迹聚合物的特征

在印迹分离中所用的聚合物必须具有特定的物理与化学性质，对某些物理化学作用具有一定的抵抗能力。分子印迹聚合物的应用特性列于表9-7。与传统分离介质相比，分子印迹聚合物的突出特点是对被分离物具有更高的选择性、良好的物理化学稳定性，能够耐受高温、高压、酸碱、有机溶剂等；容易保存，制备简单等。

表 9-7 分子印迹聚合物的应用特性

评价指标	应用特性
物理稳定性	抗机械作用、高温、高压
化学稳定性	耐酸碱、有机溶剂、金属离子
储存时间	>8个月（不丢失吸附性能）
吸附容量	0.1～1mg（印迹分子）/g（聚合物）
对印迹分子的记忆性	可重复使用100次以上且不丢失吸附性能
回收率	>99%
结合强度	毫米级（色谱）、纳米级（放射性配体分析）

目前，分子印迹聚合物已用作色谱固定相，对手性物的拆分与检测；也开始应用于固相印迹萃取、手性印迹拆分、印迹膜分离等特种分离过程，并取得了可喜的进展。

9.4 印迹分离过程建模计算

9.4.1 印迹分离过程建模

印迹分离是以印迹聚合物为介质，并能与混合物中某一溶质分子专一地选择性结合，使其从混合物中分离出来的一种分离技术。这类分离过程的特征在于：印迹聚合物中具有与待分离溶质分子（目标分离物）的形状、大小完全相似的空穴结构；印迹聚合物与待分离的溶质分子具有互补性。因此，聚合物能以高选择性结合目标分离物。

印迹分离不同于常规的其他分离单元操作，其分离的效果取决于多种因素：从印迹分子、溶剂、功能单体材料性能（极性、非极性、生物质等）、印迹聚合物制备方法（共价键法、非共价键法、杂化法）、印迹聚合物的微孔结构、印迹介质类型（柱状、膜状、颗粒状、粉末状等）、印迹分离手段（色谱、固相萃取、膜法等）及方法等，均影响印迹分离过程的效果。仅仅通过传统的实验、小试、中试等单元操作，难以获得足够的证据，来满足不同大小生物分子的印迹分离需求，更无法对印迹分离过程进行精确的控制。

如何实现印迹分离的可控性，则需要从印迹材料性能、模板分子大小、空穴结构尺寸、分离层厚度等方面获得一系列系统性的数据，才能实现和调节印迹分离过程，达到分离过程的精确可控。要达到这一程度，对于印迹分离过程的模型建立是实现此目标的基础。

作为一种合成分子识别体系的分子印迹技术，其机理研究目前仍处于定性和半定量的水平。有关分子印迹热力学和动力学的研究报道仍然很少，其理论研究还在完善之中。

(1) 分子印迹热力学模型　对于分子印迹技术热力学的研究也已开始，Page 和 Jencks 等人首先进行了这方面的工作。Williams 及其同事在 Page 和 Jencks 等人工作的基础上提出分子印迹聚合物与模板分子之间的识别受热力学控制，其自由能改变可由下式计算：

$$\Delta G_{bind} = \Delta G_{t+f} + \Delta G_r + \Delta G_h + \Delta G_{vib} + \sum \Delta G_p + \Delta G_{conf} + \Delta G_{vdw} \tag{9-5}$$

式中，ΔG_{bind} 为形成单体-模板分子复合物时自由能的改变；ΔG_{t+f} 为平动和转动时自由能的改变；ΔG_r 为模板分子转动受限制引起的自由能的改变；ΔG_h 为疏水作用力引起的自由能的改变；ΔG_{vib} 为振动自由能的改变；$\sum \Delta G_p$ 为参加反应的所有基团自由能改变的总和；ΔG_{conf} 为构象逆转引起的自由能的改变；ΔG_{vdw} 为范德瓦尔斯力引起的自由能的改变。

应该说这个公式是相对全面的，它不仅考虑到基团的专一性反应，也充分考虑到空间匹配对选择性的作用。但公式太过复杂，考虑到有些自由能的改变是可以忽略不计的，Nicholls 在前人研究的基础上，对以上公式进行了简化：

$$\Delta G_{bind} = \Delta G_{t+f} + \Delta G_r + \Delta G_h + \Delta G_{vib} + \sum \Delta G_p \tag{9-6}$$

上述简化算式基于以下假设：①单体-模板分子复合物中没有构象的限制；②没有范德瓦尔斯力的影响；③聚合过程和识别过程是在相同的溶剂中进行，在识别过程中无构象改变；④在高度交联的分子印迹聚合物中，基团的运动受到了限制。

而对于在有机非极性溶剂中进行的实验，不存在疏水作用力，所以公式(9-6)还可以进一步简化为：

$$\Delta G_{bind} = \Delta G_{t+f} + \Delta G_r + \Delta G_{vib} + \sum \Delta G_p \tag{9-7}$$

经过简化后的公式虽然有利于计算，但同时也缩减了其应用范围。有时简化公式计算与实验结果间的误差会较大。因此，公式中被省略的因素可能会显得重要。

Chen W. Y. 等曾将以除草剂 2,4-D 为模板分子制成的印迹聚合物，用于 4 种类似物的等温结合平衡分析，来阐述在水溶液中印迹聚合物与目标分子相互作用的热力学机制。该研究发现：模板与单体之间在水溶液中的相互作用主要是 π 键的堆积和静电相互作用，当 pH<6 时，熵是主要的驱动力。识别过程键合焓 ΔH_{ads} 可以通过 $Q_{ads} = Vq^* \Delta H_{ads}$ 来计算。其中 Q_{ads} 是 2,4-D 与 MIP 在吸附过程中产生的热量；V 是悬浮聚合物的量，mL；q^* 是从键合等温线上获得的 2,4-D 的键合量，mol/mL。

(2) 分子印迹动力学模型　Whitcombe 等人对用分子自组装方法制备的，具有两个结合位点的分子印迹聚合物，从化学热力学的角度研究了自组装分子印迹聚合物在制备和应用时的化学平衡过程。他们在一定假设的基础之上提出了以下等式：

$$[MTM] = K^2 [T][M]^2 \tag{9-8}$$

式中，K 为结合常数；[T] 为模板分子浓度；[M] 为模板分子-单体复合物浓度。

其假设如下：
① 两个功能单体与模板分子反应的能力是相等的；
② 两个功能单体与模板分子结合的过程是分别独立的。

这个等式可用来计算当模板分子与结合位点的结合达到平衡时 TM 和 MTM 的平衡浓度。

在以上等式的基础上进一步假设：
① 如模板分子在形成两位点结合的作用力非常强（相对于单位点结合）时，即使 MTM 的浓度非常低也能获得良好的选择性；②模板分子与聚合物链之间没有强的非特异性

反应；③结合常数 K 在制备和应用时是相同的。

则：
$$N = N_S + N_{NS} = P[K^2[L][MTM] + K[L]([M_0] - 2[MTM])] \quad (9-9)$$

式中，N 为单体与模板分子结合的总结合数；N_S 为单体与模板分子发生特异性结合的结合数；N_{NS} 为单体与模板分子发生非特异性结合的结合数；$[L]$ 为自由配体的浓度；P 为聚合物浓度因子（与模板分子和聚合物浓度有关）。

同时再假定：

① 形成聚合物的 $[M_0]/[T_0]$ 为 2（$[M_0]$、$[T_0]$ 分别为单体和模板分子的起始浓度）；

② 聚合物前体混合物（未聚合前的单体、模板分子、交联剂）与致孔剂各占 50%；

③ MTM、MT、M（未与模板分子结合的单体）在聚合物前体混合物中的分布与在聚合物中所成链节的分布是相同的；

④ 所有空穴中的模板分子在聚合完成之后是可以全部除去的，而且所有空穴在遇到模板分子时是可以全部重新被占据的。

通过以上假设，就可以用公式（9-9）去预测分子印迹聚合物的选择性的大小。其中：K 值可以用主-客体软件计算出来；其它相应的值可以通过色谱、光谱、核磁共振等实验得出。

据报道，Whitcombe 已用上述两个公式对 Mosboch 等人的一些工作进行了计算，计算结果与实验结果基本一致。

9.4.2 分子印迹扩散吸附与相互作用能差

（1）分子印迹扩散模型及估算　Joshi 等人提出分子印迹聚合物填充床吸附可以用对流扩散过程模型来描述。该模型包括三种质量平衡方程，即描述空床浓度的流动相质量平衡、描述吸附剂扩散过程的颗粒内部的质量平衡和偶联前两者的表面扩散质量平衡。

流动相质量衡算方程（包括轴向扩散）为
$$\frac{\partial c_b}{\partial t} + \nu \frac{\partial c_b}{\partial z} - D_L \frac{\partial^2 c_b}{\partial z^2} = -\frac{1-\varepsilon_b}{\varepsilon_b} \frac{3}{R} D_e \frac{\partial c_p}{\partial r}\Big|_{r=R} \quad (9-10)$$

吸附剂颗粒内部衡算方程为
$$\varepsilon_p \frac{\partial c_p}{\partial t} + \rho(1-\varepsilon_b)\frac{\partial q}{\partial t} = \varepsilon_p D_e \left(\frac{\partial^2 c_p}{\partial r^2} + \frac{2}{r}\frac{\partial c_p}{\partial r}\right) \quad (9-11)$$

式中，R 为吸附剂颗粒半径；ρ 为颗粒密度，g/cm^3；ε_p 为吸附剂颗粒孔隙率，%；ε_b 为床层孔隙率，%；D_e 为有效扩散系数，m^2/s；

颗粒表面，液膜传质速率 k_f 把液相主体浓度 c_b 和颗粒表面孔内浓度 c_p 联系起来：
$$D_e \frac{\partial c_p}{\partial r} = k_f(c_b - c_p) \quad (9-12)$$

其相应的模型参数的估算，可采用以下方程组。

① 轴向扩散系数 D_L　可以通过 Chung 和 Wen 给定的公式估算：
$$\frac{D_L \rho_L}{\mu_L} = \frac{Re}{0.2 + 0.011Re^{0.48}}, \quad 10^{-5} \leqslant Re \leqslant 10^{-3} \quad (9-13)$$

② 液膜传质速率 k_f　可以通过 Foo 和 Rice 给定的公式计算：

$$\frac{2Rk_f}{D_m}=2.0+1.45Re^{1/2}Sc^{1/3} \tag{9-14}$$

③ 分子扩散系数 D_m 可以通过 Wilke-Chang 方程估算：

$$D_m=7.4\times10^{-8}(\psi_n M_n)^{1/2}\frac{T}{\mu_L V_m^{0.6}} \tag{9-15}$$

式中，μ_L 为液体黏度，Pa·s。

（2）分子印迹相互识别能差模拟计算　实际上，我们可以利用计算机软件优化各种可能的模板分子，功能单体及其复合物的构象，选出最小量构象；其次，计算出功能单体和模板分子之间的相互作用能。若已知模板分子的能量、功能单体的能量，以及由模板分子和功能分子的能量，可按以下方程算出生成复合物与模板分子和功能单体的能量差：

$$\Delta E = E(复合物总能量)-\sum E(参与复合物合成的各组成之和)$$
$$= E(复合物总能量)-E(模板分子能量)-E(功能单体的能量)$$

式中，ΔE 为模板分子和功能基团之间的作用能差。ΔE 越大，说明模拟分子与功能单体的作用力越易形成氢键，且形成的氢键就越牢固。

对于三种溶剂分别用于分子印迹聚合物的影响，以溶剂氯仿优于其他两种溶剂二甲基亚砜和四氢呋喃等；对于单体的影响，以茶碱为印迹分子、氯仿为溶剂，分别采用三种单体，结果是三氟甲基丙烯酸＞甲基丙烯酸＞丙烯酰胺单体。

9.4.3　客体结合常数与最大结合量估算

印迹分离膜的印迹效果，可通过批次客体结合实验来测定印迹聚合物对客体的结合活性，也即直接测定印迹聚合物对客体的结合量。首先将印迹聚合物浸入不同浓度的客体溶液中，一般情况下聚合物在溶液中是不溶的，将其充分混合直到客体结合达到平衡。然后通过离心或过滤除去聚合物，用高效液相色谱、紫外分光光度计，或其他分析方法来测定液相中的客体浓度。通过比较聚合物对客体与其它化合物结合量的大小，来分析其对客体的选择性。

客体与聚合物中客体结合位点的解离常数 K_d 定义为：

$$客体+结合位点 \underset{}{\overset{K_d}{\rightleftharpoons}} 客体/结合位点$$

$$K_d=(B_{unbound}\times c)/B_{bound}=(B_{max}-B_{bound})\times c/B_{bound} \tag{9-16}$$

式中，B_{bound} 为客体与聚合物的结合量/聚合物的质量，$\mu mol/g$；B_{max} 为客体与聚合物的结合最大量/聚合物的质量，$\mu mol/g$，$B_{max}=B_{bound}+B_{unbound}$；$c$ 为液相中的客体浓度。K_d 表示浓度的大小，K_d 越小，表示客体结合越强。方程（9-16）可以转变为方程（9-17）

$$B_{bound}/c=(B_{max}-B_{bound})/K_d=-(1/K_d)\times B_{bound}+B_{max}/K_d \tag{9-17}$$

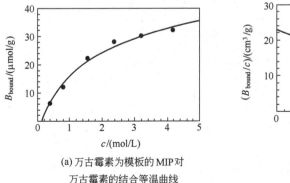

(a) 万古霉素为模板的 MIP 对万古霉素的结合等温曲线

(b) 相应的 Scatchard 曲线

图 9-7　MIP 对万古霉素的结合等温曲线和 Scatchard 曲线图

从图 9-7 能得出 K_d 与 B_{max} 的值。理想的印迹聚合物只对目标客体有比较小的 K_d，表明它们之间有较强的选择结合能力。实验中 c 值的选择很重要，如果 c 值太小，聚合物的结合就不能达到饱和。

【例 9-1】 以阿特拉津为模板分子，甲基丙烯酸为功能单体，乙二醇二甲基丙烯酸酯为交联剂，经沉淀聚合法制得粒径约为 210nm 的印迹聚合物微球。采用高效液相色谱，在等温下检测得到在不同初始浓度下，印迹聚合物对阿特拉津的吸附量，检测数据如表 9-8 所示。

表 9-8 印迹聚合物微球对阿特拉津的吸附量

初始浓度 $c/(\mu g/mL)$	0.2	0.4	0.5	1.0	2.0	3.0	4.0	5.0
吸附量 $Q/(\mu g/g)$	10	18	25	39	62	9.0	125	135

请将实测吸附数据作 Scatchard 的 Q-Q/c 曲线图，求得该印迹聚合物微球对阿特拉津的最大表观吸附量 Q_{max} 和平衡解离常数 K_d，并评价此印迹聚合物微球对阿特拉津的特异性识别作用。

解 已知在初始浓度下，印迹聚合物微球对阿特拉津的吸附量关系，通过进样液中阿特拉津初始浓度与对应印迹聚合物微球的吸附量关系：

（1）先求得对应初始浓度下的 Q/c，然后以 Scatchard 方法作初始浓度 c 与对应 Q/c 的图。

（2）由于该 Scatchard 图的曲线向上凸，可知此印迹聚合物对阿特拉津的相互作用具有负协同效应，为此，将此曲线分两段拟合，获两个直线方程分别为：

$$(Q/c)_1 = 152.99 - 4.018Q_1; (Q/c)_2 = 46.83 - 0.151Q_2$$

（3）通过直线的斜率和截距，分别获得结合位点的最大表观吸附量 Q_{max} 和平衡解离常数 K_d，分别为：

$$K_{d1} = 0.248 mL/\mu g, Q_{max1} = 38.08 \mu g/g$$
$$K_{d2} = 6.629 mL/\mu g, Q_{max2} = 310.33 \mu g/g$$

（4）该印迹聚合物对阿特拉津的吸附特性曲线向上凸，可以认为存在两种或多种不同的吸附位点，并在某些结合位点存在负协同效应，使得平均亲和力呈逐渐降低趋势；比较最大表观吸附量和平衡解离常数的差异，可知其对阿特拉津的特异性识别还是占主导地位的，但有提高空间。

MIP 对阿特拉津结合等温曲线及相应的 Scatchard 曲线图见图 9-8。

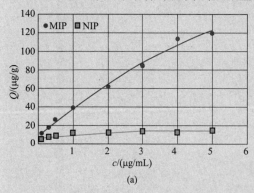
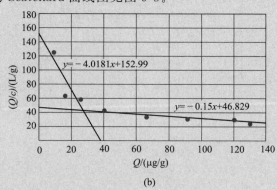

图 9-8 MIP 对阿特拉津结合等温曲线（a）及相应的 Scatchard 曲线图（b）
NIP—非分子印迹聚合物

9.4.4 影响分子识别效应的因素

一般认为，分子印迹聚合物对模板分子的识别主要由三方面因素决定。

（1）印迹聚合物功能基选择性反应　分子印迹聚合物中功能单体上功能基与模板分子上功能基发生选择性反应（印迹反应）。印迹反应有可逆性共价键的反应和形成非共价键（包括氢键、离子键、金属配位键、π-π 作用力、疏水作用力和范德瓦尔斯力）的反应。影响反应的主要因素包括功能基的抑制剂、功能基空间取向的改变、静电斥力和空间位阻效应以及溶剂的影响等。

一个典型的分离物（或模板）与印迹聚合物相互作用的例子见图 9-9。聚合物含有不同的结合位点，最有利的是具有三个结合位点的 A，这使待分离物与聚合物具有特异性的相互作用；具有两个结合位点的 C 和 D 也是较为有利的，这种情况下，待分离物与聚合物之间的选择性虽少，但仍可以接近结合位点；B 和 E 虽具有选择性，但相互作用力最弱而难以结合。

（2）空穴与模板分子的构型、构象匹配　印迹聚合物空穴的空间结构与功能基团在空穴中的正确排列对分子识别起到了重要的作用。空穴的结构与模板分子的构型、构象的完美匹配有利于印迹聚合物功能基与模板分子功能基的充分靠近并进行专一性结合。印迹聚合物空穴的结构和形状并不是完全刚性的。实际上在溶剂中，不论是通过分子自组装还是通过分子预组织方法制备的分子印迹聚合物都存在溶胀现象。这使得印迹聚合物空穴的大小和形状都发生改变，从而使选择性和亲和力发生不同程度的下降，所以聚合和洗脱应在同一溶剂中进行。对于以共价键法制备的 MIP 来说，除去模板分子后聚合物在溶剂中会发生溶胀现象；当印迹聚合物与模板分子重新结合时，MIP 的体积由于功能基与模板分子的反应而减小（图 9-10）。而对以非共价键法制备的 MIP 来说，溶胀现象就会明显减少。

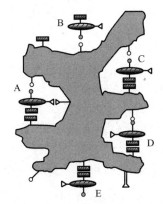

图 9-9　分离物（或模板）与印迹聚合物相互作用示意

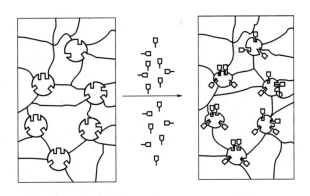

图 9-10　MIP 与模板分子结合时骨架结构变化示意

底物分子与印迹聚合物的相互作用引起了聚合物构象和表面电荷的改变，从而就有了"阀门效应"（gate effect）假说。类似于酶的"诱导契合"理论，底物分子的特异性吸附会引起 MIP 膜的渗透性和电导率的变化。

（3）印迹聚合物对底物分子的识别　无论是分子印迹聚合物被用于催化还是分离，或其他目的，被选择底物是否能高效进入聚合物空穴都是最重要的。

对于同一种聚合物来说，尽管对原模板分子的专一性结合占绝对优势，但由于制备过程中存在的某些缺陷，导致不同空穴的存在，以致空穴、功能基与底物的匹配程度差异，从而降低了对特定底物选择性。另外，这些功能基还可以和其他分子进行非特异性结合，影响到提纯产物的纯度。

(4) 印迹聚合物结合强度与选择性功效判别　对于所制备的印迹聚合物是否能充分、正确地记忆模板分子结构，可以通过筛选印迹分子材料并优化制备条件（如选择合适的功能单体、交联剂、溶剂以及聚合温度等）来实现。并通过将印迹聚合物作为 HPLC 的固定相，检测其色谱行为，可以用来评价其是否为成功的印迹聚合物。若假定 k' 为容量因子

$$k' = (t_g - t_0)/t_0 \tag{9-18}$$

式中，t_g 为目标客体主峰的保留时间；t_0 为空白对照次峰的保留时间。此保留时间也可用相应的保留体积 V_g 和 V_0 代替。分离因子 α 可用下式计算

$$\alpha = k'_S / k'_R \tag{9-19}$$

式中，k'_S、k'_R 分别为 S 型和 R 型异构体的容量因子。

由式 (9-19) 可知，对目标客体的 α 值越高，则对非目标化合物的 α 值必定小而几乎不变。同时也可通过分析上式异构体的容量因子，估算印迹聚合物与客体的结合强度和选择性。此类别实验过程简单，易获得大量的、高精度的数据，可作为我们成功筛选出优良的印迹聚合物的依据。

9.5　印迹聚合物的应用

9.5.1　印迹色谱分离

目前印迹聚合物应用最广泛的领域是作为高效色谱的固定相，用于分离多肽、蛋白质、核糖核蛋白以及各种糖类分子，同时也应用于手性药物的分离。特别是对于印迹聚合物用作高效液相色谱的手性固定相柱，具有其独特的优势：对映体的分离选择性高，出峰顺序可预测；制柱容易，力学性能良好，使用寿命长，能多次重复使用等。

(1) 印迹色谱分离的种类　有关色谱分离机理可参考第 8 章中的有关色谱分离部分内容，本节仅对相关印迹聚合物作为色谱固定相方面的应用作介绍。

印迹聚合物用作色谱固定相用于检测分析与拆分分离等方面的各类色谱有：高效液相色谱、薄层色谱、毛细管电色谱（毛细管电泳和高效液相色谱的融合技术）、固相萃取-高效液相色谱、手性拆分-高效液相色谱、配体交换色谱、亲和作用色谱、反向分配色谱等。实际上可以说，所有种类的色谱柱均可用印迹聚合物替代，而成为各种不同检测与分离功能的色谱。

(2) 印迹色谱分离的应用　本节仅介绍几个以丙烯酸和乙烯基吡啶为功能单体制成的印迹聚合物的应用案例，Joshi 等人以苯酚为模板，甲基丙烯酸（MAA）和 2-羟乙基甲基丙烯酸酯（HEMA）为功能单体，偶氮二异丁腈（AIBN）为引发剂，乙二醇二甲基丙烯酸酯（EDMA）为交联剂，制备出能特异性识别苯酚的印迹聚合物，用来分离苯甲醚溶液中的苯酚，苯酚含量 0.5%（质量分数）。结果表明，以不同材料制成的印迹聚合物，其对苯甲醚溶液中的苯酚的分离效果是有显著差异的，见表 9-9。

由表 9-9 可见，以甲基丙烯酸为功能单体，苯酚和溴苯为模板制备的 MIP 对苯酚的分离效果最佳。

左振宇等报道了大量的有关草药活性成分提取、分离与纯化方面的案例。如以 4-乙烯基吡啶和甲基丙烯酰胺为单体，二乙烯基苯作为交联剂，乙腈-甲苯（3∶1）作为致孔剂，

制备出咖啡酸印迹聚合物。其在反向分配色谱模式下，主要基于氢键和疏水作用力来识别咖啡酸模板分子；而在亲水作用色谱模式下，则基于亲水作用力而显示其分子识别性能。在亲水作用色谱模式下，该印迹聚合物对绿原酸、五倍子酸、原儿茶酸、香草酸没有识别功能，利用此特征可从杜仲及其叶、花提取液中层析出槲皮素等。

表 9-9　以苯酚为模板的印迹聚合物的选择性比较

序号	聚合物体系	模板	溶剂	选择性	
				α	空白
1	MAA-MIP	苯酚＋氯苯	甲醇中含有1%乙酸	2.224	1.36
2	HEMA-MIP	苯酚＋氯苯	甲醇中含有1%乙酸	1.484	0.837
3	MAA-MIP	苯酚＋溴苯	甲醇中含有1%乙酸	4.156	0.862
4	HEMA-MIP	苯酚＋溴苯	甲醇中含有1%乙酸	2.31	0.894
5	MAA-MIP	苯酚＋邻硝基苯酚	庚烷	3.83	3.107

注：α＝苯酚吸附量/苯甲醚吸附量，空白为不含模板（苯酚）分子的 MIP。

黄酮类化合物（包括黄酮、异黄酮、新黄酮、黄酮苷等）的基本母核为 2-苯基色原酮类物。具有酰胺、吡啶环等功能基团的印迹聚合物，能与黄酮结构中的酚羟基之间形成特异性的氢键，以此识别并富集与分离出黄酮化合物；也可基于芳香环的功能单体与黄酮类化合物的 π-π 作用，或范德瓦尔斯力来实现特异性识别并分离出黄酮类化合物。

王松等也以甲基丙烯酸为功能单体，二甲基丙烯酸乙二醇酯（EGDMA）为交联剂，黄芩素分子为模板分子，经沉淀聚合制备出印迹聚合物，其黄芩素和甲基丙烯酸单体之间通过氢键自组装形成 1∶4 的复合物，相比结构类似物槲皮素和非类似物氯霉素，黄芩素的分离因子分别达到 17.69 和 26.03。

Li 等以 2-乙烯基吡啶作为功能单体，以马来松香乙二醇丙烯酯聚合物作为交联剂合成了紫杉醇分子印迹聚合物，用此印迹聚合物为高效液相色谱的固定相，对紫杉醇及其类似物紫杉萜进行分离。结果表明，紫杉醇印迹因子（IF）达到 2.37，相对紫杉萜的分离因子（α）达到 2.54。

印迹聚合物在色谱分离中有很广的应用前景，目前已有相当数量的应用性文献可供进一步深入了解。

9.5.2　印迹手性拆分

对映体药物，其药效差异明显，有些甚至完全相反。若忽视这种差别的存在，不慎误用不同对映体药物所引起的后果是十分严重的。如反应停（thali domide，沙利度胺）具有抗炎、抗血管生成、抑制 TNF-α 生成等作用，用于结节红斑、黏膜溃疡、前列腺癌、肾细胞癌等的治疗。其早在 1960 年就开始作为镇静和安眠药用于治疗妊娠期的不良反应，当时对大鼠动物的实验未见胚胎异常现象，但后来发现怀孕早期妇女服用后会引起胎儿畸形，以致发生了震惊世界的沙利度胺致畸事件。

后来证实：沙利度胺会在孕妇体内自动代谢并生成两个对映体，$R(+)$ 和 $S(-)$ 旋光异构体（图 9-11），其中 $S(-)$ 旋光对映体存在致畸、便秘、皮疹等不良反应。因此，对手性化合物的印迹拆分具有十分重要的意义。

（1）**手性化合物及其药理、生理活性**　在我国不少中药中含有手性化合物，甚至目前应用的西药中也有大约 30%～40% 是手性的。手性化合物指的是分子结构互为镜像而不重合的一对对映体，其分子式完全相同，只是原子或原子团在空间的取向不同，由于其彼此不重合而具有手性。

手性药物的两个对映体之间不仅具有不同的光学性质和物理化学性质，而且还具有不同

(S)-(-)-N-邻苯二甲酰谷氨酸酰亚胺　　　　　　　　(R)-(+)-N-邻苯二甲酰谷氨酸酰亚胺

图 9-11　反应停（沙利度胺）的 $R(+)$ 和 $S(-)$ 旋光异构体

的生物活性，如药物的作用包括酶的抑制、膜的传递、受体的结合等均与药物的立体化学性质有关。如表 9-10 所示，某些手性药物的对映体，其生物活性、毒性、代谢和药理作用各有不同。

表 9-10　某些光学异构体化合物的生理活性

手性化合物	左旋 $S(-)$ 型	右旋 $R(+)$ 型
乙胺丁醇	抗结核菌作用	可能导致失明
巴比妥酸盐	抑制神经活动	兴奋作用
苯并吗啡烷	服用后成瘾	服用后不成瘾
甲状腺素钠	对心脏有不良反应	降血脂
氧氟沙星	药效高、毒性小、抗菌强	损害肝肾功能、抗菌弱
普萘洛尔	药理活性大	药理活性小
萨利多胺	对胎儿致畸	安眠作用
青霉胺	治疗关节炎、抗动脉硬化	有毒
沙利度胺	免疫抑制、致畸作用	镇静催眠作用

(2) 手性物拆分的印迹识别机理

① 印迹拆分的三点作用原理　从理论上讲，不管选择何种固定相，分离何种对映体，手性分离或手性识别都必须同时满足三个相互作用点，而这三个点至少应有一个是由立体化学决定的，其相互作用力可以是氢键、偶极-偶极作用力、范德瓦尔斯力、立体位阻等。图 9-12 为三点作用模式示意，此原理最早由 Dalgleish 于 1952 年提出。手性固定相中含有 A、B、C 三个作用点，能与溶质相应的 3 个点 A′、B′、C′作用，虽然溶质中的两种对映体都有两个点能与手性固定相作用，但只有其中一种对映体具有三个点能同时与固定相上的三个作用点作用，而且此对映体被保留的时间较长。

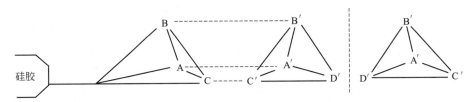

图 9-12　手性物拆分的三点相互作用结构示意

只有通过固定相与对映异构体的三维空间分子的三点作用，才能确定立体结构的选择性。如果流动相中的对映体有两点与固定相具有吸引作用，而第三点为排斥作用，则它被保留两点的时间反而短。

对于一对对映体中的两个对映分子，它们的化学功能基团相同，与功能单体作用力类型也相同，所不同的是它们与印迹空穴的功能空间匹配性的不同引起作用距离上的差异，也即印迹空穴对相应对映体分子及其立体结构的相似性具有预定的识别能力。如 L 型对映体分子与 L 型印迹分子空穴作用时，二者的匹配性好，相互作用力就较强；而 D 型样品分子与印迹空穴空间处于相对不适宜的位置，相互作用力就比较弱，也就难以识别而结合。

② 印迹拆分中的交叉选择性现象　在对映体的拆分过程中，也发现存在这样一种现象，用一种模板分子制备成的分子印迹聚合物，则可以用于另一种物质的对映体拆分，反之亦然。这种现象被称为交叉选择性拆分。如以 D-果糖为模板分子制备的印迹聚合物在混合底物中却能与 L-半乳糖优先结合；而以 D-半乳糖作为模板分子制备的印迹聚合物则在混合底物中优先结合 L-果糖。发生这种现象的主要原因是 D-果糖和 L-半乳糖、D-半乳糖和 L-果糖之间的功能基的排序是相同的，所不同的是羟甲基的伸展方向。由此可以看出，样品分子与印迹聚合物以功能基专一性结合情况下，两者的选择性和亲和性起主导作用；而对于功能基排序相同情况下，则空穴的大小和形状起决定性作用。

（3）印迹拆分柱的制备及应用　手性印迹聚合物的制备方法与其他印迹聚合物的制备方法基本相同。首先模板和离子与功能单体之间以共价或非共价键的方式进行预组装，然后进行聚合，聚合后去除模板分子，聚合物中留下与模板分子构型相匹配的、具有特异性选择作用的结合位点，从而用于对特定种类的对映体进行拆分。在此制备印迹聚合物过程中，所采用的相应功能单体、交联剂按照制备方法选用；引发剂有偶氮二异丁腈、偶氮二异庚腈；致孔剂可选用苯、甲苯、氯仿和二氯甲烷等有机小分子。

由于分子印迹聚合物的高选择性，很多化合物都可以用分子印迹高效液相色谱进行分离，如苯丙氨酸衍生物采用印迹聚合物作为色谱固定相进行色谱手性拆分研究。表 9-11 列出了一些利用 MIP 进行对映体或异构体手性分离的结果。

表 9-11　应用 MIP 进行手性分离的对映体和异构体

分离体系	功能单体	分离物/模板	分离效果
(DL)-酪氨酸	甲基丙烯酸	L-酪氨酸	$\alpha=2.86$
(DL)-苯丙氨酸	甲基丙烯酸	L-苯丙氨酸	$\alpha=2.29$
(DL)-谷氨酸	甲基丙烯酸	L-谷氨酸	$\alpha=2.45$
(DL)-缬氨酸	甲基丙烯酸	L-缬氨酸	$\alpha=3.19$
(DL)-色氨酸	甲基丙烯酸	L-色氨酸	$\alpha=2.86$
(DL)-异亮氨酸	Cu(Ⅱ)-N-4-乙烯基苯亚胺二乙酸酯	L-异亮氨酸	$\alpha=1.23$
(R,S)-酮洛芬	4-乙烯基吡啶	S-酮洛芬	$\alpha=0.88$
(DL)-苯丙氨酸乙酯	甲基丙烯酸	L-苯丙氨酸乙酯	$\alpha=1.82$
(邻,对)-羟基苯甲酸	甲基丙烯酸	邻羟基苯甲酸	$\alpha=1.5$
(R,S)-萘普生	4-乙烯基吡啶	S-萘普生	$\alpha=1.65, R_s=0.83$
(DL)-苯丙氨酰基苯胺	甲基丙烯酸	L-苯丙氨酰基苯胺	$R_s=1.2$
(R,S)-邻氯扁桃酸	(S)-1-萘乙胺	S-邻氯扁桃酸	$\alpha=1.36$
(R,S)-罗哌卡因	甲基丙烯酸 2-乙烯基吡啶	S-罗哌卡因	$R_s=1.10$
9-乙基腺嘌呤与其相似物	甲基丙烯酸	9-乙基腺嘌呤	$k=54.8$

注：容量因子 $k=\Delta t_R/t_0=(t_g-t_0)/t_0$；分离因子 $\alpha=k_S/k_R$（或 k_L/k_D）；分离度 $R_s=2\Delta t_R/[W_{(1)}+W_{(2)}]$。

9.5.3　印迹固相萃取

1994 年 Ellergren 首次将印迹聚合物应用于固相萃取过程，此后，该技术得到了长足的进步。与传统固相萃取技术相比，印迹固相萃取的特点在于其既可用于有机溶剂，也可用于水相，而且印迹固相萃取对目标分子有较高的选择性和特异性识别能力，从而提高了其在复杂体系中识别与结合微、痕量目标分子的能力，以达到去除目的。

（1）印迹固相萃取原理　传统的固相萃取，基于样品在固相吸附剂与液相溶剂之间的分配系数不同而达到分离的目的。其主要利用极性力、非极性力、电荷静电力等相互作用力差异进行萃取，这些力均非特异性的，因此，只能分开性质差异较大的化合物。特别是样品中也会有不少其他组分被吸附并洗脱下来，所获目标产品纯度和回收率均不高。

印迹固相萃取是利用印迹聚合物对目标分子的特异性结合功能来实现的，其原理及过程如图9-13、图9-14所示。其可根据目标分子的性能来筛选或制备合适的印迹聚合物。这些印迹聚合物常可在极端环境（有机溶剂、有毒、强酸强碱、高温高压等）下工作，既可用于有机溶剂，也可用于水相溶液萃取。印迹固相萃取具有快速、简单等特色，可缩短预处理时间，减少溶剂的使用等，特别是与目标分子的特异选择性结合，其优势更为明显，是传统萃取过程无法比拟的。

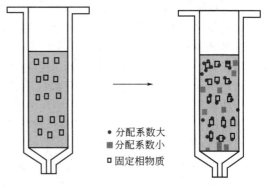

图 9-13　固相萃取原理示意图

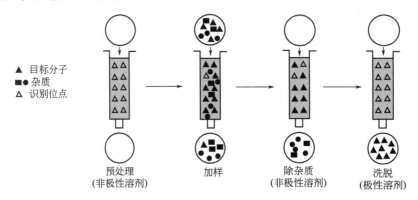

图 9-14　印迹聚合物固相萃取过程示意

（2）不同功能单体对印迹固相萃取的影响　谭天伟等将制备的印迹聚合物用于对茶叶中乐果含量的选择性富集试验，他们选用了六种功能单体，如表9-12所示，在相同条件下用于合成相应的印迹聚合物，用于对乐果及其结构类似物甲胺磷、敌百虫、对硫磷进行选择性富集分离试验，色谱分析结果表明：用甲基丙烯酸甲酯作为功能单体制成的印迹聚合物具有较好的选择性，乙酸乙烯酯次之。分析二者的结构，均有酯基，表明酯基对乐果的选择性识别作用较强。

也有其他专家用印迹固相萃取茶叶中乐果残留物，从 0.8mg/L 浓度经富集后，用 5mL 的洗脱液从印迹固相柱上洗脱下来，浓度达到 78.2mg/L。结果表明，印迹聚合物对茶叶中残留乐果的回收率高达 99%，富集倍数达到 100 倍。

表 9-12　合成的印迹聚合物对乐果的特异选择性比较

功能单体	k			功能单体	k		
	MIP	NIP	IF		MIP	NIP	IF
甲基丙烯酸甲酯	5.16	0.65	7.9	甲基丙烯酸	6.29	1.22	5.2
乙酸乙烯酯	2.03	0.36	5.6	丙烯酰胺	5.02	1.05	4.8
4-乙烯基吡啶	5.38	1.02	5.3	苯乙烯	3.19	0.98	3.3

因此，印迹聚合物固相萃取在农药残留的快速富集与检测，人的血浆、尿液和组织液中药物与毒物检测分析等方面的应用进展被广泛关注。

（3）印迹固相萃取过程及操作模式　印迹固相萃取的步骤类似于常规固相萃取过程的步骤。首先是采用非极性溶剂对装填有印迹聚合物的固相柱进行预处理，使得印迹聚合物的空穴结构处于对结合物具有高度选择性状态；然后开始加样，通入含有目标分子的混合液，直到印迹聚合物空穴结构达到饱和为止;最后采用非极性溶剂将相关杂质去除,再用极性溶剂将结合在印迹聚合物中的物质洗脱下来。

此分离根据产物的不同,可分为物质除杂纯化、微痕量组分提取两种操作方式。虽然印迹聚合物固相萃取的物质相同,但目标产物不同。前者是用印迹聚合物脱除杂质后的纯化产物,而后者则是从印迹聚合物空穴结构上洗脱下来的纯化产物。

印迹固相萃取的特色在于:其固相萃取柱可耐热、酸、碱及有机溶剂,在室温下甚至可以存储数年仍具有识别能力;可供选择的模板分子多样性,使得印迹聚合物的适用面宽;其特殊的专一选择性是普通固相萃取所无法比拟的。因此,分子印迹固相萃取技术非常适合于分离或富集复杂样品中的微痕量组分,或从初级产物中去除某些微、痕量杂质,而获得纯化产品。

印迹固相萃取可以与高效液相色谱耦合联用,进行对目标分子的富集浓缩,并检测分析,操作模式有离线和在线两种。在线操作模式,其富集浓缩与检测分析过程连续,进样与脱除过程周期化、操作自动化。与离线模式相比,在线模式具有检测速度快、灵敏度高等优点,如表 9-13 所示为两种模式的利弊比较。

表 9-13　印迹固相萃取的操作模式利弊比较

比较内容	在线模式	离线模式
分离/分析对象	萃取物总量	仅分析部分萃取物
灵敏度	高	低
重现性	好	差
分离/分析周期	短	长
溶剂用量	少	多
运行方式	仪器自动化	人工操作
样品污染	风险小	风险大
操作规模	高通量,可以规模化	速度慢,难以规模化

典型的在线印迹固相萃取-高效液相色谱-紫外/质谱耦合过程如图 9-15 所示。其操作流程及步骤简述如下:首先,样品以一定的流速进入印迹固相萃取柱(MISPE 柱),此时关闭液相色谱六通进样阀。目标分子与印迹聚合物发生特异选择性结合并留在吸附柱内,与印迹聚合物作用力较弱的杂质则随流动相流走;接着,将液相色谱六通阀切换至进样状态,此时流动相在高压系统下逆向冲洗印迹聚合物固相柱,将目标物洗脱下来;同时,反向洗脱操作也能使解吸的目标分子压缩到印迹固相柱顶端的窄带中,此时样品被浓缩;随后,将六通阀重新切换到闭合状态,进入色谱柱的样品则被检测;这时,下一个样品又开始进入印迹固相柱内被选择性结合,固相萃取和检测分析过程同时进行,并由此而完成一个在线循环操作周期。在此耦合集成操作系统中,固相萃取与洗脱、色谱分离与检测的耦合联用是通过二者之

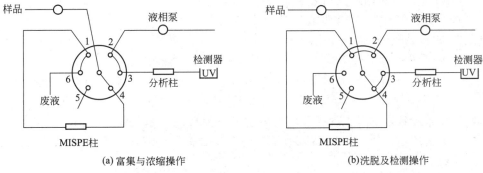

图 9-15　在线印迹固相萃取-高效液相色谱-紫外/质谱耦合过程

间的六通阀切换实现的。目前，无论以富集浓缩分析，还是以工业提取纯化为目的的在线印迹固相萃取，均可采用此自动循环操作模式。

将印迹聚合物固相萃取-液相色谱联用与普通 C_{18} 固相萃取过程对血浆样品预处理后沙美利定的液相色谱图进行比较，分析结果如图 9-16 所示，7.554min 处为样品峰，8.144min 处为内标峰。

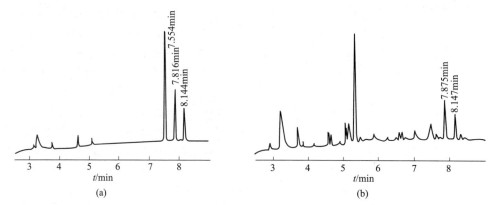

图 9-16　分子印迹固相萃取（a）和 C_{18} 固相萃取（b）测定沙美利定的液相色谱图

可见，由于样品峰中沙美利定的含量极低及杂质多，经过 C_{18} 固相萃取后的目标峰，$S/N<10$，无法准确定量；而经过印迹固相萃取后，杂质种类和数量均明显减少，足以对沙美利定进行定量。由此，可证明印迹固相萃取的专一选择性特点。

(4) 印迹固相萃取分离的应用　王素素等以 4-乙烯基吡啶（4-VP）为功能单体，以芦丁-槲皮素为模板分子，采用本体聚合法制备了印迹复合聚合物，并以此为固相萃取柱，可从槐米提取物中选择性分离芦丁和槲皮素两种黄酮类化合物，总回收率分别为 96.70% 和 94.67%。他们还采用 Zn^{2+}-阿魏酸（FA）-咖啡酸（CA）配合物作为模板分子，同样以 4-VP 为功能单体，制备出相应的分子印迹聚合物，用作固相萃取柱，选择性地从升麻样品液中提取出 FA 和 CA，回收率分别达到 92.7% 和 95.4%。不同功能单体的化学结构见图 9-17。

Berengere 等分别以甲基丙烯酸和丙烯酰胺为功能单体，丙烯酸乙二醇酯为交联剂，氯仿为致孔剂，合成出白桦脂醇分子印迹聚合物。实验证明：以甲基丙烯酸为功能单体合成的白桦脂醇印迹聚合物显示出更好的吸附选择性。其吸附容量为 226nmol/g，回收率高于 70%，印迹因子达到 17。用此印迹聚合物装填的固相萃取柱，以甲醇为洗脱液，成功地从悬铃木树皮提取液中获得白桦脂醇和白桦脂酸。

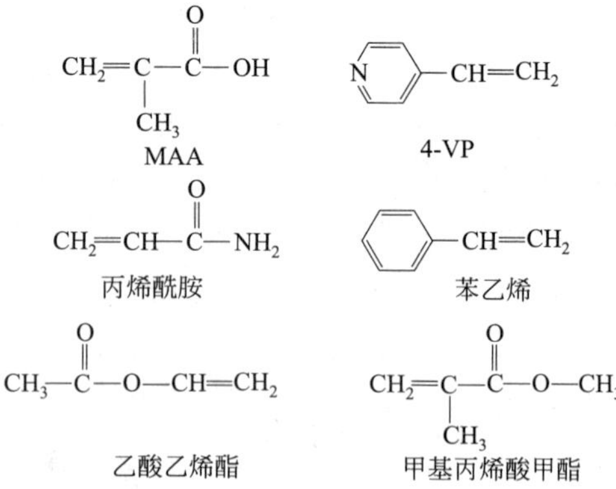

曾绍梅等以甲基丙烯酸缩水甘油酯为功能单体，三羟甲基丙烷三甲基丙烯酸酯（TRIM）为交联剂，合成了樟柳碱（ASD）分子印迹聚合物。发现此印迹聚合物对 4 种托品烷类生物碱（樟柳碱、东莨菪碱、山莨菪碱、阿托品）具有特异性识别作用，由此，从马尿泡果实中分离、富集与检测 4 种生物碱，其回收率为 70.0%～96.3%，RSD<5.7%。

图 9-17　不同功能单体的化学结构

苯丙素类化合物是基本母核具有 1 个或者几个 C_6-C_3 单元的天然有机化合物类群，具有抗血凝、抗病毒、抗骨质疏松以及抗炎等多方面的生理活性。利用分子印迹技术分离苯丙素类化合物，大多是基于功能单体与模板分子官能团之间的氢键，以及范德华力等超分子作用力原理来实现特异性分离，其中研究较多的是苯丙酸类（阿魏酸、绿原酸、咖啡酸等）和香豆素类等活性成分的富集与分离。利用该聚合物可从海蓬子（*Salicornia herbacea* L.）提取液中萃取出3种酚酸类化合物原儿茶酸（PA，回收率90.1%）、阿魏酸（FA，回收率95.5%）、咖啡酸（CA，回收率96.6%）。此外，这3种酚酸经过重复性的固相萃取循环过程能够逐一分开。

茶叶中农药残留是影响茶叶品质的重要指标，但由于其极微痕量，采用一般的分析方法难以检测到，必须先对其进行固相浓缩富集，才能进行检测。可以预测，不同的印迹聚合物对乐果的特异选择性差异应该是较大的。通过对所制备的各种印迹聚合物的试验表明，甲基丙烯酸甲酯和乙酸乙烯酯对乐果有较高的特异性选择，尤其是甲基丙烯酸甲酯为更优，可以用于对乐果及其结构类似物甲胺磷、敌百虫、对硫磷等进行特异性选择结合，来进行富集浓缩以及检测分析。

印迹聚合物对乐果及其三种类似结构物对乐果的结合率的选择性比较见表9-14。

表9-14　印迹聚合物对乐果及其类似结构物的选择性比较

分析物	分子印迹聚合物		空白	
	c_p/(mmol/g)	k/(mL/g)	c_p/(mmol/g)	k/(mL/g)
甲胺磷	19.4	55	17.5	42
乐果	26.9	256	16.4	36
敌百虫	13.9	26	10.9	17
对硫磷	7.5	10	6.7	8.6

分析表9-14数据，以乐果为模板分子的印迹聚合物的吸附平衡常数远大于其他三种类似物。又由表9-15可知，在等温状态下，乐果模板分子的印迹聚合物，其对乐果的吸附常数为0.009475mg/L，其关联系数达到0.9937，可知该印迹聚合物对乐果的专一性结合程度。

表9-15　印迹聚合物对乐果的Langmuir吸附各项参数

参数	饱和吸附量 q_m/(mg/g)	K_D/(mg/L)	R^2
乐果	12.17	0.009475	0.9937

【例9-2】　采用甲基丙烯酸甲酯为单体、乐果为模板分子制成的印迹聚合物和未加模板分子的空白聚合物，用于气相色谱法测定茶叶中的乐果农药残留，并进行选择性吸附的空白对比分析。气相色谱柱分别由乐果分子印迹聚合物和空白印迹分子聚合物制得，用量均为1.0g。取500mL体积的茶叶水，已知乐果浓度为0.8mg/L，在0.5L/min的流速下，通过此乐果分子印迹聚合物色谱柱，以期对茶叶水中的残留乐果进行快速富集与浓缩，所得平衡数据如表9-16所示。

表9-16　等温下印迹聚合物快速吸附茶叶中微量乐果的平衡数据

F/(mg/L)	10	40	50	80	200	330	530
B/(mg/g)	1.8	4.6	5.2	9.5	11.0	10.9	11.0

请绘制乐果分子印迹聚合物的相关平衡吸附等温线。

解　假定乐果印迹分子聚合物结合机理符合Langmuir吸附平衡热力学模型，则可用其吸附平衡热力学方程来计算对乐果的结合量 $B=q_m F/(K_D+F)$，由表9-15知，式中 q_m 和 K_D 分别为12.17mg/g和0.009475mg/L。

首先以 F 为自变量、B 为因变量作图，可得图9-18（a）所示的Langmuir平衡吸附等温线。

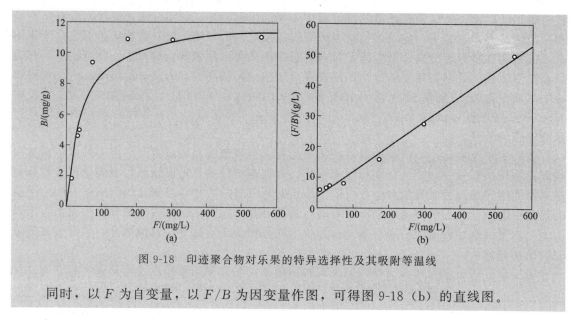

图 9-18 印迹聚合物对乐果的特异选择性及其吸附等温线

同时，以 F 为自变量，以 F/B 为因变量作图，可得图 9-18（b）的直线图。

9.5.4 印迹与免疫膜分离

印迹与免疫膜，其实质上都是表面具有能与目标分子相互作用并能结合的功能基团的膜。对于印迹膜，这类功能基团并不是单纯的一种非共价键力，而常是有多种作用力，也就是多种功能基团共同作用于目标分子的结果。而且，其结合的结果不仅仅取决于印迹膜内的空穴结构，也有可能与裸露在膜表面上并能与目标分子相结合的那部分功能基团的构型相关。对于免疫膜也类似于印迹膜，只是免疫膜的功能基团通常具有生物活性的。因此，在此不对构成印迹膜的模板分子、功能基团构型、空穴结构，以及其在膜内还是在膜表面或孔道内组成印迹空间作严格的定义和归类。

印迹膜结合传统膜分离具有表面积大、易于放大、便于连续操作、能量利用率高等优势，深受工业应用领域的欢迎。可以通过适当的表面接枝、改性、聚合甚至沉积涂覆等方法将印迹聚合物结合到膜上去，并用于印迹目标分子的分离、纯化等。

典型的免疫膜是基于抗原和抗体间快速、高特异性可逆的结合作用，将抗体或抗原等特异性配基接枝或修饰到膜表面，用于互补免疫物质的专一高效的浓缩分离与纯化。与常规膜分离相比，免疫亲和膜具有更专一的分离选择性，其纯化的蛋白质纯度可高达 90%。

近 20～30 年来，随着印迹聚合物和固定化方法的发展，印迹膜和免疫膜已逐渐在异构体与对映体的拆分、生物质分离与纯化等方面成为一种非常有价值的富集与纯化工具。下面分别介绍印迹膜和免疫膜的作用机理、膜材料和配体的选择，以及印迹膜与免疫膜在拆分、分离、纯化和浓缩等方面的应用。

（1）印迹膜与免疫膜分离机理　印迹膜和免疫膜是在最近 20 年内发展起来的新技术，对其分离机理研究与描述的文献不多，但目前可归纳出最典型的两类：选择性扩散膜和选择性吸附膜，其分离机理或运行机制分别描述如下：

① 优先结合促进传递机理　选择性扩散膜，以具有印迹聚合物的致密板式膜为介质，含有模板分子 A 的溶液呈层流状态流过膜表面，在浓度推动力下，膜上印迹位点通过非共价键结合的模板分子 A 被优先结合-解离的模式沿着印迹位点而渗透通过印迹膜，实现 A、B 溶质的分离与纯化。与此同时，在压力推动下，溶液中的其他溶质 B 也会有少量通过扩散传递模式慢慢地透向膜下游侧。该过程通常为稳态的，在印迹位点上的结合与解离是在浓度

梯度下同时进行的，分离过程是连续的。

② 优先吸附饱和解吸机制　选择性吸附膜，以具有印迹聚合物的致密或微孔式膜为介质，含有模板分子 A、B 的溶液呈层流状态流过膜表面，在浓度推动力下，模板分子 A 在印迹位点紧密结合，被吸附滞留；而其他溶质 B 则快速透过膜，直到膜上的分子印迹聚合物空穴饱和。然后采用洗涤等办法将结合在膜空穴的模板分子脱落下来，实现 A 溶质的纯化。该过程通常为非稳态的，吸附速率随吸附时间而下降，当吸附达到饱和后需进行解吸，印迹分离过程一般是间隙式的。

③ 膜表面基团的亲和作用　表面分子印迹膜，其功能基团裸露在膜表面，一般没有形成完整的目标分子的印迹构型，实际上是表面带有功能基团的膜。因此，其与目标分子间的相互识别及作用直至结合，不完全依赖于目标分子与膜表面功能基团的空间构型，而取决于非共价键的亲和作用，这些作用可以单独或同时存在于分子识别和结合过程中，也被称为亲和吸附。

膜上功能基团与待分离混合物中的目标分子的识别与结合，如图 9-19 所示。由于膜上偶联相关配基，混合物通过膜时，与膜上配基具有相互作用的物质被吸附。根据所选用亲和膜孔径大小，小分子物质能选择性地透过膜，而大分子物质则随料液流走。待膜上亲和基团吸附达到饱和时，可用清洗液纯化，再用适当方法将结合在膜上的目标分子洗脱下来，由此达到分离目的。

(2) 印迹膜的制备方法　印迹分离膜目前主要有三种，即分子印迹填充膜、分子印迹整体膜和分子印迹复合膜。其制备方法主要有分步法、复合法和同步法三种。分步法是用预先合成的分子印迹聚合物制备成类似三明治结构的膜，称为分子印迹填充膜；同步法是指印迹分子位点与膜孔结构同步形成的膜；复合法指的是在具有合适孔结构的支撑膜内部或表面上接枝上印迹聚合物活性层所形成的复合膜。

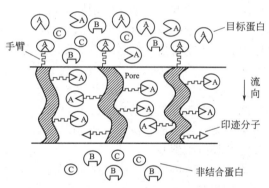

图 9-19　膜表面亲和作用吸附机制

① 分步法　分步法是将预先聚合好的分子印迹聚合物夹在两张多孔膜之间，形成类似于三明治结构的方法。中间的印迹聚合物起到选择性分离的作用，上下两张多孔膜起支撑层作用。由于印迹聚合物在粉碎与研磨过程中，印迹分子形态与结构均会有不同程度的改变，因而影响到分离性能。另外，为了保障具有较高的识别能力，印迹聚合物的交联度通常较高，导致所形成的膜较脆而且孔隙率不高。较高的交联体结构导致传递阻力增大，传质速率不理想。因而此类印迹分离膜的通量都很低，限制了其在实际过程中的应用。

② 复合法　复合法的制备是分步进行的，预先准备的基膜为分子印迹膜提供了孔结构与膜层的对称与非对称孔结构，在基膜上再接枝印迹聚合物，形成非对称的分子印迹膜，或在膜内交联分子印迹聚合物形成对称分子印迹膜。分子印迹聚合物可作为有选择性的栅栏、传递相或吸附层。复合膜可以针对活性层和支撑层各自需要促进的性能，分别进行优化，因此具有更高的自由度。

复合法有界面涂覆、界面缩聚、表面接枝、表面聚合和动态成膜等五种方式。通常，界面缩聚、表面接枝与基膜表面的官能团有直接的关系，是一种化学表面改性的方法。表面聚合实际上是将印迹聚合物涂覆于基膜表面，一般与表面的反应基团没有直接的关系，主要是以非共价键的方式与基膜结合的。因此，基膜与皮层的结合强度根据实际需求可进一步强化。表面修饰法印迹分子用量少，印迹位点可及性高，由于复合物的印迹分离层在支撑膜的表面，具有高通量的特点，因而具有相当乐观的应用前景。

③ 同步法　同步法分为原位交联聚合和聚合溶液相转化法两种。为了具有足够的稳定性，采用原位聚合制备分子印迹膜过程中，控制膜的厚度是关键。原位交联聚合是选择适当的功能单体与印迹分子，以及致孔剂和交联剂，通过所选印迹分子与一种或几种单体在交联剂作用下的聚合而成印迹分离膜；聚合溶液相转化是指将印迹分子与一种或几种聚合物溶解在同一溶剂中，并通过转化过程中获得印迹分子空穴，制备出具有分子识别功能的聚合物膜。

(3) 免疫膜的制备方法

① 膜材料选择　能结合抗体的膜材料是制备免疫亲和膜的关键要素之一，除了化学与生化性质稳定、机械强度适中之外，膜材料还需要孔径均匀、合适，表面易被活化并偶联抗体。另外，在偶联抗体时，还应保障抗体活性，并在较长时间内仍然保持较高生物特性。目前，能满足这些条件并能兼顾制膜性能的材料较少，仅有纤维素、聚醚砜、聚偏氟乙烯等几类。因此，利用这些材料，能成功地将相关免疫亲和配基选择性地偶联到膜上的材料有：纤维素衍生物膜、聚醚氨酯膜、聚羟乙基甲基丙烯酸酯膜、微孔甲壳素和壳聚糖膜等。

② 免疫亲和配基的选择　由于抗体（如免疫球蛋白、IgG 等）具有特殊结构，常采用两种不同类型的配基，如基于抗原分子的特异性，或利用结合抗体分子的 Fc 结构域。能结合抗体分子的 Fc 结构域的配基主要是蛋白 A 和蛋白 G，其中采用蛋白 A 的比较广泛。其主要原因是：当洗脱液 pH 值高于 4 时，蛋白 A-IgG 之间的化学键就会断裂，从而回收 IgG 比较方便；而蛋白 G-IgG 之间的化学键需要在 pH 值低于 3 时才能被洗脱。

对于医药抗体生产，利用生物性的免疫亲和配基的成本不算太高，但也存在出现配基泄漏等问题，因而开发新的合成配基，具有十分重要的意义。目前常通过对合成的仿生配基进行筛选、设计、合成、试验，以开发出高效的仿生配基，目前研究最多的如蛋白 A 仿生物、六肽配基等仿生配基。

③ 免疫膜的制备　对于免疫亲和膜用材料，要避免非特异性的相互作用，因此首先需要对膜材料进行亲水化改性。如采用羰基二咪唑（CDI）、溴化氰或 N-羟基琥珀酰亚胺（NHS）等对相关膜表面进行活化处理，使得膜表面产生的环氧或醛基和抗体（或抗原）上的自由氨基结合，从而将抗体（或抗原）偶联到膜表面。这样，膜表面仅有抗体与抗原的相互作用，就可以获得高纯度产物（如抗原或抗体）。如可采用光接枝法，将血液相容性较好的甲基丙烯酰胺苯丙氨酸（MAPA）接枝到聚羟乙基甲基丙烯酸酯（PHEMA）材料上，并制成相应的膜；然后膜表面经溴化氰活化，再将低密度脂蛋白抗体偶联到膜表面，制备成免疫亲和膜，用于从人血浆中分离低密度脂蛋白。

(4) 免疫膜亲和分离过程　免疫膜亲和分离操作过程与传统的亲和色谱相同，即将膜基质制成平板膜堆或中空纤维膜组件，然后通过一定的方法将抗体或抗原偶联到膜上，让多克隆抗体溶液以一定的流速流过膜。能够与膜上抗体或抗原发生特异性相互作用的分子就会结合到膜表面的配基上，然后采用洗脱液选择性地将所需的物质洗脱下来。亲和膜介质经过再生后可以重复利用。典型的免疫亲和膜的基本操作如图 9-20 所示。

对于免疫亲和膜来说，如何提高膜的重复利用率，降低抗体纯化处理成本也是一个很关键的问题。由于抗原-抗体结合强度很大，从免疫亲和膜上洗脱抗原或抗体是此项技术的关键步骤。洗脱抗原或抗体时，膜的环境必须改变，使解离常数增大。骆爱玲等采用 5mmol/L 甘氨酸-HCl（pH3.0）、500mmol/L NaCl、0.5%吐温-20 和 1%牛血清白蛋白组成的洗脱

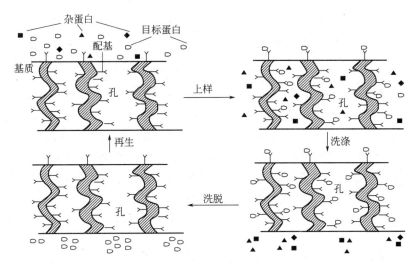

图 9-20 免疫亲和膜富集与纯化目标蛋白分子的基本操作流程

缓冲液将菠菜甜菜碱醛脱氢酶抗体从免疫亲和膜上解离下来，25 次循环利用后，膜的吸附性能没有明显下降。

有三种方法将结合在膜表面的目标分子脱附下来。第一种为可溶反向配体法，采用一种能与膜上结合的目标分子作用并结合的配基，将膜上结合的目标分子洗脱下来，然后再将此配基与目标分子分离。第二种为配体交换法，用一种与膜上目标分子竞争的溶质洗脱，特异性地将吸附的目标分子分别洗脱下来，这类竞争性溶质包括含—NH_2、—COOH、—SH 等基团的物质和咪唑等取代基。第三种为变形缓冲液法，用一种能使目标分子产生变形的缓冲液进行洗脱，将吸附在膜上的目标分子脱附下来。

(5) 印迹与免疫膜分离的应用　随着分离膜的大规模推广应用，近几年来印迹膜的研究也开始热门起来。研究开发的项目及内容非常广阔，涉及生物小分子、除草剂、农药残留、药物及毒物分析、生物大分子等。如董胜强等以聚偏氟乙烯（PDVF）为载体膜，以 MAA 为功能单体制备了香豆素分子印迹膜，该膜对香豆素的最大吸附量为 0.1518mmol/g，印迹因子达 2.09，利用该聚合膜从桂枝粗提液中分离富集香豆素，回收率为 89.6%。吕建峰等采用聚酰亚胺纳米纤维膜表面预涂覆聚甲基丙烯酸，利用 EDMA 进行交联聚合制备了茶碱分子印迹纳米纤维复合膜。该膜对茶碱的静态吸附结合容量达 144μmol/g，茶碱相对可可碱的分离因子达 1.96。

典型的印迹膜用膜材料、制备方法以及印迹膜分离的体系与目标分离物如表 9-17 所示，对这些体系的研究均有待进一步深入与提高。

表 9-17　印迹膜用膜材料及其目标分离体系

分离体系	目标分离物	膜材料	膜制备方法
氨基酸及其衍生物	尿嘧啶	丙烯酸-甲基丙烯酸共聚膜	自由基聚合法
	吲哚乙酸	纤维素膜	复合法
	茶碱	聚丙烯腈-丙烯酸膜	相转化法
除草剂	莠去津	甲基丙烯酸交联膜	原位聚合
	特丁通	亲水性聚偏氟乙烯膜	表面接枝
药物	诺氟沙星	聚偏氟乙烯膜	紫外光引发接枝
	洛伐他汀和辛伐他汀	中空纤维膜	表面涂覆热聚合
	异丙酚	聚偏氟乙烯微孔膜	紫外线引发
	邻香草醛	尼龙微孔膜	紫外线引发

续表

分离体系	目标分离物	膜材料	膜制备方法
生物大分子	细胞色素 C、乙醇脱氢酶、牛血清蛋白 牛血清红蛋白、白蛋白、溶菌酶 人血浆蛋白	聚丙烯酰胺自支撑膜 聚丙烯酰胺凝胶层复合膜 硅酸盐混合凝胶	抗原决定基法 表面涂布 原位聚合

Tudorache 采用聚丙烯膜为基质，借助膜表面的一薄层金，抗体分子就会通过单分子自组装结合到膜表面上，由此制备的免疫膜，可以用于除草剂西玛津的清除、浓缩和监测。采用 pH 值为 11.5 的 25% 甲醇溶液对膜进行再生，同一膜表面的抗体层可以重复使用 50 次。

随着分子印迹聚合物研究的深入和应用的扩展，人们越来越清楚地看到分子印迹分离技术具有广阔的应用前景。基于生物、材料、电子等学科的发展，提高合成与表征手段，研制出具有更高选择性的印迹聚合物，促进印迹分离与其他学科的交叉发展，更好地将此成果推广应用于工业过程与检测分析领域。

印迹膜技术因其具有的高度专一性和选择性受到广泛的关注，虽然研究已经取得了许多成果，但还是处在实验室阶段，无论从理论还是实际应用方面的研究尚相对不足。如印迹膜的形态与分子识别的关系、模板分子与聚合物的相互作用、识别空穴的形成、印迹过程的表征、高通量印迹膜的开发等有待更广泛深入的开拓性研究。

习 题

9-1 分子间相互作用主要分为哪两种？

9-2 什么是分子印迹分离技术？

9-3 简述分子印迹聚合物，其制备过程包括哪些步骤？

9-4 影响分子印迹分离效果的因素有哪些？

9-5 自然界中，某些生物素与亲和素蛋白间的作用强度可达到皮摩尔级，若人工合成的分子印迹聚合物与其目标分子的相互作用力可达微摩尔级，则两者的相互作用强度还差几个数量级？

9-6 将以（S）-(1-萘乙基)-丙烯酰胺作为手性功能单体，（S）-邻氯扁桃酸为模板分子合成的 MIP 为色谱固定相，检测 MIP 对混合物的拆分能力。已知该色谱柱对（S）和（R）-邻氯扁桃酸的保留时间分别为 122.76min、92.22min，空白保留时间为 18.12min，求该色谱柱对该混合物的分离因子 α。

9-7 以那格列奈为模板分子，丙烯酰胺为功能单体，二甲基丙烯酸乙二醇酯为交联剂，采用原位聚合法制备相应分子印迹聚合物，并用作高效液相色谱固定相，对那格列奈及其对映体进行手性拆分测试，考察其选择结合能力。在等温下检测得到不同初始浓度下，印迹聚合物对那格列奈对映体的拆分检测数据如下：

初始浓度 $c/(\mu mol/mL)$	0.192	0.367	0.574	0.720	0.889	1.386	1.775	2.200	2.761
吸附量 $Q/(mL/g)$	2.5	4.0	5.8	6.7	8.0	11.5	14.2	16.5	19.6

请将实测拆分数据作 Scatchard 的 Q-Q/c 曲线图，并求得该印迹聚合物对那格列奈的最大表观拆分量 Q_{max} 和平衡解离常数 K_d，并评价此印迹聚合物对那格列奈的特异性识别拆分作用。

参考文献

[1] 谭天伟. 分子印迹技术及应用. 北京：化学工业出版社，2010.
[2] 姜忠义，吴洪. 分子印迹技术. 北京：化学工业出版社，2003.
[3] 小宫山真. 分子印迹学——从基础到应用. 吴世康，汪鹏飞，译. 北京：科学出版社，2006.
[4] Mosbach K，Ramstrom O. Molecular imprinting impact on biotechnology. Biosens and Bioelec，1996，11（8）：29.
[5] He Z F，Yang X，Jiang W. Facile synthesis，single-crystal structures，and molecular recognition of chiral molecular tweezers based on a rigid bis-naphthalene cleft. Org Lett，2015，17：3880-3883.

[6] He Z F, Ye G, Jiang W. Imine macrocycle with deep cavity: Guest-selected formation of syn/anti configuration and guest-controlled reconfiguration. Chem-Eur J, 2015, 21: 3005-3010.

[7] Yoshida M, Uezu K, Goto M, et al. Required properties for functional monomers to produce a metal template effect by a surface molecular imprinting technique. Macro-Molecules, 1999, 32: 1237.

[8] Wulff G. Molecular imprinting in cross-linked materials with the aid of molecular templates-a way towards artificial antibodies. Angew Chem Int Ed Engl, 1995, 34: 1812.

[9] 陈凯尹, 刘俊渤, 程志强, 等. 阿特拉津分子印迹聚合物微球的制备及表征. 兰州大学学报, 2012, 48 (1): 117-122.

[10] 董文国, 闫明, 吴国是, 等. 溶剂对分子印迹聚合物分子识别能的影响: 实验研究与计算量子化学分析. 化工学报, 2005, 56 (7): 1247-1252.

第 10 章
泡沫、液膜与磁分离

10.1 泡沫分离

泡沫分离（foam separation），早期也称泡沫吸附分离（foam adsorptive separation），是以气泡为分离介质，基于待分离组分表面活性的差异，通过对上升气泡界面吸附与消泡而实现微量组分提取或溶液净化的一种分离技术。

气泡可根据所处的介质不同划分为两大类：由不溶性气体分散在液体中所形成的分散物系，如肥皂泡沫、啤酒泡沫等；由气体分散在熔融固态孔内的分散物系，如轻质多孔海绵状或刚性金属、塑料等泡腔骨架中的气体。

泡沫通常由大小不均的气泡组成，大多泡径约在 1.0×10^{-5} cm 及以上。泡沫大小及其稳定性与气泡体相和表面黏度有关，如果起泡剂（foaming）分子液膜排列紧密，表面黏度大，则泡沫较为稳定。通常，小气泡中的气体压强要比大气泡中的大，当表面黏度较小时，气体会从小泡中渗透穿过液膜扩散到稍大气泡中，同时小泡破坏，大泡增大，直至泡沫消失。

早期，泡沫分离主要用于矿物浮选和为数不多的天然表面活性物质的分离。直到 20 世纪 50 年代，有人发现溶液中的某些金属离子和起泡剂分子会形成的络合物，并被泡沫所带走，由此，通过选择合适的起泡剂和适当操作条件，可将仅为 1.0×10^{-6} mg/L 浓度的稀有金属离子提取出来。因此，泡沫分离被成功地用于湿法冶金、稀有金属离子浮选及其废水处理等，并得到迅速的发展。

随着该技术的逐渐成熟，当溶液中待分离的溶质为表面活性组分时，利用惰性气体在溶液中形成的泡沫，即可将溶质富集到泡沫上，收集这些泡沫，消泡后可得到溶质含量比料液高得多的泡沫液。

1967 年 Karger 等人曾向国际纯粹与应用化学联合会（IUPAC）提出建议，将泡沫吸附分离分为泡沫分离和无泡沫吸附分离两大类，并指出：凡利用"泡"来进行物质分离的方法统称为泡沫分离。泡沫分离又细分为泡沫分馏（foam fractionation）与泡沫浮选（froth flotation），前者主要用于分离溶解的物质，后者则用于分离不溶解的物质。而无泡吸附分离则包括气泡分馏与溶液浮选。

随着新型泡沫材料和众多表面活性剂的开发成功，泡沫分离技术获得了长足的进步。按照当前的泡沫分离技术研发与应用现状，泡沫分离可归纳成以下七大类：泡沫分馏、泡沫浮选、泡沫提取、泡沫过滤、泡沫洗涤，以及泡沫吸附和泡沫反应。其中前三类借助于表面活性剂的作用，主要用于液泡分离；泡沫过滤与泡沫洗涤则基于表面活性剂和泡沫介质，用于液体或气体的泡沫分离；而后两种则更多地依赖于多孔泡沫介质，主要用于气固吸附与气固反应分离。以上各类又能进一步细分如图 10-1 所示。

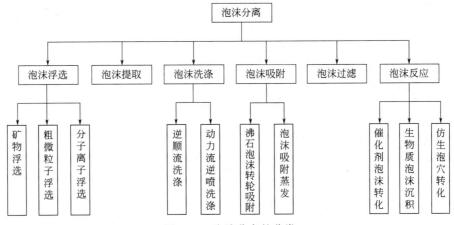

图 10-1 泡沫分离的分类

由于泡沫分离是利用表面活性组分易与微量金属离子相结合并聚集到气-液界面上而实现分离的技术，因此，表面吸附现象是泡沫分离的基础，而泡沫为气、液界面的形成和活性组分的富集提供了条件，以下对泡沫性质和表面吸附机理进行简要描述。

10.1.1 泡沫分离基本原理

泡沫分离基本原理建立在对溶解性物质的泡沫分馏研究成果，特别对泡沫分馏过程中的泡沫性质、泡沫吸附、表面活性剂及其泡沫气液界面动态平衡性质等基础研究比较成熟，并形成了相关的理论，具有一定的代表性，推出的结论也适用于其他的泡沫分离过程。

对于特定的溶液如纯净水，在温度、压力和组成一定时，其表面张力也就自然确定了。若在溶液中加入少量某种物质，能使溶液的表面张力下降很多，这类物质就被称为表面活性剂。如大家所熟知的合成洗涤剂主要成分：十二烷基磺酸钠，也是泡沫分离中常用的阴离子表面活性剂，它的分子结构如图 10-2 所示。

十二烷基磺酸钠是由亲油基和亲水基两部分组成，当它们溶入水中后，即在水溶液表面聚集，亲水基留在水中，亲油基伸向气相，形成如图 10-3（a）所示的单分子层排列，使空气和水的接触面减少，从而使表面张力急剧下降。如果溶液中含有气泡，则表面活性剂会以图 10-3（b）所示的形式附着在气泡表面上，当表面活性剂的浓度超过某一值以后，多余的表面活性剂分子就在溶液内部以分子状态的聚集体——胶束（micelle）存在于主体溶液中。

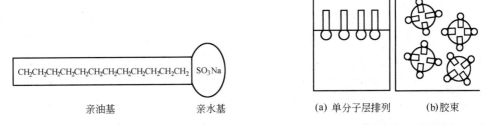

图 10-2 十二烷基磺酸钠的分子模型　　图 10-3 表面活性剂在气-液界面上的分布示意

（1）吸附方程与螯合平衡　根据稀溶液平衡理论推导出表面活性组分从主体溶液到气液界面上的吸附平衡，可以用 Gibbs 方程表示：

$$\varGamma = -\frac{1}{RT}\frac{\mathrm{d}\sigma}{\mathrm{d}\ln c} \tag{10-1}$$

或者也可以写成

$$\frac{\varGamma}{c} = -\frac{1}{RT}\frac{\mathrm{d}\sigma}{\mathrm{d}c} \tag{10-2}$$

式中，$\varGamma$ 为吸附溶质的表面过剩量（surface excess），即单位气泡表面上吸附溶质的物质的量与主体溶液物质的量之差，对稀溶液即溶质的表面浓度；c 为溶质在主体溶液中的平衡浓度，也叫吸附平衡浓度；$\varGamma/c$ 相当于吸附分配因子；σ 为溶液的表面张力；$\mathrm{d}\sigma/\mathrm{d}c$ 值可以方便地从实验所得 σ-c 关系曲线的斜率得到。

以上 Gibbs 方程适用于非离子型表面活性剂的稀溶液，也即当一种非离子型表面活性剂以非常低的浓度溶解于纯溶剂中时。当溶液中含离子型表面活性剂时，则应对上式进行如下修正：

$$\frac{\varGamma}{c} = -\frac{1}{nRT}\frac{\mathrm{d}\sigma}{\mathrm{d}c} \tag{10-3}$$

n 与离子型表面活性剂的类型有关，对于 1 价全解离型电解质，$n=2$。

图 10-4 中的曲线表示溶液的表面张力 σ 和溶液中表面活性剂浓度 c 的关系。在浓度 c 很低时（如图中 a 点以下）由于表面活性组分量少，溶液的表面张力几乎不变，因此吸附量很少，吸附溶质的表面浓度 $\varGamma$ 近于零，分离强度很低。在中间浓度区（图中 a、b 点之间），表面张力 σ 随活性组分的加入而减少，因此图 10-4 中的 σ-c 曲线的斜率为负值，图 10-5 则表示相应的 $\varGamma$-c 关系，在 a、b 点之间的 $\varGamma$-c 关系接近于直线，可以近似用下式表示：

$$\varGamma = Kc \tag{10-4}$$

对于非离子型表面活性剂，可用 Langmuir 方程表示其全过程：

$$\varGamma = \frac{Kc}{1+K'c} \tag{10-5}$$

式中，K，K' 均为常数。

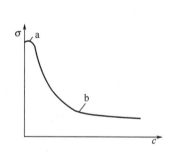

图 10-4 表面张力和溶液中表面活性剂浓度的关系

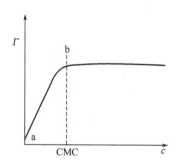

图 10-5 表面过剩量与溶液浓度的关系

图 10-5 中 a～b 点的 $\varGamma$ 在 $10^{-10} \sim 10^{-9}$ mol/cm² 之间，表面活性组分与主体溶液的分离主要在该区内完成。当浓度到了 b 点以后，多余的表面活性剂分子开始在溶液内部形成胶束，因此 b 点就称为临界胶束浓度（CMC），此值通常在 0.001～0.02mol/L。按式（10-2）此时分配系数接近于零，即在 b 点后分离效果就很差。

如果要去除非表面活性组分，可加入适当的表面活性剂，使这类组分吸附到气泡表面上，吸附作用可以通过形成螯合、静电吸引或者其他相互作用来产生。例如要脱除一价阴离子的非表面活性物，可加入阴离子的表面活性剂（$S^+ X^-$），这样，阴离子就与表面活性剂中的阴离子相交换，这种表面活性剂的作用就像流动的离子交换床，其反应可写为

$$(A^-)_b + (X^-)_s \Longleftrightarrow (A^-)_s + (X^-)_b \tag{10-6}$$

式中，A^- 为待除去的阴离子；X^- 为加入表面活性剂中的阴离子；下标 b 和 s 分别表示主体相和表面活性物相。

因此，交换常数可写成：

$$K_{ex} = \frac{[A^-]_s [X^-]_b}{[A^-]_b [X^-]_s} \tag{10-7}$$

K_{ex} 的值取决于 A^- 和 X^- 对表面活性剂中阳离子的相对亲和力，以及它们在溶液中的相对溶解度。当 S^+A^- 和 S^+X^- 的表面张力相类似时，脱除程度将取决于交换常数 K_{ex}。离子对的形成越方便，则脱除越有效。

当待脱除的金属离子能与表面活性剂形成络合物离子，也具有表面活性时，这种表面活性剂就被称为表面活性螯合剂，上面讲的分析方法也同样适用于这类表面活性剂。例如，如果溶液中有 A、B 两种物质和表面螯合剂 S，当它们形成螯合物时，其螯合平衡为

$$S + A \Longleftrightarrow AS \quad K_A = \frac{c_{AS}}{c_S c_A}$$

$$S + B \Longleftrightarrow BS \quad K_B = \frac{c_{BS}}{c_S c_B}$$

式中，K_A、K_B 为螯合物生成常数（chelate-formation constant）；c_S、c_A、c_B、c_{AS}、c_{BS} 分别为组分 S、A、B 和所形成络合物 AS、BS 的浓度。

假定，脱除 A、B 的相对分配系数定义为每个组分分配系数之比

$$\alpha_{AB} = \frac{\Gamma_{AS}/c_{AS}}{\Gamma_{BS}/c_{BS}} \tag{10-8}$$

对于 Gibbs 等温吸附，式（10-8）可改写成

$$\alpha_{AB} = \frac{\partial \sigma_{AS}/\partial c_{AS}}{\partial \sigma_{BS}/\partial c_{BS}} \tag{10-9}$$

当考虑到泡沫分离中的螯合平衡时，式（10-9）应进行如下修正

$$\alpha_{AB} = \frac{\partial \sigma_{AS}/\partial c_{AS}}{\partial \sigma_{BS}/\partial c_{BS}} \times \frac{1 - c_A/c_{A0}}{1 - c_B/c_{B0}} \tag{10-10}$$

式中，c_{A0} 和 c_{B0} 分别为 A 和 B 的总浓度。当 K_A 和 K_B 相当大，而且所加表面活性物质的浓度比组分的总浓度大得多时，则式（10-10）中的第二项变成 1，方程（10-10）就简化成式（10-9）的形式。例如用 4-十二烷基二亚乙基三胺（4-dodecyldiethylenetriamine）作表面活性螯合剂可从水溶液中定量地脱除 Cd^{2+} 和 Cu^{2+}，Cd^{2+} 和 Cu^{2+} 的螯合常数 $\lg K_1$ 和 $\lg K_2$ 分别是 15.1 和 20.3，因此当 Cd^{2+} 和 Cu^{2+} 的总浓度小于表面活性剂的浓度时，实际上这些离子几乎全部与表面活性剂螯合，而且两种离子在形成螯合物时，彼此没有竞争。在该例中，选择性受各个螯合物的表面张力所控制。由于 Cd^{2+} 与表面活性剂所形成的螯合物，表面张力比相应的 Cu 螯合物低，因此，Cd^{2+} 被优先脱除。相反，当 Cd^{2+} 和 Cu^{2+} 的总浓度大于表面活性剂的浓度时，在形成螯合物时组分间就有竞争，由于 Cu^{2+} 的螯合常数比 Cd^{2+} 大得多，因此在形成螯合物的竞争中，Cu^{2+} 占优势，Cu^{2+} 首先被选择性脱除。

（2）**泡沫的性质** 泡沫是气体分散在液体中的多相非均匀体，但是它又不同于一般的气体分散体。在泡沫中，每个气泡之间的距离是非常小的，泡沫体系的性质非常复杂，目前对泡沫性质的了解还非常不够。在此只简单介绍影响泡沫稳定性的各种因素。有关泡沫的结

构、膜的形成等详细情况，可参阅有关的资料。

泡沫的形成可以采用两种方法。第一种方法是气体通过连续相——液体时采用搅打（whipping）或通过细孔鼓泡的方法被分散形成泡沫；第二种方法是气体先以分子或离子形式溶解于液体中，然后设法使这些溶解的气体从溶液中析出而形成大量的泡沫。例如啤酒或汽水中的泡沫就属于后一类。

一旦当气泡在溶液中形成，溶液中的表面活性剂分子即在气泡表面形成图10-6（a）所示的单分子层，当气泡借浮力上升时，会冲击溶液表面的单分子层[图10-6（b）]，有时气泡也可从溶液表面跳出，此时气泡表面的液膜外层上，表面活性剂分子又会形成与原单分子层分子排列完全相反的单分子层，两者构成了较为稳定的双分子层气泡体，在气相空间形成接近于球形的单个气泡[图10-6（c）]。许多气泡聚集在一起会形成大小不同的球状气泡集合体，更多的集合体聚集在一起就形成泡沫层。泡与泡之间的隔膜会因彼此压力不均等原因而破裂，导致气泡的合并。影响气泡形成、成长和稳定性的因素很多，主要有组分的性质、浓度与体系的温度、压力和溶液的pH值。它们又通过影响溶液的黏度、表面张力和气泡的大小，影响着气泡的稳定性。

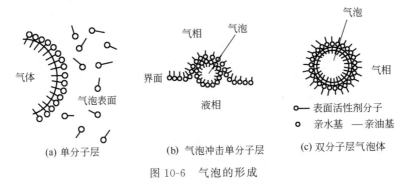

图10-6 气泡的形成

① 组分的性质和浓度　一般说，无机化合物水溶液中的泡沫稳定性比许多醇和有机酸、碱或盐的水溶液的稳定性差。Matalon和Gotte认为在临界胶束浓度所形成的泡沫最稳定。

② 体系的温度　泡沫的稳定性一般随温度上升而下降。这主要是由于随着温度上升泡内气体压力增加，而形成气泡的液膜黏度下降所引起。

③ 气泡的大小　根据表面自由能的计算，表面积大的气泡膜稳定性比表面积小的气泡膜稳定性差。Ross也提出，小的气泡具有较长的寿命。他认为，气泡寿命至少反比于气泡直径的平方。

10.1.2　泡沫分离的设备及流程

泡沫分离过程主要由两个基本单元操作完成：首先，待脱除的溶质在泡沫塔内被上升的气泡富集到气-液界面上，然后，对被泡沫所吸附的物质在破沫器内破沫脱除并收集。泡沫塔为一柱形塔体，其结构与精馏塔相类似，近年来也开始出现其他结构形式，如卧式泡沫塔；破沫器体积则较小，一般安装在泡沫塔顶的出口。吸附物质分离后，表面活性剂可以返流至泡沫塔。

泡沫分离的工艺流程主要有：间歇式、连续式和多级逆流三种操作方式。下面首先对泡沫分离工艺流程中各股物料，以及评价泡沫分离过程的各项指标进行介绍。

气体从泡沫塔底部的气体分布器中鼓泡而上与溶液鼓泡层中的主体溶液逆流接触，由于表面活性剂的作用，鼓泡而形成的泡沫聚集在鼓泡层上方空间，形成泡沫层。引出的泡沫层经消泡后，凝集成的液体称为泡沫液。这是塔顶产品，它富集了需脱除或回收的组分。塔底排出的液体一般称为残液。

评价泡沫分离程度的指标，除了前面已经提到的分配因子以外，常用的还有脱除率、增浓比和体积比。

分配因子 Γ/c：吸附溶质在气泡表面的浓度与在主体溶液中平衡浓度之比，常用以表示泡沫分离中可能达到的最大分离程度。

脱除率：原料液中金属离子（或其他组分）的浓度除以它在残液中的浓度，用于表示残液的脱除程度。

增浓比：泡沫液中被吸附物质的浓度除以主体溶液的浓度，常用以表示塔顶产品的增浓程度。

体积比：原料液的体积除以泡沫液的体积，在泡沫分离中，一般希望塔顶排出泡沫的体积尽可能小，因为泡沫液体积小，增浓比就大，主体溶液的夹带量就少。

（1）间歇式泡沫分离过程　图10-7为间歇式泡沫分离塔的示意图。被处理的原料液和需加入的表面活性剂置于塔下部，塔底连续鼓进空气，塔顶连续排泡沫液。原料液由于不断地形成泡沫而减少。为了弥补分离过程中表面活性剂的减少，可在塔釜间歇补充适当的表面活性剂。间歇式操作既适用于溶液的净化，也适用于有价值组分的回收。

（2）连续式泡沫分离过程　图10-8为连续式泡沫分离过程示意图。在连续式泡沫分离过程中，料液和表面活性剂被连续加入塔内，泡沫液和残液则被连续地从塔内抽出。由于料液引入塔的位置不同，可以得到不同的分离效果。

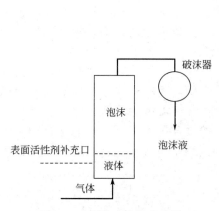

图10-7　间歇式泡沫分离塔

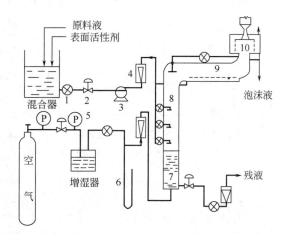

图10-8　连续式泡沫分离过程示意图

1—阀；2—调节器；3—泵；4—流量计；5—压力表；
6—水银压差计；7—鼓泡器；8—泡沫塔；
9—排沫段；10—破沫器

在图10-9（a）中含有表面活性剂的原料液连续地加入塔中的液体部分（鼓泡区），这类塔主要是为了提高塔顶泡沫液的浓度，就像精馏塔中的精馏段。也可以在塔顶设置回流，将凝集的泡沫液部分引回泡沫塔顶，以提高塔顶产品泡沫液的浓度，但是会影响残液的脱除率。图10-9（b）则将原料液从泡沫塔顶加入，因此这是一提馏塔，使用这种流程可以得到很高的残液脱除率——高至200。若料液和部分表面活性剂由泡沫段中部加入，塔顶又采用部分回流，如图10-9（c）所示，这就相当于全馏塔。

在全馏塔和提馏塔中，为了提高分离效率，可将部分表面活性剂直接加到原料液中，其

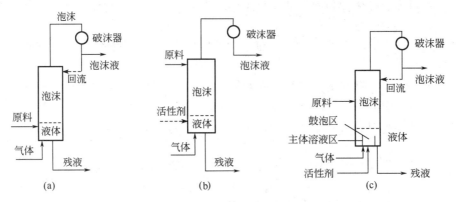

图 10-9 各种类型的连续式泡沫分离过程

他表面活性剂则由塔底部加入鼓泡区,这样可以得到较高的溶质脱除率,并有利于改进操作,但是被残液所带出的表面活性剂也随之增多,为了弥补这一缺点,可如图 10-9（c）所示,用环形隔板将鼓泡室分隔成两部分,中心为鼓泡区,表面活性剂和气体从该区引入,并形成气泡,外面的环状部分为"主体"溶液区,残液从该区引出。这样既可得到较高的脱除率,又不致使表面活性剂过多地随残液带出而造成损失。

如果再在进料口上面设以直径放大的头部,以增加泡沫停留时间,这样可以提高体积比。经过以上两项改进后,脱除率可高达 500~600,体积比可高达 100 倍。

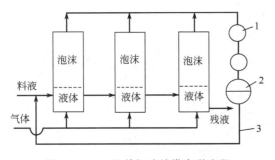

图 10-10 一组单级连续塔串联流程
1—表面活性剂再生器；2—过滤器；
3—表面活性剂循环线

(3) 多级逆流泡沫分离过程　和其他分离过程一样,泡沫分离也可以把单级设备串联起来操作,如图 10-10 所示。或者也可以使用一个多级逆流塔,如筛板塔。使用图 10-10 所示流程是为了尽可能地除去溶质,提高残液脱除率;如果为了脱除非表面活性剂物质,则所得到的泡沫液（络合物）可以通过化学反应使需脱除的非表面活性组分形成不溶解的化合物,而不溶解的化合物可以通过过滤除去,再生的表面活性剂则循环使用。

(4) 泡沫分离类似精馏过程　泡沫分离与精馏过程非常相似,如液相主体产生泡沫、泡沫层夹带、泡沫气-液相界面等。也即从设备到操作过程,两者也非常类同,如表 10-1 所示。因此,原则上可利用与精馏过程的相似性来进行泡沫分离过程的设计。

表 10-1　泡沫分离与精馏过程的相似性比较

序号	精馏	泡沫分离
1	增加精馏中所用的热量,会增加气相中的雾沫夹带量,降低分离效率	随液体所产生的表面积增加,泡沫中所夹带的液体量也随之增加,从而降低分离效果
2	由于热损失引起的气相冷凝会形成内回流,提高分离效率	气-液界面的损失（泡沫的不稳定性）会形成内回流,从而提高分离效率
3	可采用多级逆流精馏塔	可采用多级逆流泡沫分离塔
4	多级塔中的回流能改进分离作用,在全回流时可以得到最高的分离效率	多级塔中的回流能提高分离效果,当泡沫都在塔顶部破裂,或者泡沫液全部回流时分离效率最高

10.1.3 影响泡沫分离的因素

影响泡沫分离的因素很多，而每种影响因素的重要性则取决于具体的分离体系。各种影响因素又可以分为基本因素（如表面活性剂、辅助试剂的性质、浓度、溶液pH值、黏度、温度等）及操作变数（如气体流速、料液流速、回流比、泡沫层高度、密度、泡的大小以及设备的设计等）。

（1）表面活性剂及辅助试剂的作用　对于由一种表面活性溶质和一种溶剂所形成的二元体系，如果所形成的泡沫是稳定的，则可以用Gibbs方程式（10-1）来推算表面过剩和分配因子。

对非表面活性溶质，例如金属离子的分离，就必须加入某种试剂，这些试剂有时又叫捕集剂（collector），它们应该具有以下的特性：

① 必须是表面活性剂，或者能与金属离子形成具有表面活性的络合物；
② 必须对需要脱除的金属离子有一定程度的优先吸附性；
③ 必须能形成具有一定稳定性的泡沫。

溶液中的金属离子被泡沫富集，存在着两种可能的机理：一种是形成了具有表面活性的络合物、螯合物或者其他化合物，另一种是被具有负电荷的表面活性剂的静电引力吸引到泡沫表面上，在含大量钠和其他干扰离子情况下，金属离子的分离往往以第一种方法比较有效。

至于捕集剂的使用量并非越多越有效，因为过剩的捕集剂会与已形成的捕集剂——被脱除组分的络合物争夺有效气-液界面，而使分离效果下降。而且多余的捕集剂还可能在主体溶液中形成"胶束"，这些胶束也会吸附一定量的被脱离组分，从而使分离效果下降。例如用4-十二烷基二亚乙基三胺作表面活性剂脱溶液中的Hg^{2+}时，汞的脱除率开始随表面活性剂浓度的增加而增加，到某一浓度后，再增加表面活性剂的浓度，汞的脱除率反而下降（如图10-11）。

在泡沫分离技术中还经常使用各种辅助试剂来提高分离效率。这些辅助试剂的使用，有的是起凝絮作用，有的对捕集剂起活化作用。在泡沫分离中使用最普遍的凝絮剂是铝、三价铁盐和有机高分子电解质。例如从废水中脱除磷酸盐和悬浮的固体粒子时，就常使用这类凝絮剂来提高分离效率。

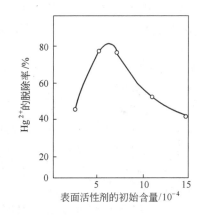

图 10-11　表面活性剂（4-十二烷基二亚乙基三胺）浓度对Hg^{2+}脱除率的影响

pH=9.2，气体流速：200cm³/min，鼓泡时间：3h（Hg^{2+}初始浓度为$6.0×10^{-5}$）

（2）溶液pH的影响　溶液的pH值将决定各种无机粒子（particulates）上电荷的符号和大小，因此使用泡沫分离脱除粒子的程度将受溶液pH值的控制，例如要把矿物粒子与其他组分很好地分开，可以通过控制溶液的pH值来获得。

在金属离子的泡沫分离中，金属离子和捕集剂可以以一组离子对的形式相吸，或者也可以以弱的配位键相吸，像铝（Ⅲ）、铅（Ⅱ）、锌（Ⅱ）之类具有水解能力的金属以及过渡金属，泡沫分离的机理在很大程度上取决于介质的pH值。当把这些金属盐加到水中时，它们将离解，离子将形成氢氧化物，在某些情况下，它们还将与水起反应，而各种过程的进行程度，主要取决于溶液的pH值。例如，当铅盐在水中离解时，将会发生下面的水解反应：

$$Pb^{2+} + H_2O \rightleftharpoons PbOH^+ + H^+$$
$$PbOH^+ + H_2O \rightleftharpoons Pb(OH)_2(aq) + H^+$$
$$Pb(OH)_2(aq) \rightleftharpoons HPbO_2^- + H^+$$

从这些反应式看，在低 pH 下用十二烷基磺酸钠之类的阴离子表面活性剂应该可以使铅得到最大程度的脱除，因为 Pb^{2+} 和 $PbOH^+$ 的浓度比 $HPbO_2^-$ 的浓度高。但是实验结果却表明：在 pH 值为 1.5 时，铅的脱除速度很慢，这一方面是由于 H^+ 的竞争，另一方面是在该 pH 范围内铅-十二烷基磺酸络合物是不稳定的。如果在 pH 为 8.2 下进行脱除，则可得到最大脱除率。因为从捕集剂对金属离子的化学计量看，$PbOH^+$ 显然比 Pb^{2+} 更有利。pH 在 8.2 以上时，铅脱除率又下降，因为此时形成溶质铅的氢氧化物 [$Pb(OH)_2$ 和 $HPbO_2^-$]。

对于某些金属离子，溶液的初始 pH 值将决定于所用的方法是泡沫分离还是离子浮选。例如，用阴离子表面活性剂十二烷基磺酸钠脱除锌离子时，最好 pH 值低于 8，因为在这种条件下，锌主要以 Zn^{2+} 和 $Zn(OH)^+$ 的离子形式存在，因此可以使用阴离子表面活性剂通过泡沫分离来脱除。但是当 pH 高于 8 时，就生成不溶解的氢氧化物，这样就应该用离子浮选来脱除。

(3) 溶液中离子强度的影响　各种泡沫分离技术对增加溶液中离子强度所产生的影响是不同的。例如在用阳离子表面活性剂脱除正磷酸根离子（HPO_4^{2-}）和酚离子（$C_6H_5O^-$）时，溶液中的硫酸根（SO_4^{2-}）和氯离子（Cl^-）对两者的脱除都有影响，而 SO_4^{2-} 比 Cl^- 更有害。因为硫酸根离子会与 HPO_4^{2-} 和 $C_6H_5O^-$ 竞争一价的阳离子表面活性剂。但是在用十二烷基磺酸钠进行氢氧化铜的浮选时，没有发现增加溶液中的离子强度对分离效率有什么影响。

(4) 温度的影响　温度作为泡沫分离过程的一个参数，其影响主要在于当温度变化时，表面活性组分所形成泡沫的稳定性也随之变化。前面已经提到过，在泡沫分离过程中，通过改变温度可以将不同的表面活性组分分开，这也是利用表面活性组分的泡沫稳定性在不同的温度下不同的原理。但是目前还难以将泡沫分离程度与泡沫的稳定性相关联，一般最佳操作温度需要通过实验来确定。

Kumpabooth 对用泡沫分馏从水溶液中回收表面活性剂时温度的影响进行了研究，所用表面活性剂为十二烷基磺酸钠（SDS）、十六烷基氯化吡啶（CPC）及正十六烷基二苯醚二磺酸钠（DADS），结论是随着温度提高，三种表面活性剂在塔顶的增浓比都提高，而表面活性剂的回收率随温度提高，CPC 和 DADS 基本不变，SDS 稍有下降。因此他认为，当以浓缩泡沫为塔顶产品时，提高温度一般是有利的。

另外，在矿物的泡沫浮选中，如果捕集剂在矿物表面的结合是物理吸附所致，则随着温度上升，表面吸附减弱，因此浮选作用也减弱。如果表面活性剂与矿物粒子间是由于化学力而产生吸附，则结果就可能相反。当以十二烷基吡啶的氯化物（dodecyl chloride）对六氰化铁 [$Pe(CN)_6$]$^{2-}$ 进行泡沫浮选时，温度从 5℃ 上升到 30℃，浮选的效率就下降 1/2，这是由于该吸附是一放热过程，因此体系温度上升，会导致表面活性剂在泡沫上吸附量的减少，而使浮选效果下降，但是也有许多情况下温度对离子浮选及泡沫分馏的影响似乎不大。

(5) 气流速度的影响　在一般情况下，气体流速对溶解物质的脱除率有很大影响。溶解物质的脱除，涉及它们在气-液相之间的分布。随着气体流速的增加相界面也随之增加，因此单位时间内的脱除量就增加，但是低气速一般对分离和提高增浓比是有利的，不过这有个前提，即气速必须足以保持良好分离所需的泡沫层高度，最佳气流速度决定于表面活性剂的浓度和泡沫的性质。

(6) 泡沫排出的影响　当进行泡沫分离时，塔顶产物必须浓缩到体积尽可能地小。一般让所形成的泡沫向上通过一段直径扩大的塔段后排出，或者也可以像图10-8的流程所示，让泡沫区的泡沫通过水平排沫段后排出，水平排沫段与垂直排沫段相比有两个很大的优点：第一是使气体在垂直方向上的速度减为零，通过这段距离的目的是让夹带的液体尽量排出；第二是这样进行的排液情况可以用实验室的静态泡沫法来预测。

(7) 其他物理变量的影响　其他物理变量，如气泡大小分布、搅拌、泡沫高度等对物料的分离不会产生很大的影响。但是有文章报道，泡沫高度对蛋白质的分离会产生很大影响，而且在气-液界面上，这种影响非常显著。当泡沫高度从3cm变到17cm时，就会使泡沫液性质产生激烈变化。当泡沫层高度为3cm时，以泡沫形式被带出的溶液体积为24mL/min；当泡沫层高度为17cm时，被带出溶液的体积为10mL/min。此外，还可以看到，泡沫高度增加会使分离过程的效率稍有下降。在较好的逆流操作条件下，塔高度的变化对传质单元高度只有很小的影响。

10.1.4　过程设计与理想泡沫模型

10.1.4.1　理论级数的计算

泡沫分离中理论级数的计算可以采用和精馏过程相类似的方法，用逐板作图法及传质单元计算法。

(1) 逐板作图法　如果能得到系统的平衡关系和操作线关系，就可像精馏那样采用逐板作图或逐板计算求算理论板数。

① 平衡线　假定在泡沫塔任一横截面上气泡表面所吸附溶质浓度 Γ 与气泡膜间液体（间隙膜）中溶质浓度 c 相平衡。设 U 为通过该截面泡沫液向上流动速率，在一般情况下，与塔顶泡沫液流率相等；G 为气体流率；S 为泡沫的比表面积。如果定义 $\bar{c}$ 为泡沫分离塔任一横截面上溶质在泡沫液中的有效浓度。

$$\bar{c} = c + GS\Gamma/U \tag{10-11}$$

式中，Γ 的数值可以根据 c 从 Γ-c 曲线上读得；S 值在单泡结构为 $6/d$，而在泡沫层中，$S = 6.59/d_{均}$；d、$d_{均}$ 分别为气泡直径及平均气泡直径。

当 G、U 一定时，即可得到一系列与 c 相对应的 $\bar{c}$ 值，这就是泡沫分离塔的平衡关系。如果表面浓度 Γ 与 c 的关系为 $\Gamma = Kc$，可得到平衡线方程为

$$\bar{c}^* = \left(1 + \frac{GSK}{D}\right)c \tag{10-12}$$

式中，$\bar{c}^*$ 指平衡态下泡沫液的平均浓度。

② 操作线　操作线可以由物料衡算得到。以提馏型泡沫塔为例，如果原料流率为 F，泡沫液和残液的流率分别为 D 和 W，它们所含被分离组分的浓度分别为 c_F、c_D 和 c_W。则可列出下面的物料衡算式。

总物料衡算　　　　　　　　$F = D + W$ (10-13)

活性组分物料衡算　　　　　$Fc_F = Dc_D + Wc_W$ (10-14)

$$c = \frac{D}{F}\bar{c} + \frac{W}{F}c_W \tag{10-15}$$

将式 (10-12) 和式 (10-15) 两式画在以 c 作横坐标、$\bar{c}$ 作纵坐标的图上，则得两条直线，在 c_F 与 c_W 间作阶梯，即可得到完成一定分离所需理论板数（如图10-12），或者也可以用这两式通过逐板计算求理论板数。

(2) 传质单元计算法　对向上流动的泡沫，它的传质单元数定义为

$$N_U = \int_{c_W}^{c_D} \frac{dc}{\bar{c}^* - c} \tag{10-16}$$

将所得到的关系式代入积分即可得到

$$N_U = \frac{F}{GSK-W} \ln \frac{F(GSK-W)(c_F/c_W)+FW}{GSK(GSK+F-W)} \tag{10-17}$$

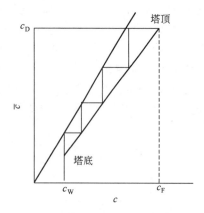

图 10-12　泡沫塔的图解法求理论板数

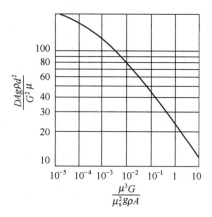

图 10-13　推算泡沫塔中泡沫液流量的函数关系图

泡沫分离塔的传质单元高度不大,一般只有几厘米。Haas 等人基于连续式泡沫分离塔对十二烷基苯磺酸钠和锶脱除试验,提出传质单元高度 HTU 可用下式近似计算:

$$HTU = 3500 L d^2 \tag{10-18}$$

式中,L 为表面液体流速,cm/s;d 为气泡直径,cm。

他们发现,影响 HTU 的因素主要是:泡沫速度不均和气流过快导致的沟流,流体的均匀分布和低进料速度有利于消除沟流;另外,泡沫中夹带液含量应不超过 30%。

10.1.4.2　塔板效率

泡沫分离塔可使用各种形式的塔板,其板效率与物料(上升泡沫液与下降间隙液)之间的接触状况、料液分布、体系性质等因素有关,需通过试验测得。也可采用经验值,如泡罩板的效率可达 30%。对水含量相当低的干燥泡沫,HTU 可低至 1cm;当泡沫中液体含量超过 0.30 时,接触变差,板效将有所降低。

10.1.4.3　塔径的计算

S. Fanlo 等人提出用下式来计算塔顶泡沫液的排出速度:

$$D = \frac{G^2 \mu}{Ag\rho d^2} \Phi \frac{\mu^3 G}{\mu_s^2 g\rho A} \tag{10-19}$$

式中,D 为塔顶泡沫液的排出流率;G 为气体流率;μ 为液体的黏度;μ_s 为有效表面黏度,是影响泡沫排出的一个参数,一般由试验测得,其值约为 10^{-7} g/s;A 为泡沫塔的空塔横截面积,cm^2;g 为重力加速度,980cm/s^2;ρ 为液体的密度,g/cm^3;d 为气泡(平均)直径,cm;系数 Φ 主要决定于间隙液向下流动与主体泡沫向上流动之间的关系。

通常可用图 10-13 所示曲线表示两个数群的函数关系。如果流速 D 一定,就可以用式(10-19)所示关系求算泡沫分离塔的塔径。

10.1.4.4　破沫器设计

Hass 等人发现筛板破沫器有很好的破除泡沫效果,并提出此类装置处理能力的计算式:

$$q = 10^2 D_0^2 \left(\frac{\Delta p}{\varepsilon}\right)^{1/2} \tag{10-20}$$

式中，D_0 为筛板孔径，cm；ε 为泡沫中液体的体积分数；Δp 为通过孔的压降，cmHg（1cmHg=1333.22Pa）；q 为泡沫液总流率，cm³/s。

Goldberg 等人认为高速转盘破沫器结构简单，当盘转速高于 2500r/min 时，破除泡沫效果极好，而且处理量大，能耗比其他破沫器低；Rubin 等人使用了图 10-14 所示的转盘式破沫器，通过实验提出使泡沫基本上崩溃的最小盘转速 n 的计算式为

$$r^{1.25} n^2 / V_f^{0.72} = 3.52 \times 10^4 \tag{10-21}$$

式中，r 为泡沫导出管中心到转盘之间的距离，cm；V_f 为泡沫的体积流速，cm³/s。

10.1.4.5 理想泡沫模型

假设泡沫分离为由一种溶剂和一种表面活性剂所组成的两元体系，在分离过程中满足以下条件：

① 泡沫是由均匀直径为 d 的球形气泡所组成；
② 气泡不破裂，即气泡的稳定度为 100%；
③ 泡沫中的液相分成两个区，厚为 δ_σ 的"表面区"和厚为 δ_β 的"主体区"，δ_σ 是常数，而 δ_β 在排沫中是变化的；
④ 泡沫中主体区的组成与主体溶液的组成相同；
⑤ 表面吸附是瞬间的。

通过一系列的推导，可获得以下分配因子与气泡直径（d）、泡沫比（L）和增浓比（E）的关联式：

$$\Gamma / c_A = (Ld/6)(E - L) \tag{10-22}$$

利用式（10-22），就能推算出增浓比 E。

假定 Gibbs 方程适用于该体系，则分配因子 Γ/c_A 是常数，以 E 对 $1/(Ld)$ 作图，如 10-15 所示，在不同主体溶液浓度下，从试验所获得的 E 与 $1/(Ld)$ 关系应为一直线。

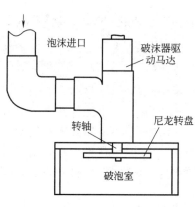

图 10-14 转盘式破沫器

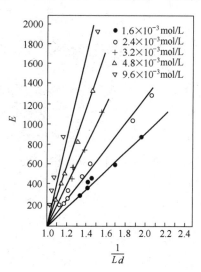

图 10-15 增浓比 E 与 $1/(Ld)$ 关系
（活性溶质为 Aresket 300）

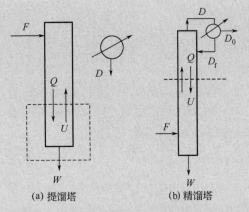

图 10-16 提馏型及精馏型泡沫塔工艺流程示意

【例 10-1】 推导提馏型及精馏型泡沫塔的操作线方程。

解 若以 F、D、W 分别表示泡沫塔进料、塔顶及塔底产品流量,以 Q、U 分别表示进出塔某一截面间隙液及泡沫液的流量,c 及 $\bar{c}$ 分别为相应间隙液及泡沫液的浓度,对图 10-16(a)中提馏塔虚线所示部分做物料衡算:

总物料衡算
$$Q = U + W$$
$$\because U \approx D$$
$$\therefore Q \approx D + W = F$$

组分物料衡算

$$Qc = U\bar{c} + Wc_W$$
$$Fc = D\bar{c} + Wc_W$$
$$\bar{c} = \frac{F}{D}c - \frac{W}{D}c_W$$

以上即提馏塔操作线方程,在 $\bar{c}$、c 图上是斜率为 $\frac{F}{D}$、截距为 $\frac{W}{D}c_W$ 的直线。在精馏塔中以 D_f 表示回流,D_0 表示塔顶引出产品,$D_f/D_0 = R$ 为回流比,则

$$U = D = D_f + D_0 = (R+1)D_0$$
$$Q = D_f$$

对图 10-16(b)中虚线所示部分作物料衡算

$$U\bar{c} = Qc + D_0 c_D$$
$$(R+1)D_0 \bar{c} = RD_0 c + D_0 c_D$$
$$\bar{c} = \frac{R}{R+1}c + \frac{1}{R+1}c_D$$

此即精馏塔的操作线方程,其斜率为 $\frac{R}{R+1}$,截距为 $\frac{1}{R+1}c_D$。

【例 10-2】 某多晶硅渣浆水解过程中所排放尾气中存在氯化氢废气需要处理,排放尾气风量 Q_g 为 $15000\text{m}^3/\text{h}$,拟采用撞击流泡沫洗涤技术高效吸收尾气中的氯化氢,已知撞击流泡沫洗涤器直径为 $\phi 650\text{mm}$,洗涤器内置的特殊结构喷嘴的喷口直径 d_0 为 0.045mm,设洗涤流量为 $40\text{m}^3/\text{h}$,试求在该工况下洗涤器喷射高度 H_e 应为多少米?

解 撞击流泡沫洗涤器的喷射,为垂直向上的非淹没射流式。也即待洗涤的尾气由洗涤器顶部进入而下,与洗涤器特殊结构的喷嘴自下而上喷出的循环洗涤液逆向流动,两股流体在洗涤器内某一断面区域发生气液两相逆向高速对撞,对撞后达到动态平衡并形成高度湍动的泡沫区域,以实现高效吸收去除酸性尾气的目的,因此,液体喷射高度是设计撞击式泡沫洗涤器的主要依据。计算步骤如下:

(1)参照管流水头损失经验公式,列出克服气流阻力,射流产生部分水头损失 ΔH 的计算公式:

$$\Delta H = H - H_e = \phi H_e \frac{V^2}{2g}$$

式中，H 为洗涤器从喷嘴喷射出的总水头，m；ϕ 为经验计算系数；V 为喷嘴喷口的液体喷射速度 V_l 与尾气进入洗涤管的气流速度 V_g 之和。

(2) 根据尾气风量，算出进入洗涤器的气流速度为：

$$V_g = 12.56 \text{m/s}$$

根据洗涤液体流量和洗涤器内喷嘴喷口口径，算出液体喷射速度为：

$$V_l = 7 \text{m/s}$$

两速度相加得： $V = V_l + V_g = 7 + 12.56 = 19.56$ （m/s）

(3) 列出总水头计算的简化公式：

$$H = \frac{V_l^2}{2g}$$

(4) 在以上公式基础上，引进经验系数 ϕ，并整理出液体喷射高度的计算公式

$$H_e = \frac{V_l^2}{2g + \phi V^2}$$

(5) 用以下经验公式，算出经验系数 ϕ

$$\phi = 0.33 V_l^{1.08} \frac{0.00025}{d_o + 1000 d_o^3}$$

式中，d_o 为喷嘴喷口直径，本项目取值 0.045mm，代入上式计算出经验系数 ϕ 为 0.005。

(6) 将相关数值代入液体喷射高度计算公式，计算出该工况下液体喷射高度为 $H_e = 2.3$m。

10.1.5 泡沫洗涤技术新发展

泡沫洗涤（froth washing），也称撞击流（impinging stream）泡沫洗涤，或动力波（dyna wave）逆喷泡沫洗涤，是一种通过气-液两相界面的强力与充分的接触，并结合在相间的传递与反应作用，实现气体净化与有用介质回收的一种新型分离技术。撞击流泡沫洗涤的概念，最早是由苏联科学家 Elperin 在 1961 年提出的。上海化工研究院于 1995 年开始采用实验与模拟相结合方式，进行其原理研究与应用开发，并在大中型冶炼烟气制酸、工业尾气除尘、烟气中有害气体脱除等工程实践中积累了数据并获得经验，在此基础上逐步推广应用。

10.1.5.1 泡沫洗涤三种传递方式

泡沫洗涤可通过以下三种方式来实现：首先是液滴法，即将液体雾化成细小液滴，分散到气相中，基于气体中的颗粒物对液滴的惯性碰撞、拦截、扩散、重力等效应而将颗粒物捕集，传统的分离器有文丘里管、喷淋塔等；其次是液膜法，即将吸收剂制成表面积很大的液膜，然后使气体通过液膜，利用黏附与吸收效应捕获颗粒物，典型的分离器为填料塔；最后是液层捕集法，即将洗涤液形成液层，气体则以气泡形式透过液层，气体中的颗粒物由于重力或扩散速度的差异等沉降在液层中，传统的分离器如鼓泡塔，泡沫洗涤兼有以上强化接触方式。

10.1.5.2 泡沫洗涤优势特征

撞击流泡沫洗涤技术的工程应用经验表明，相比于传统填料塔、文丘里管洗涤技术，撞击流泡沫洗涤技术具有以下方面特点：

(1) 传质系数高　泡沫洗涤器的传质系数远高于喷淋塔、填料塔等传统洗涤设备。Tamir通过对多种物系和单元过程实验研究表明，如图10-17所示，撞击式泡沫洗涤器的传递系数比传统的填料塔高数十倍。

(2) 适用大气量与负荷波动工况　对于更高的操作气量也可通过泡沫洗涤管并联设计以适应负荷波动。泡沫洗涤器的洗涤管设计气速远高于常规洗涤设备，如洗涤塔、填料塔等，并可处理更高气量的工业尾气，如单塔的设计风量为60000m^3/h，操作气量在50%～120%波动范围内，仍能保持出口处的洗涤效果达标。

(3) 不易堵塞和压力损失不大　特殊结构的喷头设计，有效避免喷头堵塞，其处理气体的含固量可达20%，特别适合于高黏性粉尘气体处理。与等效的传统文丘里洗涤器相比，其一级压降约1000～2000Pa，阻力适中，如图10-18所示，与传统的文丘里管式洗涤器相比压力损失小得多，尤其在大流量操作工况下，效果更明显。

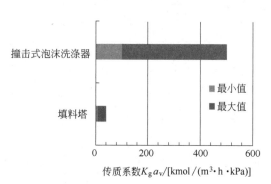

图10-17　撞击式泡沫洗涤器与
填料塔的传质系数比较

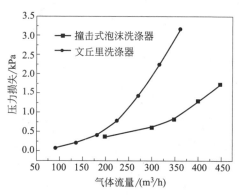

图10-18　撞击式泡沫洗涤器与文丘里
洗涤器的压力损失比较

(4) 投资与运行、维护成本低　由于气速高，可减小塔径与缩短高度，相应的配管、泵数量、喷嘴量等也可适量减少，投资费用可大幅降低。运行稳定、能耗低，不存在堵塞风险，安全优势明显。除更换喷嘴外，几乎不需要更换其他管线和运行泵等，检修与维护次数可大为减少。

10.1.5.3 泡沫洗涤工艺应用案例

(1) 磷化工炉气中的黄磷回收　原工艺采用四塔顶部喷淋工艺，其存在的问题：喷淋效率低，尤其因2号和4号塔为顺流洗涤，吸收效率更低，无法最大限度回收炉气中的黄磷；其次，因尾气粉尘黏性大，容易堵塞喷嘴与管道，检、维修频率高；另外，尾气中仍含有CO等有害气体，需停车将系统内气体置换掉方可进行检、维修，安全风险较大。

改用泡沫洗涤工艺：将原2号及4号塔顺流替换为撞击式泡沫洗涤器，原有4塔传统工艺被2塔的泡沫洗涤新工艺替换，其吸收效率大幅度提高，经济效益显著。处理后炉气总磷降低至1g/Nm^3。原有洗气工艺尾气总磷3～8g/Nm^3，每年单台磷炉至少多回收144t黄磷，至少产生经济效益432万元（按黄磷3万元/t计算）。运维成本降低，现场维护工作减少，安全风险低，并有效改善了现场操作人员的工作环境。

(2) 含硫黄尾气的净化与回收　原采用多级喷淋洗涤工艺，因烟气负荷波动大，最低达到30%，烟气含硫浓度变化范围大，常规洗涤设备难以适应；另外，洗涤后温度降低，SO_2及SO_3在露点转变为强腐蚀性硫酸，设备材质需采用高耐腐蚀性合金，系统造价高昂；另外，采用石灰乳、石灰石作为脱硫剂时，系统容易堵塞。

改用泡沫洗涤工艺：用撞击流泡沫洗涤工艺替代常规喷淋工艺，采用大开孔无堵塞喷嘴，保证了高含固量的石灰石浆液不堵塞洗涤器，开工率达100%，甚至在上游设施无停工检修时，泡沫洗涤器仍不需要保养。SO_3脱除效率通常与系统的阻力相关，而撞击流泡沫洗涤器的特点具有适中的压降，有利于SO_3的脱除效率的改善。

泡沫洗涤器的特殊设计仅需泡沫洗涤器管采用高耐腐蚀合金，在反应后的设备材质可采用更低等级的材料。该系统吸收区采用C276+Q345R爆炸复合板，气液分离区采用S31603+Q345R爆炸复合板，可有效降低设备投资。

10.2 液 膜 分 离

液膜是一萃取与反萃取同时进行，并自相耦合的分离过程，其分离原理除了利用组分在膜内的溶解、扩散性质差之外，还可在液膜内加入载体，利用组分与载体间的可逆络合（化学）反应的选择性来促进传质过程。液膜内的扩散系数比固膜大，但其厚度通常大于固膜（见表10-2）。组分透过有载体促进的传递液膜的扩散速率和分离因子都较一般的固膜大得多。

表10-2 固膜和液膜的代表性膜特征

膜类型	扩散系数/(cm^2/s)	分离因子	膜厚/cm
玻璃态聚合物膜	10^{-8}	4.0	10^{-5}
橡胶态聚合物膜	10^{-6}	1.3	10^{-4}
具有促进传递的液膜	10^{-5}	50	10^{-3}

液膜是20世纪60年代美国埃克森研究与工程公司的黎念之博士首先提出的。他研究了甲苯、正庚烷和某些其他体系通过乳化液膜的渗透特性，提出了有关液膜分离的基本机理。E. L. Cussler等对液膜中载体的选择，含载体液膜的传质机理及应用首先进行了研究。

液膜可应用的领域极广，在气体吸收、溶剂萃取、离子交换等分离领域都有可能应用液膜技术。从应用的部门看，废水处理、湿法冶金、石油化工、生物医药等都有大量应用液膜技术的研究报道，有的已在生产中取得相当成效。例如用液膜技术可以从废水中脱除的阳离子，如铜、汞、铬、镍、铅、铵等离子，以及阴离子，如磷酸根、硝酸根、氰根、硫酸根等，可使废水净化并回收有用组分。用液膜技术处理含酚废水效果显著，已在工业生产中得到应用。

用液膜技术去除载人飞船座舱中的二氧化碳曾在1968年被评选为100项最重大工业研究发明之一。

液膜技术在生物工程领域用于抗生素、有机酸、氨基酸的提取及酶的包封，有着其他方法无法比拟的优点。

液膜技术的应用潜力是引人瞩目的，但目前得到大规模应用的例子不多。一方面是对液膜分离机理的研究尚不充分，还缺少足够的数据、资料来评价液膜技术在商业上应用的可能性和经济性；另一方面尚存在液膜的稳定性、乳状液膜的溶胀、破乳等技术问题。

10.2.1 液膜的形状和分类

液膜通常由溶剂（水或有机溶剂）、表面活性剂（乳化剂）和添加剂（如载体）制成。

溶剂构成膜的基体，表面活性剂含有亲水基和疏水基，可以定向排列以固定油水分界面，稳定液膜。通常膜的内相试剂与液膜是不互溶的，而膜的内相与膜的外相是互溶的。

（1）液膜的形状　已有工业应用的液膜主要是支撑液膜及乳化液膜。支撑液膜（supported liquid membrane）或称固定液膜，是由溶解了载体的液膜相含浸在惰性多孔固膜的微孔中所形成，多孔的固膜仅是液膜的支撑体或骨架，本身并不起分离作用，分离作用由固定在固膜孔中的液膜来完成。乳化型液膜是液滴直径小到呈乳化状的液膜，其液滴直径范围为 $0.05\sim0.2cm$，乳化试剂滴（内相）的直径范围为 $10^{-4}\sim10^{-2}cm$，膜的有效厚度为 $1\sim10\mu m$。两种形状的液膜示意如图 10-19 所示。

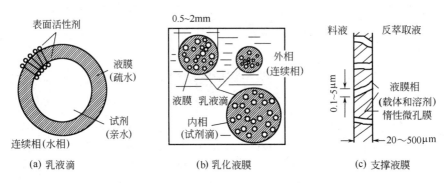

图 10-19　乳液滴和两种形状液膜的示意

（2）液膜的分类　按液膜的组成不同，乳化型液膜可分为油包水型（W/O）和水包油型（O/W）两种。所谓油包水型（又称油膜），就是内相和外相是水溶液，膜为油质，整个体系称 W/O/W 型；而水包油型（又称水膜），就是内相和外相是油相，膜为水质，整个体系称 O/W/O 型。按传质机理的不同，液膜又可分为无载体输送的液膜和有载体输送的液膜两种。

① 无载体输送的液膜　这种液膜利用溶质和溶剂在膜内溶解及扩散速度之差进行分离，它可以用来分离物理、化学性质相似的烃类化合物，从水溶液中分离无机盐，以及从废水中去除酸性及碱性化合物等。

② 有载体输送的液膜　若在液膜中引入载体，由于载体和被分离溶质间的可逆化学反应与扩散过程耦合，促进了传质的进行，使分离过程具有很大的选择性与渗透速率，此即促进传质过程，是液膜研究的重要领域。

10.2.2　促进传递机理及载体的选择

（1）促进传递机理　促进传递是利用膜中的载体与待分离组分间的可逆化学或络合反应，来促进膜内的传质分离过程，因为这些络合反应快速而具有很高的选择性，可显著提高待分离组分通过膜的传递速率及选择性，提高膜的分离性能。

根据载体在膜相中的迁移性（mobility），载体可分为移动载体（mobile carrier）和固定载体（fixed/chained carrier）。移动载体溶解在液膜中，载体及其与待分离组分形成的络合物可在膜内扩散，如图 10-20 所示。固定载体则为通过化学键（如共价键）或物理力结合到高分子的侧链或主链上，它的移动受到相当大的限制。被分离组分借助相邻载体间相互作用所形成的具有选择性透过的通道，在固定载体上跳跃着从膜料液侧传递到透过侧 [图 10-20（b）]。固定载体的选择是每一个载体选择性的积累，因此分离的选择性更好。但流动载体系统中的扩散要比固定载体系统中的扩散快（见表 10-3）。在这两者之间的是以凝胶或被溶剂溶胀的聚合物为膜相的体系，在这些体系中载体可能是固定的，也可能是移动的，即使是固定载体，它与未溶胀聚合物膜中的固定载体相比，具有一定的可移动性。

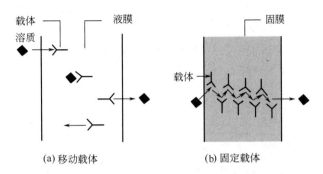

图 10-20　移动载体和固定载体

表 10-3　含载体膜中的扩散系数

体系	$D/(cm^2/s)$	体系	$D/(cm^2/s)$
移动载体	$10^{-7} \sim 10^{-5}$	固定载体	$>10^{-7}$
溶剂溶胀或凝胶体系	$10^{-8} \sim 10^{-6}$		

目前，对促进传递的研究以移动载体为多，但移动载体膜的稳定性较差，载体及膜相（溶剂）容易流失，因此近年来对将固定载体引入固态膜或凝胶膜的研究增多。

(2) 载体的选择　在促进传递中，载体的选择是关键。对某一待分离组分如何选择载体？一般可参考溶剂萃取中所用萃取剂的选择，并遵循以下原则：

① 载体的活性　载体与待分离组分进行的可逆化学反应强度适当且没有副反应。可逆反应太弱，促进传递效果不明显，太强则形成较稳定的络合物，使待分离组分在膜下游侧释放太慢而不利于分离。

离子型载体与待分离组分之间形成络合物的键能以 $10 \sim 50 kJ/mol$ 为宜，低于 $10 kJ/mol$，分子间作用力相当于范德瓦尔斯力，形成的络合物不够稳定，高于 $50 kJ/mol$ 时络合物太稳定，解络困难，键能在该范围内的键型主要有氢键作用、酸碱反应、螯合作用、笼合作用、π 键作用等。

中性载体与待分离组分的无量纲反应平衡常数 K 一般以 $1 \sim 10$ 为宜。

② 载体在膜相中的溶解性和稳定性　移动载体及其与待分离组分的反应物均应能溶解在膜液相中，且浓度越高，促进传递效果越好。为提高载体在膜溶剂中的溶解度，可在不改变络合反应本质特性的前提下，对载体进行一定的修饰。

移动载体可在液膜相中移动，但不应从膜相中流失，或形成沉淀。作为气体分离中的载体，其挥发度应小于膜溶剂的挥发度。

10.2.3　液膜分离机理及传质方程

(1) 无载体液膜

① 传质机理　组分在无载体液膜内的传质基本是一个溶解/扩散过程，其透过膜的速率 J_i 可由 Fick 定律表示

$$J_i = \frac{D_i K_i}{L}(c_{iF} - c_{iP}) \tag{10-23}$$

式中，D_i、K_i 分别为组分 i 在液膜内的扩散系数及分配系数；c_{iF}、c_{iP} 分别为组分 i 在料液侧及透过液侧的浓度；$c_{iF} - c_{iP}$ 为传质推动力。因此，无载体液膜的传质速率及选择

性决定于组分在膜内的扩散系数、分配系数及传质推动力。

为了提高传质推动力，可利用透过侧的化学反应，如图 10-21（a）所示，选用能与待分离组分 C 进行不可逆反应的内相试剂 R 与 C 反应生成的 P 不能透过膜，这样被分离组分 C 在透过侧浓度几乎为零，使传质过程一直在很大的推动力下进行，以促进传质，这种传质称为 Ⅰ 型促进传质，如处理废水中酚、有机酸、有机碱等所用液膜均属这种类型。

为了提高组分在膜内的溶解性，还可利用膜内化学反应，如图 10-21（b）所示。在液膜内引入能与待分离组分 D 发生化学反应的 R_1，生成的 P_1 进入内相与试剂 R_2 反应生成 P_2，分离物即从膜中转移到膜内。含重金属废水中离子的去除等即用此类液膜。

② 传质模型　本节讨论乳化液膜的传质模型，在有载体液膜的传质中将讨论固定液膜的传质模型。自 Cahn 和 Li 提出最简单的平板模型以来，对乳化液膜的传质已提出了多种不同形式的数学模型，如空心球模型（有效膜厚恒定模型）、渐进模型及其改进模型等。平板模型比较粗糙，但较简单，可用于粗略估算。

图 10-22 为平板模型示意，该模型可表示为

$$-V_{10}\frac{dc_1}{dt}=PA\frac{c_1-c_3}{\Delta x} \tag{10-24}$$

式中，c_1、c_3 分别为溶质在料液相和透过液相的浓度；P 为液膜的渗透系数；A 为液膜面积；Δx 为液膜厚度；t 为时间；V_{10} 为料液的初始体积。

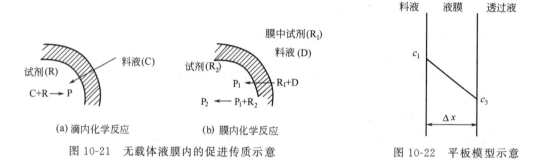

图 10-21　无载体液膜内的促进传质示意　　　图 10-22　平板模型示意

由于乳化液膜面积和厚度难以测定，故引入以下两参数

乳水比 R_{ew}＝乳化液体积 V_e/料液体积

油内比 R_{oi}＝膜相体积/内相溶剂体积

可近似认为液膜面积 $A \propto V_e$，因此 $A \propto R_{ew}$，液膜厚度 $\Delta x \propto R_{oi}$。对 Ⅰ 型促进传质过程 $c_3 \approx 0$，将这些关系代入式（10-24），积分得到

$$\ln\frac{c_{10}}{c_1}=P'\frac{R_{ew}}{R_{oi}}t \tag{10-25}$$

式中，c_{10} 为溶质在料液相的初始浓度；P' 为液膜的表观传质系数，包含了操作条件、液膜相比等的影响，在操作过程中是一变数，现把它作为常数处理会带来较大误差。

（2）有载体液膜

① 传质机理　有载体液膜内的传质与一般膜中的溶解-扩散传质过程不同，是一反应-扩散过程。将液膜置于料液与反萃取液之间，料液中待脱除的溶质，首先在料液-液膜界面上与液膜中载体发生络合反应，生成的络合物扩散通过膜，在反萃取液-液膜界面上进行逆反应，释放出溶质。膜内的可逆络合反应大大提高了膜的选择性和渗透能力，对传质起了促进作用，常称为（Ⅱ型）促进传质过程，有简单促进传质和偶合促进传质之分。

a. 简单促进传质 图10-23(a)为载体血红蛋白(HEM)输送 O_2 的过程。在膜上游侧血红蛋白与氧反应,生成氧合血红蛋白[HEM·O_2],扩散通过膜到膜下游界面进行逆反应释放出 O_2,重新形成的血红蛋白再扩散回到膜上游侧界面,继续氧的输送。表10-4是一些简单促进传递过程中的组分与载体之间的反应。

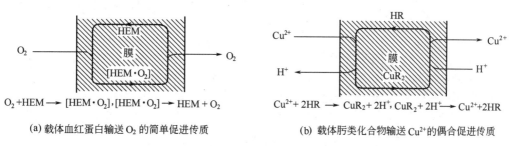

图 10-23 简单促进传质与偶合促进传质

表 10-4 一些简单促进传递过程中组分与载体的反应

CO_2	$CO_2+H_2O+Na_2CO_3 \rightleftharpoons 2NaHCO_3$	H_2S	$H_2S+Na_2CO_3 \rightleftharpoons NaHS+NaHCO_3$
O_2	O_2+Co-席夫碱$\rightleftharpoons$Co-席夫碱(O_2)	CO	$CO+CuCl_2 \rightleftharpoons CuCl_2(CO)$
SO_2	$SO_2+H_2O+Na_2SO_3 \rightleftharpoons 2NaHSO_3$	C_2H_4	$C_2H_4+AgNO_3 \rightleftharpoons AgNO_3(C_2H_4)$

b. 偶合促进传质 如图10-23(b)所示,在溶剂中的载体是一种肟类化合物(HR),能与铜离子形成可溶性有机溶剂的络合物(CuR_2)。当氢离子浓度高时,反应为可逆。在膜的料液侧,两个肟载体分子与一个铜离子反应,释放出两个氢离子进入料液中,形成的铜肟络合物扩散通过膜到膜的下游侧界面。当下游溶液具有高浓度氢离子时,即进入可逆的络合物解络反应,释放的铜离子进入下游的透过液,得到两个氢离子后重新形成的肟分子扩散回到料液侧。在该传质过程中,随着铜离子从料液侧传递到透过液侧,必有相当的氢离子从透过液侧传递到料液侧,故称它为逆向偶合传递过程,其络合、解络反应的一般表示式为

$$M^+ + RH \rightleftharpoons MR + H^+ \tag{10-26}$$

式中,M^+ 为水溶液中欲脱除的金属离子;RH 为酸性离子型载体;H^+ 为推动力离子,金属离子的传质推动力是膜两侧 H^+ 的浓度差。

若载体为中性或碱性萃取剂,其络合和解络反应一般为

$$M^+ + X^- + R \rightleftharpoons RMX \tag{10-27}$$

式中,R 为中性载体;X^- 为推动力离子,它伴随着金属离子 M^+ 从料液侧传递到透过液侧,故该过程称为同向偶合传质。

促进传递过程可使组分反其浓度梯度,从低浓度的料液侧传递到高浓度的反萃取液侧,在反萃取液侧得到浓缩。如图10-24所示,在以一含液膜的 Celgard 微孔膜分隔开的两隔室内,注入含不同铜离子浓度的溶液,料液侧的 pH 值为 2.5,产品侧的 pH 值为 1.0。液膜中含载体肟 LIX64N,在氢离子浓度差的推动下,铜从初始浓度为 1000mg/kg 的料液侧透过膜传递到铜离子初始浓度为 2000mg/kg 的产品侧,最后浓度达到 2800mg/kg 左右,而料液侧铜离子浓度只有几毫克每千克,即铜离子被浓缩到产品侧,这是以浓度差为传质推动力的过程方法实现的。

② 膜通量方程及影响传质因素的分析 对膜内可逆配合反应为式(10-26)所示的促进偶合传递膜过程,其反应平衡常数为

$$K = \frac{[MR][H^+]}{[RH][M^+]} \tag{10-28}$$

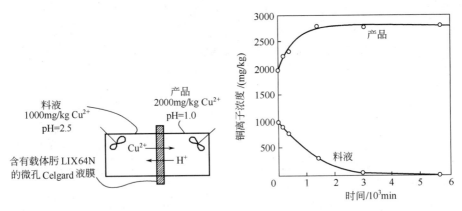

图 10-24　偶合促进传递示意图

若以下标 o 和 τ 分别表示料液与透过侧，$[MR]_o$ 就表示在料液/膜界面上水溶液中 MR 的浓度，mol/L；$[MR]_{o(m)}$ 为 MR 在该界面膜侧的浓度，mol/L。

在膜的有机相内，主要成分为 MR 及 RH，而 H^+ 和 M^+ 的浓度极低，同样 H^+ 和 M^+ 主要存在于水相中，有机相中含量极少，可略，因此对料液-膜界面，式（10-28）可改写成

$$K' = \frac{[MR]_{o(m)}[H]_o}{[RH]_{o(m)}[M]_o} = \frac{k_m}{k_a}K \tag{10-29a}$$

式中，k_m、k_a 分别为 M^+ 和 H^+ 在水相和有机相的分配系数。式（10-29a）中的参数很容易通过实验测定，例如 $[MR]_{o(m)}/[M]_o$ 即为金属在有机相和水相中的分配系数。对膜和透过液界面，同样可以得到

$$K' = \frac{[MR]_{\tau(m)}[H]_\tau}{[RH]_{\tau(m)}[M]_\tau} \tag{10-29b}$$

当反离子的浓度梯度与金属离子的浓度梯度间达到平衡后，则离子通过膜的通量在宏观上为零。此时，$[MR]_{o(m)} = [MR]_{\tau(m)}$，$[RH]_{o(m)} = [RH]_{\tau(m)}$，从而可以得到

$$\frac{[M]_o}{[M]_\tau} = \frac{[H]_o}{[H]_\tau} \tag{10-30}$$

因此，金属离子的最大浓缩因子可从反离子（氢离子）在同方向的浓度比来得到。

根据 Fick 定律，在稳态条件下，金属络合物 MR 通过液膜的通量为

$$J_{MR} = D_{MR}([MR]_{o(m)} - [MR]_{\tau(m)})/L \tag{10-31}$$

式中，D_{MR} 为络合物 MR 在厚为 L 液膜内的平均扩散系数。将式（10-29）和式（10-30）代入式（10-31），得到

$$J_{MR} = \frac{D_{MR}[R]_{m,T}}{L} \left\{ \frac{1}{[H]_o/([M]_o K'+1)} - \frac{1}{[H]_\tau/([M]_\tau K'+1)} \right\} \tag{10-32}$$

式中，$[R]_{m,T} = [MR]_{(m)} + [RH]_{(m)}$，为膜内 R 的总浓度。

上述表明，只要已知一些常数值和金属离子及反离子在膜两侧水溶液中的浓度值，即可求得金属离子透过膜的通量。

式（10-32）很好地表示了金属离子和氢离子之间的偶合作用，通常产品侧推动力离子（H^+）浓度很高。例如在铜的偶合传递中，产品侧常使用浓度为 100g/L 的硫酸水溶液，因此膜产品侧中的载体绝大部分被质子化，$[MR]_{\tau(m)}$ 与 $[MR]_{o(m)}$ 相比很小，在这种情况下，式（10-32）可简化为

$$J_{MR} = \frac{D_{MR}[R]_{m,T}}{L} \frac{1}{[H]_o/([M]_o K'+1)} \qquad (10\text{-}33)$$

这表明，金属离子通过膜的通量与透过侧金属的浓度无关，只与料液侧金属离子的浓度 $[M]_o$ 有关。料液和产品中金属离子浓度对通量的影响如图 10-25 所示。

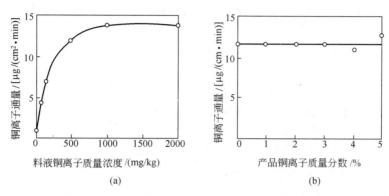

图 10-25 料液和产品中金属离子浓度对通量的影响

从图 10-25（a）中还可以看到，在低 $[M]_o$ 范围，通量随 $[M]_o$ 增大而直线增加，当 $[M]_o$ 增大到一定值时，$[H]_o/[M]_o$ 的 K 值比 1 小，使通量趋于一定值。因为此时所有载体分子都被络合，透过膜的传递速率不可能进一步增加。

图 10-26 为 pH 值对金属萃取率的影响示意图。pH 值与金属萃取率的关系表明，在一定的 pH 值下，不同金属的萃取率相差很大，在 pH 值为 1.5～2.1 条件下，LIX64N 可萃取 Cu^{2+}，但直到 pH 值大于 2.5，仍不能萃取 Fe^{3+}。图 10-27 是料液 pH 值对铜、铁透过膜通量的影响，在 pH 值为 2.5 时，铜的通量几乎比铁高 100 倍。式（10-33）明确表示了金属离子通量与料液侧反离子 H^+ 的浓度和平衡系数的关系。

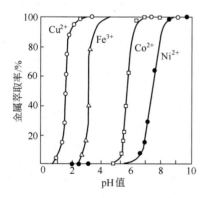

图 10-26 用 LIX64N 萃取四种金属离子的萃取曲线

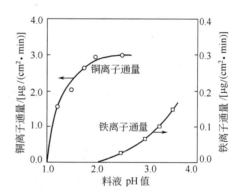

图 10-27 料液 pH 值对铜、铁透过膜通量的影响

10.2.4 液膜制备及其分离操作过程

10.2.4.1 液膜的组成

（1）表面活性剂　表面活性剂（乳化剂）是液膜的主要成分之一，它不仅对液膜的稳定性起决定作用，而且对组分通过液膜的扩散速率和乳液的破乳、油相回用等都有显著影响。用于液膜的表面活性剂，既可以是亲水型的，也可以是亲油型的，通常以亲水亲油平衡

值 HLB 来表示，其亲水或亲油力的大小。对非离子型表面活性剂，可以用以下经验式计算：

$$\text{HLB}=7+11.7\lg[(\text{MW})/(\text{MO})] \tag{10-34a}$$

式中，MW 和 MO 分别代表活性分子中亲水基团与亲油基团的分子量。另外，对非离子型表面活性剂，其 HLB 值具有加和性，则可以利用下式，估算两种及以上活性剂混合后的 $\text{HLB}_{混}$ 值：

$$\text{HLB}_{混}=(\text{HLB}_A W_A + \text{HLB}_B W_B)/(W_A + W_B) \tag{10-34b}$$

式中，W_A 和 W_B 分别为活性剂 A 和 B 的质量分数；HLB_A 和 HLB_B 分别为 A 和 B 的 HLB 值。

配制油膜应用 HLB 值为 3～6 的油溶性表面活性剂，配制水膜应选用 HLB 值为 8～10 的水溶性表面活性剂。较为理想的液膜用表面活性剂应具备以下性质：①制成的液膜应有一定的稳定性，有较大的温度适应范围，耐酸、碱，且溶胀小；②能与多种载体配合使用；③易破乳，膜相可反复使用；④无毒或低毒，保存期长。表 10-5 为研究和应用比较多的几种油膜用表面活性剂的性质。

表 10-5 研究和应用比较多的几种油膜用表面活性剂的性质

物质及类型	分子结构	物化参数[①]				
		ΔV_s /mV	σ /Å^2	分子量	μ /mD	溶胀率 /%
失水山梨醇单油酸酯 Span-80 非离子型	$CH_3(CH_2)_7CH\!=\!CH(CH_2)_7COCH_2$ — (吡喃环带 OH, HO, OH) 分子量 428.6	230	61.2	300	372	500
上胺 205 非离子型	聚胺类	210	45.0	966	235	250
兰 113A	R—CH(—C(O)—)—CH$_2$—C(O)—N(CH$_2$CH$_2$NH)$_3$CH$_2$CH$_2$NH$_2$ R 为聚异丁烯，平均分子量约 2000	200	69.0	920	365	500
ENJ-3029 聚胺衍生物	R—CH(—C(O)—)—CH$_2$—C(O)—N(CH$_2$CH$_2$NH)$_n$CH$_2$CH$_2$NH$_2$ $n=3\sim10$ R 为聚异丁烯，平均分子量约 2000	290	75.0	2150	578	300
LMS-2 磺酸阴离子型	R—SO$_3$H R 为 C$_4$ 烯烃共聚物，易溶于油，不溶于水	80	597	5018	1252	30

续表

物质及类型	分子结构	物化参数①				
		ΔV_s /mV	σ /Å²	分子量	μ /mD	溶胀率 /%
$2C_{18}\Delta^9 GE$ 双烯、非离子型	$C_8H_{17}CH\!=\!CHC_8H_{16}OCCHNHC(CHOH)_4CH_2OH$ $C_8H_{17}CH\!=\!CHC_8H_{16}O\!-\!C\!-\!(CH_2)_2$ 在低浓度下(Span-80 的 1/10)即可形成稳定液膜					
LMA-1 非离子型	R—CH—C 　　　　＼ 　CH₂　　N(CH₂CH₂NH)$_n$CH₂CH₂NH₂ 　　　　／ R—C $n \geqslant 1$ R 为 C₄ 烯烃共聚物,平均分子量约 8000			8000		4~5

① ΔV_s 为饱和膜电位；σ 为每个分子所占最小表面积；μ 为偶极矩；$1D=3.336\times10^{-30} C\cdot m$, $1Å=0.1nm$。

表面活性剂浓度对液膜稳定性影响很大，浓度过低，液膜不稳定，易破裂，分离效果差，随着浓度增加，液膜稳定性增加，分离效果提高，但浓度过高，对液膜稳定性和分离效果提高不大，反而由于液膜厚度和黏度增加影响膜的传质速率，并给以后的破乳带来困难。

表面活性剂还影响到组分透过膜的扩散速度，一般强离子型表面活性剂形成的膜比非离子型表面活性剂形成的膜具有较高的渗透速率。

（2）膜溶剂　膜溶剂是构成膜的基体，其含量在 90% 以上。选择液膜溶剂时，主要考虑液膜的稳定性和对溶质的溶解度。为了保持液膜合适的稳定性，就要求溶剂具有一定的黏度。溶剂对溶质的溶解度，对无载体液膜来说，希望对欲分离的溶质能优先溶解，而对其他溶质的溶解度应很小，以便得到很好的分离效果。而对有载体的液膜，溶剂应能溶解载体，而不需溶解溶质，以便提高液膜的选择性。此外，溶剂应不溶于膜内相和外相，以减少溶剂的损失。对烃类分离，宜选用以水为膜溶剂的水膜；水溶液中重金属离子分离中用的油膜则大多采用中性油、煤油、磺化煤油及柴油为溶剂。为了增加液膜的稳定性，可以适当添加膜增强剂，如水膜可加甘油作增强剂，油膜可加石蜡和其他矿物油作增强剂。

（3）流动载体　在有载体的液膜中，流动载体是实现分离传质的关键。有关载体的作用和选择原则前面已述。

液膜分离实质上是一个二级萃取过程，组分首先萃取到膜中，然后从膜中又被反萃取到膜内相试剂中，或支撑液膜的反萃取液侧，所以适用于溶剂萃取的萃取剂，一般均可用作液膜的流动载体，如羧酸、三辛胺、肟类化合物及环烷酸。用于铜等分离的高效金属离子萃取剂 Kelex100（7-烷基-8-羟基喹啉），其—OH 上的 H^+ 可被铜离子取代。图 10-28 (a) 中，Alamine 336 是一种饱和直链对称叔胺，广泛用于 $[UO_2(SO_4)_3]^{4-}$ 和 $Cr_2O_7^{2-}$ 之类阴离子的传递。

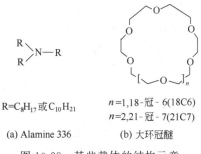

图 10-28　某些载体的结构示意

在气体分离中所用的载体大多为过渡金属化合物，如钴络合物用于 N_2/O_2 分离，铜离子用于 CO 分离，铁络合物用于 NO 分离，银用于烯烃及 N_2/O_2 分离。酸性气体的分离则可用有机胺作载体。另一类重要的载体是大环冠醚［图 10-28（b）］，这类化合物选择性地络合阳离子，从而使无机盐和碱金属溶于有机溶剂，由于大环多元醚可以根据所要分离溶质离子的大小和特性合成具有高选择性的载体，这为研制各种特效液膜所需流动载体提供了方便。

10.2.4.2 液膜制备方法及其使用

（1）乳化液膜的制备及使用　制乳化液膜的设备为一带有恒温控制和转速测定的搅拌槽。控制温度到某一指定值后，在搅拌槽中加入各组分（膜溶剂、表面活性剂，有载体液膜还需加入载体）成一定配比的膜相溶液，然后在一定转速（一般为 500r/min）搅拌下，滴加一定量的内相试剂，以 1500～2000r/min 高速搅拌 10～20min，即可制得乳化液膜。

乳化液膜的使用包括制乳、萃取及破乳三部分。

萃取是将所制乳液与被分离料液充分混合，以将其中待分离组分萃取到膜内相，然后再将乳液与被处理料液分离，所用设备为混合澄清槽及转盘塔等萃取设备，一般液膜萃取所需级数比溶剂萃取少。图 10-29 为用混合澄清槽进行液膜分离的流程示意。塔式液膜萃取过程的流程见后面的应用部分。

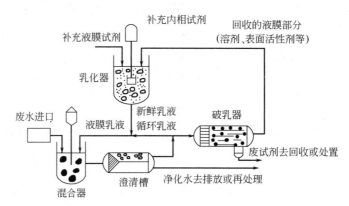

图 10-29　液膜分离处理工业废水流程示意

乳化液膜的破乳及膜相的重新利用是该技术能否工业化的关键之一。破乳的目的是打破乳液滴，分出膜相和内相，膜相用于循环制乳，内相试剂可进一步回收或后处理。

破乳的方法很多，有化学破乳、离心、加热及高压电破乳法。电破乳法因操作简单、能耗低，且易于连续化操作，故应用最多。高压电破乳是借助于电场力作用，使乳状液内相直径 1～10μm 的微小水滴聚结。在脉冲电场作用下，电场的振荡增加了极化水分子的碰撞机会，使微小水滴互相结合成大水滴，靠油水密度差，使水沉降析出，这即为高压电破乳的机理。使两分散相小水滴聚结，首先必须使两水滴间含表面活性剂的液膜破裂。液膜破裂所需最小电场强度为临界场强，可由下式计算

$$E_{临}=\frac{A\eta_s+\sqrt{A^2\eta_s^2+Bd_p^2\rho_d}}{\sqrt{\rho_d}\,d_p^2} \tag{10-35}$$

式中，d_p 为液滴直径；ρ_d 为分散相密度；η_s 为液膜黏度；A、B 为常数。

当实际电场强度 $E_a < E_{临}$ 时，破乳无法进行。当 $E_a > E_{临}$ 时，由于液膜破裂在瞬间完成，破乳速率主要由液滴的絮凝及沉降速率控制。

高压静电破乳法又分裸电极法及绝缘电极法，前者因破乳过程中内相的电解质可能在两极间连成线，容易造成极间短路而打火燃烧，使表面活性剂及油相损失，且烧坏设备，后者需极高电压（几千至几万伏），不易操作，且容易击穿极板的绝缘层而损坏设备，为此有研究者提出利用电磁感应原理在破乳器内产生极强的涡旋电场以进行破乳，可克服高压静电法因乳液直接与电极接触造成的短路和燃油现象，且几乎无热效应，消耗功率低而破乳快。

（2）支撑液膜的制备及使用 制备支撑液膜的重要环节是把液膜相溶液浸透到支撑物的孔中。最常用的方法是将多孔的惰性聚合物膜用溶解了载体的溶液浸透。这些惰性聚合物膜可以是聚砜、聚四氟乙烯、聚丙烯等的超滤膜，厚约 $25\sim50\mu m$，孔径为 $0.02\sim1.0\mu m$。

Leblane 等人提出将载体以平衡离子的形式引入离子交换膜，使载体被静电引力固定在膜内，不易被流动相洗出，或压出膜孔。这种结构对气体分离尤其有用，因为在气体分离中，膜两侧往往有较大压差。

支撑液膜常用的组件有中空纤维式、板框式、螺旋卷式等。其分离过程与一般的固膜分离相似，不像乳化液膜需制乳、萃取、破乳循环进行。但在操作过程中，液膜相会由于溶解、流失而损失，使分离效果下降，因此需定时对液膜进行更新。更新后的液膜通量常可恢复到初始值，如图 10-30 所示。但对于工业化生产而言，频繁的液膜更新毕竟不方便。

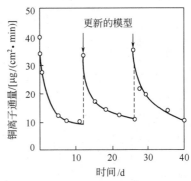

图 10-30 更新中空纤维偶合传质模型与新合成试剂的影响

【例 10-3】 用乳化液膜从发酵液中萃取柠檬酸（$C_6H_8O_7$），设计该液膜的组成及计算用量。

解 （1）液膜组成 发酵液中萃取用液膜应为油膜。由于柠檬酸在油相中溶解度不大，需用有载体液膜，载体可用三辛胺 Alamine 336，这是有机酸萃取中常用的萃取剂，在膜相中含量约为 2%～10%，表面活性剂可用油溶剂 Span-80，膜相中含量为 1%～6%。膜溶剂可用正庚烷，内相试剂可用 NaOH 或 Na_2CO_3 水溶液，后者稳定性更好，在以下计算中以 Na_2CO_3 为内相试剂。

（2）内相试剂用量及乳水比的计算 假定发酵液中柠檬酸的质量浓度为 20g/L，处理量为 50L/h，柠檬酸的分子量为 192，Na_2CO_3 的分子量为 106。由柠檬酸和 Na_2CO_3 的反应式，可以估算所需内相试剂 Na_2CO_3 的用量。

$$2C_6H_8O_7 + 3Na_2CO_3 \longrightarrow 2C_6H_5O_7Na_3 + 3CO_2 + 3H_2O$$

料液中柠檬酸量为

$$W_n = \frac{X}{M_n} = \frac{20}{192} \times 50 = 5.208 \text{ (mol/L)}$$

碳酸钠用量为

$$W_t = \frac{3}{2} W_n = 5.208 \times \frac{3}{2} = 7.8 \text{ (mol/L)}$$

取内相水溶液 Na_2CO_3 浓度为 0.5mol/L（浓度太大液膜不稳定），则内相试剂用量为

$$c_n = \frac{W_t}{0.5} = 15.6 \text{L/h}$$

取油内比为1:1,则乳液用量约为

$$15.6 \times 2 = 31 \text{ (L/h)}$$

乳水比为1:1.6,内相溶剂浓度既要使液膜有一定的稳定性,又应有适当的乳水比。

10.2.4.3 液膜的稳定性

影响乳化液膜稳定性的主要因素是操作过程中液膜的破碎和溶胀。破碎是指膜相破坏,内相溶液泄漏到外相。溶胀则是指外相(如水)透过膜相进入内相,使液膜体积增大,严重时体积可增加500%。

液膜的溶胀有两类:内外相浓度差引起的渗透溶胀及萃取过程中乳液在外相中产生的挟带溶胀。液膜溶胀不但使膜内相富集组分的浓度和纯度降低,而且导致破乳困难。

影响液膜稳定性的因素有表面活性剂的浓度和种类,内水相的性质和大小,以及萃取操作时乳液的分散方式和搅拌强度。有载体液膜中载体的种类和浓度对液膜稳定性也有很大影响。提高表面活性剂浓度,一般会使膜相黏度增加,降低膜的破碎率,但会增加膜的溶胀度。提高搅拌速度、增大内相液滴直径都会加大膜的破损率。有研究报道,膜的挟带溶胀与搅拌速度的三次方成正比,若是先慢速搅拌,然后加快,溶胀量只取决于慢搅拌速度。

对酸性络合萃取剂、中性络合萃取剂和离子缔合萃取剂三类载体对液膜稳定性影响的研究表明,酸性络合萃取剂构成的液膜破损率最高、溶胀率也最大,中性络合萃取剂的破损率最低,离子缔合萃取剂的破损率居于两者之间。由于这类萃取剂不易与水结合,故以它为载体的液膜溶胀率最小。

对以酸性溶液为内相的液膜稳定性研究表明,酸的浓度增大,或酸的氧化性增加,都会使液膜稳定性下降。

支撑液膜的稳定性是该项技术工业化应用前最待解决的问题。支撑用固膜的材料和孔结构对液膜的形成有极大影响。支撑膜材料应能被膜溶剂和载体所浸润,而不易被料液及反萃取液所浸润,这是形成支撑液膜的必要条件。支撑用膜的孔径越小,所含浸的液膜越稳定,因将液膜保留在孔中的一个主要物理力为毛细管力,由Young-Laplace公式,毛细管孔径越小,产生的毛细管力越大,含浸在内的液膜也越稳定,但孔也不宜太小,以保证有较大的膜渗透通量,通常约为$0.1 \sim 0.5 \mu m$。

为了避免膜溶剂及载体因溶解而流失,溶剂和载体在料液和反萃取液中的溶解度应尽可能低。但有研究认为,即使料液相(如水相)被膜溶剂饱和,经过一段时间后,液膜仍可流失,这是由于膜的有机相被乳化所致,如图10-31所示。料液沿膜面流动产生的剪切力使有机相产生许多小的乳化粒子,并逐渐扩散离开膜孔内的有机相,最终使孔内的有机相完全消失,此外这类体系中的高离子强度产生的高渗透压差也会引起液膜的不稳定。

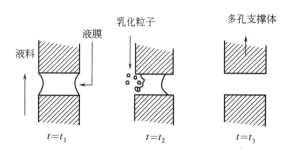

图10-31 支撑液膜中有机相被乳化的示意

操作条件对膜的稳定性也有很大影响,如料液侧流速和湍流情况会影响乳化粒子的形成,膜两侧压差过大,会将孔中液膜压出,因此操作中泵送的压力应尽可能平稳。

当液膜用于气体分离时,膜溶剂的蒸发或CO_2、H_2S等组分引起的载体降解都会影响液膜的稳定性。

近年提出用液膜"凝胶化"的方法提高膜的稳定性,即在液膜相(如有机溶剂)中溶入少量聚合物以形成高溶胀交联聚合物凝胶膜,虽然其扩散性能比液膜差,但提高了膜的稳定性。所用聚合物可以为聚氯乙烯(PVC)、聚丙烯腈(PAN)和聚甲基丙烯酸甲酯(PMMA)等。

10.2.5 液膜分离的应用

液膜分离在废水处理、金属离子回收、气体分离等方面有不少成功的应用案例,下面列举两个典型案例,以进一步了解乳化液膜与支撑液膜的工艺过程。

10.2.5.1 乳化液膜处理含酚废水

液膜法处理含酚废水的原理如图 10-32 所示,它使用油包水型液膜,内相试剂为氢氧化钠溶液,酚在油膜中有较大的溶解度,选择性透过膜,渗透到膜内相与氢氧化钠反应生成酚钠,它不溶于膜相所以不能返回废水相去,从而使酚在液膜内相富集起来。

含酚废水主要来自冶金焦炭、石油炼制、合成树脂生产过程。目前对于低浓度的含酚废水(100~200mg/L)多采用生化法处理,对高浓度的含酚废水(200~1000mg/L)多采用溶剂萃取法。对液膜法处理含酚废水的研究已达到工业化应用水平,并取得较好效果,无论低浓度或高浓度含酚废水,经液膜法一步处理可使酚浓度降至几毫克每升。利用类似的油包水型乳化液膜还可处理含氨废水,但此时内相试剂应为硫酸水溶液。

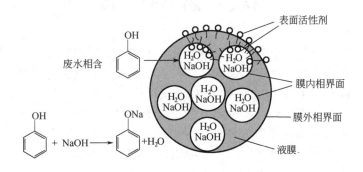

图 10-32 液膜法处理含酚废水的原理

10.2.5.2 重金属废水中铜的回收

含重金属离子的废水,大多对人体有很大毒性,但又是贵重的工业原料,所以应该很好地处理和回收。重金属离子一般不会穿过油膜,需用有载体输送的液膜,载体与金属离子生成络合物,以增加其在油膜中的溶解度和渗透率。

如通用电器公司(GE)开发的液膜浓缩回收铜流程,处理含 Cu^{2+}、Zn^{2+} 废水,以 LIX64N 为载体,以 H_2SO_4、HNO_3 或 HCl 等酸性溶液为萃取相,萃取与反萃取的流程如图 10-33 所示。所用载体为酸性磷或膦类化合物,以二硫代烷基磷酸为佳。其可逆络合萃取反应为

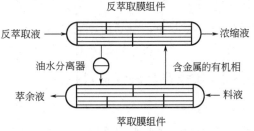

图 10-33 萃取、反萃取在不同膜组件中分别进行的流程示意

$$Zn^{2+} + \frac{3}{2}(RH)_2 \rightleftharpoons ZnR_2RH + 2H^+ \qquad (10-36)$$

若进料为含铜 6.4×10^{-4} 的溶液,铜的脱除率可达 97%,浓缩比约 40。

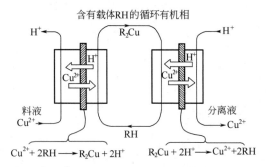

图 10-34 液膜反应和传质过程中两种浓缩器的使用

在浸了液膜的中空纤维内反应和传质过程如图 10-34 所示,液膜支撑体是内径 $200\mu m$ 的乙酸纤维或聚丙烯中空纤维。萃取和反萃取各在一台中空纤维膜设备中进行,在萃取器内料液走中空纤维内,含载体的有机相走中空纤维壳层。萃取铜离子后的有机相进入反萃取器内仍走纤维外壳层,反萃取液硫酸水溶液走中空纤维内。使用此流程可使进入液膜相的水溶液积存于有机相主体,很容易除去,从而减缓液膜性能劣化的速度。

以上液膜萃取废水中铜离子的原理和方法,也适用于 Cr^{6+}、Hg^{2+}、Ni^{2+}、Cd^{2+} 等其他金属离子处理与回收。特别在采用乳化液膜处理与回收含锌、含镉、含铬等工业废水方面,在我国早就有中试与工业化应用案例,但由于存在二次污染的潜在环境污染问题,因而规模化推广应用也受到一定的限制。

10.3 磁分离

磁分离是利用不同物质在磁场中具有磁性差异的特点来分离混合物的一种新技术。基于磁体技术的发展,磁分离也经历了弱磁选、强磁选、高梯度磁选和超导磁选四个阶段。如早期的磁铁矿富集、某些原料中含铁物质去除等,限于当时的磁场力,未能规模化推广。20世纪 70 年代初,美国 MIT 等磁体实验室开发出高梯度磁分离技术,由于其所产生的磁场更强,应用范围扩大到对弱磁性物质的分离;不久后又开发出超导磁分离技术,用超导磁体替代常规磁体,能分离磁化系数更大的物质,应用范围进一步扩大。

磁分离技术具有:①料液流速快、阻力小、处理量大;②装置占地面积小、设备简单紧凑、能耗少、操作费用低;③能脱除的物质种类多,处理能力大、效率高;④设备耐酸、耐碱,能承受高温、高压等特点,对工业应用很有吸引力。近 10 年来,磁分离技术已应用于钛铁矿选矿、煤脱硫与脱灰、氧化钴催化剂回收、高岭土与石英等非金属矿物提纯(除去其中的弱磁性杂质),炼钢烟尘脱除,甚至应用于高炉煤气洗涤水、轧钢和烧结废水的净化等工业水处理等。

与常规磁分离相比,高梯度和超导磁分离其特征体现在场强高、体积小、重量轻、能耗省、产能大等方面,深受用户的赞赏。在当今能源和资源紧缺、节能与环保意识增强的前提下,作为一种洁净与节能的新技术,高梯度和超导磁分离技术开发应用更具重要意义。

10.3.1 磁场及其磁性材料特性

(1) 磁场、磁体及其磁性 磁场是运动电荷、电流、变化电场或磁体周围空间存在的一种特殊形态,具有波粒的辐射特性。在磁体周围空间的磁场内,两磁体间不接触也能发生相互作用,其媒介就是磁体的磁场。

磁体物质,即磁介质,其磁性来源于电荷及其运动,而电荷的终极成分只有电子和质子，分别为带有过剩电子和质子的点物体，因此，运动电荷产生磁场的真正场源是电子或质子运动所产生的磁场。

磁体的磁性本身就是一种特殊的能量，经磁场处理过的水或水溶液，其光学性质、介电常数、电导率、黏度、化学反应、表面张力和吸附、凝聚作用，以及电化学效应等方面，都具有记忆效应，可以测量到这些参数值的变化；甚至当磁场撤走后，这种变化仍能保持数小时或几天。

(2) **磁场类型与产生方式** 根据磁场的特点，目前具有实际应用价值的磁场可分为：恒定磁场、交变磁场、脉动磁场和旋转磁场等四种类型。

恒定磁场的产生有两种方式：由通入直流电的电磁铁产生；或由永久磁铁产生。目前由永久磁铁产生的恒定磁场，是工业磁选机上应用广泛的一种。

交变磁场由通交流电的电磁铁产生，这种磁场尚未得到广泛应用。

脉动磁场的产生有三种方式：由通入直流电、交流电的电磁铁产生；由在永久磁铁上加一交流线圈产生；由直接通入脉动电流的电磁铁产生。脉动磁场在部分磁选机中已得到应用。

旋转磁场是当圆筒对固定多极磁系或可动多极磁系（磁系电极沿圆周交替排列的磁极组成）作快速相对运动时形成的。在旋转磁场磁选机中应用。

(3) **非均匀磁场及其磁场梯度** 磁场有均匀与非均匀之分。在均匀磁场中，各点的磁场强度相同，否则就是非均匀磁场。非均匀磁场是通过磁极的适当磁场强度、形状、尺寸和排列产生的。磁场的非均匀性可用导数表示：在某点沿 l 方向上磁场强度 H 对距离的变化率。如磁场强度 H 方向相同，则其 H 变化率最大的方向被称为磁场梯度。

矿粒在均匀磁场中它只受到转矩的作用，转矩使它的最长方向取向于磁力线的方向或垂直于磁力线的方向（不稳定）；而在非均匀磁场中矿粒还受磁力的作用（顺磁性和铁磁性矿粒受磁引力作用）；逆磁性矿粒受排斥力作用。正是由于这种力的存在，才有可能将磁性矿粒从无磁性的矿粒中分出。磁场力在数值上等于 $1H \cdot m^2/kg$ 时的比磁力。

在非均匀磁场中，磁场力和磁场梯度是反映磁选机能力的两个特性参数。

(4) **开放和闭合磁系** 磁系有开放磁系和闭合磁系两种。开放磁系（图10-35）是指磁极在同一侧作相邻配置且磁极之间无感应铁磁介质的磁系。开放磁系有平面磁系、弧面磁系和塔形磁系三类，其特点在于：磁力线通过空气的路程长，磁路的磁阻力大，漏磁损失大，分选空间的磁场强度低；能处理粗粒级物料且设备处理能力大，用于分选强磁性物料的弱磁场选磁设备中。

闭合磁系（图10-35）指的是磁极做相对配置的磁系。闭合磁系的特点在于：磁力线通过空气的路线短，空气隙窄，磁阻力小，漏磁损失少，磁场强度高；由于采用具有特色形状的聚磁感应磁极，磁场梯度也大，因而磁场力大。闭合磁系只适合于处理细粒物料，且生产能力一般较低，通常应用于选弱磁性物料的强磁场磁选机中。

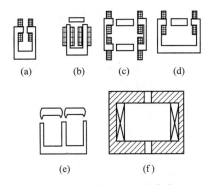

图 10-35　闭合磁系的磁路类型

(5) **铁磁性材料及其磁特性** 在磁选设备中的磁系，无论是开放还是闭合磁系都离不开磁性材料。在各种磁性材料中，最重要的一类是以铁为代表的具有很强铁磁性的材料。除了铁外，钴、镍、钆、镝和钬等也具有铁磁性。另一类是铁和其他非金属组成的合金，以及某些包含铁的氧化物（铁氧体）。

铁磁性材料的磁特性，可用磁感应强度 $B=f(H)$ 曲线或磁化强度 $M=f(H)$ 曲线的形式来表示。

① 起始磁化曲线　起始磁化曲线可由磁化过程的四个阶段（图 10-36）来描述：

a. M 随 H（磁场强度）线性地缓慢增长，可逆畴壁移动过程；

b. M 随 H 急剧增加，不可逆畴壁移动过程，巴克毫森（Barkhausen）跳跃；

c. M 的增长趋于缓慢，磁畴的磁化矢量已转到最接近 H 方向，M 的增长主要靠可逆转动过程来实现；

d. 磁化曲线极平缓地趋向于水平线而达到饱和状态。

② 饱和磁滞回线　当磁场强度 H 在正负两个方向上往复变化时，材料的磁化过程经历一个循环过程。闭合曲线称材料的磁滞回线。如果材料在磁化曲线两端都达到饱和，所得曲线就被称为饱和磁滞回线，或主滞回线。

③ 正常磁化曲线　磁化磁场强度 H 由正负最大值逐渐缩小循环范围，便得到由大到小一系列磁滞回线。正常磁化曲线与起始磁化曲线的形状很相似。

标志磁性材料磁特性的参数有：铁磁性材料的饱和磁感应强度、剩余磁感应强度、矫顽力和相对磁导率等。起始磁化曲线和与之相对应的相对磁导率及磁化场强的关系见图 10-37。

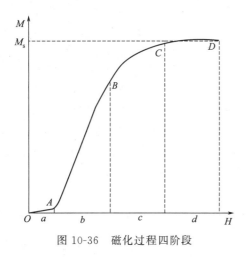

图 10-36　磁化过程四阶段

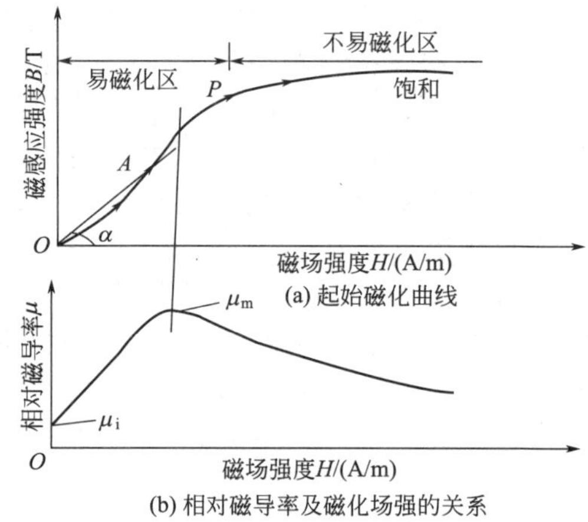

图 10-37　起始磁化曲线和与之相对应的相对磁导率及磁化场强的关系

（6）软磁和硬磁材料及其特性

① 软磁材料及其特性　软磁材料是指当磁化发生在磁场强度不大于 1000A/m 的材料，基本特征是具有低矫顽力和高磁导率（在相同几何尺寸条件下磁阻小）；可以用最小的外磁场实现最大的磁化强度，易于磁化，也易于退磁。铁硅合金（硅钢片）、软磁铁氧体等为应用最多的软磁材料。

软磁材料的磁导率高、矫顽力小，如图 10-38 所示，磁滞回线狭长，所包围的面积小，从而在交变磁场中磁滞损耗小。软磁材料的特征在于：当电流小时，其起始磁导率 μ_i 值高，有利于处于

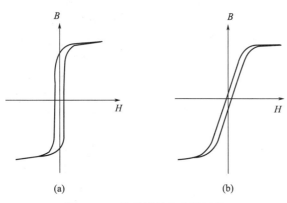

图 10-38　软磁材料的磁滞回线

磁化曲线起始段位置的工作状态；另外，当电流很大时，最大磁化率 μ_m 高，饱和磁化强度大，有利于接近饱和强度的工作状态。

软磁材料常用于磁选设备中，典型的软磁材料有工程纯铁、导磁不锈钢和低碳钢等。对强磁场磁选设备，常选用工程纯铁制作铁芯、磁轭和极头，选用导磁不锈钢制作感应介质。对弱磁场磁选机磁系，可选用低碳钢做磁导板。

② 硬磁材料及其特性　硬磁材料也称永磁材料，是一种经磁化即能保持恒定磁性的材料，具有宽磁滞回线、高矫顽力和高剩磁特性，如图10-39所示的铁磁性材料磁滞回线。正常磁化曲线和各种相关的磁滞回线见图10-40。

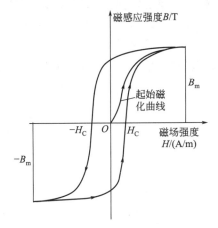

图10-39　铁磁性材料磁滞回线

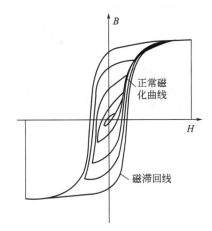

图10-40　正常磁化曲线和各种相关的磁滞回线

在实际应用过程中，硬磁材料的工作状态通常处于深度磁饱和及充磁后磁滞回线的第二象限退磁部分。常用的硬磁材料有铝镍钴系合金、铁铬钴系合金、永磁铁氧体等多种，现在分别简述如下。

a. 铝镍钴系合金　以铁、铝、镍、钴为主要成分，含有适量的铜、钛等元素组成的合金，可分为铸造和粉末烧结两种，具有高剩磁和低温度系数，磁性稳定。

b. 铁铬钴系合金　以铁、铬、钴为主要成分，含有钼和少量的钛、硅元素组成的合金，其磁性类似于铝镍钴系合金，易加工，可通过塑性变形和热处理提高磁性能。

c. 永磁铁氧体　永磁铁氧体主要由钡铁氧体和锶铁氧体组成，不含镍、钴等贵金属。其电阻率高、矫顽力大，能有效应用于大气隙磁路中，图10-41为锶铁氧体的退磁曲线。永磁铁氧体原料丰富、工艺简单、成本低廉、功能优良，因此其常替代铝镍钴系合金制作磁分离器。

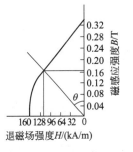

图10-41　锶铁氧体的退磁曲线（磁特性曲线）

10.3.2　磁分离计算基础

某些物质虽然没有磁性，但也能被外磁场作用而磁化，并或多或少地影响磁场。因此，可以认为几乎所有的物质都是磁介质，但有强、弱之分，这种强、弱磁性的存在也是磁分离的基础。

(1) 磁介质的磁化、磁化强度和磁化系数　磁介质在外磁场作用下，分子磁矩进行定向排列而显示磁性的过程叫磁化，磁化的程度用磁化强度来表示。实验表明，各向同性非铁

磁介质的磁化强度 M 与外磁场强度 H 成正比

$$M = \chi H \tag{10-37}$$

式中，χ 为介质的磁化率，是表示物体磁化难易程度的物理量，为无量纲数。在国际单位制中，M 的单位是安培/米（A/m），H 的单位与 M 相同（A/m）。

物体的磁化率 χ 与其密度 ρ 之比为比磁化系数，用 χ_0 表示

$$\chi_0 = \frac{\chi}{\rho} \tag{10-38}$$

（2）磁感应安培环路定律　根据安培环路定律，磁感应强度沿任何闭合环路 l 的线积分，等于穿过以该环路为边界的任意曲面电流强度代数之和与真空磁导率 μ_0 的乘积，即

$$\oint_l B \, dl = \mu_0 \sum_{i=1}^n I_i \tag{10-39}$$

式中，B 为磁感应强度，其单位在国际单位制中为特斯拉（T，Tesla，在高斯单位制中为 Gs，$1T = 10^4 Gs$）；μ_0 为真空磁导率，$\mu_0 = 4\pi \times 10^{-7} N/A^2$；$I$ 单位为安培（A）。

在磁化介质中
$$\sum I_i = \sum I + \sum I_M$$

式中，$\sum I$ 为传导电流；$\sum I_M$ 为磁化电流。

$$I_M = \oint_l dl \tag{10-40}$$

因此可得到

$$\oint \left(\frac{B}{\mu_0} - M \right) dl = \sum I \tag{10-41}$$

磁场强度 H 与磁化强度 M 和磁感应强度 B 有以下关系

$$H = \frac{B}{\mu_0} - M \tag{10-42}$$

则对磁介质的安培环路定律可表示为

$$\oint H \, dl = \sum I \tag{10-43}$$

（3）磁矢量间的相互关联　当通过任意微元面积 ds 的磁通量为 $d\Phi$ 时，则可定义具有磁场特性的磁感应强度 B 为

$$B = \frac{d\Phi}{ds} \tag{10-44}$$

已知磁感应强度 B，则与磁场强度 H 和磁化强度 M 的三个磁矢量之间的关系分别为

$$H = \frac{B}{\mu_0} - M \tag{10-45}$$

$$M = \chi H \tag{10-37}$$

$$B = \mu_0(1+\chi)H = \mu_0 \mu_r H = \mu H \tag{10-46}$$

式中，$\mu_r = 1 + \chi$ 为介质的相对磁导率；$\mu = \mu_0 \mu_r$ 为介质的磁导率。

以上三个磁矢量之间的定量关系，是评价与估算所有涉及磁分离工艺过程可行性与分离能力的基础。

（4）磁分离及其典型设备　磁分离技术按产生磁场的方法可分为永磁和电磁分离（包括超导电磁分离）；按装置原理可分为磁凝聚分离、磁盘分离和高梯度磁分离；按工作方式可分为连续式和间断式磁分离；按照颗粒物去除方式可分为磁凝聚沉降和磁力吸着分离等。

在电磁线圈产生的磁场中加入高磁化强度的聚磁感应介质，则可形成磁力线的非均匀分

布，从而产生高梯度磁场，得到强大的磁场力（见表 10-6），促使弱磁性物质向聚磁感应介质移动，并吸附于介质之上，使其与非磁性物质分离。

表 10-6　几种典型磁分离设备的磁矢量范围及其差异

磁分离设备种类	磁场强度 H/kOe	磁场梯度 $\dfrac{dH}{dX}$/(kOe/cm)	磁场力 $H\dfrac{dH}{dX}$/(kOe²/cm)
永久磁铁式磁分离机	0.5～2	0.5	0.25～1
湿式强磁场磁分离机	10～20	100～200	1000～4000
高梯度磁分离机	20	2000～200000	40000～400000

注：在高斯单位制中为奥斯特（Oe），$1\mathrm{Oe}=\dfrac{1000}{4\pi}$A/m，高斯单位制已被禁止使用，但对于参考文献仍保留，特此说明；磁场梯度、磁场力以 $\mathrm{grad}H$、$H\mathrm{grad}H$ 表示更恰当。

10.3.3　高梯度磁分离

我们知道，在所有的有效分离过程中，必定存在一个如浓差、压力差、电位差等的推动力。对磁分离也类似，在均匀磁场里，即使磁场强度很高，磁场力也为零，无推动力，而只有在非均匀的梯度磁场中才会有推动力存在，才能有效的分离发生。

（1）**高梯度磁场的产生**　待分离物体在非均匀的梯度磁场中受到的磁吸引力 F_M 为

$$F_\mathrm{M}=\mu_0 m\chi_0 H\mathrm{grad}H \tag{10-47}$$

式中，m 为物体质量；χ_0 为物体比磁化系数；$\mathrm{grad}H$ 为磁场强度在空间的变化率，即磁场梯度。

式（10-47）表明，磁场梯度越高，则其磁吸引力越强，也即实现混合物分离的推动力越大。因此，为了产生高的磁场力，则需要设计强磁场和高磁场梯度。磁场强度的大小在技术上受到磁路饱和等因素的限制，而高梯度磁场却比较容易实现。只要在磁场中加入强磁性的细丝-聚磁感应介质，就能形成非均匀磁力线，即可产生高梯度的磁场，如图 10-42 所示。介质的直径越细，磁场梯度越大。

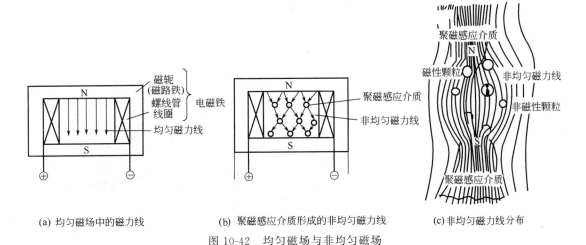

(a) 均匀磁场中的磁力线　　(b) 聚磁感应介质形成的非均匀磁力线　　(c) 非均匀磁力线分布

图 10-42　均匀磁场与非均匀磁场

若图 10-43 中聚磁感应介质的半径为 α，外磁场强度 H_0 与介质的轴线相垂直，在距介质中心 γ 处被磁力吸附一直径为 b 的粒子，则作用在 b 上的磁场强度 H 为

$$H=H_0+\dfrac{M}{2}\dfrac{\alpha^2}{\gamma^2} \tag{10-48}$$

式中，M 为聚磁感应介质的磁化强度。

由上式可得到磁场梯度为

$$\mathrm{grad}H = \frac{\mathrm{d}H}{\mathrm{d}r} = -M\frac{\alpha^2}{\gamma^3} \tag{10-49}$$

如果粒子吸附在介质表面，则 $\gamma \approx \alpha$，因此磁场梯度与介质半径成反比，即聚磁感应介质半径越小，产生的磁场力越大，一般可用直径 $40\sim100\mu m$ 的不锈钢丝，甚至更小，如 $4\mu m$ 的不锈钢丝。

作用在单位质量物体上的力叫比磁力 f_M

$$f_M = \mu_0 \chi_0 H \mathrm{grad}H \tag{10-50}$$

上式表明，作用在磁性物质上的比磁力是由反映物质磁性的比磁化系数 χ_0 和磁场特性的磁场力 $H\mathrm{grad}H$ 两部分组成。

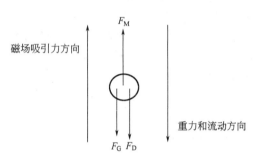

图 10-43　粒子在磁场中所受的力

（2）高梯度磁场力的计算　如图 10-43 所示，在磁场中的粒子受到三个力的作用。假定粒子是直径为 d 的球形，则这三个力可分别用下面的式子来计算。

作用于粒子上的磁力

$$F_M = \frac{\pi}{6}d^3 \rho \mu_0 \chi_0 H \mathrm{grad}H \tag{10-51}$$

粒子所受的重力

$$F_G = \frac{\pi}{6}d^2 \rho g \tag{10-52}$$

作用于粒子上的流体阻力

$$F_D = 3\pi \eta d v \tag{10-53}$$

式中，d 为粒子直径；ρ 为粒子密度；χ_0 为粒子比磁化系数；H 为外磁场强度；$\mathrm{grad}H$ 为磁场梯度；g 为重力加速度；η 为流体黏度；v 为流体流速。

只有在 $F_M > F_G + F_D$ 时，该物体才能被磁场力所吸引，由式 (10-51)～式 (10-53) 可以得到所需要的磁场力为

$$H\mathrm{grad}H > \frac{g}{\mu_0 \chi_0} + \frac{180\eta v}{d^2 \rho \mu_0 \chi_0} \tag{10-54}$$

由式 (10-54) 可以看出，磁分离需要的磁场力取决于被分离粒子的性质 d、ρ、χ_0，以及流体性质 η 和流速 v。

在用磁力进行选矿时，磁场应该适中，并非越大越好。磁场力太大，虽然收率可以上升，但产品的质量往往会下降。而在水处理中，为将水中磁性杂质尽量脱除，磁场力则越大越好。如果水中还有非磁性杂质，可以在水中加入少量的磁性凝聚剂——磁种，以便把这些杂质也一起脱除。

（3）理想磁路的分析与设计　产生强磁场的方法，一般是以铁或其合金作芯，绕以线圈，构成磁路，磁路所围成的空间或间隙即为产生强磁场的工作空间。图 10-44 为一理想化磁路，由安培环路定律式，通过积分路径的线圈总匝数为 N 时

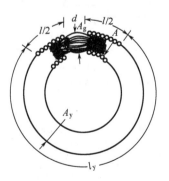

图 10-44　理想化的磁路

$$NI = \oint H \mathrm{d}l \tag{10-55}$$

式中，I 为电流；$\mathrm{d}l$ 为沿积分路径的长度单元。

由式（10-46）与式（10-45）得

$$H = \frac{B}{\mu} = \frac{\mathrm{d}\Phi/\mathrm{d}A}{\mu} \tag{10-56}$$

式中，A 为磁路单元的横截面积。

将式（10-56）代入式（10-55），并对磁路单元的每个横截面 A_i 和长度 l_i 积分，得到

$$NI = \frac{\Phi \sum l_i}{\mu_i A_i} \tag{10-57}$$

式（10-56）的意义在于简化了设备的放大设计。按此模型，由小试模型上确定的特性参数，可简单地按线性比例放大。

磁通量 $\Phi = B_0 A_g = \mu_0 H A_g$，因此对图 10-44 所示的磁路，式（10-57）可表示为

$$NI = Hd\left(1 + \frac{A_g}{A}\frac{l}{\mu_r d} + \frac{A_g}{A_y}\frac{l_y}{\mu_{ry} d}\right) \tag{10-58}$$

式中，d 为空气隙宽度；l、l_y 分别为磁极和磁轭长度；A_g 为空气隙中磁通的有效横截面；A、A_y 和 μ_r、μ_{ry} 分别为相应于磁极和磁轭的横截面和相对磁导率。上式也可表示为

$$NI = (NI)'(1+p) \tag{10-59}$$

式中，NI 为产生一定磁场的实际安匝数；$(NI)' = Hd$ 为假定全部磁动势出现在空气隙中时必需的安匝数；p 为磁漏因子，等于整个线路铁芯部分的磁阻除以空气隙的磁阻，是衡量线路缺陷的参数。

因此为了产生强磁场，除了增加线圈匝数外，在磁路设计上 p 越小越有利。这就要求：

① A_g 不能比 A 大得多；
② $A_y \gg A_g$，l 和 l_y 应尽量缩短；
③ μ_r 和 μ_{ry} 在全部铁芯部分都很大。

这些结论虽是从理论磁路得到，但对设计有普遍指导意义。

10.3.4　超导磁分离

对于水中非磁性或弱磁性的颗粒，利用磁性接种技术使其具有磁性，并借助超导磁场的作用力，将其分离出来。与常规磁分离技术相比，超导磁分离技术具有场强高、产能大、体积小、重量轻等特征优势，特别在选矿、脱硫、除尘、废水处理等方面有着广泛的应用前景，是一种能够发挥巨大经济效益的、洁净节能的新兴技术。

（1）**超导磁分离基本概念**　磁分离是利用水中杂质颗粒的磁性大小进行磁性物质分离的技术，对于水中的非磁性或弱磁性的颗粒，常规的磁场无能为力。在此情况下，我们需要做两件事：其一是利用磁性接种技术将待分离的物质尽可能带有磁性；其二是将超导磁体替代磁分离设备中的常规磁体。也即超导磁分离是基于改性的磁种微粒材料功能，使废水、污水中无磁性的有机、无机污染物的分离成为可能的一种新技术。

采用超导磁体分离矿石、煤、高岭土等物质中磁性杂质，在国内外已较为广泛应用。国内的长足进步，基于中国科学院电工所等已开发出 0.6～1.0T 的超导装置，以及超导高梯度磁选机，用于高岭土的提纯和废水、污水的分离、净化等。

（2）**典型磁种及其磁分离方法**　物体的磁性，按其在外磁场作用下的特性分类有铁磁

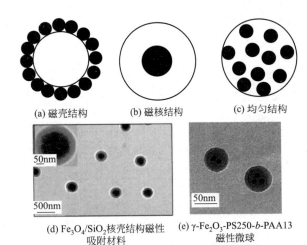

图 10-45 几种典型的磁种结构示意

性、顺磁性和反磁性物质，其中铁磁性物质就是通常能利用的磁种。磁种是以处理弱磁性和非磁性物为目的，向水中添加的磁性物质，主要有絮凝磁种、生物磁种和催化磁种等多种。几种典型的磁种结构示意见图 10-45。

磁分离技术用于处理无磁性或弱磁性的废水、污水时，首先需要对废水、污水中的污染物凝聚或加种。凝聚就是指对具有铁磁性或顺磁性污染物的废水，需要在磁场磁力作用下，使废水中的污染物凝聚成表面直径较大的颗粒后除去；加种就是指对那些无磁性或弱磁性污染物，需借助于外加磁性种子，以增强其弱顺磁性或非磁性污染物的磁性，以便于磁分离去除；或借助于外加的微生物来吸附废水中顺磁性离子，使其成为呈离子态的顺磁性污染物，以便用磁分离去除。这也就是目前在废水、污水处理方面的三种磁分离主要方法：直接磁分离、间接磁分离和微生物-磁分离。

（3）超导磁体及其磁分离特征　非磁性与弱磁性物质在普通磁场下受到的磁力较小，受常规磁体磁饱和的限制，磁场一般不高于 2T，因此，分离效果不甚理想。这类物质的磁分离，只有在高梯度磁场或高场强磁场下才能实现，因此，需要通过改进磁体结构或者更新磁体材料。

超导磁体在某一临界温度下电阻即为零，具有完全的导电性，而导电性能的提高，可以传输更大的电流，从而得到更高的磁场强度。因而，超导磁体的出现，使磁分离拓展到对非磁性和弱磁性物质的分离成为可能。

在实际磁选中，可通过提高磁选设备的磁场强度和磁场梯度等来增强磁性颗粒物所受的磁力，从而改善分选效果。此外，也可通过物理化学方法来改变被分选物的磁性，如采用磁种分选法，也可改善分选的效果。

10.3.5 磁分离机及其处理系统

目前，国内磁分离设备一般用的是永磁铁和电磁体，有的应用钕铁硼永磁铁研制的磁分离设备，能够产生几千高斯的磁场。与之相比，超导磁体可产生的磁场可高达几万高斯，分离效率更高，占地面积更小。在超导磁分离及其设备的研发方面，中国科学院的电工所、理化所、高能所、生态环境中心等做出了不同程度的贡献。特别是理化所，他们制备出结合 Fe_3O_4 颗粒，并带有活性基团的有机功能膜，能有效捕集废水、污水中的有机物、无机离子。对造纸厂废水处理实验表明，经磁分离处理的集水池废水 COD 值由起始的 1780mg/L 降到 147mg/L，去除率超过 90%，净化效果良好。可见，超导磁分离技术具有高效、低成本特点，对保护水资源、改善水生态具有重要意义。

（1）周期式高梯度磁分离器　该类设备的典型结构如图 10-46 所示。电磁线圈所围的空间内置非磁性（不锈钢）分离罐，内装直径 50～100μm 的含铬不锈钢丝压成的网形聚磁介质，其填充率（定义为丝状介质所占体积与分离罐体积之比）约为 0.03～0.1，因此体系的流体阻力很低。线圈的磁感应强度（或磁通密度）$B_0 \approx 2T$。

该类设计的工作原理如图 10-47 所示。当磁场接通后，待分离的颗粒悬浮体通过分离罐

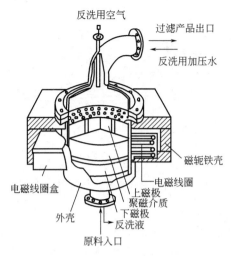
图 10-46 周期式高梯度磁分离器的结构

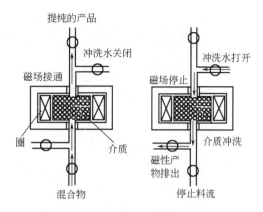
图 10-47 周期式高梯度磁分离器工作原理

内的聚磁介质，磁性颗粒被吸引并捕获在钢丝上，悬浮液被净化后离开体系。当介质达到饱和吸附能力时，给料停止，切断磁场，用冲洗剂将吸附的颗粒从介质上洗下。循环周期由自控阀控制。

这类设备设计需要的参数是生产率 Q、料液流速 v 及停留时间 t。现以下例说明有关的计算。

【**例 10-4**】 用图 10-46 所示的高梯度磁分离器进行高岭土选矿，电磁线圈的磁感应强度 $B_0 = 2$T，要求的生产能力为 $Q = 2\text{m}^3/\text{min}$，物料流速为 $v = 10\text{mm/s}$，停留时间为 $t = 50$s，求分离罐直径 D、高度 d 及线圈的安匝数。

解 分离罐的高度（即空气隙的宽度）$d = tv = 10 \times 50 = 500$（mm）$= 0.5$（m）
分离罐直径 D（见图 10-46）可由以下计算得到

$$\frac{\pi}{4}D^2 v = Q \qquad D = \sqrt{\frac{4Q}{\pi v}} = \sqrt{\frac{4 \times 2}{60 \times 3.14 \times 0.01}} \approx 2 \text{ (m)}$$

已知 $B_0 = 2\text{Wb/m}^2$，则磁场强度 $H = B_0/\mu_0 = \dfrac{2}{4\pi \times 10^{-7}} = 16 \times 10^5$（A/m）

$$(NI)' = Hd = 16 \times 10^5 \times 0.5 = 8 \times 10^5 \text{(A)}$$

此类磁路的磁漏因子 p 约为 0.2，因此产生磁场的实际安匝数为

$$NI = (NI)'(1+p) = 8 \times 10^5 \times (1+0.2) = 9.6 \times 10^5 \text{(A)}$$

这些安匝数必须在电流 I 和匝数间适当划分，最后尚需对磁极尺寸等作进一步设计。

周期式磁分离机适用于磁性物料含量较低的体系，如热电厂水、钢铁厂水，前者介质达到饱和吸附的时间可长达 1000h，后者较短约为 1.5h，但反冲洗时间约为 1min，所以有效工作周期很长。周期式高梯度磁选机磁路切面见图 10-48。如对铁矿选矿等体系，仅几秒钟即可达饱和，周期式经济与技术均不利，应采用连续式高梯度磁选机。

（2）连续式平环高梯度磁分离器　图 10-49 为瑞典萨拉磁力设备公司生产的连续式平环高梯度磁分离器。磁介质填充于轮状圆环中，随圆环逆时针方向转动进出于磁极装置并得到分离。物料在磁极装置的进口处流下，在磁场作用下，磁性颗粒被捕获在介质上，随圆环带出磁场，并在清洗位置排出；非磁性物在磁极装置下被清除出体系。该系列产品，在每小

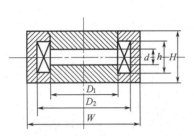
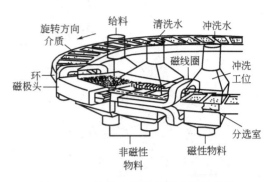

图 10-48　周期式高梯度磁选机磁路切面　　　图 10-49　连续式平环高梯度磁分离器

时 0.5～600t 范围可任选。

该设备的不足是：其给料方向和冲洗磁性产品的方向都是从上至下的，若给料中有粗粒或杂物进入机内，则必须穿过磁介质堆才能出来，穿不出去的会滞留并积累在磁介质堆内，极易造成堵塞，以致降低分离效率。

(3) 连续式 Slon 型立环脉动高梯度磁分离机　图 10-50 为江西赣州立环磁电设备高技术有限公司研制的连续式 Slon 型立环式脉动高梯度磁分离机。该机主要由脉动机构、激磁线圈、铁轭、转环给矿斗、精矿斗（收集磁性产品）、尾矿斗（收集非磁性产品）、供水装置等组成。

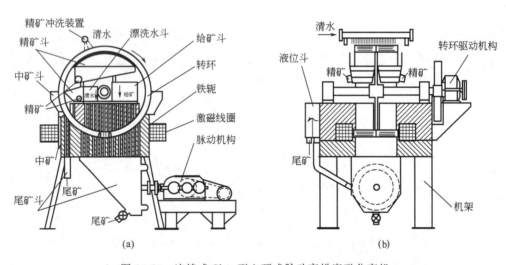

图 10-50　连续式 Slon 型立环式脉动高梯度磁分离机

根据需要，在转环内装上导磁不锈钢棒、钢板磁介质或导磁不锈钢毛等磁介质。选矿时，转环做顺时针旋转，矿物从给矿斗进入，沿上铁轭缝隙流经转环，转环内的磁介质在磁场中被磁化，磁介质表面形成高梯度磁场，矿浆中磁性颗粒被吸着在磁介质表面，随转环转动被带至顶部无磁场区，将冲洗水冲入精矿斗中，非磁性颗粒沿下铁轭缝隙流入尾矿斗中排走。

该机的特点是：对矿中不能穿过磁介质堆的粗颗粒，一般会停留在磁介质堆的上表面，即靠近转环内圆周，当磁介质堆被转环带至顶部时，正好旋转了 180°，粗颗粒位于磁介质的下部，易被精矿冲洗水冲入精矿斗。该磁分离机在赤铁矿、褐铁矿、菱铁矿、钛铁矿等磁性金属矿的选矿和石英、长石、霞石等非金属矿的提纯方面有较为广阔的应用前景。

（4）超导磁分离污水处理装置及系统 连续运行超导磁分离污水装置及系统如图10-51所示，包括超导磁分离装置和自动循环清洗装置，能在不间断磁分离操作的情况下，不需要人工参与也不需要停运，就能连续进行筛板的清洗，大大提升了污水分离系统的工作效率。

此超导磁分离污水处理中试装置及其系统，运行前需通过在污水中添加磁种，使污染物带有磁性；用低温超导体替代永磁体，再用磁场将其污染物与水分离。

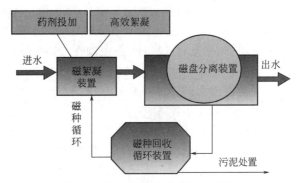

图 10-51 超导磁分离污水处理系统

我国从 2005 年开展低温超导技术研究，经过近 20 年的积累，开发出不同需求的磁种子材料和超导磁体冷却技术。开发出能使 Fe_3O_4 磁性颗粒表面生长带活性基团的有机膜，用于捕获污水中的有机物、无机离子，免添加有机絮凝剂。这种有机膜与 Fe_3O_4 的结合力很强，可重复使用，与单纯的 Fe_3O_4 磁种子材料相比优势明显。

超导磁分离系统适合于造纸废水、石油回注水、景观水、洗煤水、炼钢废水、印染废水等的处理，并可做成车载式系统。其日处理能力可达数百吨至上万吨规模，具有占地面积小、处理时间短、去除效率高、运行成本低等优点。

10.3.6 磁分离机系统设计要点

磁分离机及其处理系统主要包括磁絮凝预处理装置、超磁分离机、磁种回收循环装置等。这些装置均需要根据需求分别进行计算设计。如磁絮凝预处理装置部分，絮凝反应的停留时间、絮凝药剂投加量与絮凝搅拌器等；超磁分离机和磁种回收循环装置等也需要有一个合理的设计或估算。以下分别对上述三部分提出设计要点并推荐相关经验设计值。

（1）磁絮凝预处理装置设计

① 絮凝剂投加量 磁分离系统对絮凝体颗粒大小及其密实程度无要求，属微絮凝反应，其反应停留时间约 3min。絮凝剂和助凝剂可同时投加，前段投絮凝剂聚合氯化铝（PAC）或硫酸铝，反应时间 1min；后段投加助凝剂聚丙烯酰胺（PAM），反应时间 2min。在悬浮物含量 SS=200~450mg/L，磁种 200 目（44μm），投加量为 200~300mg/L 时，PAC 和 PAM 的投加量分别为 40mg/L 和 1mg/L。

② 药剂投加方式 絮凝剂和助凝剂一般为水溶液形式，用隔膜或柱塞计量泵自动投加，絮凝剂配制浓度一般为 5%~10%，助凝剂配制浓度一般为 0.5‰~1‰。投加量分别为 10~15mg/L 和 1~2mg/L，需要定期配制。

③ 絮凝搅拌装置 对超磁分离设备，常用电机驱动立式搅拌机，搅拌器可选用桨板式、螺旋式和透平式。桨板式结构简单，适用于容积较小的混合池，另两种适用于容积较大的混合池。桨板式搅拌器的直径 $D_0=(1/3\sim2/3)D$（D 为絮凝池直径），搅拌器宽度 $B=(0.1\sim0.25)D$，搅拌器离池底距离为 $(0.5\sim0.75)D$。当池深 $H:D\leqslant1.2\sim1.3$ 时，搅拌器设计成一层；当 $H:D\geqslant1.3$ 时，搅拌器可设计成两层或多层。搅拌器应适当偏离絮凝池中心安装，以减少共旋流。

（2）超磁分离机系统 超磁分离设备多为非标准设备，由设计单位提出处理水质、水量和要求，设备厂家根据相应要求进行加工。而目前市场上超磁分离设备的磁盘强度、磁盘直径和间距通常都是固定的，设备加工中根据水质、水量不同，改变磁盘的数量来增加或减少吸附面积，以适应处理水量和水质的变化。为此提出经验推荐值：对磁盘表面场强大于 4000Gs，流道中心磁场场强大于 800Gs，过水流速一般取 0.08～0.1m/s；磁盘直径一般为 1200mm 和 1500mm，磁盘间距控制在 10～30mm，磁盘转速 0.1～1.0r/min，水体与磁盘的最大有效接触时间为 12～18.75s。

下列操作过程的经验积累，可供设计时选择参考：①在设计范围内过水流速越低，处理效果越好。②但过水流速过低，单位面积磁盘上将吸附过多的絮团，导致磁盘磁场强度衰减，影响处理效果。③磁场强度随离开磁盘表面的距离增大而减小，超过 30mm，磁场强度将大幅降低。④若磁盘转速过低，单位面积磁盘接触絮团的量将增加，造成吸附不充分；磁盘转速过高将会导致吸附絮体中的水分来不及脱出，造成污泥含水率升高。

以上数据为经验推荐，设计者应充分考虑待处理水体污染物浓度和出水水质要求，选取相关设备参数。

(3) 磁种回收循环装置　磁种回收循环装置实现磁粉的回收循环，并再次投加到絮凝反应池内，同时将产生的污泥排出系统。回收用磁分离磁鼓的表面场强大于 6000Gs，吨水处理磁种耗损率应小于 3g/m³。需要指出的是：从超磁分离设备分离出的絮团是磁粉和污泥混合物，需先对磁粉消磁，使絮团之间分散后自流入磁分散装置，经高速搅拌和退磁装置，将单个絮团打散，使磁粉和污泥分开；并在装置的溢流口设置磁粉回收磁鼓，磁粉和污泥的混合物在溢流经磁鼓表面时，磁粉被磁鼓吸附回收，污泥则流经磁鼓底部设置的污泥管排出系统；被回收的磁粉通过刮板将其从磁鼓上刮离，再次退磁后返回磁粉投加装置备用。

磁粉投加量需要根据试验确定，一般景观水体磁粉的经验投加量是悬浮物的 1.5 倍。同时，在运行过程中应根据液位的变化来补充自来水，以保持磁粉浓度基本不变。

在超磁分离系统运行过程中，其最关键的问题是要充分考虑回收磁粉与循环再利用，国外常采用以下三种方法：①采用大离心力的旋流分离器可回收 75%～98% 的磁铁粉；②利用超声装置，用强剪力使磁铁粉与絮凝体分离，但运转费用高；③用泵将反洗水高速输入另一套高磁分离装置，磁铁粉被捕获并与反洗水分离，使得磁铁粉能再循环使用。第三种方法已被设计成包括絮凝、磁分离、反洗、浓缩、磁种回收等工序的循环操作系统，可实现自动化。

(4) 其他需考虑的设计要点　除了以上三个设计要点外，还有一些需要在综合设计时加以考虑。如絮凝剂投加系统设计时，除了停留时间等因素外，还要对投加系统的搅拌溶解池大小、计量泵及其管路系统进行估算。磁分离圆盘器是在非磁性的圆板上嵌进永久磁铁而成，是磁分离装置的核心，也是该装置的设计关键所在。需要根据磁分离装置基本设计要求，提出相应表面磁场、磁场梯度、作用深度、工作间隙、磁化流程、工作温度、转速等参数。

在高梯度或超导磁分离处理含固物废水中，粒子磁性强弱、磁场力大小、聚磁填充物直径及填充率、过滤速度等是分离器选型或设计过程中需考虑的因素。表 10-7 中列出了这些设计参数的大概值，可供参考。

表 10-7　高梯度或超导磁分离水处理时的设计参数选用参考范围

参数	适用范围	参数	适用范围
含固物浓度	<0.5μg/L	填充率	5%～20%
含固物比磁化系数	5～60	过滤层长	150mm
含固物粒径	0.1～500μm	循环时间	根据原料水浓度而不同
废水温度	300℃以下	反冲洗水量	过滤器体积的 20 倍左右
废水 pH 值	对酸性介质，在设备材料上有所要求	反冲洗水浓度	5.0～20μg/L
磁场强度	1～10kOe（以 3kOe 为多）	消耗电力	0.01～0.25kW/m³
过滤速度	200～600m/h	压力损失	0.05～0.5kgf/cm²
聚磁介质直径	0.1～1mm		

注：1kgf/cm² = 98.0665kPa；1Oe = 79.5775A/m。

表 10-8 列出了一些物质的比磁化系数。从这些数据可以看到高梯度和超导磁分离几乎可用于所有的强磁、弱磁与非磁性物的分离。如高岭土本体的比磁化系数要比杂质的大得多，因此，高梯度或超导磁分离很易将杂质去除并获得高纯度的白色产品，尤其采用超导磁分离，高岭土的白度可提高四个等级。

若用高梯度磁和超导磁分离进行废水、污水中的非磁性污染物质去除，则可采用磁性接种技术，通过往水中投加磁性颗粒——磁种，如 Fe_3O_4、γ-Fe_2O_3，或在磁性粉末 Fe_3O_4 颗粒外包裹一层氢氧化铁胶的"包胶磁粉"等，并在混凝剂和助凝剂的作用下，使非磁性颗粒与磁种结合在一起，然后在高梯度或超导磁分离装置中将其除去。磁种经再生后重复使用。由于磁种表面的氢氧化铁胶为两性，当溶液为酸性时，磁种表面带正电荷可吸附带负电的杂质，然后利用高梯度磁分离或超导磁分离将其除去；当溶液为碱性时，磁种表面带负电荷而使带负电荷的杂质脱离磁种，进入溶液，使磁种得到再生而循环使用。

近几年来，超导磁分离装置能充分利用界面能更小的超导磁体，使磁场强度很容易达到 3T 以上，具有功耗小、体积小、易于放大、稳定性高等优点。特别是能利用高磁场有效分选微细颗粒、弱磁性物质，甚至分选经常规分选后残留在尾矿中的细末。因此，在高岭土提纯、矿石选矿、燃煤脱硫、污水处理等领域表现出明显特色。特别是利用高梯度或超导磁分离技术对煤进行脱硫，可以有效减少煤烟的环境污染，这是国内外共同关心的问题。

表 10-8　各种物质的比磁化系数　　　　　　　　　　　　单位：$10^{-8} m^3/kg$

磁性强度		金属	矿物	化合物	其他	
↑	强 150	铁(Fe)267.7	磁铁矿(Fe_3O_4) 115.6			强磁性
	100		赤铁矿(Fe_2O_3)25～380	$Fe(OH)_3$ 160		
	50		石榴石 125.6			
			褐铁矿 71.6			
	40			CoO 75		
				NiO 54		
	30		黑云母 57.8			
			铁锰矿 50.3			
				MnO_2 38		
	20	钕(Nd)45.2	铁矿($FeCO_3$) 38～151			
			钽石 37.7			
			铬铁矿($FeCr_2O_4$) 35.2			常磁性
			辉石 31.4	Cr_2O_3 26		
	10		独居石 22.6			
		铈(Ce)18.8	电石 15.1			
			孔雀石 15.1			
		锰(Mn)12.6				
			黄铁矿(FeS_2) 6.3～126	UO_2 7.5		
		钯(Pd)6.3		CaO 4		
		铬(Cr)5.0	黄铜矿($CuFeS_2$) 3.8	V_2O_5 0.9		
		铀(U)3.8	金红石(TiO_2) 2.5	MoO_2 0.9		
		铂(Pt)1.4		TiO_2 0.1	空气	
	弱	镧(La)1.3				
		铝(Al)0.75				
	弱	钙(Ca)-0.13	萤石(CaF_2) -0.38	PbO -0.1		
		镉(Cd)-0.25	方解石($CaCO_3$) -0.50	ZnO -0.3	油 -0.6	反磁性
↓	强		石英(SiO_2) -0.63	Al_2O_3 -0.3	水 -0.7	
					C -0.8	

习 题

10-1 泡沫分离的原理是什么？适用于哪类体系的分离？

10-2 影响泡沫分离的因素有哪些？

10-3 推导泡沫分离塔设计中的"平衡线"方程式，说明平衡线方程的物理意义。

10-4 使用简单的连续泡沫分离塔脱除废水中某种离子。废水处理量为 $3.785 m^3/h$，鼓泡池中气泡直径为 $0.1cm$。若塔底排出液中离子浓度为进料的 $1/10$，塔顶破泡液的体积不大于 $0.189 m^3/h$，求所需气体流速和塔径。假定用于吸附离子的表面活性剂浓度控制在线性等温吸附范围内，吸附平衡常数为 $0.09cm$，如果要将鼓泡池内表面活性剂浓度控制在 $2×10^{-4} mol/L$，表面活性剂的加入速度应为多少？

10-5 直径为 $7cm$ 的精馏型泡沫塔，在室温下从水溶液中脱除表面活性剂（Triton-200），吸附平衡关系可表示成 $\Delta p_W=0.009 c_W$，料液进入速率为 $54 cm^3/s$，塔底通气速率为 $90 cm^3/s$，求残液脱除率（气泡直径为 $0.1cm$）。

10-6 用一多级提馏型泡沫塔脱除废水中表面活性物，废水处理量为 $10 m^3/h$，其中表面活性物浓度为 $500 mg/L$，塔顶泡沫液流量为 $0.9 m^3/h$（以脱气体计），通气量为 $1 m^3/h$，吸附平衡常数为 $0.25cm$，求该泡沫塔的级数。

10-7 什么叫促进传递过程，其作用机理如何？

10-8 为何处理含酚废水用油包水型液膜？哪些工业废水也可用此原理处理？

10-9 为什么脱除废水中金属离子可采用有载体的液膜？

10-10 将液膜分离与液液萃取作一比较，有何异同点？

10-11 用间歇式乳化液膜法处理含酚废水，液膜相与内相试剂之比为 $100:50$，待处理料液与内相试剂的体积比为 $3:1$，求油内比 R_{oi} 与乳水比 R_{ew}。

10-12 以乳化液膜处理含酚废水，废水量为 $4t$，要求将酚浓度从 $1.710×10^{-3}$ 降至 $1.0×10^{-5}$，乳化液膜以异链烷烃为膜溶剂，表面活性剂 Span-80 的含量为 2%（质量分数），内相用质量分数 0.5% 的 NaOH 水溶液，油内比为 $2:1$。估算乳化液膜的用量。

10-13 假定上题含酚废水加入液膜的乳水比为 $1:1$，搅拌 $20min$ 后，酚浓度才降到 $1.0×10^{-5}$，求该体系中乳化液膜的有效渗透传质系数。

10-14 厚度为 $20\mu m$ 的多孔聚丙烯膜，孔隙率为 50%，孔中充以水，求氧透过水膜的通量占总膜通量的百分数。

10-15 膜厚为 $100\mu m$ 的疏水微孔膜，表面孔隙率为 65%，孔曲折率 $\tau=2.1$，孔中充以邻硝基苯辛醚（o-NPOE），分隔两种水溶液，料液侧为高氯酸钾（$KClO_4$）或高氯酸钠，透过侧为纯水，盐浓度均为 $0.1 mol/L$。分配系数：$NaClO_4$ 为 $3.2×10^{-5}$，$KClO_4$ 为 $3.8×10^{-5}$，在 o-NPOE 中的扩散系数均为 $10^{-5} cm^2/s$。试计算：

（1）$NaClO_4$ 和 $KClO_4$ 的通量。用 Calixarene 作载体可促进离子的传递，对 $KClO_4$ 络合反应的平衡常数为 $2.9×10^{-5} L/mol$，对 $NaClO_4$ 是 $270 L/mol$，载体盐络合物的扩散系数均为 $4×10^{-7} cm^2/s$，载体浓度为 $10^{-2} mol/L$。

（2）计算 $NaClO_4$ 和 $KClO_4$ 通过有载体液膜时的通量。

（3）计算载体对 $KClO_4$ 和 $NaClO_4$ 的促进传递因子。废水中含 NH_4OH $6.9×10^{-4}$，用如下组成的乳化液膜进行脱氨：内相为质量浓度 2% 的 HCl 水溶液，膜相为 98%（质量分数）异链烷，含表面活性剂 Span-80 为 2%，油内比为 $2:1$，估算乳水比。

10-16 液膜萃取时间长时，易引起乳液溶胀，使内相萃取物浓度下降，水溶性杂质含量增加，甚至引起膜破裂，为此，提出了图 10-52 所示液膜萃取与溶剂萃取相结合的流程。用含载体 LiX64N 的乳状液膜从含铜

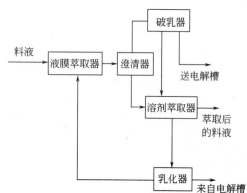

图 10-52　液膜萃取与溶剂萃取相结合的流程

$5.00×10^{-4}$ 的铜矿富浸出液中回收铜，浸出液流量为 10^6 kg/h，乳水比为 1∶15，乳液的油内比为 1∶2，要将浸出液中铜含量从 $5.00×10^{-4}$ 降至 $5.00×10^{-5}$，需时约 15min，液膜溶胀 1 倍，若先用液膜萃取 7.5min，使浸出液中铜浓度降至 $1.58×10^{-4}$，澄清破乳后，再用含 LiX64N 的油以液液萃取的形式使液膜萃余相中铜的浓度从 $1.58×10^{-4}$ 降至 $5.0×10^{-5}$。计算送电解槽水相及送乳化器油相中铜的浓度及物料量。假定：不考虑物料的夹带损失，从破乳器出来的油相中含 $7.0×10^{-5}$ 的铜，当油相中铜含量为 $4.935×10^{-3}$ 时，与其平衡的水相中铜的浓度为 $1.0×10^{-5}$。

10-17 用支撑液膜从水溶液中萃取苯丙氨酸（Phe），膜面积为 25.2cm^2，料液体积为 110mL，其实验获得数据列于下表：

序号	处理量 /(t/h)	水中 Phe 浓度 /(mol/m^3)	序号	处理量 /(t/h)	水中 Phe 浓度 /(mol/m^3)
1	0	5.75	4	1.58	4.08
2	0.50	4.83	5	1.92	3.92
3	0.93	4.53	6	5.66	2.20

已知苯丙氨酸的摩尔质量为 165.2g/mol，请计算渗透系数和 $t=0$ 时的通量。试讨论载体的选择依据，膜的孔隙率对萃取的影响。

10-18 何谓高梯度磁分离技术，适用于哪些分离体系？

10-19 什么叫聚磁感应介质？在高梯度磁分离中起什么作用？

10-20 某钢铁厂用高梯度磁分器（HGMS）处理排气的洗涤废水，分离罐直径 2.0m，罐内磁介质的厚度为 0.15m，磁感应强度为 0.3T，给料速度可为 60～160mm/s，试计算料液停留时间、设备处理能力以及电磁线圈的安匝数。

10-21 用 HGMS 从反应液中回收氧化钴催化剂，料液流速为 10mm/s，停留时间为 15s，料液流量为 0.1m^3/min，磁场强度为 10kOe，试求分离罐应有的高度、直径，以及电磁线圈的安匝数。

参考文献

[1] Clarke A N, Wilson D J. Foam Flotation Theory and Application. New York: Marcel Dekker Inc, 1983.
[2] 赖亚 J. 泡沫浮选表面化学. 何伯泉，陈祥涌，译. 北京：冶金工业出版社，1987.
[3] 常志东，刘会洲，陈家镛. 泡沫分离法的应用与发展. 化工进展，1999，5：18-21.
[4] 李秋萍，邵国兴，等. 一种撞击式泡沫洗涤器：ZL201110056520.0. 2011-03-09 [2013.08.07].
[5] 李秋萍，韩婕，刘德礼. 撞击式泡沫洗涤器流场数值模拟. 化工机械，2020，47（2）：201-206.
[6] Li N N. Separating hydrocarbons with liquid membranes：USP 3410794. 1968-11-12.
[7] 格柏 R，柏斯 R R. 高梯度磁力分离. 刘永之，译. 北京：中国建筑工业出版社，1987.
[8] 何莉娜. 超导磁分离技术的应用研究. 低温与超导，2013，41（12）：55-58.
[9] 倪明亮. 磁分离水处理技术原理和应用. 北京：中国建筑工业出版社，2019.
[10] 陈显利，焦雨红，等. 超导磁分离及在造纸厂污水净化中的应用研究. 科技导报，2009，27（3）：61-66.
[11] 张勤，吕志国，王哲晓. 超磁分离净化技术在污水厂产能受限期间的保障应用. 中国给水排水，2017（20）：34-36.

第 11 章 耦合与集成技术

近 20 年来，全球性能源危机和环境污染的日趋严重，迫切需要发展高效、节能、洁净的关键技术，来降低成本、提高质量。将两种或以上的单元操作通过优化组合来实现常规工艺难以适应的分离过程具有十分重要的意义，这类过程被称为耦合过程（coupling process）或集成过程（integrated or hybrid process）。

耦合和集成过程目前尚无一致的定义，本书中所指的耦合过程指的是反应与分离两者相结合并具有相互影响的过程，典型的代表为各类膜式反应器，将催化剂固定在膜上，使反应物生成的同时，及时移走抑制反应进行的部分生成物或副产物，使反应进一步进行；集成过程是指将两个不同的分离单元操作或反应与某一分离单元操作组合在一起的过程，在不同的分离单元中完成各自的功能，二者之间可以发生物料循环。具有代表性的，如精馏与渗透汽化集成过程浓缩与提纯发酵酒精，具有节能和提高产品纯度的优点。本章将对有关耦合和集成过程的种类、集成过程的模型化、集成过程的模拟设计等作简要的介绍。

11.1 反应-分离的耦合与集成过程

反应-分离的耦合与集成的典型代表是膜与反应器相耦合的膜反应器，具有反应分离一体化的功能。此类膜反应器包括催化膜反应器、渗透汽化膜反应器、膜生物反应器等三种。与普通反应器相比，膜反应器特色非常明显：在反应产物生成的同时不断地将其移走，使反应转化率不受反应平衡的限制，提高了反应速度；对某些中间反应物为目标产物的连串反应，及时将目标产物分离，可提高选择性；可缩短生产工艺路线，达到降低能耗与充分利用资源的目的。

11.1.1 催化膜反应器

（1）催化膜反应-分离的构型　催化膜反应器是将反应和膜分离过程结合，特别是在催化反应的应用领域受到广泛的关注和研究。近年来，由于催化膜反应器不仅具有分离的功能，而且提高了反应的选择性或产品的收率，因此受到了广泛的关注，对催化膜反应器的研究也越来越多。

通过将催化反应与膜分离结合在一起并根据膜本身是否参与反应而将膜分为惰性膜和催化膜。惰性膜所用的膜本身不参与化学反应过程，只是将部分产品从反应区移出，达到分离的目的；催化膜本身载有催化剂，参与了化学反应，膜起到催化与分离的双重作用。催化膜又可分为催化活性组分分散于膜外部的游离式和催化活性组分固定于膜内的固定式两种。惰性膜和催化膜反应器过程如图 11-1 所示。

在图 11-1（a）的惰性膜反应-分离过程中，反应和分离分别在两个单元内完成。反应物首先在反应器内反应，随之进入膜分离器被分离出产物，剩余的反应物则循环返回到反应器进一步反应；图 11-1（b）则为反应与分离过程同时在一体化催化膜反应器中进行。当反应物进入催化膜反应器后开始反应并生成产物的同时，某些产物则透过膜而由载气带走。与惰性膜反应-分离过程相比，催化膜反应器结构紧凑和过程简单，设备投资与操作费用均低于前者，特别对于某些具有产物抑制作用的可逆反应，后者的优越性是十分明显的。

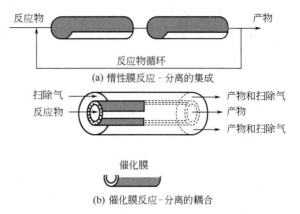

图 11-1 惰性膜和催化膜反应器

催化膜反应器通常指的是耐高温的无机膜反应器，在石化领域中的加氢、脱氢、氧化以及一些热分解等反应中具有潜在的应用前景。如图 11-2 所示为不同装填型式的无机膜反应器：图（a）催化剂填充在无活性但有选择透过性的膜内，反应发生在催化剂的一侧；图（b）膜既具催化活性，又对某种产物具有选择透过性，反应区在膜内，产物生成后即可透过膜移走；图（c）膜本身具有催化活性，再在膜内填充催化剂，可增强催化反应，进而提高反应转化率；图（d）膜具有催化活性但无选择性，可通过调节物料速率和压力来控制反应物或产物的渗透；图（e）电解质膜，膜的渗透性大小基于离子或电子的传导速率，通常的分子渗透伴随着反应而不是分子单纯渗透。

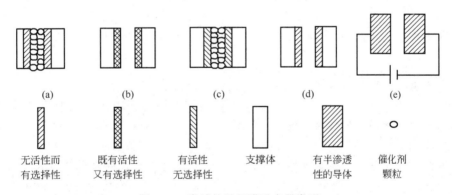

图 11-2 常用的无机膜反应器类型
(a) 无活性而有选择性的膜内填充催化剂；(b) 具有催化活性和选择透过性膜；
(c) 具有催化活性膜内填充催化剂；(d) 具有催化活性而无选择性的膜；(e) 电解质膜

(2) 催化膜反应的典型反应-分离系统　催化膜反应-分离过程的主要在特色显示在两个方面：其一，为增加可逆平衡反应的产物收率。通过某个反应产物选择性透过膜来提高反应的转化率［图 11-3（a）所示］，或如图 11-3（b）所示的两个反应分别发生在膜的两侧。其二，增强过程中主反应的选择性。对于串联反应，某些中间生成物可能会与反应物继续反应或抑制后续反应的进行，将该生成物及时地从反应体系中移除，可降低后续副反应的转化率［图 11-3（c）］；另外，在反应物含量不同情况下，某些反应物存在多种不同的反应途径，所生成的产物有所不同，通过催化膜反应-分离系统来控制该反应过程中某反应物的浓度，使反应按预定目标进行［图 11-3（d）］。

图 11-3 (c) 和 (d) 所示的一类反应，如烃类的选择性合成与转化反应，通常其中间产物比初始反应物的活性要高，如果不能很好地控制其中间产物 B 组分的浓度（及时去除或少量添加），则初始反应物会被全部转化为副产物。采用催化膜反应-分离系统可以有效地控制 B 组分沿膜反应器的轴向分布浓度，可避免目标产物与 B 组分长时间接触而产生副反应。

传统的烷烃催化脱氢工艺经济性并不高，其主要原因之一是催化脱氢反应为吸热的可逆平衡反应，氢的存在影响转化率。采用催化膜反应-分离系统及时移去生成的氢，使可逆反应继续正向进行，显著提高了其反应转化率。Weyten 比较了两种不同渗透性能的膜：CVI（化学气相沉积）二氧化硅膜和钯/银合金膜对丙烷脱氢生产丙烯的转化率的影响，发现膜性能对转化率有很大影响。钯/银合金膜的氢气渗透率 [87mmol/(m^2·s)] 是硅土膜 [14mmol/(m^2·s)] 的 6.2 倍，从图 11-4 可以看出，不同操作条件下，C_3H_8 在钯/银合金膜催化反应器中的转化率明显高于在 CVI 二氧化硅膜中的转化率，已经达到工业化生产的需要。

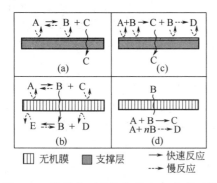

图 11-3 几类典型的催化膜反应-分离系统

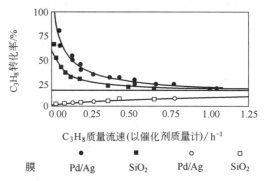

图 11-4 不同操作条件下 C_3H_8 脱氢转化率的比较

11.1.2 渗透汽化膜反应器

（1）渗透汽化膜反应器分类 在渗透汽化膜反应器中，渗透汽化的作用通常包括两种：一是移出目标产物（如污水处理或生物技术中），二是移出一些所不希望得到的副产物（如酯化反应中的水）。

根据进料方式和流动方式，理论上可以将渗透汽化膜反应器分成：平推流渗透汽化膜反应器（PFPMR）、全混流渗透汽化膜反应器（CSPMR）、间歇式渗透汽化膜反应器（BPMR）、循环式平推流渗透汽化膜反应器（RPFPMR）、循环式全混流渗透汽化膜反应器（RCSPMR）和循环间隙式渗透汽化膜反应器（RBPMR），各种类型渗透汽化膜反应器结构如图 11-5 所示。

根据渗透汽化与反应器的耦合方式又可以将渗透汽化膜反应器分为渗透汽化单元外置式和渗透汽化单元内置式两种。这两种装置各有其优缺点：外置式的每单位反应器所需的膜面积小，操作中更换溶液，但外部循环会带来很多操作上的不便，需额外的循环设备等；内置式的操作简单，不需要额外循环，但系统不灵活，膜易污染，膜组件大小受到限制等。

（2）渗透汽化-反应脱水系统

① 酯化反应脱水　渗透汽化与化学反应集成工艺在酯化过程中可及时去除过程生成的水，以改变化学反应的平衡，提高反应转化率，缩短反应时间和降低成本。

图 11-6 给出了三种典型的渗透汽化（pervaporation，PV）膜反应器用于酯化反应的流

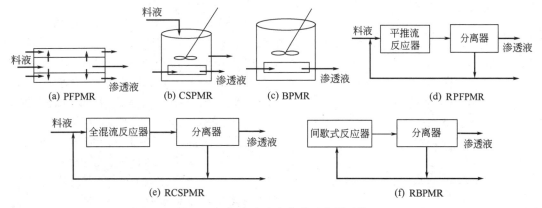

图 11-5 各类渗透汽化膜反应器系统

程：渗透汽化单元采用亲水性渗透汽化膜来脱除反应中生成的水。

第一种流程如图 11-6（a）所示，为由乙酸和乙醇反应生成乙酸乙酯和水的反应器-渗透汽化-精馏三个操作单元的集成过程，反应器中的气相进入精馏塔，塔顶产物（乙醇 87%、水 13%）通过渗透汽化单元浓缩后乙醇含量达 98% 返回反应器。

图 11-6（b）为反应器与渗透汽化单元集成的外置式渗透汽化膜反应器，其特点是酯化过程中的液相反应混合物进行循环。这一过程的转化率高而能耗低，且不受乙醇/水共沸的影响。

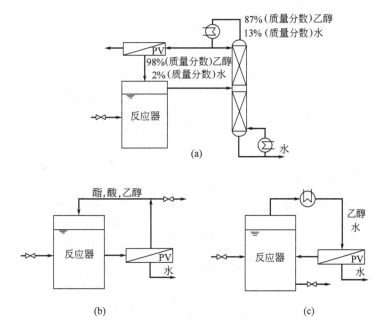

图 11-6 渗透汽化膜反应器在酯化反应中的应用

图 11-6（c）所示的集成过程为反应器中的气相进入渗透汽化单元，可避免高浓度的酸与膜直接接触，同时进入渗透汽化单元的料液温度较高，降低了能耗。与传统的生产工艺相比，图 11-6 所示的三种流程节能分别达到 58%、93% 和 78%。

② 醚化反应脱水　甲基叔丁基醚（MTBE）可由甲醇和叔丁醇催化醚化反应制得，Matouq 等提出了图 11-7 所示的以渗透汽化亲水膜的渗透汽化膜反应器-精馏塔集成过程。获得

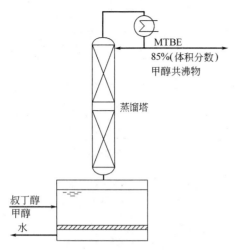

图 11-7 渗透汽化膜反应器-精馏塔集成生产 MTBE

一个体积分数为 85% 的塔顶产物（MTBE 与甲醇），同时，渗透汽化膜将水移出反应器，提高了操作性能。另外，采用类似的装置可以用于乙醇和叔丁醇制备乙基叔丁基醚（ETBE），在间歇式反应釜外集成一个中空纤维渗透汽化膜单元，用于循环分离液相中的水，塔顶得到高浓度的 ETBE 产品。另外，该研究小组还对半间歇式反应器、全混流反应器以及平推流反应器三种操作方式的乙醇与叔丁醇制 ETBE 进行了模拟。

以上几个渗透汽化与化学反应的耦合或集成形成渗透汽化膜反应器的工艺表明：渗透汽化膜反应器可使受平衡抑制的化学反应连续进行并获得更高的产率。同时，过程中产生的热量可用来提高渗透汽化过程的效率，降低整个操作过程的能耗。

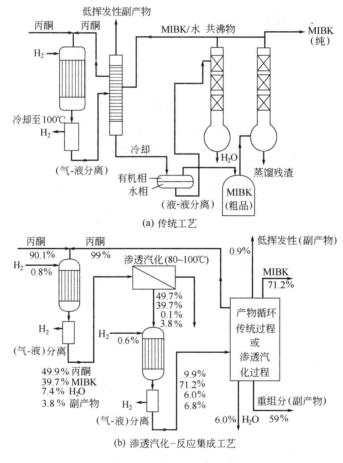

图 11-8 MIBK 生产工艺

③ 其它反应脱水 二甲脲是通过 CO_2 与甲胺反应来制备的，在反应中有二甲脲水溶液以及未反应的 CO_2、甲胺水溶液的产生，传统的工艺过程是用精馏法来处理该溶液，进入

精馏塔前需用 NaOH 与 CO_2 反应生成 Na_2CO_3，以防止塔顶和冷凝器中产生氨基甲酸盐固体沉淀。Herion 开发出一套含有渗透汽化的集成工艺中试装置，用于去除溶液中的绝大部分水，并将浓缩后的 CO_2 和胺返回反应器继续反应。集成过程与传统过程相比较，胺的产生量减少了 86%，CO_2 的产生量也减少了 91%，降低了用于中和的 NaOH 用量，废水中盐的含量也可相应减少 91%。另外反萃取塔中蒸汽用量的减少降低了组件的费用，转化率也大大提高。

甲基异丁基酮（MIBK）是油漆和保护性涂层中的一种重要的溶剂，一般用三步合成法制备，如图 11-8（a）所示。Staude-Bickel 设计了渗透汽化膜反应器来改进传统的 MIBK 生产工艺，用渗透汽化将反应过程中生成的水及时移走，如图 11-8（b）所示，采用渗透汽化膜反应器可以有效地降低有机相中的水含量（小于 0.1%），丙酮的转化率可提高近一倍。

④ 生化反应脱水　渗透汽化膜反应器不仅被用于化学反应，在生化反应中也有很多研究，O'Brien 等利用 Aspen Plus 软件对一个乙醇发酵的渗透汽化膜生物反应器进行模拟和经济性评价。比较了传统的间歇式发酵和渗透汽化膜生物反应器连续生产的成本，采用渗透汽化膜生物反应器年总成本降低了 61.5%。

除了在发酵中的应用外，渗透汽化膜反应器也被用于酶催化反应中，Ujang 采用图 11-9 所示的中空纤维渗透汽化膜生物反应器来实现酶催化癸酸和十二醇的酯化反应。在该反应中，渗透汽化脱除了大部分的水蒸气，使得酯化反应的转化率得到提高，酯产率可以高达 97%。

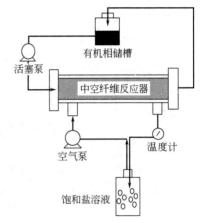

图 11-9　用于酶催化反应的中空纤维渗透汽化膜生物反应器

11.1.3　膜生物反应器

（1）膜生物反应器的种类　膜生物反应器（membrane bioreactor，MBR）集合了膜技术和生物处理技术两者的优点，以酶、微生物或动植物细胞为催化剂进行化学反应或生物转化，以膜组件的分离功能取代一些传统的分离过程，将反应与分离耦合或集成。

根据膜生物反应器所用的生物催化剂可以将其分为：酶膜生物反应器、膜发酵器（微生物）和膜动植物细胞培养三类。在膜生物反应器中，酶、细胞或微生物可以三种形态存在：溶解酶或悬浮细胞的游离态、膜表面或膜内酶蛋白凝胶以及膜截留细胞层的浓集态，以吸附、键合或包埋方式固定在膜表面或膜腔内的酶或细胞的呈固定化态。此外，在膜生物反应器中，物料的迁移方式有两种：扩散和流动传递，且流动速率高于扩散传质。

按酶、细胞或微生物的三种存在形态和物料的两种迁移方式可构成六种膜生物反应器。这六种形式的反应器各有其优缺点，如浓集态的酶或细胞的装填密度高、活性稳定，但酶或细胞的消除却存在一定的困难；固定化的酶或细胞难以从膜生物反应器中清除，不便于补充和更换，但用于生物催化具有较高的稳定性。

从膜组件与反应器的结合形式上来看，与渗透汽化膜反应器相似，膜生物反应器可分为分置式和一体式（浸没式）两大类，如图 11-10 所示。分置式膜生物反应器内废水经泵增压后进入膜组件，在压力作用下废水透过膜，被净化，悬浮的固体、大分子物质等则被膜截留，随浓缩液返回到生物反应器内。分置式膜生物反应器具有运行稳定可靠，操作管理容易，易于膜的清洗、更换及增设等优点。但为了减少污染物在膜表面的沉积，循环泵的水流流速很高，故能耗较高。一体式膜生物反应器，膜组件耦合于反应器内，通过在膜下游形成真空，得到净化水。与分置式膜生物反应器相比，一体式的最大特点是动力费用低，但膜的清洗和更换没有分置式方便。另外，除了以上分类外，膜生物反应器还可按膜材料、膜孔径、膜组件以及推动力方式的不同进行分类。

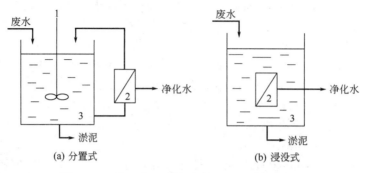

图 11-10　分置式及一体式膜生物反应器示意图
1—搅拌桨；2—膜组件；3—反应器

（2）膜生物反应器集成工艺　膜生物反应器在某些场合下可以取代活性污泥法中的二次沉淀池，尤其是超滤膜组件可截留活性污泥混合液中微生物絮体和较大的有机物分子，使它们重新回流到生物反应器内，获得较高的生物浓度和延长大分子有机物的停留时间，利于生物转化和降解；同时，经膜滤后出水水质大大提高，系统几乎不必排剩余污泥，因此备受环保工业重视和关注。外置式膜生物反应器系统工艺流程见图 11-11。图 11-12 为 Cote 给出的传统的活性污泥生物过程和采用膜集成以及膜生物反应器技术的工艺路线，从图中可以看出，使用浸没式膜生物反应器在降低污泥量、提高水质、安全性以及流程的简单化等方面具有不可比拟的优势。

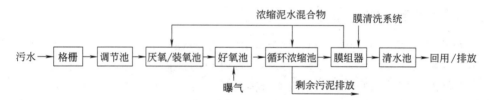

图 11-11　外置式膜生物反应器系统工艺流程

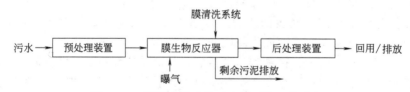

图 11-12　浸没式膜生物反应器系统工艺流程

（3）用于脱氮除磷的膜生物反应器工艺　以脱氮为主的和同时脱氮除磷的 MBR 基本工艺流程分别见图 11-13 和图 11-14。

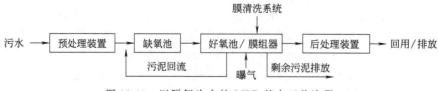

图 11-13　以脱氮为主的 MBR 基本工艺流程

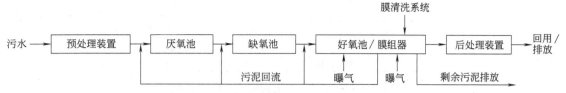

图 11-14　同时脱氮除磷的 MBR 基本工艺流程

与普通的活性污泥法和生物膜法相比,膜生物反应器具有以下几个特征:①出水水质好,经膜过滤的出水水质高;②污泥停留时间(SRT)可控,去除率高;③有机物降解时间可控;④污泥浓度高;⑤设备紧凑,占地少;⑥过程控制可自动化。

(4) 新型膜生物反应器　膜生物反应虽然能有效地处理多种废水,但当某些废水中含有微量的不溶于水的有机物,且这类废水的 pH 值呈强酸、强碱性或高离子强度等极端条件时,普通的膜生物反应器无能为力。Livingston 提出了一种新型的萃取膜生物反应器概念,采用亲油性的疏水致密膜或多孔膜,将不溶于水的油与含有微生物水相隔开,溶于废水中的有机物可透过膜,在另一侧含微生物的水相中被降解。其过程如图 11-15 所示。

膜生物反应器不仅可以用于废水的处理,也可以被用于废气处理,其工作原理如图 11-16 所示。

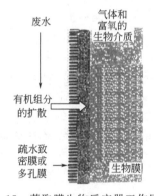

图 11-15　萃取膜生物反应器工作原理

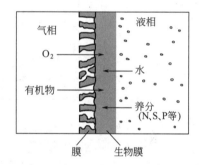

图 11-16　废气处理膜生物反应器工作原理

11.2　分离-分离的集成过程

不同的膜分离其分离机理和适用的分离对象并不相同,对于一些组分复杂的混合体系采用单一的分离技术很难取得满意的结果,采用多种膜过程的集成能够有效地实现分离。例如:可采用多种膜过程的集成实现从间歇发酵液中分离回收头孢霉素 C,如图 11-17 所示。首先由微滤(MF)去除细菌,再用超滤(UF)去除蛋白质和多糖,再将超滤液用反渗透(RO)浓缩,最后用高效液相色谱(HPLC)纯化得抗生素。

11.2.1　膜与吸收-气提的集成

Stern 等人研究了粗天然气中脱除 CO_2 和 H_2S 的混合过程,CO_2 高于 40%(摩尔分数),H_2S 高于 1%(摩尔分数),对于操作条件设计计算和经济性作了较前人更为完善的研究。混合过程用膜分离和 DEA(乙二胺)吸收法相结合,首先用鼓泡法从天然气原料中除去酸

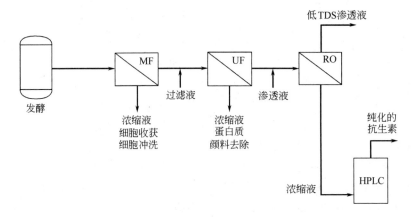

图 11-17　头孢霉素 C 的回收示意图

TDS—总含盐量

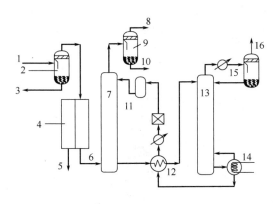

图 11-18　从粗天然气中脱除酸性气体（CO_2 和 H_2S）的混合过程流程图

1—粗天然气（天然气原料）；2—内鼓泡分离器；3—杂质；4—膜组件；5—渗透组分（富 CO_2、H_2S）；6—渗余组分（富 CH_4）；7—吸收塔；8—"软化"天然气；9—外鼓泡分离器；10—溶剂；11—碳过滤器；12—换热器；13—气提塔；14—再沸器；15—回流；16—酸性气体 CO_2 和 H_2S

性气体，特别是 CO_2，然后用膜分离法，最后用气体吸收法，达到美国管道中允许的特定的含量，即 $CO_2 \leqslant 2\%$（摩尔分数），$H_2S \leqslant 4 \times 10^{-6}$。工艺流程如图 11-18 所示。

Amoco 公司和 Monsanto 公司曾先后与其他分离法比较后认为：采油过程中用来提高石油采收率（enchanced oil recovery，EOR）所用的 CO_2 分离回收工艺，尽管某些重碳氢化合物会降低膜的效率，需要事先处理掉，但采用膜-DEA 结合的联合工艺，可使回收的 CO_2 浓度高达 95%，其吸引力很大。

11.2.2　精馏-渗透汽化集成

以渗透汽化为关键技术的集成工艺目前已成功地用于乙醇、异丙醇脱水的工业化生产，在有机/有机体系分离方面也具有很大的应用前景。

精馏-渗透汽化集成工艺，目前主要有以下三个方式：

① 把渗透汽化单元集成到精馏过程中，由靠近恒沸组成的塔板侧线进料，跨过恒沸组成后返回塔内，从而减少塔板的数量；

② 将渗透汽化单元集成在精馏之前，以便在精馏之前分离出恒沸混合物；

③ 将渗透汽化单元作为精馏塔塔顶或塔底的产物纯化步骤，也可与恒沸混合物分离相结合使用。

（1）有机物脱水　精馏-渗透汽化集成技术已在乙醇、异丙醇等醇类体系的脱水工艺中取得了成功，可进一步推广应用于酮类、醚类、酯类、胺类等其它有机物水溶液的脱水。

① 无水乙醇的生产　图 11-19 是已用于工业生产的乙醇脱水精馏-渗透汽化集成过程。通过精馏塔后乙醇浓度达 93%～94%，在通过由 PVA 膜材料组成的三级渗透汽化单元后乙

醇的浓度高达 99.9%。该集成工艺的投资虽高于传统的精馏工艺，但操作费用比精馏低 66% 左右（在乙醇脱水浓度范围为 94%～99.8%），且在无水乙醇中不会残留夹带剂。

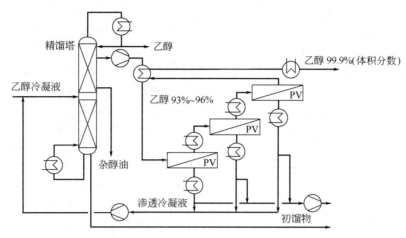

图 11-19　大规模生产的乙醇脱水精馏-渗透汽化集成工艺示意图

② 无水异丙醇（IPA）的生产　图 11-20 所示为精馏-渗透汽化集成工艺进行 IPA 脱水，将混合物中 IPA 浓度（质量分数）从 50% 提纯到 99.5%。IPA 首先在精馏塔中浓缩至恒沸点（约 86%），再进入渗透汽化单元脱水。通过对该集成工艺与单独的精馏工艺的经济分析，所降低的费用与工艺的生产规模有关：当进料流为 500kg/h 时，集成工艺投资与操作费用可分别降低 10% 和 25%；当进料流为 2000kg/h 时，则可降低 20% 和 45%。可见规模大更有利于集成工艺。

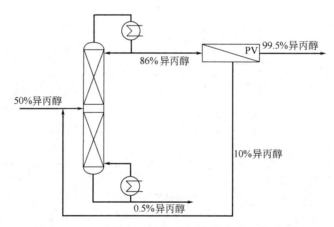

图 11-20　IPA 脱水的精馏-渗透汽化集成工艺示意图

(2) 有机/有机体系的分离　用精馏-渗透汽化集成工艺具有过程简单、能耗低、投资及操作费用省及无污染等优点，工业应用潜力巨大。以下为几个典型有机/有机体系分离的集成工艺。

① 碳酸二甲酯（DMC）的生产　DMC 的生产过程最后通常需要分离 DMC-甲醇的恒沸混合物，Shah 等人建议用疏水膜渗透汽化分离 DMC-甲醇的恒沸混合物（70% 甲醇，质量分数），如图 11-21 所示，渗透汽化单元中的渗透液（甲醇 95%）返回反应器，残留液中 45% 的 DMC 进入精馏塔进一步提纯，塔底可得浓度为 99% 的 DMC 产物，塔顶恒沸混合物则进入渗透汽化器分离。此集成工艺的投资费用比传统高压精馏工艺低 33%，操作费用可

降低60%。

② 甲基叔丁基醚（MTBE）的生产　传统的 MTBE 精馏-水洗工艺过程中，常以 MTBE 为塔底产物，甲醇和 C_4 混合物为塔顶产物，再通过水洗或分子筛吸附将甲醇-C_4 混合物分开，该工艺能耗大。图 11-22 所示为精馏与渗透汽化集成工艺的设计方案，通过渗透汽化单元使保留液中的甲醇浓度（质量分数）从 5% 降到 2%，渗透汽化单元的渗透液中富含甲醇，将其循环回反应器，并保持每次循环液中的甲醇浓度为 5%。该工艺的投资费用比传统工艺降低 10%~15%。

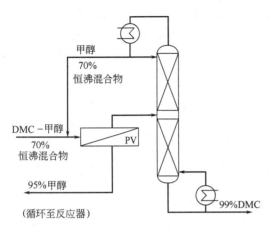

图 11-21　精馏-渗透汽化集成 DMC-甲醇分离工艺

在渗透汽化与精馏集成工艺的效果通常与所连接的位置密切相关，结果发现在精馏段侧线连接渗透汽化装置，可以革去后续的水洗工艺。如图 11-22 所示，醚后混合物从第 36 块板进料，在第 28 块板处引出含有较高甲醇浓度的液相混合物，此液相混合物进入渗透汽化装置，混合液中甲醇优先透过膜，脱除大部分甲醇的混合物又分成两路返回精馏塔精馏段，优先透过膜的甲醇-C_4 混合物作为原料返回反应器，此集成工艺塔顶可获得合格的 C_4 产品，塔底则是合格的 MTBE 产品。

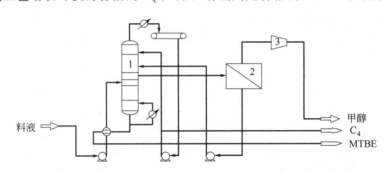

图 11-22　MTBE 生产的集成工艺
1—精馏塔；2—渗透汽化装置；3—真空系统

③ 苯/环己烷体系的分离　目前市售环己烷主要采用苯加氢制备而成，产物中主要杂质为未反应的苯，常用恒沸或萃取精馏去除，工艺比较复杂且能耗大。

如图 11-23 为精馏-渗透汽化集成工艺分离苯/环己烷体系。将以糠醛为载体的萃取精馏与疏水性渗透汽化装置集成分离苯/环己烷混合物（环己烷质量分数为 50%），可获得产物环己烷质量分数达 99.2%，苯质量分数为 99.5%。整个工艺包含精馏塔，从第一塔（P_1）的糠醛/苯混合物中分离出环己烷，第二塔（P_2）将苯

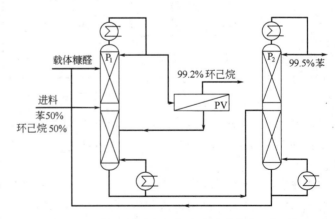

图 11-23　精馏-渗透汽化集成过程分离苯/环己烷

从环己烷中分离出来，渗透汽化单元是用于将苯从富含环己烷的第一塔塔顶产物中分离出来，获得纯的环己烷。该集成工艺的总体投资比传统工艺节约20%左右。

11.2.3 膜渗透与变压吸附的集成

在炼油厂的原油中，氢气最多只占0.5%，远不能满足需求，常需要单独建制氢装置以弥补氢气的不足。若采用加氢装置回收炼厂尾气中的氢气，则可弥补炼厂氢气的短缺问题。由于炼厂尾气中大都含有氢气，且平均氢气量可达60%（体积分数）左右，用作燃料烧掉，实在浪费资源。回收尾气中的氢气，能减少石脑油或者天然气制氢的用量，经济效益显著。目前，炼厂各尾气的组成如表11-1所示。

表11-1 炼厂尾气种类及其组成　　　　　　　　　　　　　　　单位：%

尾气	轻烃回收干气	PSA解吸气	加氢净化气-1	加氢净化气-2	脱硫后富胺闪蒸气	高压放空回收气
氢气	73.14	49.96	92.42	79.46	87.24	86.57
丙烷	1.87	10.38	0	4.33	0.94	0.3
异丁烷	0.09	3.83	4.44	0.57	0.05	0.23
正丁烷	0.10	0		2.39	0.26	0.34
氮气	3.93	0	0.06	1.46	1.68	6.11
甲烷	12.04	18.84	0.7	4.79	6.81	4.45
乙烯	6.94	15.1	1.88	5.05	2.48	0.17
水及其他气体	1.90	1.89	0.50	1.95	0.54	1.83
合计	100	100	100	100	100	100

采用膜渗透与PSA（变压吸附）耦合集成技术，可高效回收氢气。其工艺大致如下：首先对各尾气进行混合压缩，入出口气体温度在40℃下，原料气与产品气入口压力分别为4.0MPa和3.9MPa，采用二级膜渗透将尾气中的氢气浓度提高，然后将高浓度的氢气采用变压吸附，有效去除氢气中的CO_2、O_2等杂质，使氢气的纯度高达99.0%以上。

具体集成操作工艺流程如图11-24所示，工艺操作条件与设定参数见表11-2。首先来自不同工段的尾气混合后经压缩机升压至2.9MPa，进入一级膜渗透器，渗余气进入二级膜渗透器，经二级渗透器后的渗余气，排入燃料气管网；两级渗透气与一级渗透气合并，经压缩机压缩后，输入变压吸附装置，进一步脱除杂质气体后，获得的纯度较高的氢气待用。

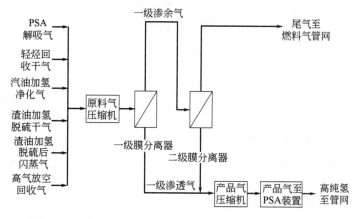

图11-24 各尾气混合气膜渗透-PSA集成工艺回收高纯氢

表 11-2　尾气混合气膜渗透-PSA 集成工艺操作条件与设定参数

操作条件	单位	设定参数	操作条件	单位	设定参数
操作温度	℃	85	入口压力	MPa	2.90
渗余气温度	℃	91	渗余气压力	MPa	2.75
渗透气温度	℃	40	渗透气压力	MPa	0.40

混合原料气中氢气含量 61.14%，渗透气氢含量 93.22%，尾气氢含量 11.61%，经 PSA 后氢气＞99.9%；其他气体：甲烷、CO、CO_2 等为微量，该氢气可进入管网供全厂加氢装置使用。

炼厂现有制氢装置能耗为 1.074t(标油)/t(氢气)，项目投产气量为 29000Nm^3/h，节能 7087t（标油）/a。制氢装置的天然气转化率达到 0.329。装置建成以后，节约天然气量达 13625t/a，节能、节气效益可观。

11.3　集成过程的设计优化

对于一个集成过程，通常不是简单的两个单元叠加，其中要包括一些物料的循环等，两个单元间的浓度变化和质量流量决定了过程的经济性，同时这些参数还必须要有一定的变化范围，以便进行优化，所以对集成过程的设计和优化是一个复杂的过程。

11.3.1　Aspen Plus 软件模拟设计

近年来，随着计算机技术的不断发展，一些用于化工过程流程模拟和优化的软件被不断地开发出来，其中 Aspen Plus 和 HYSIM 被广泛应用于化工过程的模拟，特别是 Aspen Plus。Aspen Plus 是一个较通用的过程模拟系统软件，可用于计算稳态过程的物料平衡、能量平衡和设备尺寸，并可对过程进行成本分析。Aspen Plus 有 50 多个通用操作模型，但由于膜分离过程的一些特殊性，标准的 Aspen Plus 中并没有这样的计算模块，不过 Aspen Plus 能让用户可以利用自己设计的模型插入用 FORTRAN 编写的子程序。

以渗透汽化为例，给出进入渗透汽化单元的料液流速、组成、压力、入口温度等参数，这些参数通过 FORTRAN 编写的已知的渗透汽化经验模型后算出出口的各参数，这些参数又被自动输入到下一操作单元中。渗透汽化的经验模型又可以通过实验数据由 Aspen Plus 来回归，为设计者提供了很大方便。Rantenbch 小组对 C_4 醚化生产 MTBE 的精馏-渗透汽化集成过程（反应产物在精馏塔精馏段侧线出料经渗透汽化单元后返回到塔内，图 11-25）进行了优化，所采用的膜是德国 Sulzer 化工公司的 PERVAP1137，膜分离性能如图 11-26 所示，并拟合出膜的分离性能与温度间的关系。

上述工艺 Aspen Plus 模拟后得到侧线出料位置对甲醇在塔内浓度分布的影响（图 11-27）、侧线出料流量对 MTBE 产品纯度的影响等（图 11-28）。

模拟结果显示，采用 Aspen Plus 可以很方便地进行集成过程的设计优化和操作模拟。

11.3.2　McCabe-Thiele 图解法设计

对于丙烯/丙烷体系的分离，假定待分离物料中丙烯摩尔分数为 0.44，物料流量 2.78mol/s，要求处理后塔顶产品丙烯的摩尔分数达 0.99，塔底丙烷中丙烯的摩尔分数不高于 0.04。若采用单纯的精馏方法分离，所需精馏塔的理论塔板数为 135 块，而且回流比达 24 才能满足生产要求；若采用膜分离-精馏集成工艺，则精馏塔塔板数可有较大幅度的减少，回流比也

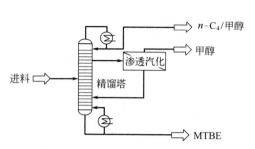

图 11-25 精馏-渗透汽化集成过程工艺

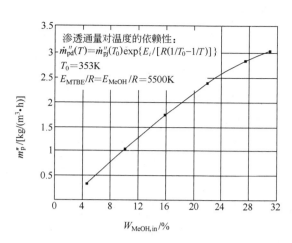

图 11-26 PERVAP1137 膜对甲醇/MTBE 混合物的分离性能

($T_{in}=70℃$,$p=2000Pa$,渗透侧甲醇浓度＞99%)

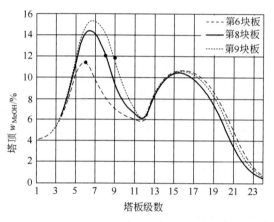

图 11-27 侧线出料位置对液相中浓度分布（质量分数）的影响

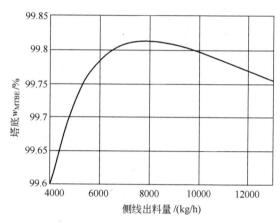

图 11-28 侧线出料量对产品纯度的影响

可降低。采用具有能与丙烯可逆络合载体的促进传递膜，可组成促进传递膜分离-精馏集成工艺的四种组合方式，可有效地提高丙烯和丙烷的分离效率。如图 11-29 所示，第一种［图 11-29（a）］为塔前连接膜分离，丙烯含量较高的透过组分进入精馏段，丙烷含量较高的透余组分进入提馏段；第二种［图 11-29（b）］为侧线连接膜分离，提馏段某塔板侧线出料，进入膜分离装置，透过组分返回精馏段，透余组分返回提馏段；第三种［图 11-29（c）］为塔顶出料连接膜分离，透余组分返回精馏段，透过组分为产品丙烯；第四种［图 11-29（d）］为塔底出料连接膜分离，透余组分返回提馏段，透过组分为产品丙烷。

对于以上四种膜分离-精馏集成的组合工艺，可利用物料衡算和 McCabe-Thiele 图解法来设计和计算，求出所需塔板数、回流比等操作参数，其结果具有一定的通用性。具体的步骤如下：

① 根据所给的膜面积、进入膜组件的物料流量和组成等操作参数，以物料平衡和膜的传递性质计算出透过物和透余物的流量及组成；

② 当精馏塔所有进、出料被给定之后，可以确定精馏塔的每个操作段的物料平衡关系，利用 McCabe-Thiele 图解法画出各段的操作线；

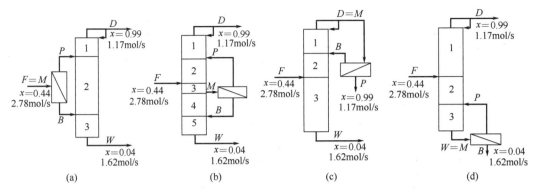

图 11-29 用于丙烯/丙烷体系的膜分离-精馏集成体系流程

③ 根据操作线和汽液平衡线,用迭代法或者 Smoker 方程计算精馏塔每个操作段的平衡级数,利用操作线斜率和截距以及组分的相对挥发度分析各操作段理论级数。

膜过程的物料平衡

总的物料平衡

$$M = B + P \tag{11-1}$$

丙烯的物料平衡

$$Mx(C_3^=)_M = Bx(C_3^=)_B + Px(C_3^=)_P \tag{11-2}$$

式中,M、B、P 分别为进入膜组件的物料、透余物和透过物的流量,mol/s;$x(C_3^=)_M$、$x(C_3^=)_B$、$x(C_3^=)_P$ 分别为物料、透余物和透过物中丙烯的摩尔分数;下标 M、B、P 分别代表膜料液侧、透余侧和透过侧。

促进传递分离丙烯和丙烷过程可以用简单的双膜传递机理来描述,假定丙烯和丙烷在膜内的浓度和本体中的浓度是平衡的,则可得到

丙烷 (C_3^0)

料液侧

$$c(C_3^0)_M = H(C_3^0)p(C_3^0)_M \tag{11-3}$$

$$p(C_3^0)_M = p_M[1 - x(C_3^=)_B] \tag{11-4}$$

透过侧

$$c(C_3^0)_P = H(C_3^0)p(C_3^0)_P \tag{11-5}$$

$$p(C_3^0)_P = p_P[1 - x(C_3^=)_P] \tag{11-6}$$

丙烯 ($C_3^=$)

料液侧

$$c(C_3^=)_M = H(C_3^=)p(C_3^=)_M \tag{11-7}$$

$$p(C_3^=)_M = p_M x(C_3^=)_B \tag{11-8}$$

透过侧

$$c(C_3^=)_P = H(C_3^=)p(C_3^=)_P \tag{11-9}$$

$$p(C_3^=)_P = p_P x(C_3^=)_P \tag{11-10}$$

式中,$c(C_3^0)_M$、$c(C_3^=)_P$ 分别为丙烷、丙烯在膜料液侧和透过侧的浓度;H 为膜的 Henry 常数;p_M、p_P 分别为膜料液侧和透过侧的总压。

对于促进传递,丙烯在膜内会和载体形成络合物,当载体在膜内浓度为 c_T 时,络合物浓度 c_C 可以用 Langmuir 吸附理论来描述。

料液侧

$$c(C_i)_M = \frac{K_{eq}c(C_3^=)_M c_T}{1+K_{eq}c(C_3^=)_M} \tag{11-11}$$

透过侧

$$c(C_i)_P = \frac{K_{eq}c(C_3^=)_P c_T}{1+K_{eq}c(C_3^=)_P} \tag{11-12}$$

式中，c_T 为载体在膜内的浓度；K_{eq} 为丙烯与载体络合反应的平衡常数；$c(C_i)_M$、$c(C_i)_P$ 分别为料液侧、透过侧膜表面的络合物浓度。

丙烯在膜内的传递方程可以表达为

$$Px(C_3^=)_P = \frac{1}{\delta}(\varepsilon/\tau)SD(C_3^=)[c(C_3^=)_M - c(C_3^=)_P] + \frac{1}{\delta}(\varepsilon/\tau)SD(C_i)[c(C_i)_M - c(C_i)_P] \tag{11-13}$$

丙烷在膜内的传递方程可以表达为

$$P[1-x(C_3^0)_P] = \frac{1}{\delta}(\varepsilon/\tau)SD(C_3^0)[c(C_3^0)_M - c(C_3^0)_P] \tag{11-14}$$

式中，S 为膜面积；δ 为膜厚；ε/τ 为孔隙率和曲度的比；D 为组分在膜内的扩散系数。

式（11-1）～式（11-14）构成了一个模拟体系，对于给定面积的膜（膜厚一定），只要确定进料的流量和组成，就可求得透过组分和透余组分的流量及组成的数值解。若各股物流均为饱和状态，精馏塔的进料和进料板的组成相同，则利用表11-3 和表11-4 所列数据，用 McCabe-Thiele 图解法就可求出理论塔板数。

表 11-3　丙烯/丙烷体系分离设计有关精馏塔操作参数

物料	流量/(mol/s)	2.78	塔底馏出物	流量/(mol/s)	1.62
	丙烯含量	0.44		丙烯含量	0.04
塔顶馏出物	流量/(mol/s)	1.17	回流比		24
	丙烯含量	0.99	相对挥发度	丙烷/丙烯	1.12

表 11-4　丙烯/丙烷体系分离设计有关促进传递操作参数

丙烯	Henry 常数/[s²/(m²·kg)]	4.722×10⁻⁵	丙烯-载体络合物	载体浓度/(mol/L)	2×10³
	扩散系数/(m²/s)	1.63×10⁻⁹			
丙烷	Henry 常数/[s²/(m²·kg)]	1.491×10⁻⁵	膜	孔隙率/曲度	0.25
	扩散系数/(m²/s)	1.61×10⁻⁹		厚度/μm	1
丙烯-载体络合物	扩散系数/(m²/s)	1.06×10⁻⁹	压力	料液侧/Pa	17.21×10⁵
	反应平衡常数/(m³/mol)	0.1		透过侧/Pa	3.44

图 11-30 为图 11-29（b）所示的第二种集成工艺，是膜进料流量为 2mol/s、回流比为 24 的条件下对膜面积和塔板数的优化设计结果。从图 11-30 中可以看出，当进入膜组件的进料液组成为 0.45，膜面积为 21m² 时，所需塔板数为 105 块，低于单纯的精馏操作工艺。图 11-31 为给定进料流量和塔板数下，对第二种集成工艺的优化，最优操作点时的膜面积为 21m²，进料组成为 0.45，回流比约为 17，比单纯精馏操作工艺降低 30%。

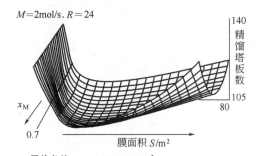

图 11-30　定回流比下的最优操作点计算

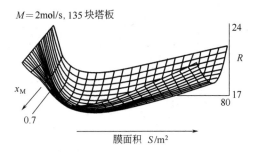

最优条件 $x_M=0.45$, $S=21m^2$

图 11-31 定塔板数下的最优操作点计算

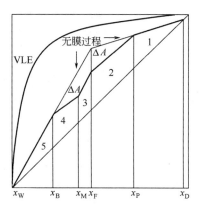

图 11-32 膜分离-精馏集成和单纯精馏操作的 McCabe-Thiele 图解示意

VLE—汽液平衡线

如图 11-29 (b) 所示,促进传递-精馏集成过程精馏塔分为 5 个操作段,每段的操作线如图 11-32 所示,与普通精馏过程的操作线之间有一个 ΔA 的差异,ΔA 越大,集成过程的操作线越靠近对角线,分离效率越高。

对普通精馏工艺的操作线可以表示为

$$\text{精馏段} \quad y_1(x) = \frac{R}{R+1}x + \frac{x_D}{R+1} \tag{11-15}$$

$$\text{提馏段} \quad y_1(x) = \frac{R+\frac{F}{D}}{R+1}x + \frac{x_D - \frac{F}{D}x_F}{R+1} \tag{11-16}$$

对于膜分离-精馏集成工艺,各操作线方程可分别表示为

$$\text{第 1 段} \quad y_1(x) = \frac{R}{R+1}x + \frac{x_D}{R+1} \tag{11-17}$$

$$\text{第 2 段} \quad y_1(x) = \frac{R+\frac{P}{D}}{R+1}x + \frac{x_D - \frac{P}{D}x_P}{R+1} \tag{11-18}$$

$$\text{第 3 段} \quad y_1(x) = \frac{R+\frac{P}{D}+\frac{F}{D}}{R+1}x + \frac{x_D - \frac{P}{D}x_P - \frac{F}{D}x_F}{R+1} \tag{11-19}$$

$$\text{第 4 段} \quad y_1(x) = \frac{R+\frac{P}{D}+\frac{F}{D}-\frac{M}{D}}{R+1}x + \frac{x_D - \frac{P}{D}x_P - \frac{F}{D}x_F + \frac{M}{D}x_M}{R+1} \tag{11-20}$$

$$\text{第 5 段} \quad y_1(x) = \frac{R+\frac{P}{D}+\frac{F}{D}-\frac{M}{D}+\frac{B}{D}}{R+1}x + \frac{x_D - \frac{P}{D}x_P - \frac{F}{D}x_F + \frac{M}{D}x_M - \frac{B}{D}x_B}{R+1} \tag{11-21}$$

根据这些操作线方程,可以得到 ΔA 的计算式

$$\Delta A = \frac{1}{2} \frac{P(x_P - x_B)^2 - M(x_M - x_B)^2}{D(R+1)} \tag{11-22}$$

当回流比一定时,由于 D 是所要求的产量,故式 (11-22) 的分母为常数,若要使 ΔA 的值增大时,也即式 (11-22) 中的分子项应尽可能增大,而该项主要取决于膜的分离性能,与精馏塔的板效无关。另外,ΔA 与 P 或 M 为线性关系,而与料液组成呈平方关系,可以认为该膜分离-精馏集成分离过程,高选择性、低通量的膜有利于提高过程的分离效率。

习 题

11-1 简述集成与耦合的区别。

11-2 描述膜催化反应器的特点。

11-3 比较内置式和外置式渗透汽化膜反应的优缺点。

11-4 膜生物反应器有哪几类？有哪些用途？

11-5 现有一组成为乙醇 80％（质量分数）、水 20％（质量分数）的混合体系，试设计一个高效的集成过程用于制备 99.9％的乙醇产品。

参考文献

[1] 刘芙蓉，金鑫丽，王黎，等. 分离过程及系统模拟. 北京：科学出版社，2001.

[2] Lipnizki F，Field R W，Ten P K. Pervaporation-based hybrid process：A review of process design, applications and economics. J of Membrane Sci，1999：183-210.

[3] Matouq M，Tagawa T，Goto S. Combined process for production of methyl tert-butyl ether from tert-butyl alcohol and methanol. J Chem Eng Jpn，1994，27：302-303.

[4] Rautenbach R，Knauf R，Struck A，et al. Simulation and design of membrane plants with Aspen Plus. Chem Eng，Tech，1996，19：391-397.

[5] 于永洋，景毓秀，赵静涛. 膜分离和PSA耦合工艺在某千万吨炼厂氢气回收装置的应用及运行情况分析. 化工技术与开发，2018：47（10）：55-60.

本书扩展读物

[1] Seader J D, Henley E J. 分离过程原理. 朱开宏,吴俊生,译. 上海:华东理工大学出版社,2008.
[2] 大矢晴彦. 分离的科学与技术. 张瑾,译. 北京:中国轻工业出版社,1999.
[3] 彭笑刚. 物理化学讲义. 北京:高等教育出版社,2012.
[4] Winston Ho W S, Sirkar K K. Membrane Handbook. New York:Van Nostand Reinhold,1992.
[5] King C J. Separation Processes. 2nd. New York:McGraw Hill,1980.
[6] 柯斯乐 E L. 扩散:流体系统中的传质. 2版. 北京:化学工业出版社,2002.
[7] Mulder M. Basic Principles of Membrane Technology. Dordrecht:Kluwer Academic Publishers,1998.
[8] Baker R W. Membrane Technology and Applications. New York:John Wiley & Sons Ltd,2004.
[9] 朱长乐. 膜科学技术. 2版. 北京:高等教育出版社,2004.
[10] 邓麦村,金万勤. 膜技术手册. 2版. 北京:化学工业出版社,2020.
[11] 田中良修. 离子交换膜基本原理及应用. 葛道才,任庆春,译. 北京:化学工业出版社,2010.
[12] 徐铜文,黄川徽. 离子交换膜的制备与应用技术. 北京:化学工业出版社,2008.
[13] 刘国桢. 现代氯碱技术手册. 北京:化学工业出版社,2018.
[14] 刘有智. 超重力分离工程. 北京:化学工业出版社,2020.
[15] 近藤精一,等. 吸附科学. 2版. 李国希,译. 北京:化学工业出版社,2006.
[16] 袁渭康,王静康,费维扬,欧阳平凯. 化学工程手册. 3版. 北京:化学工业出版社,2019.
[17] Drioli E, Giorno L. 膜接触器和集成膜操作. 北京:科学出版社,2012.
[18] Kulprathipanja S. Reactive Separation Processes. New York:Taylor & Francis,2002.
[19] Gu T Y. Mathematical Modeling and Scale-up of Liquid Chromatography-with Application Examples. 2nd Edition. Berlin-New York:Springer Verlag,2015.
[20] Prudich M E, Chen H L, Gu T Y, et al. Perry's Chemical Engineers' Handbook 8th Edition. Section 20:Alternative Separation Processes. New York:the McGraw Companies,2008.
[21] 谭天伟. 子印迹技术及应用. 北京:化学工业出版社,2010.
[22] Makoto, K. Toshifumi T, Takashi M, et al. Molecular Imprinting:From fundamentals to applications. Weinheim:Wiley-VCH,2003.
[23] 刘芙蓉,金鑫丽,王黎,等. 分离过程及系统模拟. 北京:科学出版社,2000.
[24] 余国琮,袁希钢. 化工计算传质学导论. 天津:天津大学出版社,2011.
[25] 黄婕. 化工原理学习指导. 2版. 北京:化学工业出版社,2021.
[26] 李笃中,陈欢林. 专心理工科研写出好论文. 北京:化学工业出版社,2011.

附　录

附录 A　电解质水溶液的渗透压系数（ϕ_i）

电解质	摩尔浓度/(mol/1000g)					
	0.1	0.5	1.0	2.0	4.0	6.0
HCl	0.943	0.974	1.039	1.188	1.517	1.845
HBr	0.948	0.993	1.072	1.261	—	—
HI	0.953	1.019	1.113	1.315	—	—
$HClO_4$	0.947	0.976	1.041	1.210	1.622	2.106
HNO_3	0.940	0.944	0.979	1.060	—	—
LiOH	0.894	0.870	0.857	0.874	0.891	—
LiCl	0.939	0.963	1.018	1.142	1.449	1.791
LiBr	0.943	0.970	1.035	1.196	1.578	1.989
NaOH	0.925	0.937	0.958	1.015	1.195	1.434
NaF	0.942	0.886	0.872	—	—	—
NaCl	0.932	0.921	0.936	0.983	1.116	1.271
NaBr	0.934	0.933	0.958	1.028	1.199	—
NaI	0.938	0.952	0.991	1.079	—	—
$NaClO_3$	0.927	0.892	0.880	0.876	—	—
$NaClO_4$	0.930	0.910	0.913	0.934	0.991	1.060
$NaNO_3$	0.921	0.873	0.851	0.826	0.797	0.788
$NaBrO_3$	0.918	0.865	0.833	0.800	—	—
NaH_2PO_4	0.911	0.832	0.780	0.721	0.691	0.713
KOH	0.933	0.951	1.002	1.124	1.387	1.661
KF	0.930	0.915	0.931	0.984	1.124	—
KCl	0.927	0.899	0.897	0.912	0.965	—
KBr	0.928	0.904	0.907	0.927	0.984	—
KI	0.932	0.917	0.926	0.957	1.021	—
$KClO_3$	0.913	0.832	—	—	—	—
$KBrO_3$	0.910	0.816	—	—	—	—
KNO_3	0.906	0.817	0.756	0.669	—	—
KH_2PO_4	0.901	0.805	0.736	—	—	—
NH_4Cl	0.927	0.899	0.897	0.909	0.945	0.969
NH_4NO_3	0.911	0.855	0.823	0.776	0.715	0.670
$AgNO_3$	0.903	0.811	0.742	0.646	0.523	0.452
$MgCl_2$	0.861	0.947	1.108	1.523	2.521	—
$MgBr_2$	0.874	1.004	1.218	1.715	2.89	—
MgI_2	0.892	1.044	1.306	1.912	3.34	—
$CaCl_2$	0.854	0.917	1.046	1.376	2.182	2.891
$CaBr_2$	0.863	0.953	1.131	1.547	2.584	3.380
CaI_2	0.880	1.008	1.217	1.710	—	—
$BaCl_2$	0.843	0.864	0.934	—	—	—
$BaBr_2$	0.851	0.906	1.013	1.263	—	—
BaI_2	0.869	0.985	1.159	1.599	—	—
$FeCl_2$	0.854	0.920	1.055	1.371	—	—

续表

电解质	摩尔浓度/(mol/1000g)					
	0.1	0.5	1.0	2.0	4.0	6.0
$CuCl_2$	0.845	0.876	0.952	1.062	1.183	—
$Cu(NO_3)_2$	0.847	0.895	1.001	1.224	1.732	2.125
$ZnCl_2$	0.847	0.833	0.805	0.792	0.955	1.229
$ZnBr_2$	0.869	0.962	1.039	1.042	1.143	1.379
Na_2SO_4	0.793	0.690	0.642	0.621	0.740	—
Na_2CrO_4	0.814	0.751	0.737	0.780	1.100	—
K_2SO_4	0.779	0.691	—	—	—	—

注：为25℃环境下数据。

附录 B 聚合物膜材料的溶解度参数

序号	聚合物材料	$\delta_{sp}/(J^{1/2}/cm^{3/2})$	$\delta_d/(J^{1/2}/cm^{3/2})$	$\delta_h/(J^{1/2}/cm^{3/2})$
1	醋酸纤维素(CA 398)	25.88	15.55	12.95
2	醋酸纤维素(CA 376)	26.89	15.53	13.75
3	醋酸纤维素(CA 383)	26.56	15.53	13.48
4	三醋酸纤维素	24.62	15.57	11.89
5	醋酸丙酸纤维素(CAP 504)	26.36	15.71	13.55
6	醋酸丙酸纤维素(CAP 151)	23.72	15.65	11.40
7	醋酸丙酸纤维素(CAP 482)	24.16	15.80	11.70
8	醋酸丙酸纤维素(CAP 063)	26.17	15.57	13.21
9	醋酸丁酸纤维素(CAP 553)	24.08	15.92	11.93
10	醋酸丁酸纤维素(CAB 272)	21.96	15.78	11.62
11	醋酸丁酸纤维素(CAB 171)	23.57	15.71	11.30
12	醋酸丁酸纤维素(CAB 500)	22.32	15.96	9.92
13	乙基纤维素(EC-G)	53.53	14.79	11.79
14	乙基纤维素(EC-T)	21.53	14.67	10.09
15	纤维素	49.27	15.06	24.25
16	邻苯二甲酸纤维素	28.79	18.25	11.68
17	邻苯二甲酸乙基纤维素	24.60	17.29	9.45
18	芳香聚酰胺	32.51	19.03	18.97
19	芳香聚酰胺酰肼(PPPH11150)	32.70	18.99	19.13
20	芳香聚酰肼	33.25	18.83	19.64
21	芳香聚酰胺酰肼(PPPH1115)	32.88	18.93	19.31
22	聚氨基脲	33.80	18.40	16.82
23	聚脲(NS-100)	25.00	16.10	12.79
24	磺化聚呋喃(NS-200)	33.07	17.23	13.24
25	聚哌嗪酰胺(t-2,5-DMPip-F)	24.70	16.68	9.21
26	聚哌嗪酰胺(t-2,5-DMPip-TEZ)	28.05	18.68	9.11
27	聚苯并咪唑酮(PBIL)	35.05	19.07	16.04
28	羧酸化芳香族聚酰胺	33.84	19.17	19.30
29	尼龙-6	25.43	17.29	13.63
30	芳香聚酰亚胺	38.88	19.95	16.84
31	聚丙氨酸	31.49	16.31	18.29
32	聚砜	25.80	18.35	7.49
33	聚丙烯酸	28.73	18.19	14.36
34	聚乙烯醇	39.00	16.00	23.90
35	聚乙烯醇缩甲醛	27.05	13.53	8.33

续表

序号	聚合物材料	$\delta_{sp}/(J^{1/2}/cm^{3/2})$	$\delta_d/(J^{1/2}/cm^{3/2})$	$\delta_h/(J^{1/2}/cm^{3/2})$
36	聚乙烯醇缩乙醛	21.06	15.31	7.59
37	聚乙烯醇缩丁醛	20.11	15.69	6.65
38	聚邻苯二甲酸乙烯酯	27.46	19.21	11.34
39	聚乙烯	17.52	17.02	0
40	聚丙烯	16.41	15.65	0
41	聚氯苯乙烯	21.59	18.01	0
42	聚氯乙烯	22.57	17.70	2.97
43	聚甲基丙烯酸甲酯	20.32	15.53	9.00
44	聚邻苯二甲酸二丙烯酯	25.05	16.98	8.49
45	聚乙二醇	19.17	15.35	8.47
46	聚丙二醇	17.72	14.69	7.12
47	磺化聚苯醚	25.78	16.57	8.92
48	磺化聚砜	28.91	18.15	11.50
49	聚丙烯腈	29.44	17.41	7.47
50	聚(醚/酰胺)(PA-300)	30.59	17.04	18.37

附录 C 常用溶剂的溶解度参数

溶剂	键能	$\delta/(J^{1/2}/cm^{3/2})$	$\delta_0/(J^{1/2}/cm^{3/2})$	$\delta_d/(J^{1/2}/cm^{3/2})$	$\delta_p/(J^{1/2}/cm^{3/2})$	$\delta_h/(J^{1/2}/cm^{3/2})$	$V_i/(cm^3/mol)$
正丁烷	弱	13.91	14.12	14.12	0.0	0.0	101.4
正戊烷	弱		14.50	14.50	0.0	0.0	116.2
正己烷	弱	14.94	14.94	14.50	0.0	0.0	131.6
环己烷	弱	16.78	16.17	16.78	0.0	0.0	108.7
苯	弱	18.83	18.62	18.42	0.0	0.0	89.4
甲苯	弱	18.21	18.21	18.01	1.43	2.05	106.8
苯乙烯	弱	19.03	19.03	18.62	1.02	4.09	115.6
邻二甲苯	弱	18.42	18.21	17.80	1.02	3.07	121.2
间二甲苯	弱	18.21	18.01	17.80	0.82	2.66	121.2
对二甲苯	弱	18.01	18.01	17.80	0.0	2.66	121.2
1,1-二氯乙烷	弱	18.62	18.83	16.98	6.75	4.71	79.0
氯仿	弱	19.03	19.03	17.80	3.07	5.73	80.7
四氯化碳	弱	17.60	17.80	17.80	0.0	0.61	97.1
氯苯	弱	19.44	19.64	19.03	4.30	2.06	102.1
四氢呋喃	中等	18.62	19.44	16.78	5.73	7.98	81.7
丙酮	中等	20.26	20.05	15.55	10.44	6.96	74.0
甲乙酮	中等	19.03	19.03	15.96	9.00	5.12	90.1
环己酮	中等	20.26	19.64	17.80	6.34	5.12	104.0
乙腈	强	21.08	22.51	19.44	5.12	10.23	91.5
N-甲基吡咯烷酮	中等	23.12	22.92	18.01	12.28	7.16	96.5
二甲基甲酰胺	中等	24.76	24.76	17.39	13.71	11.25	77.0
二甲基亚砜	中等	29	29.87	19.03	19.44	12.28	75
甲醇	强	29	29	15.14	12.28	22.30	40.7
乙醇	强	25.99	26.60	15.76	8.80	19.44	58.35
正丙醇	强	24.35	24.50	15.96	6.75	17.39	75.2
异丙醇	强	23.53	23.53	15.76	6.14	16.37	76.8
水	强	47.88	47.88	15.55	15.96	42.36	18
乙二醇			32.9	17.0	11.0	26	55.8
甘油			36.1	17.4	12.1	29.2	73.3

附录D 无机离子和离子对的自由能参数（25℃）

阳离子	$\left(-\dfrac{\Delta\Delta G}{RT}\right)$	阳离子	$\left(-\dfrac{\Delta\Delta G}{RT}\right)$	阴离子	$\left(-\dfrac{\Delta\Delta G}{RT}\right)$	阴离子	$\left(-\dfrac{\Delta\Delta G}{RT}\right)$	离子对	$\left(-\dfrac{\Delta\Delta G}{RT}\right)$
H^+	6.34	Ni^{2+}	8.47	OH^-	−6.18	HCO_3^-	−5.32	$MgSO_4$	3.45
Li^+	5.77	Cu^{2+}	8.41	F^-	−4.91	HSO_4^-	−6.21	$CoSO_4$	3.41
Na^+	5.79	Zn^{2+}	8.76	Cl^-	−4.42	SO_4^{2-}	−13.20	$ZnSO_4$	2.46
K^+	5.91	Cd^{2+}	8.71	Br^-	−4.25	$S_2O_3^{2-}$	−14.03	$MnSO_4$	2.48
Rb^+	5.86	Pb^{2+}	8.40	I^-	−3.98	SO_3^{2-}	−13.12	$CuSO_4$	2.85
Cs^+	5.72	Fe^{2+}	9.33	IO_3^-	−5.69	CrO_4^{2-}	−13.69	$CdSO_4$	3.04
NH_4^+	5.97	Fe^{3+}	9.82	$H_2PO_4^-$	−6.16	CrO_7^{2-}	−11.16	$NiSO_4$	2.18
Mg^{2+}	8.72	Al^{3+}	10.41	BrO_3^-	−4.98	CO_3^{2-}	−13.22	$KFe(CN)_6^{2-}$	−2.53
Ca^{2+}	8.88	Ce^{3+}	10.62	NO_2^-	−3.85	$Fe(CN)_6^{3-}$	−20.87	$KFe(CN)_6^{3-}$	−17.18
Sr^{2+}	8.76	Cr^{3+}	11.28	NO_3^-	−3.66	$Fe(CN)_6^{4-}$	−26.83		
Ba^{2+}	8.50	La^{3+}	12.89	ClO_3^-	−4.10				
Mn^{2+}	8.58	Th^{4+}	12.42	ClO_4^-	−3.60				
Co^{2+}	8.76								

附录E 碱金属阳离子和卤族阴离子的自由能参数（25℃）

离子	$\left(\dfrac{\Delta\Delta G}{RT}\right)_i$		
	芳香聚酰胺	芳香聚酰胺酰肼	醋酸丙酸纤维素
Li^+	−1.77	−1.20	−1.25
Na^+	−2.08	−1.35	−1.30
K^+	−2.11	−1.28	−1.27
Rb^+	−2.08	−1.27	−1.23
Cs^+	−2.04	−1.23	−1.18
F^-	1.03	1.03	0.42
Cl^-	1.35	1.35	1.10
Br^-	1.35	1.35	1.15
I^-	1.33	1.33	1.20

附录F 有机离子的自由能参数（25℃）

种类	$\left(\dfrac{\Delta\Delta G}{RT}\right)_i$	种类	$\left(\dfrac{\Delta\Delta G}{RT}\right)_i$
$HCOO^-$	−4.78	$m\text{-}CH_3C_6H_4COO^-$	−5.67
$HC_6H_4(COO^-)_2$	−4.63	$m\text{-}OHC_6H_4COO^-$	−5.64
$C_2O_4^{2-}$	−14.06	$p\text{-}ClC_6H_4COO^-$	−5.63
$t\text{-}C_4H_9COO^-$	−6.90	$m\text{-}NO_2C_6H_4COO^-$	−5.92
$i\text{-}C_3H_7COO^-$	−6.11	$p\text{-}NO_2C_6H_4COO^-$	−5.93
环-$C_6H_{11}COO^-$	−6.24	$o\text{-}ClC_6H_4COO^-$	−6.41
$n\text{-}C_4H_9COO^-$	−6.11	$o\text{-}NO_2C_6H_4COO^-$	−6.61
$n\text{-}C_3H_7COO^-$	−6.06	$HOOCCOO^-$	−6.60
$C_2H_5COO^-$	−6.14	$HOOC(CH_2)_2COO^-$	−5.65
CH_3COO^-	−5.95	$CH_3CHOOHCOO^-$	−6.30
$C_6H_5(CH_2)_3COO^-$	−5.93	$HOOCCH_2COO^-$	−6.46
$C_6H_5(CH_2)_2COO^-$	−5.86	$HOOCCH(OH)CH_2COO^-$	−5.97
$C_6H_5(CH_2)COO^-$	−5.69	$HOOCCH(OH)CH(OH)COO^-$	−6.40
$C_6H_5COO^-$	−5.66	$HOOCCH_2C(OH)(COOH)CH_2COO^-$	−6.24
$p\text{-}CH_3OC_6H_4COO^-$	−5.74		

附录G 结构基团对 $E_{coh,i}$ 和 V_i 的贡献

结构基团	$E_{coh,i}$ /(J/mol)	V_i /(cm³/mol)	结构基团	$E_{coh,i}$ /(J/mol)	V_i /(cm³/mol)
—CH₃	4710.38	33.5	—CF₃（在全氟化物中）	4270.74	57.5
—CH₂—	4940.66	16.1	—Cl	11556.12	24.0
＞CH—	3433.34	−1.0	—Cl（双取代）	9630.10	26.0
＞C＜	1465.45	−19.2	—Cl（三取代）	7536.60	27.3
			—Br	15491.9	30.0
H₂C＝	4312.61	28.5	—Br（双取代）	12351.65	31.0
—CH＝	4312.61	13.5	—Br（三取代）	10676.85	32.4
＞C＝	4312.61	−5.5	—I	19050.85	31.5
			—I（双取代）	16748.00	33.5
HC≡	3852.04	27.4	—I（三取代）	16329.30	37.0
—C≡	7076.03	6.5	—CN	25540.74	24.0
苯基	31946.81	71.4	—OH	29811.44	10.0
亚苯基（o,m,p）	31946.81	52.4	—OH（双取代的或在邻位碳原子上）	21856.14	13.0
苯基（三取代）	31946.81	33.4			
苯基（四取代）	31946.81	14.4	—O—	3349.60	3.8
苯基（五取代）	31946.81	−4.6	—CHO（醛）	21353.70	22.3
苯基（六取代）	31946.81	−23.6	—CO—	17376.05	10.8
环中每个双键共轭	1674.81	−2.2	—COOH	27634.20	28.5
—CO₂—	18004.10	18.0	—NO₃	20935.00	33.5
—CO₃—（碳酸盐）	17585.40	22.0	—NO₂（亚硝酸盐）	11723.60	33.5
—C₂O₃（酐）	30565.101	30.0	—NHNO₂	39776.50	28.7
HCOO⁻（甲酸盐）	18004.10	32.5	—NNO—	27215.50	10
—CO₂CO₂⁻（草酸盐）	26796.80	37.3	—SH	1445.15	28.0
—HCO₃	12561.00	18.0	—S—	14152.06	12
—COF	13398.40	29.0	—S₂	23865.90	23.0
—COCl	17585.40	38.1	—S₃	34333.40	47.2
—COBr	23865.90	41.6	—SO₂—	39333.40	23.6
—COI	29309.00	48.7	＞SO	39148.45	—
—NH₂	12561.00	19.2	SO₃	18841.50	27.6
—NH—	8374.00	4.5	SO₄	28471.60	31.6
＞N—	4187.00	−9.0	—SO₃Cl	37471.60	43.5
—N＝	11723.60	5.0	—SCN	20097.60	37.0
—NHNH₂	21981.75	—	—NCS	25122.00	40.0
—NNH₂	16748.00	16	P	9420.75	−1.0
—NHNH—	16748.00	16	PO₃	14235.80	22.7
卤素联在有双键的碳原子上	$0.8 \times E_{coh,i}$ 卤素	4.0	PO₄	20935.80	28.0
			PO₃(OH)	31821.20	32.2
—F	4187.00	18.0	—N₂（重氮基）	8374.00	23
—F（双取代）	3558.95	20.0	—N＝N—	4187.00	—
—F（三取代）	2302.85	22.0	＞C＝N—N＝C＜	20097.60	0
—CF₂（在全氟化物中）	4270.74	23.0	—N＝C＝N—	11472.38	—
			—NC	18841.50	23.1

续表

结构基团	$E_{coh,i}$ /(J/mol)	V_i /(cm³/mol)	结构基团	$E_{coh,i}$ /(J/mol)	V_i /(cm³/mol)
—NF₂	7662.21	33.1	—CH=NOH	25122.00	24.0
—NF—	5066.27	24.5	—NO₂（连脂肪族）	29309.00	24.0
—CONH₂	41870.00	17.5	—NO₂（连芳香族）	15366.29	32.0
—CONH—	33496.00	9.5	Si	3391.47	0
—CON<	29518.35	−7.7	SiO₄	21772.40	20.0
			B	13817.10	−2.0
HCON<	27634.20	11.3	BO₃	0	20.4
			Al	13817.10	−2.0
HCONH—	43963.50	27.0	Ga	13817.10	−2.0
—NHCOO—	26378.10	18.5	In	13817.10	−2.0
—NHCONH—	50224.00	—	Tl	13817.10	−2.0
—CONHNHCO—	46894.40	19.0	Ge	5150.01	−1.5
			Sn	11304.90	1.5
—NHCON<	41870.00	—	Pb	17166.70	2.5
			As	12999.70	7.0
>NCON<	20935.00	−14.5	Sb	16329.30	8.9
			Bi	21353.70	9.5
NH₂COO—	37013.08	—	Se	17166.70	16.0
—NCO	28471.60	35.0	Te	20097.60	17.4
—ONH₂	19050.86	20.0	Zn	14487.02	2.5
>C=NOH	25122.00	11.3	Cd	17794.75	6.5
			Hg	22819.15	7.5

附录 H 结构基团对溶解度参数的贡献

结构单元	$F_{d,i}$ /(J$^{1/2}$·cm$^{3/2}$/mol)	$F_{p,i}$ /(J$^{1/2}$·cm$^{3/2}$/mol)	$E_{h,i}$ /(J/mol)	$V_{g,i}$/(cm³/mol)
—CH₃	419.47	0	0	23.9
—CH₂—	270.10	0	0	15.9
>CH—	79.80	0	0	9.5
>C<	−69.57	0	0	4.6
=CH₂	401.06	0	0	—
=CH—	200.53	0	0	13.1
=C<	69.57	0	0	4.75
环己基	1620.59	0	0	90.7
苯基	1430.29	110.49	0	72.7
苯基 (o,m,p)	1270.69	110.49	0	65.5
—F	221.00	—	—	10.9

续表

结构单元	$F_{d,i}$ /($J^{1/2} \cdot cm^{3/2}$/mol)	$F_{p,i}$ /($J^{1/2} \cdot cm^{3/2}$/mol)	$E_{h,i}$ /(J/mol)	$V_{g,i}$/(cm^3/mol)
—Cl	450.16	550.43	401.95	19.9
—Br	550.43	—	—	25.3
—CN	429.70	1100.86	2499.64	19.5
—OH	210.76	499.27	20001.30	9.7
—O—	100.26	401.06	3002.08	10.0
—CHO	470.63	802.11	4501.03	—
—CO—	290.56	769.37	2001.39	13.4
—COOH	529.97	419.47	9998.56	23.1
—COO—	390.82	489.04	7000.66	23.0 18.25（丙烯基）
—NH$_2$	280.33	—	8399.12	—
—NH—	159.60	210.76	3098.38	12.5
$\diagdown$N$\diagup$	20.46	800.06	4992.28	6.7
—C(=O)—N(H)—（脂肪族）	450.16	—	19498.86	24.9
—C(=O)—N(H)—（芳香族）	450.16	980.13	32499.49	24.9
—C(=O)—N(H)—N(H)—C(=O)—（芳香族）	900.33	—	44503.62	49.8
—NO$_2$	499.27	1070.16	1498.95	12.9
—S—	439.93	—	—	17.8
—SO$_2$—	591.35	—	13498.89	31.8
=PO$_4$—	740.72	1890.69	13000.64	—
环	190.30	—	—	—